工程力学（I）——理论力学

主　编　屈本宁　杨邦成
副主编　邵宝东　曹　亮

科学出版社
北　京

内 容 简 介

本书根据教育部高等学校力学教学指导委员会力学基础课程教学指导分委员会制订的“理论力学课程基本要求(B类)”编写而成，涵盖静力学、运动学和动力学三篇的基本内容和两个动力学专题，共13章内容。

本书注重学用相结合，深入浅出，通过大量例题阐述分析问题、解决问题的思路及方法。每章附有多种形式的思考题和习题，习题附有参考答案。

本书是融合数字化资源的新形态教材，利用现代教育技术和互联网信息技术，通过二维码链接数字化资源，帮助学生理解相关知识点。

本书可供普通高等学校中长学时(64～128 学时)工程力学课程教学使用，也可供自学者及相关技术人员参考。

图书在版编目（CIP）数据

工程力学. I，理论力学/屈本宁，杨邦成主编. —北京：科学出版社，2022.7
ISBN 978-7-03-072659-9

Ⅰ. ①工… Ⅱ. ①屈… ②杨… Ⅲ. ①工程力学－高等学校－教材 ②理论力学－高等学校－教材 Ⅳ. ①TB12②O31

中国版本图书馆 CIP 数据核字(2022)第 114833 号

责任编辑：邓 静 / 责任校对：任苗苗
责任印制：张 伟 / 封面设计：迷底书装

科学出版社出版
北京东黄城根北街 16 号
邮政编码：100717
http://www.sciencep.com
北京盛通商印快线网络科技有限公司 印刷
科学出版社发行 各地新华书店经销
*
2022年7月第 一 版 开本：787×1092 1/16
2022年7月第一次印刷 印张：19
字数：460 000

定价：65.00 元

（如有印装质量问题，我社负责调换）

前　言

本书是“工程力学系列教材”中的一本，此《工程力学》教材为云南省普通高等教育“十二五”省级规划教材，分为Ⅰ、Ⅱ两个分册出版，即《工程力学（Ⅰ）——理论力学》和《工程力学（Ⅱ）——材料力学》，分别根据教育部高等学校力学教学指导委员会力学基础课程教学指导分委员会最新制订的“理论力学课程基本要求（B类）”和“材料力学课程基本要求（B类）”编写。教材之所以分为两册出版也是考虑到各类高校的不同要求，可以灵活选用。

本书为《工程力学（Ⅰ）——理论力学》。内容涵盖理论力学课程基本要求的全部基本内容和两个动力学专题。书中的物理量符号、名称和计量单位均采用国际单位制。

在本书编写过程中，编者结合当前人才培养对知识和能力的要求，吸取了现行教材之所长并融入编者多年的教学经验。在内容体系安排上考虑学生的认知特点，提高起点，优化课程内容，使教材更紧凑、合理；叙述方法上注重基本概念的引入，以及分析和解决问题的思路和方法；突出理论和方法主线，深入浅出，与实践相结合。书中给出了一些实际工程力学问题的全程分析例子，以帮助学生认知解决实际工程问题的思路与方法。此外，书中安排了较多的例题，精选各型思考题和习题，难度适中；附有习题参考答案，既适合课堂教学又便于自学。

为满足内容形象化、教学便利化的要求，本书融合了数字化教学资源，是一本新形态立体化教材。书中利用现代教育技术和互联网信息技术，针对部分学生难以理解的知识点，配有相应的视频或动画，可通过微信扫描书中相应位置的二维码链接观看，帮助读者建立直观概念，更好地理解相关知识点。

全书共三篇，13章，由屈本宁和杨邦成主编。屈本宁编写绪论、第1章、第2章和第3章；邵宝东编写第4章、第5章、第6章、第7章和第13章；杨邦成编写第8章、第9章和第10章；曹亮编写第11章和第12章。全书由屈本宁、杨邦成统稿。

特别感谢科学出版社编辑给予的热情鼓励与支持，以及为本书顺利出版而付出的心血。由于编者水平有限，书中的不足之处在所难免，敬请读者批评指正。

编　者

2021年11月

目　录

第二篇　运动学

绪　论

1. 理论力学的研究对象和内容

理论力学是研究物体机械运动一般规律的科学。自然界中，所有的物质都处在不断地运动之中，运动是物质存在的形式和固有属性。物质运动的形式是多种多样的，如物体在空间的位移、变形、发热、电磁现象等都是物质运动的形态。在各种各样的运动形态中，机械运动是最简单、最普遍的一种。机械运动就是物体在空间的位置随时间而变化的运动形态。机器的运转、车辆的行驶、河水的流动、飞机火箭的运行、天体的运动等都属于机械运动。在物质的高级和复杂的运动形式中，通常包含或伴随着机械运动。因此，研究机械运动不仅可以揭示自然界各种机械运动的规律而且是研究物质其他运动形式的基础，这就决定了理论力学在自然科学研究中具有重要基础地位。

理论力学研究速度远小于光速的宏观物体的机械运动，属于古典力学的范畴。它的科学体系以伽利略和牛顿所总结的关于机械运动的基本定律为基础，在15～17世纪逐步形成，之后又得到了不断改善和发展。在20世纪初，出现了相对论力学和量子力学，打破了传统的时空概念，由此建立了现代力学的科学体系。只有应用相对论力学和量子力学的理论，速度接近光速的物体和微观粒子的运动才能给予完善的解释，古典力学与之相比具有其明显的局限性。然而，对于远小于光速的宏观低速物体的运动，相对论力学对古典力学的修正几乎为零。因此，对于一般工程中所遇到的力学问题，即使是航天及火箭等尖端科学技术中的力学问题，也可用古典力学的方法来解决，既方便又能保证足够的精确度。由此可见，古典力学至今仍具有重要的实用价值。

根据由特殊到一般、循序渐进的认识规律和解决工程实际问题的需要，本书分为静力学、运动学和动力学三部分。其中，静力学研究力的性质、力系的简化方法和力系的平衡理论；运动学从几何的角度研究物体的运动规律而不考虑产生运动的原因；动力学研究物体的运动变化与作用力之间的关系。

2. 理论力学的研究方法

理论力学的研究方法与任何一门科学的研究方法一样，都必须遵循认识过程的客观规律，符合自然辩证法的认识论。

理论力学的形成与发展是起源于人类对在自然的长期观察、实验以及生产活动中获得的经验与材料加以分析、综合、归纳，找到事物的普遍规律性，从而建立起一些最基本的普遍定理和原理，是古典力学的基础。

观察和实验是理论力学发展的基础。以对自然的直接观察和在生产生活中取得的经验为出发点并系统组织实验，从观察复杂的实验现象中，抓住主要的因素和特征，去掉次要的、局部的和偶然的因素，深入现象的本质，找到事物的内在联系，从感觉经验上升到理性认识，总结出普遍规律性的东西，并经过数学演绎和逻辑推理，从而形成理论力学的基本概念和基本定律。

3. 理论力学的学习目的及方法

理论力学是一门理论性较强的技术基础课。许多工程专业的后续课，如材料力学、结构力学、流体力学，弹性力学、机械动力学、机械原理、振动力学、塑性力学、断裂力学等课程都是以理论力学揭示的力学基本概念和基本规律为基础的。此外，理论力学的基本理论可以直接用于解决某些工程问题，也可与其他专业知识结合解决较复杂的工程问题。因此，理论力学在工科专业中是一门十分重要的必修课。

学习理论力学，一方面要学习理论力学的基本概念、基本理论以及解决问题的基本方法，掌握理论力学的知识，为后续课程打下力学基础；另一方面，要通过学习来培养和锻炼对实际问题进行科学抽象并建立力学模型，应用理论力学的方法加以解决的能力。另外，通过课程的学习，可以培养辩证唯物主义世界观，掌握唯物辩证法的方法论，提高分析和解决问题的能力。

在学习理论力学的过程中，应通过阅读和思考，正确理解课程中有关力学概念的来源、含义和用途；注意有关理论公式推导的根据和关键、公式的物理意义及应用条件和范围；学习理论力学分析和解决问题的思路与方法，总结各章节在阐述内容和分析问题的方法上的特点及联系。要特别注重力学理论与实际应用相结合，一是关注生活和工程实际中的力学问题与所学理论之间的联系；二是解算一定数量的习题，以逐步加深对基本概念和理论的理解，不断提高理论应用能力。

通过学习过程中的自我感悟和总结，不断进步，以最终达到本课程对知识和能力的要求。

第一篇 静 力 学

静力学是理论力学的第一部分，它主要研究力的基本性质、力系的简化及力系平衡的理论。力系指作用在物体上的一群力；平衡指物体相对地球保持静止或匀速直线运动的状态，是物体机械运动的特殊情况，而机械运动指物体在空间的位置随时间改变。静力学的理论与方法对于求解工程中的力学问题具有十分重要的意义，是结构分析与设计的基础。本篇以静力学基础、力系的简化、力系的平衡方程及其应用三部分分别阐述力学量的基本概念与性质、力系的简化方法结果、平衡方程及其各种应用。

第1章 静力学基础

静力学理论是从静力学公理出发，以静力学基本概念和力的作用效应为基础，经逻辑推理和数学演绎而得到的。因此，本章介绍静力学基本概念、静力学公理、力矩、力偶、物体受力分析方法及受力图，侧重研究力的基本性质。

1.1 静力学基本概念及静力学公理

1.1.1 力和刚体的概念

力的概念和刚体的概念是静力学中的两个基本概念。

1. 力的概念

力的概念是人们从生产实践中总结出来的，定义如下：**力是物体间相互的机械作用，这种作用使物体的运动状态和形状发生改变**。例如，放在直线轨道上的小车，开始是静止的，在一水平力作用下，由静止变为运动，其运动状态发生了改变［图 1.1(a)］。

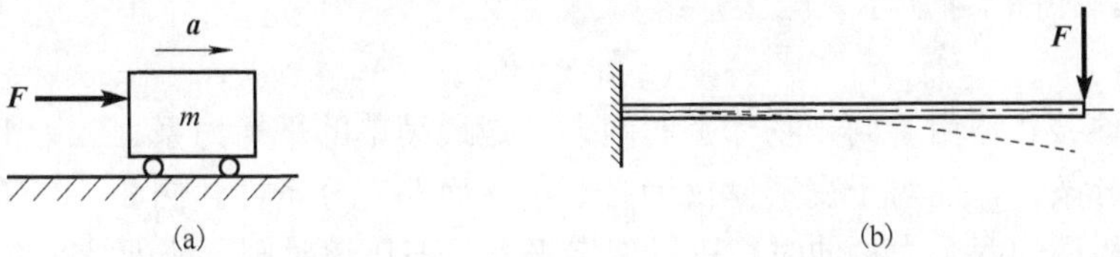

(a) (b)

图 1.1

又如跳水运动员用的跳板，当运动员站上去时，跳板在重力作用下产生了变形，如图 1.1(b)所示，其轴线由直线变为虚线所示的曲线。由此，将**力使物体运动状态的改变**称为力的**外效应**，而将**力使物体形状的改变**称为力的**内效应**。一般情况下，力使物体同时发生运动状态和形状的改变，两种状态共存。而在实际工程中，研究力对物体的作用，应根据研究重点而有所侧重，如上述的小车，其运动状态的改变是主要的，可略去受力后小车的变形，侧重研究力的外效应；而对于跳板，变形是主要的，略去引起运动的效应，而侧重研究力的内效应。

实践证明，力对物体的作用效果取决于力的大小、方向和作用点三个要素。这三要素可用矢量概括，如图 1.2 所示，矢量的长度表示力的大小，箭头表示方向，矢尾端 A 表示作用点(也可用矢端表示力的作用点)。

力的国际单位为牛顿(N)或千牛(kN)。

2. 刚体的概念

刚体是在任何情况下，大小和形状都不改变的物体。刚体是对实际受力物体的力学抽象，自然界中任何物体受力后都要发生变形，如果物体变形较小，在研究平衡或运动时不起主要作用，变形可以略去不计。如图 1.3 所示的横梁，在力 $\boldsymbol{F}$ 的作用下，其挠度 δ 仅为梁长度 l 的千分之几。在考察横梁平衡时可以略去因挠度引起的梁水平长度的微小变化，仍用梁的原长进行计算，避免引起显著的误差。显然，刚体模型的引入，既反映了问题的主要方面，又能保证精度，简化计算过程。应当注意，刚体模型仅适应于小变形问题，不适用于大挠度、大应变和与变形有关的问题。

静力学以刚体为研究对象。

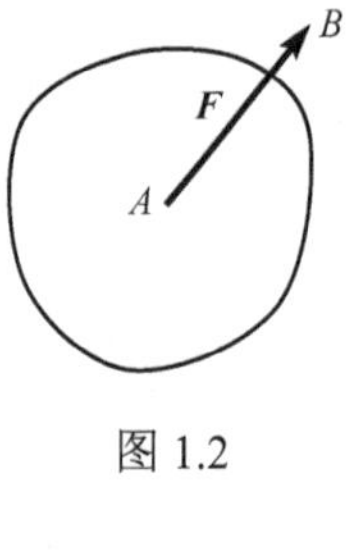

图 1.2

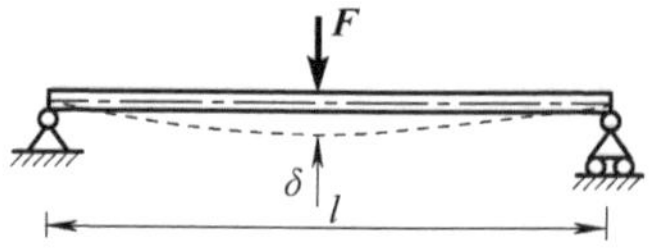

图 1.3

1.1.2　静力学公理

静力学公理是人们经过长期生产实践总结并经实践反复检验的关于力的性质的**客观真理**，无须证明而为人们所公认。静力学公理是静力学的基础，主要有以下几个公理。

1. 二力平衡公理

作用在刚体上的两个力平衡的必要与充分条件是：两个力的大小相等、方向相反并作用于同一直线上。如图 1.4 所示，即

$$\boldsymbol{F}_1=-\boldsymbol{F}_2 \tag{1.1}$$

满足此公理并且作用于同一物体上的两力，是最简单的平衡力系。二力平衡条件对于刚体是必要与充分条件，而对于变形体仅为必要条件而非充分条件。例如，当柔软的绳索受大小相等，方向相反的两个力拉伸时，可以保持平衡，但压缩时则不能保持平衡。

在工程中常有作用两个力而平衡的构件，称为**二力构件**，如图 1.5 所示的无重弯杆 BC 及如图 1.6 所示的无重刚杆 AB 均为二力构件，后者也称为二力杆。

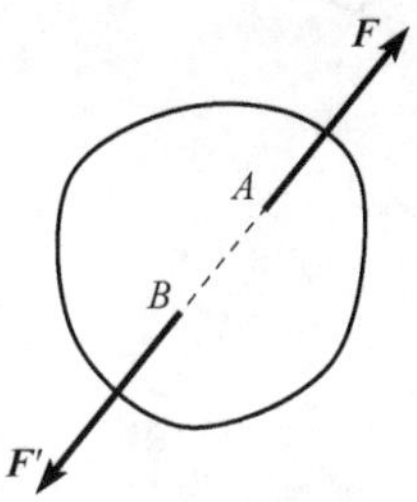

图 1.4

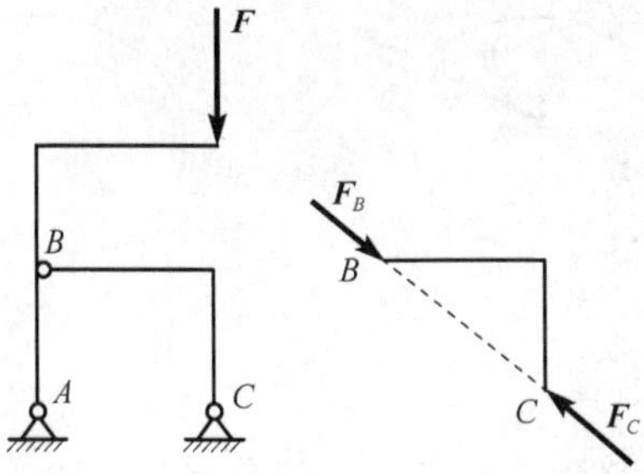

图 1.5

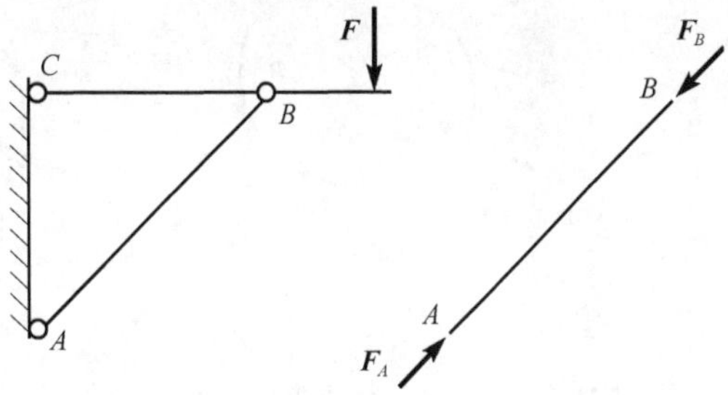

图 1.6

2. 力的平行四边形法则

作用于物体上同一点的两个力，可以合成为一个合力，合力的作用点仍在该点，合力的大小和方向由这两个力矢为边构成的平行四边形的对角线确定。

平行四边形法则是力的合成方法，称为**矢量加法**。合力称为两分力的矢量和或几何和［图 1.7(a)］，表示为

$$\boldsymbol{F}_{\mathrm{R}}=\boldsymbol{F}_1+\boldsymbol{F}_2 \tag{1.2}$$

此关系也可用平行四边形的一半表示，称为**力三角形**，如图 1.7(b)所示，对于复杂的共点力系，可以运用这一规则将各力两两合成得到合力，应用此法则也可将一个力分解为两个力。另外，**此公理无论对刚体还是变形体都是适用的**。

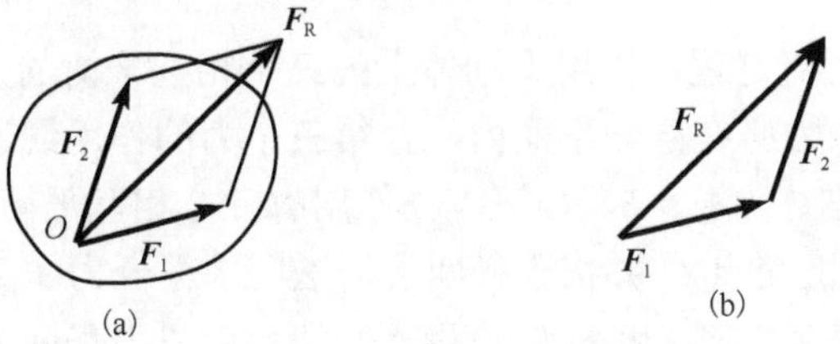

图 1.7

3. 加减平衡力系公理

在作用于刚体的已知力系上加上或减去任意平衡力系，不改变原力系对刚体的作用效应。

此公理表明，加、减平衡力系后的新力系与原力系等效，此公理只适用于刚体，不适用于变形体。如图 1.8 所示的变形体，在已知的力系 $\boldsymbol{F}$、$\boldsymbol{F}'$ 上加上一对平衡力系 $\boldsymbol{F}_1$、$\boldsymbol{F}_1'$，很显然，加平衡力系前后，变形量是不相同的，因而不能等效。

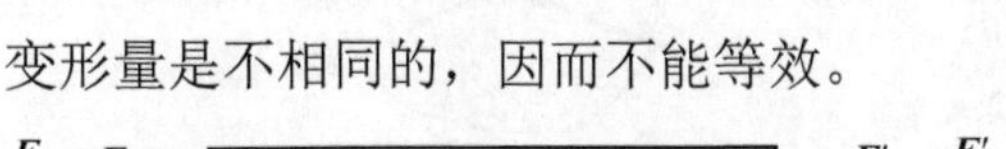

图 1.8

由此公理可以得到两个有用的推理。

推理 1　力的可传性原理：作用在刚体上某点的力，可沿其作用线移到刚体的任意点而不改变该力对刚体的作用。

设有一个力 $\boldsymbol{F}$ 作用于刚体上 A 点，在力 $\boldsymbol{F}$ 作用线上某点 B 处加上一对平衡力，如图 1.9 所示，并使 $\boldsymbol{F}=\boldsymbol{F}_1=-\boldsymbol{F}_2$。据此公理，不改变力 $\boldsymbol{F}$ 对刚体的作用。此时又可将 $\boldsymbol{F}$ 和 $\boldsymbol{F}_2$ 看作一对平衡力，又根据加减平衡力系公理，可以减去，因此图 1.9(a)与 1.9(c)所示的情形等效。

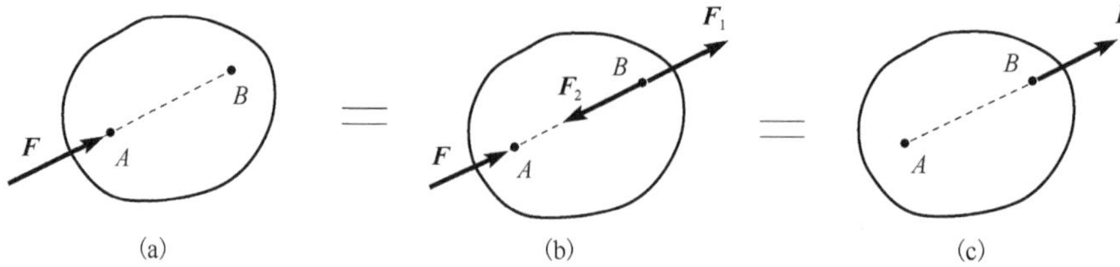

图 1.9

由此可知，将力 $\boldsymbol{F}$ 由点 A 沿其作用线移到了点 B，由于 B 点是任取的，推理成立。

根据力的可传性原理，力对刚体作用效应的三要素为力的**大小**、**方向**和**作用线**。因此，对于刚体，力是**滑动矢量**。

对于变形体，力的可传性原理不能成立。如图 1.10 所示的变形体在图 1.10(a)中轴向力的作用下产生拉伸变形，如虚线所示。若将 A 端的力沿其作用线移到 B 端，而将 B 端的力沿其作用线移到 A 端，如图 1.10 (b)所示，此时变形体产生压缩变形，如虚线所示，显然与两力移动前不等效。

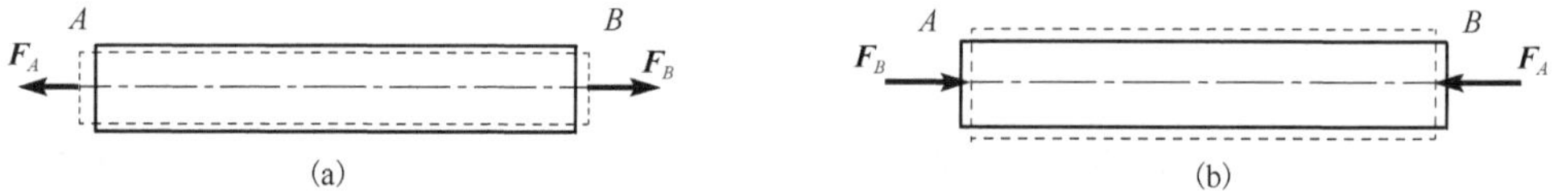

图 1.10

推理 2　三力平衡汇交定理：作用于刚体上的三个相互平衡的力，若其中两个力的作用线汇交于一点，则此三个力必在同一平面内，且第三个力的作用线通过汇交点。

如图 1.11 所示，在刚体上 A、B、C 三点处作用有三个相互平衡的力 $\boldsymbol{F}_1$、$\boldsymbol{F}_2$ 和 $\boldsymbol{F}_3$。将力 $\boldsymbol{F}_1$ 和 $\boldsymbol{F}_2$ 沿其作用线移至汇交点 O 并按平行四边形法则求得合力 $\boldsymbol{F}_{12}$。合力 $\boldsymbol{F}_{12}$ 位于 $\boldsymbol{F}_1$ 和 $\boldsymbol{F}_2$ 构成的平面，此时刚体受两力 $\boldsymbol{F}_{12}$ 和 $\boldsymbol{F}_3$ 的作用而平衡。由二力平衡公理，两力必共线，故 $\boldsymbol{F}_3$ 必通过 $\boldsymbol{F}_1$ 与 $\boldsymbol{F}_2$ 的汇交点，$\boldsymbol{F}_{12}$ 与 $\boldsymbol{F}_3$ 也必在同一平面内，也就是说三力 $\boldsymbol{F}_1$、$\boldsymbol{F}_2$、$\boldsymbol{F}_3$ 共面，推理得证。

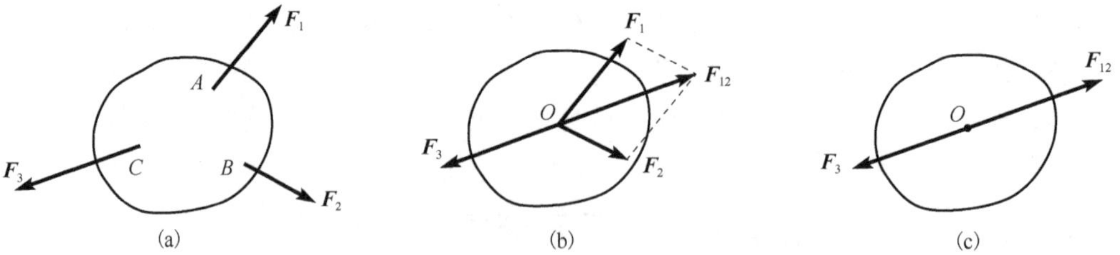

图 1.11

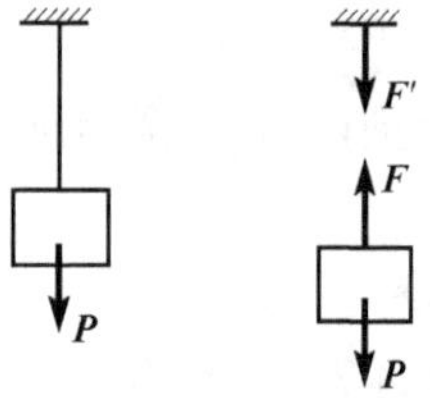

图 1.12

4. 作用与反作用定律

两物体间，作用力与反作用力总是同时存在，两力的大小相等、方向相反，沿着同一直线，分别作用在两个相互作用的物体上。如图 1.12 所示的物体与绳间的受力，力 $\boldsymbol{F}$ 和 $\boldsymbol{F}'$ 是作用力与反作用力。

应当注意，作用力和反作用力分别作用在两个物体上，与二力平衡公理不同，它们不是平衡力系。

5. 刚化原理

变形体在某一力系作用下处于平衡，若将此变形体刚化(硬化)为刚体，则其平衡状态保持不变。

此公理建立了刚体的平衡条件与变形体平衡条件之间的关系，说明变形体平衡时与将变形体视为(硬化为)刚体后的平衡条件相同。由此，可以将静力学导出的刚体的平衡条件应用到变形体问题中去，从而扩大了刚体静力学的应用范围。

1-1

注意，此公理的应用前提是**变形体在力系作用下处于平衡状态**，否则不能应用。

1-2

1.2　力在坐标轴上的投影

在静力学中，着重研究作用在刚体上力系的简化(合成)及力系的平衡问题。通常有两种方法，一种称为几何法，即基于平行四边形法则或三角形法则，绘制力多边形来研究。此方法原理清楚直观，但不易操作，精度差；另一种是解析法，即运用力在坐标轴上投影的方法来研究，优点是容易计算，精度高，能处理复杂问题，本书侧重介绍解析法。

1.2.1　力在轴上的投影

由力的定义可知，力是矢量，因此力在轴上的投影与矢量在轴上的投影相同。设力 $\boldsymbol{F}$ 作用于 A 点，如图 1.13 所示，分别过矢量的 A 和 B 两点作 x 轴的垂线(相当于垂直于 x 轴的上方有一束平行光线照下来)，垂足分别为 a 和 b。令 $F_x=\overline{ab}$，称为力在轴 x 上的投影。若 $\boldsymbol{F}$ 与 x 正向的夹角为 α，$\boldsymbol{i}$ 为 x 轴的单位矢量，则力的投影大小为

$$F_x=\boldsymbol{F}\cdot\boldsymbol{i}=F\cos\alpha \tag{1.3}$$

即，力在轴上的投影等于力 $\boldsymbol{F}$ 与 x 轴单位矢量 $\boldsymbol{i}$ 的点乘或力的大小和力矢量与投影轴正向间夹角余弦的乘积。显然，力在轴上的投影是**代数量**。图 1.13(a)和图 1.13(b)分别表示力在轴上为正和为负的投影。当力与投影轴垂直时，力在轴上的投影等于零。在实际计算时，为方便，常采用较直观的方法判断投影的正负号。例如，从 a 到 b 的指向与坐标轴正向相同，则投影为正，如图 1.13(a)所示，反之投影为负，如图 1.13(b)所示。

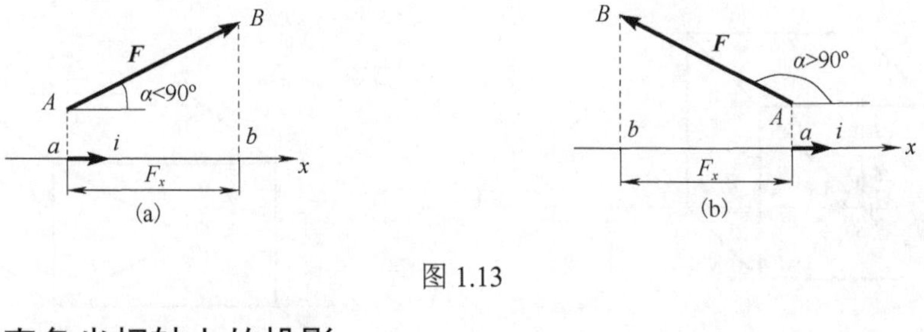

图 1.13

1.2.2　力在直角坐标轴上的投影

将力在坐标轴上投影的方法应用到直角坐标系中。如图 1.14 所示，已知力 $\boldsymbol{F}$ 与平面直角坐标 x、y 的夹角分别为 α 和 β，则力 $\boldsymbol{F}$ 在 x、y 轴上的投影分别为

$$F_x=\boldsymbol{F}\cdot\boldsymbol{i}=F\cos\alpha\,,\qquad F_y=\boldsymbol{F}\cdot\boldsymbol{j}=F\cos\beta=F\sin\alpha \tag{1.4}$$

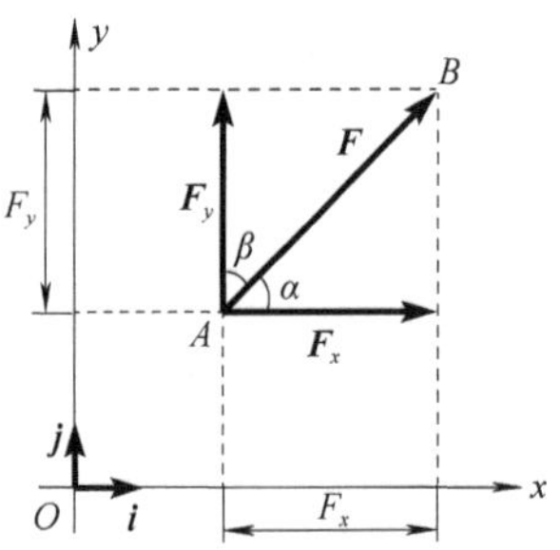

图 1.14

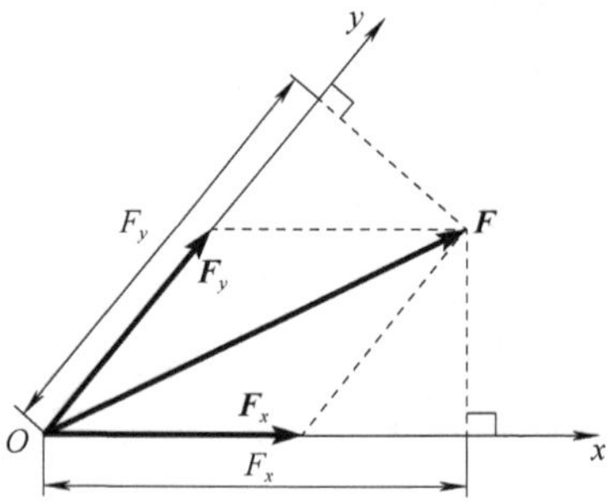

图 1.15

而力 $\boldsymbol{F}$ 沿坐标轴 x 和 y 的分力分别为 $\boldsymbol{F}_x$ 和 $\boldsymbol{F}_y$，它们的大小分别与力在 x 和 y 轴上的投影相等。此时力的解析表达式为

$$\boldsymbol{F} = \boldsymbol{F}_x + \boldsymbol{F}_y = F_x\boldsymbol{i} + F_y\boldsymbol{j} \tag{1.5}$$

如果已知力 $\boldsymbol{F}$ 在轴上的投影为 F_x、F_y，则可以求得力的大小和方向，即

$$\begin{cases} F = \sqrt{F_x^2 + F_y^2} \\ \cos\alpha = \dfrac{F_x}{F}, \quad \cos\beta = \dfrac{F_y}{F} \end{cases} \tag{1.6}$$

应当注意，在直角坐标系下，沿坐标轴的分力的大小与力在轴上的投影相等，易将力的分力和投影这两个不同的概念相混淆。实际上，力的分力按平行四边形法则运算得到，仍为矢量，而力的投影则按式(1.4)计算得出，是代数量。如图 1.15 所示，力 $\boldsymbol{F}$ 在斜坐标下的分解与投影，表明了分力 $\boldsymbol{F}_x$、$\boldsymbol{F}_y$ 与投影 F_x、F_y 的区别。

将力投影的概念应用到三维直角坐标中。设力 $\boldsymbol{F}$ 与三个坐标轴 x、y 和 z 的夹角分别为 α、β 和 γ，如图 1.16 所示。按力在轴上投影的定义，$\boldsymbol{F}$ 在三个坐标轴上的投影分别为

$$\begin{cases} F_x = \boldsymbol{F}\cdot\boldsymbol{i} = F\cos\alpha \\ F_y = \boldsymbol{F}\cdot\boldsymbol{j} = F\cos\beta \\ F_z = \boldsymbol{F}\cdot\boldsymbol{k} = F\cos\gamma \end{cases} \tag{1.7}$$

1-3

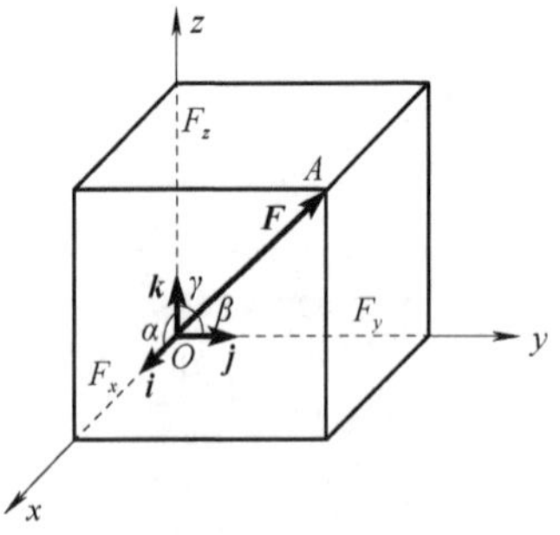

图 1.16

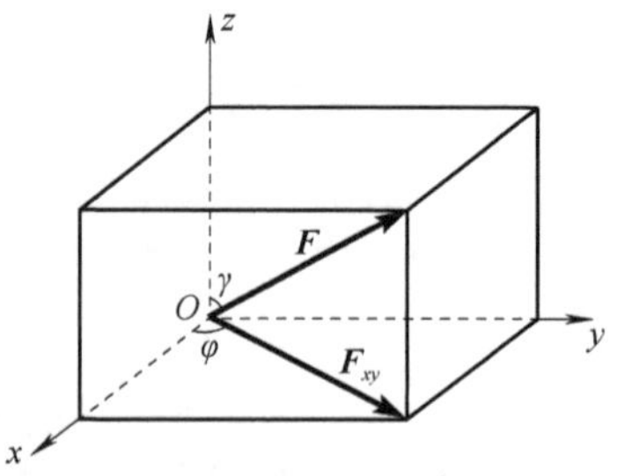

图 1.17

通常，在空间坐标下要同时确定力与坐标轴的三个夹角是不容易的。在实际计算中，采用先确定力与某一坐标的夹角并求出力在该轴上的投影，再将力在垂直于该轴的坐标平面上投影，得到一个力矢，然后再将该力矢在平面内的坐标轴上投影。例如，已知力 $\boldsymbol{F}$ 与 z 轴的夹角为 γ，则力在 z 轴上的投影为 $F_z = F\cos\gamma$。为求 F_x 和 F_y，先将力 $\boldsymbol{F}$ 投影到 Oxy 平面得到

力矢 $\boldsymbol{F}_{xy}$，其大小为 $F_{xy}=F\sin\gamma$，再将力 $\boldsymbol{F}_{xy}$ 分别向 x 轴和 y 轴投影，若已知力 $\boldsymbol{F}_{xy}$ 与 x 轴的夹角为 φ，如图 1.17 所示，则可得

1-4

$$\begin{cases}F_x=F_{xy}\cos\varphi=F\sin\gamma\cos\varphi\\F_y=F_{xy}\cos\varphi=F\sin\gamma\cos\varphi\\F_z=F\cos\gamma\end{cases}\tag{1.8}$$

这种经两次投影求力在轴上投影的方法称为**二次投影法**。可以看出，应用二次投影法，只要已知力与坐标轴的一个夹角和力在平面上的投影与坐标轴的一个夹角即可求出力在三个坐标轴上的投影，为求解带来很大方便。

设 $\boldsymbol{F}_x$、$\boldsymbol{F}_y$ 和 $\boldsymbol{F}_z$ 分别为力 $\boldsymbol{F}$ 在 x、y 和 z 轴上的分量，用 $\boldsymbol{i}$、$\boldsymbol{j}$、$\boldsymbol{k}$ 表示沿 x、y 和 z 轴的单位矢量，则空间力 $\boldsymbol{F}$ 的解析表达式为

$$\boldsymbol{F}=\boldsymbol{F}_x+\boldsymbol{F}_y+\boldsymbol{F}_z=F_x\boldsymbol{i}+F_y\boldsymbol{j}+F_z\boldsymbol{k}\tag{1.9}$$

在求得力 $\boldsymbol{F}$ 在坐标轴上的投影后，其大小和方向余弦可表示为

$$\begin{cases}F=\left|\boldsymbol{F}\right|=\sqrt{F_x^2+F_y^2+F_z^2}\\\cos(\boldsymbol{F},\boldsymbol{i})=\dfrac{F_x}{F},\quad\cos(\boldsymbol{F},\boldsymbol{j})=\dfrac{F_y}{F},\quad\cos(\boldsymbol{F},\boldsymbol{k})=\dfrac{F_z}{F}\end{cases}\tag{1.10}$$

【例 1.1】　棱边长为 a 的正立方体上作用有力 $\boldsymbol{F}_1$、$\boldsymbol{F}_2$，如图 1.18 所示，试计算两力在三个坐标轴上的投影。

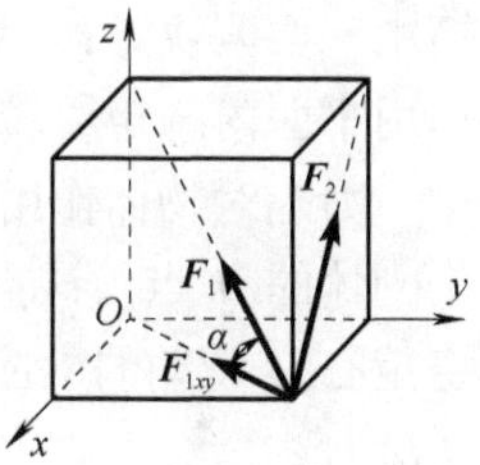

图 1.18

解：求 $\boldsymbol{F}_1$ 在坐标 x、y 轴上的投影可应用二次投影法。首先将 $\boldsymbol{F}_1$ 投影到 Oxy 平面内得到力矢量 $\boldsymbol{F}_{1xy}$，由图 1.18 所示，$\cos\alpha=\dfrac{\sqrt{6}}{3}$，故力 $\boldsymbol{F}_{1xy}$ 的大小为

$$F_{1xy}=F_1\cos\alpha=\frac{\sqrt{6}F_1}{3}$$

然后再将力 $\boldsymbol{F}_{1xy}$ 向 x、y 轴投影，得到力 $\boldsymbol{F}_1$ 在这两坐标轴上的投影：

$$F_{1x}=-F_{1xy}\sin45^\circ=\frac{-\sqrt{3}}{3}F_1$$

$$F_{1y}=-F_{1xy}\cos45^\circ=\frac{-\sqrt{3}}{3}F_1$$

而 $\boldsymbol{F}_1$ 在 z 轴上的投影为

$$F_{1z}=F_1\sin\alpha=\frac{\sqrt{3}}{3}F_1$$

同理，可求出 $\boldsymbol{F}_2$ 在三个坐标轴上的投影，分别为

$$F_{2x}=-F_2\cos45^\circ=-\frac{\sqrt{2}}{2}F_2$$

$$F_{2y}=0$$

$$F_{2z}=F_2\sin45^\circ=\frac{\sqrt{2}}{2}F_2$$

1.3　力　　矩

力对物体作用的外效应，一般分为平动和转动两种。如图 1.1(a)所示的小车受力做平动，以及常见的用扳手拧螺丝使扳手转动的情形。力沿作用线的平移效应由力矢量的大小和方向来决定，而力的转动效应则决定于**力矩**。力矩又分为力对点之矩和力对轴之矩，在静力学中具有重要意义。

1.3.1　力对点之矩

力对点之矩，是力使物体绕某点(称为**力矩中心**，简称**矩心**)转动效应的量度，也是力学中的一个重要概念。在物理学中，平面上的力对点(矩心)之矩的效应取决于力 $\boldsymbol{F}$ 与力臂 h 的乘积和转向，如图 1.19 所示。因此，力对点之矩可用代数量表示为

$$M_O(\boldsymbol{F}) = \pm Fh$$

式中，正负号表示力矩的转向，规定使物体绕矩心逆时针转动为正，反之为负。

在空间中，力使物体绕某点转动的效应，除了取决于力与力臂的乘积和转向外，还取决于力与矩心组成的平面方位，因为平面方位不一样，作用效果也不同。在空间中，力对点之矩由三要素决定：①力的大小与力臂的乘积；②力和矩心所决定的平面的方位；③力在力矩作用平面内绕矩心转动的转向。

力矩对物体作用的三要素可用矢量概括和表示，如图 1.20 所示。空间中的某一个力作用于刚体的 A 点，该点在直角坐标下的矢径为 $\boldsymbol{r}$，B 点为力矢的端点。可以证明，力 $\boldsymbol{F}$ 使刚体绕矩心 O 转动的效应可以用力作用点 A 的位置矢径 $\boldsymbol{r}$ 与力 $\boldsymbol{F}$ 的矢积表示，即

$$\boldsymbol{M}_O(\boldsymbol{F}) = \boldsymbol{r} \times \boldsymbol{F} \tag{1.11}$$

式中，$\boldsymbol{M}_O(\boldsymbol{F})$ 称为**力 $\boldsymbol{F}$ 对 O 点之矩矢**，其方向垂直于 $\boldsymbol{r}$ 和 $\boldsymbol{F}$ 所构成的平面，指向按右手螺旋定则决定，如图 1.20 所示。

1-5

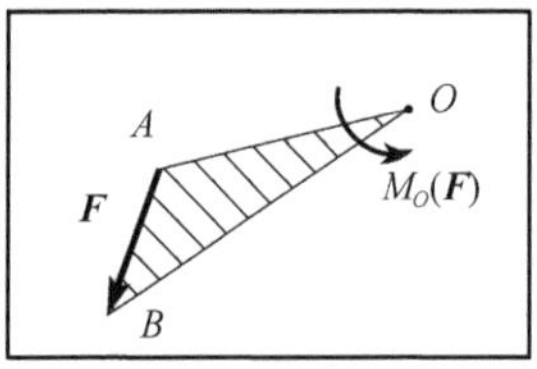

图 1.19

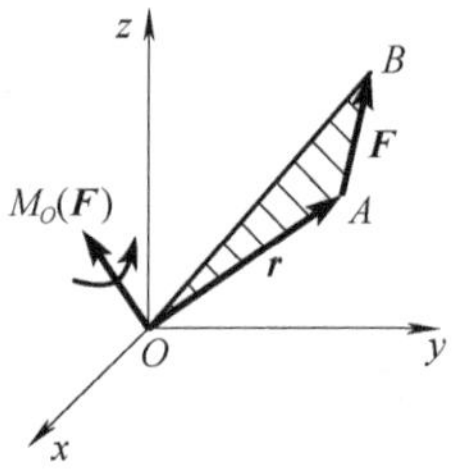

图 1.20

若以 (x, y, z) 和 $(F_x，F_y，F_z)$ 分别表示矢径 $\boldsymbol{r}$ 和力 $\boldsymbol{F}$ 在坐标轴 x、y、z 上的投影，则矢径 $\boldsymbol{r}$ 和力 $\boldsymbol{F}$ 的解析表达式分别为

$$\boldsymbol{r} = x\boldsymbol{i} + y\boldsymbol{j} + z\boldsymbol{k}\text{，}\qquad \boldsymbol{F} = F_x\boldsymbol{i} + F_y\boldsymbol{j} + F_z\boldsymbol{k}$$

力对点的矩的解析表达式则可表示为

$$\boldsymbol{M}_O(\boldsymbol{F}) = \boldsymbol{r} \times \boldsymbol{F} = (x\boldsymbol{i} + y\boldsymbol{j} + z\boldsymbol{k}) \times (F_x\boldsymbol{i} + F_y\boldsymbol{j} + F_z\boldsymbol{k}) \tag{1.12a}$$

或

$$M_O(F) = r \times F = \begin{vmatrix} i & j & k \\ x & y & z \\ F_x & F_y & F_z \end{vmatrix} = (yF_z - zF_y)i + (zF_x - xF_z)j + (xF_y - yF_x)k \tag{1.12b}$$

由式(1.12b)得到力矩矢 $M_O(F)$ 在三个坐标轴上的投影分别为

$$\begin{cases} [M_O(F)]_x = yF_z - zF_y \\ [M_O(F)]_y = zF_x - xF_z \\ [M_O(F)]_z = xF_y - yF_x \end{cases} \tag{1.13}$$

在国际单位制中，力对点之矩的单位是 N·m(牛顿·米)或 kN·m(千牛顿·米)。

1.3.2　合力矩定理

若将作用于 A 点的力 F_R 按六面体法则分解为 F_1、F_2 和 F_3 的合力，如图 1.21 所示，即

$$F_R = \sum F$$

用矢径 r 左叉乘此式两端各项，得

$$r \times F_R = r \times \sum F = \sum r \times F \tag{1.14}$$

表明**合力对 O 点之矩矢等于各分力对同一点的矩矢的矢量和**，或表示为

$$M_O(F_R) = \sum M_O(F) \tag{1.15}$$

这就是**合力矩定理**，它表明了合力对某点之矩与分力对同一点之矩之间的关系，此关系可以推广到有限个分力的情形，在后面将证明合力矩定理对于任意力系也成立。

对于各力都位于同一平面的平面力系，力对点之矩用代数量描述即可，故式(1.15)成为代数式，即

$$M_O(F_R) = \sum M_O(F) \tag{1.16}$$

即，**平面力系的合力对任一点之矩等于各力对同一点之矩的代数和。**

利用合力矩定理有时可方便地求力对点(轴)之矩，例如，求如图 1.22 所示的力对点之矩，直接求力 F 对 O 点之矩时，力臂 h 不易求，但将力沿坐标轴方向分解，再由合力矩定理求解则较方便，即

$$\begin{aligned} M_O(F) &= F \cdot h = M_O(F_y) + M_O(F_x) \\ &= xF_y - yF_x \end{aligned}$$

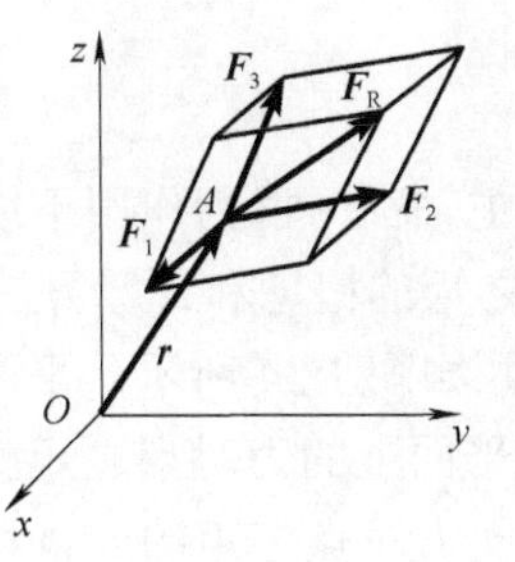

图 1.21

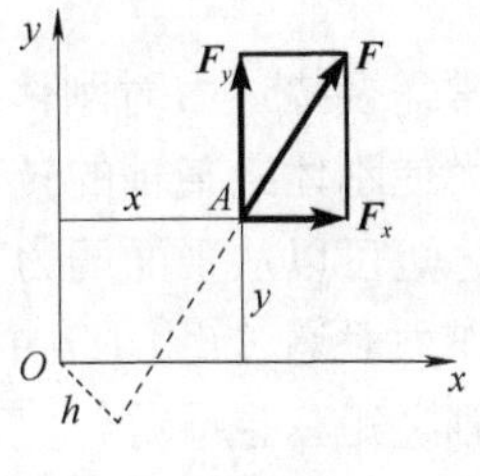

图 1.22

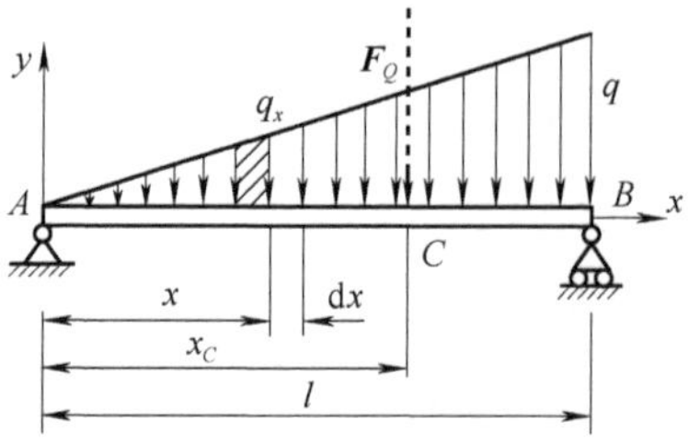

图 1.23

【例 1.2】 水平梁 AB 受三角形分布载荷的作用，如图 1.23 所示，分布载荷集度的最大值为 q(N/m)，梁长变为 l，试求合力作用线的位置。

解：先求分布载荷的合力 $\boldsymbol{F}_Q$，取梁的 A 端为原点，取坐标如图 1.23 所示。在 x 处取微段 dx，作用在此段的分布载荷集度为 q_x，根据几何关系 $q_x = \dfrac{x}{l}q$，在 dx 长度上合力的大小为 q_xdx，而整根梁上的合力为

$$F_Q = \int_0^l q_x \mathrm{d}x = \int_0^l q\frac{x}{l}\mathrm{d}x = \frac{q}{l}\left[\frac{x^2}{2}\right]_0^l = \frac{1}{2}ql \tag{a}$$

设合力 $\boldsymbol{F}_Q$ 的作用线距 A 端的距离为 x_C，则合力 $\boldsymbol{F}_Q$ 对点 A 之矩为

$$M_A(\boldsymbol{F}_Q) = F_Q x_C \tag{b}$$

另一方面，dx 微段的合力 q_xdx 对点 A 的力矩为 $q_x \mathrm{d}x \cdot x$，则每个微段的力对 A 点之矩的代数和可用如下积分求出：

$$M_A(\boldsymbol{F}_Q) = \int_0^l x q_x \mathrm{d}x = \int_0^l \frac{q}{l}x^2 \mathrm{d}x = \frac{q}{l}\left[\frac{x^3}{3}\right]_0^l = \frac{1}{3}ql^2 \tag{c}$$

于是根据合力矩定理，式(b)与式(c)相等得

$$F_Q x_C = \frac{1}{3}ql^2 \tag{d}$$

将式(a)代入式(d)得到合力作用线位置坐标为

$$x_C = \frac{1}{3F_Q}ql^2 = \frac{2}{3}l$$

与三角形的几何特征对比，三角形分布载荷的合力正好与三角形分布载荷图形的面积相等，而合力作用点距梁 A 端 2/3 梁长处，正好是三角形分布载荷图形形心的 x 坐标。据此，在计算三角形分布载荷时，可应用这一规律直接计算，而不必积分。其他形式的分布载荷也有类似规律，读者可自行总结。

1.3.3　力对轴之矩

工程中常需要描述力对刚体绕某轴的转动，如机床的主轴在一群力作用下绕固定轴的转动。为描述力使刚体绕某轴的转动效应，在此介绍力对轴之矩的概念和计算方法。

力对轴之矩可以从平面的力对点之矩的概念加以推广。如图 1.24 所示，平面上的力对点之矩可以看作力对通过矩心 O 并垂直于平面的 z 轴之矩。平面上的力对点之矩就成了三维空间中的力对轴之矩，也就是，空间力对轴之矩的度量与平面力对点之矩的度量相同，都可用**代数量**描述，即

$$M_z = M_O(\boldsymbol{F}) = F_{xy}h = \pm 2S_{\triangle OAB}$$

式中，$S_{\triangle OAB}$ 为 $\triangle OAB$ 的面积。

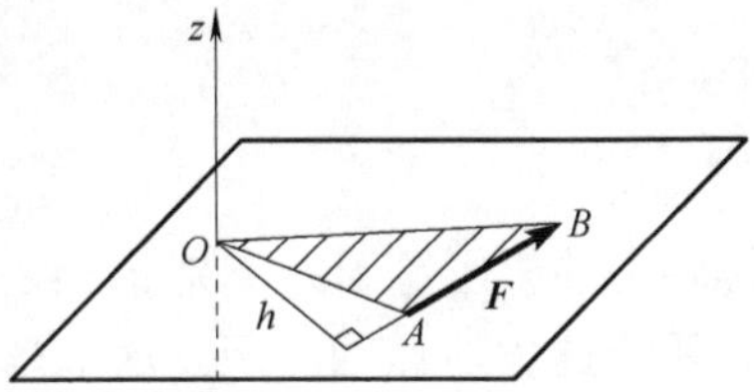

图 1.24

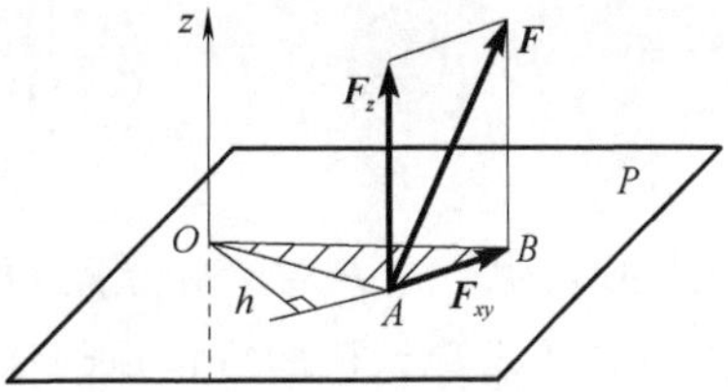

图 1.25

考察一般情况，设力 $\boldsymbol{F}$ 与转轴 z 不平行也不垂直，如图 1.25 所示。现考察 $\boldsymbol{F}$ 的转动效应。将力 $\boldsymbol{F}$ 沿 z 轴和垂直于 z 轴的平面 P 分解，其中分力 $\boldsymbol{F}_z$ 与 z 轴平行，对刚体无转动效应，故 $M_z(\boldsymbol{F}_z)=0$。而力 $\boldsymbol{F}_{xy}$ 位于平面 P 上，力对 z 轴的转动效应与图 1.24 类似，可由力对 z 轴与平面 P 的交点 O 之矩来度量。由此得到力对轴之矩的定义：**空间的力对轴之矩是力使刚体绕此轴转动的效应的度量，它等于此力在垂直于轴的任意平面上的投影对该轴与平面交点之矩**，即 1-6

$$M_z(\boldsymbol{F})=M_z(\boldsymbol{F}_{xy})=\pm F_{xy}h=\pm 2S_{\triangle OAB} \tag{1.17}$$

式中，正负号按右手螺旋定则确定。若大拇指与坐标轴正向相同时为正，反之为负，或从轴的正向看，若力的投影使刚体绕该轴逆时针转，则为正，顺时针为负。显然，**力对轴之矩是代数量**。

由式(1.17)可知，当力与转轴相交(h=0)或力与转轴平行($\boldsymbol{F}_{xy}=0$)时，力对轴之矩等于零。或者说，**力与转轴共面时，力对转轴之矩为零**。

现考察在直角坐标系中作用在刚体上 A 点的力 $\boldsymbol{F}$ 对各坐标轴之矩，如图 1.26 所示。如求力对 z 轴的矩，首先将 $\boldsymbol{F}$ 在垂直于 z 轴的 xy 平面上投影，得到 $\boldsymbol{F}_{xy}$；再计算力 $\boldsymbol{F}_{xy}$ 对轴与 xy 平面的交点 O 之矩。由合力矩定理，力 $\boldsymbol{F}$ 对 z 轴之矩为

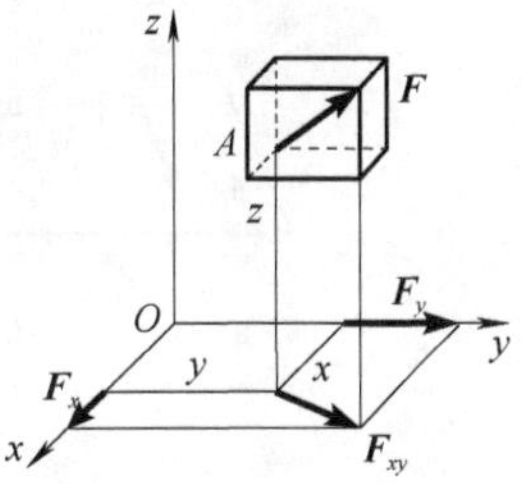

图 1.26

$$M_z(\boldsymbol{F})=M_O(\boldsymbol{F}_{xy})=xF_y-yF_x$$

同理，可求得力 $\boldsymbol{F}$ 对 x 轴和 y 轴的矩。于是力 $\boldsymbol{F}$ 对三个坐标轴之矩分别表示为 1-7

$$\begin{cases} M_x(\boldsymbol{F})=yF_z-zF_y \\ M_y(\boldsymbol{F})=zF_x-xF_z \\ M_z(\boldsymbol{F})=xF_y-yF_x \end{cases} \tag{1.18}$$

力对各坐标轴之矩正负号的确定与上述力对轴之矩正负号确定的方法相同。

1.3.4　力对点之矩与力对通过该点的轴之矩的关系

现考察力对点之矩矢与力对通过该点的轴之矩的关系。将力对点之矩矢在直角坐标轴上的投影式(1.13)与力对坐标轴之矩的式(1.18)进行对比，可知

$$\begin{cases}[M_O(\boldsymbol{F})]_x = M_x(\boldsymbol{F}) \\ [M_O(\boldsymbol{F})]_y = M_y(\boldsymbol{F}) \\ [M_O(\boldsymbol{F})]_z = M_z(\boldsymbol{F})\end{cases} \tag{1.19}$$

式(1.19)表明，力 $\boldsymbol{F}$ 对坐标原点 O 之矩矢在某坐标轴上的投影等于力 $\boldsymbol{F}$ 对该轴之矩。一般地，**力对某点之矩矢在通过该点的任一轴上的投影，等于此力对该轴的矩**。这就是力对点
1-8 之矩与力对通过该点的轴之矩的关系，利用此关系，在计算力对点之矩矢时不必求矢量的投影，而是求力对轴之矩，这给计算带来了很多方便。

应注意，上述关系中“任一轴”的方向可以任意，但必须通过矩心，否则上述关系不能成立。

1.4　力偶和力偶矩

1.4.1　力偶的表示

作用在刚体上大小相等，方向相反，作用线相互平行不共线的两个力组成的力系称为**力偶**，它是一个简单的特殊力系。如图 1.27(a)所示，力偶中两个力作用线之间的距离 d 称为**力偶臂**。力 $\boldsymbol{F}$ 和 $\boldsymbol{F}'$ 所在的平面称为**力偶作用面**，力偶常用符号($\boldsymbol{F}$，$\boldsymbol{F}'$)表示。

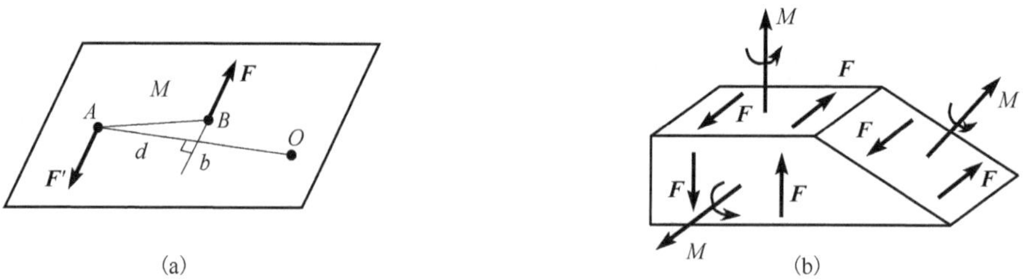

(a)　　(b)

图 1.27

由于力偶中两个力大小相等，方向相反，它们在任意轴上的投影之和恒等于零，表明它不能合成为不等于零的合力，力偶不能使刚体平移，而力偶中的两个力又不相平衡，其作用效果只能使刚体产生转动。由此可知，**力偶对刚体的作用效果是使刚体发生转动**。

力偶在工程和日常生活中较为常见，例如，汽车司机转动方向盘时，手加于方向盘上的两个大小相等、方向相反的力构成了力偶；拧水龙头时，手施加于阀门的两个力构成力偶；
1-9 攻丝时施加于丝扳手柄的两个平行力构成力偶。

由于力偶的合力恒为零，不能用一个力来与力偶等效代替，因而也不能用一个力与力偶平衡。这表明，**力偶只能与力偶等效，也只能用力偶来平衡**。力偶和力相互独立，是物体间相互产生机械作用的**基本力学量**。

力偶使刚体产生转动效应，这种效应可用力对点之矩来计算。设一个力偶如图 1.27(a)所示，现计算力偶的两个力对作用面内任一点的矩之和。由合力矩定理，力偶的大小为

$$M = M_O(\boldsymbol{F}') + M_O(\boldsymbol{F}) = \overline{OA}F' - \overline{Ob}F = (\overline{OA} - \overline{Ob})F = Fd$$

由此可知，力偶对作用面内任一点之矩可用 Fd 度量，而与矩心位置无关。在力偶作用面内，考虑力偶的转向，可用代数量 $M = \pm Fd$ 表示，称为**力偶矩**，其中正号表示逆时针转动，

而负号表示顺时针转动。显然，力偶矩表示了力偶对刚体的作用，也就是力偶在其作用面内的作用效果取决于**力偶矩**。

如果只在平面上考虑问题，即力偶系中各力偶作用面均位于该平面上，则称为平面力偶系，其中每个力偶都可用代数量描述，因此**平面力偶是代数量**。

在三维空间，力偶对刚体的作用效应不仅与力偶的大小和转向有关，而且还与力偶作用面的方位有关。如图 1.27(b)所示，力偶在不同方位作用面上对刚体作用：力偶在水平面上时使刚体在水平面内转动；在垂直面上时使刚体在垂直面内转动；而在任意平面上时对刚体的作用效果又不相同。总之，空间力偶对刚体的作用效果取决于三个因素，即力偶的**大小**、**转向**和**作用面方位**。可用垂直于力偶作用面的矢量概括此三因素，称为**力偶矩矢**，其中矢量的指向表示力偶作用面法线方向，长度表示力偶大小；力偶转向按右手螺旋定则决定，即右手拇指与力偶矩矢指向相同，其余四指握成拳时，四指指向表示力偶的转向。

力偶矩矢常用符号 $\boldsymbol{M}(\boldsymbol{F}, \boldsymbol{F}')$ 或 $\boldsymbol{M}$ 表示，如图 1.27(b)所示，因此力偶对刚体的作用取决于力偶矩矢。

1.4.2　力偶的等效定理及力偶的性质

1. 力偶的等效定理

力偶矩矢是力偶对刚体转动效应的度量，因此**两力偶等效的条件是它们的力偶矩矢相等**。换言之，两个力偶矩矢相等的力偶等效。

2. 力偶的性质

由前面的分析可得到力偶的第一个性质。

性质 1　力偶不能与一个力等效，因此不能用一个力与之平衡。

如图 1.28(a)所示的方向盘，只要力偶矩不变，在方向盘的 A、B 两点加力和在 C、D 两点加力时，方向盘的转动效果是相同的；又如图 1.28(b)所示的螺丝刀，在力偶矩不变的情况下，手握手柄的上端或下端，都不会影响力偶对螺丝刀的作用。原因在于，力或力偶位置的变化都没有改变力偶矩或力偶矩矢，故不影响力偶的作用，于是得到力偶的第二个性质。

1-10

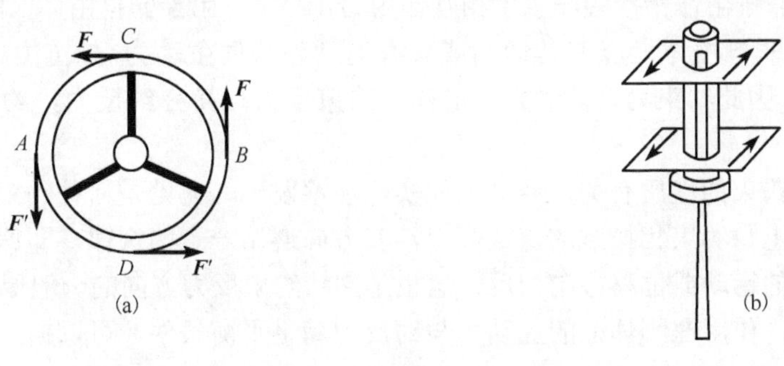

图 1.28

性质 2　力偶可在作用面内任意移转或移到任一平行于作用面的平面上而不改变力偶对刚体的作用效应。

性质 2 表明**力偶矩矢是自由矢量**，根据 $M = \pm Fd$ 易得力偶的第 3 个性质。

性质 3　力偶在保持其大小和转向不变的情况下，可以同时改变力的大小和力偶臂的长短而不改变力偶对刚体的作用。

根据此性质，给定力偶矩时，不必划分其中力的大小和力偶臂的长短，而用一个弯箭头表示力偶，如图 1.29 所示。

图 1.29

1.5　物体的受力分析及受力图

在研究物体的受力及力的作用效果时，首先要确定所研究的物体，即**研究对象**，以什么样的方式受什么样的力、受几个力等。为此要对物体进行受力分析，确定研究对象自身受力及与周围物体之间的受力关系，这种受力关系的图形表示称为**受力图**。

1.5.1　自由体与非自由体、约束与约束反力

在进行物体受力分析之前，需要引入约束的概念及研究约束反力的性质。因此，先介绍力学中的自由体和非自由体的概念。能在空间任意移动的物体，称为**自由体**，如在空中飞行的飞机、飞行的鸟儿、飞行的子弹，以及在太空中飞行的飞船、卫星等。在空间中某些运动或位移受到限制的物体称为**非自由体**，如在铁轨上运行的机车只能在轨道上运行，其运动受到限制，故为非自由体。工程中大多数结构构件或机械零部件的某些位移或运动都会受到限制，所以都是非自由体。

很显然，非自由体之所以不能在空间任意运动，是因为它的某些运动或位移受到限制，将这种限制称为**约束**。约束的作用总是通过某物体来实现的，因此也将**约束定义**为：**对非自由体的某些运动或位移起限制作用的物体**。例如，铁轨是机车的约束，车床中轴承是主轴的约束等。约束与非自由体相接触产生了相互作用力，约束作用于非自由体上的力称为**约束力**。约束力由作用于非自由体上能使其运动或具有运动趋势的**主动力**(如重力、弹性力、风力、水压力等)产生，因此约束力是被动力，也称为**约束反力**，简称**约反力**，约束反力一般是未知的。

约束反力与约束的性质有关，经大量的实际观察发现，无论是何种约束，约束反力都作用在被约束物体上与约束相接触的点或面上，其方向遵循一定的规律，即**约束反力的方向始终与被约束物体的运动或位移方向相反**，这也是判断约束反力方向的一般原则。

在静力学中，作用在刚体上的主动力与约反力满足平衡条件，可以据此来确定约束反力的大小。

1.5.2　工程中常见约束的分类及其约束反力

约束反力是通过约束和被约束物体相互接触而产生的，这种接触力的特征与接触面的物理性质和约束的结构形式有关。按约束的物理性质，对于工程中常见的约束形式，可分为**柔性约束**和**刚性约束**两大类。

1. 柔性约束

柔性约束通常指不能承受压缩和弯曲而只能承受拉伸的细长柔软体，如不可伸长的绳索、皮带、链条等的约束。如图 1.30(a)、(c)所示的重物及皮带轮中的绳和皮带都是柔性约束，约束反力如图 1.30(b)、(d)所示。可以看出，约束反力遵循一定的规律，即**柔性约束反力作用点在接触点，方向始终沿柔性体的轴线，背离被约束物体**。

1-11

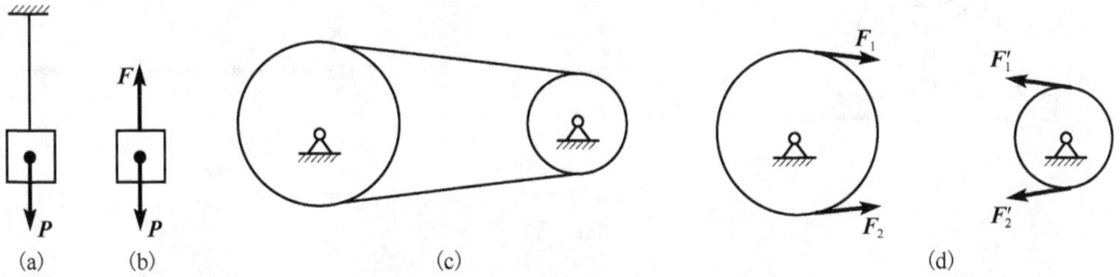

图 1.30

2. 刚性约束

刚性约束指被约束物体与约束之间的接触为刚性接触，工程中常分为以下几种。

1) 光滑面约束

当被约束物体与约束之间的摩擦可以忽略不计时，它们之间的约束为光滑面约束。光滑面约束不能限制物体在接触点公切面上的任何位移，如图 1.31 所示，而只能限制物体沿接触公法线方向指向支承面的位移。刚性光滑面约束反力的特点是，**约束反力作用在接触点处，沿两物体接触表面的公共法线方向，指向被约束物体**。由于约反力总是沿公法线方向，也称为**法向反力**。

图 1.32(a)和 1.32(b)分别为杆和圆柱的受力情况，约束反力的方向均沿接触处公法线方向指向被约束物体。应注意，对于如图 1.32(a)所示的直线边与尖点接触的光滑面约束，过尖点处的切线有无数条，而与相接处的直线边的公切线只有一条，因此约束反力均垂直于直线边。

1-12

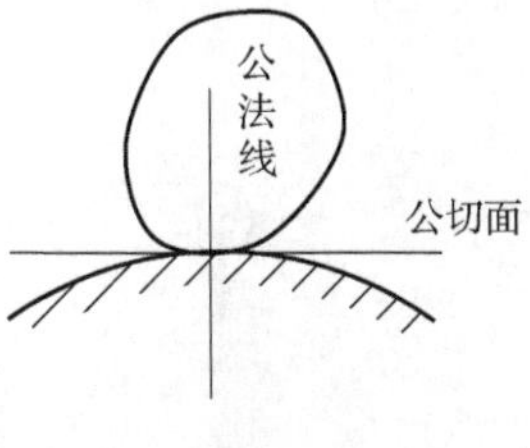

图 1.31

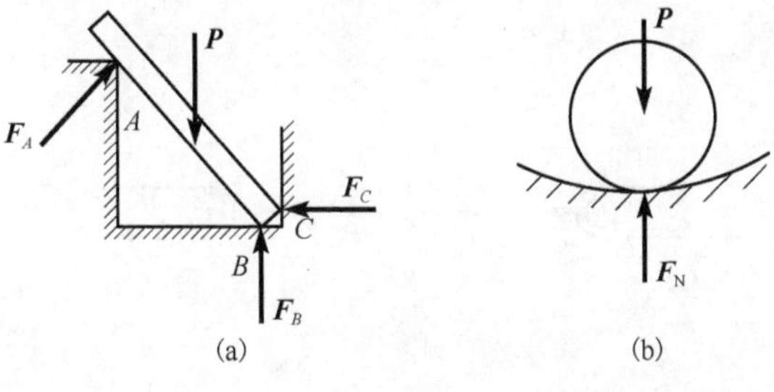

图 1.32

2) 光滑圆柱形铰链约束

光滑圆柱形铰链约束包含向心轴承、圆柱形铰链和固定铰支座、滚动支座等，在工程中较常见。

(1) 向心轴承。

如图 1.33(a)所示，向心轴承在机器中是对转轴的约束，它允许轴在孔内任意转动，但它限制转轴在垂直于轴线任意方向的位移。不计摩擦，其约束性质与光滑面约束相同。当轴与轴承在点 A 接触时，约束反力 $\boldsymbol{F}_A$ 过接触点 A 沿公法线指向轴心，如图 1.33(a)所示。实际上，接触点的位置与作用在轴上的其他力有关，很难预先确定，导致约反力的方向也无法确定。这时可应用平行四边形法则将约反力用相互正交的分力来代替。向心轴承的力学模型如图 1.33(b)、(c)所示。

1-13

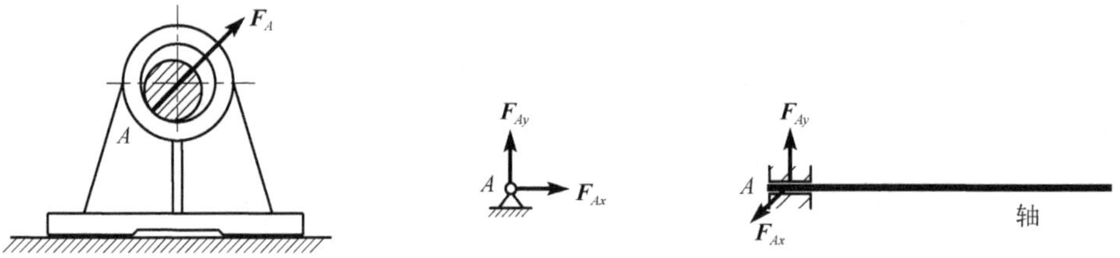

(a)　(b)　(c)

图 1.33

(2)圆柱形铰链和固定铰支座。

工程中常在两个构件 A、B 上加工相同直径的柱孔，并用一个圆柱形销钉将两构件连接在一起，这种连接称为**铰链**，如图 1.34(a)所示，三部分拆开如图 1.34(b)所示。铰链所连接的两个构件互为约束，其特点是限制构件的任意径向的相对位移，而不能限制构件绕轴销的相对转动和平行于轴销轴线的位移。由于柱孔与柱销光滑接触，约束反力通过接触点垂直于销钉并指向销钉中心。与向心轴承类似，销钉与构件的接触点的位置不易找到，故约束反力用两个正交分力来表示。构件 A、B 与销钉 C 的约束力如图 1.34(c)所示。力符号上有“′”，表示反作用力，即 $\boldsymbol{F}_{Ax}$ 与 $\boldsymbol{F}'_{Ax}$， $\boldsymbol{F}_{Ay}$ 与 $\boldsymbol{F}'_{Ay}$， $\boldsymbol{F}_{Bx}$ 与 $\boldsymbol{F}'_{Bx}$， $\boldsymbol{F}_{By}$ 与 $\boldsymbol{F}'_{By}$ 是作用力与反作用力。若销钉上不受其他力或不单独研究销钉受力时，可将销钉与其中一个构件合为一体。如将 A 和 C 合为一体，构件 A、B 的约束与约束反力如图 1.34(d)所示。

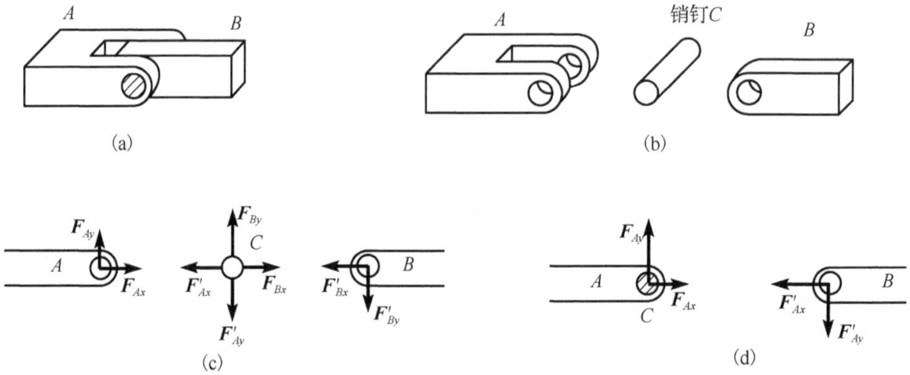

(c)　(d)

图 1.34

若将铰链约束中的某一构件固定，如图 1.35(a)所示，则称为**固定铰支座**。它限制构件在固定铰支座处的任何位移，但不限制转动，约束特点与向心轴承相同。固定铰支座力学模型的常见形式及支反力如图 1.35 和图 1.36 所示。

1-14

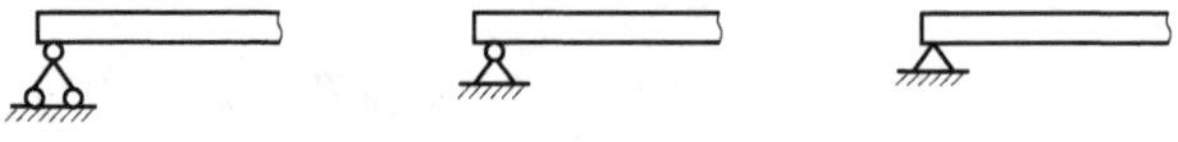

(a)　(b)　(c)

图 1.35

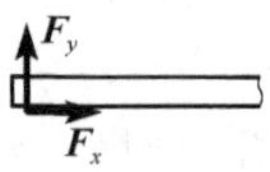

图 1.36

(3)滚动支座(辊轴支座)。

若上述固定铰支座底部不固定，而是放在辊轴上，如图 1.37(a)所示，则称为滚动支座或辊轴支座，其简图如图 1.37(b)所示。它可以沿支承面移动，只对被约束构件在垂直于支承面方向有约束，因此与光滑面约束的性质相同，其约束反力的方向垂直于支承面，并通过铰链中心指向被约束构件，如图 1.37(c)所示。工程中的桥梁、屋架等结构中常使用滚动支座。

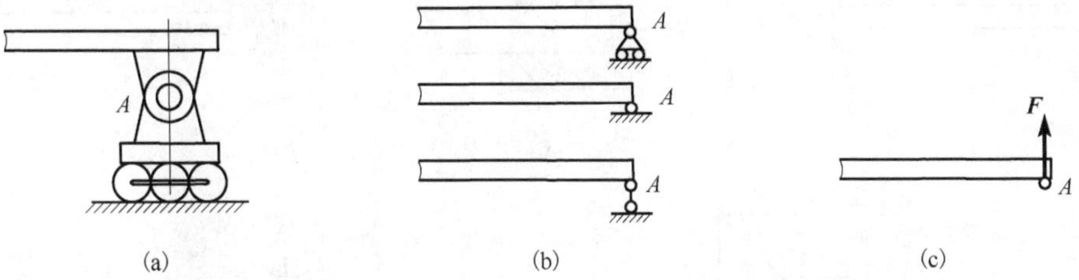

1-15

图 1.37

3)球形铰链约束

球形铰链简称球铰，是一种空间约束，其结构形式如图 1.38(a)所示。构件的一端为球形，它被约束在固定的球窝中。球铰使球心无法产生任何的位移，但可绕球心任意转动。若不计摩擦，其约束性质与光滑面约束相同，约束反力通过球心，因接触点的位置一般不易确定，常将约束反力分解为相互垂直的三个力，如图 1.38(c)所示。

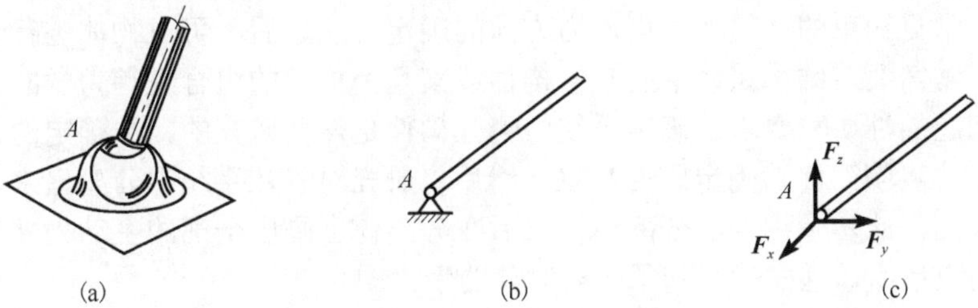

1-16

图 1.38

4)止推轴承

止推轴承是机器中常用的约束，其结构如图 1.39(a)所示，也是一种空间约束。与向心轴承的不同之处在于，它不仅限制轴在垂直于轴线平面内的任意运动，而且限制其沿轴向的位移，因此增加了沿轴向的约束分力，约束简图与约束反力如图 1.39(c)所示。

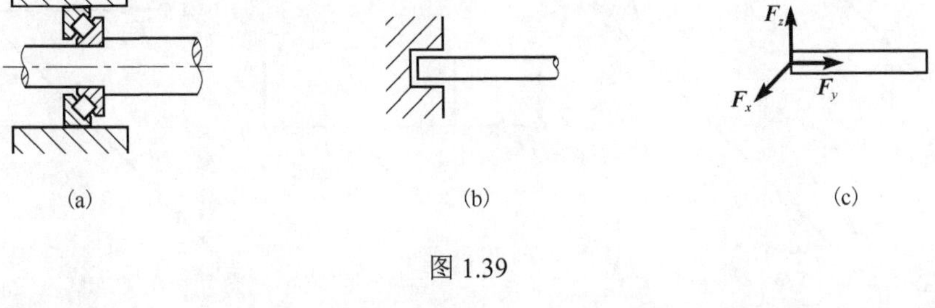

1-17

图 1.39

5)固定端约束

固定端约束是常见的约束形式，如固定在房屋墙内的雨篷、阳台，固定在地面的电线杆，夹持在车床上的车刀等都是固定端约束。它的特点是构件在固定端处不能有任何移动和转动，因此有限制构件移动的约束反力和限制转动的约束反力偶(图 1.40)。平面上的固定端约束反力用两个正交分力表示，反力偶用平面力偶表示，如图 1.40(c)所示。而空间力偶的约束反力用坐标的三个正交分力表示，反力偶矩矢也用沿坐标轴的三个分量表示，如图 1.40(e)所示。

1-18

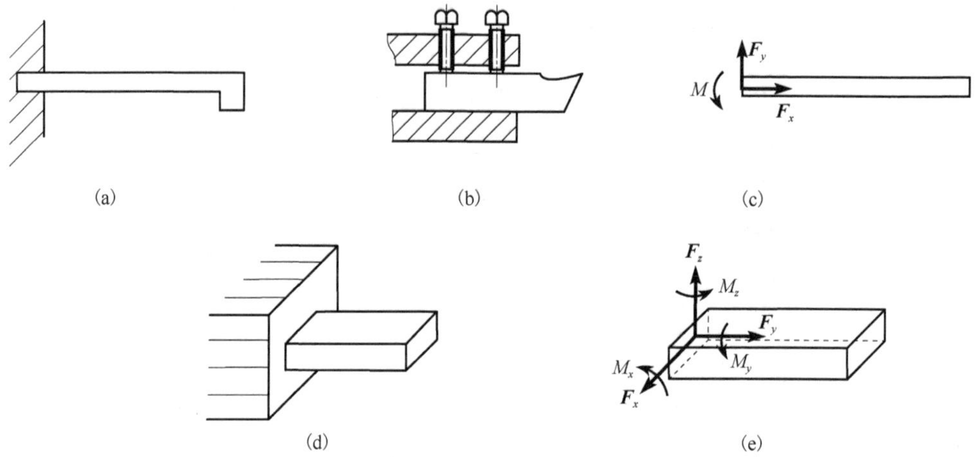

图 1.40

1.5.3　物体的受力分析方法及步骤

在了解了常见约束的性质及约束反力方向的确定方法之后，可对物体进行受力分析。对于工程问题，常需要对结构系统中的某一构件或某几个构件的组合进行力学的计算。这时，首先要根据问题的性质和要求，确定系统中哪些构件是需要研究的，被确定的物体或构件称为**研究对象**，此步骤简称为**确定研究对象**。然后将研究对象从系统中分离出来，单独画出该物体的轮廓简图，此步骤称为**取分离体**。最后在分离体上画出全部的主动力并根据约束情况画出全部的约束反力，这样就得到了研究对象的**受力图**。

正确地画出受力图是解决静力学问题的一个非常重要的步骤，应**熟练掌握**。以下举例说明受力分析方法。

【例 1.3】　三角形支架简图如图 1.41(a)所示，杆 *AB* 在 *A* 端与一个固定铰支座连接，点 *D* 处由铰链与杆 *CD* 相连接，*CD* 杆在 *C* 端与固定铰支座连接。在杆 *AB* 上作用有外力 $\boldsymbol{F}_1$ 和 $\boldsymbol{F}_2$，不计杆件自重，试绘出杆 *CD*、*AB* 及整体受力图。

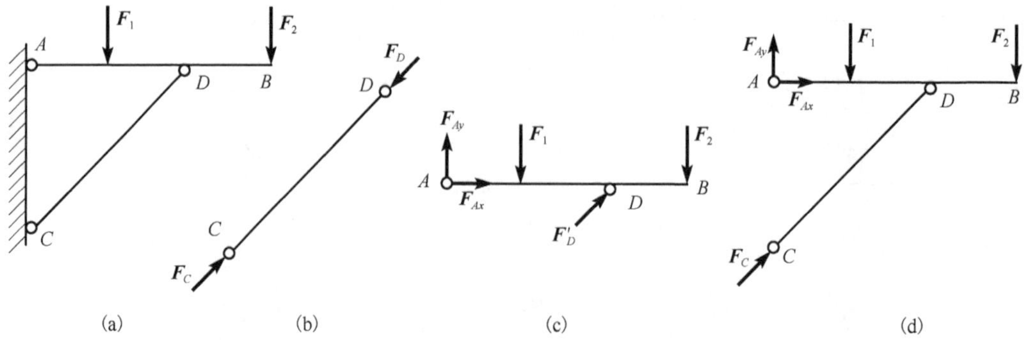

图 1.41

解：由题意，以杆 *CD* 为研究对象，并从三角架中取出，如图 1.41(b)所示。由于不计杆重，杆 CD 只在约束处(C 和 D 两点)受力，故为二力杆。$\boldsymbol{F}_C$ 和 $\boldsymbol{F}_D$ 大小相等，方向相反，沿杆轴线。再取 AB 杆为研究对象并单独画出，如图 1.41(c)所示。先将已知力 $\boldsymbol{F}_1$ 和 $\boldsymbol{F}_2$ 画出，再画约束反力，在铰链 D 处，杆 AB 与杆 CD 连接，而 D 处的受力 $\boldsymbol{F}_D'$ 与杆 CD 在 D 处的受力 $\boldsymbol{F}_D$ 是作用力和反作用力。在铰链 A 处，由于约束反力的方向不能确定，故用两个正交力 $\boldsymbol{F}_{Ax}$ 和 $\boldsymbol{F}_{Ay}$ 表示。最后再以整体为研究对象，受力如图 1.41(d)所示。

【例 1.4】　如图 1.42(a)所示的三铰拱桥简化图形，AC 和 CB 部分用铰链 C 连接，A 和 B 用固定铰支座与地面连接，因为用三铰连接形成拱桥，所以称为三铰拱桥。现在 AC 部分作用有力 $\boldsymbol{F}$，不计自重，试绘出 AC、CB 部分和整体的受力图。

1-19

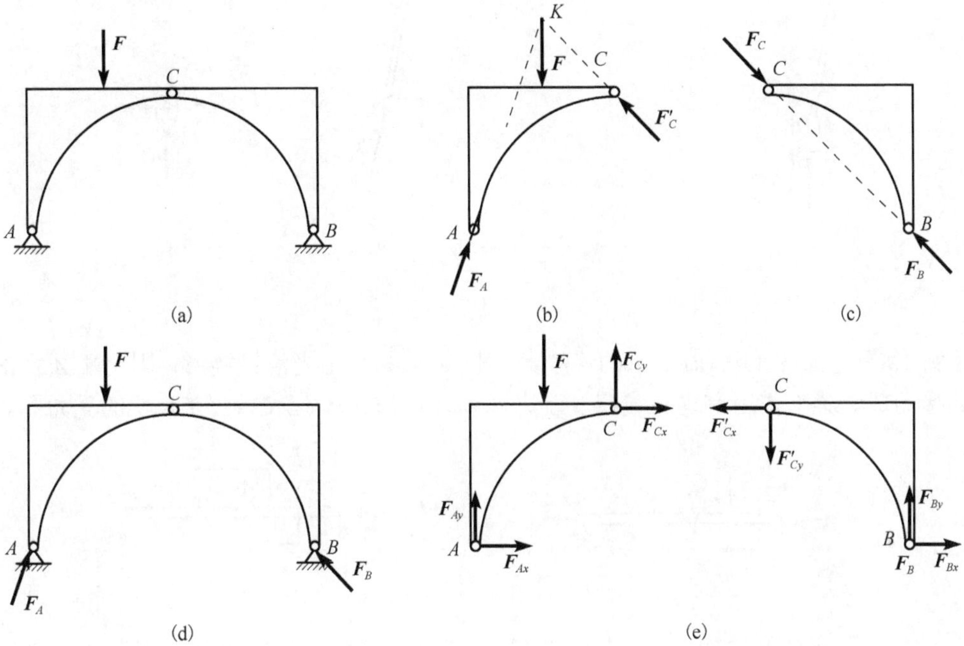

图 1.42

解：按题意，先分别取 AC 和 CB 为研究对象，并将铰链销钉与 AC 或 CB 固连，如图 1.42(b)、(c)所示。因不计自重，CB 为二力构件，受力情况如图 1.42(c)所示。对于 AC 部分，受主动力和铰链 A 及 C 处共三个力，其中主动力和点 C 处的约束力方向已知并且作用线相交于点 K。根据三力平衡汇交定理，A 支座的约反力作用线必过汇交点 K，于是确定出 $\boldsymbol{F}_A$ 的方向，如图 1.42(b)所示。最后以整体为研究对象，由于支座 A 和 B 的约束反力已确定出，整体受力如图 1.42(d)所示。

从以上两例可以看出，在确定约束反力方向时，根据研究对象受力情况可以应用二力平衡公理和三力平衡汇交定理确定约反力的方向。在应用平衡方程计算约束反力时，为求解方便，并不强求预先确定出约束反力的方向。例如，例 1.4 中的三铰拱可以画成如图 1.42(e)所示的受力图。

【例 1.5】　曲柄冲压机简图如图 1.43(a)所示，由皮带轮、连杆和滑块组成，其中大皮带轮 A 的重量为 $\boldsymbol{P}$、滑块 C 上作用有来自工件的阻力 $\boldsymbol{F}$，其他构件自重不计，系统处于平衡。试作皮带轮 A、连杆 BC 及滑块 C 的受力图。

解：在系统中可以判断出杆 BC 为二力杆，故先以杆为研究对象，受力如图 1.43(b)所示。

再以轮 A 为研究对象并从系统中取出，作用在上面的力有主动力 $\boldsymbol{P}$、支座 A 的约束反力 $\boldsymbol{F}_{Ax}$ 和 $\boldsymbol{F}_{Ay}$、皮带的约束反力 $\boldsymbol{F}_1$ 和 $\boldsymbol{F}_2$ 及杆 BC 的约束力 $\boldsymbol{F}_B'$，其受力图如图 1.43(c)所示。最后以滑块 C 为研究对象，其上受工件阻力 $\boldsymbol{F}$、BC 杆的约束力 $\boldsymbol{F}_C'$ 和滑道的水平法向反力 $\boldsymbol{F}_{\rm N}$，受力图如图 1.43(d)所示。

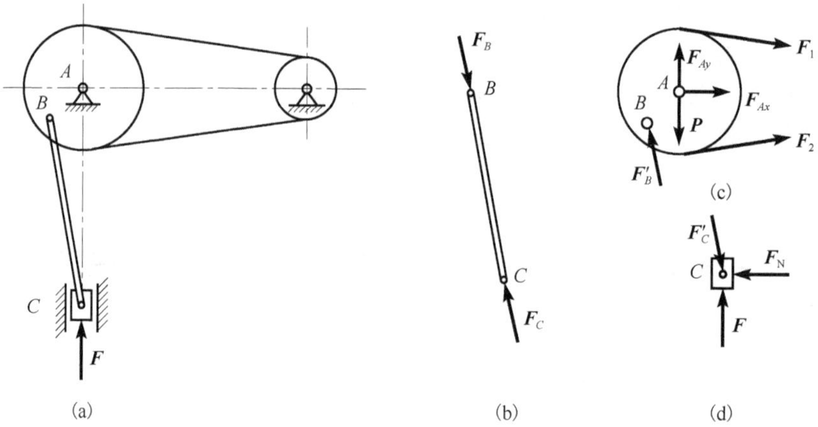

图 1.43

【例 1.6】　如图 1.44(a)所示的连续梁，长度为 $4a$，由光滑铰链 C、固定端 A 及滚动支座 B 连接而成。梁上作用有均布载荷 q 及力偶 M，试作整体、AC 梁、CB 梁的受力图。

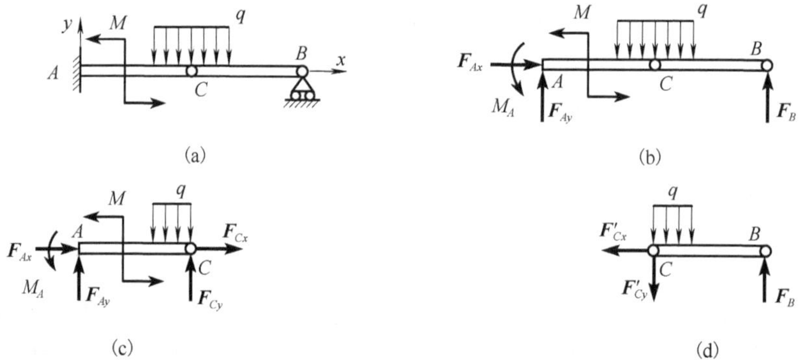

图 1.44

解：以整体为研究对象。作用在梁上的主动力有力偶 M 和均布力 q(也称为分布载荷或分布集度，表示单位长度分布力的集中程度，单位为 N/m)；在 B 处为滚动支座，约束反力为 $\boldsymbol{F}_B$，方向垂直向上；A 处为固定端，约束反力为 $\boldsymbol{F}_{Ax}$ 和 $\boldsymbol{F}_{Ay}$，并有约束反力偶 M_A，转向设为正向，受力图如图 1.44(b)所示。

再以 AC 梁为研究对象，作用在上面的主动力有力偶 M 和均布力 q；约束反力有 A 处固定端的 $\boldsymbol{F}_{Ax}$、$\boldsymbol{F}_{Ay}$ 和 M_A，铰链 C 处的 $\boldsymbol{F}_{Cx}$、$\boldsymbol{F}_{Cy}$，受力图如图 1.44(c)所示。

最后以 CB 梁为研究对象，作用在其上的主动力有均布载荷 q，B 处的约束反力 $\boldsymbol{F}_B$ 和 C 处的约束反力 $\boldsymbol{F}_{Cx}'$、$\boldsymbol{F}_{Cy}'$，它们与图 1.44(c)中的 $\boldsymbol{F}_{Cx}$、$\boldsymbol{F}_{Cy}$ 互为作用与反作用力，受力图如图 1.44(d)所示。

从以上各受力分析的例子，可归纳出准确画出受力图的步骤及注意点。

(1)取分离体。根据题意要求，确定研究对象，并将其从周围物体中取出，单独画出，称为取分离体。此步骤一定不能省略，否则无法表达清楚受力关系。

(2)画主动力。根据原结构的受力情况，把分离体承受的所有主动力(含力偶)画在分离体相应的位置上。

(3)画约束反力。根据约束的特征，在分离体与约束接触处画出与原约束等效的约束反力。应当注意，画约束反力时，对两个及以上物体组合的研究对象而言，只画其他物体对研究对象的**外力**，不需要画出研究对象内部各物体间的相互作用的**内力**。此外，在画两物体间的相互作用力时，要注意作用力与反作用力的方向。

画受力图时应画出作用在研究对象上的**全部**主动力和约束反力，不能多画或少画。

思　考　题

1-1　判断下列说法是否正确。

(1)在任何情况下，体内任意两点距离保持不变的物体称为刚体。

(2)物体在两个力作用下平衡的必要与充分条件是这两个力大小相等、方向相反，沿同一直线。

(3)加减平衡力系公理不但适用于刚体，而且也适用于变形体。

(4)力的可传性只适用于刚体，不适用于变形体。

(5)两点受力的构件都是二力杆。

(6)只要作用于刚体上的三个力汇交于一点，该刚体一定平衡。

(7)力的平行四边形法则只适用于刚体。

(8)矢量都可以应用平行四边形法则合成。

(9)只要物体平衡，就能应用加减平衡力系公理。

(10)凡是平衡力系，它的作用效果都等于零。

(11)合力总是比分力大。

(12)只要两个力大小相等，方向相同，它们对物体的作用效果就相同。

(13)平面上有一个力 $\boldsymbol{F}$，其作用点的位置坐标为 $A(x,y)$，则该力对点 $B(a,b)$ 的矩为

$$M_B(\boldsymbol{F})=F_y(x-a)-F_x(y-b)$$

(14)空间力 $\boldsymbol{F}$ 对一点的矩矢在任意轴上的投影等于空间力 $\boldsymbol{F}$ 对该轴的矩。

(15)空间中的两个力偶，其力偶矩的大小相等，则两力偶等效。

(16)空间力偶可以从刚体内的一个平面移到另一任意平面而不改变它对刚体的作用效果。

(17)如思图 1.1 所示的三铰拱，受力 $\boldsymbol{F}$、$\boldsymbol{F}_1$ 作用，其中 $\boldsymbol{F}$ 作用于铰 C 的销子上，则 AC、BC 都不是二力部件。

(18)桌子压地板，地板以反作用力支承桌子，此二力等值、反向、共线，所以桌子平衡不动。

1-2　思图 1.2 中，$\boldsymbol{F}_1$ 在 x 轴上和 y 轴上的投影分别为__________和__________；$\boldsymbol{F}_2$ 在 x 轴上和 y 轴上的投影分别为__________和__________；$\boldsymbol{F}_3$ 在 x 轴上和 y 轴上的投影分别为__________和__________；$\boldsymbol{F}_4$ 在 x 轴上和 y 轴上的投影分别为__________和__________。

1-3　思图 1.3 中，力 $\boldsymbol{F}$ 的大小为 F，它与 z 轴的夹角为 60°，它在 Oxy 面内的分量 $\boldsymbol{F}_{xy}$ 与 x 轴的夹角为 45°，力 $\boldsymbol{F}$ 作用点的坐标(单位：cm)为 $A(-2，2，2)$，则 $\boldsymbol{F}$ 在 x 轴上的投影为__________，$\boldsymbol{F}$ 在 y 轴上的投影为__________，$\boldsymbol{F}$ 在 z 轴上的投影为__________。

1-4　思图 1.3 中，力 $\boldsymbol{F}$ 对坐标原点的矩为__________，对 x 轴的矩为__________，对 y 轴的矩为__________，对 z 轴的矩为__________。

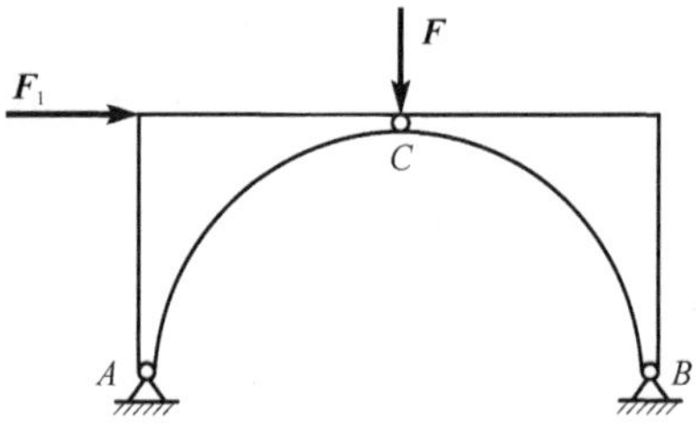

思图 1.1

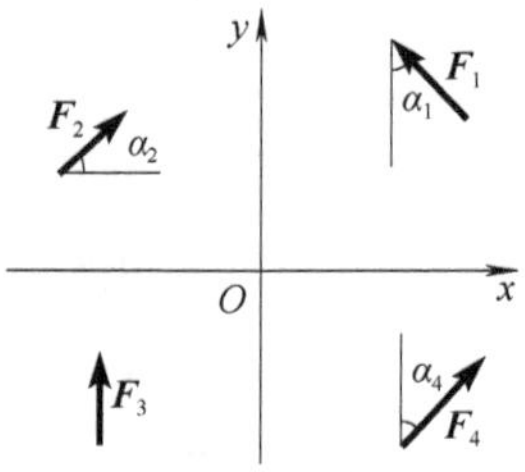

思图 1.2

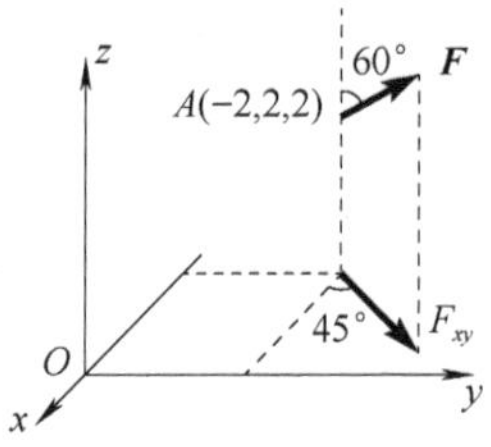

思图 1.3

1-5　平面问题的固定端约束，其约束反力的个数有__________个；空间问题的固定端约束，其约束反力的个数有__________个。

1-6　空间力偶的等效条件为__________，平面力偶的等效条件为__________。

1-7　将一个已知力 F 分解为 F_1 和 F_2 两个分力，要得到唯一解，其可能的条件为__________。

1-8　思图 1.4 中，求 A、B 和 C 处的约束反力时，力 $\boldsymbol{F}$ 不能沿其作用线滑动的情况应为图__________。

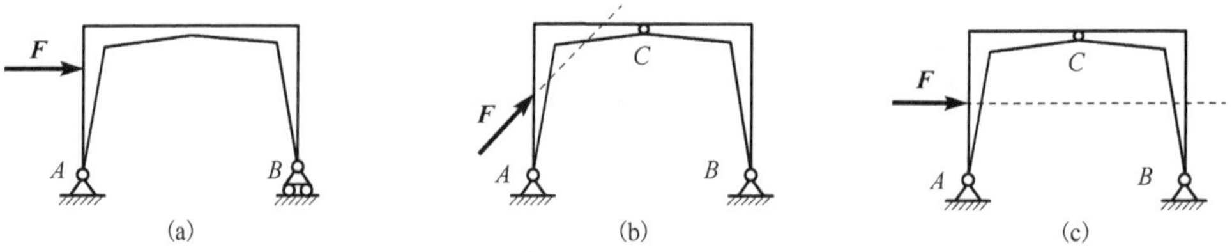

思图 1.4

1-9　在拔桩时，桩上已经作用一个铅垂方向夹角为 30° 的力 $\boldsymbol{F}$，如思图 1.5 所示。现欲再加一个力 $\boldsymbol{P}$，此力与铅垂直线的夹角为 α，为使力 $\boldsymbol{P}$ 和 $\boldsymbol{F}$ 的合力在铅垂方向，则__________。

A. 力 $\boldsymbol{P}$ 与铅垂线的夹角 α 必须等于 30°

B.　对于 $0° < \alpha < 90°$ 内的任何角 α，只要适当选择 $\boldsymbol{P}$ 力的大小，总可以使合力在铅垂方向上

C. 只要 $\boldsymbol{P}$ 与 $\boldsymbol{F}$ 大小相等，合力必在铅垂线上

1-10　凡是力偶__________。

A. 都不能用一个力来平衡

B. 都能用一个力来平衡

C. 有时能用一个力来平衡

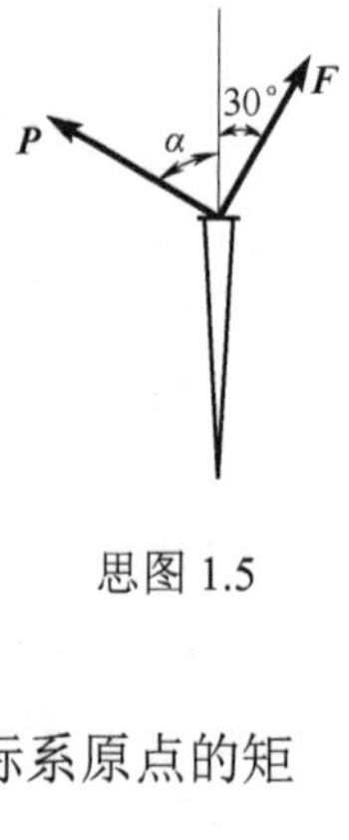

思图 1.5

1-11　已知力 $\boldsymbol{F}$ 的大小及其与 x 轴的夹角，可以确定________。

A. $\boldsymbol{F}$ 在 x 轴上的投影　　B. $\boldsymbol{F}$ 在 x 方向的分力　　C. $\boldsymbol{F}$ 对坐标系原点的矩

习　题

1.1　在题图 1.1 中，分别给出各力作用点的坐标(单位：cm)及方向，各力的大小为 F_1=5kN，F_2=10kN，F_3=30kN，求各力对坐标原点 O 的矩。

1.2　一平面力系如题图 1.2 所示，设 $\boldsymbol{F}_1$ 和 $\boldsymbol{F}_2$ 的大小均为 100N，作用点坐标(单位：cm)及方向如图所示；力偶矩 M_1 和 M_2 的大小分别为 300N·cm 和 450N·cm，转向如图所示。试求各力及各力偶在各坐标轴上的投影以及对坐标原点 O 的矩。

1.3　在正平行六面体上作用有大小均为 100N 的三个力 $\boldsymbol{F}_1$、$\boldsymbol{F}_2$、$\boldsymbol{F}_3$，如题图 1.3 所示，求各力对坐标轴的矩(本书未说明的长度单位默认为 mm)。

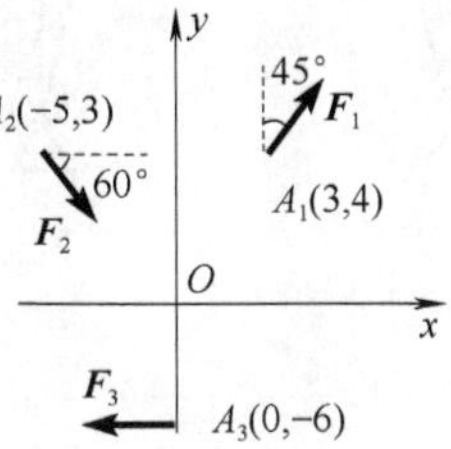

题图 1.1

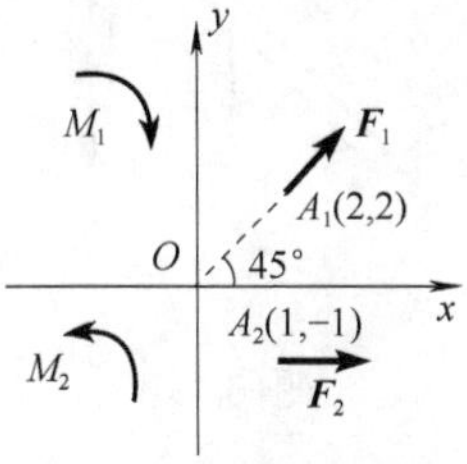

题图 1.2

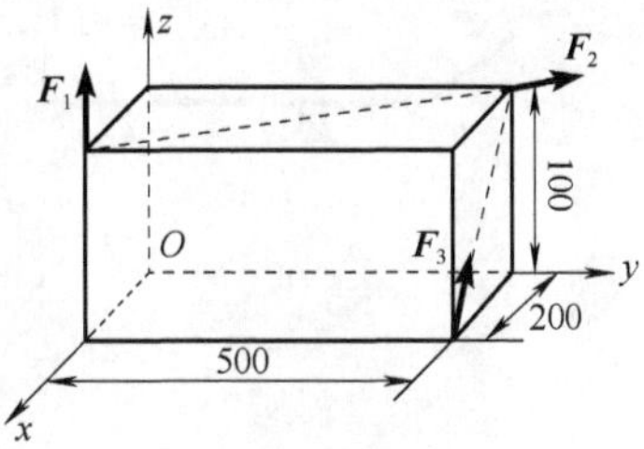

题图 1.3

1.4　在题图 1.4 中，不计各部件的自重，试画出指定部件的受力图。

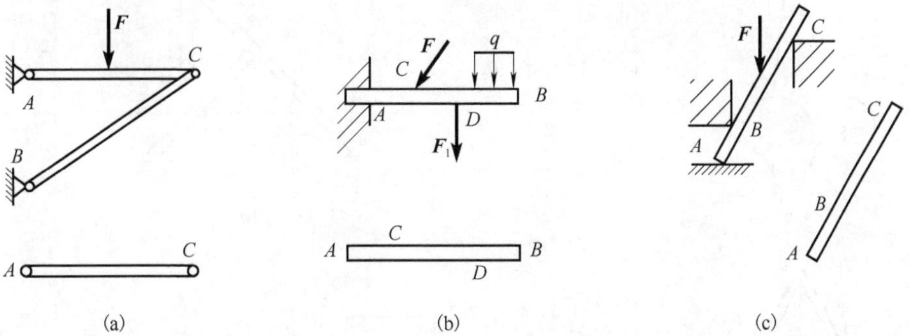

题图 1.4

1.5　有五种情况，$\boldsymbol{F}$ 的大小已知，方向如题图 1.5 所示，不计各部件的自重，试用三力平衡汇交定理确定支座 A 处约束反力的方向。

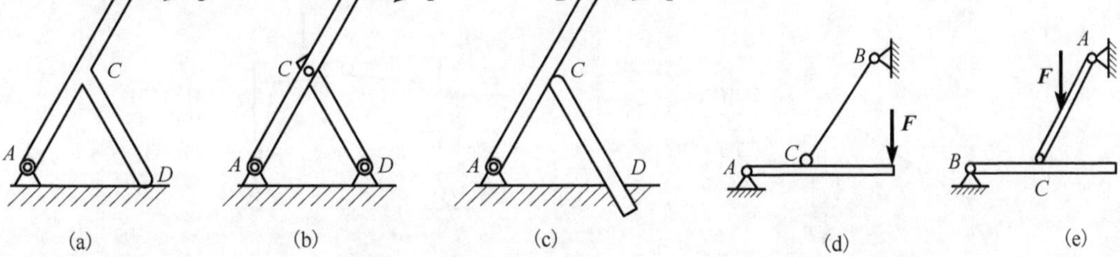

题图 1.5

1.6　画出题图 1.6 中各物体的受力图，图中所有接触处均为光滑，各物体的自重除图中已标出的外，其余均略去不计。

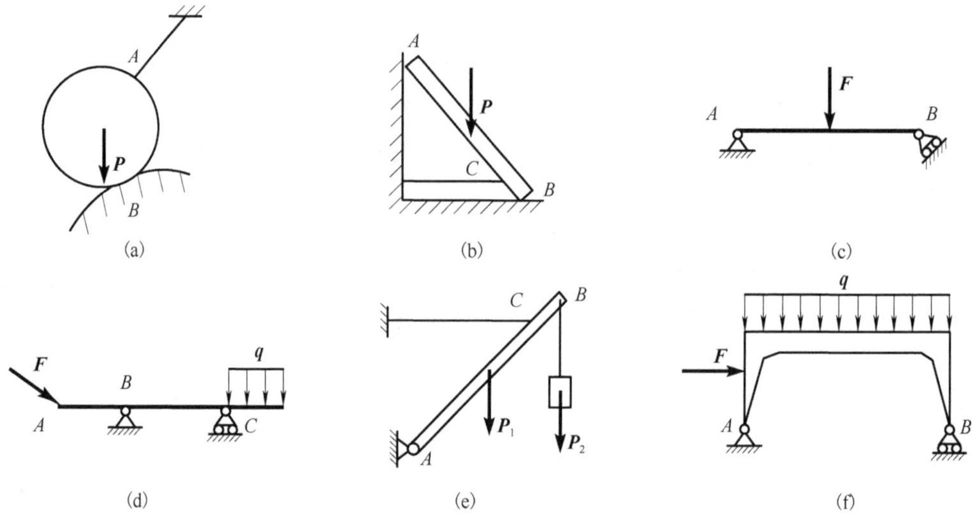

题图 1.6

1.7　画出题图 1.7(a)～(j) 中各物体系中每个物体的受力图。所有摩擦均不计，除图中已画出的外，各物自重均不计。

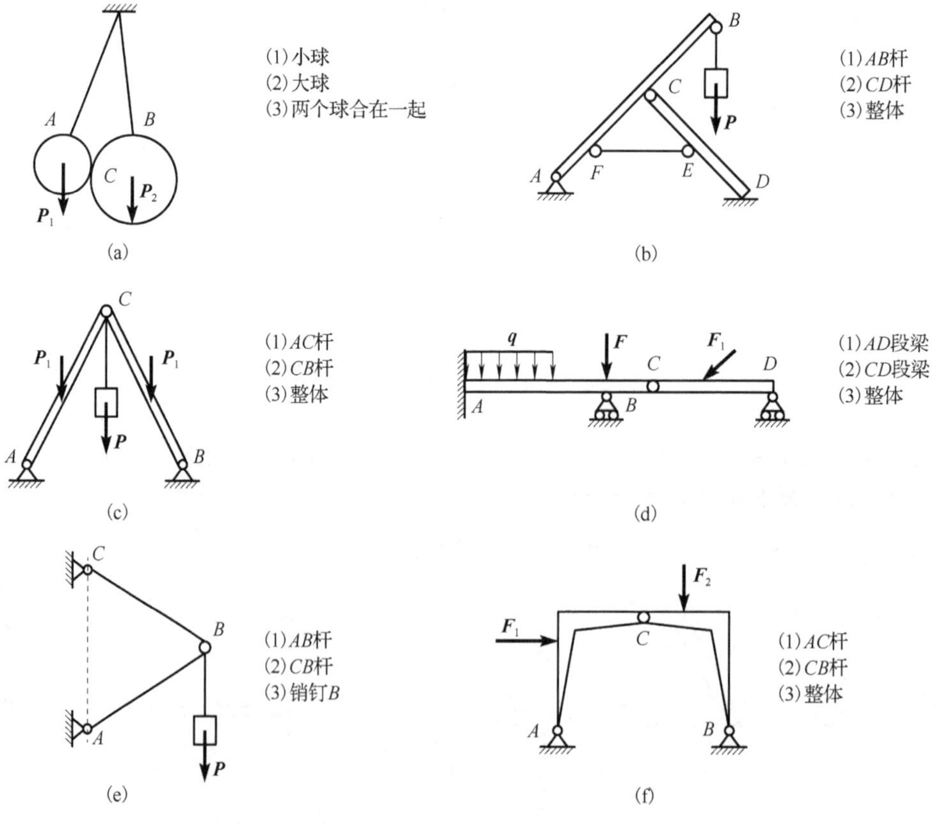

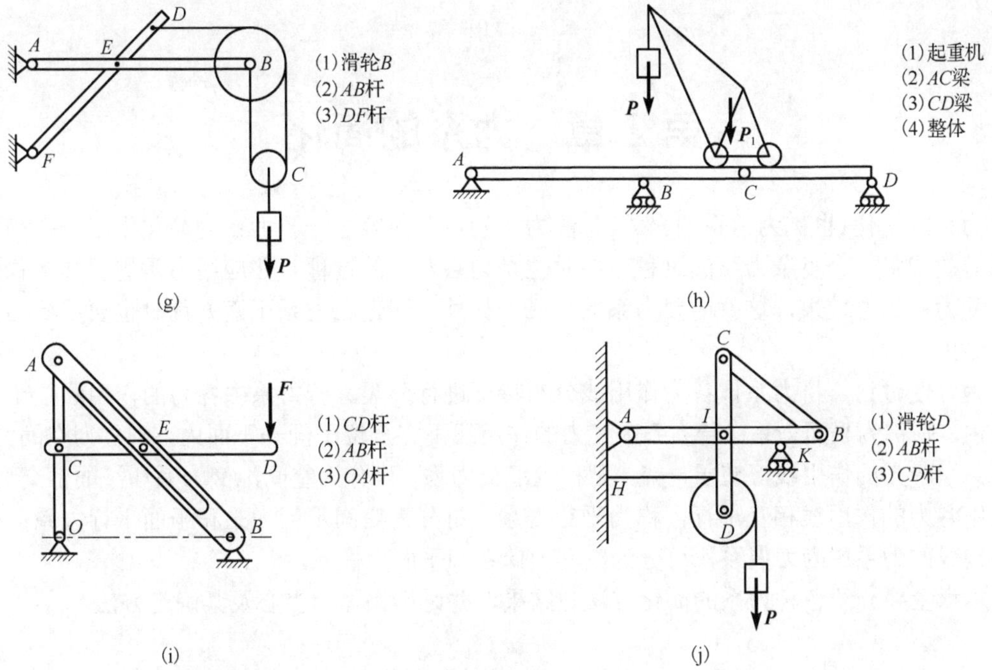
D
A
E
B
F
C
P
(1)滑轮B
(2)AB杆
(3)DF杆
(g)
P
P1
A
B
C
D
(1)起重机
(2)AC梁
(3)CD梁
(4)整体
(h)
A
F
E
C
D
O
B
(1)CD杆
(2)AB杆
(3)OA杆
(i)
C
A
I
B
K
H
D
P
(1)滑轮D
(2)AB杆
(3)CD杆
(j)

题图 1.7

第 2 章　力系的简化

力系的简化(也称为力系的合成)是静力学的主要内容之一。力系的简化指用一个简单的力系等效代替一个复杂力系的过程，同时也是力系合成的过程。在应用中常需要知道物体或构件受力后的总效果，这就需要力系的合成。另外，在建立力系平衡方程时也要用到力系的合成结果。

为方便讨论，将力系按各力作用线分布特征进行分类。若力系中各力的作用线位于同一平面内，则称为**平面力系**；若力系中各力的作用线不完全位于同一平面内，则称为**空间力系**；若力系中各力的作用线汇交于一点，则称为**汇交力系**，可分为空间汇交力系和平面汇交力系；力系中各力的作用线相互平行，称为**平行力系**，可分为空间平行力系和平面平行力系；多个力偶构成的力系称为**力偶系**，可分为空间力偶系和平面力偶系。

本章主要介绍各种力系的简化方法与结果，并讨论物体的重心及其确定方法。

2.1　汇交力系的合成

汇交力系在工程中也是常见的。如图 2.1(a)所示，起吊的重物、钢丝绳的受力汇交于一点；如图 2.1(b)所示，曲柄滑块机构的滑块受汇交力系作用；如图 2.1(c)所示，挂架各杆的受力汇交于一点，它们都是汇交力系的例子。下面介绍汇交力系简化的几何法与解析法。

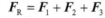

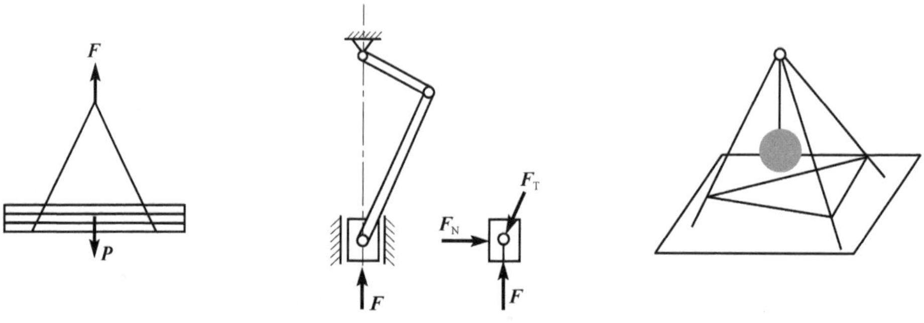

(a)　(b)　(c)

图 2.1

2.1.1　汇交力系合成的几何法

设刚体上作用有三个平面汇交力 $\boldsymbol{F}_1$、$\boldsymbol{F}_2$、$\boldsymbol{F}_3$，如图 2.2(a)所示。根据力的可传性原理，可将各力沿其作用线移动到汇交点 O，如图 2.2(b)所示。利用平行四边形法则，将汇交力两两合成，得到此平面汇交力系的合力 $\boldsymbol{F}_{\mathrm{R}}$，如图 2.2(c)所示。**平面汇交力系可以合成为一个合力，合力的作用线通过汇交点，合力的大小和方向等于各分力的矢量和**，即

2-1

$$\boldsymbol{F}_{\mathrm{R}} = \boldsymbol{F}_1 + \boldsymbol{F}_2 + \boldsymbol{F}_3$$

表明三个力的作用可以用一个合力等效代替。

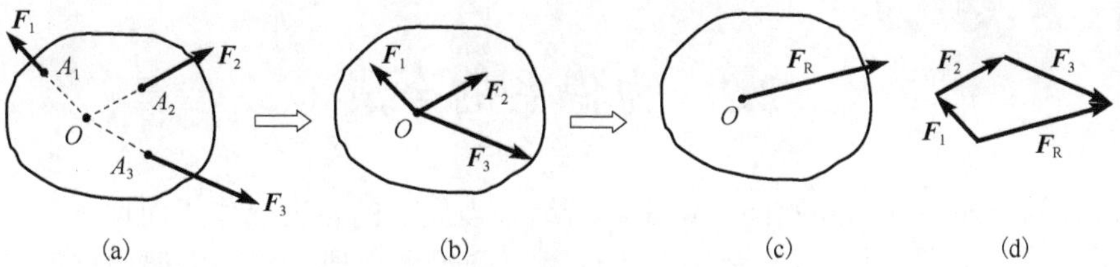

图 2.2

在应用平行四边形法则时，可用平行四边形的一半，即力三角形进行矢量相加，称为**力的多边形法则**。具体做法是，从任一点开始，按一定长度比例给出各力的大小，并根据各力的方位，依次将各力首尾相连，得到一个开口的力多边形，再从第一个力的起点到最后一个力的终点画出一个力矢量作为力多边形的封闭边，如图 2.2(d)所示。显然，封闭边矢量即为平面汇交力系的合力。应当指出，用力的多边形法则求合力时，各分力的先后顺序不同，所得的力多边形的形状不相同，但所得合力的大小与方向是相同的。

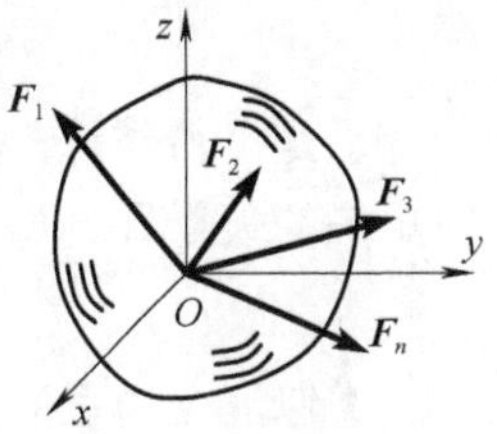

图 2.3

以上方法和结论可推广到具有 n 个力的情形。对于空间汇交力系的合成也仍然可以用力多边形法则进行合成，但所得到的是空间的力多边形。对如图 2.3 所示的具有 n 个力的空间汇交力系进行合成，同样可得结论，**汇交力系合成的结果为一个作用线通过汇交点的合力 $\boldsymbol{F}_{\mathrm{R}}$，其合力等于各分力的矢量和**，即 2-2

$$\boldsymbol{F}_{\mathrm{R}} = \sum_{i=1}^{n} \boldsymbol{F}_i \tag{2.1}$$

理论上，空间汇交力系的合成也可用几何法，但其多边形由空间折线构成，方位确定较难，不易采用。实际中，空间汇交力系的合成常采用解析法。

2.1.2　汇交力系合成的解析法

应用几何法进行合成，概念较清晰，但实际应用有难度并且精度较差，较少采用，实际中常采用解析法。

以各力作用线的汇交点为坐标原点建立坐标系，如图 2.3 所示，将式(2.1)在 x、y、z 坐标轴上投影，得

$$F_{\mathrm{R}x} = \sum F_{ix}\,,\qquad F_{\mathrm{R}y} = \sum F_{iy}\,,\qquad F_{\mathrm{R}z} = \sum F_{iz} \tag{2.2}$$

式(2.2)表明，**合力在坐标轴上的投影等于各分力在同一坐标轴上投影的代数和**，此投影关系称为**合力投影定理**，表明了合力在坐标轴上的投影与各分力在同一坐标轴上投影之间的关系。 2-3

根据合力投影定理，汇交力系的合力大小为

$$F_{\mathrm{R}} = \sqrt{\left(\sum F_{ix}\right)^2 + \left(\sum F_{iy}\right)^2 + \left(\sum F_{iz}\right)^2}$$

合力的方向余弦为

$$\cos\alpha = \frac{F_{\mathrm{R}x}}{F_{\mathrm{R}}}\,,\qquad \cos\beta = \frac{F_{\mathrm{R}y}}{F_{\mathrm{R}}}\,,\qquad \cos\gamma = \frac{F_{\mathrm{R}z}}{F_{\mathrm{R}}} \tag{2.3}$$

式中，α、β、γ 分别为合力 $\boldsymbol{F}_{\mathrm{R}}$ 与 x、y、z 坐标轴正向之间的夹角。

2.2　力偶系的合成

力偶系分为平面力偶系和空间力偶系。若组成力偶系的各力偶作用面位于同一平面内，则称为**平面力偶系**；若组成力偶系的各力偶作用面不在同一平面内，则称为**空间力偶系**，空间力偶系为力偶系的一般情形。

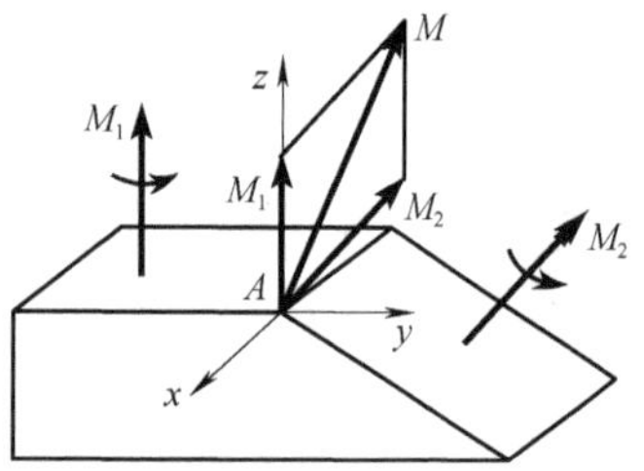

图 2.4

2-4

由空间力偶的性质可知：**力偶矩矢是一个自由矢量**。利用此性质，可以把每一个力偶矩矢平移到一个指定点，形成一个空间汇交的力偶矢量系。如图 2.4 所示，将力偶矩矢 $\boldsymbol{M}_1$ 和 $\boldsymbol{M}_2$ 平移到指定点 A，再应用平行四边形法则，求得合力偶矢量 $\boldsymbol{M}=\boldsymbol{M}_1+\boldsymbol{M}_2$。同理，对力偶系中的各力偶矩矢量进行两两合成，最终得到一个合力偶矢量。

于是可得结论，**空间力偶系可以合成为一个合力偶，该合力偶矩矢 $\boldsymbol{M}$ 等于力偶系中各力偶矩矢的矢量和**，即

$$\boldsymbol{M}=\sum \boldsymbol{M}_i \tag{2.4}$$

类似汇交力系的解析法，以指定点为原点设立直角坐标系，将式(2.4)在坐标轴上投影，得

$$M_x=\sum M_{ix}\,,\qquad M_y=\sum M_{iy}\,,\qquad M_z=\sum M_{iz} \tag{2.5}$$

即合力偶矩矢在坐标轴上的投影等于各分力偶矩矢在同一坐标轴上投影的代数和，于是力偶大小为

$$M=\sqrt{\left(\sum M_{ix}\right)^2+\left(\sum M_{iy}\right)^2+\left(\sum M_{iz}\right)^2} \tag{2.6}$$

方向余弦为

$$\cos\alpha=\frac{M_x}{M}\,,\qquad \cos\beta=\frac{M_y}{M}\,,\qquad \cos\gamma=\frac{M_z}{M} \tag{2.7}$$

式中，α、β、γ 分别表示合力偶矩矢与 x、y、z 坐标轴正向之间的夹角。

对于平面力偶系的特殊情形，假设各力偶的作用平面均为 Oxy 平面，力偶矢量均为与 z 轴平行的矢量。则由式(2.5)和式(2.6)，平面力偶系的合力偶为

$$M=M_z=\sum M_i \tag{2.8}$$

式中，M_i 为各平面力偶，是**代数量**。

式(2.8)表明，**平面力偶系合成的最终结果为一个合力偶，该合力偶的力偶矩等于力偶系中各力偶矩的代数和**，其代数量的正负规定为：从 z 轴的正向往下看，若该力偶使刚体**逆时针转为正，顺时针转为负**。

2.3　任意力系的简化

在工程中，任意力系最为常见。如图 2.5 所示的传动轴、小车、横梁及曲柄滑块机构。其中，传动轴受到空间任意力系作用；严格说来，小车、横梁及曲柄滑块机构也受空间力系作用，但是它们具有质量和受力对称面，为简化问题，将受力向对称面简化，认为所有力作用于同一平面，这样均可作为平面任意力系来处理。工程中的大量问题都可以归结为平面问题。

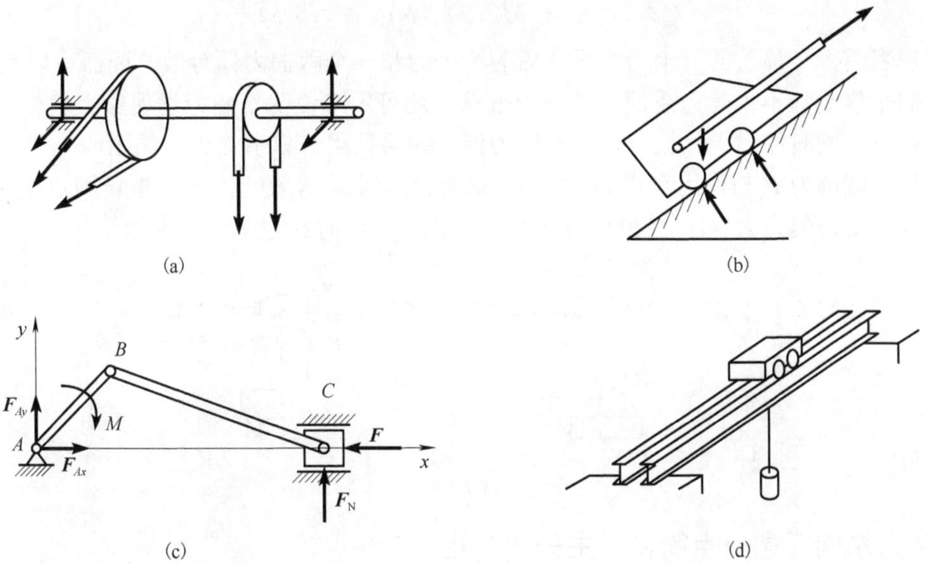

图 2.5

对于任意力系的简化，若仍采用平行四边形法则或两平行力系合成方法来简化，则非常麻烦。因此，本节介绍一种简便并具普遍意义的简化方法，即**力系向一点简化的方法**。此方法的理论基础是**力的平移定理**，因此先介绍力的平移定理，再讨论任意力系的简化及结果。

2.3.1　力的平移定理

设在某平面刚体上点 A 处作用一个力 $\boldsymbol{F}$，如图 2.6(a)所示。在刚体上任意点 B 处施加一对平衡力 $\boldsymbol{F}'$ 和 $\boldsymbol{F}''$，如图 2.6(b)所示，并使 $\boldsymbol{F}''=-\boldsymbol{F}'=\boldsymbol{F}$，作用线平行。由加减力系平衡公理可知，所加平衡力并不改变原来的力 $\boldsymbol{F}$ 对刚体的作用。由图 2.6(b)可知，三个力中 $\boldsymbol{F}'$ 与 $\boldsymbol{F}$ 构成一个力偶，其矩 $M=(\boldsymbol{F}',\boldsymbol{F})=Fd$。此时刚体受到一个力和一个力偶的作用，如图 2.6(c)所示，其中力 $\boldsymbol{F}''$ 作用于点 B，由 $\boldsymbol{F}$ 平移而得到；力偶的矩为原力 $\boldsymbol{F}$ 对平移点的矩，即 $M=Fd=M_B(\boldsymbol{F})$，此力偶称为**附加力偶**。由此得到**力的平移定理**：**可以把作用在刚体上点 $\boldsymbol{A}$ 的力 $\boldsymbol{F}$ 平行移到任意点 $\boldsymbol{B}$，平移后必须附加一个力偶，这个附加力偶矩等于原来的力 $\boldsymbol{F}$ 对平移点 $\boldsymbol{B}$ 的矩。**

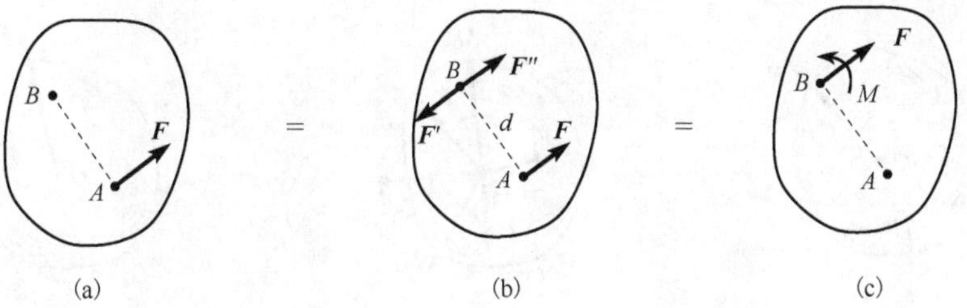

2-5

图 2.6

虽然力的平移定理是从平面情形导出的，但在空间情形下，该定理仍然成立，所不同的是附加力偶是矢量，并且等于力对平移点的矩矢，即

$$\boldsymbol{M}=\boldsymbol{M}_B(\boldsymbol{F})$$

定理表明，平移前的一个力与平移后的一个力和一个附加力偶等效，因而可以互换。

力的平移定理不仅是力系简化的理论依据，还可用来说明一些力学现象。例如，攻丝时应当用两只手同时加力于丝扳，以便产生力偶。如果只用一只手加力，如图 2.7 所示，则作用在丝扳一端的力 $\boldsymbol{F}$ 与作用在点 O 的力 $\boldsymbol{F}'$ 和附加力偶 M 等效。附加力偶 M 固然能起到使丝扳转动的作用，但力 $\boldsymbol{F}'$ 可能使丝锥受弯折断，因此攻丝时应避免一边加力。

2-6

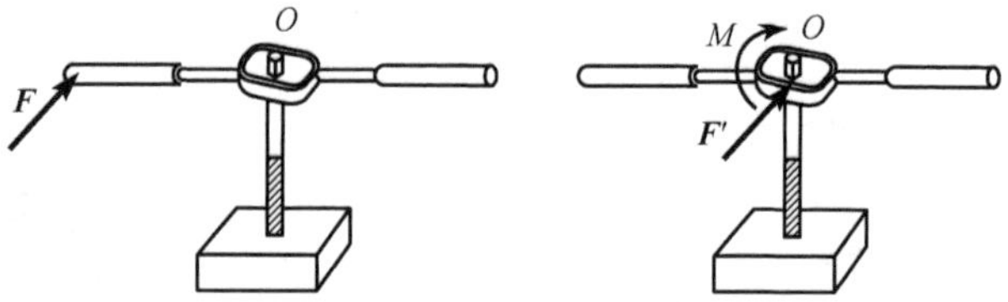

图 2.7

2.3.2　力系向任意一点简化、主矢和主矩

设刚体上有 n 个空间力 $\boldsymbol{F}_1,\boldsymbol{F}_2,\cdots,\boldsymbol{F}_n$ 作用，为简洁起见，只画出三个力，如图 2.8(a) 所示。将该力系向空间任一点 O 简化，这个任选的点称为**简化中心**。根据力的平移定理，将力系中的各力一一向简化中心 O 等效平移，得到作用在简化中心 O 的一个空间汇交力系 $\boldsymbol{F}_1',\boldsymbol{F}_2',\cdots,\boldsymbol{F}_n'$ 和一个空间力偶系 $\boldsymbol{M}_1=\boldsymbol{M}_O(\boldsymbol{F}_1)$，$\boldsymbol{M}_2=\boldsymbol{M}_O(\boldsymbol{F}_2)$，$\cdots$，$\boldsymbol{M}_n=\boldsymbol{M}_O(\boldsymbol{F}_n)$，如图 2.8(b) 所示。可分别按空间汇交力系和空间力偶系的简化方法进行合成，得到作用于简化中心 O 的力 $\boldsymbol{F}_{\mathrm{R}}'$ 和一个力偶 $\boldsymbol{M}_O$，如图 2.8(c) 所示，并有

$$\begin{cases}\boldsymbol{F}_{\mathrm{R}}'=\sum\boldsymbol{F}_i'=\sum\boldsymbol{F}_i\\ \boldsymbol{M}_O=\sum\boldsymbol{M}_O(\boldsymbol{F}_i)\end{cases}\tag{2.9}$$

2-7 式中，$\boldsymbol{F}_{\mathrm{R}}'$ 称为原力系的**主矢**；$\boldsymbol{M}_O$ 等于各力对简化中心的矩之矢量和，称为原力系对简化中心 O 的**主矩**。

式(2.9)表明，**空间任意力系向任一点简化，得到作用于简化中心的一个主矢和一个主矩**，也就是说空间任意力系对刚体的作用与一个主矢和一个主矩的作用等效。可以说，空间任意力系对刚体的作用效果**取决于力系的主矢和主矩**。因此，**主矢和主矩**成为描述力系对刚体作用的两个重要物理量。

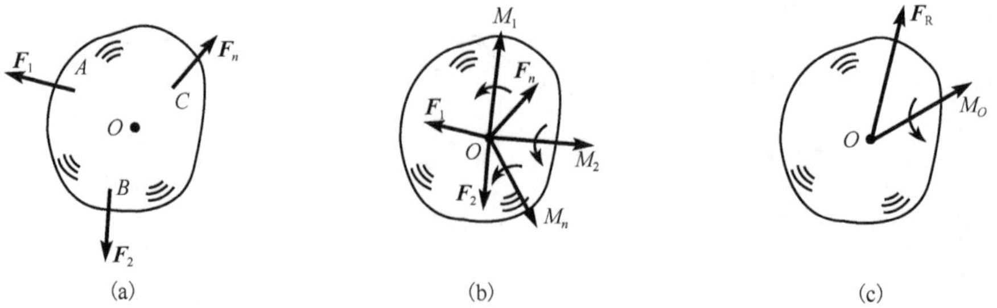

图 2.8

应用解析法，主矢的大小和方向为

$$\begin{cases} F'_{Rx}=\sum F'_{ix}, \quad F'_{Ry}=\sum F'_{iy}, \quad F'_{Rz}=\sum F'_{iz} \\ F'_R=\sqrt{(F'_{Rx})^2+(F'_{Ry})^2+(F'_{Rz})^2} \\ \cos\alpha=\dfrac{F'_{Rx}}{F_R}, \quad \cos\beta=\dfrac{F'_{Ry}}{F_R}, \quad \cos\gamma=\dfrac{F'_{Rz}}{F_R} \end{cases} \tag{2.10}$$

式中，α、β 和 γ 分别为主矢 $\boldsymbol{F}'_R$ 与坐标轴 x、y 和 z 正向之间的夹角。

而根据空间力对点之矩矢与力对轴之矩之间的关系，主矩的大小和方向为

$$\begin{cases} M_{Ox}=\sum M_x(\boldsymbol{F}_i), \quad M_{Oy}=\sum M_y(\boldsymbol{F}_i), \quad M_{Oz}=\sum M_z(\boldsymbol{F}_i) \\ M_O=\sqrt{M_{Ox}^2+M_{Oy}^2+M_{Oz}^2} \\ \cos\alpha'=\dfrac{M_{Ox}}{M_O}, \quad \cos\beta'=\dfrac{M_{Oy}}{M_O}, \quad \cos\gamma'=\dfrac{M_{Oz}}{M_O} \end{cases} \tag{2.11}$$

式中，α'、β' 和 γ' 分别为主矩 $\boldsymbol{M}_O$ 与坐标轴 x、y 和 z 正向之间的夹角。

从力系的简化过程可以看出，主矢等于各力的矢量和，与简化中心的位置无关，而主矩是按力对点的矩计算的，简化中心位置不同，力臂不同，主矩就不相同。因此，**主矢与简化中心的选取无关，而主矩则与简化中心的选取有关**。

简化中心的选取是任意的，选取不同的简化中心，主矢不变，主矩不同，因而简化结果不同，下面对简化结果作进一步讨论。

2.4　力系简化结果讨论

2.4.1　主矢不为零而主矩为零的情形

当 $\boldsymbol{F}'_R \neq 0$，而 $\boldsymbol{M}_O=0$ 时，力系简化结果为通过简化中心 O 的一个力 $\boldsymbol{F}'_R$。这个力与原力系等效，故称为力系的**合力** $\boldsymbol{F}'_R$，其大小和方向为

$$\begin{cases} F'_R=\sqrt{(\sum F'_{ix})^2+(\sum F'_{iy})^2+(\sum F'_{iz})^2} \\ \cos\alpha=\dfrac{\sum F'_{ix}}{F'_R}, \quad \cos\beta=\dfrac{\sum F'_{iy}}{F'_R}, \quad \cos\gamma=\dfrac{\sum F'_{iz}}{F'_R} \end{cases} \tag{2.12}$$

式中，α、β 和 γ 分别表示合力 $\boldsymbol{F}'_R$ 与坐标轴 x、y 和 z 正向之间的夹角。

2.4.2　主矢为零而主矩不为零的情形

当 $\boldsymbol{F}'_R=0$，$\boldsymbol{M}_O \neq 0$ 时，力系简化结果为一个力偶，即原力系与一个矩等于 $\boldsymbol{M}_O$ 的力偶等效。由力偶的性质可知，此时的主矩与简化中心的选择无关，力偶大小与方向为

$$\begin{cases} M_{Ox}=\sum M_x(\boldsymbol{F}_i), \quad M_{Oy}=\sum M_y(\boldsymbol{F}_i), \quad M_{Oz}=\sum M_z(\boldsymbol{F}_i) \\ M_O=\sqrt{M_{Ox}^2+M_{Oy}^2+M_{Oz}^2} \\ \cos\alpha'=\dfrac{M_{Ox}}{M_O}, \quad \cos\beta'=\dfrac{M_{Oy}}{M_O}, \quad \cos\gamma'=\dfrac{M_{Oz}}{M_O} \end{cases} \tag{2.13}$$

式中，α'、β' 和 γ' 分别为主矩 $\boldsymbol{M}_O$ 与坐标轴 x、y 和 z 正向之间的夹角。

2.4.3　主矢和主矩均不为零的情形

主矢和主矩均不为零的情形是力系简化的一般情况，由于比较复杂，分三种情况作进一步讨论。

1. $\boldsymbol{F}_R' \perp \boldsymbol{M}_O$，主矢与主矩互相垂直

主矢和主矩互相垂直，此时主矢与主矩的作用面共面，如图 2.9(a)、(b)所示，**平面力系的情形与此相同**。利用力的平移定理推导的逆过程，将力偶用两力代替并且使 $F_R = F_R' = -F_R''$，由加减平衡公理，得到作用线通过点 A 的一个合力 $\boldsymbol{F}_R$，如图 2.9 (c)所示。合力作用线到原简化中心 O 的距离 d 为

2-8

$$d = \frac{M_O}{F_R} \tag{2.14}$$

另由图 2.9(b)、(c)可知

$$\boldsymbol{M}_O = \boldsymbol{M}_O(\boldsymbol{F}_R) \tag{2.15}$$

而力系简化时，由式(2.9)可知，主矩为

$$\boldsymbol{M}_O = \sum \boldsymbol{M}_O(\boldsymbol{F}_i)$$

故

$$\boldsymbol{M}_O(\boldsymbol{F}_R) = \sum \boldsymbol{M}_O(\boldsymbol{F}_i) \tag{2.16}$$

即空间任意力系的合力对于任一点的矩等于各分力对同一点的矩的矢量和，这就是空间任意力系的**合力矩定理**。

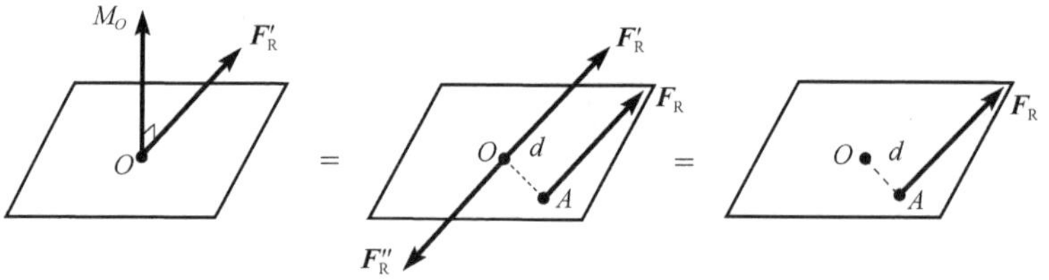

(a)　　(b)　　(c)

图 2.9

2. $\boldsymbol{F}_R' \parallel \boldsymbol{M}_O$，即主矢与主矩平行的情形

如图 2.10 所示，主矢与主矩平行的情形，称为**力螺旋**。如图 2.10(a)所示，若 $\boldsymbol{F}_R'$ 与 $\boldsymbol{M}_O$ 指向相同，称为**右螺旋**；若 $\boldsymbol{F}_R'$ 与 $\boldsymbol{M}_O$ 指向相反，如图 2.10(b)所示，则称为**左螺旋**。力螺旋通过的轴称为**中心轴**，用螺丝刀拧螺丝及钻床钻孔就是力螺旋的应用情形。

2-9

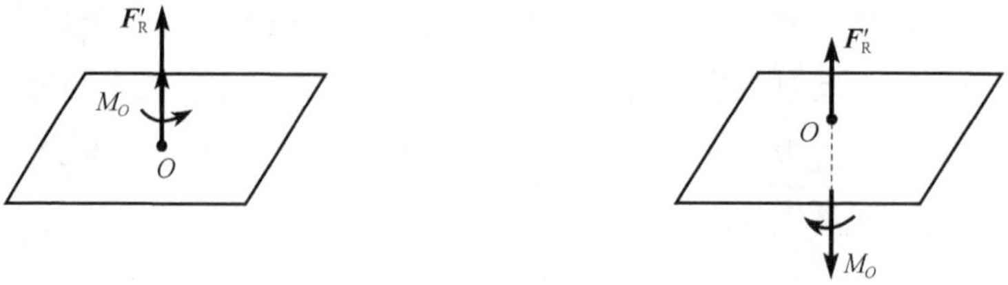

(a)　　(b)

图 2.10

3. 主矢与主矩既不平行又不垂直（F'_R 与 M_O 有任意夹角 α）的情形

对于主矢与主矩既不平行又不垂直的情形［图 2.11(a)］，可将主矩沿着主矢方向和与主矢垂直的方向分解为 M'_O 和 M''_O，如图 2.11(b)所示。将 M'_O 和 F'_R 简化为作用于点 A 的力 F'_R，再与 M''_O 构成力螺旋，最后简化结果为过点 A 的**力螺旋**，如图 2.11(c)所示。

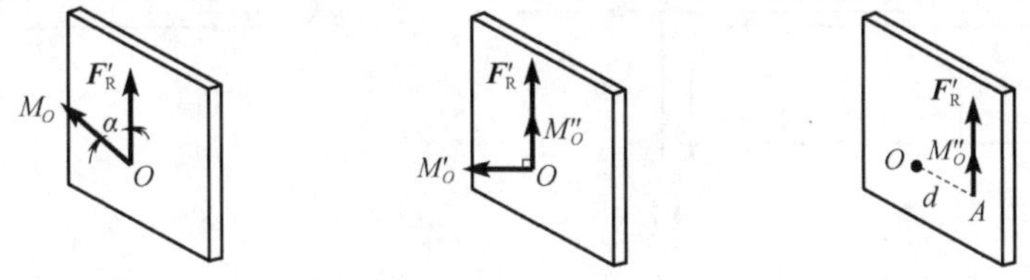

(a)　(b)　(c)

图 2.11

2-10

应当注意，对于**平面力系**，主矢与主矩的作用平面共面，总有 F'_R 与 M_O 垂直，最后简化结果为个一合力，不可能出现力螺旋的情况。

2.4.4　主矢与主矩均为零的情形

主矢与主矩均为零的情形是力系平衡的情形，将在第 3 章中详细讨论。

【例 2.1】　用力系简化的理论分析平面固定端的约束反力。

如图 2.12 所示的平面固定端约束，在第 1 章中已由约束的特点讨论过其约束反力，现从力系简化的角度作进一步讨论。如图 2.12(a)所示的悬臂梁，一端固定、一端自由，当梁受到同平面的外载时，其插入部分由于受到墙的约束，在接触面上作用有一群分布的约束反力，在平面问题中构成了一个平面任意力系，如图 2.12(b)所示。

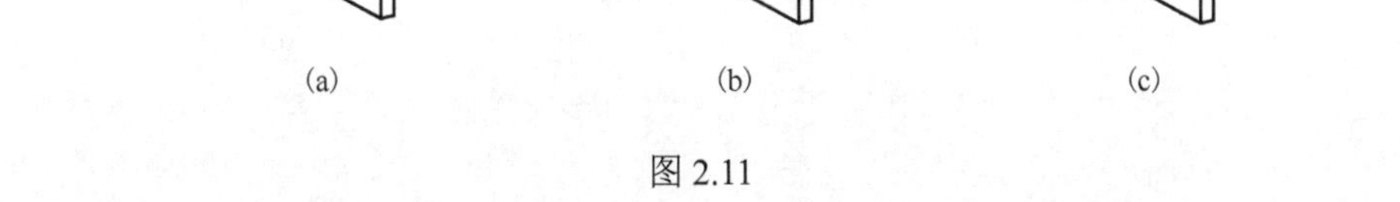

(a)　(b)　(c)　(d)

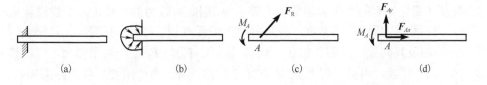

图 2.12

2-11

由于约束反力的分布规律未知，要对此进行详细研究显然是很困难的。而实际上往往不必知道力的分布形式而只要知道分布约反力对梁的总的作用效果就足够了。因此，应用力系的简化理论将分布力向固定端某点 A 简化，得到一个力 F'_R 和一个力偶 M_A，如图 2.12(c)所示。一般情况下，力 F'_R 的大小和方向均未知，可用两个相互垂直的分力来代替。因此，固定端 A 处的约束反力可简化为两个约束反力 F_{Ax}、F_{Ay} 和一个力偶矩为 M_A 的约束反力力偶，如图 2.12(d)所示，与第 1 章中的讨论结果相同。

【例 2.2】　一根折杆承受平面力和力偶作用，如图 2.13 所示。若已知 F_1=50N，F_2=850N，F_3=250N，F_4=850N，M_1=200N·m，M_2=400N·m，其他尺寸如图 2.13(a)所示(单位为 cm)。求(1)所有力向 A 点简化的结果；(2)将 A 点得到的简化结果再简化成作用在 AB 连线上的合力。

解：(1)按力系简化的方法，将各力向点 A 简化，得到一个主矢 F'_R 和一个主矩 M_A。主矢 F'_R 在 x 轴和 y 轴上的投影分别为

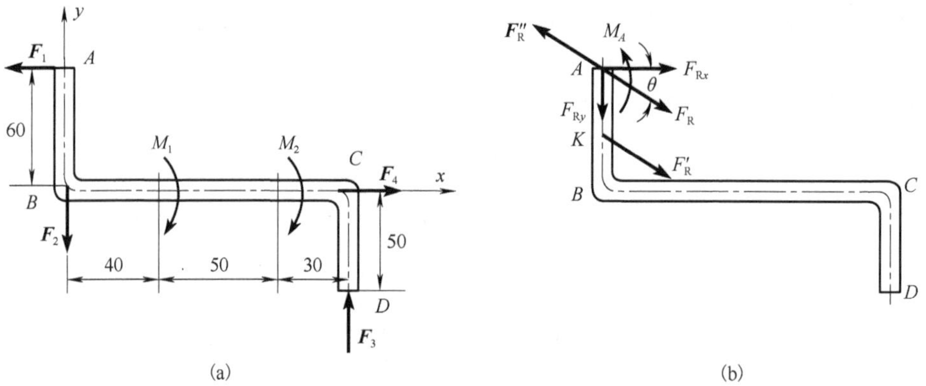

图 2.13

$$F_{Rx}=\sum F_x=-F_1+F_4=-50+850=800\,(\text{N})$$

$$F_{Ry}=\sum F_y=-F_2+F_3=-850+250=-600\,(\text{N})$$

而大小和方向为

$$F_R=\sqrt{F_{Rx}^2+F_{Ry}^2}=\sqrt{800^2+(-600)^2}=1000\,(\text{N})$$

$$\theta=\arctan\left|\frac{F_{Ry}}{F_{Rx}}\right|=\arctan\frac{600}{800}=36.8^\circ$$

向点 A 简化的主矩等于各力对点 A 的矩的代数和，即

$$M_A=\sum M_A(\boldsymbol{F})=-M_1-M_2+0.6F_4+1.2F_3$$

$$=-200-400+0.6\times850+1.2\times250=210\,(\text{N}\cdot\text{m})$$

简化结果如图 2.13(b)所示。

(2)向点 A 简化得到的主矢和主矩均不等于零，因此可按力的平移定理的逆过程进一步简化为一个合力。考虑力偶 M_A 的转向，将其用两个平行力（$\boldsymbol{F}_R'$，$\boldsymbol{F}_R''$）代替，并且使 $\boldsymbol{F}_R''$ 与 $\boldsymbol{F}_R$ 大小相等、方向相反且共线，如图 2.13(b)所示。显然，$\boldsymbol{F}_R''$ 与 $\boldsymbol{F}_R$ 是一对平衡力，可以移去，此时力系与合力 $\boldsymbol{F}_R'$ 等效，相当于将力 $\boldsymbol{F}_R$ 从点 A 平移到点 K，力作用线平移的距离为

$$d=\frac{M_A}{F_R}=\frac{210}{1000}=0.21\,(\text{m})$$

合力作用点 K 到点 A 的距离为

$$\overline{KA}=\frac{d}{\cos\theta}=\frac{0.21}{\cos36.8^\circ}=\frac{0.21}{0.8}=0.26\,(\text{m})$$

【例 2.3】 试求如图 2.14(a)所示的平面任意力系的合力，图中长度单位为 m。

解：分两步求解。首先将力系向点 O 简化，一般得到主矢和主矩。力系的主矢沿 x 和 y 轴的投影分别为

$$F_{Rx}=\sum F_x=100\times\cos45^\circ+50\times\cos20^\circ-120\times\cos30^\circ=13.8(\text{N})$$

$$F_{Ry}=\sum F_y=80+100\times\sin45^\circ-50\times\sin20^\circ+120\times\sin30^\circ=193.6(\text{N})$$

则主矢大小为

$$F_R=\sqrt{F_{Rx}^2+F_{Ry}^2}=\sqrt{13.8^2+193.6^2}=194\,(\text{N})$$

其指向与 x 轴的夹角为

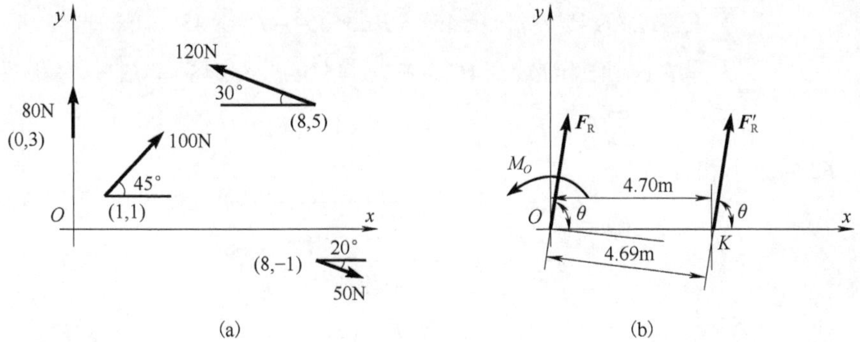

图 2.14

$$\theta = \arctan\frac{F_{Ry}}{F_{Rx}} = \arctan\frac{194}{13.8} = 86^\circ$$

力系对简化中心 O 的主矩为

$$M_O = \sum M_O(F) = 1\times100\times\sin45^\circ - 1\times100\times\cos45^\circ + 1\times50\times\cos20^\circ - 8\times50\times\sin20^\circ$$
$$+5\times120\times\cos30^\circ + 8\times120\times\sin30^\circ = 910\ (\mathrm{N\cdot m})$$

可见，主矢和主矩均不等于零，方向和转向如图 2.14(b)所示。

再将主矢和主矩按力的平移定理的逆过程作进一步简化，得到一过 K 点的合力，力作用线平移的距离为

$$d = \frac{M_O}{F_R} = \frac{910}{194} = 4.69(\mathrm{m})$$

合力作用线与 x 轴的交点的坐标为

$$x = \frac{d}{\cos4^\circ} = \frac{4.69}{\cos4^\circ} = 4.70(\mathrm{m})$$

如图 2.14(b)所示。

【例 2.4】　正立方体各边长为 a，在四个顶点 O、A、B、C 上分别作用着大小都等于 P 的四个力 $\boldsymbol{F}_1$、$\boldsymbol{F}_2$、$\boldsymbol{F}_3$、$\boldsymbol{F}_4$，方向如图 2.15 所示，试求该力系向点 O 的简化结果及力系的最后合成结果。

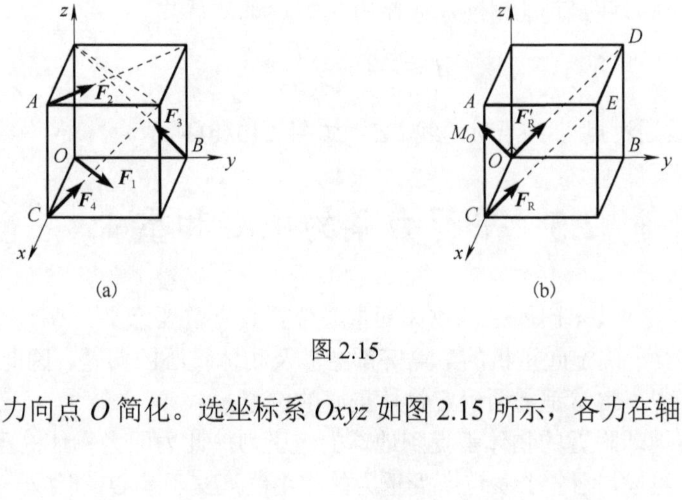

图 2.15

解：(1) 将各力向点 O 简化。选坐标系 $Oxyz$ 如图 2.15 所示，各力在轴 x、y、z 上的投影的代数和分别是

$$\sum F_x = F_1\cos 45^\circ - F_2\cos 45^\circ = P\cos 45^\circ - P\cos 45^\circ = 0$$
$$\sum F_y = F_1\cos 45^\circ + F_2\cos 45^\circ - F_3\cos 45^\circ + F_4\cos 45^\circ = \sqrt{2}P$$
$$\sum F_z = F_3\cos 45^\circ + F_4\cos 45^\circ = \sqrt{2}P$$

可求得主矢 $\boldsymbol{F}_R'$ 的大小和方向

$$F_R' = \sqrt{(\sum F_x)^2 + (\sum F_y)^2 + (\sum F_z)^2}$$
$$= \sqrt{0^2 + (\sqrt{2}P)^2 + (\sqrt{2}P)^2} = 2P$$

$$\cos(\boldsymbol{F}_R', x) = \frac{\sum F_x}{F_R'} = 0, \quad \cos(\boldsymbol{F}_R', y) = \frac{\sum F_y}{F_R'} = \frac{\sqrt{2}}{2}, \quad \cos(\boldsymbol{F}_R', z) = \frac{\sum F_z}{F_R'} = \frac{\sqrt{2}}{2}$$

可见，主矢 $\boldsymbol{F}_R'$ 位于 Oyz 平面内，并与 y 轴和 z 轴的夹角均为 45°，即沿图 2.15(b) 中的 OD 对角线。各力对各坐标轴 x、y、z 的主矩的代数和分别为

$$\sum M_x(\boldsymbol{F}) = -aF_2\cos 45^\circ + aF_3\cos 45^\circ = -aP\cos 45^\circ + aP\cos 45^\circ = 0$$
$$\sum M_y(\boldsymbol{F}) = -aF_2\cos 45^\circ - aF_4\cos 45^\circ = -aP\cos 45^\circ - aP\cos 45^\circ = -\sqrt{2}aP$$
$$\sum M_z(\boldsymbol{F}) = aF_2\cos 45^\circ + aF_4\cos 45^\circ = aP\cos 45^\circ + aP\cos 45^\circ = \sqrt{2}aP$$

则力系对点 O 的主矩 $\boldsymbol{M}_O$ 的大小和方向分别为

$$M_O = \sqrt{[\sum M_x(\boldsymbol{F})]^2 + [\sum M_y(\boldsymbol{F})]^2 + [\sum M_z(\boldsymbol{F})]^2}$$
$$= \sqrt{0^2 + (-\sqrt{2}aP)^2 + (\sqrt{2}aP)^2} = 2aP$$

$$\cos(\boldsymbol{M}_O, x) = \frac{\sum M_x(\boldsymbol{F})}{M_O} = 0, \quad \cos(\boldsymbol{M}_O, y) = \frac{\sum M_y(\boldsymbol{F})}{M_O} = -\frac{\sqrt{2}}{2}$$
$$\cos(\boldsymbol{M}_O, z) = \frac{\sum M_z(\boldsymbol{F})}{M_O} = \frac{\sqrt{2}}{2}$$

可见，主矩 $\boldsymbol{M}_O$ 也在 Oyz 平面内，并与 y 轴和 z 轴分别呈 135° 和 45° 夹角，并与 $\boldsymbol{F}_R'$ 相垂直。

由此可知，力系向点 O 简化的结果是作用在点 O，大小和方向与主矢相同的一个力和矩为主矩的一个力偶。

(2) 求最后合成结果。因为 $F_R' \neq 0$，$M_O \neq 0$，且二者垂直，故力系可以进一步合成为一个合力 $\boldsymbol{F}_R$，其大小和方向与 $\boldsymbol{F}_R'$ 相同，而作用线到 O 的距离为

$$d = \frac{M_O}{F_R'} = \frac{2aP}{2P} = a$$

即合力 $\boldsymbol{F}_R$ 的作用线通过点 C 并沿对角线 CE，如图 2.15(b) 所示。

2.5　平行力系的中心和重心

在力学和若干工程技术问题中，物体的重心位置具有重要意义。高速旋转机械的均衡运转、飞机的稳定飞行、确定起重机的配重等都会涉及物体重心的问题。因此，在机械、航空、建筑工程等的设计中，常常都需要确定物体重心的位置。

众所周知，在地球附近的物体都受到地球的吸引力，此力即为物体的重力。如果将物体看成由许多质点所组成，则各个质点所受重力的作用线汇交于地心，形成一个空间汇交力系。

考虑到一般物体的尺寸远远小于地球的尺寸，而且离地心又很遥远，因此将物体各质点的重力近似视为平行力系，这在工程计算中是足够精确的。

平行力系可以合成为一个合力，其作用点称为**平行力系中心**。如果平行力是重力，则此时平行力系的中心称为**重心**，本节将介绍确定平行力系中心及物体重心的方法。

2.5.1　平行力系的中心

设刚体上作用有 n 个相互平行的力 $\boldsymbol{F}_1, \boldsymbol{F}_2, \boldsymbol{F}_3, \cdots, \boldsymbol{F}_n$，构成一个平行力系，其合力 $\boldsymbol{F}_{\mathrm{R}} = \sum \boldsymbol{F}_i$；各力的作用点分别为 $A_1, A_2, \cdots, A_n$，而 $\boldsymbol{r}_1, \boldsymbol{r}_2, \boldsymbol{r}_3, \cdots, \boldsymbol{r}_n$ 分别为这 n 个作用点的位置矢量，如图 2.16 所示；$\boldsymbol{r}_C$ 为该平行力系合力作用点(即平行力系中心)的位置矢量。

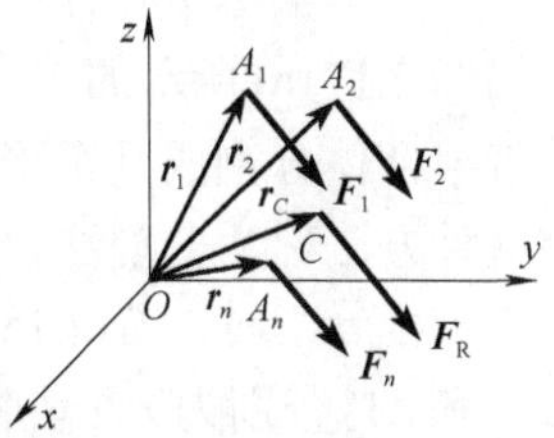

图 2.16

设 $\boldsymbol{n}_O$ 为平行力方向的单位矢量，则合力表示为 $\boldsymbol{F}_{\mathrm{R}} = F_{\mathrm{R}} \boldsymbol{n}_O$，各分力表示为 $\boldsymbol{F}_i = F_i \boldsymbol{n}_O$，根据合力矩定理：

$$\boldsymbol{M}_O(\boldsymbol{F}_{\mathrm{R}}) = \sum \boldsymbol{M}_O(\boldsymbol{F}_i) \tag{2.16}$$

有

$$\boldsymbol{r}_C \times F_{\mathrm{R}} \boldsymbol{n}_O = \sum \boldsymbol{r}_i \times F_i \boldsymbol{n}_O$$

或写成

$$F_{\mathrm{R}} \boldsymbol{r}_C \times \boldsymbol{n}_O = (\sum F_i \boldsymbol{r}_i) \times \boldsymbol{n}_O$$

对比等式两边，显然有

$$F_{\mathrm{R}} \boldsymbol{r}_C = \sum F_i \boldsymbol{r}_i$$

于是，得到平行力系中心的位置矢量为

$$\boldsymbol{r}_C = \frac{\sum \boldsymbol{r}_i F_i}{F_{\mathrm{R}}} = \frac{\sum \boldsymbol{r}_i F_i}{\sum F_i} \tag{2.17}$$

可以看出，平行力系的中心位置只与力系中各力的大小及作用点的位置有关，而与各力作用线的方位无关。换言之，无论平行力系的方向如何，都不影响平行力系中心的位置。

将式(2.17)向三个坐标轴上投影，可得平行力系中心的坐标公式：

$$x_C = \frac{\sum x_i F_i}{\sum F_i}, \quad y_C = \frac{\sum y_i F_i}{\sum F_i}, \quad z_C = \frac{\sum z_i F_i}{\sum F_i} \tag{2.18}$$

式中，x_i、y_i、z_i 分别为 $\boldsymbol{r}_i$ 沿 x、y、z 轴的投影，也就是力 $\boldsymbol{F}_i$ 作用点 A_i 的坐标。

2.5.2　物体的重心及其确定方法

地球上的物体都受到重力的作用，严格意义上讲，物体各部分受到的力构成汇交于地心的汇交力系。然而工程中的物体尺寸远小于地球的尺寸，因此可将物体所受的分布重力视为平行力系，重心就是分布平行重力的中心。在工程中，重心位置的确定具有重要意义。欲确定物体的重心，只需将式(2.17)和式(2.18)中的力 F_i 换成重力 P_i 即可。若物体是连续体，则将式(2.17)和式(2.18)中的求和号变为积分号。若物体是均质的，则物体的重心与形心重合，此时就可归结为求物体的形心。这些公式在高等数学定积分应用中已进行过讨论，不再赘述。下面介绍一些确定重心的常用方法。

确定重心的方法一般有计算法和实验法，计算法按式(2.17)和式(2.18)或积分公式计算，但只适用于简单规则形状的物体。对于由简单形状物体组成的复杂结构可用组合法计算，而对于任意形状的工程复杂结构，则可用实验法，下面介绍组合法和实验法。

1. 组合法

工程实际中有许多结构，虽然形状复杂，但却是由一些简单几何形状的物体组合而成的，如图2.17(a)所示的工字形，可看作由三块矩形组成。求这类组合形体重心(或形心)的方法是，将组合体分割成几个形状简单的形体，确定每个简单形体的重心(形心)坐标和面积或体积，这种方法称为**分割法**，然后按式(2.17)或式(2.18)求得组合体的重心(或形心)，称为**组合法**。在进行分割时，式(2.18)中的 x_i、y_i、z_i 应为第 i 块物体的重心(或形心)坐标；$F_i = P_i = \gamma_i \Delta V_i$，$\gamma_i$ 和 ΔV_i 分别为第 i 块物体的重度和体积，即

$$x_C = \frac{\sum x_i \gamma_i \Delta V_i}{\sum \gamma_i \Delta V_i}, \quad y_C = \frac{\sum y_i \gamma_i \Delta V_i}{\sum \gamma_i \Delta V_i}, \quad z_C = \frac{\sum z_i \gamma_i \Delta V_i}{\sum \gamma_i \Delta V_i} \tag{2.18a}$$

对于均质物体，$\gamma_i = \rho g =$ 常数，其中 ρ 为质量密度，重心(形心)坐标为

$$x_C = \frac{\sum x_i \Delta V_i}{\sum \Delta V_i}, \quad y_C = \frac{\sum y_i \Delta V_i}{\sum \Delta V_i}, \quad z_C = \frac{\sum z_i \Delta V_i}{\sum \Delta V_i} \tag{2.18b}$$

式(2.18b)表明此时重心的位置与重量无关，而只与物体的几何形状有关，即均质物体的重心与物体几何形心重合，这就是将均质物体求重心问题归结为求形心的原因。

对于均质曲面问题，式(2.18b)中的体积 ΔV_i 改为面积 ΔS_i，重心坐标公式为

$$x_C = \frac{\sum x_i \Delta S_i}{\sum \Delta S_i}, \quad y_C = \frac{\sum y_i \Delta S_i}{\sum \Delta S_i}, \quad z_C = \frac{\sum z_i \Delta S_i}{\sum \Delta S_i} \tag{2.18c}$$

对于均质平面问题(x-y 平面内)，式(2.18c)可写为

$$x_C = \frac{\sum x_i \Delta S_i}{\sum \Delta S_i}, \quad y_C = \frac{\sum y_i \Delta S_i}{\sum \Delta S_i} \tag{2.18d}$$

若从一些简单几何形状中挖去另一些简单几何形体，如图2.17(b)所示，只要把挖去部分的体积或面积取为**负值**，上述组合法公式仍然适用，这种方法称为**负体积法或负面积法**。

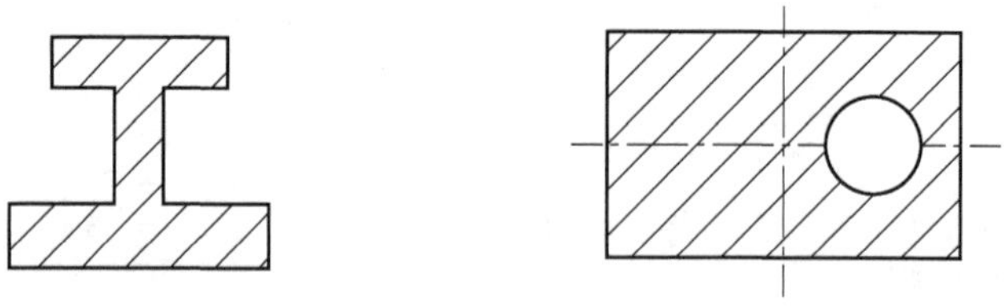

(a)　　(b)

图2.17

【例2.5】 求长度为 l、横截面如图2.18所示的均质型钢的重心，图中尺寸为mm。

解： 型钢为等截面并且为均质，因此其重心必位于 $l/2$ 处的对称面上，现确定对称面上重心的位置。

(1)分割法。

将均质薄板图形分割成如图2.18(b)所示的三个矩形，各矩形的面积及在图2.18所示坐标下的形心坐标分别为

$$S_1 = 300\ \text{mm}^2,\quad x_1 = -5\text{mm},\quad y_1 = 45\text{mm}$$
$$S_2 = 300\ \text{mm}^2,\quad x_2 = 5\text{mm},\quad y_2 = 25\text{mm}$$
$$S_3 = 400\text{mm}^2,\quad x_3 = 20\text{mm},\quad y_3 = 5\text{mm}$$

则该平面图形的形心坐标为

$$x_C = \frac{S_1x_1 + S_2x_2 + S_3x_3}{S_1 + S_2 + S_3} = \frac{300\times(-5) + 300\times 5 + 400\times 20}{300+300+400} = 8(\text{mm})$$
$$y_C = \frac{S_1y_1 + S_2y_2 + S_3y_3}{S_1 + S_2 + S_3} = \frac{300\times 45 + 300\times 25 + 400\times 5}{300+300+400} = 23(\text{mm})$$

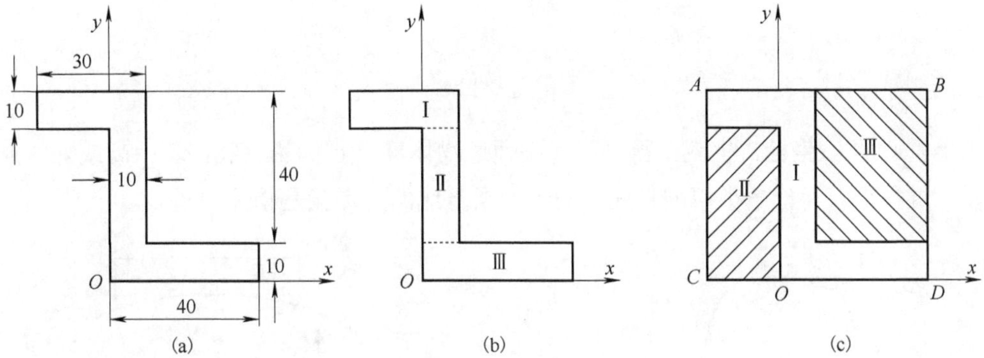

图 2.18

(2) 负面积法。

如图 2.18(c) 所示，将平面图形看作由矩形 *ABCD* 中挖去矩形Ⅱ和Ⅲ而形成，计算时被挖去的部分的面积在公式中取为负号即可，设 S_1 为矩形 *ABCD* 的面积，则

$$S_1 = 50\times 60 = 3000\text{mm}^2,\quad x_1 = 10\text{mm},\quad y_1 = 25\text{mm}$$
$$S_2 = 20\times 40 = -800\text{mm}^2,\quad x_2 = -10\text{mm},\quad y_2 = 20\text{mm}$$
$$S_3 = 30\times 40 = -1200\text{mm}^2,\quad x_3 = 25\text{mm},\quad y_3 = 30\text{mm}$$

则平面图形的形心坐标为

$$x_C = \frac{S_1x_1 + S_2x_2 + S_3x_3}{S_1 + S_2 + S_3} = \frac{3000\times 10 + (-800)\times(-10) + (-1200)\times 25}{3000-800-1200} = 8(\text{mm})$$
$$y_C = \frac{S_1y_1 + S_2y_2 + S_3y_3}{S_1 + S_2 + S_3} = \frac{3000\times 25 + (-800)\times 20 + (-1200)\times 30}{3000-800-1200} = 23(\text{mm})$$

可见，在相同的坐标系下，两种方法求出的结果相同。对于具有对称线、对称面、对称中心的均质物体，其形心一定位于对称线、对称面、对称中心上。

2. 实验法

对于工程中一些形状复杂或质量分布不均匀的物体，上述积分法和组合法难以应用，但可采用实验的方法求其重心，工程中常见的方法有以下两种。

1) 悬挂法

若要确定不规则形状的薄板的重心，可先将薄板用细绳在任意点 *A* 悬挂起来，如图 2.19 所示，由二力平衡公理可知，重心必然在过点 *A* 的铅垂线 *AB* 上。再另取一点 *D* 作为悬挂点，同样又可作出铅垂线 *DE*，由于重心的位置与受力方向无关，*AB* 和 *DE* 两直线的交点 *C* 就是该薄板的重心。

对于又大又重的物体，可按一定的比例用某种材料制作其缩小的模型，用这种方法能测得其重心的大概位置。

2）称重法

对于某些形状复杂、体积庞大的非均质物体，可以用称重法确定其重心。首先，测得物体的重量 $\boldsymbol{P}$，然后将物体一端放在固定支座 A 上，另一端置于台称 B 上，如图 2.20 所示。读取台称的读数得到约反力 F_{NB} 的值，并且量取 AB 间的水平距离 L。显然，根据物体的平衡条件可解出 x_C 值，即

$$\sum M_A(\boldsymbol{F})=0, \qquad -x_C P + LF_{NB}=0$$

解得

$$x_C=\frac{LF_{NB}}{P}$$

求得重心的 x_C 坐标，也就是得到了一条通过物体重心 C 的铅垂线，若抬高或降低点 B，重复以上过程再获得一条类似的直线，则这两条直线的交点就是物体的重心。

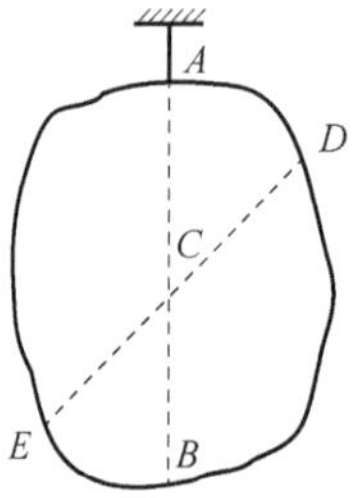

图 2.19

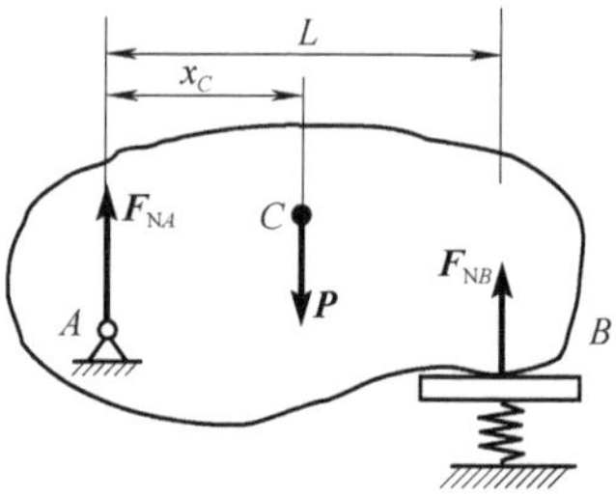

图 2.20

3. **查表法**

可从工程设计手册中查阅各种形状物体的重心计算公式。

思　考　题

2-1　判断下列说法是否正确。

（1）空间汇交力系合成的最终结果是一个合力，合力的作用线通过各力的汇交点，其大小和方向由原力系中各分力的矢量和确定。

（2）空间力偶系合成的最终结果为一个合力偶，其大小和方位由原力偶系中各分力偶的矢量和确定，该合力偶矢可以任意滑动和平行移动。

（3）空间力系向任一点简化得到的主矢和主矩与任选的简化中心有关。

（4）空间力偶矩可以从刚体内的一个平面移到刚体内的另一任意平面而不改变它对刚体的作用效果。

（5）两个等效的空间力系分别向同一刚体内的任意两点 A_1、A_2 简化，得 $\boldsymbol{F}'_{R1}$、$\boldsymbol{M}_1$ 和 $\boldsymbol{F}'_{R2}$、$\boldsymbol{M}_2$。因为此两个力系等效，所以有 $F'_{R1}=F'_{R2}$，$M_1=M_2$。

（6）物体的重心一定在物体内。

（7）均质物体的形心就是它的重心。

(8) 如果选取两个不同的坐标系来计算同一物体的重心位置，所得重心坐标相同。

(9) 重心坐标与坐标系的选取无关。

(10) 重心在物体内的位置与坐标系的选取有关。

2-2　若空间汇交力系合成为一个合力，其合力的作用线通过__________。

2-3　边长为 a 的立方体的三条棱边上作用着大小相等的三个力 $\boldsymbol{F}_1$、$\boldsymbol{F}_2$、$\boldsymbol{F}_3$，如思图 2.1 所示，则此力系简化的最后结果是__________。

2-4　空间平行力系 $\boldsymbol{F}_1$、$\boldsymbol{F}_2$、$\boldsymbol{F}_3$、$\boldsymbol{F}_4$，如思图 2.2 所示，其简化的最后结果为__________。

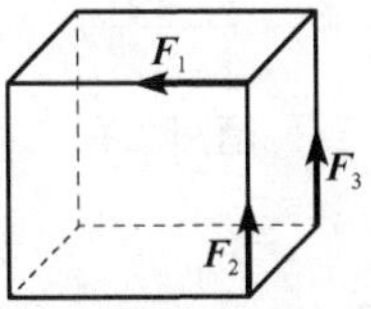

思图 2.1

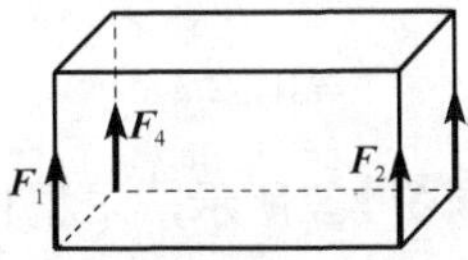

思图 2.2

2-5　平面一般力系向其平面内任一点简化，如主矩恒等于零，则力系__________。

2-6　分布载荷的合力大小等于__________，合力作用线的位置可用__________来求，合力作用线通过__________。

2-7　平行力系的中心指的是__________；物体的重心指的是__________；物体的形心指的是__________。

习　题

2.1　如题图 2.1 所示，把作用在平板上的各力向点 O 简化，已知 F_1=300kN，F_2=200kN，F_3=350kN，F_4 =250kN，试求力系的主矢和对点 O 的主矩，以及力系的最后合成结果，图中长度单位为 cm。

2.2　如题图 2.2 所示，将平面任意力系向点 O 简化，并求力系合力的大小及其与原点 O 的距离。已知 F_1=150N，F_2=200N，F_3=300N，力偶的臂等于 8cm，力偶的力 F=200N，图中长度单位为 cm。

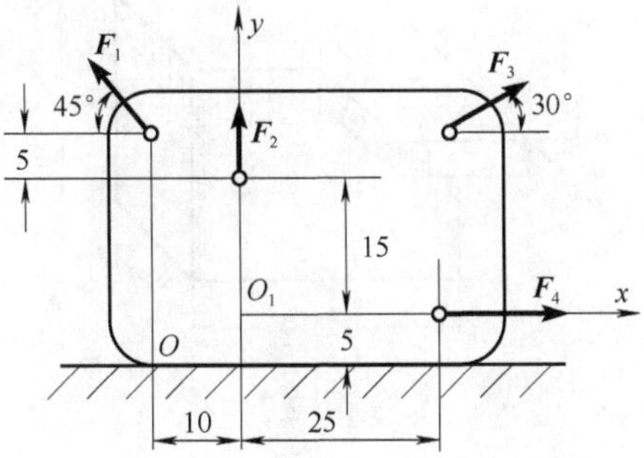

题图 2.1

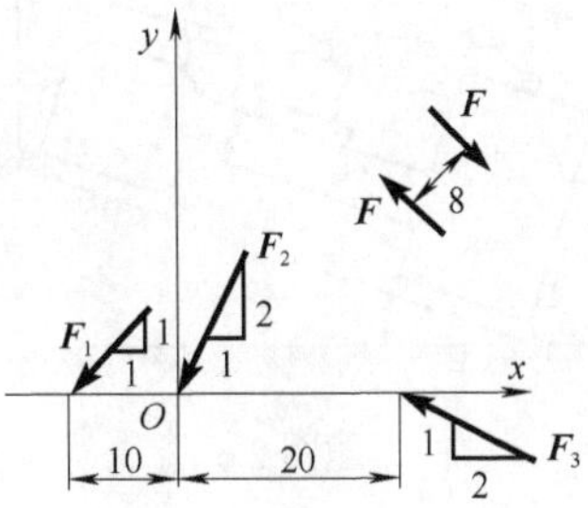

题图 2.2

2.3　如题图 2.3 所示的力系中，F_1=100N，F_2=300N，F_3=200N，各力作用线位置如图所示，求力系向点 O 简化的结果。

2.4　如题图 2.4 所示，在半径为 R 的圆内挖出一个半径为 r 的圆孔，求剩余面积的重心。

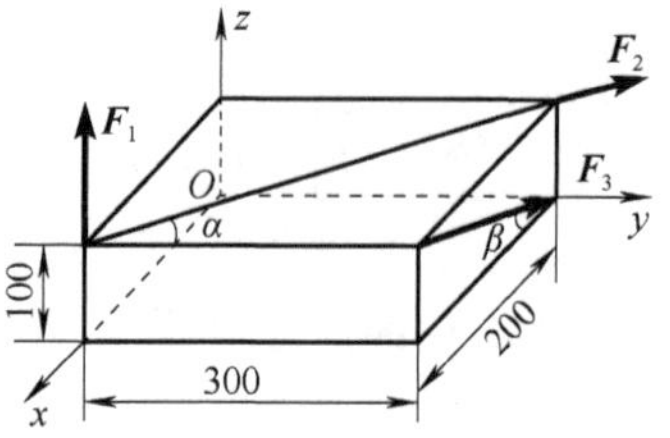

题图 2.3

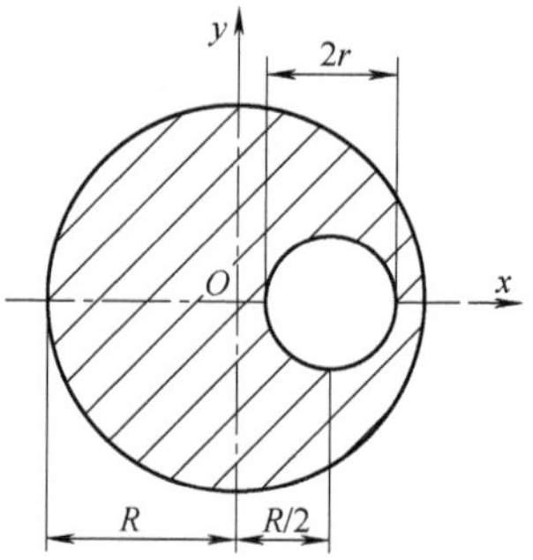

题图 2.4

2.5　如题图 2.5 所示，求型材截面形心的位置。

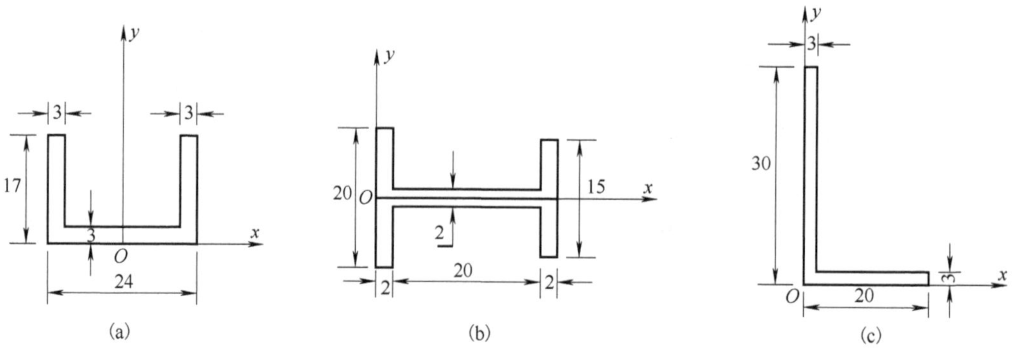

题图 2.5

2.6　题图 2.6 所示机床重为 25kN，当水平放置时（$\theta = 0^\circ$），称上读数为 17.5kN，当 $\theta = 20^\circ$ 时秤上的读数为 15kN，试确定机床重心的位置。

2.7　均质块体形状及尺寸如题图 2.7 所示（图中单位为 mm），求其重心的位置。

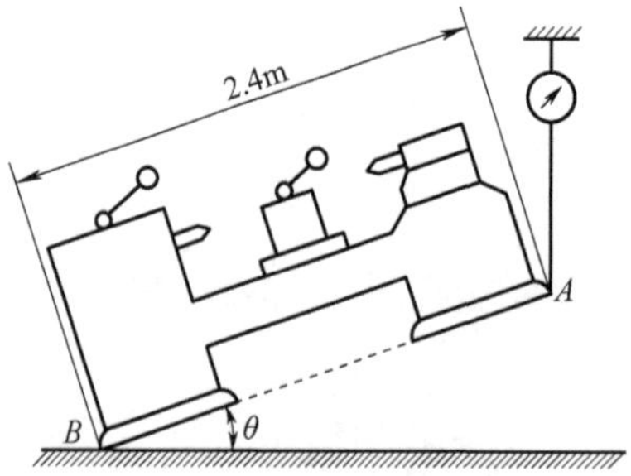

题图 2.6

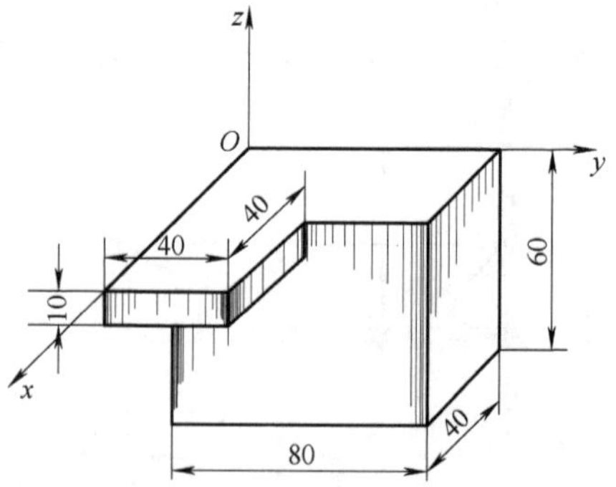

题图 2.7

第 3 章　力系的平衡方程及其应用

本章将介绍空间任意力系的平衡条件及平衡方程，并讨论平衡方程的各种形式及其应用，最后介绍考虑摩擦时物体的平衡问题。

由第 2 章可知，若将一空间力系向任一点 O 简化，一般可得主矢 $\boldsymbol{F}'_{\mathrm{R}}$ 和主矩 $\boldsymbol{M}_O$。在简化结果的讨论中，主矢和主矩同时等于零，即 $\boldsymbol{F}'_{\mathrm{R}}=0$、$\boldsymbol{M}_O=0$ 是静力学中最重要的情形。

3.1　空间任意力系的平衡条件和平衡方程

3.1.1　力系的平衡条件和平衡方程

1. 空间任意力系的平衡条件

由力向一点简化的过程可知，力系可简化为以 O 为汇交点的空间汇交力系和空间力偶系，$\boldsymbol{F}'_{\mathrm{R}}$ 是汇交力系的合力，而 $\boldsymbol{M}_O$ 是空间力偶系的合力偶。由牛顿第二定律可知，$\boldsymbol{F}'_{\mathrm{R}}=0$ 说明空间汇交力系是平衡的；$\boldsymbol{M}_O=0$ 表明空间力偶系也是平衡的。因此，在空间任意力系作用下刚体是平衡的。反之若在空间任意力系作用下刚体平衡，则由动力学关系可知，力系必须同时满足 $\boldsymbol{F}'_{\mathrm{R}}=0$，$\boldsymbol{M}_O=0$ 的条件。于是得到结论：**空间任意力系平衡的必要与充分条件是，力系的主矢和对任一点的主矩同时等于零**，即

$$\boldsymbol{F}'_{\mathrm{R}}=\sum \boldsymbol{F}_i=0 \tag{3.1}$$

$$\boldsymbol{M}_O=\sum \boldsymbol{M}_O(\boldsymbol{F}_i)=0 \tag{3.2}$$

平衡条件对于工程构件的设计计算具有重要意义。

2. 空间任意力系的平衡方程

为应用方便，将平衡条件［式(3.1)和式(3.2)］用解析式表示。按空间矢量的投影方法，式(3.1)和式(3.2)在直角坐标系 x 轴、y 轴、z 轴上的投影分别为

$$\begin{cases}\sum F_x=0\\ \sum F_y=0\\ \sum F_z=0\\ \sum M_x(\boldsymbol{F})=0\\ \sum M_y(\boldsymbol{F})=0\\ \sum M_z(\boldsymbol{F})=0\end{cases} \tag{3.3}$$

于是得到结论，空间力系平衡的必要与充分(解析)条件是：力系中各力分别在 x、y、z 三个坐标轴上投影的代数和等于零，以及各力分别对 x、y、z 三个坐标轴的矩的代数和也等于零。式(3.3)即为空间任意力系的**平衡方程**，其中六个方程相互独立，在求解空间力系作用下刚体的平衡问题时，最多能列六个独立的平衡方程，求解六个未知数。式(3.3)由平衡条件导出，也称为空间力系平衡方程的**基本形式**。

在实际应用时，所列的方程还可以有其他形式，例如，在保证相互独立的前提下，六个

方程可以是两个投影方程和四个力矩方程(称四矩式)，或一个投影方程和五个力矩方程(称五矩式)，或六个力矩方程(六矩式)。应用中，通常采用平衡方程的基本形式，在有特殊需要时采用其他形式。总之，无论平衡方程采用何种形式，所能求解问题的未知数都不能超过六个。

3.1.2　平衡方程的几种特殊形式

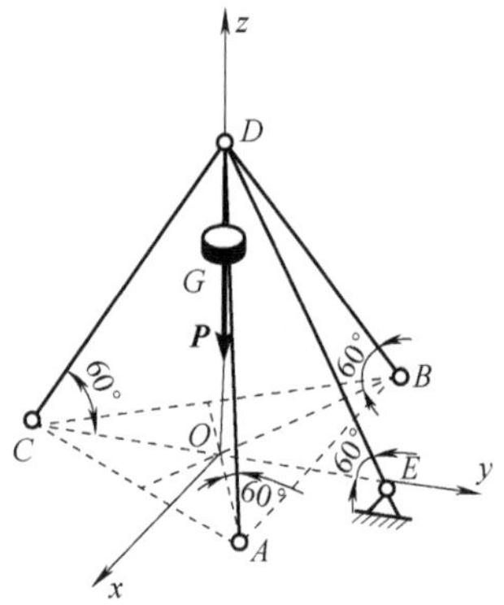

图 3.1

式(3.3)中的六个平衡方程，是针对空间任意力系给出的，在实际中，并不一定都有六个独立的平衡方程，下面介绍几种特殊的情况。

1. 汇交力系

如图 3.1 所示，简易起重装置由三脚架支承，若三脚架杆的自重远小于起吊物体的重量，则可以略去三脚架杆的自重而把三脚架杆视为二力杆；略去滑轮大小，认为起吊物体的重力作用于三脚架杆的连接销子 D 上。因此，销子 D 受到的力构成一个空间汇交力系。

对于空间汇交力系，平衡条件是其合力为零，因此在式(3.3)中，三个投影方程分别为零。由合力矩定理可以证明，式(3.3)中三个力矩方程的左边恒等于零，于是空间汇交力系的平衡方程为

$$\begin{cases}\sum F_x = 0\\ \sum F_y = 0\\ \sum F_z = 0\end{cases} \tag{3.4}$$

这三个方程相互独立，可以求解三个未知量。

对于**平面汇交力系**，各力作用线位于同一平面。若力系位于 xOy 平面内，此时，式(3.4)中 $\sum F_z \equiv 0$，因此平面汇交力系有两个独立平衡方程，即

$$\begin{cases}\sum F_x = 0\\ \sum F_y = 0\end{cases} \tag{3.5}$$

可求解**两个未知量**。

2. 平行力系

工程中，如塔吊、车间中的行车在平衡时受到了空间平行力系的作用。设空间平行力系与 z 轴平行，如图 3.2 所示，则式(3.3)中 $\sum F_x \equiv 0$，$\sum F_y \equiv 0$，$\sum M_z(\boldsymbol{F}) \equiv 0$，于是可得与 z 轴平行的空间平行力系的平衡方程为

$$\begin{cases}\sum F_z = 0\\ \sum M_x = 0\\ \sum M_y = 0\end{cases} \tag{3.6}$$

应用这三个独立方程可以求解**三个未知量**。

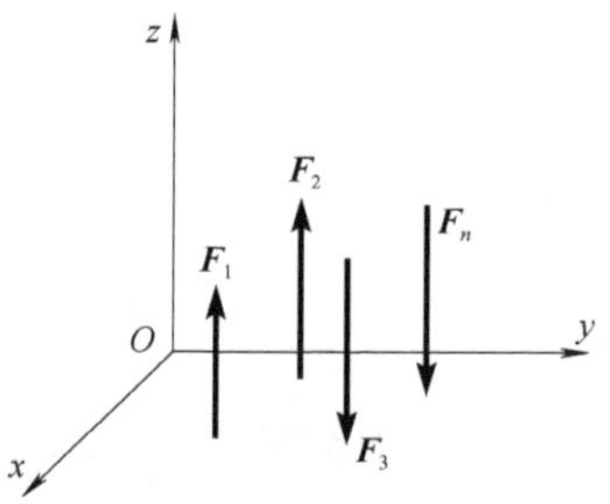

图 3.2

对于**平面平行力系**，若平面平行力系位于 xOy 平面并作用线与 y 轴平行，则式(3.3)中 $\sum F_x \equiv 0$，$\sum F_z \equiv 0$，$\sum M_y(\boldsymbol{F}) \equiv 0$，$\sum M_x(\boldsymbol{F}) \equiv 0$，于是得到平面平行力系的独立平衡方程为

$$\begin{cases}\sum \boldsymbol{F}_y = 0 \\ \sum \boldsymbol{M}_z(F) = 0\end{cases} \tag{3.7}$$

显然，利用平面平行力系的平衡方程可求解两个未知量。

3. **力偶系**

对于空间力偶系，由力偶的性质可知$\sum F_x \equiv 0$，$\sum F_y \equiv 0$，$\sum F_z \equiv 0$，则空间力偶系平衡方程为

$$\begin{cases}\sum \boldsymbol{M}_x(\boldsymbol{F}) = 0 \\ \sum \boldsymbol{M}_y(\boldsymbol{F}) = 0 \\ \sum \boldsymbol{M}_z(\boldsymbol{F}) = 0\end{cases} \tag{3.8}$$

采用这三个独立的矩方程可以求解三个未知数。

对于作用面位于同一平面的**平面力偶系**，若各力偶作用面均位于 xOy 平面上，式(3.3)中的六个方程中，除力偶必满足$\sum F_x \equiv 0$，$\sum F_y \equiv 0$，$\sum F_z \equiv 0$三式外，还满足$\sum M_x(\boldsymbol{F}) \equiv 0$、$\sum M_y(\boldsymbol{F}) \equiv 0$，则平面力偶系平衡方程为$\sum M_z(\boldsymbol{F}) \equiv 0$，或写为

$$\sum M = 0 \tag{3.9}$$

由此可知，平面力偶系只有一个独立平衡方程，只能求解一个未知量。

例如，钻床在工件上加工多个孔时，如图 3.3 所示，已知每个钻头的钻削力偶，计算固定螺栓 A、B 处的反力。各主动钻削力偶在同一平面内，A、B 处的约束必构成一约束反力偶与之平衡，因此这是一个平面力偶系的平衡问题。

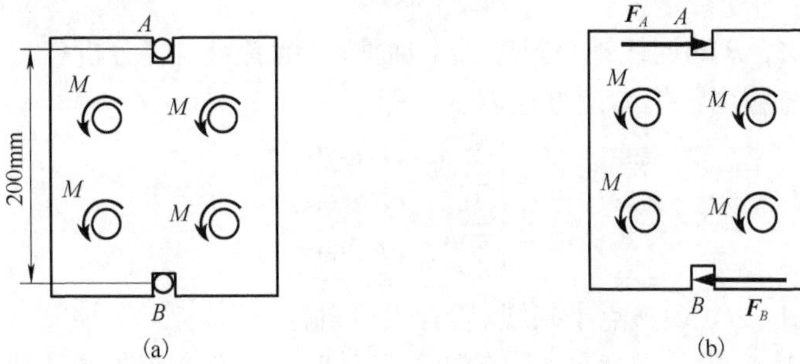

图 3.3

4. **平面任意力系**

平面任意力系是工程中最常见的力系。由 2.3 节可知，严格说来，物体都是受空间力系作用，而非平面力系。但是空间力系问题要比平面力系问题复杂得多，因此在工程中，根据受力特点可将一些空间力系问题简化为平面力系问题来处理，这样一般都能满足工程要求。例如，如图 3.4 所示的屋架，由于沿垂直于纸面方向的尺寸远小于其余两个方向的尺寸，并且受力平行于纸面，因此可略去厚度将屋架受力作为平面力系来处理，受力如图 3.4 所示。又如，如图 3.5 所示的汽车，受空间力系作用，但它在平行于纸面有垂直的受力对称面，可将所有受力简化到对称面上，处理为平面力系。

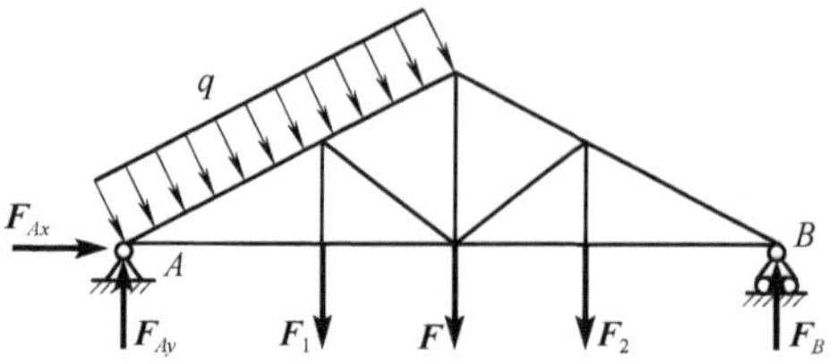

图 3.4

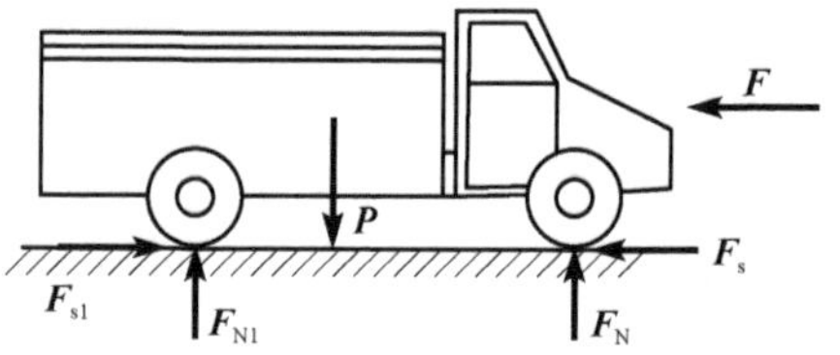

图 3.5

设力系位于平面内，可知式(3.3)中，$\sum F_z \equiv 0$，$\sum M_x(\boldsymbol{F}) \equiv 0$，$\sum M_y(\boldsymbol{F}) \equiv 0$，并在平面上令$\sum M_O(\boldsymbol{F}) = \sum M_z(\boldsymbol{F})$，其中 O 为平面上任一点，则平面任意力系的平衡方程为

$$\begin{cases} \sum F_x = 0 \\ \sum F_y = 0 \\ \sum M_O(F) = 0 \end{cases} \tag{3.10}$$

式(3.10)表明平面任意力系**平衡的解析条件**是，**力系中所有力在 x、y 两个坐标轴上的投影的代数和分别等于零，以及各力对于平面内任一点 O 的矩的代数和等于零**。三个方程相互独立，可以求解三个未知量。

式(3.10)称为平面任意力系平衡方程的**基本形式**。此外，平衡方程还有另外两种形式，即**二矩式**和**三矩式**，它们都是平衡的必要与充分条件，但都附加了限制条件。

二矩式：平衡方程由一个投影方程和两个力矩方程表示，即

$$\begin{cases} \sum F_x = 0 \\ \sum M_A(\boldsymbol{F}) = 0 \\ \sum M_B(\boldsymbol{F}) = 0 \end{cases} \tag{3.11}$$

附加条件是，矩心 A、B 的连线不与投影轴 x 轴垂直(读者可自行分析)。

三矩式：平衡方程由三个力矩方程表示，即

$$\begin{cases} \sum M_A(\boldsymbol{F}) = 0 \\ \sum M_B(\boldsymbol{F}) = 0 \\ \sum M_C(\boldsymbol{F}) = 0 \end{cases} \tag{3.12}$$

附加条件是，矩心 A、B、C 三点不共线(读者也可自行分析)。

式(3.11)和式(3.12)中，当满足各自的附加条件时，三个方程是相互独立的，可以求解三个未知量。在某些情况下，应用二矩式或三矩式比较方便。

必须指出，对于单个刚体(或一个研究对象)的平衡问题，在能列出的平衡方程中最多只有三个是独立的，只能求解三个未知量，任何多于三个的平衡方程都是前三个方程的线性组合，因此不是独立的，但是多余的方程可用来校核计算结果。

3.2　平面力系平衡方程的应用

在 3.1 节中讨论了平面任意力系的平衡方程基本形式及特殊形式，还讨论了平面力系的特殊情形，如平面汇交力系、平面平行力系、平面力偶系及其平衡方程。下面结合具体问题分单个物体(或单个研究对象)及物体系统两种情形说明平衡方程的应用。

3.2.1　单个物体的平衡问题

平衡方程描述了物体平衡时，各受力之间应满足的关系，因此可以应用平衡方程求平衡物体的未知力或物体平衡位置。

【例 3.1】　如图 3.6 所示，移动式起重机自重为 $\boldsymbol{P}_w$，吊重为 $\boldsymbol{P}$，配重为 $\boldsymbol{P}_Q$，已知轨距 b=3m，a=6m，L=10m，机身自重 P_w=500kN，其作用线至右轨的距离 e=1.5m，起重机起吊的最大荷载 P=250kN。欲保证起重机满载和空载时都不翻倒，试确定平衡配重 P_Q 的值。

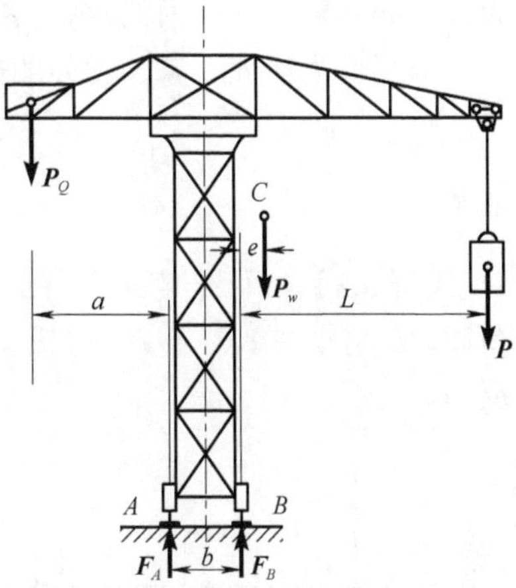

图 3.6

解：(1) 选起重机为研究对象，受力如图 3.6 所示，主动力 $\boldsymbol{P}_w$、$\boldsymbol{P}$、$\boldsymbol{P}_Q$ 及法向约束反力 $\boldsymbol{F}_A$、$\boldsymbol{F}_B$ 构成平面平行力系。按照题意，要保证起重机不翻倒，各力必须满足平衡条件。然而满足平衡方程的 $\boldsymbol{P}_Q$ 值可有无穷多个，但对应于平衡的临界状态却只有两个，即满载和空载的临界状态。使起重机平衡的 $\boldsymbol{P}_Q$ 值应介于对应两个平衡临界状态的 $\boldsymbol{P}_Q$ 之间。由图 3.6 可知，满载临界状态是绕点 B 向右翻倒的平衡临界状态；空载 (P=0) 临界状态是绕点 A 向左翻倒的平衡临界状态。对应这两个平衡临界状态，可由平衡条件分别确定出所需配重的最小值和最大值，而保证起重机不翻倒的配重应介于二者之间。

(2) 列平衡方程。

满载时，起重机有绕 B 点向右翻倒的倾向，为保证不翻倒，必须满足平衡方程。

$$\sum M_B(\boldsymbol{F}) = 0, \qquad P_Q(a+b) - F_A b - P_w e - Pl = 0 \tag{a}$$

不翻倒的力学条件为

$$F_A \geqslant 0$$

临界情况下，取 F_A=0，此时得到的配重应是最小值，即 $P_Q = P_{Q\min}$，代入式 (a) 解得

$$P_{Q\min} = \frac{Pl + P_w e}{a+b} = \frac{250\times 10 + 500\times 1.5}{6+3} = 361\,(\text{kN})$$

空载时 (P=0)，起重机有绕 A 点向左翻倒的倾向，要保证不翻倒，应满足平衡方程。

由 $\sum M_A(\boldsymbol{F}) = 0$ 可得

$$P_Q a + F_B b - P_w(b+e) = 0 \tag{b}$$

同理，不翻倒的力学条件为

$$F_B \geqslant 0$$

临界情况下，取 F_B=0，此时得到的配重应是最大值，即 $P_Q = P_{Q\max}$，代入式 (b) 解得

$$P_{Q\max} = \frac{(e+b)P_w}{a} = \frac{(1.5+3)\times 500}{6} = 375(\text{kN})$$

因此，保证起重机平衡时配重应满足如下条件：

$$P_{Q\min} \leqslant P_Q \leqslant P_{Q\max}$$

即

$$361\text{kN} \leqslant P_Q \leqslant 375\text{kN}$$

【例 3.2】　用多轴钻床同时加工某工件上的四个孔，如图 3.3 所示，钻孔时每个钻头对工件的切削力偶矩 $M=-15\text{N}\cdot\text{m}$，不计摩擦，求加工时两个固定螺钉 A 和 B 所受的力。

解：工件上作用四个同平面的力偶，故属平面力偶系的平衡问题。根据力偶系的合成定理，四个力偶合成后为一个合力偶；根据力偶性质，力偶只能由力偶来平衡，故 A、B 处的约束反力必将构成一个力偶($\boldsymbol{F}_B$，$\boldsymbol{F}_A$)与切削合力偶平衡。

取工件为研究对象，受力图如图 3.3(b)所示，由力偶平衡方程可得

$$\sum M=0,\quad 4M-0.2F_A=0$$

解得

$$F_A=F_B=300\text{N}$$

【例 3.3】　悬臂梁 AB 如图 3.7(a)所示，A 端固定，梁长为 l，其上作用集度为 q 的均布荷载，B 端作用集中力 $\boldsymbol{F}$，与铅垂方向呈 45° 角，且 B 端受力偶 M 作用，求固定端 A 的约束反力。

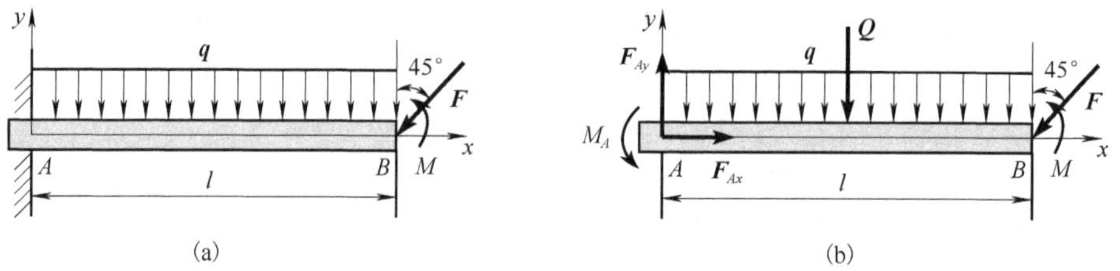

图 3.7

解：(1)取研究对象。

以梁 AB 为研究对象进行受力分析，受力如图 3.7(b)所示，以集中力 $\boldsymbol{Q}$ 等效代替均布载荷 q 的作用，且 $Q=ql$，$\boldsymbol{Q}$ 在图中用虚线箭头表示，这是一个平面任意力系的平衡问题。

(2)取坐标列平衡方程，坐标选取如图 3.7 所示。

由 $\sum F_x=0$ 得
$$F_{Ax}-F\sin45°=0 \tag{a}$$

由 $\sum F_y=0$ 得
$$F_{Ay}-F\cos45°-Q=0 \tag{b}$$

由 $\sum M_A(\boldsymbol{F})=0$ 得
$$M_A+M-Fl\cos45°-\frac{l}{2}Q=0 \tag{c}$$

(3)解方程。

三个平衡方程对应三个未知数，方程可解。式(a)～式(c)中，每式只含有一个未知数，解之并将 $Q=ql$ 代入得

$$F_{Ax}=F\sin45°=\frac{\sqrt{2}}{2}F$$

$$F_{Ay}=F\cos45°+Q=\frac{\sqrt{2}}{2}F+ql$$

$$M_A=Fl\cos45°+\frac{1}{2}Ql-M=\frac{\sqrt{2}}{2}Fl+\frac{ql^2}{2}-M$$

【例 3.4】　起重机自重 P=10kN，可绕铅垂轴 AB 转动，起重机的挂钩上挂有重 P_1=40kN 的重物；起重机尺寸如图 3.8 所示，设两轴承的厚度不计，求止推轴承 A 和轴承 B 处的反力。

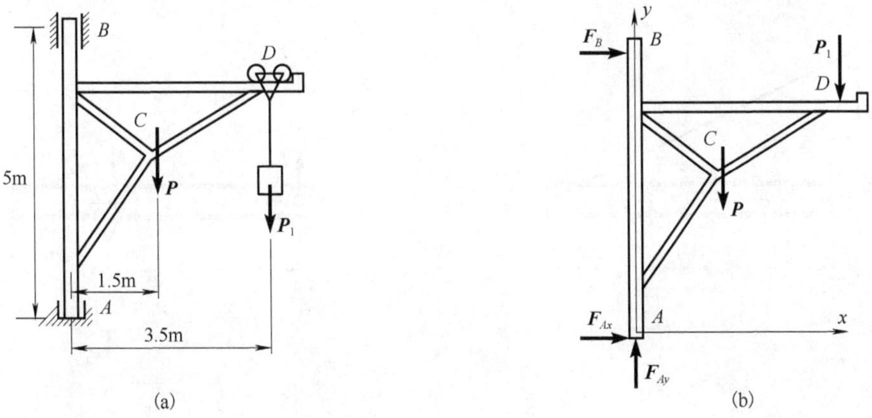

图 3.8

解：(1) 以起重机为研究对象，进行受力分析。

因主动力 $\boldsymbol{P}$ 和 $\boldsymbol{P}_1$ 均作用在铅垂面内，故轴承 B 的反力 $\boldsymbol{F}_B$ 沿水平方向，假定指向右。止推轴承 A 的反力分解为水平分力 $\boldsymbol{F}_{Ax}$ 和垂直分力 $\boldsymbol{F}_{Ay}$ 两个分量，受力图如图 3.8(b) 所示。

(2) 取投影轴如图 3.8(b) 所示，列平衡方程。

由 $\sum F_x = 0$ 可得

$$F_{Ax}+F_B=0 \tag{a}$$

由 $\sum F_y = 0$ 可得

$$F_{Ay} - P - P_1 = 0 \tag{b}$$

由 $\sum M_A(\boldsymbol{F}) = 0$ 可得

$$-5F_B - 1.5P - 3.5P_1 = 0 \tag{c}$$

(3) 解平衡方程并代入数据得

$$F_B = \frac{-(1.5P + 3.5P_1)}{5} = -31(\text{kN})$$

$$F_{Ax} = -F_B = 31(\text{kN})$$

$$F_{Ay} = P + P_1 = 50(\text{kN})$$

F_B 为负值，表明其真实方向与假设方向相反。

利用多余的不独立方程 $\sum M_B(\boldsymbol{F}) = 0$ 来校核上述计算结果。

由 $\sum M_B(\boldsymbol{F}) = 0$，$5F_{Ax} - 1.5P - 3.5P_1 = 0$ 得

$$F_{Ax} = \frac{1.5P + 3.5P_1}{5} = 31(\text{kN})$$

结果同前，表明计算正确。

【例 3.5】 行车水平梁 AB，A 端以铰链固定，B 端用拉杆 BC 拉住，如图 3.9(a)所示。梁重 P=4kN，载荷重 P_1=10kN，不计拉杆自重，梁尺寸如图 3.9(a)所示，试求拉杆的拉力和铰链 A 的约束反力。

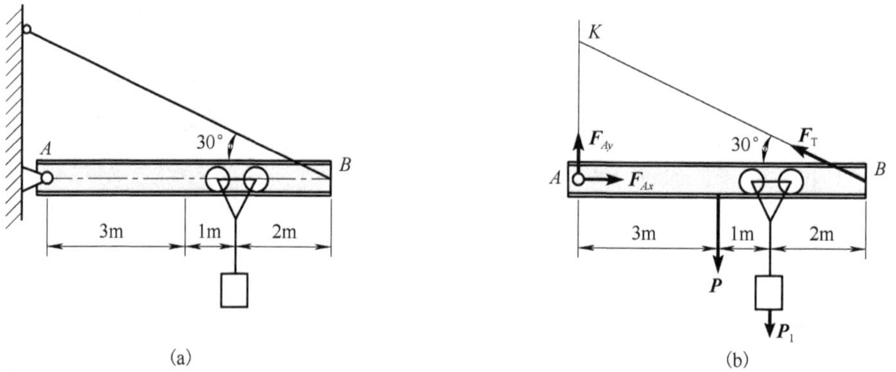

图 3.9

解：(1)选取梁 AB 与重物一起为研究对象，受力分析如图 3.9(b)所示。

(2)取投影轴，列平衡方程。

由 $\sum F_x = 0$ 得

$$F_{Ax} - F_T\cos30° = 0 \tag{a}$$

由 $\sum F_y = 0$ 得

$$F_{Ay} + F_T\sin30° - P - P_1 = 0 \tag{b}$$

由 $\sum M_A(\boldsymbol{F}) = 0$ 得

$$6F_T\sin30° - 3P - 4P_1 = 0 \tag{c}$$

(3)解联立方程。

由式(a)～式(c)解得

$$F_T = 17.33\text{kN}, \quad F_{Ax} = 15.01\text{kN}, \quad F_{Ay} = 5.33\text{kN}$$

本例也可用平衡方程的另外两种形式求得，如用二矩式，分别以 A、B 为矩心。

由 $\sum M_A(\boldsymbol{F}) = 0$ 可得

$$6F_T\sin30° - 3P - 4P_1 = 0 \tag{d}$$

由 $\sum M_B(\boldsymbol{F}) = 0$ 可得

$$3P + 2P_1 - 6F_{Ay} = 0 \tag{e}$$

由 $\sum F_x = 0$ 可得

$$F_{Ax} - F_T\cos30° = 0 \tag{f}$$

式(d)和式(e)中都只有一个未知数，不必联立求解而直接求得 F_T 和 F_{Ay}，再将 F_T 代入式(f)求出 F_{Ax}。

用三矩式求，以 A、B 及力 F_T 和 F_{Ay} 作用线的交点 K 为矩心。

由 $\sum M_A(\boldsymbol{F})=0$ 可得

$$6F_T\sin 30^\circ - 3P - 4P_1 = 0 \tag{g}$$

由 $\sum M_B(\boldsymbol{F})=0$ 可得

$$3P + 2P_1 - 6F_{Ay} = 0 \tag{h}$$

由 $\sum M_K(\boldsymbol{F})=0$ 可得

$$3F_{Ax}\tan 30^\circ - 3P - 4P_1 = 0 \tag{i}$$

式(g)～式(i)中，每式中只包含一个未知数，无须联立求解即可直接得出结果。

【例 3.6】　水平外伸梁如图 3.10(a)所示，若均布载荷集度 q=20kN/m，F=20kN，力偶矩 M=8kN·m，a=0.8m，求支座 A 和 B 的约束反力。

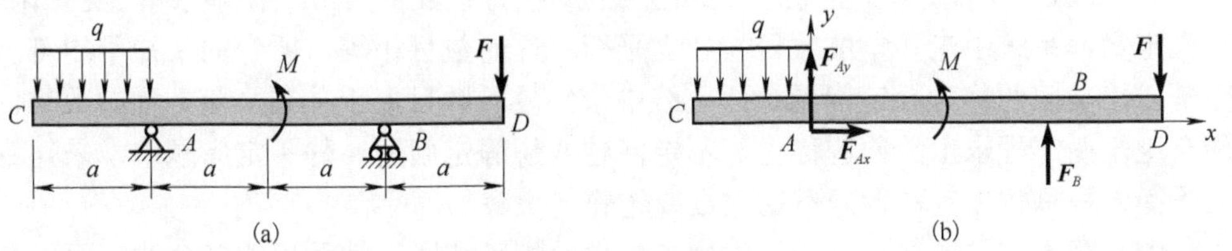

图 3.10

解：(1)取 CD 梁为研究对象，受力如图 3.10(b)所示。

(2)取坐标系，如图 3.10(b)所示。均布载荷的合力为 qa，作用在 CA 中点处，列平衡方程。

由 $\sum F_x=0$ 可得

$$F_{Ax}=0 \tag{a}$$

由 $\sum F_y=0$ 可得

$$F_{Ay}+F_B-F-qa=0 \tag{b}$$

由 $\sum M_A(\boldsymbol{F})=0$ 可得

$$M+\frac{a}{2}qa+2aF_B-3aF=0 \tag{c}$$

联立求解方程，并将各数据代入得

$$F_{Ax}=0,\quad F_{Ay}=15\text{kN},\quad F_B=21\text{kN}$$

综上各例，求解单个物体平衡问题的一般步骤及要点归纳如下。

(1)根据题意选取研究对象，并画出研究对象的受力图。受力图中刚性约束的未知约束反力的指向可以假定，其真实指向由平衡方程确定。

(2)选取适当的投影轴和矩心，列出独立的平衡方程。由上述各例可知，灵活应用平衡方程的各种形式，以及适当选取投影轴和矩心，可以减少平衡方程中未知量的数目，尽量避免求解联立方程。一般以两个未知力的交点为矩心，而投影轴尽可能与暂不考虑的未知力垂直。

(3)解平衡方程并对结果进行讨论。在计算结果中如果力出现负号，说明受力图中假设的力的指向与真实指向相反；如果无负号，说明与真实指向相同。

3.2.2　物体系统的平衡问题

工程中，任何一部机器或一个工程结构都是由若干零件或构件组成的物体系统。通常，研究其平衡问题不仅要求出系统所受的未知力，而且还要求出物体间相互作用的内力，因此就要把某些物体从系统中分离出来单独研究。此外，对于物体系的平衡问题，有时也要把物体分开来研究，才能求出所有未知外力，可见求解物体系平衡问题是以求解单个物体的平衡问题为基础的。

在求解物体系统平衡问题时，通常要判断问题能否用平衡方程完全解决，因此首先介绍静定与静不定的概念。

当系统平衡时，组成系统的每一个物体都处于平衡状态，而每个物体在力系作用下可列出的独立平衡方程的数目是确定的。对于物体系统，可列出的独立平衡方程的数目就等于组成系统中每个物体可列独立平衡方程数目的总和。显然，独立方程的数目就代表了能求解的未知量的数目。例如，对于平面问题，若系统中有 n 个物体，每个物体均受平面任意力系作用，均可列三个独立平衡方程，则系统可列的独立平衡方程数目为 $3n$ 个，能求解 $3n$ 个未知量。

于是定义，系统中未知量的数目与独立平衡方程的数目相等，所有的未知量均可由平衡方程全部求出的问题称为**静定问题**。而系统中未知量的数目多于独立平衡方程的数目，未知量不能全由平衡方程求出的问题称为**静不定问题**或**超静定问题**。静不定问题中，未知量总数与独立平衡方程总数之差称为**静不定次数**或**超静定次数**。

工程中，静不定问题往往是由于为增加构件的刚度和坚固性而增加多余约束而引起的。如图 3.11 所示的吊车吊一重物，用两根绳子悬挂，如图 3.11(a)所示，未知约束反力有两个，而重物受平面汇交力系作用，共有两个独立平衡方程，因此是静定的。有时为安全考虑，用三根绳悬挂重物，如图 3.11(b)所示。未知约反力有三个，而独立平衡方程只有两个，因此是静不定的，而且是一次静不定问题。又如，轴用两个轴承支承，如图 3.12(a)所示，轴受平面平行力系作用，有两个独立平衡方程，故为静定问题。为增加轴的刚度，增加一个轴承，如图 3.12(b)所示，故有三个未知力，而轴只有两个独立平衡方程，因此为静不定问题。再如图 3.13 所示，悬臂梁受平面任意力系作用，有三个未知数，可列三个独立平衡方程，为静定问题。为减小变形，增加滚动支座，如图 3.13(b)所示，则有四个未知力，多于独立平衡方程数目，故为静不定问题。

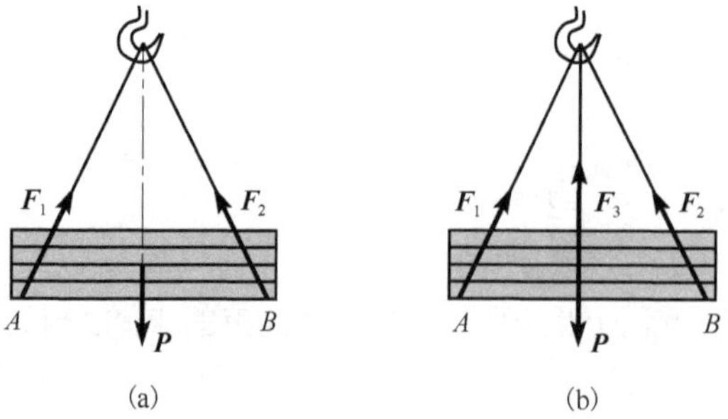

图 3.11

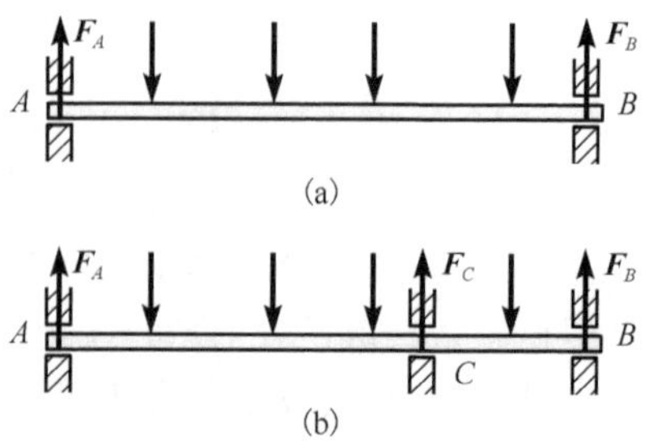

图 3.12

对于静不定问题，仅用平衡方程不能全部求解未知数，必须考虑物体受力作用而产生的变形，加列力与变形之间的关系以及变形协调关系式，以此作为补充方程，才能使方程的数目等于未知数的数目。静不定问题已超过刚体静力学的范围，属于材料力学研究范畴。

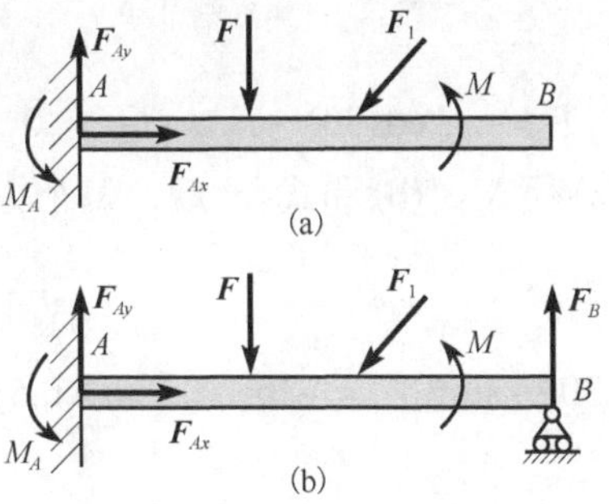

图 3.13

在求解物体系的平衡问题时，一般应先判断问题是否静定。在确定问题为静定之后，根据题意选取研究对象，画出受力图，列出平衡方程，然后求解。其中，选取研究对象比较灵活，可以选取每个物体为研究对象，也可先取整个物体系统或部分物体的组合体为研究对象，再取单个物体为研究对象。通常以待求未知数为目标，以不引入和较少引入中间未知数为原则选取研究对象，尽量简化求解过程，提高求解效率。

【例 3.7】　平面起重装置如图 3.14 所示。AB 杆的 A 端用固定铰支座与墙面连接，B 端用一个销子与 BC 杆和滑轮连接，BC 杆 C 端与固定铰支座连接。一根钢丝绳跨过滑轮，一端与卷扬机相连，另一端与重物相连。略去摩擦和滑轮大小，不计杆和滑轮的自重，若已知重物重量 $P=20\text{kN}$，求平衡时杆 AB 和 BC 所受的力。

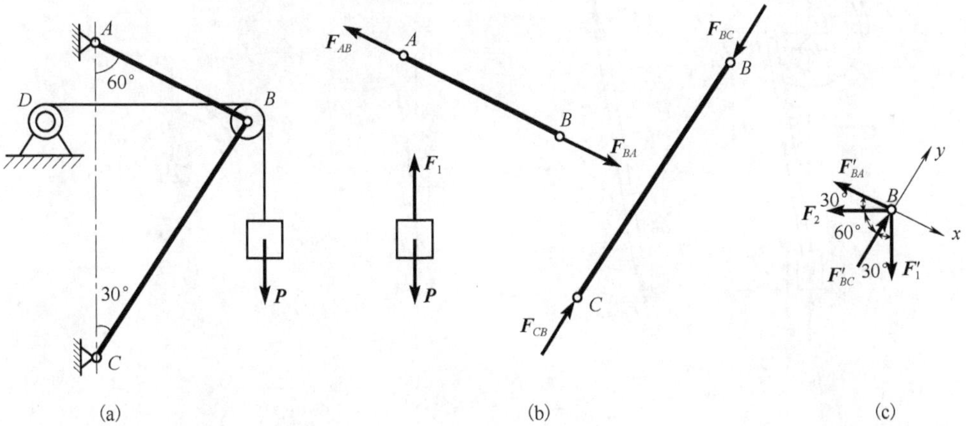

图 3.14

解：(1) 取研究对象。因杆 AB 和 BC 不计自重，故为二力杆。假设 AB 杆和 BC 杆分别受拉力和压力，并且沿杆轴线，如图 3.14(b) 所示。又因不计滑轮大小，绳子的受力通过 B，因此杆子的受力和绳子的受力汇交于点 B，构成一个平面汇交力系。取销子 B 为研究对象，画受力图如图 3.14(c) 所示。由于不计摩擦，并由图 3.14(b)、(c) 可得

$$F_1=F_1'=F_2'=P=20\ \text{kN} \tag{a}$$

(2) 用解析法求解，选取坐标轴。本例中的待求量为 F_{BA}' 和 F_{BC}'，二者相互垂直，为尽量减少所列平衡方程中的未知量，取正交坐标系 Bxy，如图 3.14(c) 所示。

(3) 列平衡方程。根据式(3.5)，由 $\sum \boldsymbol{F}_x=0$ 可得

$$-F_{BA}-F_2\cos 30^\circ+F_1\sin 30^\circ=0 \tag{b}$$

由 $\sum F_y = 0$ 可得

$$F_{BC} - F_1 \cos 30° - F_2 \cos 60° = 0 \tag{c}$$

(4) 求解平衡方程。将式(a)代入式(b)和式(c)后，每个方程中只有一个未知数，不必联立，而直接求解，即

由式(b)可得

$$F_{BA} = -P(\cos 30° - \sin 30°) = -20 \times (0.866 - 0.5) = -7.32(\text{kN})$$

由式(c)可得

$$F_{BC} = P(\cos 30° + \cos 60°) = 20 \times (0.866 + 0.5) = 27.32(\text{kN})$$

两杆的受力即为所求，其中 AB 杆的力为负，表明力的实际方向与原假定的方向相反，即 AB 杆实际上受压力；BC 杆的力为正，表明力的实际方向与假设方向相同，即 BC 杆实际上受压力。

在求解平衡问题时，坐标的选取只影响求解的难易程度而不影响最终结果，读者可另选坐标加以验证和比较。

【例 3.8】 如图 3.15 所示，曲轴冲床由飞轮 I、连杆 AB 和冲头 B 组成。A、B 两处为铰链连接，$\overline{OA} = R$，$\overline{AB} = l$，忽略摩擦和物体自重，当 OA 在水平位置时系统平衡，连杆与垂直方向的夹角为 φ，冲压力为 $\boldsymbol{F}$。求作用于轮 I 上的力偶矩 M 的大小；轴承 O 处的约束反力；连杆 AB 受的力以及冲头 B 给道轨的侧压力。

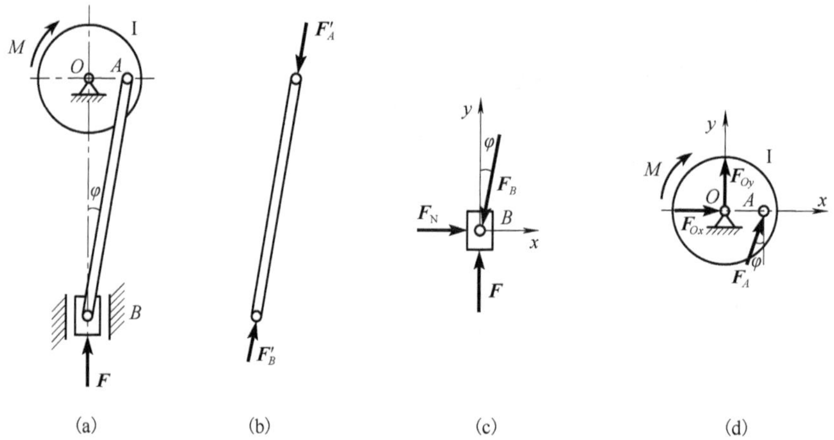

图 3.15

解：系统由冲头、飞轮和连杆三部分组成。由题意，对整个系统来说，不仅要求外力而且还要求各部分零件之间的作用力，因此需要分析每个物体的平衡，分别以连杆、冲头和飞轮为研究对象进行受力分析。不计自重，连杆只有两端点受力，故为二力杆，各物体受力如图 3.15 所示。因作用于冲头上的力 $\boldsymbol{F}$ 是已知力，而飞轮上的力偶和支反力均为未知，故应先取与已知力有直接联系的冲头为研究对象，受力如图 3.15(c)所示，为平面汇交力系。按图 3.15(c)所示坐标列平衡方程。

由 $\sum F_x = 0$ 得

$$F_N - F_B \sin\varphi = 0 \tag{a}$$

由 $\sum \boldsymbol{F}_y = 0$ 得

$$F - F_B \cos\varphi = 0 \tag{b}$$

由式(b)得

$$F_B = \frac{F}{\cos\varphi} \tag{c}$$

将式(c)代入式(a)得

$$F_{\mathrm{N}} = F \tan\varphi$$

F_B 和 F_{N} 均为正值，说明原假设的方向是对的。冲头对导轨的侧压力大小与 F_{N} 相同，方向与 $\boldsymbol{F}_{\mathrm{N}}$ 相反，作用在导轨上。

再以飞轮为研究对象，受力如图 3.15(d)所示，它受到力偶、连杆作用力及轴承反力的作用，构成平面任意力系，按图 3.15(d)所示坐标列平衡方程。

由 $\sum M_O(\boldsymbol{F}) = 0$ 得

$$F_A \cos\varphi \cdot R - M = 0 \tag{d}$$

由 $\sum \boldsymbol{F}_x = 0$ 得

$$F_{Ox} + F_A \sin\varphi = 0 \tag{e}$$

由 $\sum \boldsymbol{F}_y = 0$ 得

$$F_{Oy} + F_A \cos\varphi = 0 \tag{f}$$

因为 $F_A = F'_A F_B = F/\cos\varphi$，由式(d)得到作用于轮上的力偶的大小为

$$M = FR$$

由式(e)得

$$F_{Ox} = -F_A \sin\varphi = -F\tan\varphi$$

由式(f)得

$$F_{Oy} = -F_A \cos\varphi = -F$$

负号说明轴承反力 F_{Ox}、F_{Oy} 的真实方向与图示假设方向相反。

【例 3.9】　水平梁由 AC 和 CD 两部分组成，它们在 C 处用铰链连接，如图 3.16 所示。梁的 A 端为固定，B 处为滚动铰支座。已知作用在梁上的力 F=20kN，F_1=10kN，均布载荷的集度 p=5kN/m，梁的 BD 段受线性分布载荷作用，分布载荷在 D 端为零，B 处有最大值 q=6kN/m，试求 A 和 B 处的约束反力。

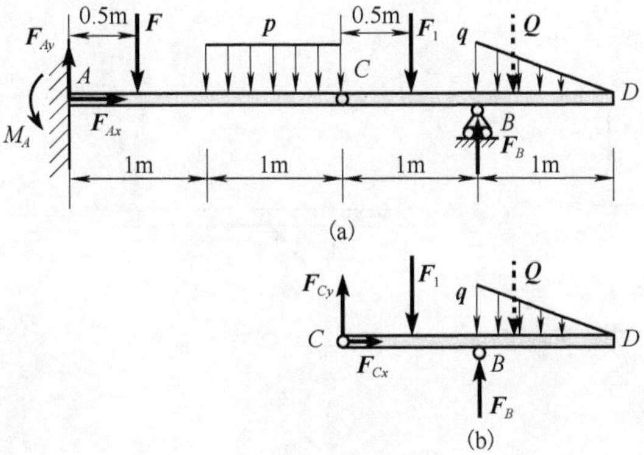

图 3.16

解：可以判定此问题为静定问题。由题意，欲求梁的约反力，先取整体为研究对象，受力如图 3.16(a)所示，图中示出了欲求的全部约反力。图 3.16(a)中均布载荷的合力为 $p\times1$，作用点距点 C 左边 0.5m 处；线性分布载荷合力 $\boldsymbol{Q}$ 的大小为三角形面积，即 $Q=\dfrac{q}{2}\times1$，作用点在距点 B 为 $\overline{BD}/3$ 处，按图 3.16(a)所示坐标轴列平衡方程。

由 $\sum \boldsymbol{F}_x=0$ 得

$$F_{Ax}=0 \tag{a}$$

由 $\sum \boldsymbol{F}_y=0$ 得

$$F_{Ay}+F_B-F-F_1-p\times1-Q=0 \tag{b}$$

由 $\sum M_A(\boldsymbol{F})=0$ 得

$$3F_B+M_A-0.5F-1.5\times p\times1-2.5F_1-\left(3+\frac{1}{3}\right)Q=0 \tag{c}$$

三个方程中包含四个未知数 F_{Ax}、F_{Ay}、F_B 和 M_A，还不能全部求解。再取 CD 为研究对象，受力如图 3.16(b)所示。尽量避免引入新的未知数，以 C 为矩心列力矩平衡方程。

由 $\sum M_C(\boldsymbol{F})=0$ 得

$$F_B\times1-0.5F_1-\frac{4}{3}Q=0 \tag{d}$$

由式(d)，将 $Q=\dfrac{q}{2}$ 代入，得

$$F_B=0.5F_1+\frac{2}{3}q=9(\text{kN})$$

代入式(b)和式(c)，分别求得

$$F_{Ay}=29\text{kN}\quad,\quad M_A=25.5\,\text{kN}\cdot\text{m}$$

例中，取 CD 为研究对象，虽然除式(d)外，还可列两个平衡方程，但利用式(d)已可求出式(b)和式(c)所需的 F_B，故没有必要再列这两个平衡方程。

系统平衡问题中的研究对象并无固定取法，例如，在此例中，先取 CD 段求出 F_{Cx}、F_{Cy}、F_B 后再取 AC 段研究也可得到同样的结果，总之取研究对象应以求解过程简单明了为原则。

【例 3.10】 构架由 AB、AC 和 DG 三杆组成，如图 3.17 所示，杆 DG 上的销子 E 可在杆 AC 的槽内滑动。不计各处的摩擦，求在水平杆 DG 的 G 端作用竖直力 $\boldsymbol{F}$ 时，杆 AB 上点 A、B 和杆 DG 上点 E 处的约束力。

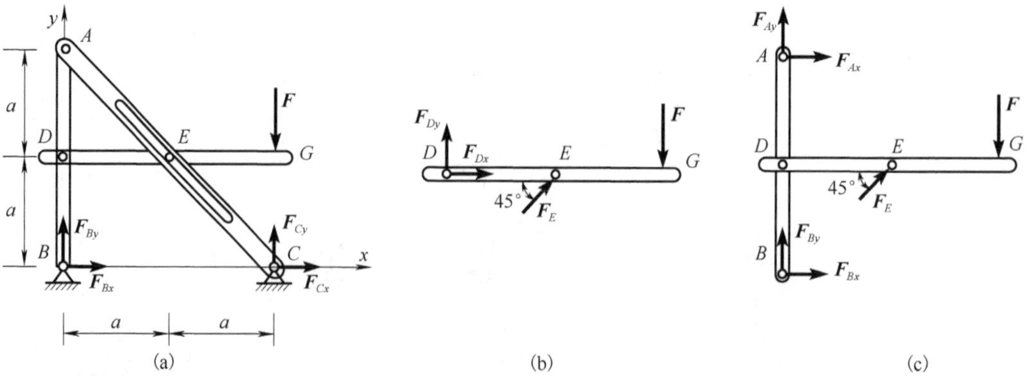

图 3.17

解：题意要求，A、E 及 B 处的约束力分别表示 AB 杆与 AC 杆之间、AC 杆与 DG 杆之间的作用力以及支座 B 的约束反力。对构架来说，A、E 处的力是内力，因此求解时应将构架“拆开”，将它们显露出来，再列平衡方程。

构架在点 B 处受待求约束反力 F_{Bx}、F_{By} 作用，故先取整体为研究对象，坐标及受力如图 3.17(a) 所示。对点 C 列力矩平衡方程 $\sum M_C = 0$，易得 $F_{By} = 0$，共有四个未知支反力，再列其他平衡方程也不能将 F_{Bx} 求出。

再取 DG 为研究对象，受力如图 3.14(b) 所示，对点 D 列力矩平衡方程。

$\sum M_D = 0$，得

$$aF_E \sin 45^\circ - 2aF = 0 \tag{a}$$

解得

$$F_E = \frac{2F}{\sin 45^\circ} = 2\sqrt{2}F$$

不需要求点 D 的约束力，故其余两个方程不必列出。

再取 AB 和 DG 连在一起的部分为研究对象，受力如图 3.17(c) 所示，其中，F_E、F_{By} 已求出，尚有 F_{Bx}、F_{Ax}、F_{Ay} 三个未知量待求，可列三个平衡方程求解。

由 $\sum M_B = 0$ 得

$$-2aF_{Ax} - 2aF = 0 \tag{b}$$

由 $\sum \boldsymbol{F}_x = 0$ 得

$$F_E \cos 45^\circ + F_{Ax} + F_{Bx} = 0 \tag{c}$$

由 $\sum \boldsymbol{F}_y = 0$ 得

$$F_{Ay} + F_{By} - F + F_E \sin 45^\circ = 0 \tag{d}$$

将 F_E 代入式(c)和式(d)并联立求解式(b)～式(d)，最后得到：

$$F_E = 2\sqrt{2}F, \quad F_{Ax} = -F, \quad F_{Ay} = -F, \quad F_{Bx} = -F, \quad F_{By} = 0$$

此例还有其他求解方案，读者可自行研究。

【例 3.11】　平面结构如图 3.18(a)所示，由 AB、BC 两均质杆在点 B 处用销钉连接(光滑铰链)，A 处、C 处均为固定铰支座。在销钉 B 上悬挂一个重物，已知重物重量为 $\boldsymbol{P}$，均质杆 AB 的重量为 $\boldsymbol{P}_1$，BC 的重量为 $\boldsymbol{P}_2$，试求销钉 B 对杆 BC 的约束反力。

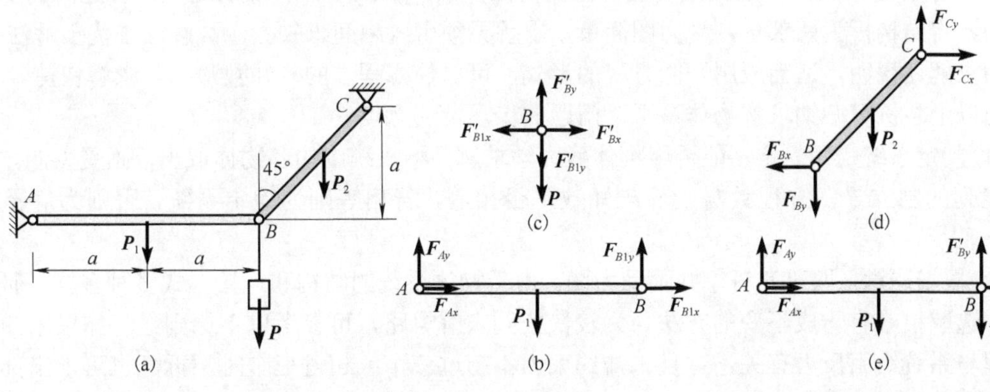

图 3.18

解：对结构整体而言，销钉 B 对 BC 杆的约束反力是内力，因此须将结构“拆开”研究。

解法 1：为表明 B 处的受力情况，分别以杆 AB、销子 B 及杆 BC 为研究对象，受力分别如图 3.18(b)、(c)及(d)所示。欲求的力为 F_{Bx} 和 F_{By}，为此列平衡方程。

对图 3.18(b)，由 $\sum M_A(\boldsymbol{F})=0$ 可得

$$2aF_{B1y}-aP_1=0 \tag{a}$$

对图 3.18(c)，由 $\sum \boldsymbol{F}_y=0$ 可得

$$F'_{By}-F'_{B1y}-P=0 \tag{b}$$

对图 3.18(d)，由 $\sum M_C(\boldsymbol{F})=0$ 可得

$$aF_{By}-aF_{Bx}+\frac{a}{2}P_2=0 \tag{c}$$

由式(a)和式(b)，并注意 $F'_{By}=F_{By}$，$F'_{B1y}=F_{B1y}$ 得

$$F_{By}=P+\frac{P_1}{2}$$

将上式代入式(c)，得

$$F_{Bx}=P+\frac{P_1+P_2}{2}$$

解法 2：分别以杆 AB 和销子 B 的组合体及杆 BC 为研究对象，受力如图 3.18(e)和(d)所示，列平衡方程。

对图 3.18(e)，由 $\sum M_A(\boldsymbol{F})=0$ 可得

$$2aF'_{By}-2aP-aP_1=0 \tag{d}$$

对图 3.18(d)，由 $\sum M_C(\boldsymbol{F})=0$ 可得

$$aF_{By}-aF_{Bx}+\frac{a}{2}P_2=0 \tag{e}$$

由式(d)和式(e)解得

$$F_{Bx}=P+\frac{P_1+P_2}{2},\qquad F_{By}=P+\frac{P_1}{2}$$

例 3.11 说明，结构中含有销子并有集中力作用在销子上时，其关键是要弄清各部分的受力关系。**解法 1** 的受力关系比较明确，但受力图复杂；**解法 2** 中，销钉与 AB 杆之间的受力是内力，将结构拆为两部分，受力图简单，求解无须引入中间未知数。故**解法 2** 优于**解法 1**。此例的求解还说明，适当应用平衡方程的形式，可以使方程中的未知数最少，求解快捷。

由以上各例可归纳求解物体系平衡问题的步骤及注意点。

(1)判定系统是否静定，能否用刚体静力学求解。将系统中的各物体取出，画受力图，考察所能列的独立平衡方程数与全部未知数是否相等，若相等则为静定系统，否则为静不定系统。

(2)根据题意，取研究对象并画受力图。由于物体系统的结构和连接方式多种多样，研究对象的选取很难有一成不变的方法。为较快找到求解思路，可参考以下原则：①如果未知数的求解与系统约束反力有关，并且未知约束力不超过三个或超过三个时不拆开也可求出部分约反力时，则应先取整体为研究对象；②如果取整体不能求出题目要求的待求量，则着眼于待求量，选取与待求量有关、受力简单的一个刚体或几个刚体的组合体为研究对象，应尽量

避开不需要求出的未知量；③每个研究对象上未知数的数目一般最好不要超过此研究对象所能列出的独立平衡方程数目，以避免多个研究对象的平衡方程联立求解，但情况复杂时应视情况而定；④正确画出选取研究对象的受力图，受力图上只画外力不画内力，不能画漏，也不能多画。几个物体分拆后，要注意物体间作用力与反作用力之间的关系。

(3) 列平衡方程。根据受力图中不同类型的力系及待求量数目，灵活应用平衡方程的各种形式，列出相应的平衡方程。尽量使每个平衡方程中只有一个未知量，避免解联立方程，这就应适当选取坐标投影轴和矩心，即坐标轴尽量与不需要求的未知力垂直；矩心可取在两个未知力作用线的交点上。此外应注意，除了列出求解待求量所必需的平衡方程外，其余平衡方程则不必列出。

(4) 求解平衡方程。解方程时先用字母运算求得结果后再代入数据计算，以减少错误和误差；若求得的力或力偶的值为负值，则说明力的实际方向或力偶的转向与受力图中假设的方向(或转向)相反；若将其代入另一方程求解其他未知量时，负号也应一并代入。

3.2.3　平面简单桁架的内力计算

1. 桁架

桁架是一种中常见的工程结构，它是由许多直杆在两端以适当方式连接而组成的几何形状不变的结构,连接点称为节点。桁架在房屋建筑、桥梁建筑、水工建筑、高压输电线塔架、起重机结构等中广泛应用。如图 3.19(a)所示的屋顶结构，用杆件在杆端用铰链连接，形成以三角形为基本形状的稳固结构，如图 3.19(b)所示这种结构称为简单桁架结构。如果桁架的各杆中心线位于同一个平面，则称为平面桁架，否则称为空间桁架，如图 3.19(a)所示的屋顶结构即为平面桁架。如图 3.19(c)所示的桥梁结构，由两个对称平面桁架和横纵梁组成，载荷通过桥面板下的纵梁传递到横梁上，又通过横梁将载荷传递到桁架上，由桁架承担所有载荷，桁架的受力如图 3.19(d)所示。

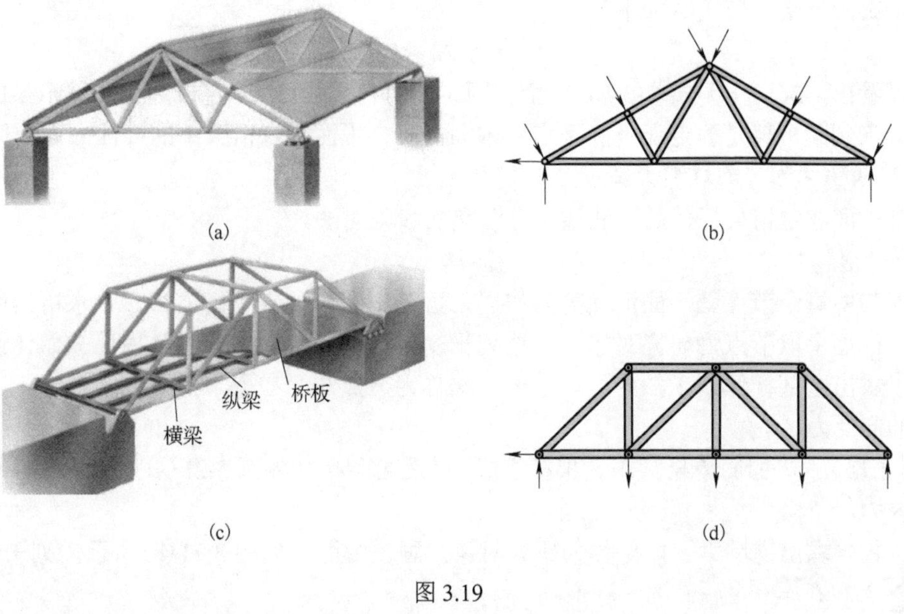

图 3.19

2. 计算假设

在设计桁架时，要根据桁架受力情况确定每根杆的内力，为此对桁架进行简化，提出以下假设：①桁架中的所有杆件均为直杆；②节点连接均为光滑铰链连接；③桁架所受的力作用在节点上并与各杆件在同一平面内；④杆重量不计，若要计，则将重量平均分配到杆两端节点上。

由计算假设可知，每根杆都是只在两端受力的二力杆件，力沿杆轴线受拉或受压。

3. 静定与静不定桁架

能用平衡方程计算全部杆件内力的桁架称为静定桁架，否则为静不定桁架。从受力后的状态判断，静定桁架中除去任意一根杆件都会活动起来；静不定桁架中除去一根或多根杆件都不会使桁架活动起来。桁架的坚固性利用了三角形的稳定性，也就是保证桁架坚固性的充要条件是**桁架中杆件自成三角形**。从杆件节点数与可列独立平衡方程数目的对应关系可更方便地判断其是静定还是静不定桁架。如图 3.20 所示的静定桁架，左边第一个三角形有三个节点和三根杆，称为基本三角形，之后每增加一个节点就要增加两根杆。

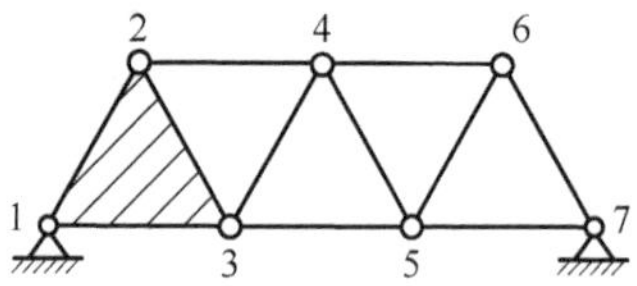

图 3.20

设 m 为杆件的总数，n 为节点总数，除基本三角形的三根杆和三个节点外，新增杆件与新增节点之间的关系为 $m-3=2(n-3)$，即

$$m=2n-3 \tag{3.13}$$

另外，每根杆都是二力杆，只有 1 个未知数，再加上 3 个未知支座反力共有 m+3 个未知量，而每个节点受平面汇交力系作用，可以列出两个独立平衡方程，整个桁架共可列 $2n$ 个独立平衡方程。

若桁架静定，应满足 $m+3=2n$，即

$$m=2n-3 \tag{3.14}$$

若桁架静不定，应满足如下条件：

$$m>2n-3$$

可以看出，式(3.14)与式(3.13)完全相同，表明利用式(3.13)**可以通过计算桁架的杆件数和节点数来判断桁架是静定还是静不定**。本书只研究平面静定桁架中的杆件内力计算问题。

4. 平面桁架内力的计算方法

确定平面静定桁架杆件的方法通常有节点法和截面法。

1) 节点法

因桁架中每个节点受平面汇交力系作用，可列出两个独立平衡方程。为求桁架中每根杆的内力，可逐个取节点为研究对象，通过列平衡方程求出未知力。通常由已知力作用的节点开始逐步求出全部杆件的未知内力，这一方法称为**节点法**。在取节点研究之前，一般先要求出桁架的支反力。

【例 3.12】 平面简单桁架由 5 根杆组成，其受力和尺寸如图 3.21(a)所示。已知 P=20kN，求各杆内力。

解：首先求出支反力。取整体为研究对象，画受力图，如图 3.21(b)所示，列平衡方程。

由 $\sum M_A(\boldsymbol{F})=0$ 得

$$4F_B-2P=0 \tag{a}$$

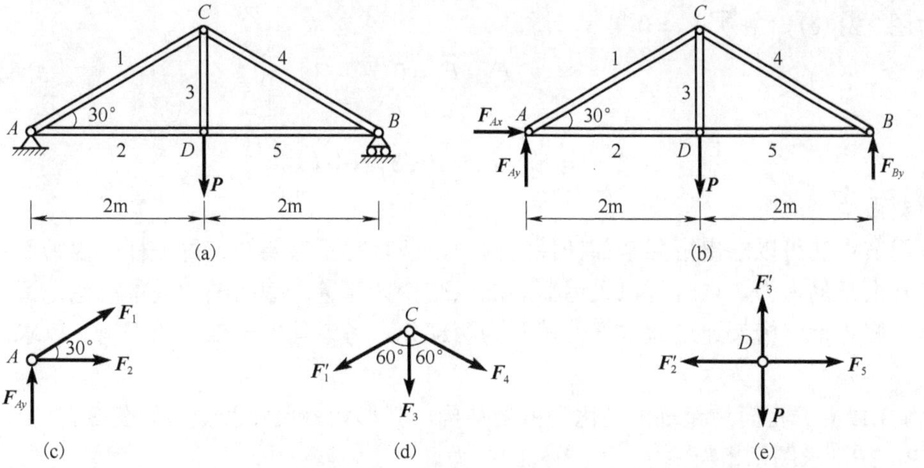

图 3.21

由 $\sum F_x = 0$ 得

$$F_{Ax} = 0 \tag{b}$$

由 $\sum F_y = 0$ 得

$$F_{Ay} + F_B - P = 0 \tag{c}$$

由式(a)～式(c)解得

$$F_{Ay} = 10\,\text{kN}, \quad F_{Ax} = 0, \quad F_B = 10\,\text{kN}$$

其次以节点为研究对象，画受力图。为方便求解，假设所有的杆件都受拉力，实际受拉力或压力由平衡方程确定。为求杆 1 和杆 2 的内力，以节点 A 为研究对象，受力如图 3.21(c)所示，有两个未知力，列平衡方程求解。

由 $\sum F_y = 0$ 得

$$F_{Ay} + F_1 \sin 30° = 0 \tag{d}$$

由 $\sum F_x = 0$ 得

$$F_2 + F_1 \cos 30° = 0 \tag{e}$$

联立解得：$F_1 = -2F_{Ay} = -20\,\text{kN}$ (压)，$F_2 = -\dfrac{\sqrt{3}}{2}F_1 = 10\sqrt{3}\,\text{kN}$ (拉)，F_1 结果为负，与假设的力方向相反，说明杆实际上受压力。

同理分别取节点 C 和节点 D 研究，受力分别如图 3.21(d)和图 3.21(e)所示，对图 3.21(d)分析如下。

由 $\sum F_x = 0$ 得

$$F_4 \sin 60° - F_1' \sin 60° = 0 \tag{f}$$

由 $\sum F_y = 0$ 得

$$-F_1' \cos 60° - F_4 \cos 60° - F_3 = 0 \tag{g}$$

解得

$$F_4 = F_1' = F_1 = -20\,\text{kN}\ (\text{压}), \qquad F_3 = -F_1' = 20\,\text{kN}\ (\text{拉})$$

对图 3.21(e)，由 $\sum F_x = 0$ 得

$$F_5 - F_2' = 0 \tag{h}$$

解得

$$F_5 = F_2' = F_2 = 10\sqrt{3}\,\text{kN}\ (\text{拉})$$

2）截面法

采用节点法可以求出桁架全部杆件的内力，但有时不需要知道每根杆的内力而只关注桁架中某几根杆的内力，这时可以采用截面法以减少计算量。截面法的基本思想是适当选取一个截面，假想地将桁架通过欲求杆件截开为两部分，考虑其中一部分的平衡，以求出杆件的内力。

【例 3.13】 将简易起重机简化为桁架结构，其形状、尺寸及受力如图 3.22(a)所示。已知 $P_1=P_2=2P$，求图示桁架中 1、2、3 杆的内力。

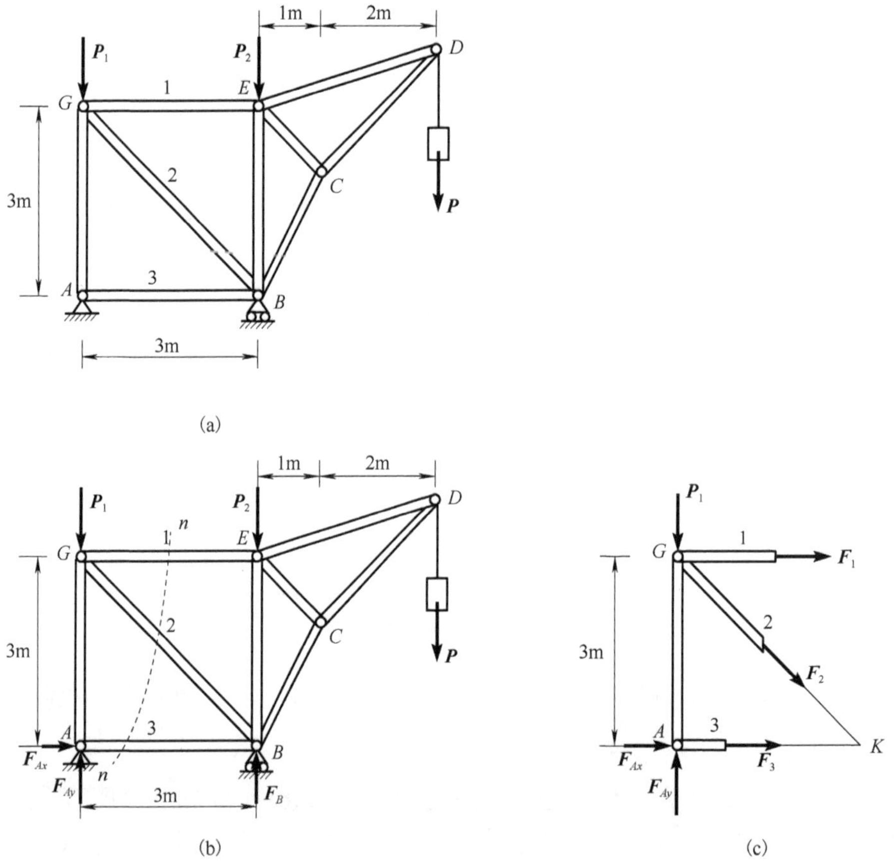

图 3.22

解： 取整体为研究对象，受力如图 3.22(b)所示，先求出支座反力。

由 $\sum F_x = 0$ 得

$$F_{Ax} = 0 \tag{a}$$

由 $\sum M_A(F) = 0$ 得

$$3F_B - 3P_2 - 6P = 0 \tag{b}$$

由$\sum F_y = 0$得

$$F_{Ay} + F_B - P_1 - P_2 - P = 0 \tag{c}$$

解得

$$F_B = P_2 + 2P = 4P\text{，} \qquad F_{Ay} = 5P - F_B = P$$

按题意，只需求桁架中 1、2、3 杆的内力，为此假想地用一个截面 n-n 过 1、2、3 杆将桁架截开为两部分，如图 3.22(b)所示，并取其中任一部分研究。此处取左半部分研究，并假设截开杆的内力均为拉力，如图 3.22(c)所示。这部分受力为平面任意力系，可用平衡方程求解三根杆的内力。

由$\sum M_G(F) = 0$得

$$3F_3 + 3F_{Ax} = 0 \tag{d}$$

由$\sum M_K(F) = 0$得

$$3P_1 - 3F_1 - 3F_{Ay} = 0 \tag{e}$$

由$\sum F_y = 0$得

$$F_{Ay} - P_1 - F_2 \sin 45^\circ = 0 \tag{f}$$

联立式(e)～式(g)解得

$$F_3 = 0\text{，} \qquad F_1 = P\ (\text{拉})\text{，} \qquad F_2 = -\sqrt{2}P\ (\text{压})$$

若取右半部分研究也可得到相同的结果。应用截面法要注意：①一般先求桁架支反力；②截面只截杆不截节点；③被截杆件数一般不超过 3 根。

对于较复杂的情况，可以多次应用截面法，也可以与节点法联合应用。

【例 3.14】　如图 3.23(a)所示的桁架，已知 P_1=3kN，P_2=P_3=1kN，求杆 1、2、3 及杆 4 的内力。

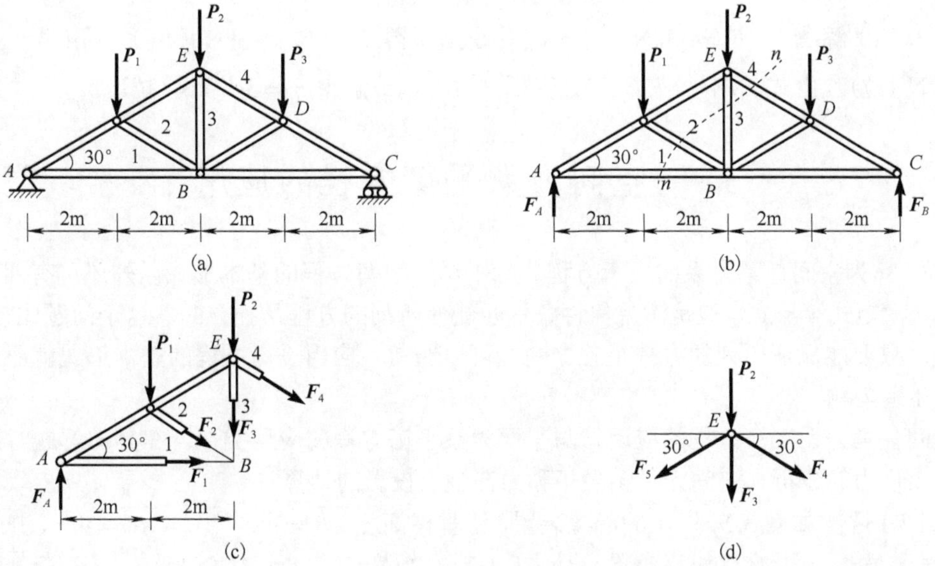

图 3.23

解：先求支座反力。取整体为研究对象，因受平行主动力作用，其受力如图 3.23(b)所示，列平衡方程。

由$\sum M_A(F)=0$得

$$8F_B-2P_1-4P_2-6P_3=0 \tag{a}$$

由$\sum F_y=0$得

$$F_A+F_B-P_1-P_2-P_3=0 \tag{b}$$

解得

$$F_A=3\text{kN}, \qquad F_B=2\text{kN}$$

用截面法，假想用一个截面 *n-n* 过杆 1、2、3、4，将桁架截开，如图 3.23(b)所示，并取左半部分为研究对象，受力如图 3.23(c)所示，列平衡方程。

由$\sum F_x=0$得

$$F_1+F_2\cos 30^\circ+F_4\cos 30^\circ=0 \tag{c}$$

由$\sum F_y=0$得

$$F_A-F_2\sin 30^\circ-F_3-F_4\sin 30^\circ-P_1-P_2=0 \tag{d}$$

由$\Sigma M_B(F)=0$得

$$-4F_A-4\tan 30^\circ\times F_4\cos 30^\circ+2P_1=0$$

$$-2F_A-2F_4\sin 30^\circ+P_1=0 \tag{e}$$

三个方程中有四个未知数，还不能全部求解。再用节点法，取节点 *E* 为研究对象，受力如图 3.23(d)所示，列平衡方程。

由$\sum F_x=0$得

$$F_4\cos 30^\circ-F_5\cos 30^\circ=0 \tag{f}$$

由$\sum F_y=0$得

$$-P_2-F_3-(F_4+F_5)\sin 30^\circ=0 \tag{g}$$

由式(e)解得，$F_4=-3\text{kN}$（压），由式(f)得$F_5=F_4=-3\text{kN}$（压），由式(g)解得$F_3=2\text{kN}$(拉)，由式(d)解得$F_2=-3\text{kN}$(压)，由式(c)解得$F_1=3\sqrt{3}\,\text{kN}$(拉)。

3.3 空间力系平衡方程的应用

式(3.3)为空间任意力系的平衡方程，除了这一平衡方程的基本形式以外还可有四矩式、五矩式、六矩式等形式。但是满足何种条件才能使所列的方程是独立的？这个问题比较复杂。一般地，只要能保证所列的方程是独立的即可。通常，应用平衡方程的基本形式就已足够求解大量工程问题。

空间任意力系平衡方程的应用，与平面力系平衡方程的应用类似。在具体解题时应注意空间约束反力的分析、空间力对轴之矩和力在轴上投影的计算。

【例 3.15】 如图 3.24 所示的起重装置，铅垂柱高度$\overline{AB}=3\text{m}$，$\overline{AE}=\overline{AG}=4\text{m}$，拉索 *BE*、*BG* 相对于吊臂平面 *ABC* 对称布置，且∠*DAE*=∠*DAG*=45°，∠*ACB*=15°，∠*BAC*=45°。若吊重 *P*=200kN，其他部件重量均可略去不计，*A* 处可看作光滑球铰链，试求拉索和支柱所受的力。

解：由于不计杆重，杆 *AB* 和杆 *AC* 为二力杆，杆与索在点 *A*、*B*、*C* 处将构成汇交力系。

要求拉索和支柱所受的力，可分别取点 C 和 B 研究。

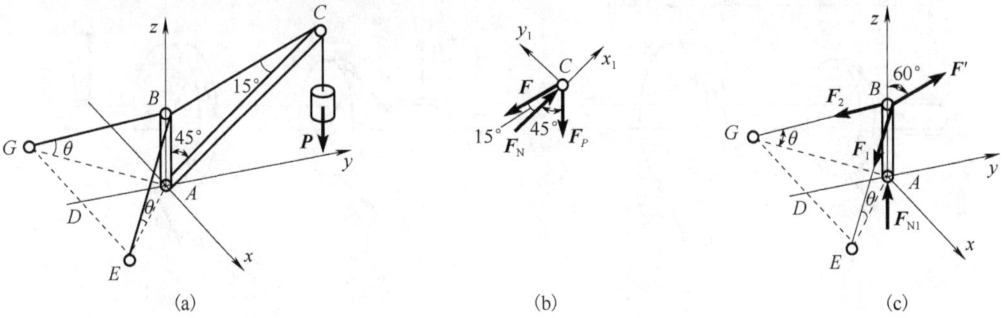

图 3.24

先取点 C 为研究对象，受力如图 3.24(b)所示。各力均在同一平面 ABC 内，为一个平面汇交力系。取直角坐标如图 3.24(b)所示，为求 F，只需列一个平衡方程，即

由 $\sum F_{y1}=0$ 得

$$F\sin 15^\circ - F_P\sin 45^\circ = 0 \tag{a}$$

因 $F_P = P$ 得

$$F = F_P\frac{\sin 45^\circ}{\sin 15^\circ} = 200\times\frac{\sin 45^\circ}{\sin 15^\circ} = 546.5(\text{kN})$$

再取节点 B 为研究对象，受力如图 3.24(c)所示，为一个空间汇交力系。

由 $\sum F_x = 0$ 得

$$F_1\cos\theta\sin 45^\circ - F_2\cos\theta\sin 45^\circ = 0 \tag{b}$$

由 $\sum F_y = 0$ 得

$$F'\sin 60^\circ - F_1\cos\theta\cos 45^\circ - F_2\cos\theta\cos 45^\circ = 0 \tag{c}$$

由 $\sum F_z = 0$ 得

$$F_{\text{N1}} + F'\cos 60^\circ - F_1\sin\theta - F_2\sin\theta = 0 \tag{d}$$

因 $$\cos\theta = \frac{AE}{BE} = \frac{4}{\sqrt{3^2+4^2}} = \frac{4}{5},\qquad \sin\theta = \frac{AB}{BE} = \frac{3}{\sqrt{3^2+4^2}} = \frac{3}{5},\qquad F' = F$$

联立以上各式，并且由 $F' = F$，解得

$$F_1 = F_2 = \frac{F\sin 60^\circ}{2\cos\theta\cos 45^\circ} = \frac{546.5\times\sin 60^\circ}{2\times\dfrac{4}{5}\cos 45^\circ} = 418.3(\text{kN})$$

$$F_{\text{N1}} = 2F_2\sin\theta - F\cos 60^\circ = 2\times 418.3\times\frac{3}{5} - 546.5\times\cos 60^\circ = 228.7(\text{kN})$$

综上结果，索 BC 所受拉力为 546.4kN，索 BG 和索 BE 所受拉力均为 418.3kN，支柱 AB 所受压力为 228.7kN。

【例 3.16】　如图 3.25(a)所示，水平传动轴上装有两个皮带轮 C 和 D，可绕 AB 轴转动。已知皮带轮的半径 $r_1 = 200\text{mm}$，$r_2 = 250\text{mm}$，皮带轮与轴承间的距离为 $a=b=500\text{mm}$，两皮带轮间的距离为 $c=1000\text{mm}$。套在轮 C 上的皮带是水平的，其拉力为 $F_2=2F_1=5000\text{N}$；套在轮 D 上的皮带与铅垂线的夹角 $\alpha = 30^\circ$，其拉力为 $F_3=2F_4$。求平衡时，拉力 F_3、F_4 及轴承 A、B 的约束反力。

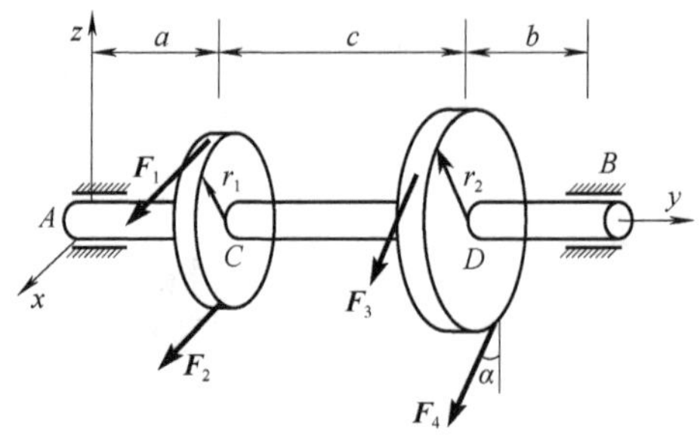

(a)

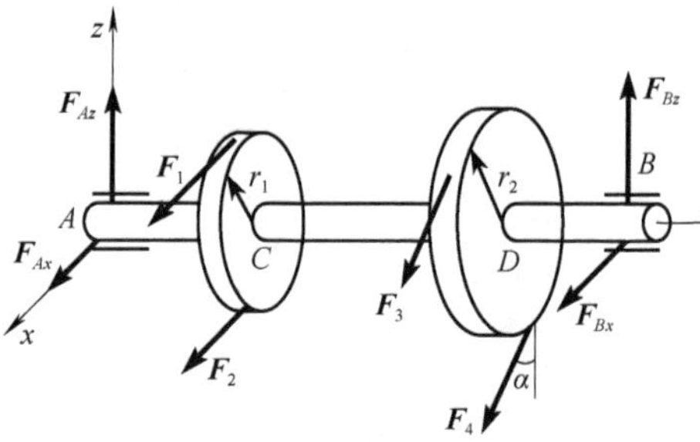

(b)

图 3.25

解：(1)取轴连同两个皮带轮为研究对象，受力如图 3.25(b)所示。A、B 处皆为向心轴承，每个约束有垂直于轴的两个约束反力分量，各力构成空间力系，共有五个未知量。

(2)列平衡方程。

由$\sum M_y(\boldsymbol{F})=0$，

$$(F_1-F_2)r_1+(F_3-F_4)r_2=0 \tag{a}$$

由$\sum M_x(\boldsymbol{F})=0$，

$$-(F_3+F_4)(a+c)\cos\alpha+F_{Bz}(a+b+c)=0 \tag{b}$$

由$\sum M_z(\boldsymbol{F})=0$，

$$-(F_1+F_2)a-(F_3+F_4)(a+c)\sin\alpha-(a+b+c)F_{Bx}=0 \tag{c}$$

由$\sum F_x=0$，

$$F_{Ax}+F_1+F_2+F_3\sin\alpha+F_4\sin\alpha+F_{Bx}=0 \tag{d}$$

由$\sum F_z=0$，

$$F_{Az}-F_3\cos\alpha-F_4\cos\alpha+F_{Bz}=0 \tag{e}$$

(3)解方程。将式(a)～式(e)联立求解，并注意 $F_2=2F_1$，$F_3=2F_4$ 得

F_3=4000N，　F_4=2000N，　F_{Ax}=−6375N

F_{Az}=1299N，　F_{Bx}= −4125N，　F_{Bz}=3897N

本题计算结果中，F_{Ax}、F_{Bx} 为负号说明其真实方向与图 3.25(b)中所画的方向相反。另外，计算中所列的方程的形式不是唯一的，一般应尽量使方程中的未知量最少，最好是一个方程中含一个未知量，为此，应使投影轴尽可能与比较多的未知量垂直，矩轴尽可能与比较多的未知力共面。

【例 3.17】 矩形板重量为 $\boldsymbol{P}$，在 A 处用球铰，B 处用柱形铰链支承在竖直墙面上，并在 C 处用无重绳 CE 将板固定于水平位置，且 EA 与铅垂线平行，如图 3.26(a)所示。设 CE 杆与水平面的夹角为θ，$\overline{AD}=a$，$\overline{AB}=b$，求 A、B、C 处的约束反力。

解：(1)以矩形板为研究对象，受力如图 3.26(b)所示，矩形板受有 6 个未知力。

(2)取坐标系，如图 3.26(b)所示，列平衡方程如下。

由$\sum F_x=0$，

$$F_{Ax}+F_{Bx}-F\cos\theta\cos\beta=0 \tag{a}$$

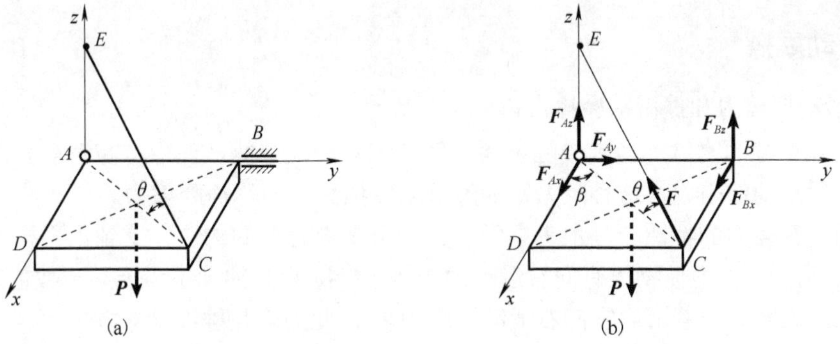

图 3.26

由 $\sum F_y = 0$，

$$F_{Ay} - F\cos\theta\sin\beta = 0 \tag{b}$$

由 $\sum F_z = 0$，

$$F_{Az} + F_{Bz} + F\sin\theta - P = 0 \tag{c}$$

由 $\sum M_x(\boldsymbol{F}) = 0$，

$$bF_{Bz} + Fb\sin\theta - \frac{bP}{2} = 0 \tag{d}$$

由 $\sum M_y(\boldsymbol{F}) = 0$，

$$\frac{aP}{2} - Fa\sin\theta = 0 \tag{e}$$

由 $\sum M_z(\boldsymbol{F}) = 0$，

$$-bF_{Bx} = 0 \tag{f}$$

联立求解式(a)～式(f)，得

$$F_{Ax} = \frac{ap}{2\sqrt{a^2+b^2}}\cot\theta, \quad F_{Ay} = \frac{bp}{2\sqrt{a^2+b^2}}\cot\theta$$

$$F_{Az} = \frac{P}{2}, \quad F_{Bx} = 0, \quad F_{Bz} = 0, \quad F = \frac{P}{2\sin\theta}$$

3.4　考虑摩擦时的平衡问题

摩擦是自然界中普遍存在的物理现象，它是两接触物体之间有相对滑动或有相对滑动趋势时存在的阻碍。在本书前各章内容中，假设物体之间的接触面是完全光滑的，不考虑摩擦力的作用，这仅仅是在摩擦力远小于其他载荷的情况下，对所研究问题的一种简化。例如，若物体间的接触面较光滑，或有良好润滑，摩擦力很小时，对所研究的问题不起重要作用，这样假设是合理的。但在很多情况下，摩擦对物体的平衡有重要影响，这时就必须考虑摩擦。例如，机床上的夹具依靠摩擦来锁紧工件，以及皮带传动、摩擦轮传动、摩擦制动器等都是靠摩擦来工作的。本节介绍滑动摩擦的性质和考虑摩擦时平衡问题的求解，以及滚动摩阻的概念。

3.4.1　滑动摩擦

1. 静滑动摩擦力和静滑动摩擦定律

两个相互接触的物体，当其接触表面之间有相对滑动趋势，但保持相对静止时，彼此作用着阻碍相对滑动的阻力，这种阻力称为**静滑动摩擦力**，简称**静摩擦力**。

为说明静摩擦力的特性。在水平桌面上放一个重量为 $\boldsymbol{P}$ 的物块，受到水平拉力 $\boldsymbol{F}$ 作用，如图 3.27(a) 所示。拉力使物块有向右运动的趋势，当拉力 $\boldsymbol{F}$ 的大小小于某一数值时，物块仍将保持静止，表明存在着阻碍它向右滑动的阻力 $\boldsymbol{F}_s$，此力就是**静滑动摩擦力**，其方向与物体相对滑动趋势的方向相反。并且由平衡方程 $\sum F_x = 0$ 求出，即

$$F_s = F$$

上式表明摩擦力的大小随水平力 F 的增大而增大，这与一般约束反力的性质相同。不同的是，摩擦力并不随 F 的增大而无限制地增大；当 F 增加到一定数值时，物块处于要滑动而未滑动的平衡临界状态，这时只要 F 再增大一点，物块即开始滑动，不再保持平衡，表明当物块处于平衡临界状态时，静摩擦力达到最大值，称为**最大静滑动摩擦力**，简称**最大静摩擦力**，以 $\boldsymbol{F}_{smax}$ 表示。

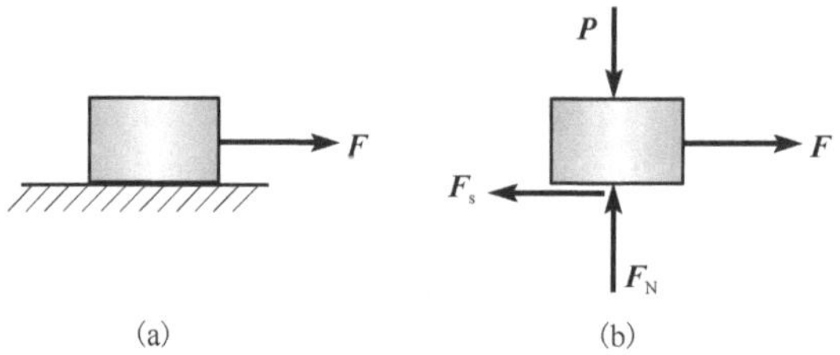

图 3.27

通过以上分析，静滑动摩擦力的性质可概括如下。

(1) 当物体与约束面之间有正压力并具有相对滑动趋势时，沿接触面切线方向产生静滑动摩擦力，其方向与物体滑动趋势方向相反。

(2) 静摩擦力的大小由平衡条件确定，其数值介于零与最大值之间，即

$$0 \leqslant F_s \leqslant F_{smax} \tag{3.15}$$

当物体处于静止到运动的临界状态时，摩擦力达到最大值。

大量的实验证明，最大静滑动摩擦力 $\boldsymbol{F}_{smax}$ 的大小与接触面之间的正压力 $\boldsymbol{F}_N$ 成正比：

$$F_{smax} = f_s F_N \tag{3.16}$$

式中，f_s 为比例常数，称为**静滑动摩擦系数**，简称**静摩擦系数**，为无量纲。

式(3.16)揭示的规律称为**静滑动摩擦定律**，简称**静摩擦定律**，又称**库仑定律**。

静摩擦系数的大小要由实验测定，它与接触物体的材料、接触面粗糙程度、温度、湿度及润滑情况等因素有关，一般情况下与接触面积的大小无关。静摩擦系数的取值可在工程手册中查到，表 3.1 中列出了部分常用材料的摩擦系数。

掌握了摩擦规律，可以更有效地利用摩擦和减小摩擦。要增大最大静摩擦力，可以通过加大正压力或增大静摩擦系数来实现。例如，在皮带传动中，要增加皮带与皮带轮间的摩擦，可以用张紧轮(增大皮带与皮带轮之间的压力)，或采用三角皮带代替平皮带的方法。若要减小摩擦，可以设法减小静摩擦系数，如提高接触表面的光洁度，加入润滑剂等。

表 3.1　常用材料静摩擦因数

材料名称	静摩擦系数 f_s		材料名称	静摩擦系数 f_s	
	无润滑	有润滑		无润滑	有润滑
钢对钢	0.15	0.1～0.12	铸铁对铸铁	—	0.18
钢对铸铁	0.3	—	青铜对青铜	—	0.1
钢对青铜	0.15	0.1～0.15	皮革对铸铁	0.3～0.5	0.15
软钢对铸铁	0.2	—	软钢对青铜	0.2	—
砖对混凝土	0.76	—	木材对木材	0.4～0.6	0.1

2. 动滑动摩擦力

如图 3.28(a)所示的物块，在水平力 $\boldsymbol{F}$ 的作用下以速度 $\boldsymbol{v}$ 运动，此时在物块与平面接触表面同样存在与运动方向相反的摩擦力，此力称为**动滑动摩擦力**，以 $\boldsymbol{F}_{\mathrm{d}}$ 表示。实验表明，动滑动摩擦力与法向反力成正比，即

$$F_{\mathrm{d}} = f F_{\mathrm{N}} \tag{3.17}$$

比例系数 f 称为**动滑动摩擦系数**，为无量纲，它与接触面粗糙度、温度、湿度等有关，而与运动速度无关(速度较小时)，可由实验测得。值得注意的是，动滑动摩擦力不是一个范围而是一个定值。实验表明，一般有

$$f < f_{\mathrm{s}} \tag{3.18}$$

所以 $F_{\mathrm{d}}<F_{\mathrm{s\,max}}$，即动滑动摩擦力小于最大静滑动摩擦力。

滑动摩擦力可由图 3.29 直观表示。

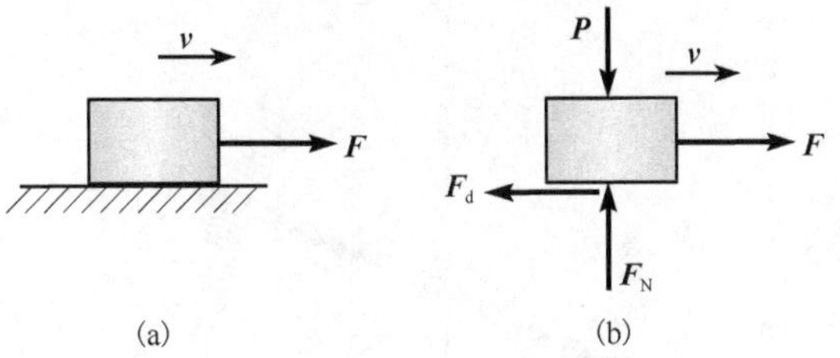

图 3.28

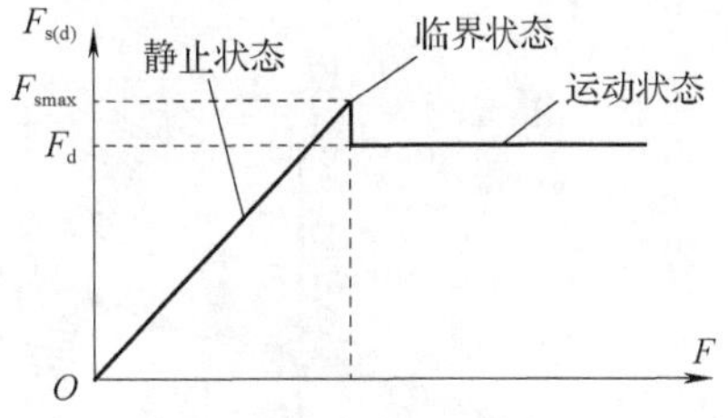

图 3.29

3.4.2　摩擦角与自锁现象

1. 摩擦角

首先介绍摩擦角的概念。如图 3.30 所示，一个考虑自重的物块放在粗糙的平面上，受到一个水平向右的主动力而平衡，为使受力图清晰明了，只画出法向反力和静滑动摩擦力。

现将静滑动摩擦力和法向反力合成为一合力，用 $\boldsymbol{F}_{\mathrm{R}}$ 表示，此力称为**全约反力**，其方向用与法向约束力间的夹角 φ 表示。由于法向反力不变，滑动摩擦力随水平外力的增大而增大，全约反力与 φ 角也随之增大，当物块处于平衡临界状态时，φ 角达到物块平衡时的最大值，$\varphi_f = \varphi_{\max}$，将 φ_f 称为**摩擦角**，它表示临界状态时全约反力的方向与法线方向间的夹角。若将物块置于空间的水平面上，在每个方向，其受主动力作用，都处于平衡临界状态，则在每个方向都可以画出全约反力和摩擦角，全约反力连在一个起可形成一个底半径为 F_{smax}、顶角等于 $2\varphi_f$ 的倒立空间锥面，如图 3.30(c)所示，称为**摩擦锥**。

3-1

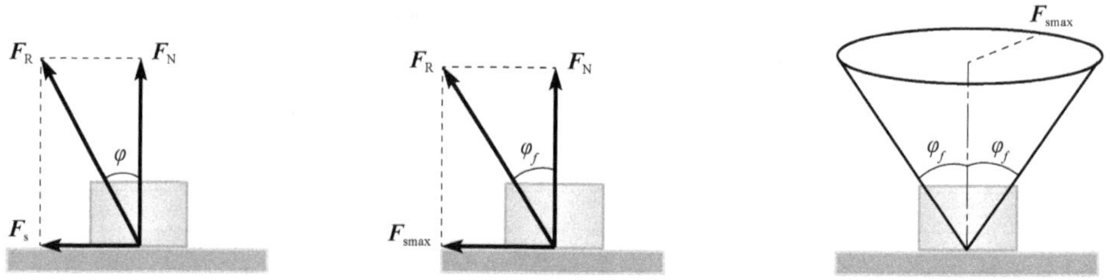

(a)　　(b)　　(c)

图 3.30

由图 3.30(b)可容易计算出：

$$\tan\varphi_f = \frac{F_{s\max}}{F_N} = \frac{f_s F_N}{F_N} = f_s \tag{3.19}$$

式(3.19)表明，摩擦角的正切值等于静滑动摩擦因数，此式为用实验方法测量静滑动摩擦因数提供了理论依据。如图 3.31 所示的连续可变倾角的斜面装置，斜面上放置一物块，当斜面倾角较小时，物块由于摩擦力的存在处于平衡，全约反力 $\boldsymbol{F}_R$ 与重力 $\boldsymbol{P}$ 处于二力平衡状态，即只要全约反力与法线的夹角 θ 小于摩擦角 φ_f，其总能与重力 $\boldsymbol{P}$ 构成二力平衡状态。当逐渐增大斜面倾角，使物块处于欲动未动的平衡临界状态时，斜面的倾角与摩擦角相等，即

$$\theta_{\max} = \varphi_f$$

显然，只要量取此时的斜面倾角，就可以由式(3.19)计算出静滑动摩擦因数。

3-2

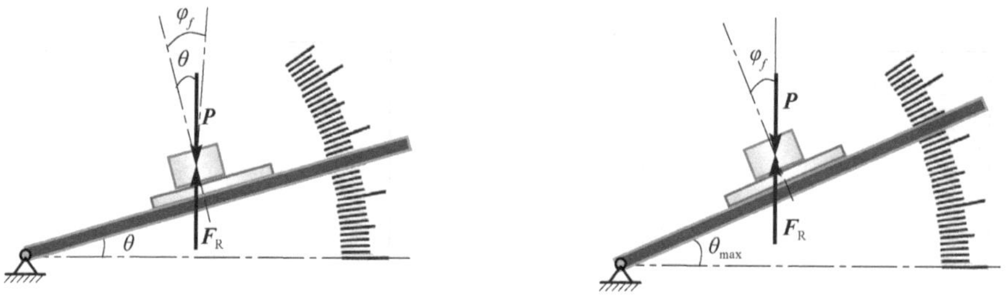

(a)　　(b)

图 3.31

2. 自锁现象

放在粗糙水平面上的一个物块，受主动力合力 $\boldsymbol{F}$ 和平面的全约反力 $\boldsymbol{F}_R$ 作用，如图 3.32(a)所示。如果主动力的合力作用线位于摩擦角以内，则全约反力总能与主动力构成二力平衡关系，使物块保持平衡。因此，无论 $\boldsymbol{F}$ 有多大，物块总能保持静止不动，此现象称为**自锁现象**。

考察图 3.32(b)所示的情形，此时主动力作用线位于摩擦角以外，全约反力作用线不可能与之共线，因此不可能构成二力平衡关系，也就不能保持平衡。也就是说，只要主动力合力作用线位于摩擦角以外，无论此力有多小都不能保持平衡。

在实际工程中，有时需要用到自锁现象来固定构件，如螺丝(母)固定工件，螺纹升角(相当于斜面的倾角)要小于摩擦角，以保证自锁；而对于运动构件，就要避免出现自锁，例如，车床上丝杆螺纹的升角就要大于摩擦角，以避免出现锁死不动的情况。

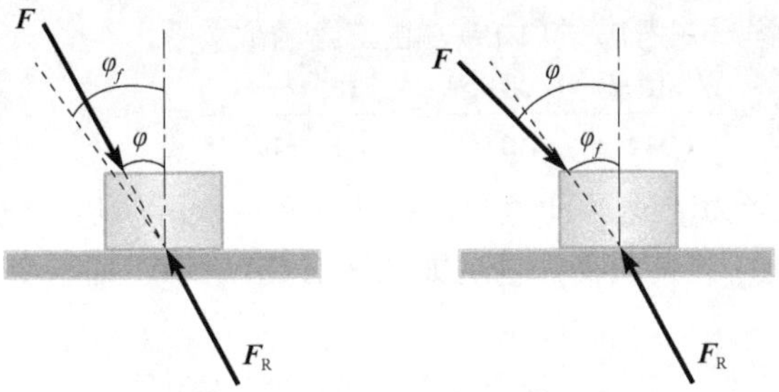

(a)　　　　　　　　　　　　　　　　(b)

图 3.32

3-3

3.4.3 考虑摩擦时的平衡问题示例

考虑摩擦时，平衡问题的解法与不考虑摩擦时的解法并无原则上的差别，都需满足力系的平衡条件，只是在进行物体受力分析时，必须考虑摩擦力。根据静滑动摩擦力的性质，摩擦力的方向与相对滑动趋势的方向相反，它的大小在零与最大值之间，是个未知量。要确定这些新增加的未知量，除列出平衡方程外，还需要列出补充方程，即

$$F_s \leqslant f_s F_N$$

补充方程的数目应与摩擦力的数目相同。

工程实际中，所遇到的问题中常有两种情况，一是物体处于平衡的临界状态，这时摩擦力等于最大值，即 $F_{smax} = f_s F_N$。二是物体处于平衡，由于摩擦力在 $0 \leqslant F_s \leqslant F_{smax}$ 的范围内，平衡也具有一定的条件范围。因此，将第一种情况和第二种情况的分析分别称为**临界分析**和**平衡范围分析**。通常为了方便，先按平衡临界状态计算，求得结果后再进行分析讨论。

【例 3.18】　物体重量为 $\boldsymbol{P}$，放在倾角为 $\theta > \varphi_f$ 的斜面上，它与斜面间的静摩擦系数为 f_s，如图 3.33 所示，当物体处于平衡时，试求水平力 $\boldsymbol{F}$ 的大小。

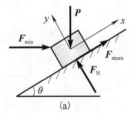

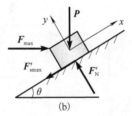

(a)　　　　　　　　　　　　　　　　(b)

图 3.33

解： 因 $\theta > \varphi_f$，物块在力 $\boldsymbol{F}$ 的作用下，可以有两种滑动趋势。当力 $\boldsymbol{F}$ 较小时，物体有向下滑动的趋势；当力 $\boldsymbol{F}$ 较大时，物块有向上滑动的趋势。因此，物块平衡时力，$\boldsymbol{F}$ 的数值必在一定范围内。

先求力的最小值，当力 $\boldsymbol{F}$ 达到此值时，物体处于向下滑动的临界状态。在此情形下，摩擦力沿斜面向上，并达到最大值 F_{smax}，受力如图 3.23(a) 所示。取坐标 x、y，列平衡方程得

$$\sum F_x = 0, \quad F_{smax} + F_{min}\cos\theta - P\sin\theta = 0 \tag{a}$$

$$\sum F_y = 0, \quad F_N + F_{min}\sin\theta - P\cos\theta = 0 \tag{b}$$

式 (a) 和式 (b) 中有 F_N、F_{smax} 和 F_{min} 三个未知数，根据静摩擦定律，最大静摩擦力 F_{smax} 满足：

$$F_{smax} = f_s F_N \tag{c}$$

将式(a)～式(c)联立求解，并考虑式(3.19)，由三角函数关系，得

$$F_{\min}=\frac{P(\sin\theta-f_s\cos\theta)}{\cos\theta+f_s\sin\theta}=P\frac{\tan\theta-f_s}{1+f_s\tan\theta}=P\tan(\theta-\varphi_f)$$

再求 $\boldsymbol{F}$ 的最大值，当力 $\boldsymbol{F}$ 达到此值时，物体处于向上滑的临界状态。此时，摩擦力沿斜面向下并达到最大值 $\boldsymbol{F}'_{smax}$，物块受力情况如图 3.23(b)所示，列平衡方程。

由 $\sum F_x=0$，

$$F_{\max}\cos\theta-P\sin\theta-F'_{s\max}=0 \tag{d}$$

由 $\sum F_y=0$，

$$F'_N-P\cos\theta-F_{\max}\sin\theta=0 \tag{e}$$

因 $\boldsymbol{F}'_N$ 与第一种情形下的 $\boldsymbol{F}_N$ 不同，故 $F'_{s\max}$ 与 $F_{s\max}$ 不同，列补充方程：

$$F'_{s\max}=f_sF'_N \tag{e'}$$

式(d)～式(e′)三式联立求解，并考虑式(3.19)，可得

$$F_{\max}=\frac{P(\sin\theta+f_s\cos\theta)}{\cos\theta-f_s\sin\theta}=P\frac{\tan\theta+f_s}{1-f_s\tan\theta}=P\tan(\theta+\varphi_f)$$

综合上述两个结果可知，只有当 F 满足 $F_{\min}\leqslant F\leqslant F_{\max}$ 时，即满足式(f)时，物体才能处于平衡。

$$P\tan(\theta-\varphi_f)\leqslant F\leqslant P\tan(\theta+\varphi_f) \tag{f}$$

本例也可根据全约反力和摩擦角的概念，用几何法求解。

当物块有向下滑动趋势的临界状态时，重力 $\boldsymbol{P}$、全约束反力 $\boldsymbol{F}_R$ 与水平力 $\boldsymbol{F}_{\min}$ 相平衡，受力如图 3.34(a)所示，根据平面汇交力系平衡的几何条件，作封闭的力三角形，如图 3.34(b)所示。由三角形几何关系可得，$\boldsymbol{F}_{\min}$ 大小为

$$F_{\min}=P\tan\left(\theta-\varphi_f\right)$$

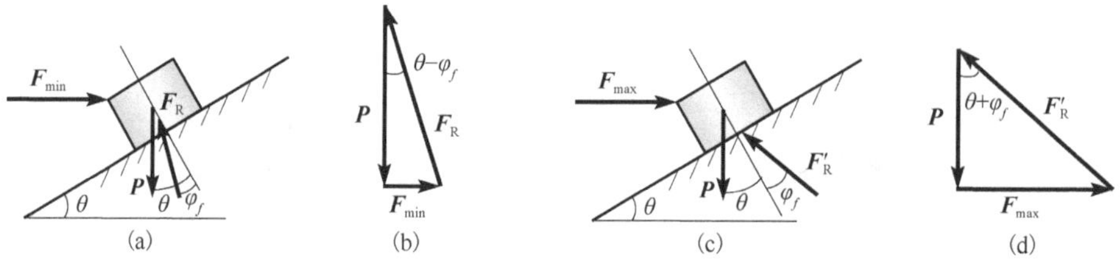

图 3.34

当物块有向上滑动趋势的临界状态时，受力如图 3.34(c)所示，重力 $\boldsymbol{P}$，全约束反力 $\boldsymbol{F}'_R$ 与水平力 $\boldsymbol{F}_{\max}$ 三力相平衡。同理，作封闭的力三角形，如图 3.34(d)所示，易得到 $\boldsymbol{F}_{\max}$ 的大小为

$$F_{\max}=P\tan\left(\theta+\varphi_f\right)$$

综上，水平力 $\boldsymbol{F}$ 的大小应满足 $F_{\min}\leqslant F\leqslant F_{\max}$，即

$$P\tan(\theta-\varphi_f)\leqslant F\leqslant P\tan(\theta+\varphi_f)$$

结果与式(f)相同。可以看出在受力比较简单时，利用全约反力和摩擦角的概念采用几何法求解也比较简捷。

由例 3.18 可知，摩擦力的方向随着运动的趋势不同而改变，其大小又在一定范围内变化，故保持物块静止所需的主动力 $\boldsymbol{F}$ 的大小也有一个范围，这是考虑摩擦的平衡问题的特点。

【例 3.19】　起重绞车制动器由带制动块的手柄和制动轮所组成，如图 3.35(a)所示，已知制动轮半径为 R，鼓轮半径为 r，制动轮与制动块间的摩擦系数为 f_s，提升重物 E，重量为 $\boldsymbol{P}$。又知其余尺寸 l、a、b，不计手柄和制动轮重量，求能够制动所需的最小制动力 $\boldsymbol{F}$。

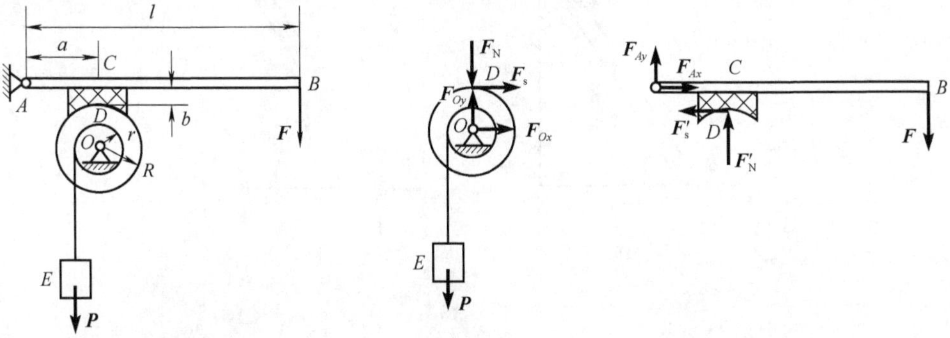

(a)　　(b)　　(c)

图 3.35

解：分别取轮与重物和制动杆为研究对象，受力分别图 3.35(b)、(c)所示。欲求 $\boldsymbol{F}$，由图 3.35(c)可知，需要求得 $\boldsymbol{F}_s'$ 和 $\boldsymbol{F}_N'$；而 $\boldsymbol{F}_s'$ 和 $\boldsymbol{F}_N'$ 分别是制动轮上 $\boldsymbol{F}_s$ 和 $\boldsymbol{F}_N$ 的反作用力，若以图 3.35(b)所示为研究对象，易求出 $\boldsymbol{F}_s$。再考虑摩擦力的性质，可求得 $\boldsymbol{F}$。

对图 3.35(b)，列平衡方程：

$$\sum M_O(\boldsymbol{F})=0, \qquad Pr-F_sR=0 \tag{a}$$

求得平衡制动所需摩擦力为

$$F_s=\frac{rP}{R}$$

再对图 3.35(c)写出 AB 杆的平衡方程，并注意 $F_N'=F_N$，$F_s'=F_s$。

由 $\sum M_A(\boldsymbol{F})=0$，得

$$F_Na-F_sb-Fl=0 \tag{b}$$

从而解得

$$F_N=\frac{Fl+F_sb}{a}=\frac{Fl+Pbr/R}{a}$$

当轮子被制动时，摩擦力 F_s 满足 $0\leqslant F_s\leqslant f_sF_N$，即

$$\frac{Pr}{R}\leqslant\frac{Fl+Prb/R}{a}f_s$$

解得

$$F\geqslant\left(\frac{a}{f_s}-b\right)\frac{Pr}{Rl}$$

可见，力 $\boldsymbol{F}$ 的最小值为

$$F=\left(\frac{a}{f_s}-b\right)\frac{Pr}{Rl}$$

【例 3.20】　梯子长度 $\overline{AB}=l$，重量 $P=10\text{N}$，靠在光滑墙上并和水平地面呈 $\theta=75°$ 角，如图 3.36(a)所示。已知地面与梯子间的静摩擦系数 f_s=0.4，假定梯子的重心在其中点 C，问重量为 $P_1=700\text{N}$ 的人能否爬到梯子顶端而不使梯子滑倒？并求地面对梯子的摩擦力。

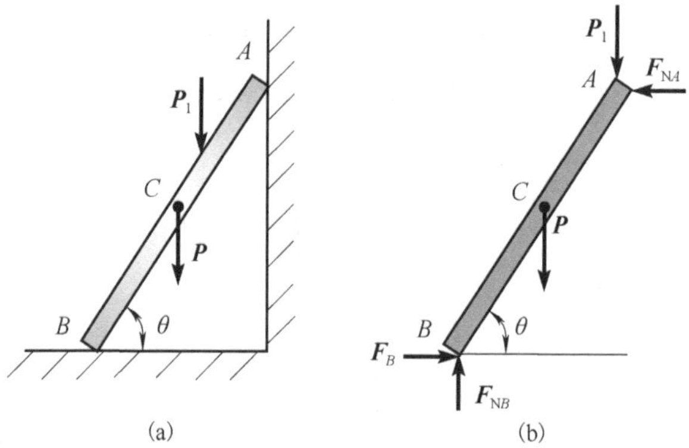

图 3.36

解：人爬梯子，因墙面为光滑，可以判定梯子在 B 处有向左运动的趋势。现假设人站在顶端时仍能平衡，取梯子 AB 为研究对象，受力如图 3.36(b)所示。

梯子受平面任意力系作用，只有三个未知力 $\boldsymbol{F}_{NA}$、$\boldsymbol{F}_{NB}$ 及摩擦力 $\boldsymbol{F}_B$，故可由平衡方程求出。

$$\sum F_x = 0, \qquad F_B - F_{NA} = 0 \tag{a}$$

$$\sum F_y = 0, \qquad F_{NB} - P - P_1 = 0 \tag{b}$$

$$\sum M_A(\boldsymbol{F}) = 0, \qquad F_B l\sin\theta + P\frac{l}{2}\cos\theta - F_{NB} l\cos\theta = 0 \tag{c}$$

三式联立求解得

$$F_{NA} = \frac{P+2P_1}{2}\cos\theta = 201\,\text{N}, \qquad F_{NB} = P + P_1 = 800\,\text{N}, \qquad F_B = F_{NA} = 210\,\text{N}$$

此时，临界静摩擦力 $F_{B\max} = f_s F_{NB} = 320\,\text{N}$，显然地面对梯子的摩擦力 $F_B \leqslant F_{B\max}$，表明人爬到子顶端时能维持梯子的平衡而不滑动。

如果求出的摩擦力大于临界静滑动摩擦力，即 $F_B > F_{B\max}$，则上述求解不能成立。因为人还未爬到顶端，摩擦力就已超过临界静摩擦力，梯子不能保持平衡而滑动。

3.4.4　滚动摩阻概念

由实践可知，使滚子滚动比使其滑动省力，所以工程中常利用物体的滚动代替滑动。例如，在搬运重物时，在其下面放上滚子，以滚代滑来省力，如图 3.37 所示。由此表明，滚动比滑动阻碍小，但并不意味滚动无阻碍。实事上，要施加一定大小的力，滚子才会滚动，并且滚子在坚硬平滑的路面上比在松软不平的路面上更容易滚动。这表明，滚动受到的阻碍与滚子和地面接触处的变形及变形程度有关，这种阻碍称为**滚动摩阻**，完整叙述如下：一个物体沿另一物体表面做相对滚动或有相对滚动的趋势时，在接触面上出现的对物体滚动的阻碍称为**滚动摩阻**。显然，研究滚动摩阻时应考虑接触处滚子和地面的变形。

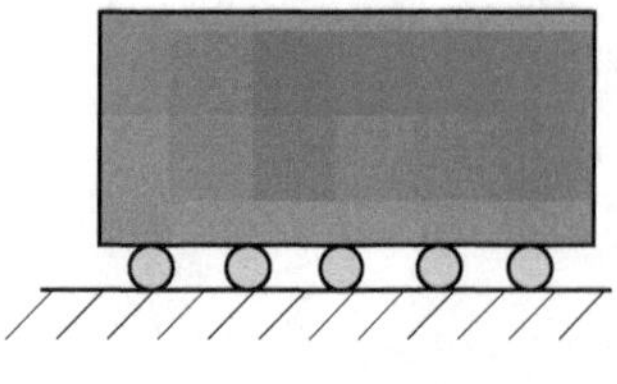

图 3.37

考察平面的圆轮受到水平推力 $\boldsymbol{F}$ 作用而处于静止，接触处产生法向反力和滑动摩擦力，如图 3.38 所示。摩擦力 $\boldsymbol{F}_s$ 一方面阻止了轮与支承面间的相对滑动，同时与 $\boldsymbol{F}$ 构成了一个促使轮向前滚动的力偶($\boldsymbol{F}$，$\boldsymbol{F}_s$)。而实际上轮是静止的，并未滚动，表明支撑处必存在一个阻止圆轮滚动的阻力偶才使轮子保持静止。

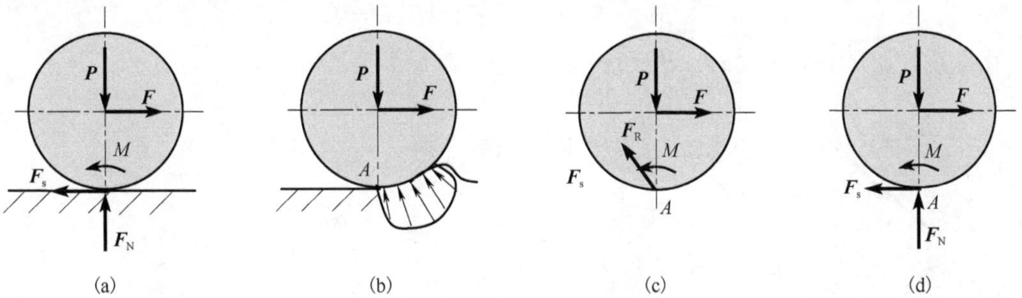

图 3.38

为方便，考虑地面有变形而滚子仍然为刚体，如图 3.38(b)所示。地面在接触处产生对滚子的分布反力。根据力系简化理论可将分布反力向点 A 简化，得到一个力 $\boldsymbol{F}_R$ 和一个力偶 M。其中，$\boldsymbol{F}_R$ 又可分解为 $\boldsymbol{F}_s$ 和 $\boldsymbol{F}_N$。力偶 M 称为**滚动摩阻力偶**，简称**滚阻力偶**，它与主动力偶($\boldsymbol{F}$，$\boldsymbol{F}_s$)相平衡，其转向与滚动的趋向相反，如图 3.38(d)所示。

由 $\sum M_A(\boldsymbol{F})=0$ 可得

$$M = M_A(F) \tag{3.20}$$

表明圆轮静止时，滚动摩阻力偶矩 M 随主动力偶矩的增大而增大。当 F 增加到某个值时，滚子处于将滚而未滚的临界状态。此时，滚动摩阻力偶矩达到最大值，称为**最大滚动摩阻力偶矩**，用 M_{max} 表示。若 $\boldsymbol{F}$ 继续增加，轮子将会滚动。由此可知，平衡时，滚动摩阻力偶矩 M 的大小介于零与最大值之间，即

$$0 \leqslant M \leqslant M_{max} \tag{3.21}$$

M_{max} 由**滚动摩阻定律**确定，即**最大滚动摩阻力偶矩 $\boldsymbol{M}_{max}$ 与支承面的正压力 $\boldsymbol{F}_N$ 的大小成正比**，即

$$M_{max} = \delta F_N \tag{3.22}$$

式中，δ 是比例系数，称为**滚动摩阻系数**，具有**长度**的量纲，它与滚子和支承面的材料硬度、湿度等因素有关，与滚子半径无关。

滚动摩阻系数可用实测方法得到，几种材料的滚动摩阻系数值见表 3.2。

表 3.2　材料的滚动摩阻系数

材料名称	δ /mm	材料名称	δ /mm
铸铁与铸铁	0.5	软钢与钢	0.05
钢质车轮与钢轨	0.5	有滚珠轴承的料车与钢轨	0.09
木与钢	0.3～0.4	无滚珠轴承的料车与钢轨	0.21
木与木	0.5～0.8	淬火钢珠对钢	0.01
钢质车轮与木面	1.5～2.5	轮胎与路面	2～10

由于滚动摩阻系数较小，在大多数情况下，滚动摩阻可忽略不计。

【例 3.21】　滚子重量为 $\boldsymbol{P}$，半径为 R，与水平支承面间的滚动摩阻系数为 δ，在滚子中心 O 点作用一个拉力 $\boldsymbol{F}$，与水平线的夹角为 θ，如图 3.39 所示。问 $\boldsymbol{F}$ 为多大时，滚子开始滚动？

解：取滚子为研究对象，其受力如图 3.39 所示。

$$\sum F_y = 0,\quad F_N + F\sin\theta - P = 0 \tag{a}$$

$$\sum M_A = 0,\quad M - F\cos\theta\cdot R = 0 \tag{b}$$

由题意，滚子开始滚动时，滚动摩阻力偶矩达到最大值，即

$$M = \delta F_N \tag{c}$$

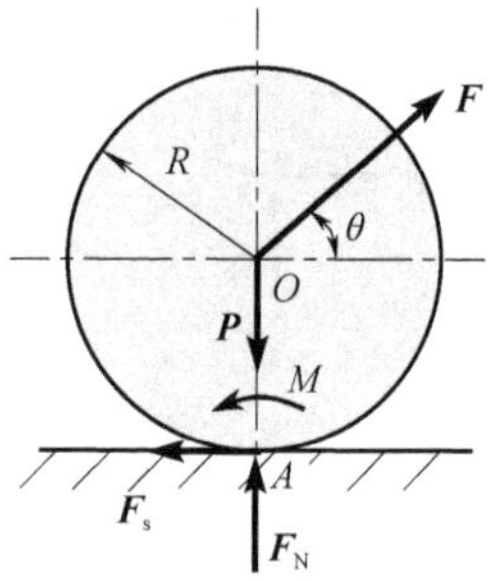

图 3.39

式(a)～式(c)联立求解，得

$$F = \frac{\delta P}{\sin\theta + R\cos\theta}$$

因此要使滚子滚动必须有

$$F \geqslant \frac{\delta P}{\sin\theta + R\cos\theta}$$

若 $\boldsymbol{F}$ 是水平推力，即 $\theta = 0$，则

$$F = \frac{\delta}{R}P$$

3.5　工程应用示例

静力学的应用非常广泛，在工程设计和工程实施中起到了十分重要的作用。本节列举两个例子说明静力学在工程中的应用，使读者了解静力学的工程意义。

【例 3.22】　台秤结构示意图如图 3.40(a)所示，不计杆件自重。(1)台秤的结构设计要求重物放在秤台上任何位置都不应该影响称重结果，试验证结构可否满足要求；(2)若重物重量 W=750N，置于秤台上，结构尺寸如图 3.40(a)所示，确定此时配重 S 的重量。

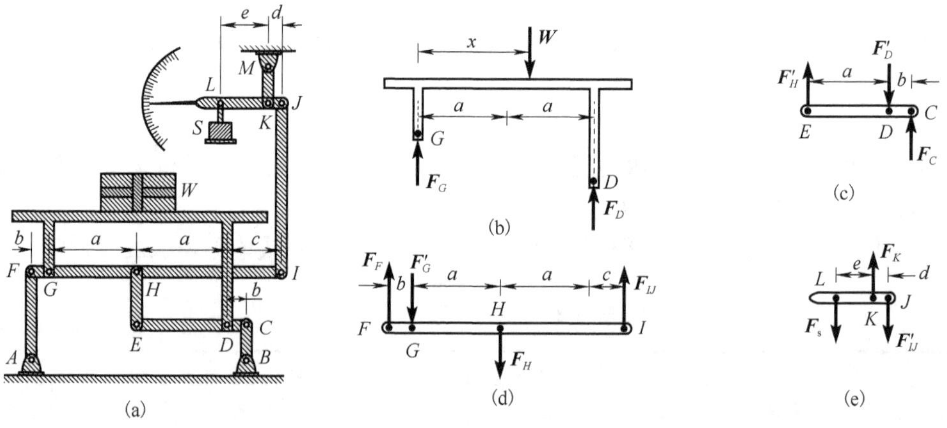

图 3.40

解：(1)如图 3.40(a)所示的系统中，因不计杆重，杆 AF、CB、HE、IJ、MK 均为二力杆。为证明重物放在平台任何位置都不影响称量结果，假设重物所在的任意位置用 x 表示，如图 3.40(b)所示，此时只要证明杆 IJ 受力与 x 无关即可。

取平台 GD 研究，受力如图 3.40(b)所示，列平衡方程。

由 $\sum F_y = 0$ 得

$$F_G + F_D = W \tag{a}$$

由 $\sum M_G(\boldsymbol{F})=0$ 得

$$2aF_D - Wx = 0 \tag{b}$$

解得

$$F_D=\frac{Wx}{2a},\quad F_G=\left(1-\frac{x}{2a}\right)W$$

取杆 EC 研究，受力如图 3.40(c)所示，列平衡方程。

由 $\sum M_C(\boldsymbol{F})=0$ 得

$$bF_D-(a+b)F_H=0 \tag{c}$$

即有

$$F_H=\frac{b}{a+b}F_D=\frac{bWx}{2a(a+b)}$$

取杆 FI 研究，受力如图 3.40(d)所示，列平衡方程。

由 $\sum M_F(\boldsymbol{F})=0$，并注意 $F_G'=F_G$，可得

$$(2a+b+c)F_{IJ}-(a+b)F_H-bF_G=0 \tag{d}$$

解得

$$F_{IJ}=\frac{1}{2a+b+c}[(a+b)F_H+bF_G]$$

将 F_H、F_G 代入上式得

$$F_{IJ}=\frac{W}{2a+b+c}\left(\frac{bx}{2a}+b-\frac{bx}{2a}\right)=\frac{bW}{2a+b+c} \tag{e}$$

由此可知，杆力 F_{IJ} 与 x 无关，表明重物放在平台任意位置均不影响称量，结构满足要求。F_{IJ} 之所以与 x 无关，是因为结构具有对称性，如 $\overline{FG}=\overline{DC}$，$\overline{GH}=\overline{ED}$，铰链 H 位于平台中间的布置。

(2)若重物置于秤台上，且 a=187.5mm，b=37.5mm，c=112.5mm，d=31.25mm，e=100mm，如图 3.41 所示，欲确定配重 S 的重量。

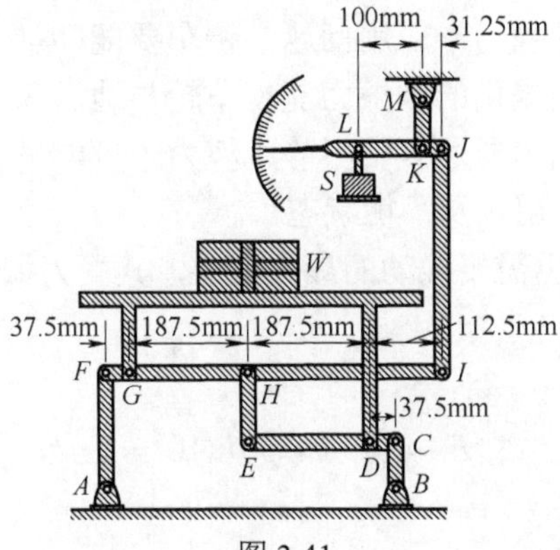

图 3.41

由式(e)得，IJ 杆力为

$$F_{IJ}=\frac{bW}{2a+b+c}=\frac{37.5\times 750}{2\times 187.5+37.5+112.5}=53.57(\mathrm{N})$$

取杆 LJ 进行研究，受力如图 3.40(e)所示，列平衡方程。

由 $\sum M_K(\boldsymbol{F})=0$ 得

$$eF_\mathrm{s}-dF_{IJ}=0 \tag{f}$$

所以

$$F_\mathrm{s}=\frac{d}{e}F_{IJ}=\frac{31.25}{100}\times 53.57=16.74(\mathrm{N})$$

由此即得所要求配重的重量，例中导出的式子也可用于类似结构的计算。

【例 3.23】 一个轮式铲车欲将圆木沿倾角为 10° 的斜坡向上推，如图 3.42(a)所示。已知铲车的重量为 P=40kN，重心位于点 G；圆木质量为 250kg，圆木与地面间的静摩擦系数 $f_s = 0.5$，轮与地面间的静摩擦系数 $f_s' = 0.8$。铲车后轮为主动轮，前轮为从动轮，可自由滚动并略去其与地面间的摩擦。假设铲车可提供足够的扭力矩给车后轮，试确定：(1)铲车能否推动圆木？(2)若轮与地面间的静摩擦系数 $f_s' = 0.7$，则铲车能推动最大圆木的质量为多少？

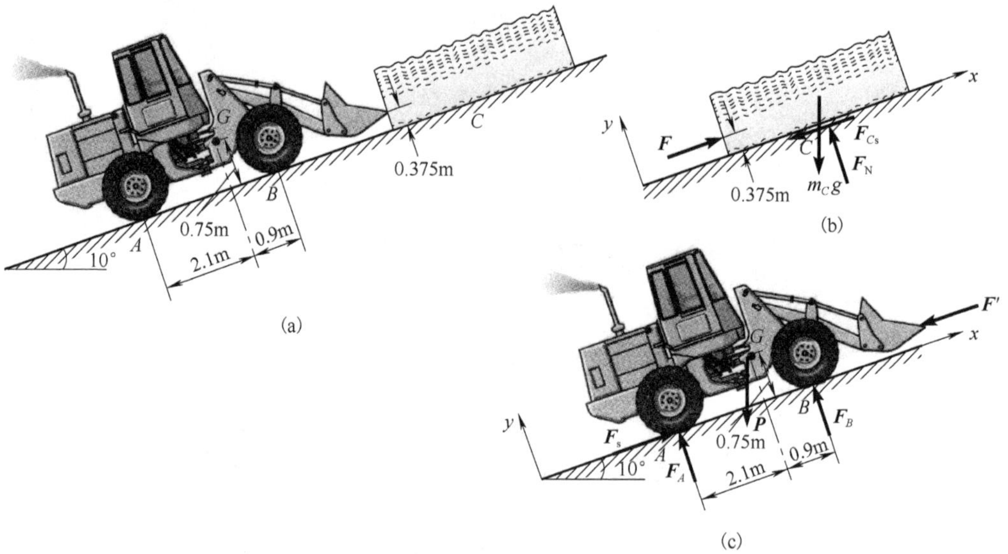

图 3.42

解：这是一个包含摩擦的静力学应用问题。铲车要能够推动圆木，首先要保证其后轮在工作时不打滑，也就是说地面提供的摩擦力能使车轮与地面间无相对滑动。其次，圆木在铲车的推动下，与地面间的摩擦力要达到临界静摩擦力才可能进入运动状态。因此，此问题要综合考虑铲车和圆木的相互作用以及平衡状态。

(1)先取圆木研究，计算出需要推动的最大推力，其受力如图 3.42(b)所示，取坐标系如图所示，列平衡方程。

由 $\sum F_x = 0$ 得

$$F - F_{Cs} - m_C g \sin 10° = 0 \tag{a}$$

由 $\sum F_y = 0$ 得

$$F_N - m_C g \cos 10° = 0 \tag{b}$$

再取铲车研究，受力如图 3.42(c)所示，列平衡方程。

由 $\sum F_x = 0$ 得

$$F_s - F - P\sin 10° = 0 \tag{c}$$

由 $\sum F_y = 0$ 得

$$F_A + F_B - P\cos 10° = 0 \tag{d}$$

由 $\sum M_B(\boldsymbol{F}) = 0$ 得

$$0.375F + 0.75P\sin 10° + 0.9P\cos 10° - 3F_A = 0 \tag{e}$$

要推动圆木，圆木所受静滑动摩擦力达到最大值，故补充如下条件：

$$F_{Cs}=f_s F_N \tag{f}$$

由式(f)、式(b)、式(a)联立，解得

$$F=(f_s\cos 10^\circ+\sin 10^\circ)m_C g \tag{g}$$

此力即为需要铲车提供的推力。

由式(c)，求得铲车需要的静滑动摩擦力：

$$F_s=(f_s\cos 10^\circ+\sin 10^\circ)m_C g+P\sin 10^\circ \tag{h}$$

代入数据得 $F_s=8577.75\text{N}$ 。又由式(e)，求得

$$F_A=\frac{1}{3}(0.375F+0.75P\sin 10^\circ+0.9P\cos 10^\circ) \tag{i}$$

将式(g)及相关数据代入式(i)，得 $F_A=13882.36\text{N}$，于是轮子与地面最大静滑动摩擦力为

$$F_{s\max}=f_s' F_A=0.8\times 13882.36=11105.89(\text{N})$$

显然，所需的静滑动摩擦力 $F_s<F_{s\max}$ ，表明铲车能提供足够的静滑动摩擦力推动圆木而不会打滑。

(2) 当 $f_s'=0.7$ 时，求能推动的圆木质量。此时令 $F_s=F_{s\max}=f_s' F_A$，代入式(h)，得

$$f_s' F_A=(f_s\cos 10^\circ+\sin 10^\circ)m_C g+P\sin 10^\circ \tag{j}$$

将式(j)与式(e)和式(g)联立，不难解得

$$m_C=\frac{-[(0.75-3/f_s')\sin 10^\circ+0.9\cos 10^\circ]P}{(0.375-3/f_s')(f_s\cos 10^\circ+\sin 10^\circ)g}=\frac{10892.28}{25.52}=426.78(\text{kg}) \tag{k}$$

能够推动圆木的最大质量为 426.78kg。

若要计算加于铲车后轮轴的扭力偶矩 M，容易由 $M=RF_{s\max}$ (其中 R 为轮半径)计算出。

本例虽为一个具体的数字例子，但只要在以上各式中将相关数据进行替换，即可用于类似问题的研究。

思　考　题

3-1　判断下列的说法是否正确。

(1) 对于一个空间任意力系，若其力多边形自行封闭，则该力系的主矢为零。

(2) 只要是空间力系，就可以列出 6 个独立的平衡方程。

(3) 若由 3 个力偶组成的空间力偶系平衡，则 3 个力偶矩矢首尾相连必构成自行封闭的三角形。

(4) 空间汇交力系平衡的充分和必要条件是力系的合力为零；空间力偶系平衡的充分和必要条件是力偶系的合力偶矩为零。

(5) 若平面平行力系平衡，可以列出 3 个独立的平衡方程。

(6) 平面任意力系的 3 个独立平衡方程不能全部采用投影方程。

(7) 静不定问题的主要特点是未知量的个数多于系统独立平衡方程的个数，所以未知量不能由平衡方程式全部求出。

(8) 只要受力物体处于平衡状态，摩擦力的大小一定是 $F=f_s F_N$。

(9) 在考虑滑动与滚动共存的问题中，滑动摩擦力不能应用 $F=f_s F_N$ 来代替。

(10) 滚动摩擦力偶矩是由于相互接触的物体表面粗糙产生的。

3-2 若一空间力系中各力的作用线平行于某一固定平面，则此力系有__________个独立的平衡方程。

3-3 如思图 3.1 所示，板 *ABCD* 由六根杆支承，受任意已知力系而处于平衡，为保证所列的每个方程中只包含一个未知力，则所取力矩平衡方程和投影平衡方程分别为____。

3-4 如思图 3.2 所示的各结构，属静不定的结构是 ________________________ 。

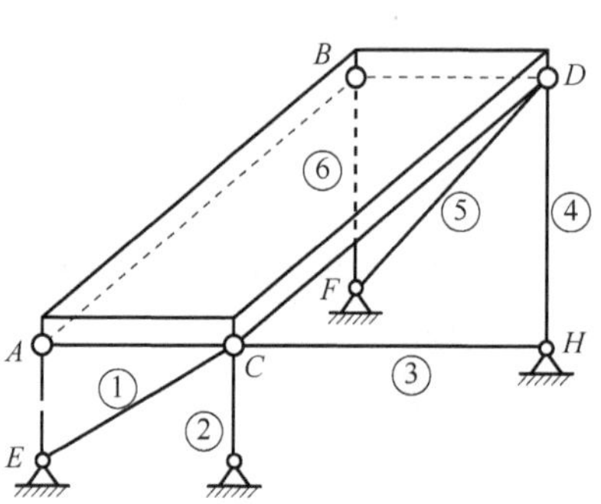

思图 3.1

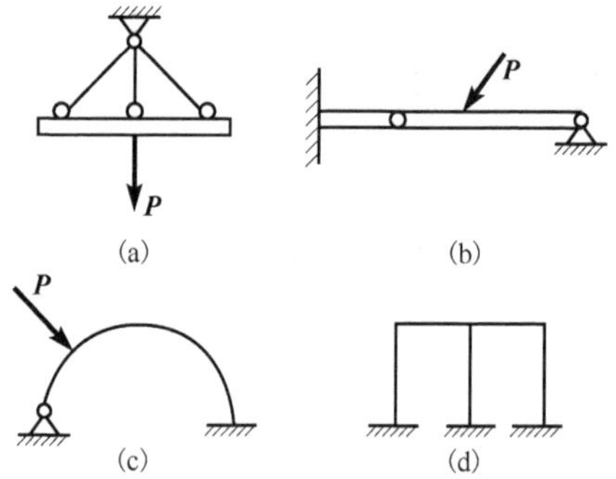

思图 3.2

3-5 试判断思图 3.3 所示桁架中全部内力为零的杆，其中思图 3.3(a)所示桁架中的零杆有__________；而思图 3.3(b)所示的桁架中的零杆有__________。

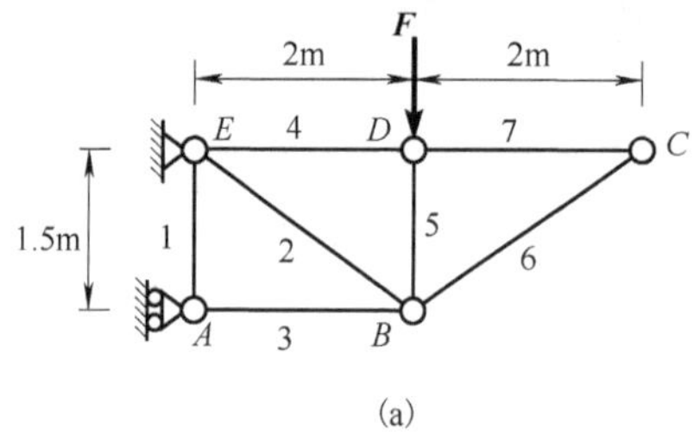

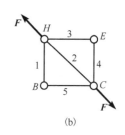

思图 3.3

3-6 考虑摩擦时物体的平衡问题，其特点在于__________。

3-7 物块重量为 ***P***，放置在粗糙的水平面上，接触处的摩擦系数为 f_s，要使物块沿水平面向右滑动，可沿 *OA* 方向施加拉力 $\boldsymbol{F}_1$，如思图 3.4 所示，也可沿 *BO* 方向施加推力 $\boldsymbol{F}_2$，如图所示。两种情况比较，图__________所示的情形更省力。

3-8 材料相同、光洁度相同的平皮带和三角皮带，如思图 3.5 所示，在相同压力 ***F*** 作用下，__________皮带的最大摩擦力大于__________皮带的最大摩擦力。

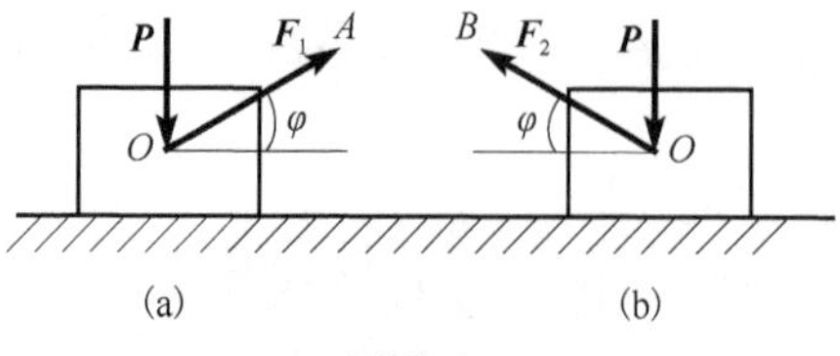

思图 3.4

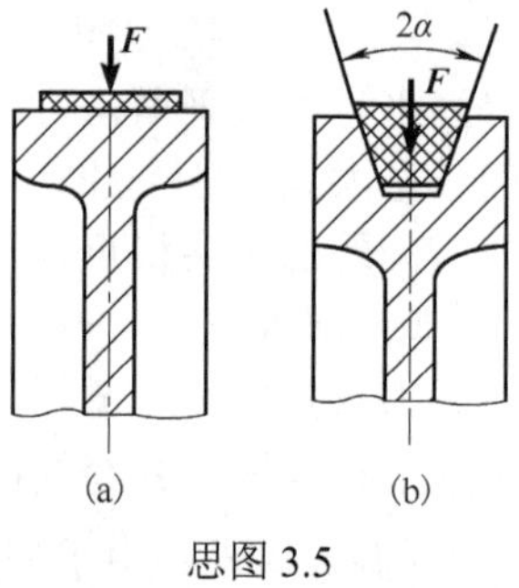

思图 3.5

习　题

3.1　如题图 3.1 所示结构中，各杆的重量不计，*AB* 和 *CD* 两杆铅垂，力 $\boldsymbol{F}_1$ 和 $\boldsymbol{F}_2$ 的作用线水平。已知 F_1=2kN，F_2=1kN，求杆件 *CE* 所受的力。

3.2　压榨机构如题图 3.2 所示，杆 *AB*、*BC* 的自重不计，*A*、*B*、*C* 处均为铰链连接。油泵压力 $F = 3$kN，方向水平，$h = 20$mm，$l = 150$mm，试求滑块 *C* 施于工件的压力。

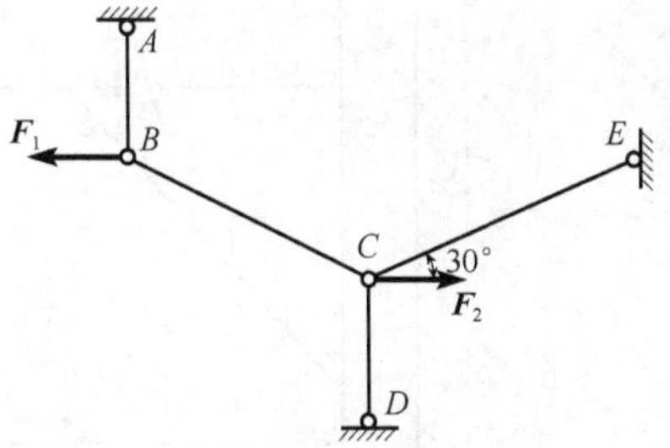

题图 3.1

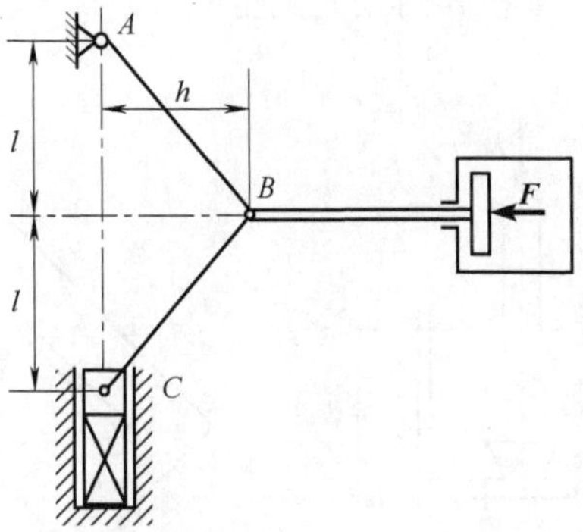

题图 3.2

3.3　重量为 *P* 的均质圆球放在板 *AB* 与墙壁 *AC* 之间，*D*、*E* 两处均为光滑接触，尺寸如题图 3.3 所示，设板 *AB* 的重量不计，求 *A* 处的约束反力及绳 *BC* 的拉力。

3.4　图示组合梁自重不计，受力如题图 3.4 所示，求 *A*、*B*、*C* 处约束反力。

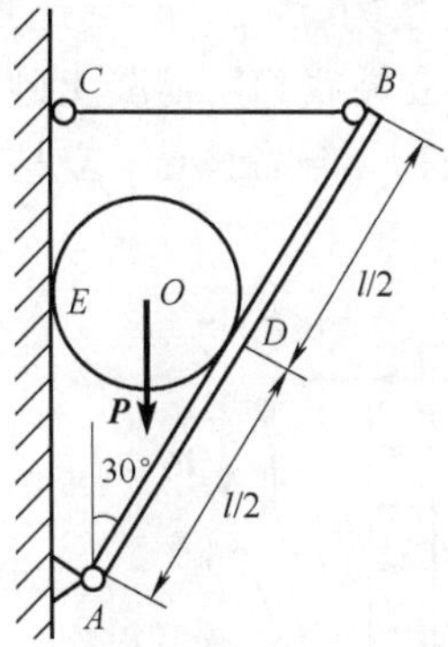

题图 3.3

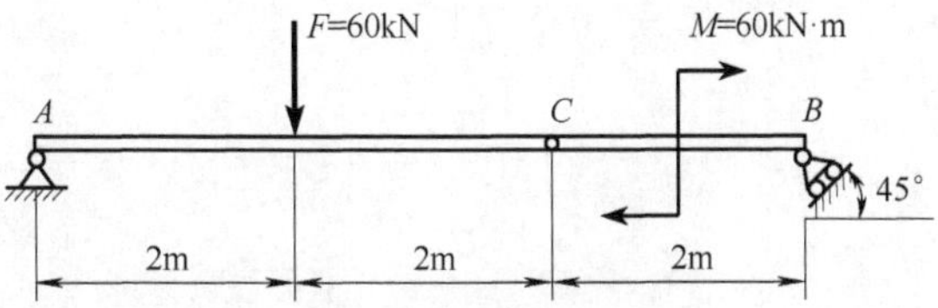

题图 3.4

3.5　如题图 3.5 所示，在水平梁上作用着两个力偶，其中一个力偶矩 M_1= 60kN·m，另一个力偶矩 M_2 = 40kN·m，已知 $\overline{AB} = 3.5\text{m}$，求 *A*、*B* 两支座处的约束反力。

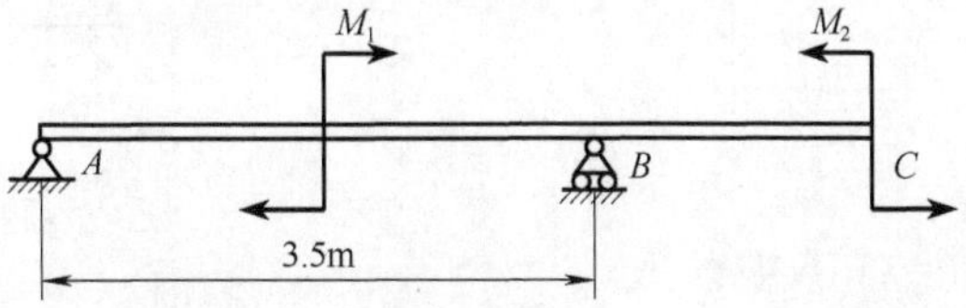

题图 3.5

3.6　如题图 3.6 所示，锻锤工作时，如受工件给它的反作用力有偏心，会使锻锤 C 发生偏斜，这将在导轨 A、B 上产生很大的压力，从而加速导轨的磨损并影响锻件的精度。已知冲击力 F=100kN，偏心距 e = 20mm，锻锤高度 h = 200mm，试求锻锤给导轨两侧的压力。

3.7　高炉上料小车如题图 3.7 所示，车和料的总重量 P = 240kN，重心在点 C，已知 a =100cm，b =140cm，e = 100cm，d = 140cm，θ = 55°，求钢索的拉力和轨道的支反力。

3.8　如题图 3.8 所示，起重机的支柱 AB 由点 B 的止推轴承和点 A 的轴承铅垂固定，起重机上有载荷 $\boldsymbol{F}_1$ 和 $\boldsymbol{F}_2$ 作用，它们与支柱的距离分别为 a 和 b，若 A、B 两点间的距离为 c，求轴承 A 和 B 两处的支座反力。

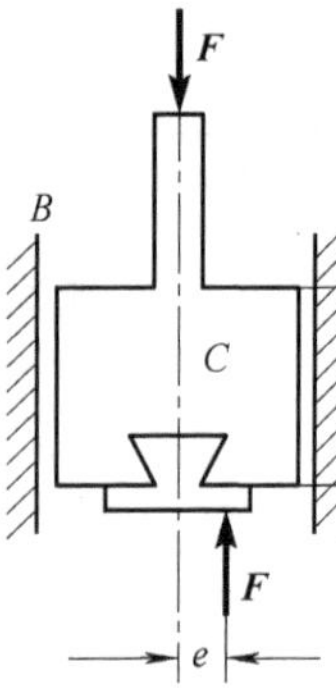

题图 3.6

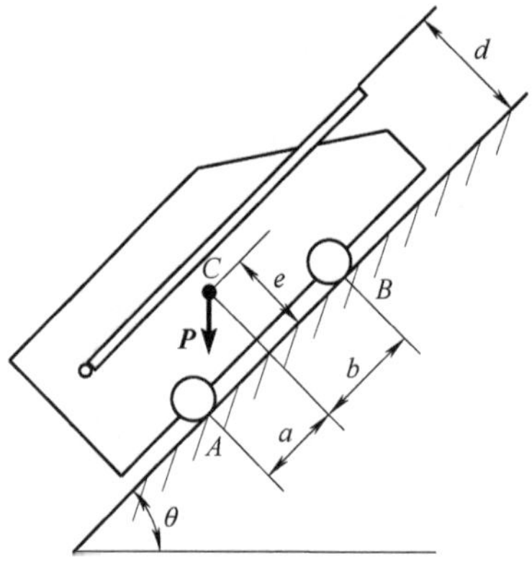

题图 3.7

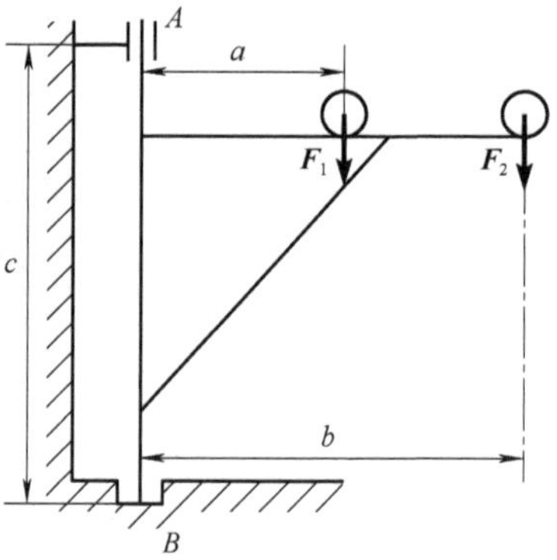

题图 3.8

3.9　如题图 3.9 所示，支持着外阳台的水平梁承受强度为 q(N/m) 的均布载荷，在水平梁的外端柱上作用载荷 $\boldsymbol{F}$，柱的轴线到墙的距离为 l，求插入端的支反力。

3.10　如题图 3.10 所示，露天厂房立柱的底部是杯形基础，立柱底部用混凝土砂浆与杯形基础固连在一起，已知吊车梁传来的铅垂载荷 F = 60kN，风载荷 q = 2kN/m，立柱自身重量 P = 40kN，a = 0.5m，h =10m，试求立柱底部的约束反力。

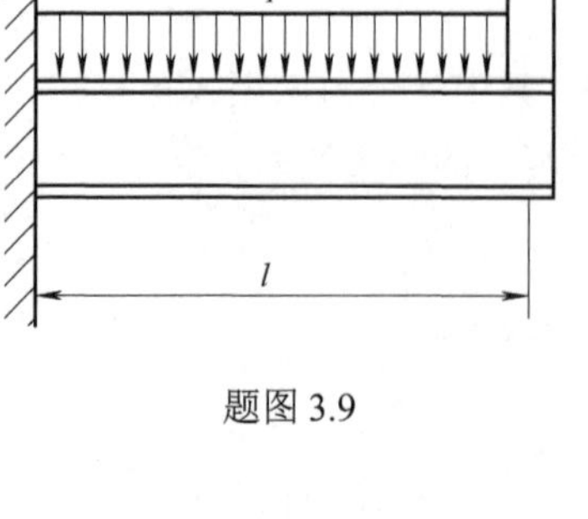

题图 3.9

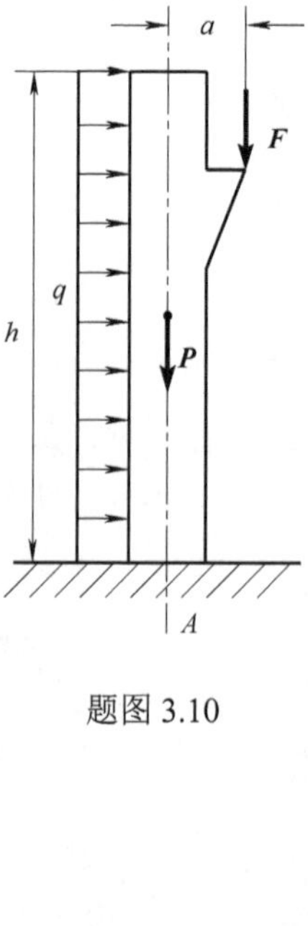

题图 3.10

3.11　如题图 3.11 所示，试求下列各梁的支座反力。

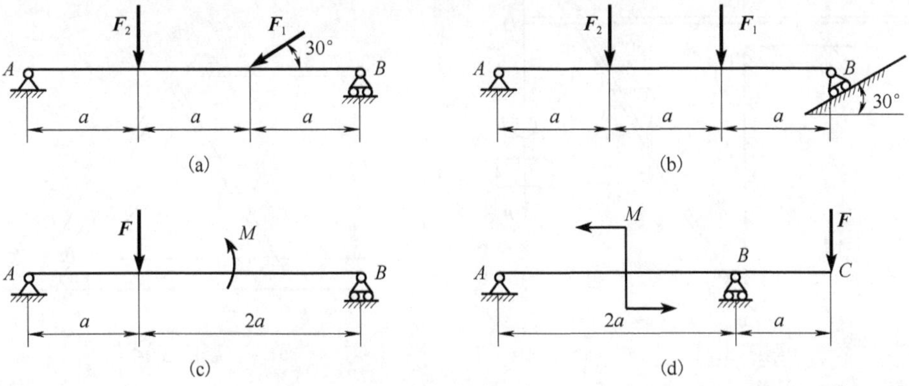

题图 3.11

3.12　试求下列各梁及钢架的支座反力，载荷及尺寸如题图 3.12 所示。

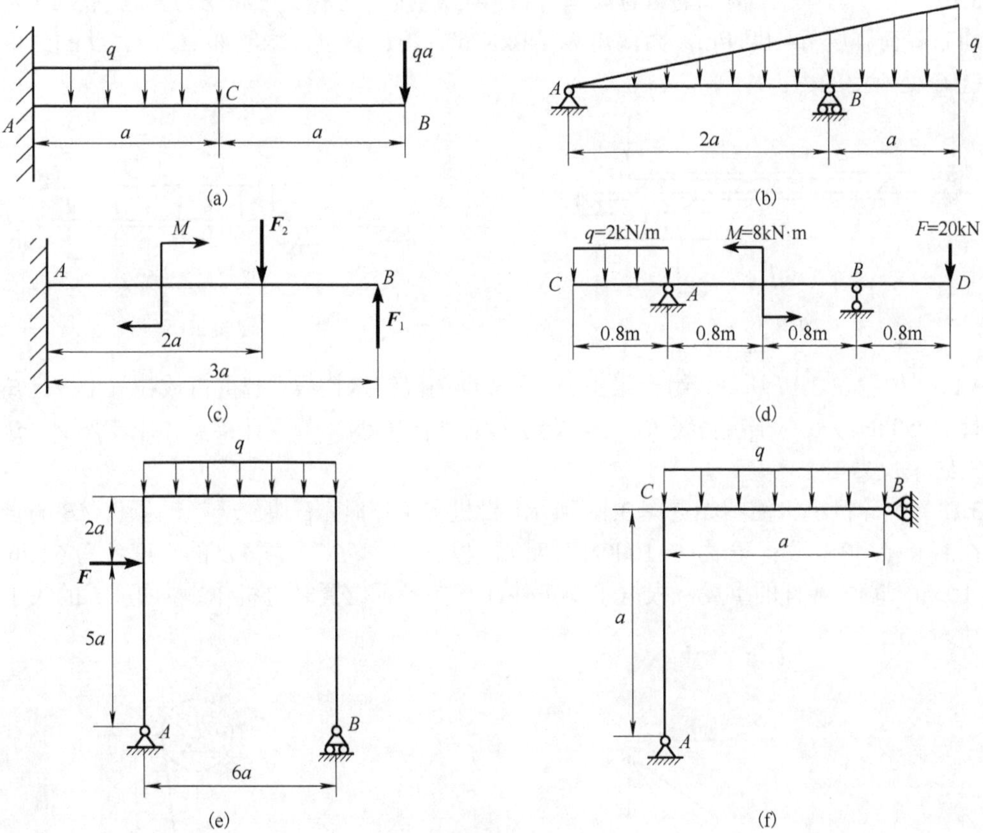

题图 3.12

3.13　悬臂式吊车的结构简图如题图 3.13 所示，由 DE、AC 二杆组成，A、B、C 为铰链连接。已知 P_1=5kN，P_2=1kN，不计杆重，试求杆 AC 所受的力和点 B 的支反力。

3.14　梯子的两部分 AB 和 AC 在点 A 铰接，又在 DE 两点用水平绳连接，如题图 3.14 所示。梯子放在光滑的水平面上，其一边作用有铅垂力 $\boldsymbol{F}$，尺寸如图所示。若不计梯重，求绳的拉力 $\boldsymbol{F}_{\mathrm{s}}$。

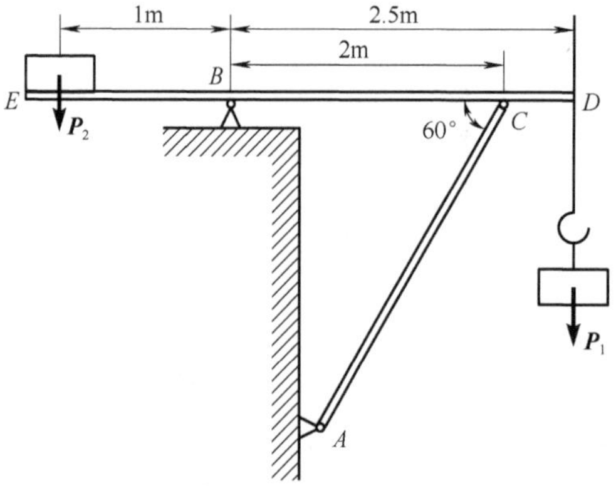

题图 3.13

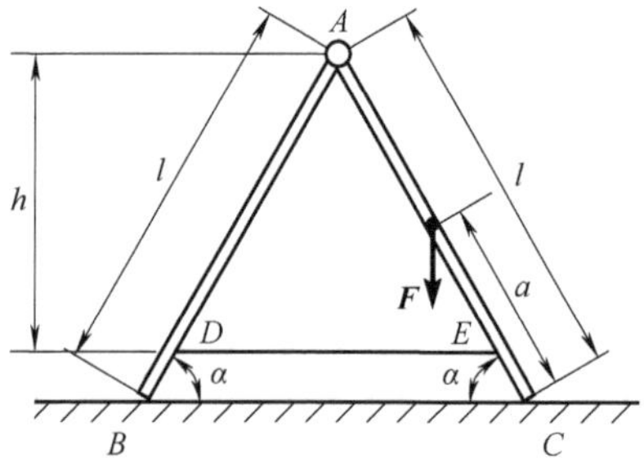

题图 3.14

3.15　夹紧机构中的省力装置如题图 3.15 所示，A 和 E 为铰链，其余为光滑面约束，已知 $\boldsymbol{F}$、a 和 l，试求杆 BE 对工件 D 的夹紧力。

3.16　由 AC 和 CD 构成的组合梁通过铰链 C 连接，它的支承和受力如题图 3.16 所示，已知均布载荷强度 q=10kN/m，力偶矩 M=40kN·m，不计梁重，求支座 A、B、D 的约束反力和铰链 C 处所受的力。

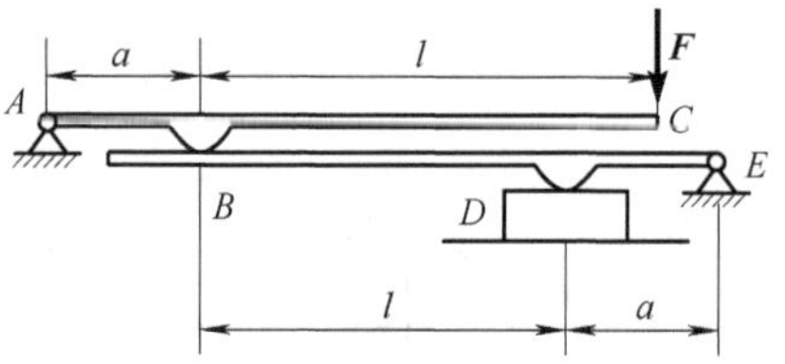

题图 3.15

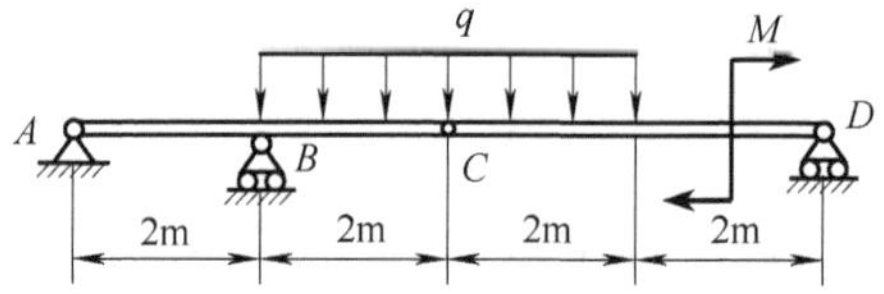

题图 3.16

3.17　如题图 3.17 所示，组合梁由 AC 和 CD 两段铰接构成，起重机放在梁上，已知起重机重量 P=50kN，重心在铅垂线 EC 上，起重载荷 P_1=10kN，若不计梁重，求支座 A、B 和 D 三处的约束反力。

3.18　轧碎机机构简图如题图 3.18 所示，设机构工作时，石块施于活动颚板 AB 的合力作用点在离 A 点 40cm 处，合力 F=1000N，活动颚板 AB、杆 BC、杆 CD 的长度各为 60cm，OE 长为 10cm，略去各杆的重量，根据平衡条件计算在图示位置时电机作用力矩 M 的大小，图中尺寸为 cm。

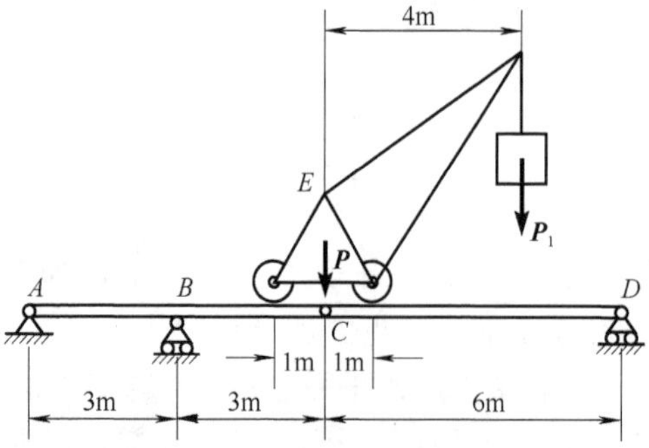

题图 3.17

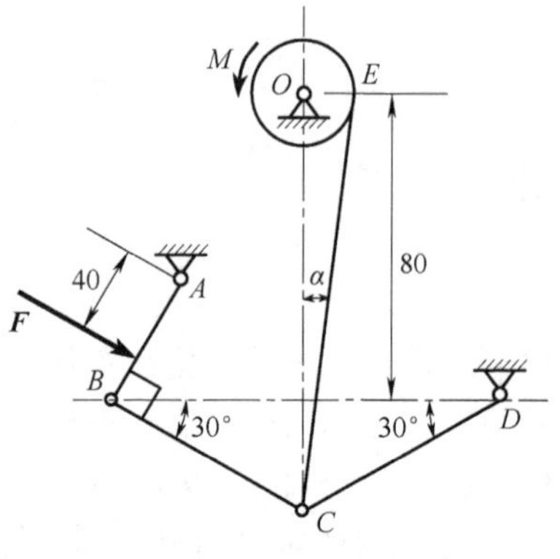

题图 3.18

3.19　如题图3.19所示的构架中，物体重量P=12kN，由细绳跨过滑轮E而水平系于墙上，尺寸如图所示。不计杆和滑轮的重量，求支承A和B处的约束反力，以及杆BC的内力。

3.20　如题图3.20所示，AB、AC、DF三杆用铰链连接，DF杆的F端作用一个力偶，其力偶矩的大小为1kN·m，a=0.5m，不计杆重，求铰链D和E的约束反力。

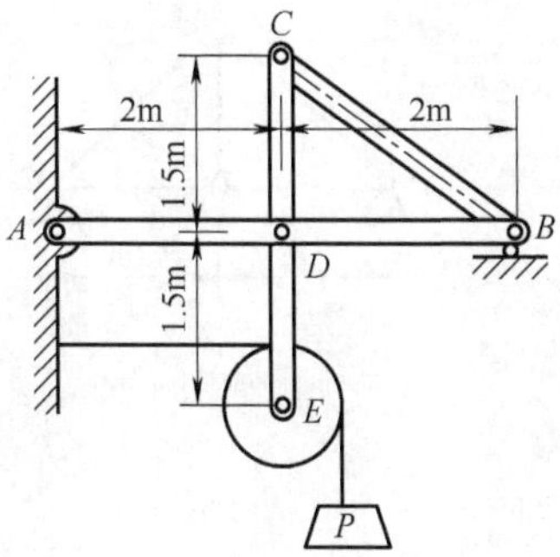

题图3.19

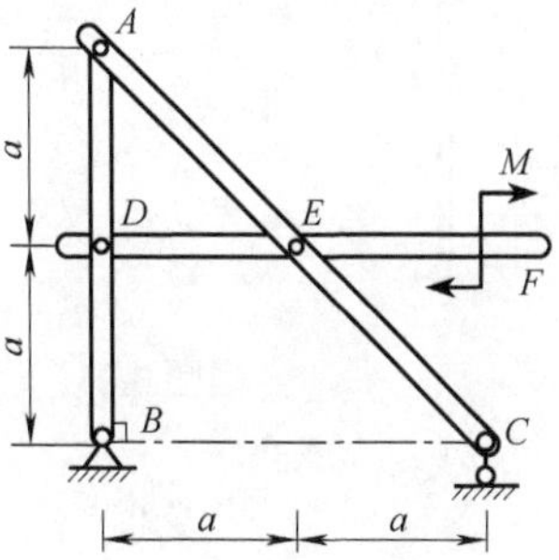

题图3.20

3.21　在题图3.21所示的刚架中，已知均布载荷$q_1 = q_2 = 500\text{N/m}$，$F = 200\text{N}$，$\overline{AC} = b = 1\text{m}$，$\overline{CD} = a = 2\text{m}$，滚动支座$B$所在斜面的倾角为45°，求支座反力。

3.22　如题图3.22所示，无底的圆柱形空筒放在光滑的固定平面上，内放两个重球，设每个球重量都为P，半径为r，圆筒的半径为R。若不计各接触面的摩擦和筒的厚度，求圆筒不致翻倒的最小重量P_1。

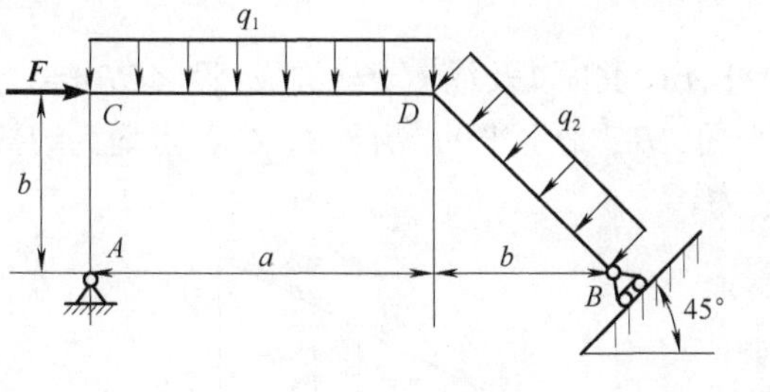

题图3.21

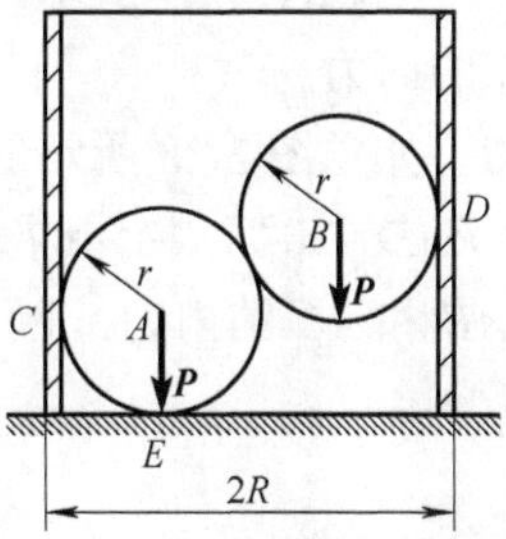

题图3.22

3.23　如题图3.23所示，构架由杆GB、CE和DF组成，并用销子连接两滑轮，滑轮直径均为400mm，绳子绕过二滑轮与杆FD平行。若重物重量P=490N，不计杆重和摩擦，试求AB绳中张力F和CE上销子C处的约束力，图中尺寸单位为mm。

3.24　如题图3.24所示，在点D处作用一个水平力F=2kN，试求桁架各杆的内力。

3.25　如题图3.25所示，在点D处作用一个铅垂力F=1.5kN，试求桁架各杆的内力。

3.26　如题图3.26所示，节点B、C和D处的受力分别为F_1=3kN，F_2=3kN和F_3=4kN，试求桁架杆1、2、3的内力。

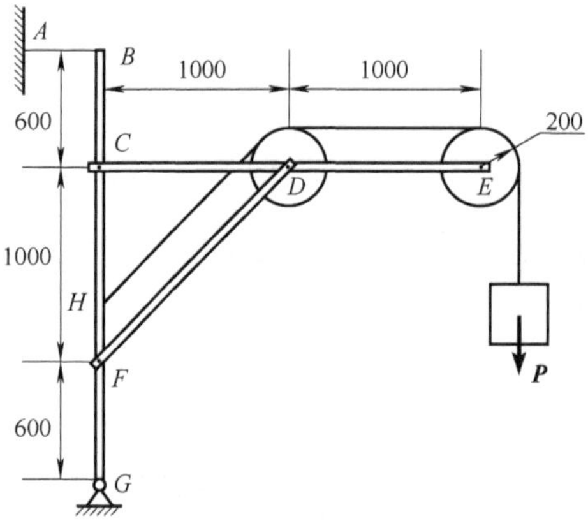

题图 3.23

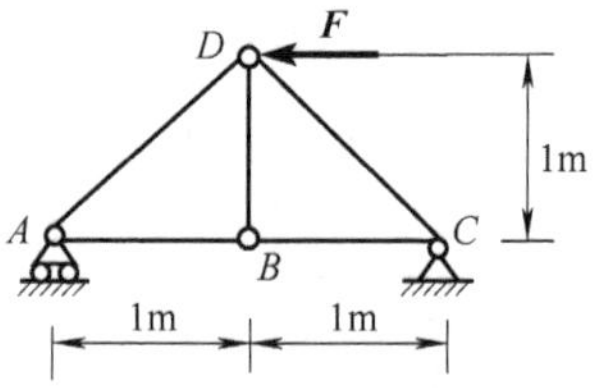

题图 3.24

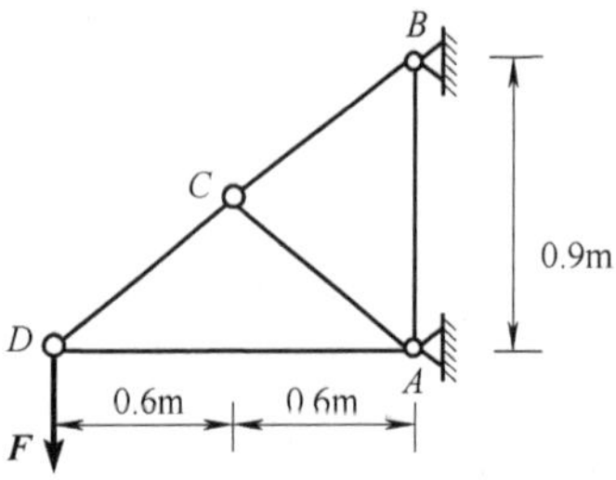

题图 3.25

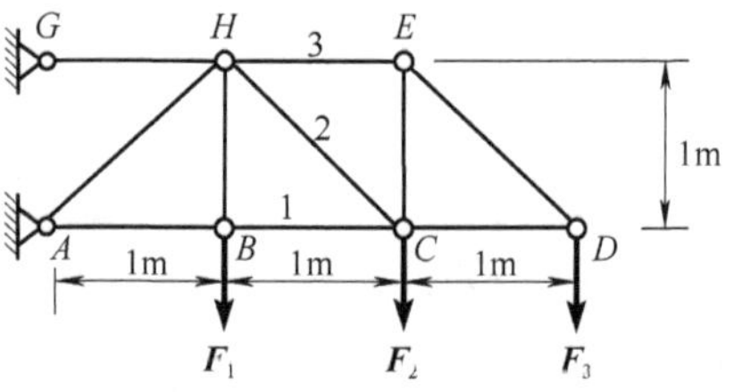

题图 3.26

3.27　如题图 3.27 所示，在节点 *G*、*H* 处的受力分别为 F_1=6kN，F_2=8kN，试求桁架中杆 1、2、3 的内力。

3.28　如题图 3.28 所示的空间构架由撑杆 *AB*、*AC*，以及绳索 *AD* 构成，设∠*CBA*=∠*BCA*=60°，∠*EAD* =30°，物体的重量 *P* =3kN，平面 *ABC* 是水平的，*A*、*B*、*C* 各点均为铰接。试求撑杆 *AB* 和 *AC* 的内力，以及绳索 *AD* 的拉力。

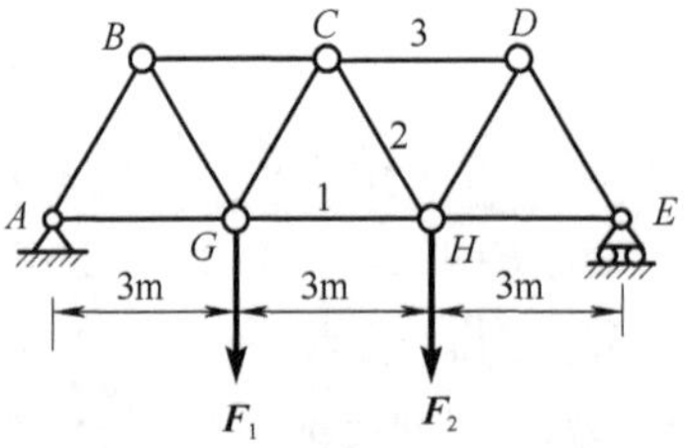

题图 3.27

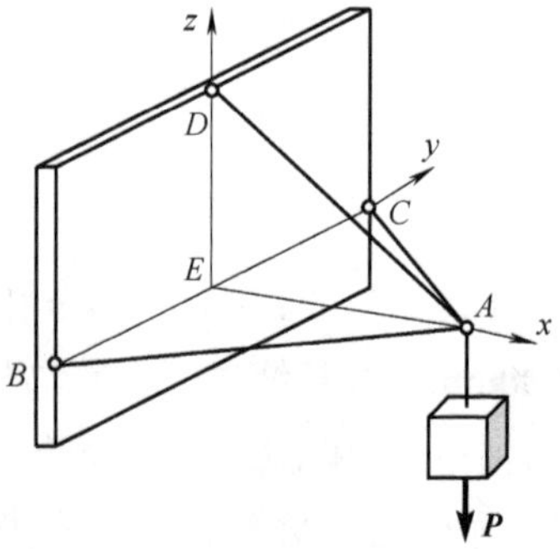

题图 3.28

3.29　如题图 3.29 的空间构架由三根杆件组成，*D* 端用球铰链连接，*A*、*B* 和 *C* 端也用球铰链固定在水平地板上。今在 *D* 端挂一重物，*P*=10kN，各杆自重不计，求各杆的内力。

3.30　如题图 3.30 所示，三个圆盘 *A*、*B*、*C* 的半径分别为 15cm、10cm、5cm，三根轴 *OA*、*OB*、*OC* 在同一平面内，∠*AOB* 为直角，三个圆盘上分别受三个力偶作用，求使物体平衡所需的力 *F* 和 α 角。

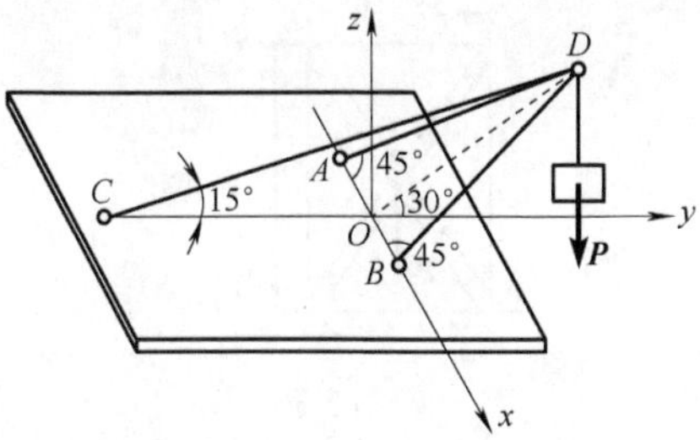

题图 3.29

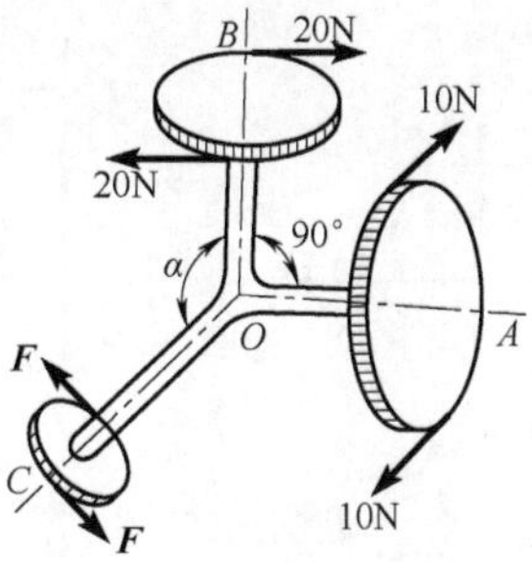

题图 3.30

3.31　某传动轴由 A、B 两轴承支承，如题图 3.31 所示。圆柱直齿轮的节圆直径 $d=17.3\text{cm}$，压力角 $\alpha=20^\circ$，在法兰盘上作用一个力偶矩为 $M=1030\text{N}\cdot\text{m}$ 的力偶，若轮轴的自重和摩擦不计，求传动轴匀速转动时 A、B 两轴承的约束反力。

3.32　如题图 3.32 所示，在轴上作用一个力偶($\boldsymbol{F}$，$\boldsymbol{F}'$)，其矩 $M=100\text{N}\cdot\text{m}$，有一半径为 $r=0.25\text{m}$ 的制动轮装在轴上，制动轮和制动块间的静摩擦系数 f_s=0.25。欲使制动轮静止，制动块对制动轮的压力应为多少？

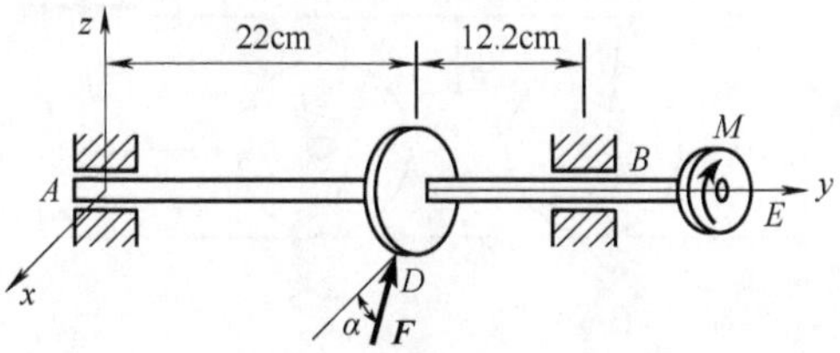

题图 3.31

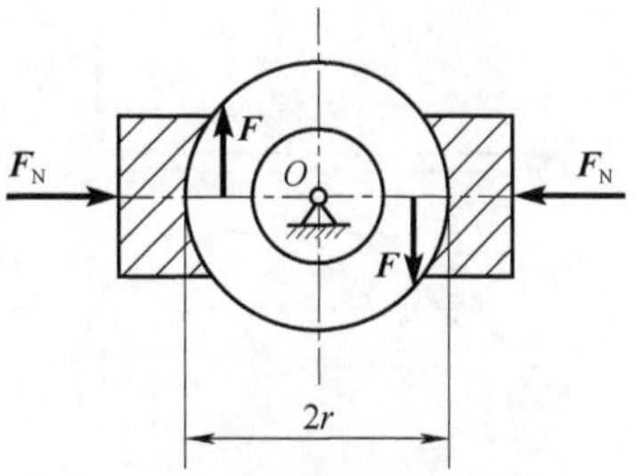

题图 3.32

3.33　如题图 3.33 所示，半圆柱体重量为 P，重心 C 到圆心 O 的距离为 $a=\dfrac{4R}{3\pi}$，其中 R 为圆柱体半径。若半圆柱体与水平面间的静摩擦系数为 f_s，求半圆柱体刚被拉动时所偏转的角度 θ。

3.34　重量为 P 的物体放在倾角为 α 的斜面上，如题图 3.34 所示。物体与斜面间的摩擦系数为 $\tan\alpha_m$。若物体上受到与斜面夹角为 θ 的力 $\boldsymbol{F}$ 作用，物体尺寸不计，求恰好可以拉动物体时的力 $\boldsymbol{F}$ 的大小。又问 θ 角为何值时力 $\boldsymbol{F}$ 最小？并求此最小值。

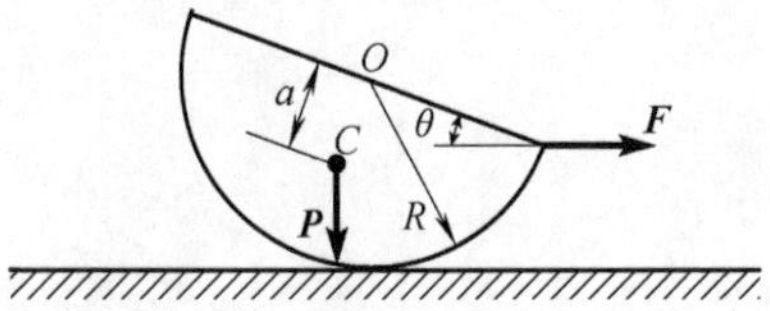

题图 3.33

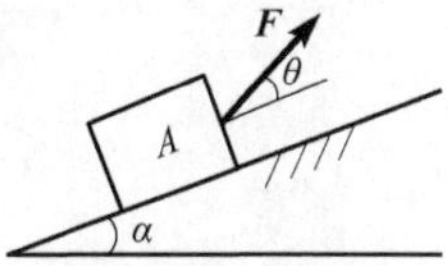

题图 3.34

3.35　如题图 3.35 所示的两种情况，图(a)物体重量 $P=1000\text{N}$，推力 $F=200\text{N}$，静摩擦系数 f_s=0.3；图(b)物体重量 $P=200\text{N}$，压力 $F=500\text{N}$，静摩擦系数 f_s=0.3。物体能否平衡？并给出摩擦力的大小和方向。

3.36　重量 $P=100\text{N}$ 的长方形均质木块放置在水平地面上，尺寸如题图 3.36 所示。木块与地面间的静摩擦系数 f_s=0.4，求木块能保持平衡时的水平力 $\boldsymbol{F}$ 的大小。

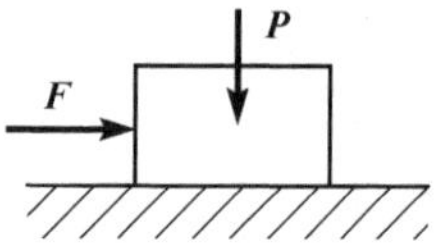

(a)

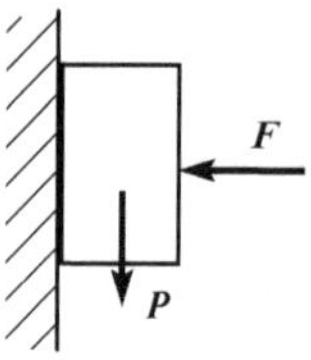

(b)

题图 3.35

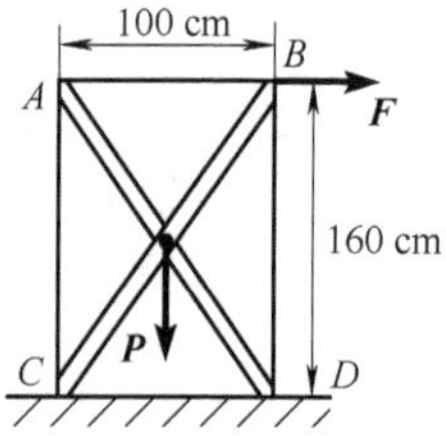

题图 3.36

3.37　如题图 3.37 所示，水平杆 AB 和杆 CD 在 C 点接触，已知两杆接触点 C 的静摩擦系数 f_s=0.1，铅垂作用力 F=20kN，$\overline{AC}=\overline{CB}=5\text{cm}$，$\overline{AD}=4\text{cm}$，不计各杆自重，试求系统在该位置平衡时力偶矩 M 的大小。

3.38　如题图 3.38 所示，平板车与车架的总重量为 P，已知一水平力 $\boldsymbol{F}$ 作用于车架。若车轮沿地面滚动而不滑动，且滚阻系数为 δ。略去车轮重量，试求：

(1)拉动平板车的最小水平力 $F_{\min}$；

(2)此时地面对前后轮的滚阻力偶矩。

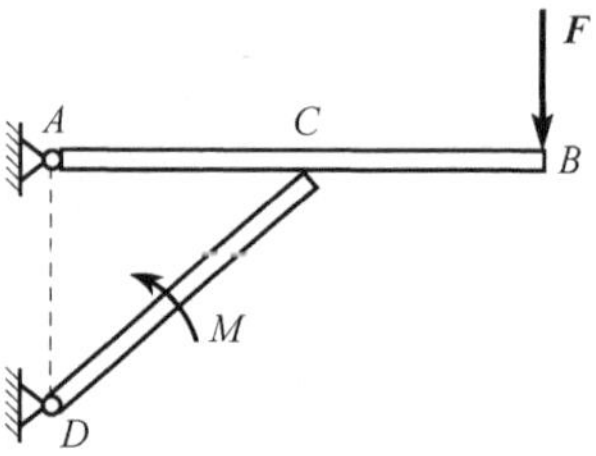

题图 3.37

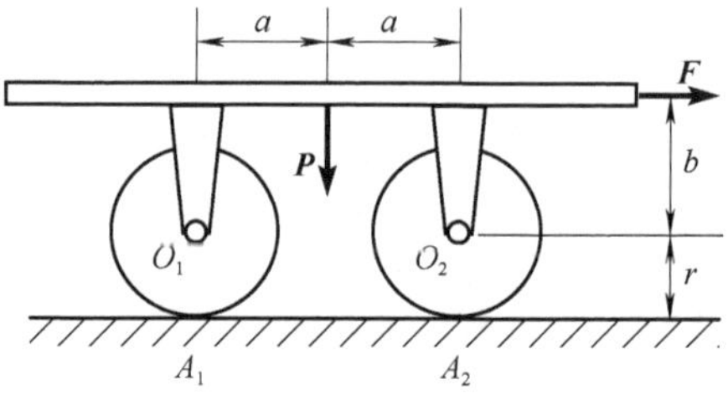

题图 3.38

第二篇 运 动 学

运动学是从几何角度研究物体机械运动的科学，其任务是建立物体机械运动的描述方法，研究表征物体机械运动的基本物理量，如运动方程、速度、加速度、角速度、角加速度等及其与其他运动量之间的相互关系。运动学不考虑引起物体运动产生和变化的原因，所以无须引入力、质量等物理量。在运动学中，一般都把物体抽象为**刚体**，研究“体”的运动，但有时需要研究物体上某些点(如物体重心)的运动。如果物体的运动可以忽略尺寸的影响(如炮弹的弹道等)，就可将物体视为一个几何点来研究。因此，运动学以点和刚体两种力学模型为研究对象，研究点的运动和刚体的运动。由于刚体由无数个点组成的，点的运动又是研究刚体运动的基础。

研究物体的机械运动，首先要确定物体在空间中的位置，为此需要根据运动的相对性选取另一个物体作为参考，运动描述才有意义，这个参考物体称为**参考体**。与参考体固连的一组坐标系称为**参考坐标系**或**参考系**。在运动学中，参考系的选择是任意的。描述同一物体的运动时，选取不同参考系会有不同的运动形式。例如，当高铁车厢沿火车轨道行驶时，对于固连于车厢的参考系，车厢里坐着的人是静止不动的；而对于固连于轨道的参考系，人是随车厢一起运动的。因此，研究一个物体的机械运动时，应当首先选定参考系。在一般工程问题中，通常选取与地面固连的坐标系为参考系。本书中若无特别说明，选取的参考系都与地面固连。

一方面，运动学是动力学的基础；另一方面，运动学具有独立的工程应用意义。例如，在工程中，无论是设计新机械产品、新加工设备还是进行技术革新，都要求新产品或新设备能完成既定的各种运动功能。这时，必须以运动学知识为基础，对其中的传动机构进行必要的运动分析和合理的设计，才能使机器设备能够完成既定的运动，达到设计的目的。

第 4 章 点的运动及刚体的简单运动

点的运动是指点在空间中的位置随时间而变化的过程。刚体有两种最基本、最简单的运动，即刚体的平动和绕固定轴的转动，这两种简单运动是研究其复杂运动的基础。

本章主要介绍描述点的运动的三种方法：矢径法、直角坐标法和自然法。此外，还将建立描述刚体简单运动的方法，在已知刚体简单运动规律的情况下，分析刚体上各点的轨迹、速度、加速度及其分布规律等问题。

4.1　确定点的运动的几种方法

点的运动学既是研究一般物体运动的基础，同时又具有独立的应用意义。研究点相对于某一参考坐标系的几何位置随时间变化的规律，包括点的运动方程、运动轨迹、速度和加速度等，所采用的方法包括矢径法、直角坐标法和自然法。

4.1.1　矢径法确定点的运动、速度和加速度

运动学中常将要研究的点称为**动点**，动点在所选参考系中的位置随时间的变化规律称为动点的**运动方程**。

选取参考系上某确定点 O 为坐标原点，自点 O 向动点 M 作矢量 $\boldsymbol{r}$，称 $\boldsymbol{r}$ 为动点 M 相对原点 O 的**位置矢量**，简称**矢径**。当动点 M 运动时，矢径 $\boldsymbol{r}$ 的大小和方向随时间 t 不断变化，即不同的矢径 $\boldsymbol{r}$ 对应着动点 M 的不同位置，如图 4.1 所示，这种用矢径确定动点在参考系中位置的方法称为**矢径法**。当动点 M 运动时，矢径 $\boldsymbol{r}$ 是时间 t 的单值连续函数，即

$$\boldsymbol{r}=\boldsymbol{r}(t) \tag{4.1}$$

式(4.1)称为以矢径 $\boldsymbol{r}$ 表示的动点 M 的**运动方程**。动点 M 在运动过程中，其矢径 $\boldsymbol{r}$ 的末端可以绘出一条连续曲线，称为**矢端曲线**。显然，矢径 $\boldsymbol{r}$ 的矢端曲线就是动点 M 的**运动轨迹**。用矢径法描述点的运动具有简明、直接的优点。

4-1

设在某一时间间隔 Δt 内，动点由点 M 运动到点 M'，其矢径的变化量称为动点的位移，如图 4.2 所示，即

$$\boldsymbol{r}'-\boldsymbol{r}=\Delta\boldsymbol{r}=\overrightarrow{MM'} \tag{4.2}$$

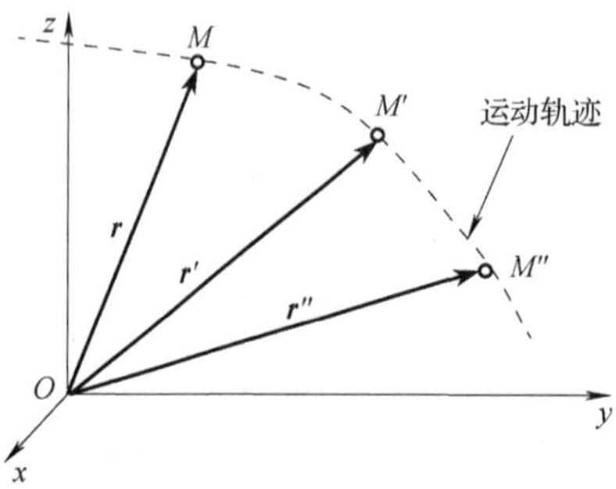

图 4.1

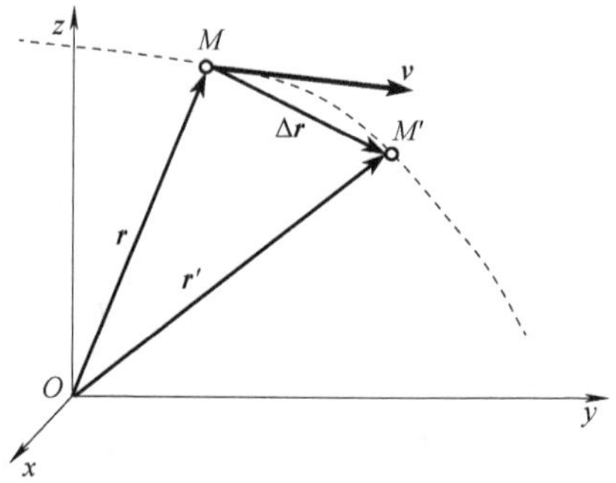

图 4.2

动点在 Δt 时间内运动的快慢，用比值 $\Delta\boldsymbol{r}/\Delta t$ 来描述，当 $\Delta t\to 0$ 时，该比值的极限称为动点的**速度**，记为 $\boldsymbol{v}$。

$$\boldsymbol{v}=\lim_{\Delta t\to 0}\frac{\Delta\boldsymbol{r}}{\Delta t}=\frac{\mathrm{d}\boldsymbol{r}}{\mathrm{d}t} \tag{4.3}$$

动点的速度是**矢量**，等于动点矢径 $\boldsymbol{r}$ 对时间 t 的一阶导数。

动点的速度矢量沿矢径 $\boldsymbol{r}$ 的矢端曲线的切线，即沿动点运动轨迹的切线，并与该点运动方向一致。速度的大小表示动点运动的快慢，也称为**速率**，在国际单位制中，速率的单位为米/秒(m/s)。

设在某一时间间隔 Δt 内，动点的速度由 $\boldsymbol{v}$ 变到 $\boldsymbol{v}'$，速度改变量为 $\Delta\boldsymbol{v}=\boldsymbol{v}'-\boldsymbol{v}$，如图 4.3

所示。当 $\Delta t \to 0$ 时，比值 $\Delta \boldsymbol{v}/\Delta t$ 的极限称为动点的**加速度**。

$$\boldsymbol{a} = \lim_{\Delta t \to 0} \frac{\Delta \boldsymbol{v}}{\Delta t} = \frac{\mathrm{d}\boldsymbol{v}}{\mathrm{d}t} = \frac{\mathrm{d}^2 \boldsymbol{r}}{\mathrm{d}t^2} \tag{4.4}$$

动点的**加速度**是描述点的速度大小和方向随时间变化的物理量，动点的加速度也是**矢量**。动点的加速度矢量等于该点的速度矢量对时间的一阶导数，也等于矢径对时间的二阶导数。在国际单位制中，加速度的单位为米/秒 ^{2}(m/s^2)。

为了方便，在字母上方加“·”表示该量对时间的一阶导数，加“··”表示该量对时间的二阶导数。因此，式(4.3)和式(4.4)也可分别写成

$$\boldsymbol{v} = \dot{\boldsymbol{r}}, \quad \boldsymbol{a} = \dot{\boldsymbol{v}} = \ddot{\boldsymbol{r}}$$

将动点在不同瞬时的速度矢量 $\boldsymbol{v}, \boldsymbol{v}', \boldsymbol{v}'', \cdots$ 都平移到点 O，连接各矢量的端点 $M, M', M'', \cdots$，就构成了速度矢量 $\boldsymbol{v}$ 端点的连续曲线，称为**速度矢端曲线**，动点 M 的加速度矢量 $\boldsymbol{a}$ 的方向与速度矢端曲线在相应点 M 的切线相平行，如图 4.4 所示。

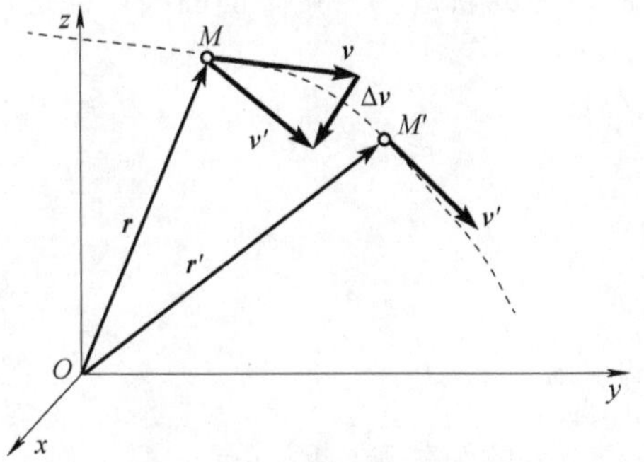

图 4.3

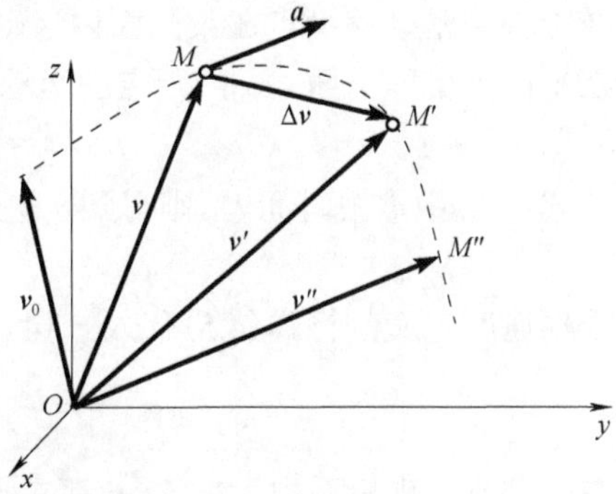

图 4.4

4.1.2　直角坐标法确定点的运动、速度和加速度

直角坐标法是采用动点某瞬时在空间直角坐标系中的坐标值来描述其运动的。取一个固定直角坐标系 $Oxyz$，则动点 M 在任意瞬时的空间位置既可以用它相对于坐标原点 O 的矢径 $\boldsymbol{r}$ 表示，也可以用它的三个直角坐标 x，y，z 表示，如图 4.5 所示。

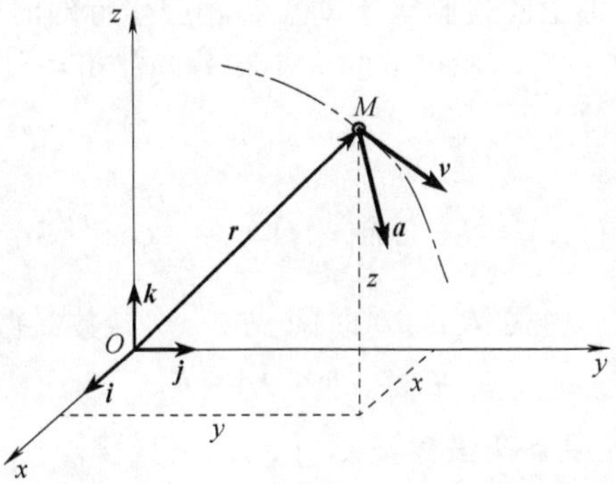

图 4.5

因为矢径的起点和直角坐标系原点重合，所以有如下关系：

$$\boldsymbol{r} = x\boldsymbol{i} + y\boldsymbol{j} + z\boldsymbol{k} \tag{4.5}$$

式中，$\boldsymbol{i}$、$\boldsymbol{j}$、$\boldsymbol{k}$ 分别为沿三个坐标轴的单位矢量；x、y、z 分别为 $\boldsymbol{r}$ 在 x、y、z 轴上的投影。因 $\boldsymbol{r}$ 是时间的单值连续函数，所以 x、y、z 也是时间的单值连续函数。

利用式(4.5)将运动方程(4.1)写成

$$x = f_1(t),\quad y = f_2(t),\quad z = f_3(t) \tag{4.6}$$

式(4.6)称为动点的直角坐标形式的**运动方程**，实际上也是点的轨迹的参数方程。当时间 t 取不同数值时，可以得到点坐标 x、y、z 的相应数值，从而确定了若干个点的位置，将这些点用一条曲线连起来，就得到了该点的运动轨迹。由于动点的运动轨迹与时间无关，只需将运动方程中的时间 t 消去即可得到点的轨迹方程。

动点在某一瞬时的矢径 $\boldsymbol{r}$ 的模和方向可以用其坐标值表示为

$$\begin{cases} r = |\boldsymbol{r}(t)| = \sqrt{x^2+y^2+z^2} \\ \cos(\boldsymbol{r},\boldsymbol{i}) = \dfrac{x}{r}, \cos(\boldsymbol{r},\boldsymbol{j}) = \dfrac{y}{r}, \cos(\boldsymbol{r},\boldsymbol{k}) = \dfrac{z}{r} \end{cases} \tag{4.7}$$

在工程中常会遇到点在某平面内运动的情形，此时点的轨迹为一条平面曲线。若运动轨迹所在平面为坐标平面 Oxy，则点的运动方程为

$$x = f_1(t),\quad y = f_2(t) \tag{4.8}$$

从式(4.8)中消去时间 t，则得到轨迹方程：

$$f(x,y) = 0 \tag{4.9}$$

根据速度定义，将式(4.5)代入式(4.3)中，得

$$\boldsymbol{v} = \frac{\mathrm{d}\boldsymbol{r}}{\mathrm{d}t} = \frac{\mathrm{d}}{\mathrm{d}t}(x\boldsymbol{i} + y\boldsymbol{j} + z\boldsymbol{k})$$

在固定直角坐标系中，$\boldsymbol{i}$、$\boldsymbol{j}$、$\boldsymbol{k}$ 都是大小和方向都不变的恒矢量，所以有

$$\boldsymbol{v} = \frac{\mathrm{d}\boldsymbol{r}}{\mathrm{d}t} = \frac{\mathrm{d}x}{\mathrm{d}t}\boldsymbol{i} + \frac{\mathrm{d}y}{\mathrm{d}t}\boldsymbol{j} + \frac{\mathrm{d}z}{\mathrm{d}t}\boldsymbol{k} \tag{4.10}$$

若动点 M 的速度矢 $\boldsymbol{v}$ 在直角坐标轴上的投影为 v_x、v_y、v_z，即

$$\boldsymbol{v} = v_x\boldsymbol{i} + v_y\boldsymbol{j} + v_z\boldsymbol{k} \tag{4.11}$$

比较式(4.10)和式(4.11)，则有

$$v_x = \dot{x},\quad v_y = \dot{y},\quad v_z = \dot{z} \tag{4.12}$$

因此，**速度在直角坐标轴上的投影等于动点各相应坐标对时间的一阶导数。**

由式(4.12)得到 v_x、v_y、v_z 后，速度 $\boldsymbol{v}$ 的大小和方向就可由其三个投影完全确定。

$$\begin{cases} v = \sqrt{v_x^2 + v_y^2 + v_z^2} \\ \cos(\boldsymbol{v},\boldsymbol{i}) = \dfrac{v_x}{v},\quad \cos(\boldsymbol{v},\boldsymbol{j}) = \dfrac{v_y}{v},\quad \cos(\boldsymbol{v},\boldsymbol{k}) = \dfrac{v_z}{v} \end{cases} \tag{4.13}$$

同理，根据加速度定义，由式(4.11)对时间 t 求一次导数，得

$$\boldsymbol{a} = a_x\boldsymbol{i} + a_y\boldsymbol{j} + a_z\boldsymbol{k} \tag{4.14}$$

式中，a_x、a_y、a_z 分别为加速度 $\boldsymbol{a}$ 在坐标轴 x、y、z 上的投影。

并有

$$a_x = \dot{v}_x = \ddot{x},\ a_y = \dot{v}_y = \ddot{y},\ a_z = \dot{v}_z = \ddot{z} \tag{4.15}$$

因此，**加速度在直角坐标轴上的投影等于动点速度在各坐标轴上的投影对时间的一阶导数，也等于动点各相应坐标对时间的二阶导数。**

由式(4.15)得到 a_x、a_y、a_z 后，加速度 $\boldsymbol{a}$ 的大小和方向就可由其三个投影完全确定。

$$\begin{cases} a=\sqrt{a_x^2+a_y^2+a_z^2} \\ \cos(\boldsymbol{a},\boldsymbol{i})=\dfrac{a_x}{a},\quad \cos(\boldsymbol{a},\boldsymbol{j})=\dfrac{a_y}{a},\quad \cos(\boldsymbol{a},\boldsymbol{k})=\dfrac{a_z}{a} \end{cases} \tag{4.16}$$

4.1.3　自然法确定点的运动、速度和加速度

自然法是利用点的运动轨迹建立弧坐标和自然轴系，并用它们来描述和分析动点运动规律的方法。

1. 弧坐标和运动方程

如图 4.6 所示的曲线为动点 M 的轨迹，为确定动点 M 在轨迹上的位置，首先在轨迹上任选一点 O 作为参考点，其次设点 O 的某一侧(如右侧)为正向，此时动点 M 在轨迹上的位置就可由点 M 到参考点 O 的弧长 s 来确定，并且弧长 s 为代数量，称为动点 M 在轨迹上相对于参考点 O 的**弧坐标**。当动点 M 运动时，弧长 s 随着时间连续变化，并且是时间的单值连续函数，可以表示为

$$s=f(t) \tag{4.17}$$

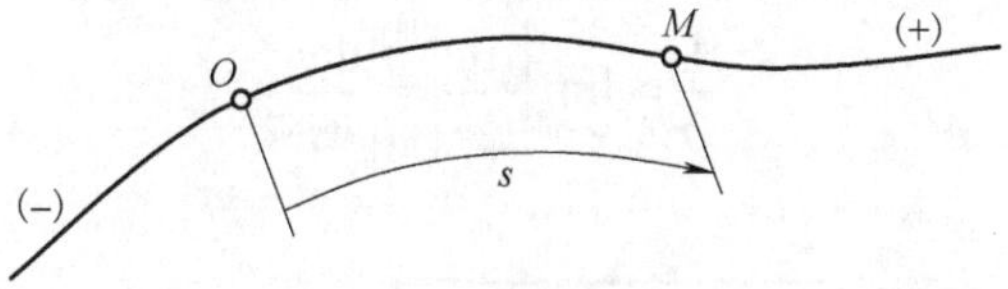

图 4.6

式(4.17)称为动点的弧坐标形式的**运动方程**。如果已知点的运动方程，可以确定任一瞬时点的弧坐标 s 的值，也就确定了该瞬时动点在轨迹曲线上的位置。

2. 密切面和自然坐标系

设有任意空间曲线，如图 4.7 所示，其在点 M 的切线为 MT，在其邻近一点 M' 的切线为 $M'T_1'$。空间曲线在微段 Δs 上可视为平面曲线，这两条切线(MT 与 $M'T_1'$)构成一个平面 α_1。每个位置的切线 $M'T_1'$ 都与切线 MT 构成一个平面。当 M' 无限趋近于 M 时，相当于平面 α_1 绕 MT 做定轴转动，极限状态时形成平面 α，即

$$\lim_{M'\to M}\alpha_1=\alpha \tag{4.18}$$

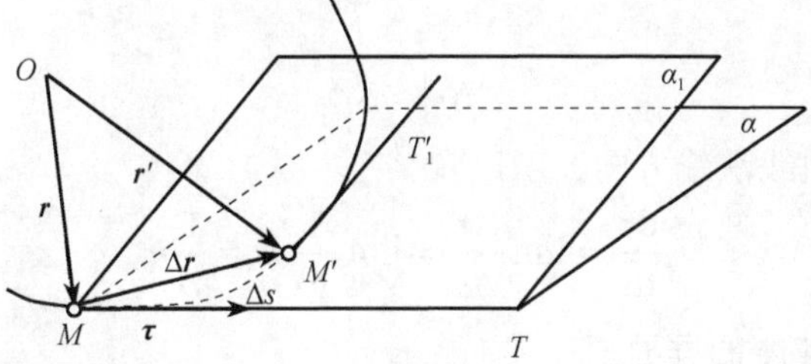

图 4.7

4-2

平面 α 称为曲线在 M 点的**密切面**，其中切线 MT 的单位矢量用 $\boldsymbol{\tau}$ 表示。

若点 M 和 M' 间的弧长为 Δs，两点间的矢径差为 $\Delta \boldsymbol{r}$，当两点无限接近时，$|\Delta s| \approx |\Delta \boldsymbol{r}|$，此时有

$$\boldsymbol{\tau} = \lim_{\Delta s \to 0} \frac{\Delta \boldsymbol{r}}{\Delta s} = \frac{\mathrm{d}\boldsymbol{r}}{\mathrm{d}s} \tag{4.19}$$

如图 4.8 所示，过点 M 并与切线垂直的平面称为**法平面**，法平面与密切面的交线称为**主法线**。令主法线的单位矢量为 $\boldsymbol{n}$，指向曲线内凹一侧。过点 M 且垂直于切线及主法线的直线称为**副法线**，其单位矢量为 $\boldsymbol{b}$，指向与 $\boldsymbol{\tau}$ 、$\boldsymbol{n}$ 构成右手系，即

$$\boldsymbol{b} = \boldsymbol{\tau} \times \boldsymbol{n}$$

以点 M 为原点，以切线、主法线和副法线为坐标轴组成的正交坐标系称为曲线在点 M 的**自然坐标系**，这三个坐标轴称为自然轴。随着点 M 在轨迹上运动，$\boldsymbol{\tau}$ 、$\boldsymbol{n}$、$\boldsymbol{b}$ 的方向也在不断改变，因此自然坐标系是沿曲线而变动的随动坐标系。

动点做曲线运动时，其运动轨迹的曲率或曲率半径是一个重要参数，曲率表示曲线的弯曲程度，曲率半径为曲率的倒数。如图 4.9 所示，点 M 沿其轨迹经过弧长 Δs 到达点 M'，若点 M 处的切向单位矢量为 $\boldsymbol{\tau}$，点 M' 处的切向单位矢量为 $\boldsymbol{\tau}'$，则切线经过 Δs 时所转过的角度为 $\Delta\varphi$。定义曲率为曲线切线的转角对弧长一阶导数的绝对值，若用 ρ 表示曲率半径，则有

$$\frac{1}{\rho} = \lim_{\Delta s \to 0} \left| \frac{\Delta \varphi}{\Delta s} \right| = \left| \frac{\mathrm{d}\varphi}{\mathrm{d}s} \right| \tag{4.20}$$

4-3

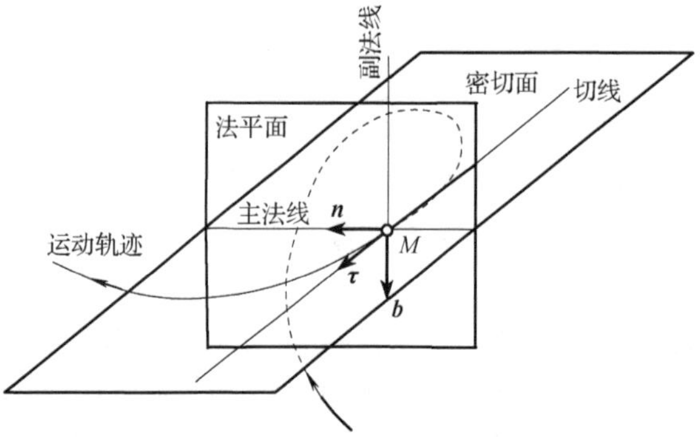

图 4.8

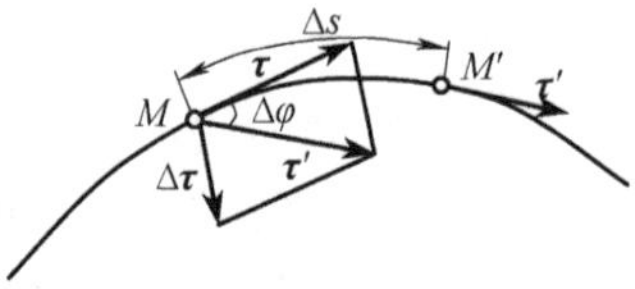

图 4.9

由图 4.9 可见，$|\Delta \boldsymbol{\tau}| = 2|\boldsymbol{\tau}|\sin\dfrac{\Delta\varphi}{2}$，当 $\Delta s \to 0$ 时，$\Delta\varphi \to 0$，此时 $\Delta\boldsymbol{\tau}$ 与 $\boldsymbol{\tau}$ 垂直，且有 $|\boldsymbol{\tau}|=1$，则有

$$|\Delta \boldsymbol{\tau}| \approx \Delta\varphi$$

此时，$\Delta\boldsymbol{\tau}$ 沿轨迹曲线法线方向，所以有

$$\frac{\mathrm{d}\boldsymbol{\tau}}{\mathrm{d}s} = \lim_{\Delta s \to 0} \frac{\Delta \boldsymbol{\tau}}{\Delta s} = \lim_{\Delta s \to 0} \frac{\Delta \varphi}{\Delta s}\boldsymbol{n} = \frac{1}{\rho}\boldsymbol{n} \tag{4.21}$$

式(4.21)将用于法向加速度的推导。

3. 点的速度

由式(4.19)得

$$\mathrm{d}\boldsymbol{r} = \boldsymbol{\tau}\mathrm{d}s$$

根据速度的定义有

$$\boldsymbol{v}=\frac{\mathrm{d}\boldsymbol{r}}{\mathrm{d}t}=\frac{\mathrm{d}s}{\mathrm{d}t}\boldsymbol{\tau}$$

因为弧长 s 是一个代数量，所以速度的大小可以表示为 $v=\left|\frac{\mathrm{d}s}{\mathrm{d}t}\right|=|\dot{s}|$，其方向沿运动轨迹的切线方向。当 $\frac{\mathrm{d}s}{\mathrm{d}t}>0$ 时，速度沿轨迹的正方向，即与 $\boldsymbol{\tau}$ 方向相同；反之，当 $\frac{\mathrm{d}s}{\mathrm{d}t}<0$ 时，速度沿轨迹的负方向，即与 $\boldsymbol{\tau}$ 方向相反。速度 $\boldsymbol{v}$ 的模表示速度的大小，正负表示点沿轨迹运动的正负方向，所以速度 $\boldsymbol{v}$ 可以写为

$$\boldsymbol{v}=v\boldsymbol{\tau} \tag{4.22}$$

4. 点的切向加速度和法向加速度

将式(4.22)对时间 t 求一阶导数，注意到 $\boldsymbol{v}$、$\boldsymbol{\tau}$ 都是时间 t 的函数，因此加速度为

$$\boldsymbol{a}=\frac{\mathrm{d}\boldsymbol{v}}{\mathrm{d}t}=\frac{\mathrm{d}v}{\mathrm{d}t}\boldsymbol{\tau}+v\frac{\mathrm{d}\boldsymbol{\tau}}{\mathrm{d}t} \tag{4.23}$$

式中，右端第一项是反映速度大小变化的加速度，沿切线 $\boldsymbol{\tau}$ 方向，记为 $\boldsymbol{a}_\mathrm{t}$，称为**切向加速度**，即

$$\boldsymbol{a}_\mathrm{t}=\frac{\mathrm{d}v}{\mathrm{d}t}\boldsymbol{\tau}=\frac{\mathrm{d}^2s}{\mathrm{d}t^2}\boldsymbol{\tau}=\dot{v}\boldsymbol{\tau}=\ddot{s}\boldsymbol{\tau} \tag{4.24}$$

切向加速度 $\boldsymbol{a}_\mathrm{t}$ 的大小等于速度大小对时间的一阶导数或弧坐标对时间的二阶导数，方向沿轨迹切线方向。

式(4.23)中右端第二项是反映速度方向变化的加速度，记为 $\boldsymbol{a}_\mathrm{n}$。由式(4.21)，可写为

$$\boldsymbol{a}_\mathrm{n}=v\frac{\mathrm{d}\boldsymbol{\tau}}{\mathrm{d}t}=v\frac{\mathrm{d}\boldsymbol{\tau}}{\mathrm{d}s}\frac{\mathrm{d}s}{\mathrm{d}t}=\frac{v^2}{\rho}\boldsymbol{n} \tag{4.25}$$

此项加速度的大小等于速度平方除以曲率半径，沿主法线 $\boldsymbol{n}$ 方向，指向曲率中心，故 $\boldsymbol{a}_\mathrm{n}$ 称为**法向加速度**。

切向加速度表明速度大小随时间的变化率，而法向加速度反映速度方向随时间的变化率。当速度与切向加速度指向相同时，速度的绝对值不断增加，点做加速运动，如图 4.10(a)所示；反之，当速度与切向加速度指向相反时，速度的绝对值不断减小，点做减速运动，如图 4.10(b)所示。

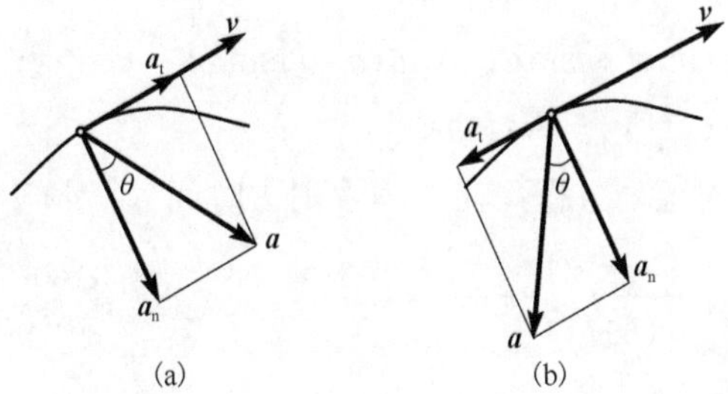

图 4.10

将式(4.24)和式(4.25)代入式(4.23)中，则有

$$\boldsymbol{a}=\boldsymbol{a}_\mathrm{t}+\boldsymbol{a}_\mathrm{n}=a_\mathrm{t}\boldsymbol{\tau}+a_\mathrm{n}\boldsymbol{n} \tag{4.26}$$

式中，

$$a_t = \frac{dv}{dt}, \quad a_n = \frac{v^2}{\rho} \tag{4.27}$$

由于 $\boldsymbol{a}_t$、$\boldsymbol{a}_n$ 均在密切面内，全加速度 $\boldsymbol{a}$ 也必在密切面内，而加速度沿副法线上的分量等于零，即

$$\boldsymbol{a}_b = 0$$

因此全加速度的大小为

$$a = \sqrt{a_t^2 + a_n^2} \tag{4.28}$$

其与法线方向的夹角的正切为

$$\tan\theta = \frac{a_t}{a_n} \tag{4.29}$$

如果动点的切向加速度大小保持不变，即 $a_t =$ 常数，则动点运动称为**曲线匀变速运动**。

由 $dv = a_t dt$ 积分，得到速度为

$$v = v_0 + a_t t \tag{4.30}$$

式中，v_0 是 t=0 时点的速度。

积分得弧长为

$$s = s_0 + v_0 t + \frac{1}{2} a_t t^2 \tag{4.31}$$

式中，s_0 是 t=0 时点的弧坐标。

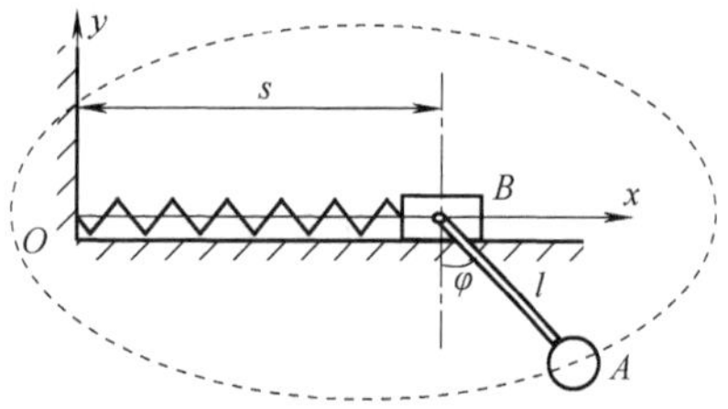

图 4.11

【例 4.1】　如图 4.11 所示，AB 杆长变为 l，以等角速度 ω 绕点 B 转动，其转动方程为 $\varphi = \omega t$。而与杆连接的滑块 B 按规律 $s = a + b\sin\omega t$ 沿水平线做往复振动，其中 a、b 为常数，求点 A 的轨迹。

解：为求点 A 的轨迹，要先求出点 A 的运动方程，在运动方程中消去时间变量 t 即可。

建立直角坐标系如图 4.11 所示，在图示瞬时，点 A 的坐标分别为

$$x_A = s + l\sin\varphi, \qquad y_A = -l\cos\varphi$$

将已知 s 和 φ 的表达式代入，分别得到

$$x_A = a + b\sin\omega t + l\sin\omega t = a + (b + l)\sin\omega t$$

$$y_A = -l\cos\omega t$$

这两个方程即为点 A 的运动方程，在方程中消去时间 t，得

$$\frac{(x_A - a)^2}{(b+l)^2} + \frac{y_A^2}{l^2} = 1$$

很明显，点 A 的轨迹为一椭圆。

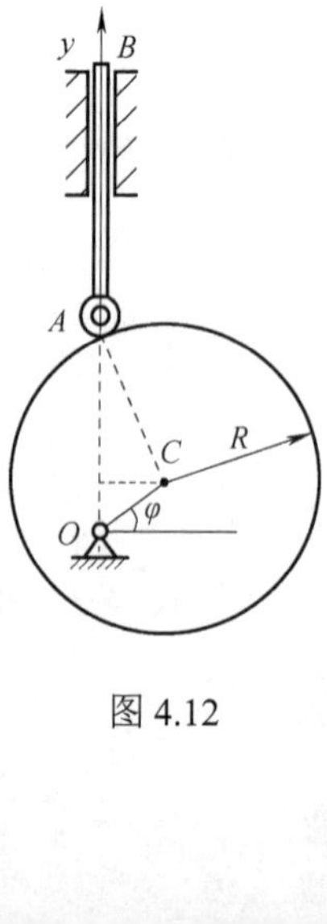

图 4.12

【例 4.2】　如图 4.12 所示，偏心凸轮半径为 R，绕 O 轴转动，转角 $\varphi = \omega t$（ω 为常量），偏心距 $\overline{OC} = e$，凸轮带动推杆 AB 在铅垂方向做上下往复运动。求推杆 AB 的运动方程和速度。

解：由于推杆 AB 上每一点的运动完全相同，所以只需求 AB 上点 A 的

运动方程和速度即可。因此，取 Oy 坐标轴如图 4.12 所示。由已知条件可得，当 $t=0$ 时，$\varphi=0$，则任意时刻点 A 的坐标可以表示为

$$y_A = e\sin\varphi + \sqrt{R^2 - (e\cos\varphi)^2}$$

将 $\varphi = \omega t$ 代入，则有

$$y_A = e\sin(\omega t) + \sqrt{R^2 - [e\cos(\omega t)]^2}$$

上式即为推杆 AB 的运动方程。将运动方程对时间求一次导数得到速度：

$$v_A = e\omega\left\{\cos(\omega t) + \frac{e\sin(2\omega t)}{2\sqrt{R^2 - [e\cos(\omega t)]^2}}\right\}$$

【例 4.3】 如图 4.13 所示，液压缸内的活塞在缸内做直线往复运动。设活塞的加速度 $a=-kv$（v 为活塞的速度，k 为比例常数），初速度大小为 v_0，求活塞的运动规律。

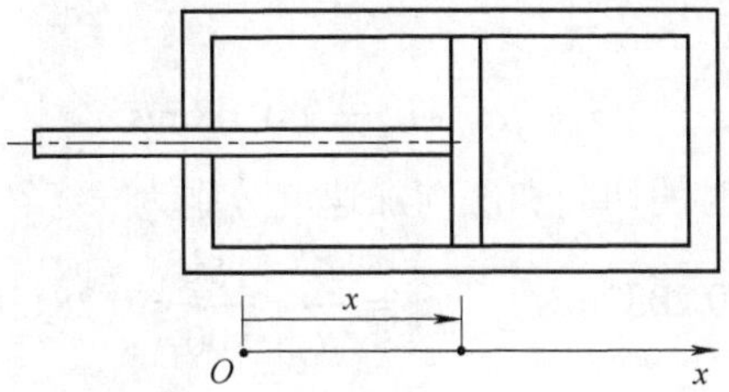

图 4.13

解：取坐标轴 Ox 如图 4.13 所示。因

$$\frac{\mathrm{d}v}{\mathrm{d}t} = a = -kv$$

分离变量后作定积分：

$$\int_{v_0}^{v}\frac{\mathrm{d}v}{v} = -k\int_0^t \mathrm{d}t$$

得速度为

$$\ln\frac{v}{v_0} = -kt$$

$$v = v_0\mathrm{e}^{-kt}$$

将速度写为

$$v = \frac{\mathrm{d}x}{\mathrm{d}t} = v_0\mathrm{e}^{-kt}$$

假设活塞的初始位置坐标为 x_0，分离变量并对上式积分，得

$$\int_{x_0}^{x}\mathrm{d}x = v_0\int_0^t \mathrm{e}^{-kt}\mathrm{d}t$$

活塞的运动方程为

$$x = x_0 + \frac{v_0}{k}(1-\mathrm{e}^{-kt})$$

【例 4.4】 列车进入半径为 800m 的圆弧轨道做匀减速运动，若进入圆弧轨道前的速度为 144km/h，经过 2min 后离开圆弧轨道，此时速度达到 54km/h，求列车在进入和离开圆弧轨

道时的加速度。

解：由于列车沿圆弧轨道做匀减速运动，切向加速度等于常数，于是有

$$\frac{\mathrm{d}v}{\mathrm{d}t}=a_{\mathrm{t}}=\text{常数}$$

积分一次，得

$$v=v_0+a_{\mathrm{t}}t$$

将 $v_0=144\mathrm{km/h}=40\mathrm{m/s}$，$v=54\mathrm{km/h}=15\mathrm{m/s}$ 和 t=2min=120s 代入，并进行单位变换，得

$$a_{\mathrm{t}}=\frac{15-40}{120}=-0.2083(\mathrm{m/s^2})$$

进入圆弧轨道时的加速度包括切向和法向加速度，分别为

$$a_{\mathrm{t}}=-0.2083\mathrm{m/s^2},\quad a_{\mathrm{n}}=\frac{v_0^2}{R}=\frac{40^2}{800}=2(\mathrm{m/s^2})$$

则全加速度为

$$a=\sqrt{a_{\mathrm{t}}^2+a_{\mathrm{n}}^2}=2.0108\mathrm{m/s^2}$$

同理，在离开圆弧轨道时的切向和法向加速度分别为

$$a_{\mathrm{t}}=-0.2083\mathrm{m/s^2},\quad a_{\mathrm{n}}=\frac{v^2}{R}=\frac{15^2}{800}=0.2813(\mathrm{m/s^2})$$

全加速度为

$$a=\sqrt{a_{\mathrm{t}}^2+a_{\mathrm{n}}^2}=0.35(\mathrm{m/s^2})$$

4.2　刚体的平动与定轴转动

刚体可以看作由无数点组成，在点的运动学基础上可以研究刚体的运动以及其与刚体上各点运动之间的关系。本节将研究刚体的两种简单运动：平动和定轴转动，这两种运动是工程中最常见的运动，也是研究刚体复杂运动的基础。

4.2.1　刚体的平动

工程中某些物体的运动，如传送带上运输的货物［图 4.14(a)］，火车车轮平行连杆 AB 的运动［图 4.14(b)］，在平直轨道上运行的火车车厢等物体的运动，它们具有一个共同的特点：若在刚体上任取一条直线段，则在刚体运动过程中，这条直线段始终与其初始位置保持平行，这种运动称为刚体的**平行移动**，简称**平动**或**平移**。

4-4

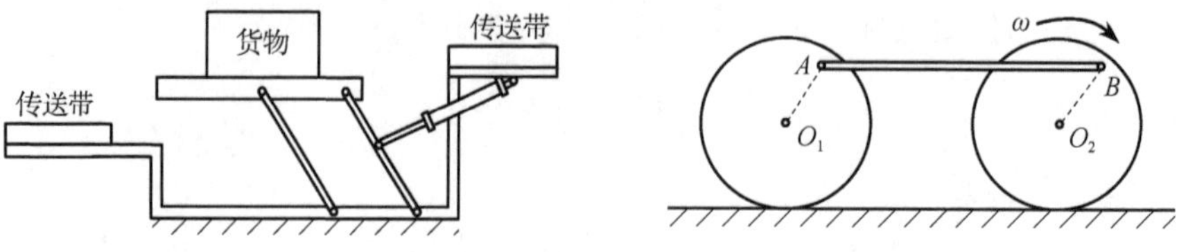

(a)　　(b)

图 4.14

若刚体做平动，如图 4.15 所示，在刚体内任取两点 A 和 B，在直角坐标系中的矢径分别

为 $\boldsymbol{r}_A$ 和 $\boldsymbol{r}_B$，则两条矢端曲线即为 A、B 两点的轨迹。

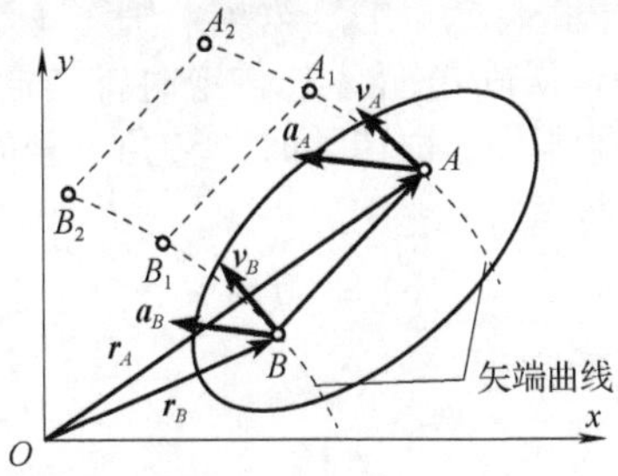

4-5

4-6

图 4.15

由图 4.15 可知，A、B 两点的矢径有如下关系：

$$\boldsymbol{r}_A = \boldsymbol{r}_B + \overrightarrow{BA} \tag{4.32}$$

当刚体平动时，线段 AB 的长度和方向都不改变，所以 $\overrightarrow{BA}$ 是恒矢量。因此，将点 B 的轨迹沿 $\overrightarrow{BA}$ 方向平移一段距离 $\overline{BA}$，就能与点 A 的轨迹完全重合。显然，平动刚体上任意两点的轨迹形状完全相同。

把式(4.32)两边对时间 t 分别求一次导数和二次导数，因为恒矢量 $\overrightarrow{BA}$ 的导数为零，即 $\dfrac{\mathrm{d}\overrightarrow{BA}}{\mathrm{d}t}=0$，所以有

$$\frac{\mathrm{d}\boldsymbol{r}_A}{\mathrm{d}t}=\frac{\mathrm{d}\boldsymbol{r}_B}{\mathrm{d}t},\quad \frac{\mathrm{d}\boldsymbol{v}_A}{\mathrm{d}t}=\frac{\mathrm{d}\boldsymbol{v}_B}{\mathrm{d}t} \tag{4.33}$$

即

$$\boldsymbol{v}_A=\boldsymbol{v}_B,\quad \boldsymbol{a}_A=\boldsymbol{a}_B \tag{4.34}$$

式中，$\boldsymbol{v}_A$ 和 $\boldsymbol{v}_B$ 分别为点 A 和点 B 的速度矢量；$\boldsymbol{a}_A$ 和 $\boldsymbol{a}_B$ 分别为两点的加速度矢量。

在以上分析中，点 A 和点 B 的位置是任意选择的，因此可得结论：**当刚体平动时，其上各点的轨迹形状相同；在每一瞬时，各点的速度相同，加速度也相同。**

既然刚体平动时各点的运动完全相同，那么刚体内任一点(如质心)的运动就可以代表整个刚体的运动，因此刚体的平动问题也就归结为前述的点的运动问题。

刚体平动时，其上各点的轨迹可以是直线或曲线。若各点的轨迹是直线，则称刚体的运动为**直线平动**(如前面提到的在平直轨道上运行的火车车厢等的运动)；若各点的轨迹是曲线，则称刚体的运动为**曲线平动**(如前面提到的图 4.14 中的两个例子)。

4.2.2　刚体的定轴转动

机械中常见的齿轮、传动轮，生活中常见的门绕门轴的转动、摩天轮的转动等，它们的运动都具有一个共同的特点：物体绕一个固定轴线转动。据此可定义：刚体运动时，其上至少有两点保持不动，则这种运动称为刚体**绕定轴的转动**，简称刚体的**定轴转动**。通过这两个点固定不动的直线，称为刚体的转轴或轴线，简称轴。

1. 刚体定轴转动的运动方程、角速度和角加速度

为确定转动刚体的位置，取其转轴为 z 轴，方向如图 4.16 所示。通过 z 轴作一固定平面

A，此外，通过 z 轴再作一个动平面 B 与刚体固结，且随刚体一起转动。两个平面之间的夹角用 φ 表示，称为刚体的**转角**。转角 φ 是一个代数量，确定了刚体在任意瞬时的位置，其符号规定如下：从 z 轴的正向看下去，从固定面 A 起按逆时针转向动平面 B，φ 取正值；反之，取负值，并用弧度(rad)表示。当刚体做定轴转动时，转角 φ 是时间 t 的单值连续函数，可以表示为

$$\varphi = f(t) \tag{4.35}$$

式(4.35)称为**刚体定轴转动的运动方程**。

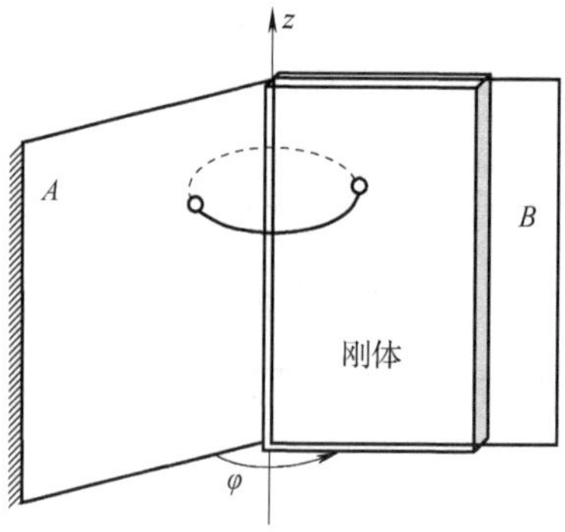

4-7

图 4.16

转角 φ 对时间 t 的一阶导数，称为刚体的**瞬时角速度**，简称**角速度**，用字母 ω 表示，即

$$\omega = \frac{\mathrm{d}\varphi}{\mathrm{d}t} \tag{4.36}$$

角速度表示刚体定轴转动的快慢和方向，其单位一般用弧度/秒(rad/s)。角速度是代数量，其正负号规定和转角相同。

角速度 ω 对时间 t 的一阶导数，称为刚体的**瞬时角加速度**，简称**角加速度**，用字母 α 表示，即

$$\alpha = \frac{\mathrm{d}\omega}{\mathrm{d}t} = \frac{\mathrm{d}^2\varphi}{\mathrm{d}t^2} \tag{4.37}$$

角加速度表征角速度变化的快慢，其单位一般为弧度/秒^2(rad/s^2)。角加速度也是代数量，如果 ω 与 α 同号，则刚体做加速转动；如果 ω 与 α 异号，则刚体做减速转动。

下面介绍两种特殊情形。

1)匀速转动

若刚体的角速度 ω 为常数，不随时间改变，刚体做匀速转动。此时，任意瞬时的转角 φ 为时间 t 的一次函数：

$$\varphi = \varphi_0 + \omega t \tag{4.38}$$

式中，φ_0 为 t=0 时的初始转角。

机械中常见的转动部件或零件，一般都是在匀速转动的状态下工作。转动的快慢常用每分钟的转数 n 来表示，其单位为转/分(r/min)，称为转速。

角速度 ω 与转速 n 的关系为

$$\omega = \frac{2\pi n}{60} = \frac{\pi n}{30} \tag{4.39}$$

式中，转速 n 的单位为 r/min；角速度 ω 的单位为 rad/s。

2) 匀变速转动

若刚体的角加速度 α 为常数，不随时间改变，则刚体做匀变速转动。此时，任意瞬时的角速度 ω 为时间 t 的一次函数，而转角 φ 为时间 t 的二次函数：

$$\omega = \omega_0 + \alpha t \tag{4.40}$$

$$\varphi = \varphi_0 + \omega_0 t + \frac{1}{2}\alpha t^2 \tag{4.41}$$

式中，ω_0 和 φ_0 分别为 $t = 0$ 时的初始角速度和初始转角。

2. 转动刚体内各点的速度与加速度

如图 4.17 所示，定轴转动刚体上的点，除轴线上的各点不动外，其余各点绕轴线做半径不同的圆周运动，圆周的半径等于各点到轴线的垂直距离。对于刚体上的任意点，若其圆周半径为 R，则弧长为

$$s = R\varphi \tag{4.42}$$

两边对时间 t 求一阶导数可得

$$\frac{\mathrm{d}s}{\mathrm{d}t} = R\frac{\mathrm{d}\varphi}{\mathrm{d}t}$$

式中，$\dfrac{\mathrm{d}\varphi}{\mathrm{d}t} = \omega$；$\dfrac{\mathrm{d}s}{\mathrm{d}t} = v$。因此有

$$v = R\omega \tag{4.43}$$

即转动刚体内任一点的速度大小等于刚体转动的角速度与该点到轴线的垂直距离的乘积，方向沿圆周的切线且指向转动方向。

因转动刚体上各点的速度与该点到转轴的距离成正比，方向始终与点到转轴的连线相垂直，所以定轴转动刚体上各点的速度及其沿直径线分布情况如图 4.18 所示。

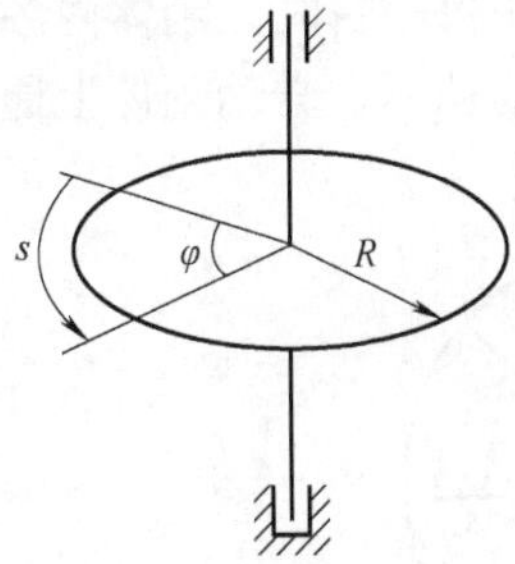

图 4.17

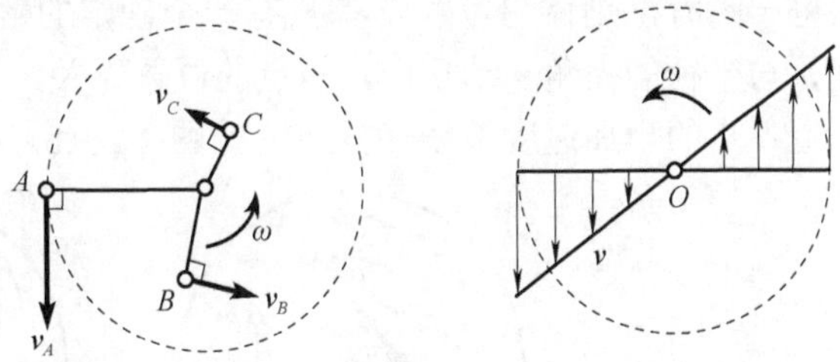

图 4.18

4-8

由于转动刚体上点做圆周运动，其加速度可分解为切向加速度和法向加速度两个分量。其中，切向加速度为

$$a_{\mathrm{t}} = \ddot{s} = R\ddot{\varphi} \tag{4.44}$$

$$a_{\mathrm{t}} = R\alpha \tag{4.45}$$

即转动刚体内任一点的切向加速度的大小等于刚体的角加速度与该点到轴线垂直距离的乘积，其方向沿圆周的切线方向，指向与角加速度绕轴线转动方向一致，如图 4.19 所示。

法向加速度为

$$a_{\mathrm{n}} = \frac{v^2}{\rho} = \frac{(R\omega)^2}{\rho} \tag{4.46}$$

式中，ρ 为曲线的曲率半径，对于圆周 $\rho = R$，因此可得

$$a_{\mathrm{n}} = R\omega^2 \tag{4.47}$$

即**转动刚体内任一点的法向加速度的大小等于刚体角速度的平方与该点到轴线垂直距离的乘积，其方向与速度垂直并指向轴线**，如图 4.19 所示。

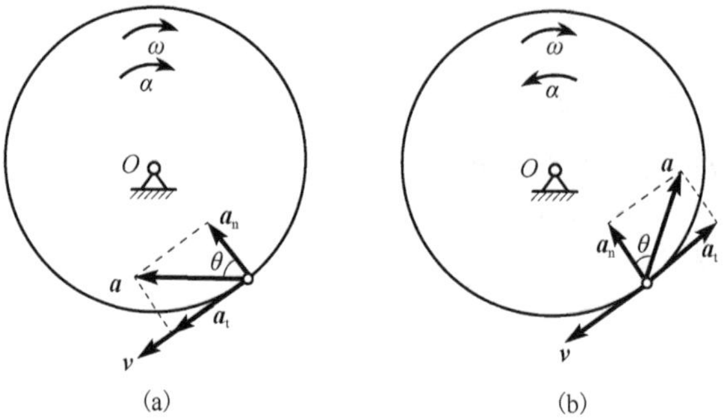

图 4.19

若角速度与角加速度同号，角速度的绝对值增加，刚体做加速转动，此时点的切向加速度 $\boldsymbol{a}_{\mathrm{t}}$ 与速度 $\boldsymbol{v}$ 的指向相同，如图 4.19(a) 所示；若角速度与角加速度异号，刚体做减速转动，$\boldsymbol{a}_{\mathrm{t}}$ 与 $\boldsymbol{v}$ 的指向相反，如图 4.19(b) 所示。

全加速度 $\boldsymbol{a}$ 的大小和方向为

$$a = \sqrt{a_{\mathrm{t}}^2 + a_{\mathrm{n}}^2} = R\sqrt{\alpha^2 + \omega^4} \tag{4.48}$$

$$\tan\theta = \frac{a_{\mathrm{t}}}{a_{\mathrm{n}}} = \frac{R\alpha}{R\omega^2} = \frac{\alpha}{\omega^2} \tag{4.49}$$

在每一瞬时，刚体的 ω 和 α 都只有一个确定的数值，因此在每一瞬时，刚体内各点的全加速度 $\boldsymbol{a}$ 与半径的夹角 θ 都相同，与点的位置无关，如图 4.20(a) 所示。转动刚体上通过轴心的直线上各点的全加速度按线性分布，如图 4.20(b) 所示。

4-9

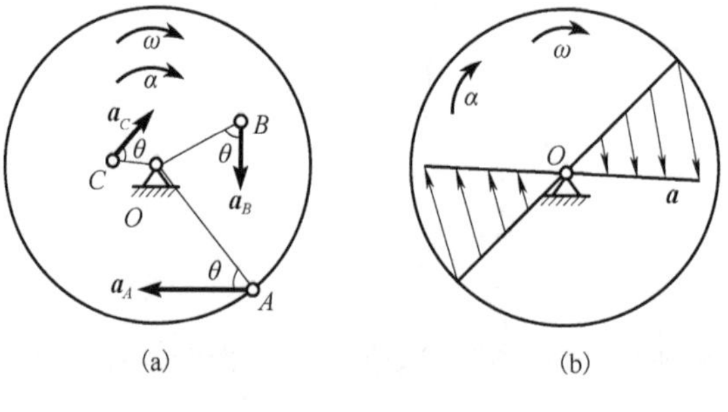

图 4.20

【例 4.5】 如图 4.21 所示，滑轮半径 r=0.2m，可绕水平轴 O 转动，轮缘上缠有不可伸长的细绳，绳的一端挂有物体 A，已知滑轮绕轴 O 的转动规律为 $\varphi = 0.15t^3$，其中 t 以 s 计，φ 以 rad 计。试求 t=2s 时轮缘上点 M 和物体 A 的速度和加速度。

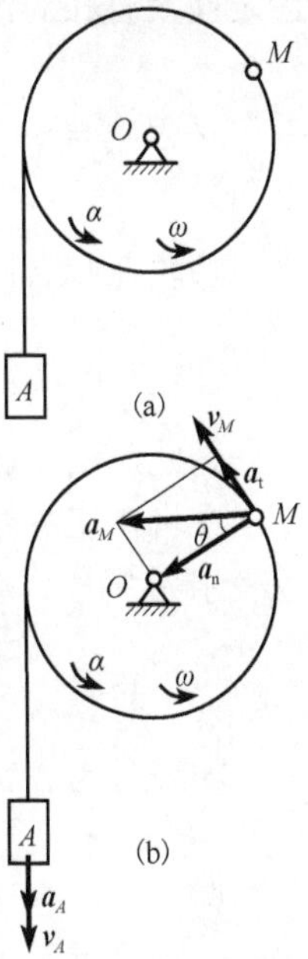

图 4.21

解：根据滑轮的转动规律，其角速度和角加速度分别为

$$\omega = \dot{\varphi} = 0.45t^2\,, \qquad \alpha = \ddot{\varphi} = 0.9t$$

将 t=2s 代入，得

$$\omega = 1.8\mathrm{rad/s}\,, \qquad \alpha = 1.8\mathrm{rad/s^2}$$

则轮缘上点 M，在 t=2s 时的速度为

$$v_M = r\omega = 0.36\mathrm{m/s}$$

切向和法向加速度分别为

$$a_\mathrm{t} = r\alpha = 0.36\mathrm{m/s^2}\,, \qquad a_\mathrm{n} = r\omega^2 = 0.648\mathrm{m/s^2}$$

则点 M 的全加速度 a_M 的大小和方向分别为

$$a_M = \sqrt{a_\mathrm{t}^2 + a_\mathrm{n}^2} = 0.741\mathrm{m/s^2}$$

$$\tan\theta = \frac{\alpha}{\omega^2} = 0.556\,, \qquad \theta = 29°$$

现求物体 A 的速度和加速度。物体 A 做直线平动，而轮缘上点 M 做圆周运动。因细绳不能伸长，物体与点 M 的速度大小相等，而物体 A 的加速度与点 M 的切向加速度大小相等，故有

$$v_A = v_M = 0.36\mathrm{m/s}\,, \qquad a_A = a_\mathrm{t} = 0.36\mathrm{m/s^2}$$

方向如图 4.21(b)所示。

4.2.3　定轴轮系的传动比

机器中为了满足传动的变速、换向等要求，往往需要用轮系来传递运动。常采用的有齿轮、皮带轮、链轮、摩擦轮等传动方式。如果轮系中各轮的转轴都是固定的，则称为定轴轮系，这是使用很广泛而又简单的一种。传动轮系的第一主动轮的转速与第 n 个从动轮的转速之比，称为该传动轮系的传动比，或称速比，记为 $i_{1,\mathrm{n}}$。

在定轴轮系传动中，无论是何种轮系，它们在运动的传递上都有一个共同的特点：它们在接触点或连接点处具有相同的速度。依据这一特点，可建立轮系运动传递关系，求得传动比。

1. 齿轮传动

现以一对啮合的圆柱齿轮为例。圆柱齿轮传动分为外啮合传动［图 4.22(a)］和内啮合传动［图 4.22(b)］两种。

4-10

4-11

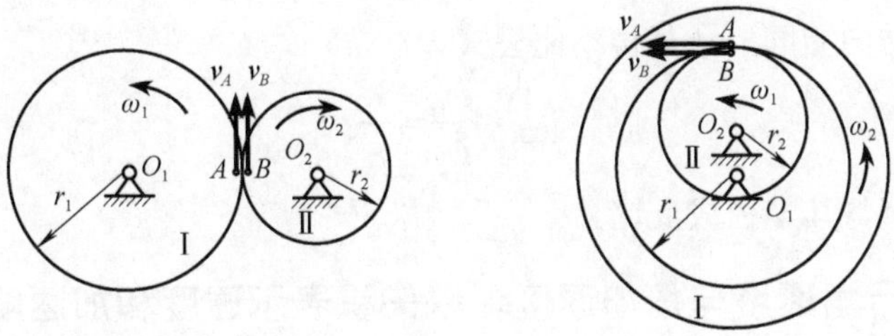

(a)　　　(b)

图 4.22

设两个齿轮分别绕固定轴 O_1 和 O_2 转动。已知其啮合圆(节圆)的半径分别为 r_1 和 r_2；齿数分别为 z_1 和 z_2；角速度分别为 ω_1 和 ω_2。令 A 和 B 分别为两个齿轮啮合圆的接触点，若两轮

齿之间没有相对滑动，则

$$\boldsymbol{v}_A = \boldsymbol{v}_B \tag{4.50}$$

又因 $v_A = r_1\omega_1$， $v_B = r_2\omega_2$，所以有

$$r_1\omega_1 = r_2\omega_2 \tag{4.51}$$

齿轮在啮合圆上的齿距相等，其齿数与半径成正比，所以有

$$\frac{\omega_1}{\omega_2} = \frac{r_2}{r_1} = \frac{z_2}{z_1} \tag{4.52}$$

因此，两个相互啮合的定轴齿轮的角速度之比等于两个齿轮半径(或齿数)的反比。

在机械工程中，通常将两个齿轮角速度之比称为传动比，如齿轮 I 与齿轮 II 的传动比可以表示为

$$i_{12} = \frac{\omega_1}{\omega_2} = \frac{r_2}{r_1} = \frac{z_2}{z_1} \tag{4.53}$$

如果考虑各轮的转向，式(4.53)可以表示为

$$i_{12} = \frac{\omega_1}{\omega_2} = \pm\frac{r_2}{r_1} = \pm\frac{z_2}{z_1} \tag{4.54}$$

式中，正号表示主动轮与传动轮转向相同(内啮合)；负号表示转向相反(外啮合)。

对于多级齿轮传动系统，如由 k 对齿轮组成的轮系，并设其中有 m 对外啮合齿轮。此时由主动轮 1 传到最后的从动轮 $2k$ 的传动比应为

$$i_{1,2k} = \frac{\omega_1}{\omega_{2k}} = \frac{r_2 r_4 \cdots r_{2k}}{r_1 r_3 \cdots r_{2k-1}}(-1)^m = \frac{z_2 z_4 \cdots z_{2k}}{z_1 z_3 \cdots z_{2k-1}}(-1)^m \tag{4.55}$$

当 i 为正时，轮 1 与轮 $2k$ 的转向相同；i 为负时，轮 1 与轮 $2k$ 的转向相反。

2. 皮带轮传动

4-12

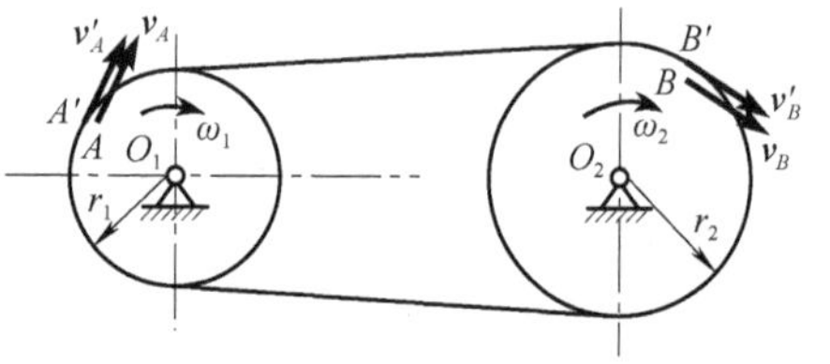

图 4.23

在机床中常使用电动机通过皮带，使变速箱的轴转动并改变转速。如图 4.23 所示的皮带轮装置中，主动轮和从动轮的半径分别为 r_1 和 r_2，角速度分别为 ω_1 和 ω_2。假定皮带不可伸长并且皮带与皮带轮之间无相对滑动，则皮带各点的速度相同，有

$$\boldsymbol{v}_A = \boldsymbol{v}'_A = \boldsymbol{v}'_B = \boldsymbol{v}_B$$

可得与式(4.51)相同的关系式。

因两个皮带轮转向相同，故其传动比公式为

$$i_{12} = \frac{\omega_1}{\omega_2} = \frac{r_2}{r_1} \tag{4.56}$$

即两皮带轮的角速度与其半径成反比。

4.2.4 以矢量表示角速度与角加速度、以矢积表示速度和加速度

定轴转动刚体的角速度可以用沿转轴的矢量来表示，角速度矢量 $\boldsymbol{\omega}$ 的大小等于其角速度的绝对值，即

$$|\boldsymbol{\omega}| = |\omega| = \left|\frac{\mathrm{d}\varphi}{\mathrm{d}t}\right| \tag{4.57}$$

其指向表示矢量的方向，长度表示角速度的大小。如图 4.24 所示，按右手螺旋定则可知：

右手四指代表转动方向，拇指代表角速度矢量 $\boldsymbol{\omega}$ 的指向。角速度矢量 $\boldsymbol{\omega}$ 是滑动矢量，其起点可在轴线上任意选取。

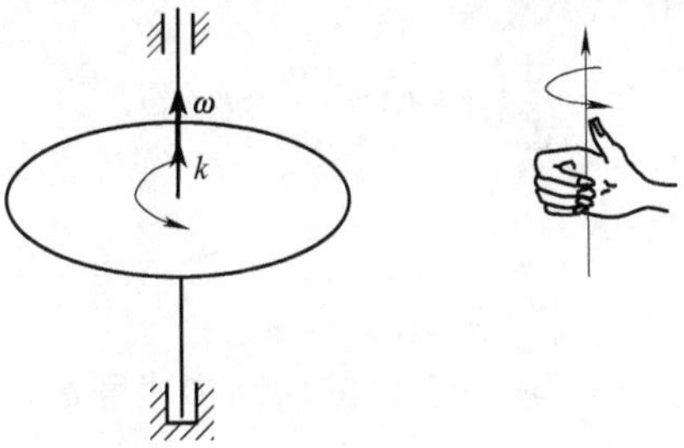

4-13

图 4.24

若取转轴为 z 轴，其单位矢量为 $\boldsymbol{k}$，则角速度矢量 $\boldsymbol{\omega}$ 可以写为

$$\boldsymbol{\omega}=\omega\boldsymbol{k} \tag{4.58}$$

同理，角加速度矢量 $\boldsymbol{\alpha}$ 也可用一个滑动矢量来表示：

$$\boldsymbol{\alpha}=\frac{\mathrm{d}\boldsymbol{\omega}}{\mathrm{d}t}=\frac{\mathrm{d}\omega}{\mathrm{d}t}\boldsymbol{k}=\alpha\boldsymbol{k} \tag{4.59}$$

即角加速度矢量 $\boldsymbol{\alpha}$ 为角速度矢量 $\boldsymbol{\omega}$ 对时间的一阶导数。

根据上述角速度的矢量表示法，刚体内任一点 M 的速度可以用矢积表示。若在轴线上任取一点 O 为原点，点 M 的矢径为 $\boldsymbol{r}$，如图 4.25 所示。则点 M 的速度 $\boldsymbol{v}$ 可以用角速度矢量 $\boldsymbol{\omega}$ 与矢径 $\boldsymbol{r}$ 的矢积表示，即

$$\boldsymbol{v}=\boldsymbol{\omega}\times\boldsymbol{r} \tag{4.60}$$

由矢积的定义可知，$\boldsymbol{\omega}\times\boldsymbol{r}$ 仍然为一个矢量，其大小为

$$|\boldsymbol{\omega}\times\boldsymbol{r}|=|\boldsymbol{\omega}|\cdot|\boldsymbol{r}|\sin\theta=|\boldsymbol{\omega}|\cdot R=|\boldsymbol{v}| \tag{4.61}$$

式中，θ 是角速度矢量 $\boldsymbol{\omega}$ 与矢径 $\boldsymbol{r}$ 间的夹角。

矢积 $\boldsymbol{\omega}\times\boldsymbol{r}$ 的方向垂直于 $\boldsymbol{\omega}$ 和 $\boldsymbol{r}$ 所组成的平面，如图 4.25 所示，与点 M 的速度方向相同。因此可得结论：绕定轴转动的刚体上任一点的速度矢量等于刚体绕定轴转动的角速度矢量与该点矢径的矢积。

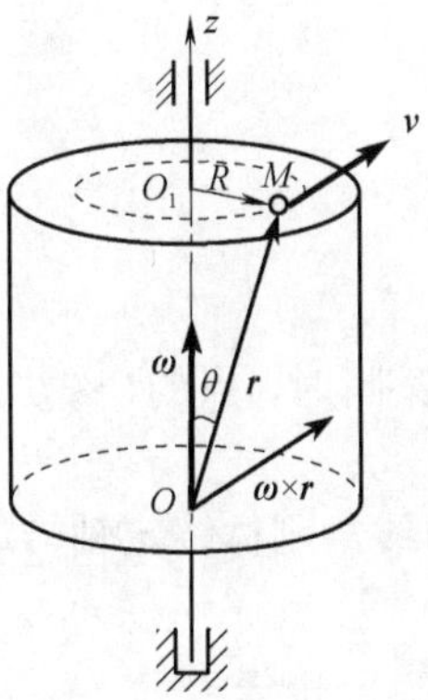

图 4.25

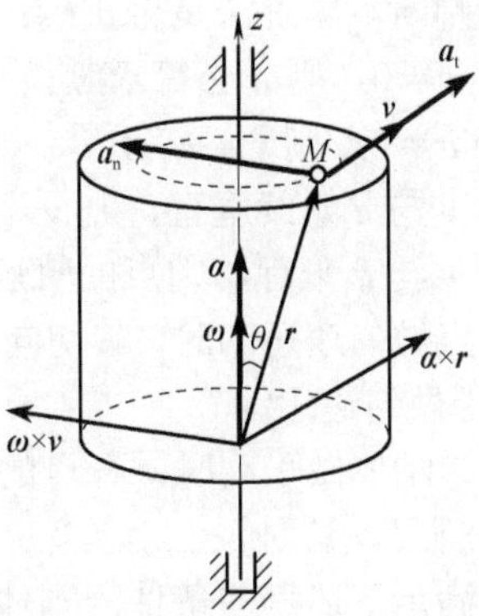

图 4.26

同理，绕定轴转动的刚体内任一点的加速度也可以用矢积表示。

根据定义，点 M 的加速度为

$$\boldsymbol{a}=\frac{\mathrm{d}\boldsymbol{v}}{\mathrm{d}t}$$

将速度的矢积表达式(4.60)代入，得

$$\boldsymbol{a}=\frac{\mathrm{d}}{\mathrm{d}t}(\boldsymbol{\omega}\times\boldsymbol{r})=\frac{\mathrm{d}\boldsymbol{\omega}}{\mathrm{d}t}\times\boldsymbol{r}+\boldsymbol{\omega}\times\frac{\mathrm{d}\boldsymbol{r}}{\mathrm{d}t}$$

式中，$\frac{\mathrm{d}\boldsymbol{\omega}}{\mathrm{d}t}=\boldsymbol{\alpha}$；$\frac{\mathrm{d}\boldsymbol{r}}{\mathrm{d}t}=\boldsymbol{v}$。于是得

$$\boldsymbol{a}=\boldsymbol{\alpha}\times\boldsymbol{r}+\boldsymbol{\omega}\times\boldsymbol{v} \tag{4.62}$$

由图4.26不难看出，矢积$\boldsymbol{\alpha}\times\boldsymbol{r}$等于点$M$的切向加速度$\boldsymbol{a}_{\mathrm{t}}$，即

$$\boldsymbol{a}_{\mathrm{t}}=\boldsymbol{\alpha}\times\boldsymbol{r} \tag{4.63}$$

矢积$\boldsymbol{\omega}\times\boldsymbol{v}$等于点$M$的法向加速度$\boldsymbol{a}_{\mathrm{n}}$，即

$$\boldsymbol{a}_{\mathrm{n}}=\boldsymbol{\omega}\times\boldsymbol{v} \tag{4.64}$$

因此可得结论：绕定轴转动的刚体上任一点的切加速度等于刚体的角加速度矢量与该点矢径的矢积；法向加速度等于刚体的角速度矢量与该点速度矢量的矢积。

思　考　题

4-1　点的运动方程和轨迹方程有何区别？一般情况下，能否根据点的运动方程求得轨迹方程？反之，能否由点的轨迹方程求得其运动方程？

4-2　点做曲线运动时，点的位移、路程和弧坐标是否相同？各有什么意义？

4-3　用A(代数量)、B(矢量)和C(非负标量)填空：点的弧坐标对时间的导数是(　　)，点走过的路程对时间的导数是(　　)，点的位移对时间的导数是(　　)。

4-4　做曲线运动的两个动点，初速度相同、运动轨迹相同、运动中两点的法向加速度也相同，判断下述说法是否正确：

(1)任一瞬时，两动点的切向加速度相同；

(2)任一瞬时，两动点的速度相同；

(3)两动点的运动方程相同。

4-5　判断下述说法是否正确：

(1)若$\boldsymbol{v}=0$，则$\boldsymbol{a}$必等于零；

(2)若$\boldsymbol{a}=0$，则$\boldsymbol{v}$必等于零；

(3)若$\boldsymbol{v}$与$\boldsymbol{a}$始终垂直，则$\boldsymbol{v}$不变；

(4)若$\boldsymbol{v}$与$\boldsymbol{a}$平行，则点的轨迹必为直线。

4-6　点做匀速运动时，其切向加速度等于零。若已知在某瞬时，点的切线加速度等于零，则该点是否做匀速运动？

4-7　“刚体做平动时，各点的轨迹一定是直线或平面曲线，刚体绕定轴转动时，各点的轨迹一定是圆”，这种说法对吗？

4-8　满足下述哪些条件的刚体运动一定是平动？

(1)刚体运动时，其上有不在一条直线上的三点始终做直线运动。

(2)刚体运动时，其上所有点到某固定平面的距离始终保持不变。

(3)刚体运动时，其上有两条相交直线始终与各自初始位置保持平行。

(4)刚体运动时，其上有不在一条直线上的三点的速度大小、方向始终相同。

4-9　试画出思图 4.1 中标有字母的各点的速度方向和加速度方向。

4-10　如思图 4.2 所示，悬挂重物的绳绕在鼓轮上。当重物上升时，绳上的点 C 与轮上的点 C' 接触，问这两点的速度和加速度是否相同？当重物下降时又如何？为什么？

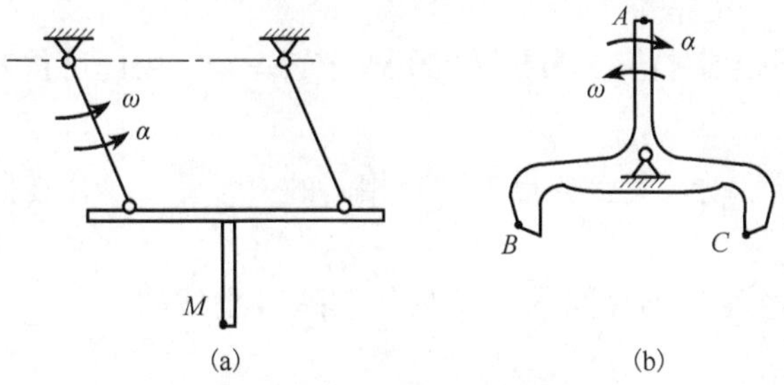

思图 4.1

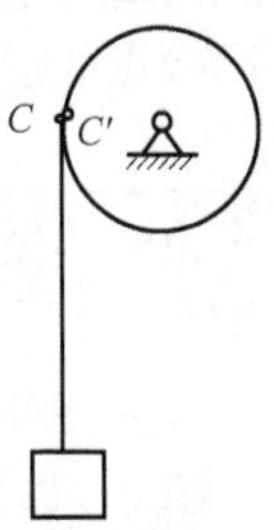

思图 4.2

习　　题

4.1　判断下列说法是否正确。

(1) 动点速度的方向总是与其运动的方向一致。

(2) 只要动点做匀速运动，其加速度就为零。

(3) 若切向加速度为正，则点做加速运动。

(4) 若切向加速度与速度符号相同，则点做加速运动。

(5) 若切向加速度为零，则速度为常矢量。

(6) 若 $\boldsymbol{v}=0$，则 $\boldsymbol{a}$ 必等于零。

(7) 若 $\boldsymbol{a}=0$，则 $\boldsymbol{v}$ 必等于零。

(8) 若 $\boldsymbol{v}$ 与 $\boldsymbol{a}$ 始终垂直，则 $\boldsymbol{v}$ 不变。

(9) 若 $\boldsymbol{v}$ 与 $\boldsymbol{a}$ 始终平行，则点的轨迹必为直线。

(10) 切向加速度表示速度方向的变化率，而与速度的大小无关。

(11) 运动学只研究物体运动的几何性质，而不涉及引起运动的物理原因。

(12) 刚体平动时，若已知刚体内任一点的运动，则可由此确定刚体内其他各点的运动。

(13) 平动刚体上各点的轨迹可以是直线，可以是平面曲线，也可以是空间任意曲线。

(14) 刚体做定轴转动时，角加速度为正，表示加速转动；角加速度为负，表示减速转动。

(15) 定轴转动刚体的同一转动半径线上各点的速度矢量相互平行，加速度矢量也相互平行。

(16) 两个半径不同的摩擦轮外接触传动，如果不出现打滑现象，则任意瞬时两轮接触点的速度相等，切向加速度也相等。

4.2　刚体绕定轴转动时，判断下述说法是否正确：

(1) 当转角 $\varphi>0$ 时，角速度 ω 为正。

(2) 当角速度 $\omega>0$ 时，角加速度 α 为正。

(3) 当 $\varphi>0$、$\omega>0$ 时，必有 $\alpha>0$。

(4) 当 $\alpha>0$ 时为加速转动，$\alpha<0$ 时为减速转动。

(5) 当 α 与 ω 同号时为加速转动，当 α 与 ω 异号时为减速转动。

4.3　已知某点沿其运动轨迹的运动方程为 $s=b+ct$，式中 b、c 均为常数，则该点的运动必是__________运动。

4.4　点做直线运动，其运动方程为 $x=27t-t^3$，式中 x 单位为 m，t 单位为 s。则点在 t=0 到 t=7s 时间间隔内走过的路程为__________m。

4.5　已知点的运动方程为(1) $x=5\cos 5t^2, y=5\sin 5t^2$；(2) $x=t^2, y=4t$。由此可得其轨迹方程为(1)__________；(2)__________。

4.6　无论刚体做直线平动还是曲线平动，其上各点都具有相同的__________，在同一瞬时都有相同的__________和相同的__________。

4.7　刚体做定轴转动时，各点加速度与半径间的夹角只与该瞬时刚体的__________和__________有关，而与__________无关。

4.8　试分别写出题图 4.1 中各平面机构上点 A 与点 B 的速度和加速度的大小，并在图上画出其方向。

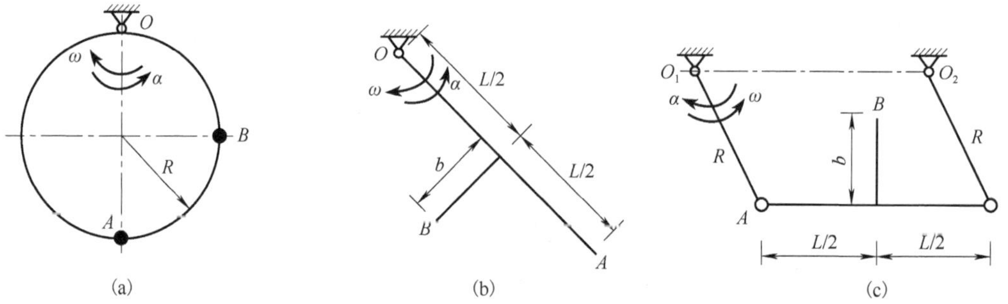

题图 4.1

(a) $v_A=$__________；　$a_A^{\mathrm{t}}=$__________；　$a_A^{\mathrm{n}}=$__________；

$v_B=$__________；　$a_B^{\mathrm{t}}=$__________；　$a_B^{\mathrm{n}}=$__________；

(b) $v_A=$__________；　$a_A^{\mathrm{t}}=$__________；　$a_A^{\mathrm{n}}=$__________；

$v_B=$__________；　$a_B^{\mathrm{t}}=$__________；　$a_B^{\mathrm{n}}=$__________；

(c) $v_A=$__________；　$a_A^{\mathrm{t}}=$__________；　$a_A^{\mathrm{n}}=$__________；

$v_B=$__________；　$a_B^{\mathrm{t}}=$__________；　$a_B^{\mathrm{n}}=$__________。

4.9　如题图 4.2 所示的齿轮传动系中，若轮Ⅰ的角速度已知，则轮Ⅲ的角速度大小与轮Ⅱ的齿数_______关，与Ⅰ、Ⅲ轮的齿数________关。

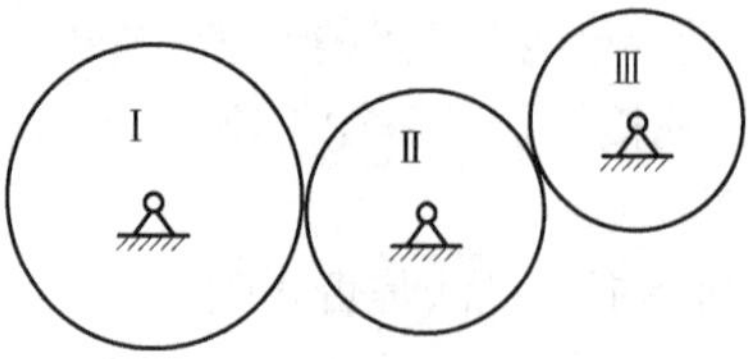

题图 4.2

4.10　圆盘做定轴转动，轮缘上一点 M 的加速度 $\boldsymbol{a}$ 分为题图 4.3 中的三种情况，试判断在这三种情况下，圆盘的角速度和角加速度是否为零。图(a)中，ω=_______，α=_______；图(b)中，ω=_______，α=_______；图(c)中，ω=_______，α=_______。

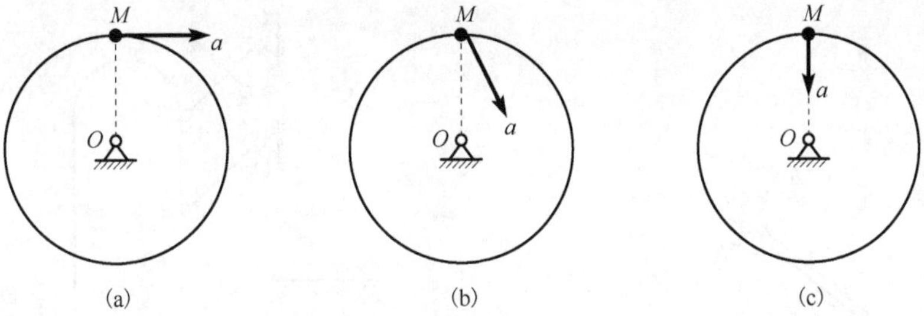

题图 4.3

4.11　如题图 4.4 所示，摇杆滑道机构中的滑块 M 同时在固定的圆弧槽 BC 和摇杆 OA 的滑道中滑动。若弧 BC 的半径为 R，摇杆 OA 的轴 O 在弧 BC 的圆周上。摇杆绕 O 轴以等角速度 ω 转动，当运动开始时，摇杆在水平位置。分别用直角坐标法和自然法给出点 M 的运动方程，并求其速度和加速度。

4.12　如题图 4.5 所示，曲杆 OBC 以匀角速度 $\omega = 0.5\text{rad/s}$ 绕过点 O 的轴转动，使套在其上的小环 M 沿固定直杆 OA 滑动。已知 $\overline{OB} = 10\text{cm}$，且 OB 与 BC 垂直，试求当 $\varphi = 60°$ 时小环 M 的速度。

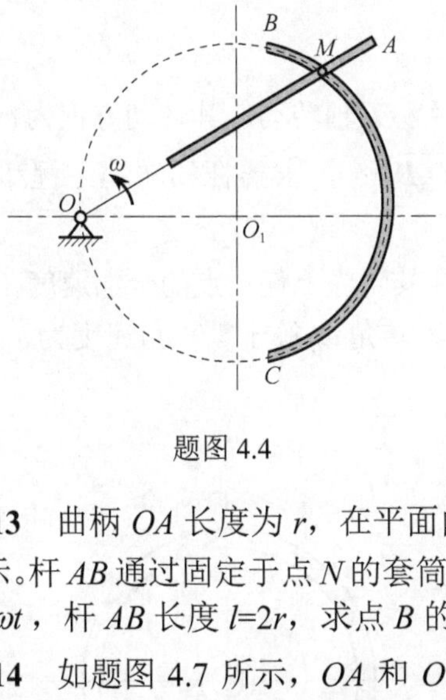

题图 4.4

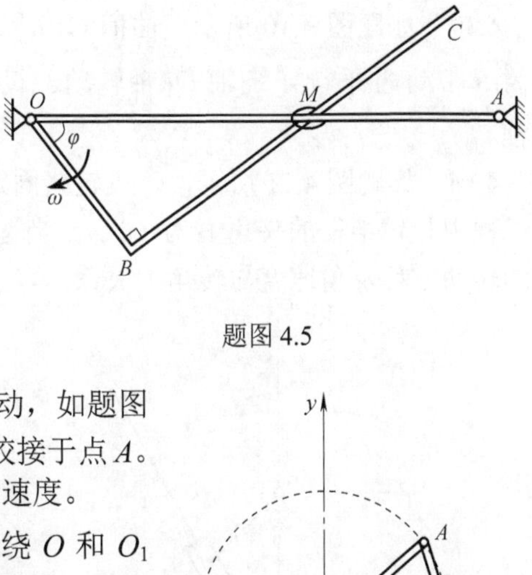

题图 4.5

4.13　曲柄 OA 长度为 r，在平面内绕 O 轴转动，如题图 4.6 所示。杆 AB 通过固定于点 N 的套筒与曲柄 OA 铰接于点 A。设 $\varphi = \omega t$，杆 AB 长度 $l=2r$，求点 B 的运动方程和速度。

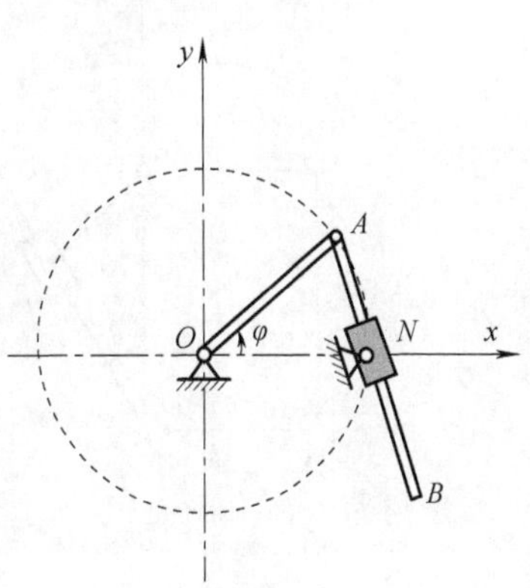

题图 4.6

4.14　如题图 4.7 所示，OA 和 O_1B 两杆分别绕 O 和 O_1 轴转动，用十字形滑块 D 将两杆连接。在运动过程中，两杆保持相交成直角。已知：$\overline{OO_1} = a$；$\varphi = kt$，其中 k 为常数，求滑块 D 的速度和相对于 OA 的速度。

4.15　搅拌机的构造如题图 4.8 所示。已知 $\overline{O_1A} = \overline{O_2B} = R$，$\overline{O_1O_2} = \overline{AB}$，杆 O_1A 以不变的转速 n 转动，试求构件 BAM 上点 M 的运动轨迹及其速度和加速度。

4.16　在如题图 4.9 所示的机构中，已知有 $\overline{O_1A} = \overline{O_2B} = \overline{AM} = r = 0.2\text{m}$，$\overline{O_1O_2} = \overline{AB}$。若轮 O_1 按 $\varphi = 15\pi t$ 的规律转动，求当 $t = 0.5\text{s}$ 时，AB 杆上点 M 的速度和加速度。

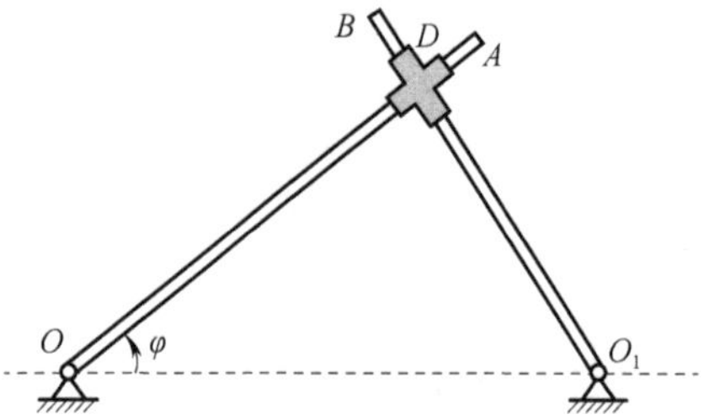

题图 4.7

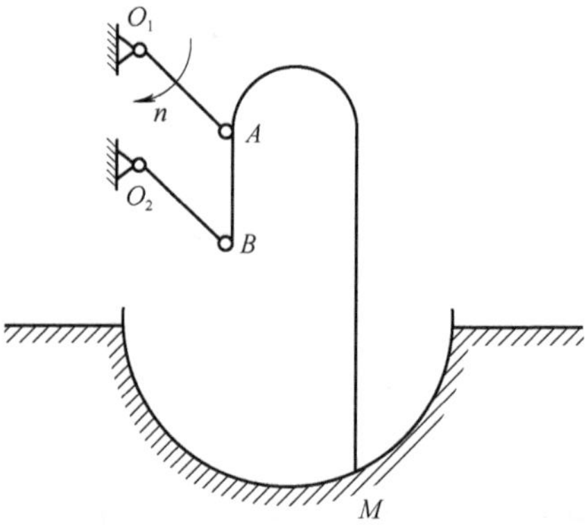

题图 4.8

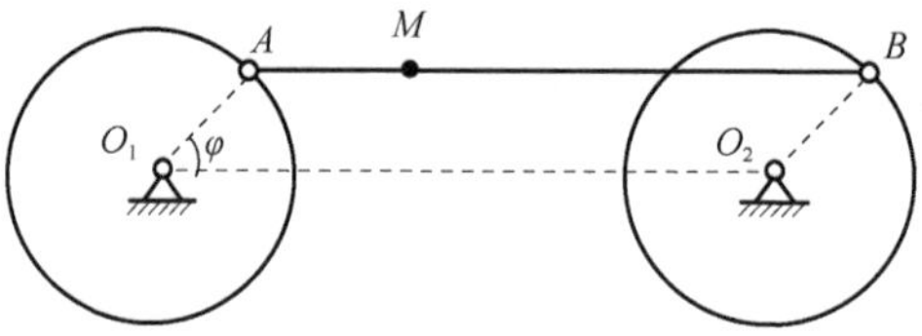

题图 4.9

4.17　如题图 4.10 所示，曲柄 O_2B 以等角速度 ω 绕 O_2 轴转动，其转动方程为 $\varphi=\omega t$，套筒 B 带动摇杆 O_1A 绕轴 O_1 轴转动。设 $\overline{O_1O_2}=h$，$\overline{O_2B}=r$，求摇杆的转动方程和角速度方程。

4.18　如题图 4.11 所示，一飞轮绕固定轴 O 转动，其轮缘上任一点的全加速度在某段运动过程中与轮半径的夹角恒为 60°。当运动开始时，其转角 φ_0 等于零，角速度为 ω_0，求飞轮的转动方程及角速度与转角的关系。

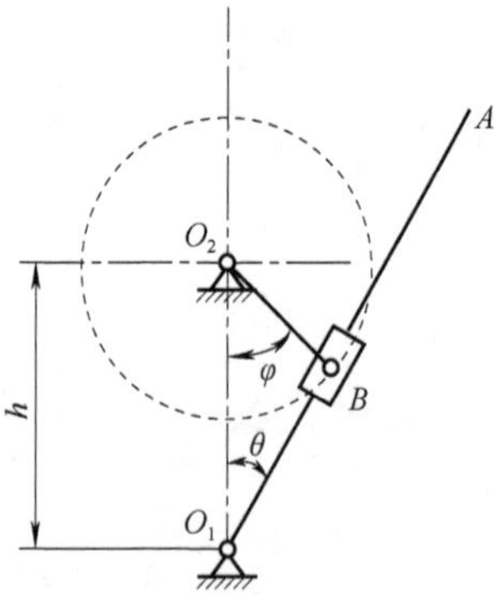

题图 4.10

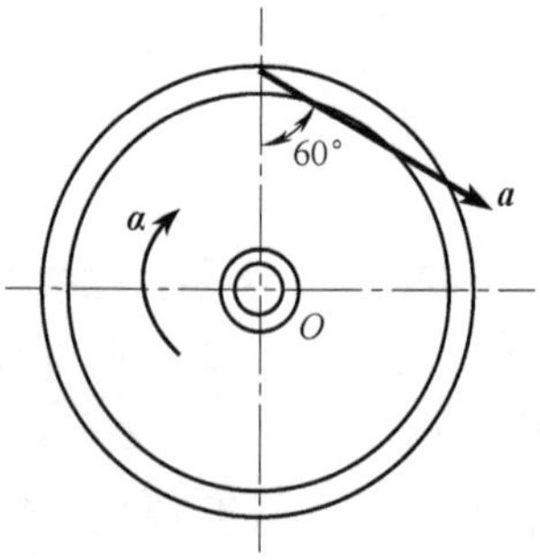

题图 4.11

第 5 章　点的合成运动

在第 4 章中研究了点和刚体的简单运动，在此基础上我们将进一步研究点的复杂运动。物体运动具有相对性，在不同的参考坐标系下物体的运动是不相同的。在一个坐标系下的运动是复杂的，而在另一坐标系下的运动可能是简单的。因此，本章基于运动的相对性研究点相对于不同参考系的运动，将点的复杂运动分解为简单运动并建立点相对于不同参考系下运动之间的关系，进而建立点相对于不同参考系的运动速度及加速度之间的关系，并从中寻求求解点的复杂运动的方法。

5.1　点的合成运动的概念

5.1.1　运动分解与合成的概念

在分析点的合成运动之前，先来了解两种参考系和三种运动。

1. 定参考系和动参考系

同一物体的运动对于不同的参考系来说是不同的，本章将研究点在两种不同参考系下的运动。一种是相对于地面固定不动的参考系，称为**定参考系**，简称**定系**，以 $Oxyz$ 表示。另一种是相对于地面做某种运动的参考系，称为**动参考系**，简称**动系**，以 $O'x'y'z'$表示，如图 5.1 所示。例如，坐在静止不动的火车上，如果此时看到对面有火车慢慢启动，你会感觉自己所坐的火车在向相反的方向慢慢起动，此时若观察地面或车站，则可发现自己所坐的火车并没有动。显然，物体相对于定参考系和相对于动参考系的运动，以及动参考系相对于定参考系的运动之间有着密切的关系。

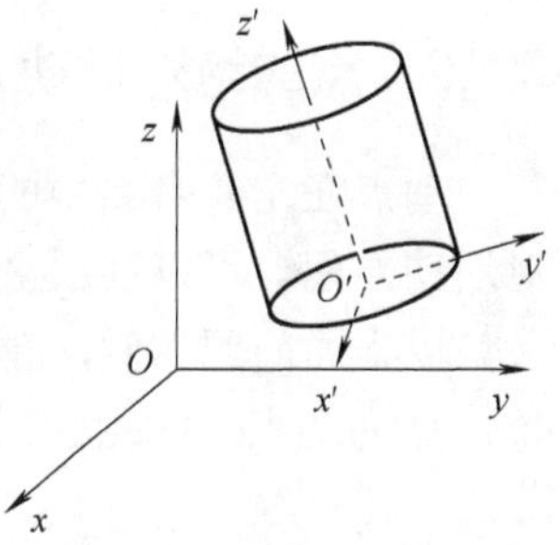

图 5.1

2. 绝对运动、相对运动和牵连运动

根据运动的相对性，区分出三种运动：动点相对于定参考系的运动称为**绝对运动**；动点相对于动参考系的运动称为**相对运动**；动参考系相对于定参考系的运动称为**牵连运动**。通常动参考系与某参考体固连，所以牵连运动一般是刚体的运动。应当注意，绝对运动和相对运动指点的运动，而牵连运动则指刚体的运动。 5-1

动点在定参考系中的运动轨迹称为**绝对运动轨迹**；动点在动参考系中的运动轨迹称为**相对运动轨迹**。

如图 5.2 所示，沿直线轨道滚动的车轮，其轮缘上点 M 的运动，对于地面上的观察者(即相对于固定参考系 Oxy)来说，点的轨迹是螺旋线，即绝对运动轨迹；但是对于车上的观察者，即相对于随车运动的动参考系 $O'x'y'$来说，点的轨迹则是一个圆，即相对运动轨迹。而车轮轮轴或车厢本身相对于地面的运动则为牵连运动。注意，在分析这三种运动时，必须明确观察者是站在什么地方看物体的运动和看什么物体的运动。又如，乘客在行驶的车厢里走动，如果把动参考系固连在车厢上，定参考系固连在地面上，则站在地面上的人所看到的乘客的运

5-2

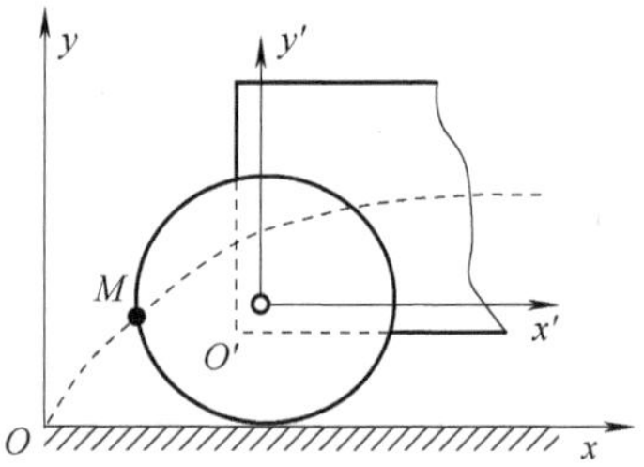

图 5.2

动为绝对运动；坐在车厢里的人看到该乘客的运动为相对运动；而站在地面上的人看到的车厢运动为牵连运动。

观察可知，以车厢为参考体的点 M 的相对运动是简单的圆周运动，而车厢相对地面的牵连运动是简单的平动。这样，点的绝对运动就可看作两个简单运动的合成。

由上面的例子可以看出，物体的绝对运动可以看作相对运动和牵连运动的合成结果，因此绝对运动也称为**复合运动**或**合成运动**。

于是，相对于某一参考系的运动可由相对于其他参考系的简单运动以及其他参考系相对该参考系的运动组合而成，称为**合成运动**。

点的运动可以合成，反过来也可以分解，可以把点的复杂运动分解为几个简单运动，如上述例子，这个过程称为**运动的分解**。

5-3

动点相对于定参考系的速度和加速度，分别称为**绝对速度**和**绝对加速度**，用 $\boldsymbol{v}_{\mathrm{a}}$ 和 $\boldsymbol{a}_{\mathrm{a}}$ 表示。动点相对于动参考系的速度和加速度，分别称为**相对速度**和**相对加速度**，用 $\boldsymbol{v}_{\mathrm{r}}$ 和 $\boldsymbol{a}_{\mathrm{r}}$ 表示。至于动点的牵连速度和牵连加速度，指在某瞬时动坐标系上与动点重合的点相对于定参考系的速度和加速度。在此，将某瞬时动系上与动点重合的点称为**牵连点**，则动点的牵连速度和牵连加速度可分别定义为牵连点相对于定参考系的速度和加速度，分别用 $\boldsymbol{v}_{\mathrm{e}}$ 和 $\boldsymbol{a}_{\mathrm{e}}$ 表示。特别注意，牵连点是动坐标系上的点，仅在某瞬时与动点重合，随动坐标系而运动。

5.1.2　点的绝对运动方程和相对运动方程之间的关系

动点在定参考系中的运动方程称为绝对运动方程，动点在动参考系中的运动方程称为相对运动方程。可以利用坐标变换方法建立绝对运动方程和相对运动方程之间的关系。

以平面问题为例，建立定参考系 Oxy 和动参考系 $O'x'y'$，相对于定参考系逆时针转过 φ 角，M 为动点，如图 5.3 所示，则动点 M 的绝对运动方程可以表示为

$$x = x(t), \quad y = y(t)$$

式中，t 为时间。

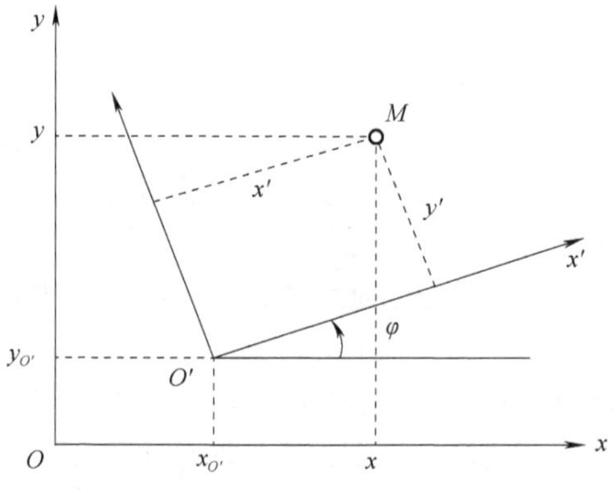

图 5.3

动点 M 的相对运动方程则可以表示为

$$x' = x'(t), \quad y' = y'(t)$$

动参考系 $O'x'y'$相当于定参考系 Oxy 的牵连运动是一个刚体的运动，所以牵连运动方程需要由下面三个方程表示：

$$x_{O'} = x_{O'}(t),\quad y_{O'} = y_{O'}(t),\quad \varphi = \varphi(t)$$

由图 5.3 可得，绝对运动方程和相对运动方程之间的关系为

$$\begin{cases} x = x_{O'} + x'\cos\varphi - y'\sin\varphi \\ y = y_{O'} + x'\sin\varphi + y'\cos\varphi \end{cases} \tag{5.1}$$

若已知点的绝对运动方程，则可以由式(5.1)得到点的相对运动方程，反之亦然。

5.2　点的速度合成定理

5.2.1　点的速度合成定理推导

现讨论动点的绝对速度、相对速度和牵连速度之间的关系。设有一个相对于地面做任意运动的刚体，上面有一动点 M 沿刚体上某曲线运动，如图 5.4 所示。以地面为定参考系，刚体为动参考系，则动点 M 相对于定参考系的运动为绝对运动，相对于动参考系的运动为相对运动，而动参考系相对于定参考系的运动为牵连运动。设某瞬时 t，曲线在 AB 位置，动点在 M 处，经时间间隔 Δt 后，曲线运动至 $A'B'$位置，动点运动至 M'，如图 5.4 所示。动点的绝对运动可以看作由跟随动参考系的运动与动点沿曲线的相对运动两部分组成，于是有

5-4

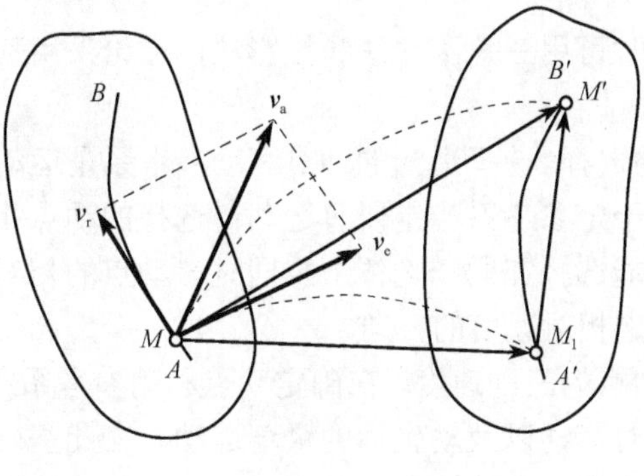

图 5.4

$$\overrightarrow{MM'} = \overrightarrow{MM_1} + \overrightarrow{M_1M'}$$

式中，$\overrightarrow{MM'}$ 为动点的绝对位移；$\overrightarrow{MM_1}$ 是动参考系上与动点重合的点的位移，称为牵连位移；$\overrightarrow{M_1M'}$ 是动点相对于动参考系的位移，称为动点的相对位移。

将上式两端分别除以时间间隔 Δt，并取 $\Delta t\to 0$ 时的极限，则得

$$\lim_{\Delta t\to 0}\frac{\overrightarrow{MM'}}{\Delta t} = \lim_{\Delta t\to 0}\frac{\overrightarrow{MM_1}}{\Delta t} + \lim_{\Delta t\to 0}\frac{\overrightarrow{M_1M'}}{\Delta t}$$

由速度的定义可知，$\lim\limits_{\Delta t\to 0}\dfrac{\overrightarrow{MM'}}{\Delta t} = \boldsymbol{v}_{\mathrm{a}}$，就是动点 M 在瞬时 t 相对于定参考系的速度，即动点 M 在瞬时 t 的绝对速度，其方向为绝对运动轨迹 MM' 在点 M 处的切线方向。上式右端第

一项 $\lim\limits_{\Delta t\to 0}\dfrac{\overrightarrow{MM_1}}{\Delta t}=\boldsymbol{v}_{\mathrm{e}}$，是动点 M 在瞬时 t 与动点重合的点的速度，即动点瞬时 t 的牵连速度，其方向沿牵连运动轨迹 MM_1 在点 M 的切线方向。而等式右端第二项 $\lim\limits_{\Delta t\to 0}\dfrac{\overrightarrow{M_1M'}}{\Delta t}=\boldsymbol{v}_{\mathrm{r}}$，是动点 M 在瞬时 t 相对于动参考系的运动速度，即动点 M 的相对速度 $\boldsymbol{v}_{\mathrm{r}}$ 的方向为相对运动轨迹在 M 点处的切线方向。

于是可得

$$\boldsymbol{v}_{\mathrm{a}}=\boldsymbol{v}_{\mathrm{e}}+\boldsymbol{v}_{\mathrm{r}} \tag{5.2}$$

即**在运动的任意瞬时，动点的绝对速度等于其牵连速度与相对速度的矢量和**，这就是点的**速度合成定理**，这一定理反映了合成运动中各速度之间的关系。

式(5.2)是一个矢量方程，各速度矢量间满足平行四边形法则，而对角线始终为绝对速度矢量。求解式(5.2)时，可通过投影得到两个代数方程，可以求出三个速度矢量的大小和方向中的任意两个未知量。

在上述速度合成定理的推导过程中，并未对动参考系的运动(即牵连运动)作任何限制，因此该速度合成定理适用于任何形式的牵连运动(平动、定轴转动及其他更为复杂的刚体的运动)。

5.2.2　点的速度合成定理应用

在利用速度合成定理时可用三角函数法和投影法，无论采用何种解法，解题时都应注意下面两个重要步骤。

(1)动点与动参考系的选择。选择适当的动点和动参考系是运动分解的前提，选择过程中，注意选择的动参考系相对于定参考系一定要有运动；选择的动点相对于动参考系一定要有运动，即动点和动参考系不能选择在同一物体上。同时，动点的相对运动轨迹一般应为已知的或比较明显，这有利于确定相对速度的方向。

(2)分析三种运动及动点的三种速度。在确定动点和动参考系之后要对运动进行分析，以确定动点的绝对运动、相对运动以及动坐标的牵连运动。在此基础上依据动点的绝对运动轨迹、相对运动轨迹以及牵连点运动轨迹确定某瞬时动点的绝对速度、相对速度和牵连速度的方向。

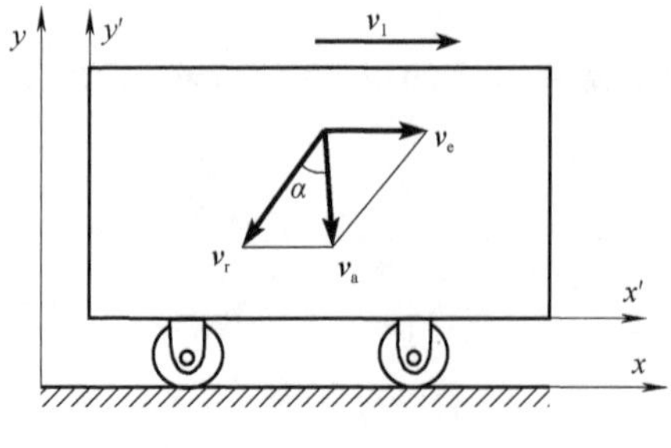

图 5.5

【例 5.1】 车厢以速度 $\boldsymbol{v}_1=5\mathrm{m/s}$ 沿水平直线轨道在雨中向右行驶，如图 5.5 所示。无风时，雨滴铅垂落下，而在车上看到雨滴速度方向斜向后方，与铅垂直线呈 $\alpha=30°$。试求雨滴下降的绝对速度。

解：(1)运动分析。雨滴做竖直向下的直线运动，车厢做平动。

(2)动点动系选择。取雨滴为动点，车厢为动参考系，地面为定参考系。于是动点的绝对运动是雨滴沿铅垂线的运动，牵连运动是车厢以速度 $\boldsymbol{v}_1$ 沿水平方向的平动；相对运动是雨滴沿着与铅垂线呈 α 角的直线运动。

(3)速度分析：动点的绝对速度 $\boldsymbol{v}_{\mathrm{a}}$ 沿铅垂方向，牵连速度 $\boldsymbol{v}_{\mathrm{e}}$ 为水平方向，相对速度 $\boldsymbol{v}_{\mathrm{r}}$ 沿

与铅垂方向呈α角的方向，作速度平行四边形，如图 5.5 所示。由点的速度合成定理，三个速度之间的矢量关系为

$$\boldsymbol{v}_\mathrm{a} \quad = \quad \boldsymbol{v}_\mathrm{e} \quad + \quad \boldsymbol{v}_\mathrm{r} \tag{a}$$

	$\boldsymbol{v}_\mathrm{a}$	$\boldsymbol{v}_\mathrm{e}$	$\boldsymbol{v}_\mathrm{r}$
大小	?	v_1	?
方向	铅垂向下	水平向右	与铅垂方向呈α角

从对各速度的大小和方向分析可知，式(a)中共有两个未知数，故问题可解。根据图 5.5 中的三角关系，雨滴落向地面的速度为

$$v_\mathrm{a} = v_\mathrm{e}\cot\alpha = v_1\cot\alpha = 5\sqrt{3}(\mathrm{m/s}) = 8.66(\mathrm{m/s})$$

此外，还可以求出雨滴相对于车厢的速度为

$$v_\mathrm{r} = \frac{v_\mathrm{e}}{\sin\alpha} = \frac{v_1}{\sin\alpha} = 10(\mathrm{m/s})$$

【例 5.2】　刨床的摆动导杆机构如图 5.6(a)所示，长度为 20cm 的曲柄 OA 的一端 A 与滑块用铰链连接，当曲柄 OA 以转速 $n = 30\mathrm{r/min}$ 做逆时针转动时，滑块 A 在导杆 O_1B 上滑动，并带动导杆 O_1B 绕固定轴 O_1 摆动。两轴间距 $\overline{OO_1} = 30\mathrm{cm}$，求当曲柄图示水平右侧位置时，导杆 O_1B 的角速度 ω_1。

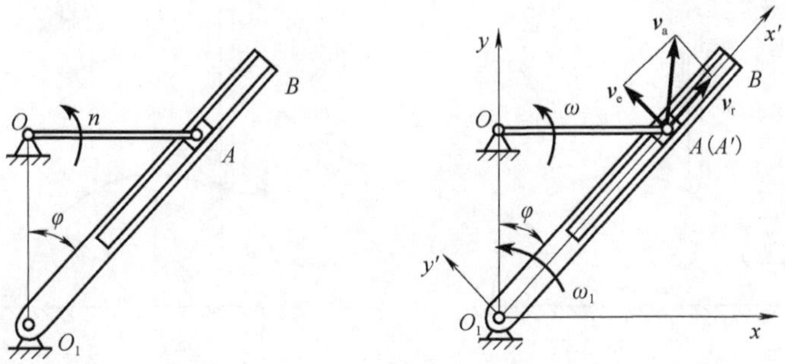

(a)　　　　　　　　(b)

图 5.6

5-5

5-6

解：(1)运动分析。曲柄 OA 和导杆 O_1B 均做定轴转动。

(2)动点动系选择。若选曲柄 OA 为动系，导杆 O_1B 上的点 A 为动点，则动点的相对轨迹为未知的复杂曲线；若选导杆 O_1B 为动系，滑块 A 为动点，则动点的相对轨迹为已知的直线。因此，选取滑块 A 为动点，动系 $O_1x'y'$ 与导杆 O_1B 固连，定系 O_1xy 与机架固连。

据此可得，绝对运动为点 A 以 O 为圆心，以 OA 为半径的圆周运动；相对运动为点 A 沿导杆滑道的直线运动；牵连运动为导杆绕轴 O_1 的定轴转动。

(3)速度分析。各速度矢量如图 5.6(b)所示。根据转速与角速度之间的关系，可得

$$\omega = \frac{n\pi}{30} = \pi(\mathrm{rad/s}) \tag{a}$$

则动点 A 的绝对速度大小为

$$v_\mathrm{a} = \omega \times \overline{OA} = 0.2\pi(\mathrm{m/s}) \tag{b}$$

动点 A 的绝对速度方向如图 5.6(b)所示。由题意，欲求 ω_1，它与 O_1B 上的牵连点 A' 的速度有关，故需要先求出 v_e。根据点的速度合成定理，则

$$\boldsymbol{v}_\mathrm{a} = \boldsymbol{v}_\mathrm{e} + \boldsymbol{v}_\mathrm{r} \tag{c}$$

式中，绝对速度 $\boldsymbol{v}_a$ 的大小和方向均为已知；牵连速度 $\boldsymbol{v}_e$ 和相对速度 $\boldsymbol{v}_r$ 的方向已知而大小未知，有两个未知量，可解。

根据图 5.6(b)所示的速度平行四边形可得点 A 的牵连速度为

$$v_e = v_a \sin\varphi = \omega \times \overline{OA} \times \frac{\overline{OA'}}{\overline{O_1A'}} \tag{d}$$

另一方面，导杆以角速度 ω_1 做定轴转动，则有

$$v_e = \omega_1 \times \overline{O_1A'} \tag{e}$$

由式(e)和式(d)解得

$$\omega_1 = \frac{v_e}{\overline{O_1A'}} = \omega \times \overline{OA} \times \frac{\overline{OA'}}{\overline{O_1A'}^2} \tag{f}$$

因 $\overline{OA} = \overline{OA'} = 20\text{cm}$，$\overline{O_1A} = \sqrt{20^2 + 30^2}\text{cm}$，最后得到导杆 O_1B 的角速度为

$$\omega_1 = \frac{4}{13}\pi(\text{rad/s}) = 0.967(\text{rad/s}) \quad （逆时针）$$

【例 5.3】 半径为 r 的半圆形凸轮沿水平直线向左以速度 $\boldsymbol{v}$ 匀速移动，从而推动顶杆 AB 沿铅垂导轨上下滑动，如图 5.7(a)所示。在图示位置时，$\varphi = 60°$，试求该瞬时顶杆 AB 的速度。

5-7

5-8

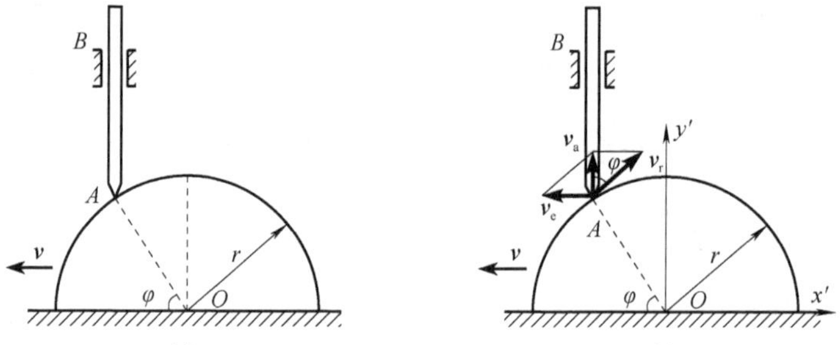

(a)　　(b)

图 5.7

解：(1)运动分析。凸轮做水平平动，顶杆沿竖直方向做平动。

(2)动点动系选择。两构件的接触点为点 A，若选凸轮为动系，顶杆上的点 A 为动点，其相对轨迹为圆弧；若以顶杆为动系，凸轮上的点 A 为动点，其相对轨迹为未知曲线，故选取杆端 A 为动点，动参考系 $Ox'y'$ 与凸轮固连，定参考系与地面固连，如图 5.7(b)所示。于是，点 A 的绝对运动为沿铅垂导轨的直线运动；点 A 的相对运动为沿凸轮表面的圆弧运动；牵连运动为凸轮的水平直线平动。

(3)速度分析。速度矢量分析如图 5.7(b)，由题意，待求量为 $\boldsymbol{v}_a$。

凸轮上与动点 A 重合的点的速度(即牵连速度)为 $\boldsymbol{v}_e = \boldsymbol{v}$。

根据点的速度合成定理，动点 A 的绝对速度为

$$\boldsymbol{v}_a = \boldsymbol{v}_e + \boldsymbol{v}_r$$

式中，牵连速度 $\boldsymbol{v}_e = \boldsymbol{v}$；绝对速度 $\boldsymbol{v}_a$ 和相对速度 $\boldsymbol{v}_r$ 的方向已知，大小未知。

由图示的速度平行四边形可得，杆端 A 点的绝对速度为

$$v_a = v_e \cot\varphi = v\cot 60° = \frac{\sqrt{3}}{3}v$$

方向为铅垂向上。因顶杆做平动，所以杆端 A 的速度即为顶杆 AB 的速度。

此外，由速度平行四边形还可以求出点 A 相对于凸轮的速度：

$$v_r = \frac{v_e}{\sin\varphi} = \frac{v_e}{\sin 60^\circ} = \frac{2\sqrt{3}}{3}v$$

由以上几个例题可以总结出利用点的速度合成定理求解点的复合运动的速度问题的步骤如下。

(1) 运动分析。确认机构中各构件的运动情况以及连接情况。

(2) 选取动点、动系和定系。应注意所选动点相对于动系要有相对运动，并应尽可能选择动点相对运动轨迹比较明确的方案。此外，动参考系相对于定参考系要有运动。

(3) 分析动点的三种运动和三种速度。应注意绝对运动和相对运动都是点的运动，而牵连运动则是刚体的运动。另外，三种速度都有大小和方向两个要素，只有知道其中四个要素才能画出速度平行四边形，从而求出其他两个要素。

(4) 应用速度合成定理，画出速度平行四边形，应注意，作图时要使绝对速度成为平行四边形的对角线。

(5) 根据速度平行四边形中的几何关系求解未知速度参数。

5.3　点的加速度合成定理

前面讨论了动点的绝对速度、相对速度以及牵连速度之间的关系。本节讨论点的加速度合成定理。点的加速度之间的关系比较复杂，牵连运动不同时，点的加速度合成定理也不同，下面分别讨论。

5.3.1　牵连运动为平动时点的加速度合成定理

建立如图 5.8 所示的定坐标系 Oxy，有一弯管在坐标平面 Oxy 上做平动，在弯管上任取一点 O'，以 O' 为原点建立动坐标系 $O'x'y'$。在弯管内有一动点沿管壁运动。在 t 瞬时，弯管位于图示 AB 位置，动点位于 M 处。经过时间间隔 Δt，弯管由 AB 平动到 $A'B'$，而动点沿弯管运动到 M' 处。因弯管做平动，所以动坐标系 $O'x'y'$ 始终相互平行。假设在 t 瞬时，动点的绝对速度为 $\boldsymbol{v}_a$，相对速度为 $\boldsymbol{v}_r$，牵连速度为 $\boldsymbol{v}_e$；在 $t+\Delta t$ 瞬时，其绝对速度为 $\boldsymbol{v}_a'$，相对速度为 $\boldsymbol{v}_r'$，牵连速度为 $\boldsymbol{v}_e'$，各速度方向如图 5.8 所示。将速度合成定理式(5.2)两端同时除以 dt，得

$$\frac{\mathrm{d}\boldsymbol{v}_a}{\mathrm{d}t} = \frac{\mathrm{d}\boldsymbol{v}_e}{\mathrm{d}t} + \frac{\mathrm{d}\boldsymbol{v}_r}{\mathrm{d}t} \tag{5.3}$$

由加速度的定义，式(5.3)可以写成

$$\lim_{\Delta t\to 0}\frac{\Delta\boldsymbol{v}_a}{\Delta t} = \lim_{\Delta t\to 0}\frac{\Delta\boldsymbol{v}_e}{\Delta t} + \lim_{\Delta t\to 0}\frac{\Delta\boldsymbol{v}_e}{\Delta t} \tag{5.4}$$

即

$$\lim_{\Delta t\to 0}\frac{\boldsymbol{v}_a' - \boldsymbol{v}_a}{\Delta t} = \lim_{\Delta t\to 0}\frac{\boldsymbol{v}_e' - \boldsymbol{v}_e}{\Delta t} + \lim_{\Delta t\to 0}\frac{\boldsymbol{v}_r' - \boldsymbol{v}_r}{\Delta t} \tag{5.5}$$

现将动点随弯管的运动分为两个阶段：第一阶段，动点相对于弯管不动，并随弯管从 M 运动到 M_1 处；第二阶段，弯管在 $A'B'$ 处不动，动点沿弯管从 M_1 运动到 M' 处。当然，实际上这两个阶段是同时发生的。

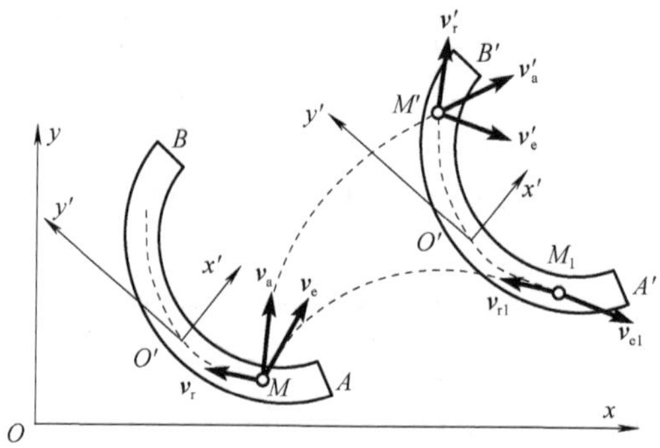

图 5.8

设在 M_1 处动点的牵连速度为 $\boldsymbol{v}_{e1}$，相对速度为 $\boldsymbol{v}_{r1}$。因此，式(5.5)又可以写成

$$\lim_{\Delta t\to 0}\frac{\boldsymbol{v}'_a-\boldsymbol{v}_a}{\Delta t}=\lim_{\Delta t\to 0}\frac{\boldsymbol{v}'_e-\boldsymbol{v}_{e1}}{\Delta t}+\lim_{\Delta t\to 0}\frac{\boldsymbol{v}_{e1}-\boldsymbol{v}_e}{\Delta t}+\lim_{\Delta t\to 0}\frac{\boldsymbol{v}'_r-\boldsymbol{v}_{r1}}{\Delta t}+\lim_{\Delta t\to 0}\frac{\boldsymbol{v}_{r1}-\boldsymbol{v}_r}{\Delta t} \tag{5.6}$$

在第一阶段，动点相对于弯管不动，而弯管做平动，所以有 $v_{r1}=v_r$；另外，在第二阶段，相当于弯管不动，动点沿弯管从 M_1 运动到 M' 处，此时 $v_{e1}=v'_e$。故式(5.6)变为

$$\lim_{\Delta t\to 0}\frac{\boldsymbol{v}'_a-\boldsymbol{v}_a}{\Delta t}=\lim_{\Delta t\to 0}\frac{\boldsymbol{v}_{e1}-\boldsymbol{v}_e}{\Delta t}+\lim_{\Delta t\to 0}\frac{\boldsymbol{v}'_r-\boldsymbol{v}_{r1}}{\Delta t} \tag{5.7}$$

由加速度定义及图 5.8 可知，式(5.7)左边为 t 瞬时动点的绝对速度对时间的变化率，称为动点的绝对加速度，记为 $\boldsymbol{a}_a$；式(5.7)右边第一项为 t 瞬时动参考系上与动点重合的点的牵连速度对时间的变化率，称为动点的牵连加速度，记为 $\boldsymbol{a}_e$；式(5.7)右边第二项为 t 瞬时动点的相对速度对时间的变化率，称为动点的相对加速度，记为 $\boldsymbol{a}_r$。这样，式(5.7)可以写成

$$\boldsymbol{a}_a=\boldsymbol{a}_e+\boldsymbol{a}_r \tag{5.8}$$

式(5.8)为牵连运动为**平动**时点的**加速度合成定理：当牵连运动为平动时，动点在某瞬时的绝对加速度等于该瞬时的牵连加速度与相对加速度的矢量和。**

【例 5.4】　例 5.3 中，若半圆形凸轮沿水平直线向左运动的速度和加速度分别为 $\boldsymbol{v}$ 和 $\boldsymbol{a}$，其他条件不变，如图 5.9(a)所示，试求该瞬时顶杆 AB 的加速度。

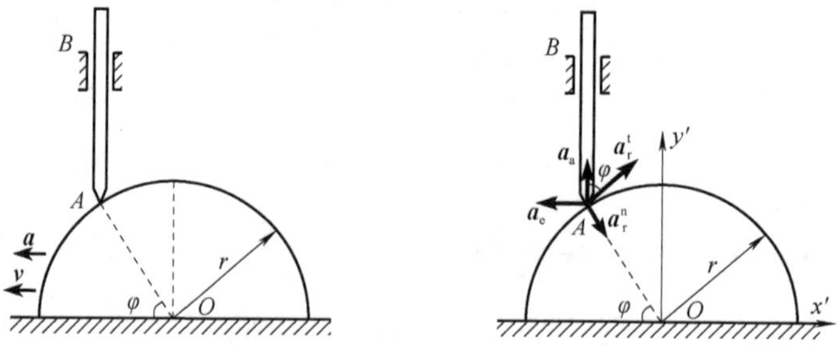

(a)　　(b)

图 5.9

解：(1)运动分析和动点动系选择。

凸轮和顶杆均做平动，选取杆端 A 为动点，凸轮为动系，定系与地面固连，如图 5.9(b)所示。

(2)加速度分析。

动点的各加速度矢量如图 5.9(b)所示。由于相对运动为圆弧运动，相对加速度可有切向

和法向分量，写为

$$\boldsymbol{a}_r = \boldsymbol{a}_r^t + \boldsymbol{a}_r^n$$

因为凸轮做平动，即牵连运动为平动，由牵连运动为平动时的加速度合成定理式(5.8)，有

$$\begin{array}{lcccc} & \boldsymbol{a}_a = & \boldsymbol{a}_e + & \boldsymbol{a}_r^t + & \boldsymbol{a}_r^n \\ \text{大小} & ? & a & ? & v_r^2/r \\ \text{方向} & \text{铅垂} & \text{水平向左} & \perp OA & \text{由}A\text{指向}O \end{array} \tag{a}$$

未知加速度矢量 $\boldsymbol{a}_a$ 和 $\boldsymbol{a}_r^t$ 的指向假设如图 5.9(b)所示，其中相对速度 v_r 已在例 5.3 中求出。

不需要求的未知量 $\boldsymbol{a}_r^t$ 在投影方程中不必出现，将式(a)投影到与 $\boldsymbol{a}_r^t$ 相垂直的 OA 方向上，设由点 O 指向点 A 为投影的正方向，有

$$a_a \sin\varphi = a_e \cos\varphi - a_r^n = a\cos\varphi - \frac{v_r^2}{r} \tag{b}$$

故可得顶杆 AB 的加速度大小为

$$a_a = a\cot\varphi - \frac{v_r^2}{r\sin\varphi} = \frac{\sqrt{3}}{3}\left(a - \frac{8v^2}{3r}\right) \tag{c}$$

加速度 $\boldsymbol{a}_a$ 的实际方向与其计算结果有关。若结果为正，则实际方向与假设方向相同；否则反之。

5.3.2　牵连运动为定轴转动时点的加速度合成定理

牵连运动为定轴转动时，加速度合成定理较平动时复杂，现通过下面的例子简要证明。

如图 5.10 所示，以点 O 为原点建立定坐标系 Oxy，在弯管上任取一点 O'，以 O' 为原点建立动坐标系 $O'x'y'$。设弯管 AB 绕点 O 做定轴转动，动点 M 沿弯管内壁运动。经过时间间隔 Δt 后，弯管运动到 $A'B'$ 位置，动点位于 M' 处。同 5.3.1 节中的分析一样，可以得到式(5.6)，即

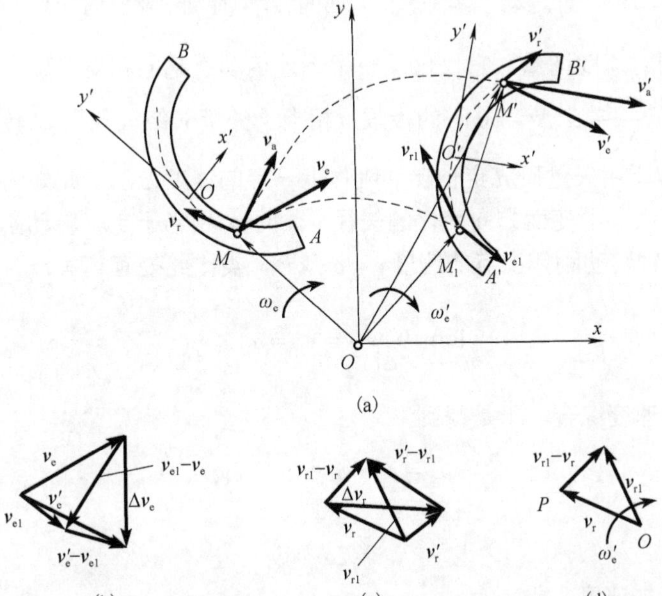

图 5.10

$$\lim_{\Delta t\to 0}\frac{\boldsymbol{v}_{\rm a}'-\boldsymbol{v}_{\rm a}}{\Delta t}=\lim_{\Delta t\to 0}\frac{\boldsymbol{v}_{\rm e}'-\boldsymbol{v}_{\rm e1}}{\Delta t}+\lim_{\Delta t\to 0}\frac{\boldsymbol{v}_{\rm e1}-\boldsymbol{v}_{\rm e}}{\Delta t}+\lim_{\Delta t\to 0}\frac{\boldsymbol{v}_{\rm r}'-\boldsymbol{v}_{\rm r1}}{\Delta t}+\lim_{\Delta t\to 0}\frac{\boldsymbol{v}_{\rm r1}-\boldsymbol{v}_{\rm r}}{\Delta t}$$

现分别讨论式(5.6)中各项的含义。根据加速度的定义，式(5.6)左边为 t 瞬时动点的绝对速度对时间的变化率，即动点的绝对加速度 $\boldsymbol{a}_{\rm a}$；右边第二项的速度增量是牵连轨迹上的速度增量，其极限值为 t 瞬时牵连速度对时间的变化率，即动点的牵连加速度 $\boldsymbol{a}_{\rm e}$；右边第三项的速度增量是相对轨迹上的速度增量，其极限值为 t 瞬时相对速度对时间的变化率，即动点的相对加速度 $\boldsymbol{a}_{\rm r}$。而右边的第一项和第四项是相对运动和牵连运动相互影响而产生的附加加速度。

由于相对速度的影响，动参考系上与动点重合的点的位置发生了改变，牵连速度的大小也发生了改变，从而产生了附加加速度，即 $\lim\limits_{\Delta t\to 0}\dfrac{\boldsymbol{v}_{\rm e}'-\boldsymbol{v}_{\rm e1}}{\Delta t}$。由图 5.10(b)，并根据定轴转动刚体上任一点的速度矢积公式，有

$$\boldsymbol{v}_{\rm e}'=\boldsymbol{\omega}_{\rm e}'\times\overrightarrow{OM'}\quad,\quad \boldsymbol{v}_{\rm e1}=\boldsymbol{\omega}_{\rm e}'\times\overrightarrow{OM_1}$$

于是有

$$\lim_{\Delta t\to 0}\frac{\boldsymbol{v}_{\rm e}'-\boldsymbol{v}_{\rm e1}}{\Delta t}=\lim_{\Delta t\to 0}\frac{\boldsymbol{\omega}_{\rm e}'\times\left(\overrightarrow{OM'}-\overrightarrow{OM_1}\right)}{\Delta t}$$

$$=\lim_{\Delta t\to 0}\boldsymbol{\omega}_{\rm e}'\times\lim_{\Delta t\to 0}\frac{\overrightarrow{M_1M'}}{\Delta t}=\boldsymbol{\omega}_{\rm e}\times\boldsymbol{v}_{\rm r}$$

式中，$\boldsymbol{\omega}_{\rm e}$ 为 t 瞬时动参考系转动的角速度矢量，垂直于纸面指向内。

由于牵连运动的影响，相对轨迹和相对速度方向发生了改变，从而产生了附加加速度 $\lim\limits_{\Delta t\to 0}\dfrac{\boldsymbol{v}_{\rm r1}-\boldsymbol{v}_{\rm r}}{\Delta t}$。其中，$\boldsymbol{v}_{\rm r1}-\boldsymbol{v}_{\rm r}$ 是动参考系绕 O 轴的转动(牵连运动)时，动点在未发生相对运动的情况下出现的相对速度增量，它仅仅反映了牵连运动引起的相对速度方向改变的部分。由图 5.10(d)可知，$\dfrac{\boldsymbol{v}_{\rm r1}-\boldsymbol{v}_{\rm r}}{\Delta t}$ 在 $\Delta t\to 0$ 时的极限，相当于矢量 $\boldsymbol{v}_{\rm r}$ 绕其矢端 O 转动时，矢末端 P 点的速度 $\boldsymbol{v}_P$。这类似于用矢量研究定轴转动刚体上一点的速度方法，此处的 $\boldsymbol{v}_{\rm r}$ 相当于定轴转动刚体中描述点位置大小不变而方向变化的矢径 $\boldsymbol{r}$，而 $\boldsymbol{\omega}_{\rm e}$ 相当于定轴转动刚体的转动角速度矢量 $\boldsymbol{\omega}_z$。t 瞬时，定轴转动刚体上点的速度 $\boldsymbol{v}=\boldsymbol{\omega}_z\times\boldsymbol{r}$，类比此处有 $\boldsymbol{v}_P=\boldsymbol{\omega}_{\rm e}\times\boldsymbol{v}_{\rm r}$，于是可得

$$\lim_{\Delta t\to 0}\frac{\boldsymbol{v}_{\rm r1}-\boldsymbol{v}_{\rm r}}{\Delta t}=\boldsymbol{v}_P=\boldsymbol{\omega}_{\rm e}\times\boldsymbol{v}_{\rm r}$$

将两项附加加速度综合，于是得到

$$\boldsymbol{a}_{\rm a}=\boldsymbol{a}_{\rm e}+\boldsymbol{a}_{\rm r}+2\boldsymbol{\omega}_{\rm e}\times\boldsymbol{v}_{\rm r}\tag{5.9}$$

令

$$\boldsymbol{a}_{\rm c}=2\boldsymbol{\omega}_{\rm e}\times\boldsymbol{v}_{\rm r}\tag{5.10}$$

式中，$\boldsymbol{a}_{\rm c}$ 称为**科氏加速度**，于是有

$$\boldsymbol{a}_{\rm a}=\boldsymbol{a}_{\rm e}+\boldsymbol{a}_{\rm r}+\boldsymbol{a}_{\rm c}\tag{5.11}$$

式(5.11)为牵连运动为**定轴转动**时点的**加速度合成定理**，即**当牵连运动为定轴转动时，动点在某一瞬时的绝对加速度等该瞬时的牵连加速度、相对加速度与科氏加速度的矢量和。**

如果点的绝对运动和相对运动都是曲线运动，则式(5.11)可写成如下形式：

$$\boldsymbol{a}_{\mathrm{a}}^{\mathrm{t}}+\boldsymbol{a}_{\mathrm{a}}^{\mathrm{n}}=\boldsymbol{a}_{\mathrm{e}}^{\mathrm{t}}+\boldsymbol{a}_{\mathrm{e}}^{\mathrm{n}}+\boldsymbol{a}_{\mathrm{r}}^{\mathrm{t}}+\boldsymbol{a}_{\mathrm{r}}^{\mathrm{n}}+\boldsymbol{a}_{\mathrm{c}} \tag{5.12}$$

下面分析科氏加速度的大小和方向，根据矢积运算规则，科氏加速度大小为

$$a_{\mathrm{c}}=2\omega_{\mathrm{e}}v_{\mathrm{r}}\sin\theta \tag{5.13}$$

式中，θ 为矢量 $\boldsymbol{\omega}_{\mathrm{e}}$ 和 $\boldsymbol{v}_{\mathrm{r}}$ 之间小于 π 的夹角；科氏加速度 $\boldsymbol{a}_{\mathrm{c}}$ 的方向垂直于 $\boldsymbol{\omega}_{\mathrm{e}}$ 和 $\boldsymbol{v}_{\mathrm{r}}$，指向按右手螺旋定则确定，如图 5.11 所示。

当 $\boldsymbol{\omega}_{\mathrm{e}}\perp\boldsymbol{v}_{\mathrm{r}}$ 时，$a_{\mathrm{c}}=2\omega_{\mathrm{e}}v_{\mathrm{r}}$，常见的刚体平面运动多属于这种情况；当 $\boldsymbol{\omega}_{\mathrm{e}}\,/\!/\,\boldsymbol{v}_{\mathrm{r}}$ 时，$a_{\mathrm{c}}=0$，如图 5.12 所示。

科氏加速度是由科里奥利于 1832 年发现的，因而命名为科里奥利加速度，简称科氏加速度，科氏加速度在自然现象中是有所表现的。地球绕地轴转动，地球上物体相对于地球运动，这都是牵连运动为转动的合成运动。地球自转角速度很小，一般情况下，其自转的影响可略去不计，但是在某些情况下，却必须给予考虑。例如，在北半球，河水向北流动时，河水的科氏加速度向西，即指向左侧，如图 5.13 所示。由动力学可知，有向左的加速度，河水必受有右岸对水的向左的作用力。根据作用与反作用定律，河水必对右岸有反作用力。对于北半球的江河，其右岸都受到较明显的冲刷作用，这是地理学中的一项规律。

5-9

5-10

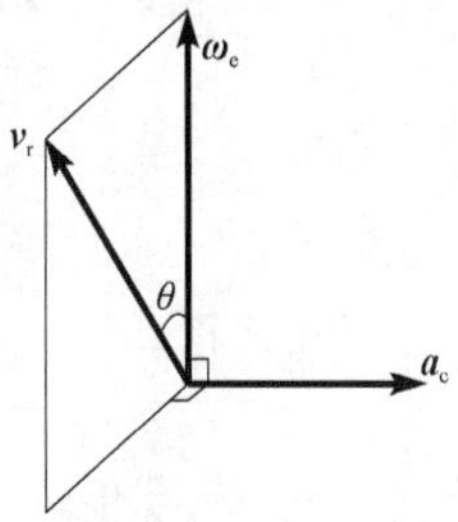

图 5.11

图 5.12

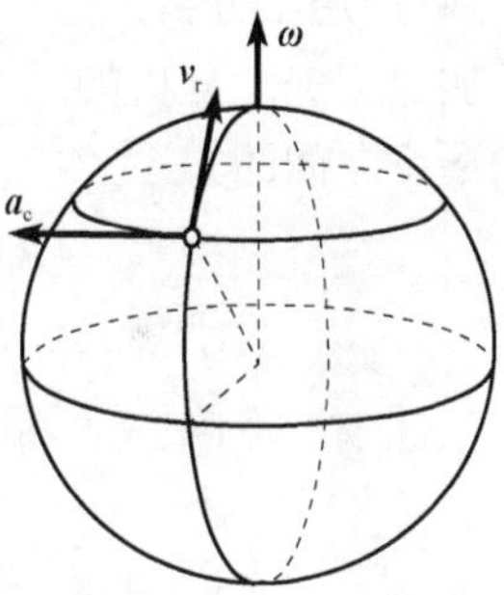

图 5.13

【例 5.5】　偏心凸轮以匀角速度 ω 绕过点 O 的固定轴顺时针转动，如图 5.14(a)所示，使顶杆 AB 沿铅垂槽上下移动，点 O 在滑槽的轴线上，偏心距 $\overline{OC}=e$，凸轮半径 $r=\sqrt{3}e$。试求 $\angle OCA=\dfrac{\pi}{2}$ 时，顶杆 AB 的加速度。

解：(1)**运动分析。**

凸轮做定轴转动，顶杆做平动。

(2)**动点动系选择。**

两构件接触点为 A，动点和动坐标系的选择有两种可能，若以 AB 杆为动坐标系，凸轮上的 A 为动点，则动点相对轨迹为未知复杂曲线；若选凸轮为动坐标系，杆端 A 为动点，则动点相对轨迹为沿凸轮边缘的圆周(已知曲线)。故选杆端 A 为动点，动系 $Ox'y'$ 与凸轮固连，定坐标系与固定支座固连。于是动点 A 的绝对运动为沿铅垂导轨的直线运动；相对运动为沿凸轮表面的圆弧运动；牵连运动为随凸轮绕点 O 的定轴转动。

(3)**速度分析。**

为求加速度，通常先要进行速度分析。各动点速度矢量如图 5.14(b)所示，根据点的速度合成定理，动点 A 的绝对速度为

$$\boldsymbol{v}_{\mathrm{a}}=\boldsymbol{v}_{\mathrm{e}}+\boldsymbol{v}_{\mathrm{r}} \tag{a}$$

式中，三个速度的方向均为已知，$\boldsymbol{v}_{\mathrm{e}}$ 的大小可计算出，即 $v_{\mathrm{e}}=\overline{OA}\cdot\omega$，$\boldsymbol{v}_{\mathrm{a}}$ 和 $\boldsymbol{v}_{\mathrm{r}}$ 的大小可求。

由已知条件可求得 $\theta=30^{\circ}$，$\overline{OA}=2e$，动点的牵连速度为

$$v_{\mathrm{e}}=\overline{OA}\cdot\omega=2e\omega \tag{b}$$

作速度平行四边形，如图 5.13(b)所示，可得顶杆 AB 的速度大小为

$$v_{\mathrm{a}}=v_{\mathrm{e}}\tan\theta=\frac{2\sqrt{3}e\omega}{3} \tag{c}$$

杆 AB 的速度方向为铅垂向上。

相对速度的大小为

$$v_{\mathrm{r}}=\frac{v_{\mathrm{e}}}{\cos\theta}=\frac{4\sqrt{3}e\omega}{3} \tag{d}$$

其方向如图 5.14(b)所示。

(4)**加速度分析。**

加速度矢量分析如图 5.14(c)所示，根据牵连运动为定轴转动时的点的加速度合成定理，各加速度之间的关系为

$$\boldsymbol{a}_{\mathrm{a}}=\boldsymbol{a}_{\mathrm{e}}+\boldsymbol{a}_{\mathrm{r}}^{\mathrm{t}}+\boldsymbol{a}_{\mathrm{r}}^{\mathrm{n}}+\boldsymbol{a}_{\mathrm{c}} \tag{e}$$

	$\boldsymbol{a}_{\mathrm{a}}$	$\boldsymbol{a}_{\mathrm{e}}$	$\boldsymbol{a}_{\mathrm{r}}^{\mathrm{t}}$	$\boldsymbol{a}_{\mathrm{r}}^{\mathrm{n}}$	$\boldsymbol{a}_{\mathrm{c}}$
大小	?	$\overline{OA}\cdot\omega^2$	?	v_{r}^2/r	$2\omega v_{\mathrm{r}}$
方向	铅垂	铅垂	$\perp AC$	由 A 指向 C	沿 CA

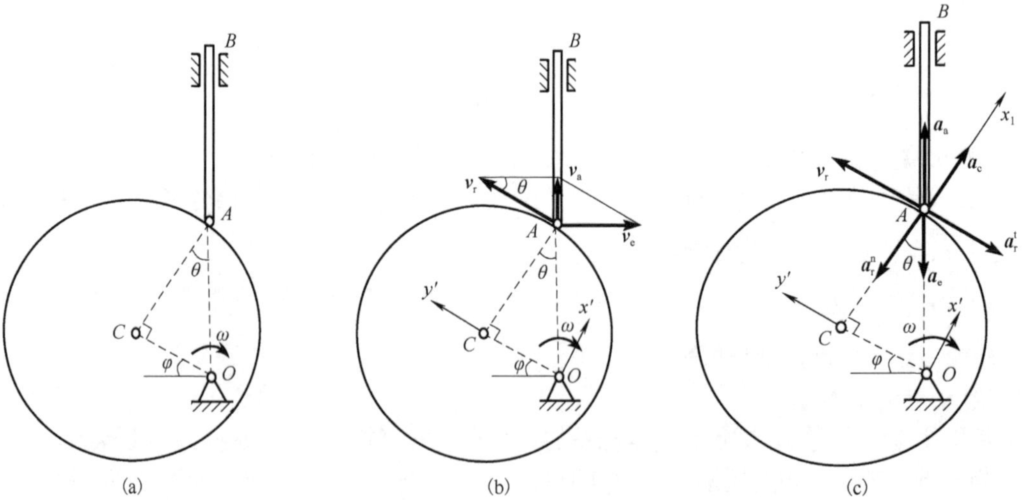

图 5.14

方程中仅有两个未知量，可解。其中，牵连加速度为

$$a_e = \overline{OA} \cdot \omega^2 = 2e\omega^2 \tag{f}$$

相对法向加速度为

$$a_r^n = \frac{v_r^2}{r} = \frac{\left(\dfrac{4\sqrt{3}e\omega}{3}\right)^2}{\sqrt{3}e} = \frac{16\sqrt{3}e\omega^2}{9} \tag{g}$$

为求 $\boldsymbol{a}_a$，把式(e)投影到与 $\boldsymbol{a}_r^t$ 相垂直的 x_1 轴上，如图 5.14(c)所示，得

$$a_a \cos\theta = -a_e \cos\theta - a_r^n + a_c \tag{h}$$

故顶杆 AB 的加速度为

$$a_a = -a_e - \frac{\left(a_r^n - a_c\right)}{\cos\theta} = -\frac{2e\omega^2}{9}$$

可见，$\boldsymbol{a}_a$ 的实际方向与假设方向相反，是铅垂向下的。

【例 5.6】　如图 5.15(a)所示，曲柄 O_1A 以等角速度 ω_1 绕轴 O_1 顺时针转动，带动直角曲杆 O_2B 在平面内运动，求图示瞬时 O_2B 杆转动的角加速度。

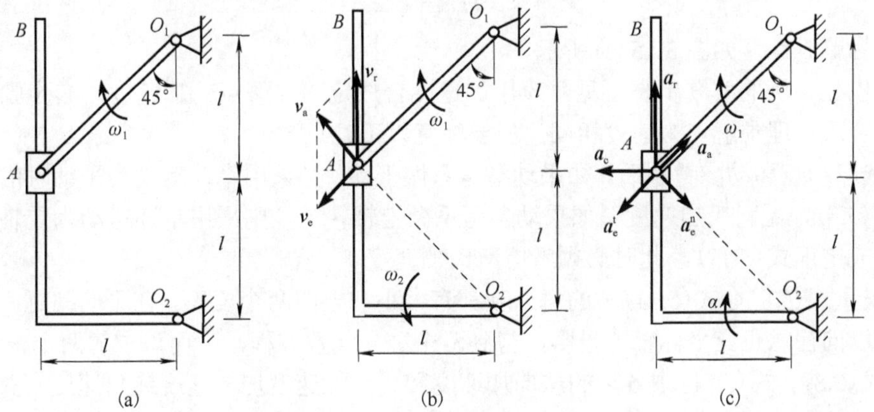

图 5.15

解：(1)运动分析和动点动系选择。

曲柄 O_1A 和直角曲杆 O_2B 都做定轴转动，以套筒 A 为动点，以曲杆 O_2B 为动系。

(2)速度分析。

动点各速度矢量如图 5.15(b)所示，由点的速度合成定理可得

$$\boldsymbol{v}_a = \boldsymbol{v}_e + \boldsymbol{v}_r \tag{a}$$

式中，$v_a = \omega_1\overline{O_1A} = \sqrt{2}l\omega_1$，根据图 5.15(b)中的速度平行四边形中的三角关系，易求出 $v_r = 2l\omega_1$，$v_e = \sqrt{2}l\omega_1$。

则直角曲杆 O_2B 的转动角速度 ω_2 为

$$\omega_2 = \frac{v_e}{\overline{O_2A}} = \omega_1 \tag{b}$$

转动方向为逆时针，如图 5.15(b)所示。

(3)**加速度分析。**

加速度矢量分析如图 5.15(c)所示，根据牵连运动为定轴转动时点的加速度合成定理，各加速度之间的关系为

	$\boldsymbol{a}_a$	=	$\boldsymbol{a}_e^t$	+	$\boldsymbol{a}_e^n$	+	$\boldsymbol{a}_r$	+	$\boldsymbol{a}_c$	(c)
大小	$\sqrt{2}l\omega_1^2$		?		$v_e^2/\overline{O_2A}$		?		$2\omega_2 v_r$	
方向	由 A 指向 O_1		$\perp O_1A$		由 A 指向 O_2		沿 AB		水平向左	

其中，因曲柄 O_1A 以等角速度 ω_1 绕轴 O_1 顺时针转动，套筒 A 的绝对加速度只有法向分量，即 $a_a=a_a^n=\sqrt{2}l\omega_1^2$。

为求 O_2B 杆转动的角加速度，就要求牵连切向加速度 $\boldsymbol{a}_e^t$，为此将式(c)沿水平方向投影，并以向右为正，得

$$a_a\cos45^\circ=-a_e^t\cos45^\circ+a_e^n\cos45^\circ-a_c \tag{d}$$

解得 $a_e^t=-4\sqrt{2}l\omega_1^2$，结果为负说明其实际方向与假设方向相反。

则 O_2B 杆转动的角加速度为

$$\alpha=\frac{a_e^t}{O_2A}=-4\omega_1^2$$

转动方向为顺时针，如图 5.15(c)所示。

总结以上各例的解题步骤可见，应用加速度合成定理求解点的加速度，其步骤基本上与应用速度合成定理求解点的速度相同，但要注意以下几点。

(1)选取动点和动参考系后，如果动参考系做平动，则采用牵连运动为平动时的加速度合成定理式(5.8)，无科氏加速度。如果动参考系做定轴转动，则采用牵连运动为定轴转动时的加速度合成定理式(5.11)，此时必须考虑科氏加速度。

(2)矢量式(5.8)、式(5.11)中的每一项都有大小和方向两个要素。在平面问题中，一个矢量方程可以向任意正交坐标轴上投影，得到两个独立代数方程，因而可求解两个未知量。

(3)式(5.8)、式(5.11)中各项的法向加速度和科氏加速度均与速度或角速度有关，因此完全可以通过速度分析来确定。

思 考 题

5-1　应用速度合成定理解题的步骤有哪几步？在动参考系下做平动或定轴转动时有没有区别？

5-2　点做空间曲线运动，可否将速度合成定理投影到三个坐标轴上来求解三个未知量？为什么？

5-3　应用速度合成定理，在选择动点、动参考系时，若动点是某刚体上的一点，而动参考系也固结在这个刚体上，是否可以？为什么？

5-4　什么是牵连速度和牵连加速度？动参考系中任何一点的速度和加速度是否就是牵连速度和牵连加速度？

5-5　在研究点的合成运动问题时，是否必须选取相对地球有运动的点为动点？

5-6　按点的合成运动理论导出速度合成定理和加速度合成定理时，定参考系是固定不动的。如果定参考系本身也在运动(平动或定轴转动)，这类问题该如何求解？

5-7　速度合成定理和加速度合成定理的投影方程在形式上与静力学中的平衡方程有何不同？

5-8　产生科氏加速度的原因是什么？下述分析对吗？

科氏加速度是由两个原因产生的：第一，由于牵连运动是定轴转动，因而改变了相对速度矢量的方向，速度方向的改变必然会产生加速度；第二，牵连运动是定轴转动时，由于动点在运动，动参考系上与动点重合的点改变了，这使牵连速度矢量的大小和方向都发生了改变。上述两种原因产生的加速度之和即为科氏加速度，因此科氏加速度是由于相对运动与牵连运动相互影响而产生的。

5-9　当牵连运动为平动时，牵连加速度等于牵连速度对时间的一阶导数，对否？

5-10　当牵连运动为平动时，相对加速度等于相对速度对时间的一阶导数，对否？

5-11　科氏加速度的大小等于相对速度与牵连角速度之大小的乘积的两倍，对否？

5-12　在什么情况下科氏加速度为零？

5-13　当牵连运动为定轴转动时，是否一定有科氏加速度？

5-14　若将动参考系取在做定轴转动的刚体上，则沿平行于转动轴的直线运动的动点的加速度一定等于牵连加速度和相对加速度的矢量和？

5-15　刚体做定轴转动，动点相对于刚体做平行于转动轴的直线运动，若取刚体为动参考系，则任一瞬时动点的牵连加速度是否都是相等的？

5-16　在点的合成运动中，下述说法是否正确。

A. 当牵连运动为平动时，一定没有科氏加速度

B. 当牵连运动为定轴转动时，一定有科氏加速度

C. 当相对运动是直线运动时，动点的相对运动只引起牵连速度大小的变化；当相对运动是曲线运动时，动点的相对运动可引起牵连速度大小和方向的变化

D. 由于牵连运动改变了相对速度的方向，相对运动又改变了牵连速度的大小和方向，因而产生了科氏加速度

5-17　在点的合成运动中，下述说法正确的是(　　)。

A. $\boldsymbol{a}_{\mathrm{c}}$ 与 $\boldsymbol{v}_{\mathrm{e}}$ 必共面，且 $\boldsymbol{a}_{\mathrm{c}} \perp \boldsymbol{v}_{\mathrm{e}}$

B. $\boldsymbol{a}_{\mathrm{c}}$ 必与 $\boldsymbol{a}_{\mathrm{r}}^{\mathrm{t}}$ 垂直

C. $\boldsymbol{a}_{\mathrm{c}}$ 必与 $\boldsymbol{a}_{\mathrm{r}}^{\mathrm{n}}$ 垂直

D. $\boldsymbol{a}_{\mathrm{e}}$ 必垂直于 ω

习　题

5.1　判断下列说法是否正确。

(1) 动点的相对运动为直线运动，牵连运动为直线平动时，动点的绝对运动必为直线运动。

(2) 无论牵连运动为何种运动，点的速度合成定理 $\boldsymbol{v}_{\mathrm{a}} = \boldsymbol{v}_{\mathrm{e}} + \boldsymbol{v}_{\mathrm{r}}$ 都成立。

(3) 某瞬时动点的绝对速度为零，则动点的相对速度和牵连速度也一定为零。

(4)当牵连运动为平动时，牵连加速度等于牵连速度关于时间的一阶导数。

(5)动坐标系上任一点的速度和加速度就是动点的牵连速度和牵连加速度。

(6)无论牵连运动为何种运动，关系式 $\boldsymbol{a}_a = \boldsymbol{a}_e + \boldsymbol{a}_r$ 都成立。

(7)只要动点的相对运动轨迹是曲线，就一定存在相对切向加速度。

(8)在点的合成运动中，动点的绝对加速度总是等于牵连加速度与相对加速度的矢量和。

(9)当牵连运动为定轴转动时，一定有科氏加速度。

5.2　在点的合成运动中，判断下述说法是否正确。

(1)若 $\boldsymbol{v}_r$ 为常量，则必有 $\boldsymbol{a}_r = 0$。

(2)若 $\boldsymbol{\omega}_e$ 为常量，则必有 $\boldsymbol{a}_e = 0$。

(3)若 $\boldsymbol{v}_r \parallel \boldsymbol{\omega}_e$，则必有 $\boldsymbol{a}_c = 0$。

5.3　牵连点是某瞬时________上与________重合的那一点。

5.4　在________情况下，动点绝对速度的大小为 $\boldsymbol{v}_a = \boldsymbol{v}_e + \boldsymbol{v}_r$；在________情况下，动点绝对速度的大小为 $v_a = \sqrt{v_e^2 + v_r^2}$；在一般情况下，若已知 v_e、v_r，应按________计算 v_a 的大小。

5.5　动点的牵连速度是指某瞬时牵连点的速度，它相对的坐标系是(　　)。

A. 定参考系　　B. 动参考系　　C. 任意参考系

5.6　在题图 5.1 所示的机构中，已知 $s = a + b\sin\omega t$，且 $\varphi = \omega t$ (其中 a、b、ω 均为常数)，杆长为 L，若取小球 A 为动点，动系固结于物块 B，定系固结于地面，则小球的牵连速度 v_e 的大小为(　　)。

A. $L\omega$　　B. $b\omega\cos(\omega t)$

C. $b\omega\cos(\omega t) + L\omega\cos(\omega t)$　　D. $b\omega\cos(\omega t) + L\omega$

5.7　如题图 5.2 所示，杆 OA 长度为 L，由推杆 BC 通过套筒 B 推动而在图面内绕点 O 转动。假定推杆的速度为 $\boldsymbol{v}$，其弯头高为 b。试求杆端 A 的速度的大小(表示为由推杆至点 O 的距离 x 的函数)。

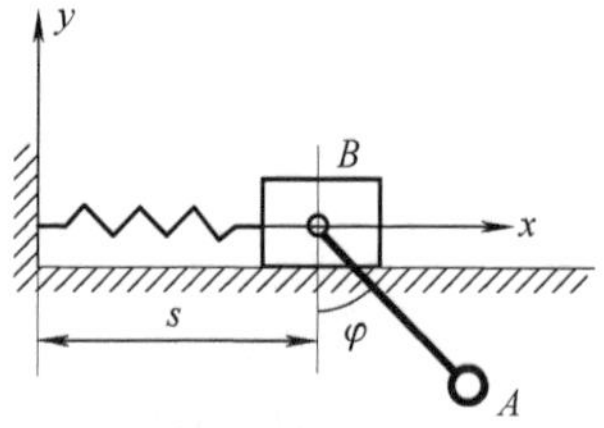

题图 5.1

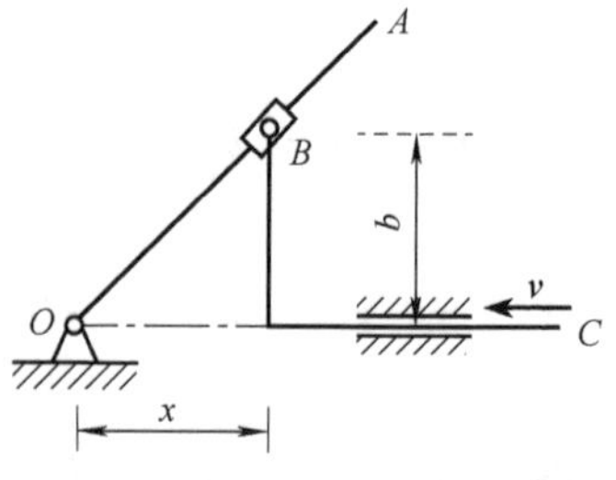

题图 5.2

5.8　在题图 5.3(a)和(b)所示的两种机构中，已知 $\overline{O_1O_2} = b = 200\text{mm}$，$\omega_1 = 3\text{rad/s}$。求图示位置时杆 O_2A 的角速度。

5.9　如题图 5.4 所示的四连杆平行形机构中，$\overline{O_1A} = \overline{O_2B} = 100\text{mm}$，$O_1A$ 以等角速度 $\omega = 2\text{rad/s}$ 绕 O_1 轴转动。杆 AB 上有一个套筒 C，此筒与滑杆 CD 相铰接，机构的各部件都在同一铅垂面内。求当 $\varphi = 60°$ 时，杆 CD 的速度和加速度。

5.10　半径为 R 的半圆形凸轮 C 以速度 $\boldsymbol{v}$ 沿水平向右做匀速运动，带动从动杆 AB 沿铅垂方向上升，如题图 5.5 所示。求 $\varphi = 30°$ 时杆 AB 相对于凸轮的速度和加速度。

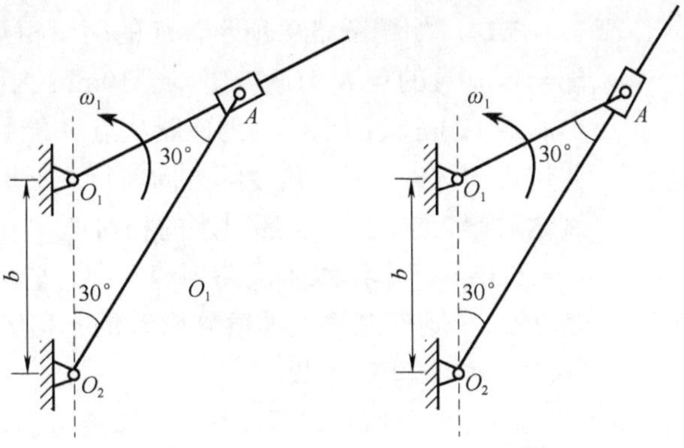

(a)　　　　　　　　　　　　　　(b)

题图 5.3

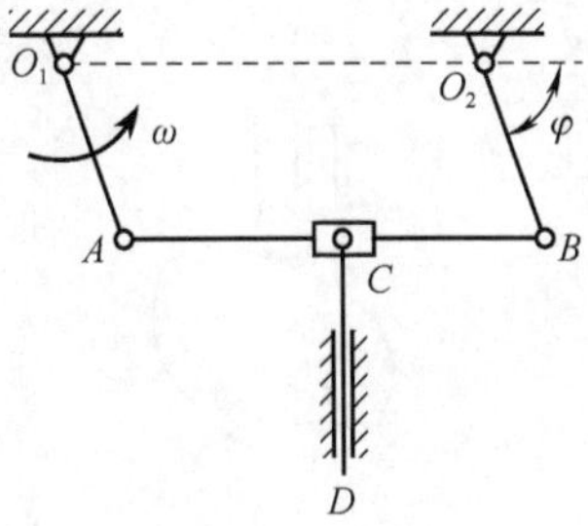

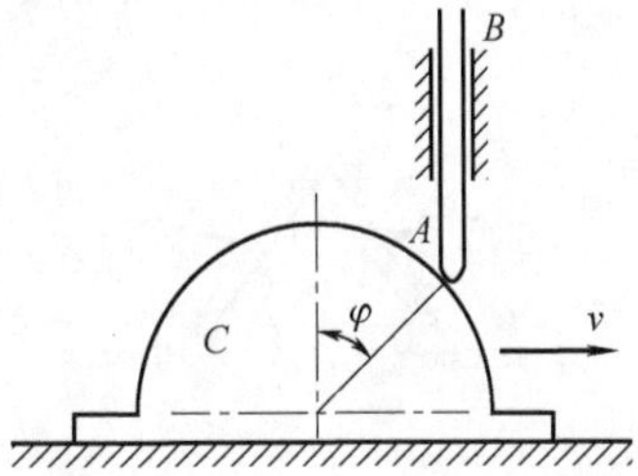

题图 5.4　　　　　　　　　　　　　　　　题图 5.5

5.11　如题图 5.6 所示，半径为 r 的圆环内充满液体，液体按箭头方向以相对速度 $\boldsymbol{v}$ 在环内做匀速运动。若圆环以等角速度 ω 绕 O 轴转动，求在圆环内点 1 和 2 处液体的绝对加速度的大小。

5.12　如题图 5.7 所示，直角曲杆 OBC 绕 O 轴转动，使套在其上的小环 M 沿固定直杆 OA 滑动。已知：$\overline{OB}=0.1\text{m}$，$OB$ 与 BC 垂直，曲杆的角速度 $\omega=0.5\text{rad/s}$，角加速度为 0。求当 $\varphi=60^\circ$ 时，小环 M 的速度和加速度。

5.13　如题图 5.8 所示，点 M 沿 y 轴做谐振动，其运动方程为 $x=0$，$y=a\cos(kt+\beta)$，如将点 M 放映在以速度 v_e 匀速向左运动的银幕上，求点 M 映在银幕上的轨迹。

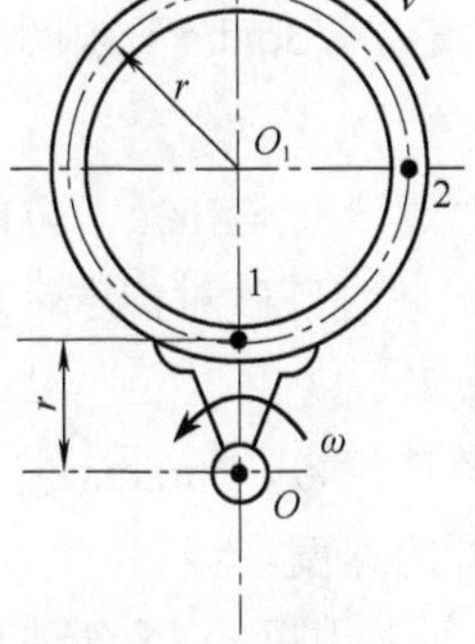

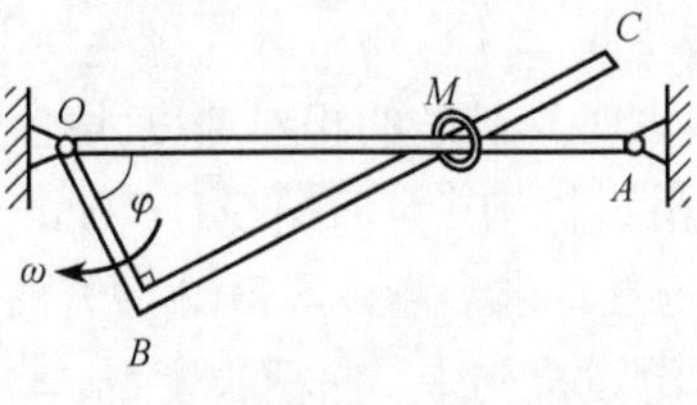

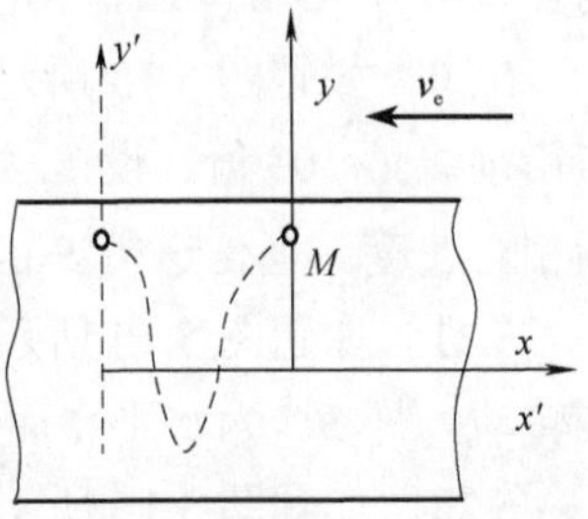

题图 5.6　　　　　　　　题图 5.7　　　　　　　　题图 5.8

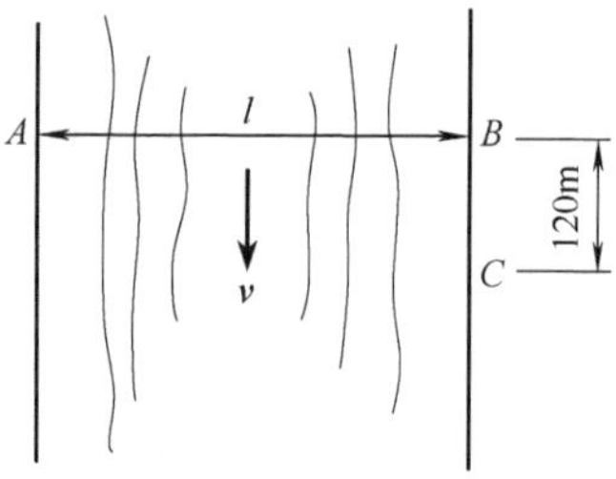

题图 5.9

5.14　如题图 5.9 所示，河的两岸相互平行，一辆船由点 A 朝与岸垂直的点 B 匀速驶出，经 10min 到达对岸，这时船到达点 B 下游 120m 处的点 C。为使船从点 A 能到达点 B 处，船应逆流并保持与 AB 呈某一角度的方向航行。在此情况下，船经 12.5min 到达对岸。求河宽 l、船对水的相对速度 u 及水速 v 的大小。

5.15　汽车沿水平道路匀速向前行驶，雨滴铅垂下落的速度是 2m/s，但车内的人观察到雨滴的下落方向是向后与铅垂线呈 30° 角，求汽车的速度。

5.16　A 船以时速 $v_A = 30\sqrt{2}$ km/h 向南航行，另一船 B 以时速 $v_B = 30$km/h 向东南航行，求在 A 船上看 B 船的速度。

5.17　如题图 5.10 所示，请选取动点和动坐标系(定坐标系与地球固连)，并画出图示位置时动点的绝对速度、相对速度和牵连速度。

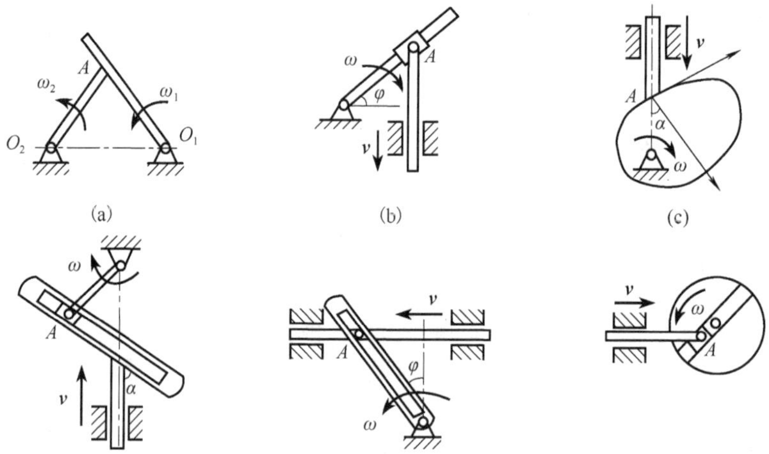

题图 5.10

5.18　如题图 5.11 所示，离心调速器以角速度 ω 绕铅垂轴转动。由于机器负荷的变化，调速器重球以角速度 ω_1 向外张开。若 $\omega = 10$rad/s，$\omega_1 = 1.2$rad/s，$l = 50$cm，$e = 5$cm，求当球杆与铅垂轴的夹角 $\alpha = 30°$ 时，重球 M 的速度。

5.19　如题图 5.12 所示的机构：$\overline{O_1O_2} = a = 20$cm，$O_1B$ 杆的角速度 $\omega_1 = 3$rad/s，求图示角 $\alpha = 30°$，$\overline{O_1A} = a$ 时，杆 O_2A 的角速度 ω_2。

5.20　如题图 5.13 所示，矿砂从传送带 A 落到另一传送带 B 的绝对速度 $v_1 = 4$m/s，方向与铅垂线呈 30° 角。设传送带 B 与水平呈 15° 角，其速度 $v_2 = 2$m/s，求此时矿砂对传送带 B 的相对速度。当传送带 B 的速度多大时，矿砂的相对速度才能与其垂直？

5.21　如题图 5.14 所示，曲柄滑道机构中，曲柄 $\overline{OA} = 10$cm，以等角速度 $\omega = 20$rad/s 绕 O 轴转动。杆 BC 为水平，而 DE 为垂直。求当角 $\varphi = 30°$ 和 90° 时，BC 杆的速度。

5.22　如题图 5.15 所示的曲柄滑道机构中，曲柄长度 $\overline{OA} = r$，并以等角速度 ω 绕 O 轴转动。装在水平杆上的滑槽 DE 与水平线呈 60° 角。求当曲柄与水平线的夹角分别为 $\varphi = 0°$、30°、60° 时，杆 BC 的速度。

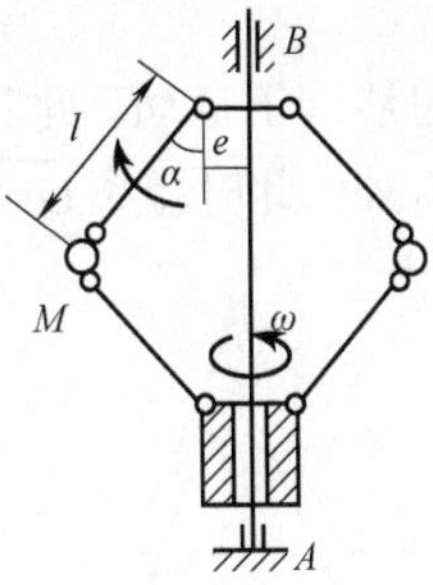

题图 5.11

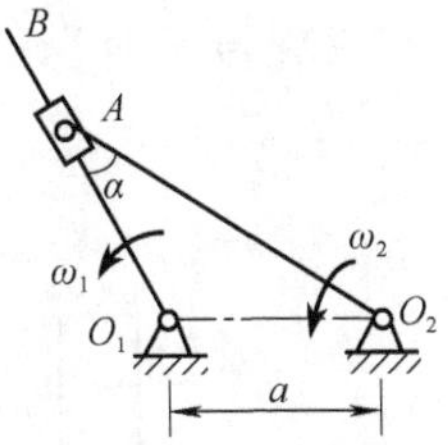

题图 5.12

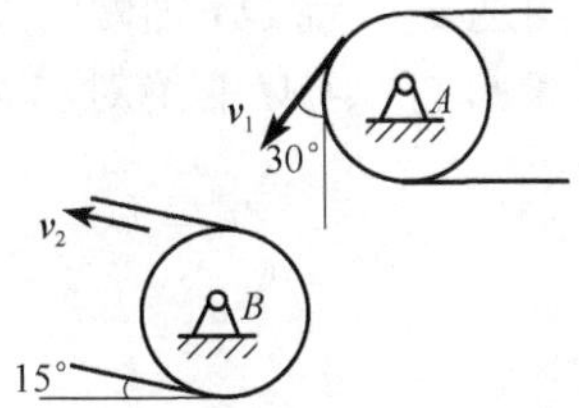

题图 5.13

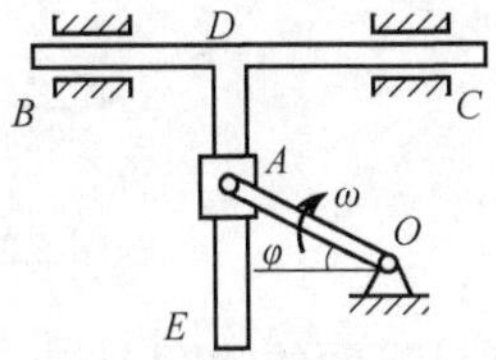

题图 5.14

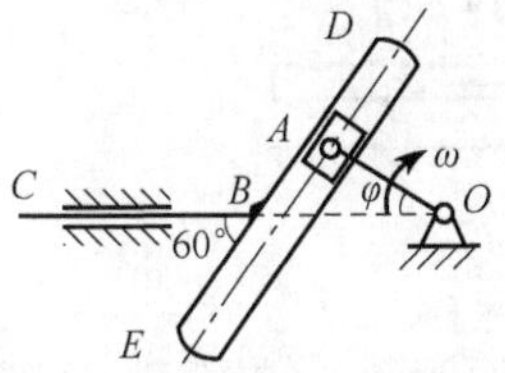

题图 5.15

5.23　如题图 5.16 所示，摇杆机构的滑杆 AB 以匀速 $\boldsymbol{u}$ 向上运动，初始瞬时摇杆 OC 水平。摇杆长度 $\overline{OC}=a$，距离 $\overline{OD}=l$。求当 $\varphi=\dfrac{\pi}{4}$ 时点 C 的速度的大小。

5.24　如题图 5.17 所示的机构，当摇杆摆动时，通过固定在齿条 AB 上的销钉 K 带动齿条，从而带动齿轮 D 转动。当角 $\varphi=30°$ 时，摆杆的角速度 ω=0.5rad/s，l=40cm，齿轮 D 的节圆半径为 10cm，求齿轮的角速度 ω_1。

5.25　如题图 5.18 所示，斜面 AB 以 $a_1=10\text{cm/s}^2$ 的加速度沿 Ox 轴的正向运动，物块 M 以匀相对加速度 $a_2=10\sqrt{2}\ \text{cm/s}^2$ 沿斜面滑下，求物块 M 的加速度大小。

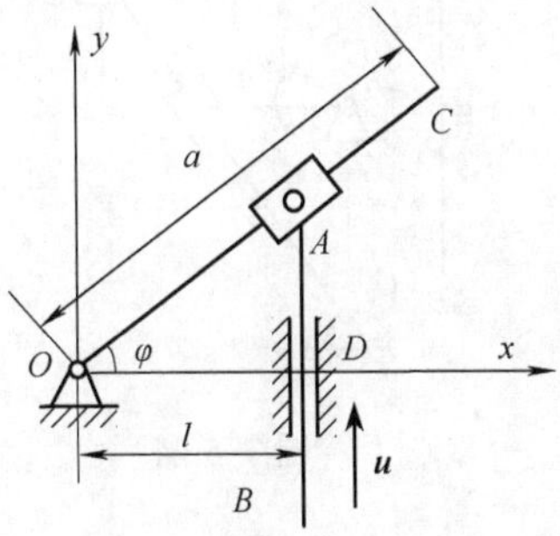

题图 5.16

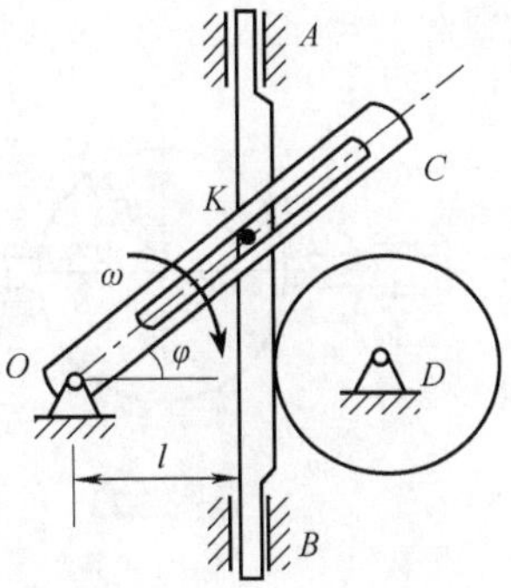

题图 5.17

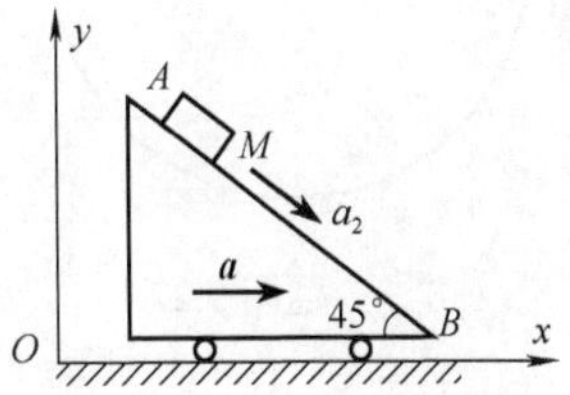

题图 5.18

5.26　如题图 5.19 所示，小车沿水平方向向右做匀加速运动，加速度 a=49.2cm/s^2。车上有一个半径 20cm 的轮子按 $\varphi=t^2$rad 绕 O 轴转动。$t=1$s 时，轮缘上点 A 在图示位置，求此时点 A 的加速度。

5.27　如题图 5.20 所示，曲柄 $\overline{OA}=40\text{cm}$，以匀角速度 ω=0.5rad/s 绕 O 轴转动，求 φ =30° 时构件 BCD 的速度和加速度。

5.28　如题图 5.21 所示，点 M 以不变的相对速度 $\boldsymbol{v}_\text{r}$ 沿圆锥体的母线向下运动。此圆锥体以角速度 ω 绕 OA 轴做匀速转动。如 $\angle MOA=\alpha$，且当 $t=0$ 时点在 M_0 处，此时距离 $\overline{OM}=b$，求在 t 时，点 M 的绝对加速度的大小。

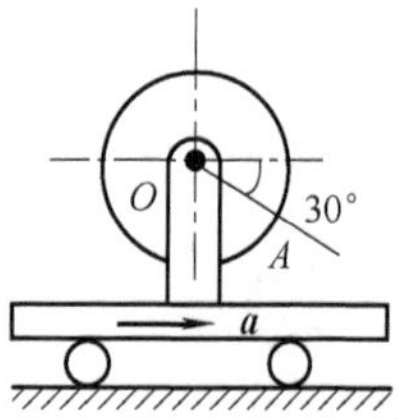

题图 5.19

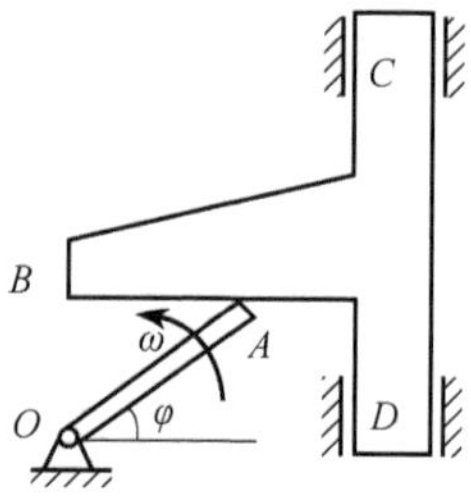

题图 5.20

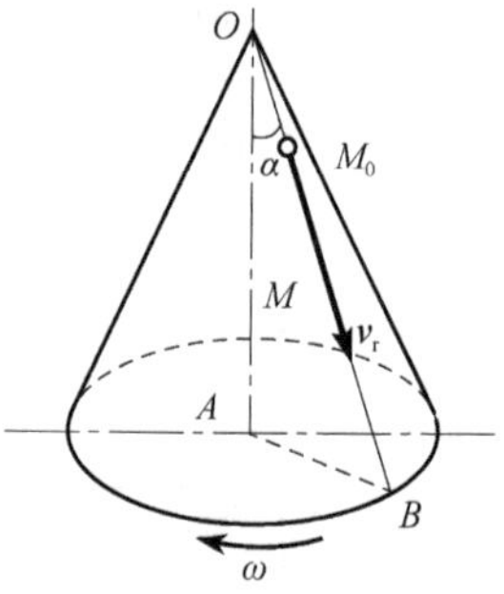

题图 5.21

5.29　如题图 5.22 所示，圆盘按方程 φ=1.5t^2 绕垂直于圆盘平面的 O 轴转动，其上一点 M 又沿圆盘半径按方程 $s=\overline{OM}=1+t^2$ 运动(式中 φ 以 rad 计，t 以 s 计)，求当 t=1s 时点 M 的绝对速度和绝对加速度。

5.30　如题图 5.23 所示，圆盘绕 AB 轴转动，其角速度 ω=2t(rad/s)。点 M 沿圆盘直径离开中心向外缘运动，其运动规律为 $\overline{OM}=4t^2(\text{cm})$。半径 OM 与 AB 轴间的夹角为 60°，求当 $t=1\text{s}$ 时点 M 的绝对加速度的大小。

5.31　如题图 5.24 所示的牛头刨床机构。已知 $\overline{O_1A}=20\text{cm}$，匀角速度 $\omega_1=2\text{rad/s}$，求在图示位置时滑枕 CD 的速度和加速度。

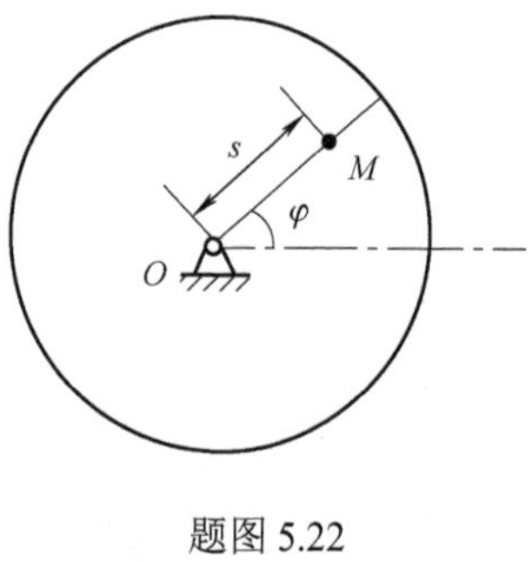

题图 5.22

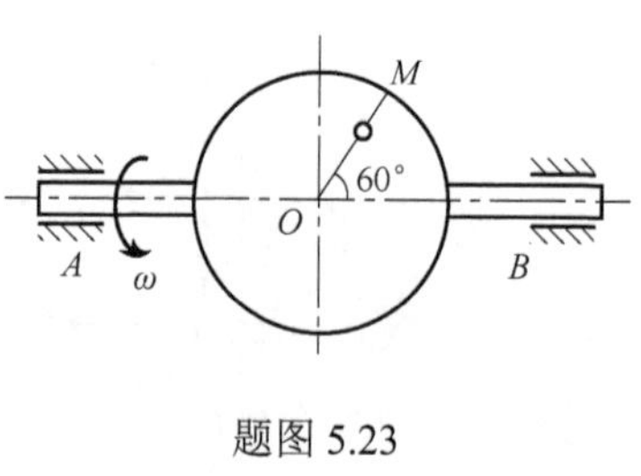

题图 5.23

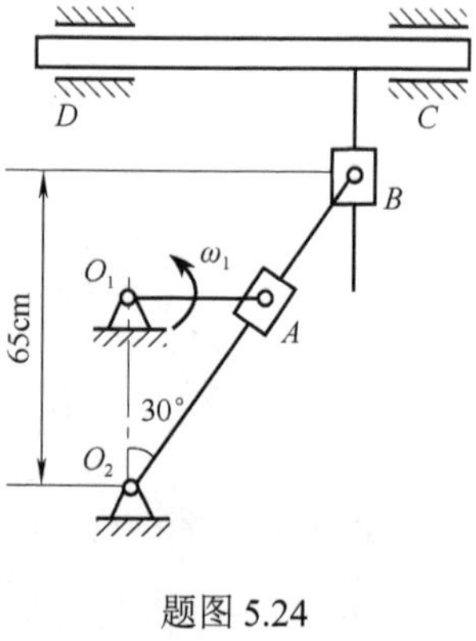

题图 5.24

第6章　刚体的平面运动

6.1　刚体平面运动的概念

在第 4 章研究刚体的两种简单运动(**平动**和**定轴转动**)的基础上，本章研究工程中常见的刚体的一种较复杂的运动——**平面运动**。

考察如图 6.1 所示的沿直线轨道滚动的车轮［图 6.1(a)］和行星轮机构中的行星轮 A［图 6.1(b)］的运动，以及如图 6.2 所示的曲柄连杆机构中连杆 AB 的运动。可以看出，这些刚体的运动既不是平动，也不是定轴转动，而是一种比较复杂的运动。它们有一个共同的特点，就是在运动过程中，刚体上任意一点到某一固定平面的距离始终保持不变，或者说，刚体运动时，其上任意一点均在与某一固定平面平行的平面内运动，刚体的这种运动称为**平面运动**，在工程中有很多做平面运动的零件或构件。

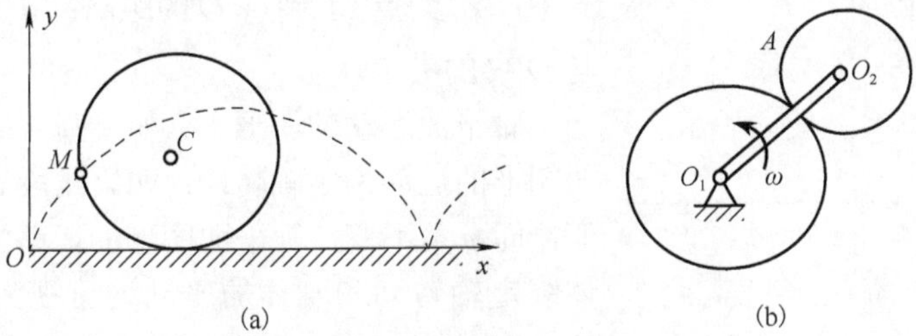

6-1

图 6.1

为描述刚体的运动，在刚体内任取一条直线 A_1A_2，使其与固定平面 II 垂直，如图 6.3 所示。刚体做平面运动时，由于直线上各点到固定平面的距离保持不变，直线的方位在运动中也始终保持不变，由此判断此直线做平动。平面运动刚体即可看作由无数根与 A_1A_2 平行并做平动的直线所组成。根据刚体平动的特征，只要研究直线上任一个点的运动就可以知道该直线的运动。假想用一个与固定平面 II 平行的平面 I 切割刚体，可得到平面图形 S。如果每根平行直线上都选择该直线与平面 S 的交点为研究对象，则整个刚体的运动，就可由这些交点构成的平面图形 S 在其平面内的运动来代替。这样，我们就可将研究刚体的平面运动归结为研究**平面图形**在其自身平面内的运动。

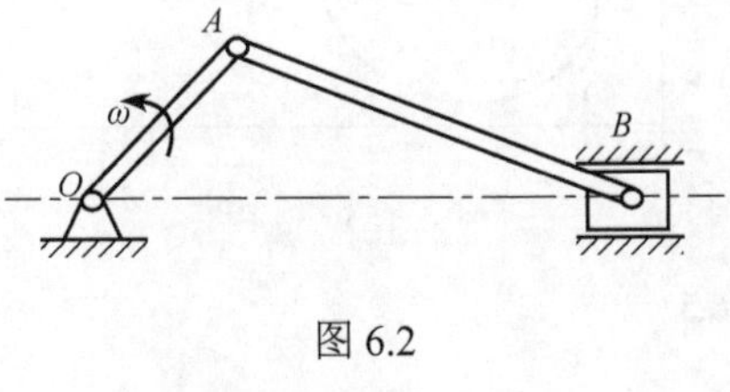

图 6.2

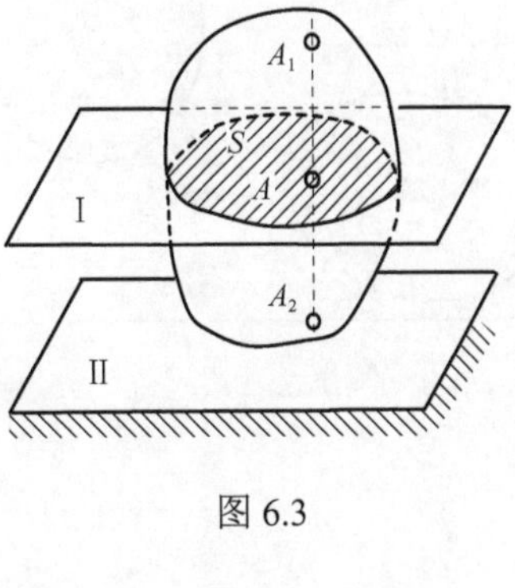

图 6.3

6-2

6-3

6.2　刚体平面运动方程和运动的分解

6.2.1　刚体平面运动的方程

如图 6.4 所示的平面图形在自身平面内的位置完全可以由图形内的任意一条线段 $O'A$ 的位置来确定。在图示坐标系下，要确定此线段在平面内的位置，只需确定线段上任一点 O'的坐标和线段 $O'A$ 与固定坐标轴 Ox 的夹角 φ 即可，点 O'称为**基点**。当平面图形 S 运动时，点 O'的坐标和角 φ 都是时间 t 的单值连续函数，即

$$x_{O'}=f_1(t),\qquad y_{O'}=f_2(t),\qquad \varphi=f_3(t) \tag{6.1}$$

式(6.1)实际上是线段 $O'A$ 的参数方程，称为平面图形 S 的**运动方程**，即刚体平面运动的运动方程。

6-4

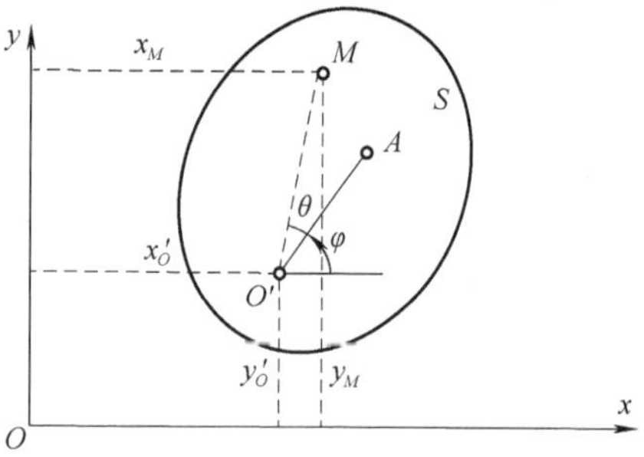

图 6.4

图 6.4 中，在刚体平面运动方程为已知的情况下，该平面图形上任意一点 M 的运动方程可写为

$$x_M=x_{O'}+r_M\cos(\varphi+\theta),\qquad y_M=y_{O'}+r_M\sin(\varphi+\theta)$$

式中，r_M 为点 M 到点 O'的距离；θ 为图形上线段 $O'A$ 与 $O'M$ 的夹角。

做平面运动的图形上，如果基点 O'固定不动，则平面图形的运动为定轴转动；如果线段 $O'A$ 的方位保持不变，即 φ 角不变，则平面图形的运动为平动。显然，刚体绕定轴转动和刚体的平动均可视为刚体平面运动的特殊情况。

6.2.2　刚体平面运动的分解

假设平面图形在初始时刻 t 位于 I 位置(图 6.5)，经过 Δt 时间间隔后运动到 II 位置。运用第 5 章中分解与合成的方法，该运动过程可以看作两种简单运动的合成，如图 6.5(a)所示，即首先可将平面图形绕点 O'旋转 φ 角到达位置 III，此为定轴转动；然后再从位置 III 平移到位置 II，此为平动。当然，也可以如图 6.5(b)所示，先将其平动到位置 IV，然后再绕点 O'旋转 φ 角至位置 II，效果相同。总之，**平面运动可以分解为平动和定轴转动两种简单运动**。

6-5

6-6

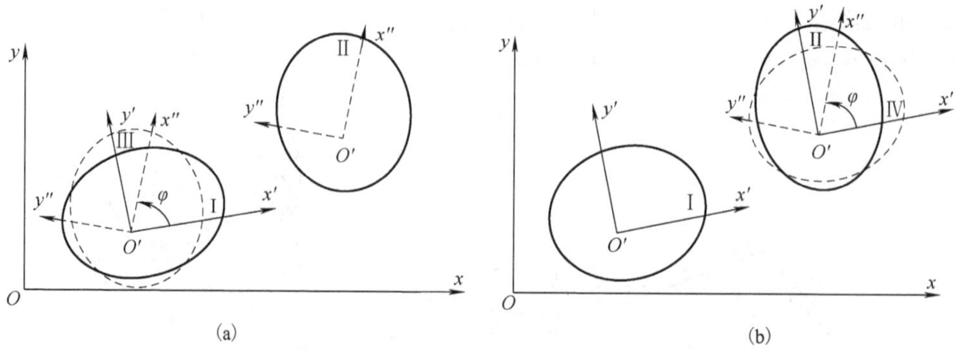

图 6.5

如果以基点 O'为原点设立平动坐标系(图 6.6)，则平面图形的运动可以看作跟随基点的平动和绕基点的转动的两种运动的合成运动。其中，跟随基点的平动是平面图形的牵连运动；绕基点的转动是平面图形的相对运动。要注意此处的相对运动指的是平面图形或“体”的运动，而不是点的运动。

研究平面运动时，基点的选择是任意的。一般情况下，平面图形上各点的运动是不同的，如图 6.7 所示的曲柄连杆机构，做平面运动的连杆上的点 B 做直线运动，而点 A 做圆周运动。当曲柄 OA 以匀角速度 ω 转动时，点 A 速度 $\boldsymbol{v}_A$ 和点 B 速度 $\boldsymbol{v}_B$ 的大小和方向都不相同，同理，这两点的加速度也不相同，因此，选取不同的点作为基点，动参考系平动的速度和加速度是不相同的，所以**平面图形平动的速度与加速度和基点的选择有关**。

6-7

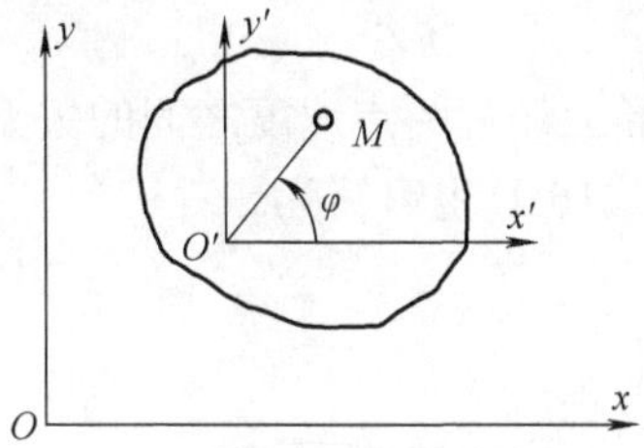

图 6.6

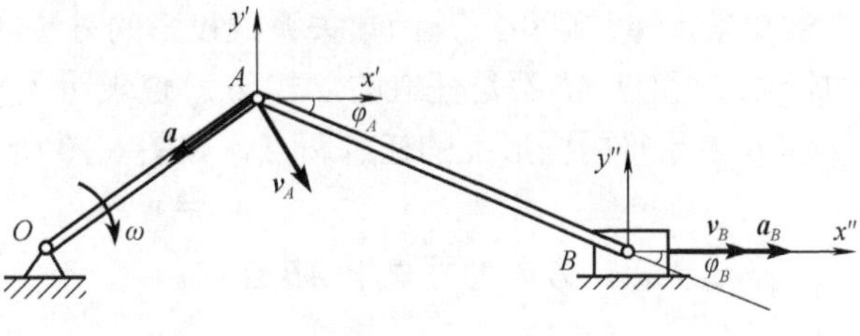

图 6.7

从图 6.7 中还可以看出，在任意时刻，连杆 AB 绕点 A 和绕点 B 的转角 φ_A 和 φ_B 相对于各自的平动参考系 $Ax'y'$和 $Bx''y''$都是一样的，即 $\varphi_B=\varphi_A$，因此不难推出角速度和角加速度也必然相同，即

$$\omega_A=\omega_B,\qquad \alpha_A=\alpha_B$$

选择 AB 上任意两点也能得到相同的结论。

由此可知，**平面图形绕基点转动的角速度与角加速度和基点的选取无关**。因此，以后在提到刚体转动的角速度和角加速度时，无须说明是相对于哪个基点的。

6.3　平面图形上各点的速度

6.3.1　求平面图形上各点速度的基点法

由 6.2 节可知，平面图形在其平面内的运动可分解为跟随基点的平动(牵连运动)和绕基点的转动(相对运动)。因此，可应用第 5 章中点的合成运动的方法来分析平面运动刚体上各点的速度。

设平面图形在某瞬时的角速度为 ω，图形中点 O'的速度为 $v_{O'}$，如图 6.8 所示，欲求图形中任一点 M 的速度。

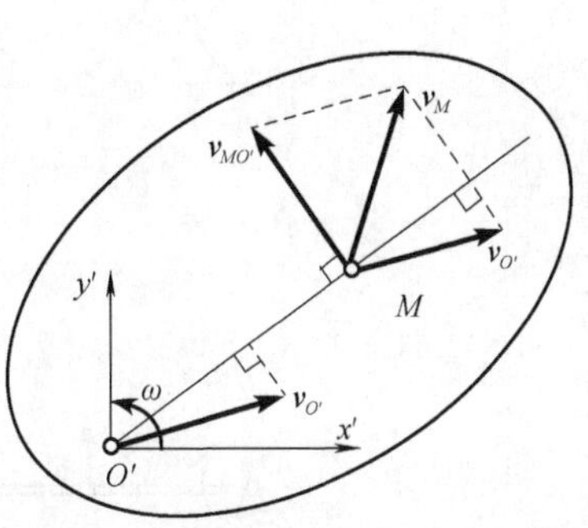

图 6.8

取点 O'为基点，并取动坐标系 $O'x'y'$随基点平动，则平面图形的运动可分解为跟随基点的平动和相对动坐标系的定轴转动。因动坐标系做平动，图形上各点的牵连速度相同，故动点 M 的牵连速度为

$$v_e=v_{O'}$$

由于平面图形的相对运动为定轴转动，动点 M 的相对运动为绕 O'的圆周运动，所以动点 M 的相对速度大小为

$$v_r = v_{MO'} = \omega \cdot \overline{O'M}$$

方向垂直于 $O'M$ 连线，指向与 ω 转向相应。根据点的速度合成定理 $\boldsymbol{v}_a = \boldsymbol{v}_e + \boldsymbol{v}_r$，得到点 M 的绝对速度为

$$\boldsymbol{v}_M = \boldsymbol{v}_{O'} + \boldsymbol{v}_{MO'} \tag{6.2}$$

即平面图形内任一点的速度等于跟随基点平动的速度与该点绕基点转动的速度的矢量和。利用式(6.2)求平面图形内任一点速度的方法称为基点法。

由式(6.2)可画出速度沿 $O'M$ 连线的分布情况，如图 6.9 所示。式(6.2)是矢量方程，可求解两个未知量，通常可用三角函数关系或投影的方法求解。

由于点 O'和点 M 都是任取的，式(6.2)也表明了平面图形上任意两点速度之间的关系。若以 A 和 B 表示平面图形上的任意两点，如图 6.10 所示，则式(6.2)也可写为

$$\boldsymbol{v}_B = \boldsymbol{v}_A + \boldsymbol{v}_{BA} \tag{6.3}$$

式中，$v_{BA} = \overline{AB} \cdot \omega$，方向为垂直于 AB 连线。

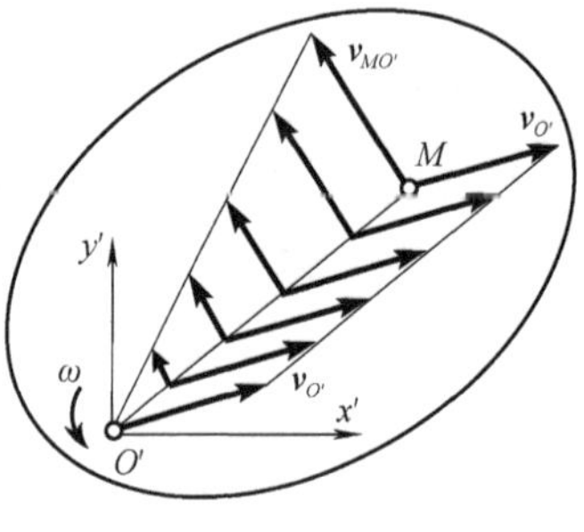

图 6.9

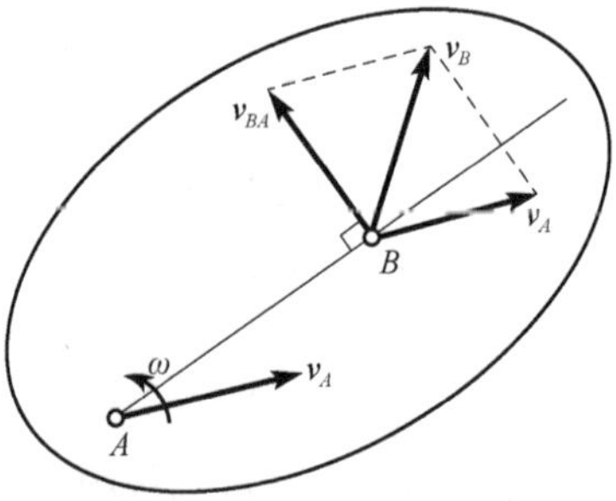

图 6.10

【例 6.1】 曲柄连杆机构如图 6.11(a)所示，$\overline{OA} = r$，$\overline{AB} = \sqrt{3}r$，若曲柄 OA 以匀角速度 ω 转动，试求当 $\varphi = 60°$、$0°$ 和 $90°$ 时滑块 B 的速度。

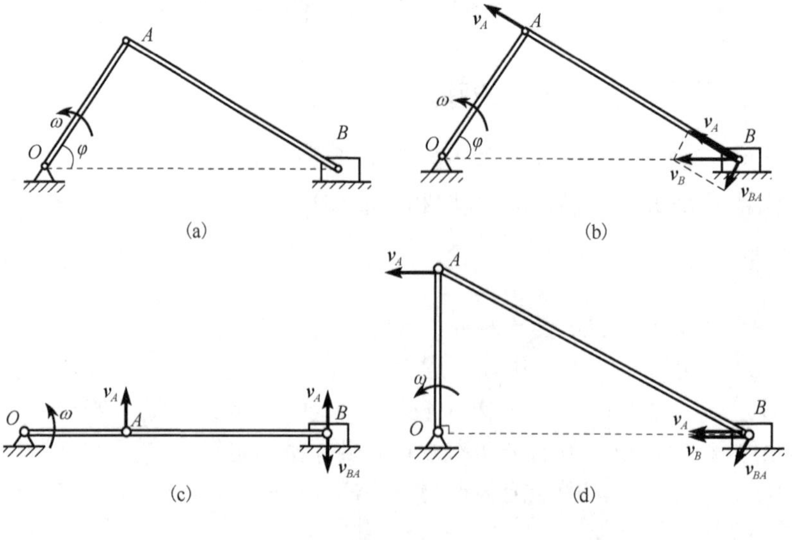

图 6.11

解：(1)**运动分析**。曲柄 OA 绕过点 O 的固定轴转动，滑块 B 做水平直线平动，连杆 AB 做平面运动。

(2)**速度分析**。根据机构的约束情况，AB 上点 A 和 B 的速度如图 6.11 所示，并且 $v_A=\omega r$，方向垂直于曲柄 OA，指向与 ω 转向一致。

本题中点 A 速度已知，可用基点法求 B 的速度。取点 A 为基点，则滑块 B 的速度矢量如图 6.11(b)，并有

	$\boldsymbol{v}_B$	=	$\boldsymbol{v}_A$	+	$\boldsymbol{v}_{BA}$	(a)
大小	?		$\omega\cdot r$		?	
方向	沿 OB		$\perp OA$		$\perp AB$	

当 $\varphi=60°$ 时，$\overline{AB}=\sqrt{3}r$，此时 OA 与 AB 垂直，由速度平行四边形中的三角关系可得

$$v_B=\frac{v_A}{\sin\varphi}=\frac{\omega\cdot r}{\sin 60°}=\frac{2\sqrt{3}}{3}\omega r$$

当 $\varphi=0°$ 时，如图 6.11(c)所示，$\boldsymbol{v}_A$ 与 $\boldsymbol{v}_{BA}$ 均垂直于 AB，而 $\boldsymbol{v}_B$ 仍沿水平方向，将式(a)在水平方向投影，得 $v_B=0$，此时 $v_A=v_{BA}$。

当 $\varphi=90°$ 时，$\boldsymbol{v}_A$ 与 $\boldsymbol{v}_B$ 互相平行，而 $\boldsymbol{v}_{BA}$ 仍垂直于 AB，将式(a)在竖直方向投影，易得 $v_{BA}=0$，并有 $v_B=v_A=\omega\cdot r$，而 $v_{BA}=\overline{AB}\cdot\omega_{AB}=0$，故连杆 AB 的角速度为零，表明连杆 AB 在此瞬时做平动，杆上各点的速度相同，此瞬时杆的运动称为**瞬时平动**。

【例 6.2】　如图 6.12(a)所示的平面铰链机构。已知杆 O_1A 的角速度为 ω_1，杆 O_2B 的角速度为 ω_2，转向如图所示，且在图示瞬时，杆 O_1A 铅垂，杆 AC 和 O_2B 水平，而杆 BC 与铅垂方向的偏角为 30°，$\overline{O_2B}=b$，$\overline{O_1A}=\sqrt{3}b$，试求该瞬时点 C 的速度。

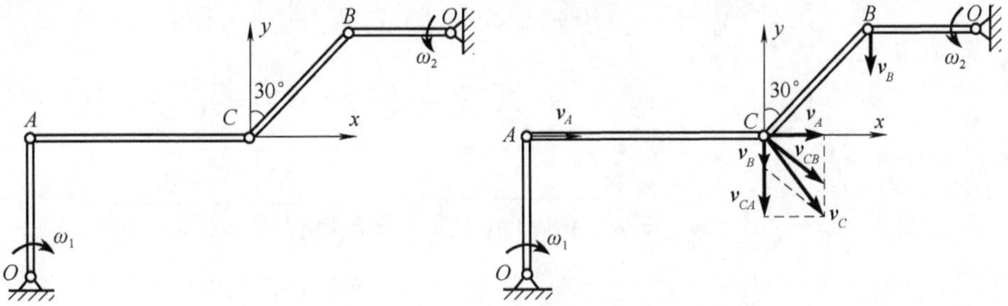

(a)　　　　(b)

6-8

图 6.12

解：(1)**运动分析**。杆 O_1A 和 O_2B 均做定轴转动，杆 AC 和 BC 均做平面运动。

(2)**速度分析**。点 A 和点 B 的速度如图 6.12(b)所示，点 C 的速度方向无法确定，但点 C 既是杆 AC 上的点也是杆 BC 上的点，为求其速度，运用基点法，可以 A 为基点求点 C 的速度或以点 B 为基点求点 C 的速度。

先求点 A 和点 B 的速度，易求得

$$v_A=\omega_1\overline{O_1A}=\sqrt{3}\omega_1 b \tag{a}$$

$$v_B=\omega_2\overline{O_2B}=\omega_2 b \tag{b}$$

$\boldsymbol{v}_A$ 和 $\boldsymbol{v}_B$ 的方向如图 6.12(b)所示。

以杆 AC 上的点 A 为基点，点 C 的速度矢量如图 6.12(b)所示，则点 C 的速度为

$$\begin{array}{lcccc} & \boldsymbol{v}_C & = & \boldsymbol{v}_A & + & \boldsymbol{v}_{CA} \\ \text{大小} & ? & & \sqrt{3}\omega_1 b & & ? \\ \text{方向} & ? & & \perp O_1A & & \perp AC \end{array} \tag{c}$$

式中，$\boldsymbol{v}_C$ 的大小和方向以及 $\boldsymbol{v}_{CA}$ 的大小未知，共三个未知量，故不能求解。但是点 C 也是杆 BC 上的点，可以点 B 为基点求点 C 的速度，速度矢量如图 6.11(b) 所示，并有如下关系：

$$\begin{array}{lcccc} & \boldsymbol{v}_C & = & \boldsymbol{v}_B & + & \boldsymbol{v}_{CB} \\ \text{大小} & ? & & \omega_2 b & & ? \\ \text{方向} & ? & & \perp O_2B & & \perp BC \end{array} \tag{d}$$

式中，$\boldsymbol{v}_C$ 的大小和方向以及 $\boldsymbol{v}_{CB}$ 的大小未知，也是三个未知量，不能求解。但如果比较式(c)和式(d)可得

$$\begin{array}{lccccccc} & \boldsymbol{v}_A & + & \boldsymbol{v}_{CA} & = & \boldsymbol{v}_B & + & \boldsymbol{v}_{CB} \\ \text{大小} & \sqrt{3}\omega_1 b & & ? & & \omega_2 b & & ? \\ \text{方向} & \perp O_1A & & \perp AC & & \perp O_2B & & \perp BC \end{array} \tag{e}$$

式中，只有 $\boldsymbol{v}_{CB}$ 和 $\boldsymbol{v}_{CA}$ 大小两个未知量，可以求解。因此，只要确定出 $\boldsymbol{v}_{CB}$ 和 $\boldsymbol{v}_{CA}$ 之一的大小即可由式(c)或式(d)求出 $\boldsymbol{v}_C$。选择求解 $\boldsymbol{v}_{CB}$，取 x、y 坐标系如图 6.11(b) 所示，将式(e)向与 $\boldsymbol{v}_{CA}$ 垂直的 x 轴投影，有

$$v_A = v_{CB}\cos 30^\circ$$

解得

$$v_{CB} = \frac{v_A}{\cos 30^\circ} = 2\omega_1 b$$

为求 $\boldsymbol{v}_C$，将式(d)分别向 x、y 轴投影，得

$$v_{Cx} = v_{Bx} + v_{CBx} = 0 + v_{CB}\cos 30^\circ = 2\omega_1 b \times \frac{\sqrt{3}}{2} = \sqrt{3}\omega_1 b$$

$$v_{Cy} = v_{By} + v_{CBy} = -v_B - v_{CB}\sin 30^\circ = -\omega_2 b - 2\omega_1 b \times \frac{1}{2} = -(\omega_1 + \omega_2)b$$

于是得 $\boldsymbol{v}_C$ 的大小为

$$v_C = \sqrt{v_{Cx}^2 + v_{Cy}^2} = b\sqrt{3\omega_1^2 + (\omega_1 + \omega_2)^2} = b\sqrt{4\omega_1^2 + 2\omega_1\omega_2 + \omega_2^2}$$

方向为

$$\tan(\boldsymbol{v}_C, \boldsymbol{x}) = \frac{v_{Cy}}{v_{Cx}} = \frac{-(\omega_1 + \omega_2)}{\sqrt{3}\omega_1}$$

即为所求。

6.3.2　求平面图形上各点速度的投影法

平面图形上任意两点的速度关系如图 6.13 所示，将式(6.3)向 $\overrightarrow{AB}$ 方向投影，得

$$[\boldsymbol{v}_B]_{AB} = [\boldsymbol{v}_A]_{AB} + [\boldsymbol{v}_{BA}]_{AB}$$

由于 $\boldsymbol{v}_{BA} \perp \overrightarrow{AB}$，$[\boldsymbol{v}_{BA}]_{AB} = 0$，故有

$$[\boldsymbol{v}_B]_{AB} = [\boldsymbol{v}_A]_{AB} \tag{6.4}$$

式(6.4)表明，点 A 和点 B 的速度在其连线上的投影相等，因此得到**速度投影定理：平面图形内任意两点的速度矢在其连线上的投影相等**，该定理说明了刚体上任意两点之间的距离

保持不变的特性。运用速度投影定理求解平面图形上点的速度的方法称为**速度投影法**。当已知平面图形上两点速度方向和一点速度大小求另一点速度大小时，应用速度投影法特别方便。

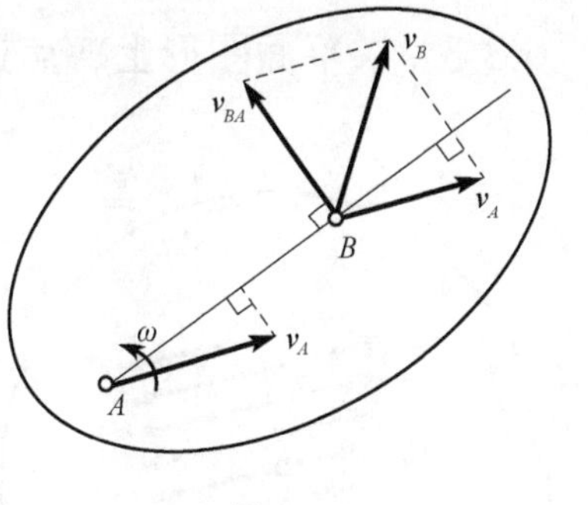

图 6.13

【例 6.3】　如图 6.14(a)所示的平面机构中，曲柄 OA 的长度为 10cm，以匀角速度 $\omega=2$rad/s 绕 O 轴转动。连杆 AB 通过铰链 B 带动摇杆 CD 绕 C 轴转动，并拖动轮 E 沿水平轨道做纯滚动。已知 $\overline{CD}=3\overline{CB}$，在图示位置，$A$、$B$、$E$ 三点在同一水平线上，且 $CD\perp ED$，试求此瞬时轮心点 E 的速度。

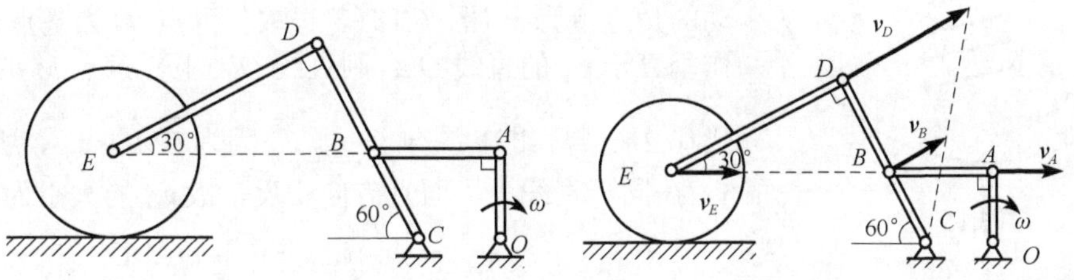

(a)　(b)

图 6.14

6-9

解：(1)**运动分析**。OA 杆和 CD 杆做定轴转动，AB 杆和 DE 杆及轮 E 做平面运动。

(2)**速度分析**。因 OA 杆和 CD 杆做定轴转动，所以点 A 的速度垂直于 OA，点 B、D 的速度垂直于 CD，轮心 E 始终沿水平方向运动，故点 E 的速度也为水平方向。A、B、D、E 各点的速度方向均为已知，如图 6.14(b)所示。

从已知条件开始，先求点 A 的速度为

$$v_A=\omega\overline{OA}=2\times0.1=0.2(\text{m/s})$$

由速度投影定理，A、B 两点的速度在 AB 连线上的投影相等，即

$$v_B\sin60^\circ=v_A$$

则得到点 B 的速度为

$$v_B=\frac{v_A}{\sin60^\circ}=0.23\text{m/s}$$

对于杆 CD，由于 $\overline{CD}=3\overline{CB}$，得到点 D 的速度为

$$v_D=\frac{v_B}{\overline{CB}}\overline{CD}=3v_B=0.69\text{m/s}$$

再次利用速度投影定理，将 $\boldsymbol{v}_D$ 和 $\boldsymbol{v}_E$ 向 DE 连线上投影，得

$$v_E\cos30^\circ=v_D$$

则得到点 E 的速度为

$$v_E=0.8\text{m/s}$$

即为所求。

6.3.3 求平面图形上各点速度的瞬心法

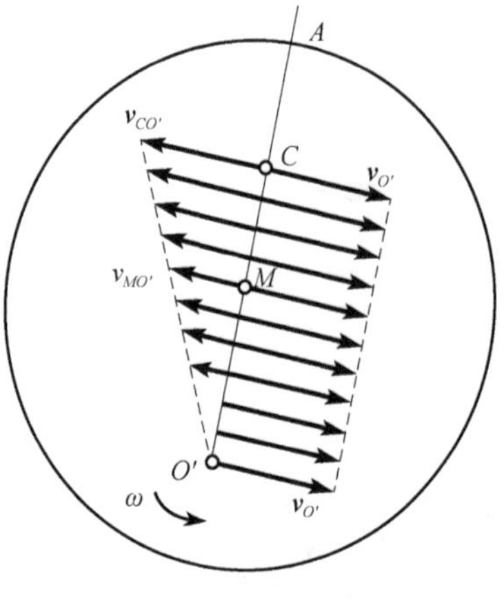

图 6.15

应用基点法求平面图形内任一点的速度时，基点是可以任意选取的。如果选用图形内瞬时速度为零的点作为基点，此时图形内任一点的速度就等于该点绕瞬时速度为零的基点转动的速度，这将使计算大大简化。**平面图形内某瞬时速度为零的点称为瞬时速度中心**，简称**速度瞬心**，下面证明速度瞬心的存在性和唯一性。

设在某瞬时，平面图形内任意点 O'的速度为 $\boldsymbol{v}_{O'}$，图形转动的角速度为 ω（图 6.15）。选取任意点 O'为基点，过点 O' 作垂直于 $\boldsymbol{v}_{O'}$ 的直线 $O'A$，则直线 $O'A$ 上任意点 M 的速度可按式(6.2)计算，即 $\boldsymbol{v}_M = \boldsymbol{v}_{O'} + \boldsymbol{v}_{MO'}$。因为 $\overrightarrow{O'A} \perp \boldsymbol{v}_{O'}$，所以 $\boldsymbol{v}_{MO'}$ 与 $\boldsymbol{v}_{O'}$ 在同一直线上，而且方向相反，故 $\boldsymbol{v}_M$ 的大小为

$$v_M = v_{O'} - v_{MO'} = v_{O'} - \omega \cdot \overline{MO'}$$

点 M 在垂线 $O'A$ 上的位置不同，$\boldsymbol{v}_M$ 的大小也不同。只要角速度 ω 不等于零，总可以找到一点 C，其瞬时速度等于零，即

$$v_C = v_{O'} - v_{CO'} = v_{O'} - \omega \cdot \overline{CO'} = 0 \tag{6.5}$$

这一点就是该瞬时平面图形的**速度瞬心**。由于 $\boldsymbol{v}_{O'}$ 的垂线 $O'A$ 是唯一的，速度瞬心在垂线 $O'A$ 上也是唯一的，所以平面图形的速度瞬心是唯一的，至此证明了速度瞬心的存在性和唯一性。

由式(6.5)，速度瞬心 C 到 O'的距离 $\overline{CO'}$ 为

$$\overline{CO'} = \frac{v_{O'}}{\omega} \tag{6.6}$$

如果在基点法中取速度瞬心 C 为基点，则平面图形内任一点 M 的速度为

$$\boldsymbol{v}_M = \boldsymbol{v}_C + \boldsymbol{v}_{MC} = \boldsymbol{v}_{MC} \tag{6.7}$$

式中，$\boldsymbol{v}_{MC} = \omega \cdot \overline{MC}$，方向垂直于 MC，指向与 ω 转动方向一致。这意味着平面图形上点的速度就等于动点相对于瞬心转动的相对速度，如图 6.16 所示。这样确定了速度瞬心的位置后，平面图形在该瞬时的运动就变成了绕瞬心的定轴转动。由于平面图形速度瞬心的位置是随时间而改变的，平面图形的运动可以看作绕着一系列速度瞬心的定轴转动，即复杂的平面运动变成了简单的定轴转动。但要特别注意，这只针对速度分析，不包含加速度分析。

找到平面图形瞬心后求出平面图形内各点速度的方法称为**瞬时速度中心法**，简称**速度瞬心法**或**瞬心法**，即**平面图形内各点的速度大小与该点到速度瞬心的距离成正比，方向垂直于该点与速度瞬心的连线，指向与角速度转向一致。**

平面图形上各点的速度分布如图 6.17 所示，即平面图形在该瞬时以角速度 ω 绕速度瞬心 C 做定轴转动的速度分布。

综上所述，利用瞬心法，只要确定平面图形在某一瞬时的速度瞬心位置和角速度，就可很方便地确定平面图形内任一点的速度大小和方向。那么如何确定平面图形的速度瞬心位置呢？除了通过式(6.6)计算外，下面分几种平面运动情况来讨论常用的速度瞬心确定方法，该方法主要利用了如图 6.17 所示的平面图形上各点的速度方向及分布特征。

(1) 已知平面图形内 A、B 两点的速度方向，且 $\boldsymbol{v}_A$ 和 $\boldsymbol{v}_B$ 互不平行，如图 6.18 所示。分别过 A、B 两点作 $\boldsymbol{v}_A$ 和 $\boldsymbol{v}_B$ 的垂线，两条垂线的交点 C 就是图形的速度瞬心。此时图形转动角速度为

6-10

$$\omega = \frac{v_A}{AC} = \frac{v_B}{BC}$$

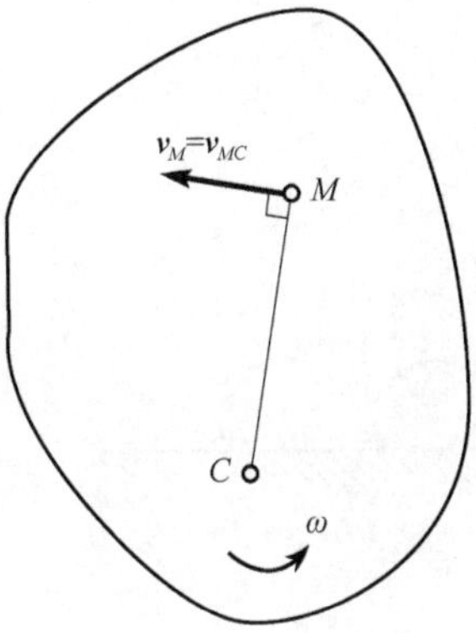

图 6.16

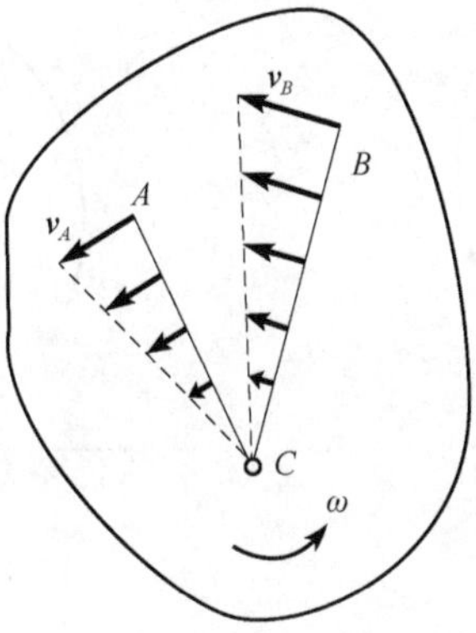

图 6.17

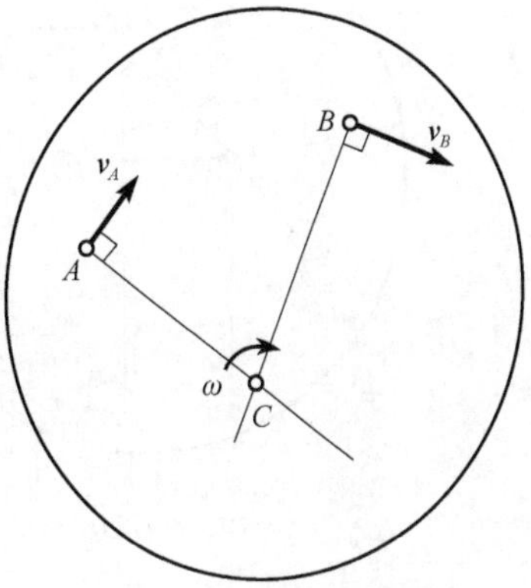

图 6.18

(2) 已知平面图形内 A、B 两点的速度相互平行，大小不等，并且速度的方向垂直于两点连线 AB，方向相同［图 6.19(a)］或方向相反［图 6.19(b)］，根据速度的线性分布特征，速度瞬心必定在连线 AB 与速度矢量 $\boldsymbol{v}_A$ 和 $\boldsymbol{v}_B$ 端点连线的交点 C 上。

6-11

6-12

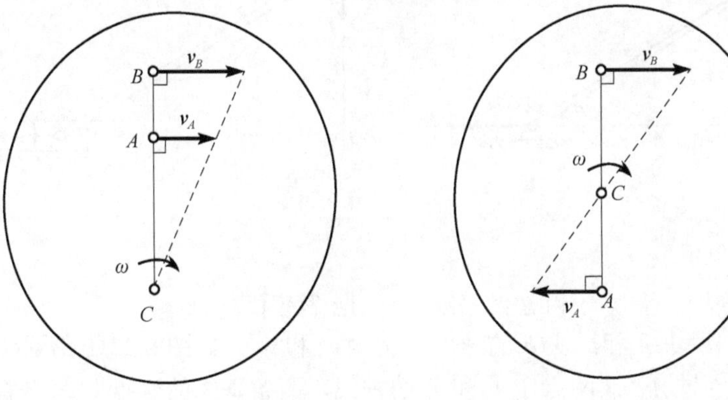

(a)　　(b)

图 6.19

(3) 已知平面图形内 A、B 两点的速度 $\boldsymbol{v}_A$ 和 $\boldsymbol{v}_B$ 相互平行，但速度的方向不垂直于两点连线 AB(图 6.20)。此时作两速度的垂线，它们无交点，即速度瞬心在无穷远处。由 $\boldsymbol{v}_{AC} = \omega \cdot \overline{AC}$ 可知，该瞬时平面图形的角速度 $\omega = 0$。又由速度投影定理可知，此时 $\boldsymbol{v}_A = \boldsymbol{v}_B$，表明该瞬时图形内各点的速度都相同，速度分布与刚体平动时一样，故将此瞬时的平动称为**瞬时平动**。应当注意，平面图形的平动只在此瞬时出现，在下一瞬时，角速度必将改变。相应地，各点速度也会改变，也就是说虽然各点在此瞬时的速度相同，但各点的加速度不同，图形的角加速度不等于零。例如，例 6.1 中，当 φ 为 90° 时，$\boldsymbol{v}_A = \boldsymbol{v}_B$，但是，$\boldsymbol{a}_A \neq \boldsymbol{a}_B$，$\alpha \neq 0$。

(4) 平面图形沿某一固定表面做无滑动滚动时，其与固定表面的接触点 C 就是图形的速度

瞬心。因为在此瞬时，点 C 相对于固定表面的速度为零，所以其绝对速度为零。如图 6.21 所示的在水平地面滚动的车轮，在不同的瞬时，轮缘上的点相继与地面接触，成为各瞬时车轮的速度瞬心。

6-13

6-14

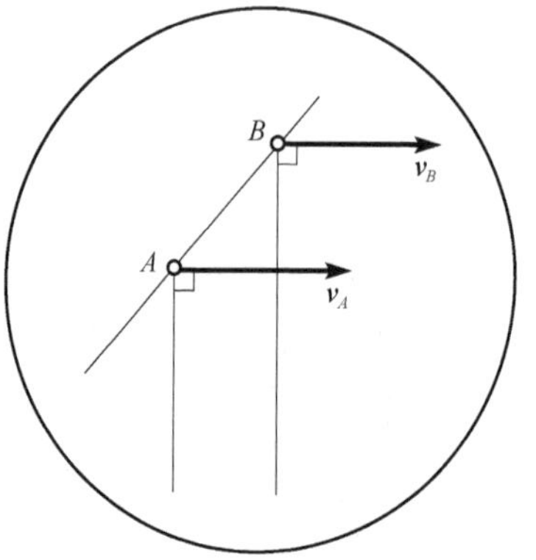

图 6.20

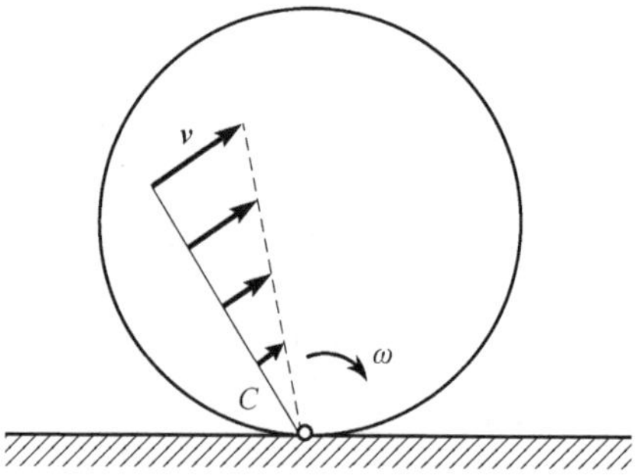

图 6.21

【例 6.4】　椭圆规尺的 A 端以速度 $\boldsymbol{v}_A$ 沿 x 轴的正向运动，如图 6.22(a)所示，$\overline{AB}=l$。试求规尺 AB 的角速度以及 B 端的速度。

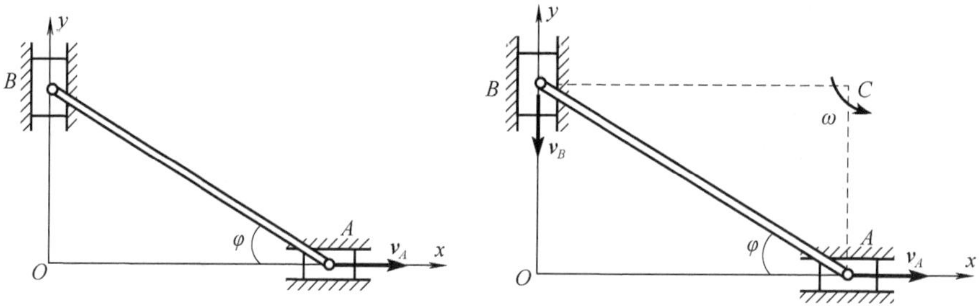

(a)　　　　(b)

图 6.22

解：(1)**运动分析**。滑块 A 和 B 做平动，杆 AB 做平面运动。

(2)**速度分析**。滑块 A 和滑块 B 的速度分别为 $\boldsymbol{v}_A$ 和 $\boldsymbol{v}_B$，如图 6.22(b)所示。采用瞬心法，先找速度瞬心。分别过 A、B 两点作 $\boldsymbol{v}_A$ 和 $\boldsymbol{v}_B$ 的垂线，两条垂线的交点 C 就是杆 AB 在此瞬时的速度瞬心，如图 6.22(b)所示。于是杆 AB 的角速度 ω 为

$$\omega=\frac{v_A}{\overline{AC}}=\frac{v_A}{l\sin\varphi}$$

而滑块 B 的速度为

$$v_B=\omega\overline{BC}=\frac{v_A}{l\sin\varphi}l\cos\varphi=v_A\cot\varphi$$

【例 6.5】　如图 6.23(a)所示的平面机构中，曲柄 OA 以匀角速度 ω 绕 O 轴顺时针转动，若 $\overline{OA}=\overline{AB}=r$，$\overline{BD}=\sqrt{3}r$，在图示瞬时，$O$、$B$、$C$ 三点在同一铅垂线上，试用瞬心法求此瞬时点 B 和点 C 的速度。

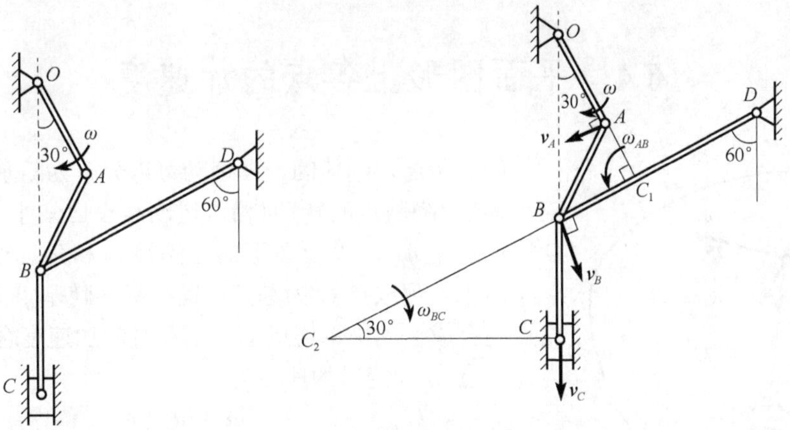

(a)　　　　　　(b)

图 6.23

6-15

解：(1)**运动分析**。*AB* 杆和 *BC* 杆做平面运动，*OA* 杆和 *BD* 杆做定轴转动。

(2)**速度分析**。*OA* 杆和 *BD* 杆做定轴转动，所以 *A*、*B* 两点的速度分别垂直于 *OA* 杆和 *BD* 杆，而滑块 *C* 沿铅垂方向运动，点 *C* 速度也沿铅垂方向。*AB* 杆上 *A*、*B* 两点的速度方向如图 6.23(b)所示，分别过 *A*、*B* 两点作 $\boldsymbol{v}_A$ 和 $\boldsymbol{v}_B$ 的垂线，所得交点 C_1 即为 *AB* 杆的速度瞬心，并且有

$$\overline{AC_1} = \overline{AB}\sin 30° = \frac{r}{2}$$

$$\overline{BC_1} = \overline{AB}\cos 30° = \frac{\sqrt{3}r}{2}$$

所以 *AB* 杆的角速度为

$$\omega_{AB} = \frac{v_A}{AC_1} = 2\omega \quad \text{(逆时针方向)}$$

则点 *B* 的速度为

$$v_B = \omega_{AB} \cdot \overline{BC_1} = 2\omega \cdot \frac{\sqrt{3}r}{2} = \sqrt{3}\omega \cdot r$$

方向如图 6.23(b)所示。

现在分析杆 *BC*，点 *C* 的速度如图 6.23(b)所示，分别过点 *B* 和点 *C* 作 $\boldsymbol{v}_B$ 和 $\boldsymbol{v}_C$ 的垂线，所得交点 C_2 即为杆 *BC* 的速度瞬心。杆 *BC* 的角速度为

$$\omega_{BC} = \frac{v_B}{\overline{BC_2}} \text{(顺时针方向)}$$

则点 *C* 的速度为

$$v_C = \omega_{BC} \cdot \overline{CC_2} = \frac{v_B}{\overline{BC_2}} \cdot \overline{CC_2} = v_B \cos 30° = \frac{3}{2}\omega \cdot r$$

方向如图 6.23(b)所示。

6.4　平面图形上各点的加速度

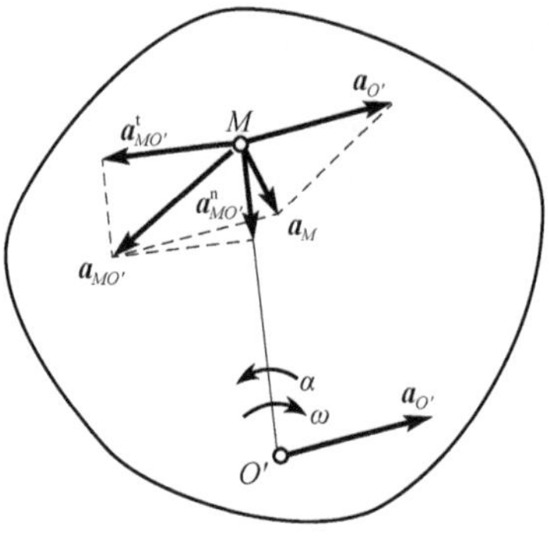

图 6.24

如前所述，刚体的平面运动可以分解为随基点的平动(牵连运动)和绕基点的转动(相对运动)。设已知平面图形内某点 O'的加速度 $\boldsymbol{a}_{O'}$，以及图形的角速度 ω 和角加速度 α，如图 6.24 所示。现取点 O'为基点，动坐标系随基点 O'平动，则根据点的合成运动中牵连运动为平动时的加速度合成定理，图形内任一点 M 的绝对加速度为

$$\boldsymbol{a}_{\mathrm{a}}=\boldsymbol{a}_{\mathrm{e}}+\boldsymbol{a}_{\mathrm{r}}$$

式中，牵连加速度 $\boldsymbol{a}_{\mathrm{e}}=\boldsymbol{a}_{O'}$；相对加速度 $\boldsymbol{a}_{\mathrm{r}}$ 就是点 M 相对于基点 O'的加速度 $\boldsymbol{a}_{MO'}$，可分解为相对切向加速度 $\boldsymbol{a}^{\mathrm{t}}_{MO'}$ 和相对法向加速度 $\boldsymbol{a}^{\mathrm{n}}_{MO'}$，则点 M 的加速度为

$$\boldsymbol{a}_M=\boldsymbol{a}_{O'}+\boldsymbol{a}^{\mathrm{t}}_{MO'}+\boldsymbol{a}^{\mathrm{n}}_{MO'} \tag{6.8}$$

式中，$\boldsymbol{a}^{\mathrm{t}}_{MO'}=\overline{MO'}\cdot\alpha$；$\boldsymbol{a}^{\mathrm{n}}_{MO'}=\overline{MO'}\cdot\omega^2$，即**平面图形内任一点的加速度等于基点的加速度与该点绕基点转动的切向加速度和法向加速度的矢量和。**

式(6.8)是一个矢量方程，可以向两正交坐标轴上投影，得到两个相互独立的代数方程，用于求解 2 个未知量。

【例 6.6】　在例 6.4 中，如果已知 A 端的加速度 $\boldsymbol{a}_A$ 沿 x 轴的正方向运动，如图 6.25(a)，所示试求滑块 B 的加速度和规尺 AB 转动的角加速度。

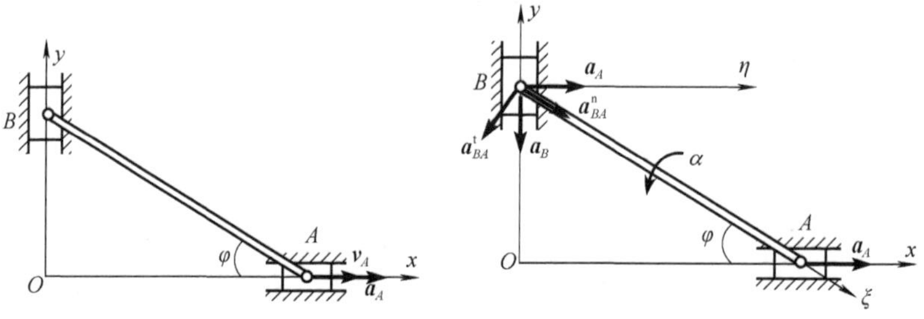

(a)　　　　(b)

图 6.25

解：运动分析和速度分析同例 6.4，ω 已求出，现进行加速度分析。

以点 A 为基点，由式(6.8)，点 B 的加速度为

	$\boldsymbol{a}_B$	=	$\boldsymbol{a}_A$	+	$\boldsymbol{a}^{\mathrm{t}}_{BA}$	+	$\boldsymbol{a}^{\mathrm{n}}_{BA}$	(a)
大小	?		a_A		?		$l\omega^2$	
方向	铅垂方向		水平向右		$\perp AB$		由 B 指向 A	

式中，只有两个未知量，可以求解。

将式(a)投影到与 $\boldsymbol{a}^{\mathrm{t}}_{BA}$ 垂直的 ξ 轴上，得到

$$a_B\sin\varphi=a_A\cos\varphi+a^{\mathrm{n}}_{BA} \tag{b}$$

将式(a)投影到与 $\boldsymbol{a}_B$ 垂直的 η 轴上，得到

$$0 = a_A - a_{BA}^{\mathrm{t}} \sin\varphi + a_{BA}^{\mathrm{n}} \cos\varphi \tag{c}$$

由式(b)解得滑块 B 的加速度为

$$a_B = a_A \cot\varphi + (l\omega^2 / \sin\varphi)$$

由式(c)解得

$$a_{BA}^{\mathrm{t}} = \frac{a_A + l\omega^2 \cos\varphi}{\sin\varphi}$$

则 AB 转动的角加速度为

$$\alpha = \frac{a_{BA}^{\mathrm{t}}}{l} = \frac{a_A + l\omega^2 \cos\varphi}{l\sin\varphi} \quad \text{(逆时针)}$$

【例 6.7】　如图 6.26(a)所示，车轮在水平直线轨道上做纯滚动。已知车轮半径为 R，轮心 O 的速度为 $\boldsymbol{v}_O$，加速度为 $\boldsymbol{a}_O$，试求车轮边缘上点 A、B、C、D 的加速度。

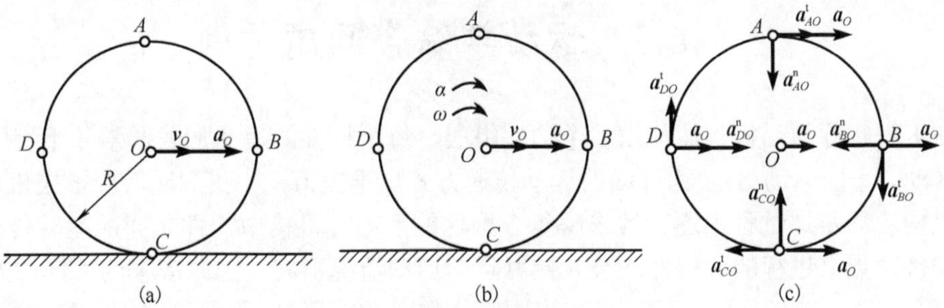

图 6.26

解：车轮做平面运动。车轮与水平面的接触点 C 为速度瞬心，$v_C = 0$。车轮转动的角速度为

$$\omega = \frac{v_O}{R}$$

而角加速度为

$$\alpha = \frac{\mathrm{d}\omega}{\mathrm{d}t} = \frac{1}{R} \cdot \frac{\mathrm{d}v_O}{\mathrm{d}t}$$

因为轮心 O 做直线运动，所以其速度对时间的一阶导数等于该点的加速度，于是有

$$\alpha = \frac{a_O}{R} \text{(顺时针方向)}$$

如图 6.26(b)所示，由于点 O 的加速度已知，因此取点 O 为基点，由式(6.8)，车轮边缘 A 的加速度为

$$\boldsymbol{a}_A = \boldsymbol{a}_O + \boldsymbol{a}_{AO}^{\mathrm{t}} + \boldsymbol{a}_{AO}^{\mathrm{n}} \tag{a}$$

	$\boldsymbol{a}_A$	$\boldsymbol{a}_O$	$\boldsymbol{a}_{AO}^{\mathrm{t}}$	$\boldsymbol{a}_{AO}^{\mathrm{n}}$
大小	?	a_O	$\alpha R = a_O$	$R\omega^2 = \dfrac{v_O^2}{R}$
方向	?	水平向右	水平向右	铅垂向下

将式(a)分别沿水平和铅垂两个方向投影，求出 $\boldsymbol{a}_A$ 的两个分量，然后求其矢量和，最终得

$$a_A = \sqrt{\left(a_{AO}^{\mathrm{n}}\right)^2 + \left(a_O + a_{AO}^{\mathrm{t}}\right)^2} = \sqrt{\frac{v_O^4}{R^2} + 4a_O^2}$$

同理可求出其他三点的加速度，如图 6.26(c)所示，结果如下：

$$a_B=\sqrt{\left(a_{BO}^{\mathrm{t}}\right)^2+\left(a_O-a_{AO}^{\mathrm{n}}\right)^2}=\sqrt{\frac{v_O^4}{R^2}+2a_O\left(a_O-\frac{v_O^2}{R}\right)}$$

$$a_C=\frac{v_O^2}{R}$$

$$a_D=\sqrt{\left(a_{DO}^{\mathrm{t}}\right)^2+\left(a_O+a_{DO}^{\mathrm{n}}\right)^2}=\sqrt{\frac{v_O^4}{R^2}+2a_O\left(a_O+\frac{v_O^2}{R}\right)}$$

从以上结果可以看出，速度瞬心点 C 的速度虽然为零，但是其加速度并不为零。因此，**平面运动中，速度为零的点，其加速度不一定为零。**

由以上各例可以看出，用基点法求平面图形内任一点的加速度的步骤和用基点法求速度的步骤是相同的。但式(6.8)中有 4 个量、8 个要素，通常要采用投影的方法求解。

6.5　运动学综合问题示例

在工程实际中，机构往往由多个构件组成，每个构件的运动形式通常各不相同(有平动、定轴转动、平面运动等)，构件间的运动传递方式也千差万别。我们通常要根据机构设计的要求在机构运动传递过程中逐一地求解每个构件的运动。机构中构件之间的运动传递通常是通过公共接触点来进行的，构件在公共接触点的运动情况不同，因此应采用不同的方法。

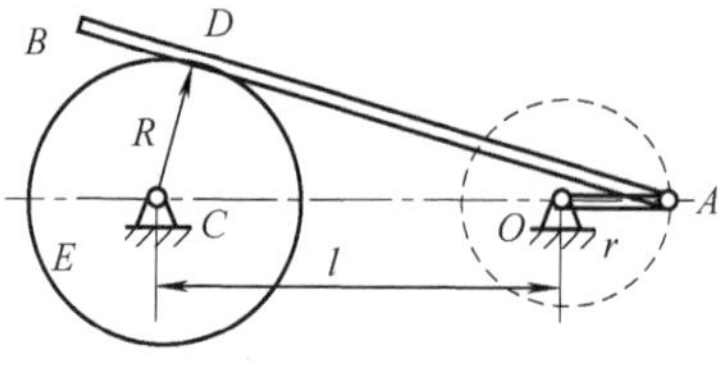

图 6.27

例如，如图 6.27 所示的平面机构中，机构由曲柄 OA、齿条 AB 及齿轮 E 组成，曲柄 OA 绕轴 O 转动，求轮 E 的角加速度。显然，曲柄和轮做定轴转动，齿条做平面运动。曲柄通过公共接触点，即铰链 A 将运动传递给齿条，齿条通过接触点 D 将运动传递给轮 E。在铰链 A 处，两构件具有完全相同的运动；而在接触点 D 处，由于两构件的运动不同，其速度相同而加速度不同，求解过程将综合运用点的合成运动和刚体平面运动方法。由点 A 的运动求点 D 的运动时应采用平面运动的方法求解，而由齿条上点 D 的运动求解轮 E 上点 D 的运动时宜采用点的合成运动法，这类问题就是综合运用问题。对于这类问题，通常要根据各构件的运动特征和连接方式找到已知量和待求量之间的联系，采用适当的方法进行求解。下面通过几个例子来说明运动学综合问题的分析。

【例 6.8】　如图 6.28(a)所示，曲柄 OA 以角速度 $\omega=2\mathrm{rad/s}$ 绕轴 O 顺时针转动，带动等边三角形板 ABC 做平面运动。板上点 B 与 O_1B 杆铰接，点 C 与套筒铰接，而套筒可在绕轴 O_2 转动的杆 O_2D 上滑动。已知，$\overline{OA}=\overline{AB}=\overline{BC}=\overline{CA}=\overline{O_2C}=1\mathrm{m}$，当 OA 水平，$AB\,//\,O_2D$，O_1B 与 BC 在同一直线上时，求杆 O_2D 转动的角速度 ω_2。

解：(1)**运动分析**。杆 OA、O_1B 和 O_2D 做定轴转动，等边三角形板 ABC 做平面运动，而套筒 C 沿杆 O_2D 滑动同时带动杆 O_2D 做定轴转动。

(2)**速度分析**。三角板上点 A 和点 B 的速度方向如图 6.28(b)所示，并可由已知条件求出点 A 的速度大小为

$$v_A=\omega\cdot\overline{OA}=2\,\mathrm{m/s}$$

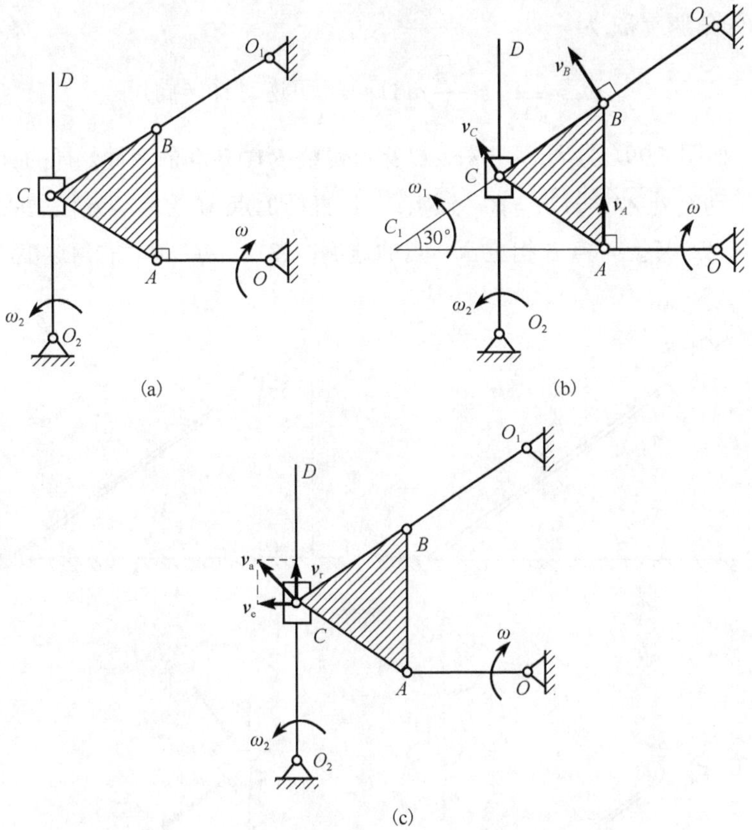

图 6.28

三角形板 ABC 做平面运动，为求点 C 速度，采用瞬心法。分别过 A、B 两点作 $\boldsymbol{v}_A$ 和 $\boldsymbol{v}_B$ 的垂线，得交点 C_1，即为该瞬时三角形板 ABC 的速度瞬心。由此可得到三角形板 ABC 的角速度为

$$\omega_1 = \frac{v_A}{\overline{AC_1}}$$

式中，$\overline{AC_1} = \sqrt{3}\text{m}$，而 $\overline{CC_1} = 1\text{m}$，则点 C 的速度为

$$v_C = \omega_1 \cdot \overline{CC_1} = v_A \frac{\overline{CC_1}}{\overline{AC_1}} = \frac{2\sqrt{3}}{3}\text{m/s}$$

方向如图 6.28(b) 所示。

欲求杆 O_2D 转动的角速度，需要求杆 O_2D 上与点 C 重合的点的速度。因此，采用点的合成运动方法。取套筒 C 为动点，以杆 O_2D 为动坐标系，速度分析如图 6.28(c) 所示，此时点 C 的绝对速度即为 v_C，由点的速度合成定理列出点的速度矢量方程：

	$\boldsymbol{v}_a$	=	$\boldsymbol{v}_e$	+	$\boldsymbol{v}_r$
大小	v_C		?		?
方向	$\perp BC$		$\perp O_2D$		铅垂向上

根据题意，待求量为牵连速度 $\boldsymbol{v}_e$ 的大小，由速度平行四边形中的三角关系可得

$$v_e = v_a \cos 60^\circ = \frac{\sqrt{3}}{3}\text{m/s}$$

则杆 O_2D 转动的角速度 ω_2 为

$$\omega_2 = \frac{v_e}{\overline{O_2C}} = \frac{\sqrt{3}}{3}\text{rad/s} \qquad \text{(逆时针转向)}$$

【例 6.9】 如图 6.29(a)所示，直杆 AC 穿过可绕 B 轴转动的套筒。杆的 A 端以匀速 $\boldsymbol{v}_A$ 沿水平直线轨道运动，若 $\overline{AM} = \overline{OB} = a$，试求：(1)直杆上点 M 的运动方程(表示为角度 φ 的函数)和轨迹方程；(2)杆上与点 B 相重合一点的速度；(3)杆 AC 转动的角速度和套筒转动的角加速度。

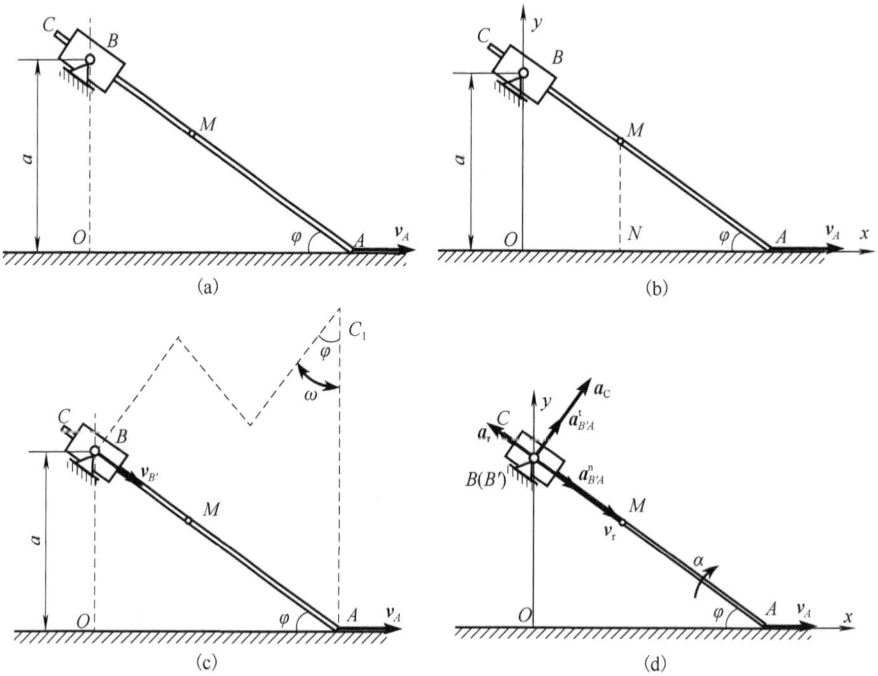

图 6.29

解：(1)以点 O 为原点建立直角坐标系，如图 6.29(b)所示，过点 M 作 x 轴的垂线，得交点 N，则点 M 的运动方程为

$$x = \overline{OA} - \overline{AN} = \frac{\overline{OB}}{\tan\varphi} - \overline{AM}\cos\varphi = \frac{a}{\tan\varphi} - a\cos\varphi \tag{a}$$

$$y = \overline{MN} = \overline{AM}\sin\varphi = a\sin\varphi \tag{b}$$

将运动方程中的变量 φ 消去就得到轨迹方程，将式(a)两边平方，得

$$x^2 = a^2\cos^2\varphi\left(\frac{1}{\sin\varphi} - 1\right)^2 \tag{c}$$

将式(b)写成

$$\sin\varphi = \frac{y}{a}$$

代入式(c)，得

$$x^2y^2 = \left(a^2 - y^2\right)\left(a - y\right)^2$$

即为点 M 的轨迹方程。

(2)因杆 AC 做平面运动，为求杆上与点 B 相重合一点的速度(设为 $\boldsymbol{v}_{B'}$)，先要求杆 AC 转动的角速度。采用瞬心法，分别过点 A 和点 B 作 $\boldsymbol{v}_A$ 和 $\boldsymbol{v}_{B'}$ 的垂线，得此瞬时杆 AC 的速度瞬心 C_1，如图 6.29(c)所示，则杆 AC 转动的角速度为

$$\omega = \frac{v_A}{\overline{AC_1}} = \frac{v_A}{\overline{AB}/\sin\varphi} = \frac{v_A}{(a/\sin\varphi)/\sin\varphi} = \frac{v_A}{a}\sin^2\varphi \quad \text{(逆时针转向)}$$

杆上与点 B 相重合一点的速度为

$$v_{B'} = \omega \cdot \overline{BC_1} = \frac{\overline{BC_1}}{\overline{AC_1}} v_A = v_A \cos\varphi$$

方向如图 6.29(c)所示。

(3)套筒和杆 AC 之间只有相对滑动，而没有相对转动，所以要求套筒转动的角加速度，也就是求杆 AC 转动的角加速度。因此，需先求出杆 AC 上与点 B 相重合的点 B' 的切向加速度。采用基点法，以点 A 为基点，点 B' 的加速度如图 6.29(d)所示，由牵连运动为平动时的加速度合成定理可得，点 B' 的加速度矢量方程为

	$\boldsymbol{a}_{B'}$	=	$\boldsymbol{a}_A$	+	$\boldsymbol{a}_{B'A}^{\mathrm{t}}$	+	$\boldsymbol{a}_{B'A}^{\mathrm{n}}$	(d)
大小	?		0		?		$\omega^2 \cdot \overline{B'A}$	
方向	?		无		$\perp B'A$		$B' \to A$	

方程中有 3 个未知量，不能求解。

考虑到套筒 B 与杆 AC 之间的相对运动，采用点的合成运动方法寻找点 B' 的各加速度间的关系。以杆 AC 上与点 B 相重合的点 B' 的为动点，以套筒为动坐标系，各加速度如图 6.29(d)所示，由牵连运动为定轴转动时的加速度合成定理可得

	$\boldsymbol{a}_{\mathrm{a}}$	=	$\boldsymbol{a}_{\mathrm{e}}$	+	$\boldsymbol{a}_{\mathrm{r}}$	+	$\boldsymbol{a}_C$	(e)
大小	?		0		?		$2\omega v_{\mathrm{r}}$	
方向	?		无		$B'A$		$\perp B'A$	

因套筒中心不动，所以其牵连加速度 $\boldsymbol{a}_{\mathrm{e}} = 0$，式(e)中 $v_{\mathrm{r}} = v_{B'}$，方程中同样有 3 个未知量，不能求解。比较式(d)和式(e)，两式中 $\boldsymbol{a}_{B'}$ 和 $\boldsymbol{a}_a$ 都是杆 AC 上与套筒重合的点的加速度，故有

	$\boldsymbol{a}_A$	+	$\boldsymbol{a}_{B'A}^{\mathrm{t}}$	+	$\boldsymbol{a}_{B'A}^{\mathrm{n}}$	=	$\boldsymbol{a}_{\mathrm{e}}$	+	$\boldsymbol{a}_{\mathrm{r}}$	+	$\boldsymbol{a}_C$	(f)
大小	0		?		$\omega^2 \overline{B'A}$		0		?		$2\omega v_{\mathrm{r}}$	
方向	无		$\perp B'A$		$B' \to A$		无		$B'A$		$\perp B'A$	

此时，式(f)中只有 2 个未知量，可以求解。将式(f)沿 $\boldsymbol{a}_{B'A}^{\mathrm{t}}$ 方向投影，得

$$a_{B'A}^{\mathrm{t}} = a_C$$

则

$$a_{B'A}^{\mathrm{t}} = a_C = 2\omega v_{\mathrm{r}} = 2\frac{v_A}{a}\sin^2\varphi v_A \cos\varphi = 2\frac{v_A^2}{a}\sin^2\varphi\cos\varphi$$

套筒转动的角加速度为

$$\alpha = \frac{a_{B'A}^{\mathrm{t}}}{\overline{B'A}} = 2\frac{v_A^2}{a^2}\sin^3\varphi\cos\varphi \ \text{(顺时针转向)}$$

以上的例子中必须同时采用两种以上方法联合求解某些问题，此外，还有一些问题可以采用多种方法求解，如例 6.10。

【例 6.10】 在水平面上运动的直角三角形物块，倾角为 45°，速度为 $\boldsymbol{v}$，加速度为 $\boldsymbol{a}$，半径为 r 的轮 A 在三角形物块上做纯滚动，杆 AB 在铅垂轨道中上下运动。求轮 A 的角速度、角加速度和杆 AB 的速度、加速度。

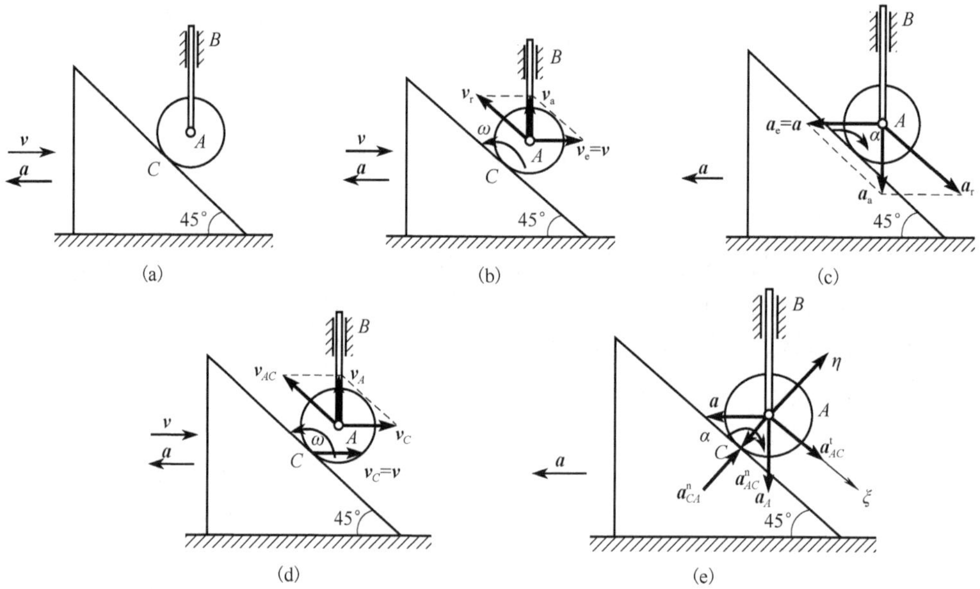

图 6.30

解： 三角形物块及杆 AB 做平动，轮 A 做纯滚动，为平面运动。此问题可以单独使用点的合成运动分析方法和刚体的平面运动分析方法来求解。

(1) 点的合成运动分析方法。

为求点 A 的速度，以轮心点 A 为动点，以三角形物块为动坐标系，速度分析如图 6.30(b) 所示，由点的速度合成定理可得

	$\boldsymbol{v}_A$ =	$\boldsymbol{v}_\mathrm{a}$ =	$\boldsymbol{v}_\mathrm{e}$ +	$\boldsymbol{v}_\mathrm{r}$
大小		?	v	?
方向		铅垂向上	水平向右	沿斜面向上

由图 6.30(b) 所示的速度平行四边形中的几何关系可得，杆 AB 的速度为

$$v_{AB} = v_A = v_\mathrm{a} = v_\mathrm{e}\tan 45^\circ = v$$

而轮 A 相对于三角形物块的速度为

$$v_\mathrm{r} = v_\mathrm{e} / \cos 45^\circ = \sqrt{2}v$$

则轮 A 转动的角速度为

$$\omega = \frac{v_\mathrm{r}}{r} = \frac{\sqrt{2}v}{r} \quad \text{（逆时针方向）}$$

牵连加速度就是三角形物块的加速度，假设相对运动沿斜面方向向下，各加速度方向如图 6.30(c) 所示，由牵连运动为平动的加速度合成定理可得

	$\boldsymbol{a}_A$ =	$\boldsymbol{a}_\mathrm{a}$ =	$\boldsymbol{a}_\mathrm{e}$ +	$\boldsymbol{a}_\mathrm{r}$
大小		?	a	?
方向		铅垂向下	水平向左	沿斜面向下

由几何关系解得

$$a_{AB}=a_A=a_a=a_e\tan 45^\circ=a$$

$$a_r=a_e/\cos 45^\circ=\sqrt{2}a$$

而轮 A 相对于三角形物块的角加速度为

$$\alpha=\frac{a_r}{r}=\frac{\sqrt{2}a}{r}\quad（顺时针方向）$$

(2)刚体的平面运动分析方法。

轮 A 做平面运动，轮上点 C 相对于三角形物块无滑动，轮上点 C 的速度和三角形物块的速度相同。取轮上的点 C 为基点，求轮心 A 的速度，有

	$\boldsymbol{v}_A$	=	$\boldsymbol{v}_C$	+	$\boldsymbol{v}_{AC}$
大小	?		v		?
方向	铅垂向上		水平向右		沿斜面向上

由图6.30(d)所示的速度平行四边形中的几何关系可得，杆 AB 的速度为

$$v_{AB}=v_A=v_C\tan 45^\circ=v$$

而 A 点绕点 C 转动的速度为

$$v_{AC}=\frac{v_C}{\cos 45^\circ}=\sqrt{2}v$$

则轮 A 转动的角速度为

$$\omega=\frac{v_{AC}}{r}=\frac{\sqrt{2}v}{r}\quad（逆时针方向）$$

利用求解平面运动加速度的基点法，以轮上点 C 为基点，求轮心点 A 的加速度，如图6.30(e)所示。因轮 A 相对于三角形物块无滑动，因此轮上点 C 的加速度为 $\boldsymbol{a}_C=\boldsymbol{a}+\boldsymbol{a}_{CA}^{n}$，其中 $\boldsymbol{a}_{CA}^{n}=\omega^2 r=\dfrac{2v^2}{r}$，有

$\boldsymbol{a}_A=\boldsymbol{a}_C+\boldsymbol{a}_{AC}^{t}+\boldsymbol{a}_{AC}^{n}$	=	$\boldsymbol{a}$	+	$\boldsymbol{a}_{CA}^{n}$	+	$\boldsymbol{a}_{AC}^{t}$	+	$\boldsymbol{a}_{AC}^{n}$
大小	?	a		$2v^2/r$		?		$2v^2/r$
方向	铅垂向下	水平向左		⊥斜面		沿斜面向下		⊥斜面

将加速度矢量方程沿 η 轴投影，得 AB 杆的加速度为

$$-a_A\cos 45^\circ=-a\sin 45^\circ$$

$$a_{AB}=a_A=a$$

沿 ξ 轴投影，有

$$a_A\sin 45^\circ=-a\cos 45^\circ+a_{AC}^{t}$$

得

$$a_{AC}^{t}=\sqrt{2}a$$

而轮 A 相对于三角形物块的角加速度为

$$\alpha=\frac{a_{AC}^{t}}{r}=\frac{\sqrt{2}a}{r}\quad（顺时针方向）$$

思　考　题

6-1　如思图 6.1 所示，刚体上 A、B 两点的速度方向可能是这样吗？

6-2　下列各题的计算过程中有没有错误？为什么错？

(1) 如思图 6.2 所示，已知 v_B，则

$$v_{BA} = v_B \sin\alpha$$

所以 $\omega_{AB} = \dfrac{v_{BA}}{AB}$。

(2) 如思图 6.3 所示，已知 $\boldsymbol{v}_B = \boldsymbol{v}_A + \boldsymbol{v}_{BA}$，则速度平行四边形如思图 6.3 所示。

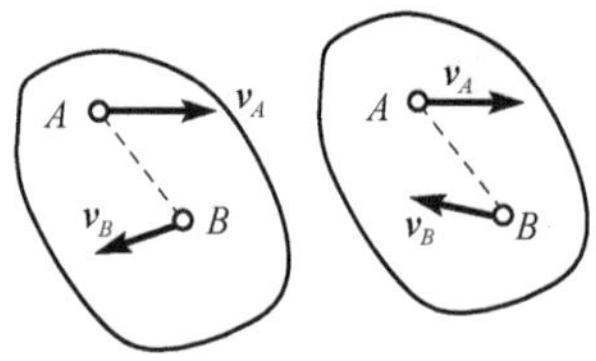

思图 6.1

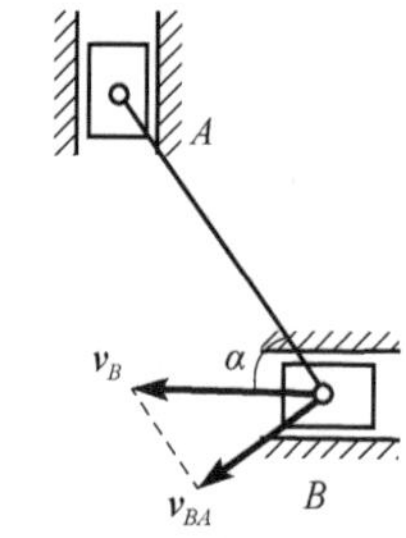

思图 6.2

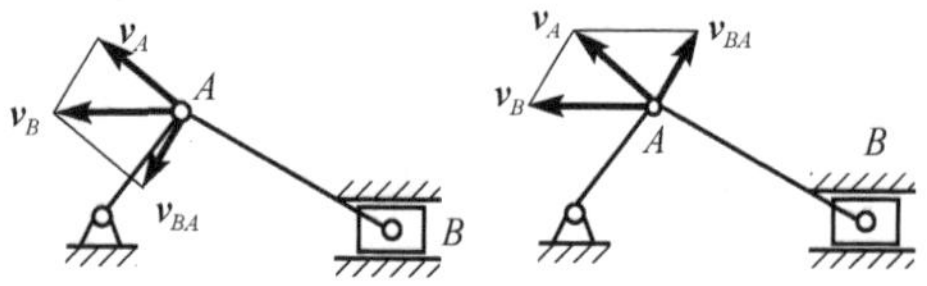

思图 6.3

(3) 如思图 6.4 所示，已知 ω=常量，$\overline{OA} = r$，$v_A = \omega r$ = 常量，在图示瞬时，$v_A = v_B$，即 $v_B = \omega r$ = 常量，所以

$$a_B = \frac{\mathrm{d}v_B}{\mathrm{d}t} = 0$$

(4) 如思图 6.5 所示，已知 $v_A = \omega\overline{OA}$，所以有

$$v_B = v_A \cos\alpha$$

(5) 如思图 6.6 所示，已知 $v_A = \omega_1\overline{O_1A}$，方向如图所示；$\boldsymbol{v}_D$ 垂直于 O_2D。于是可确定速度瞬心 C 的位置，求得

$$v_D = \frac{v_A}{AC}\cdot\overline{CD} \quad , \quad \omega_2 = \frac{v_D}{O_2D}$$

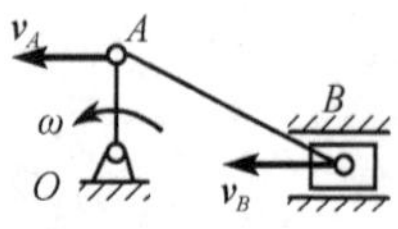

思图 6.4

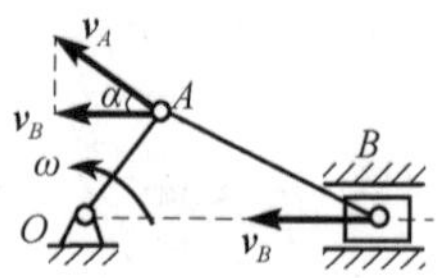

思图 6.5

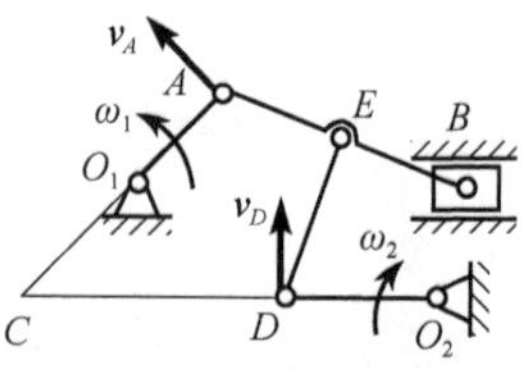

思图 6.6

6-3　已知 $\overline{O_1A} = \overline{O_2B}$，在思图 6.7 所示瞬时，$\omega_1$ 与 ω_2，α_1 与 α_2 是否相等？

6-4　如思图 6.8 所示，O_1A 的角速度为 ω_1，板 ABC 和杆 O_1A 铰接。问图中 O_1A 和 AC 上各点的速度分布规律对否？

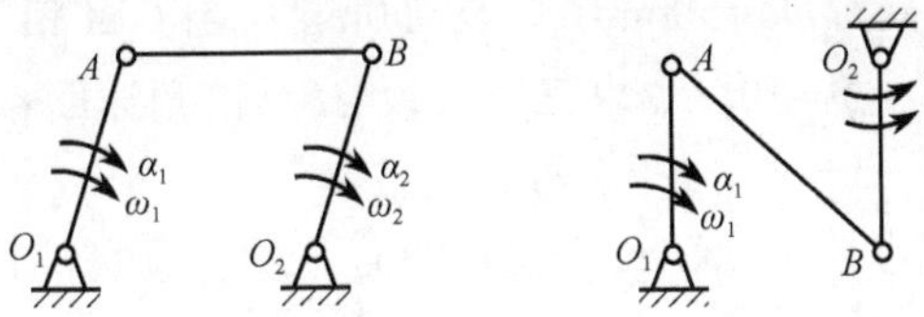

思图 6.7

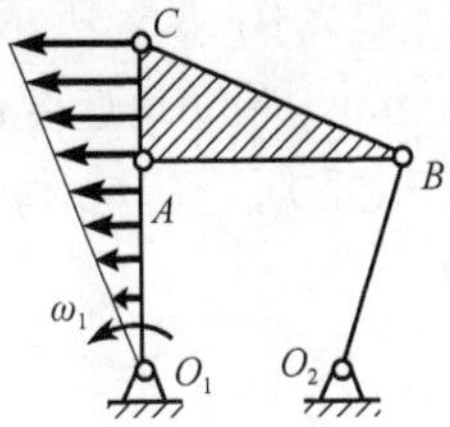

思图 6.8

6-5　试找出思图 6.9 中做平面运动刚体在图示位置的速度瞬心。

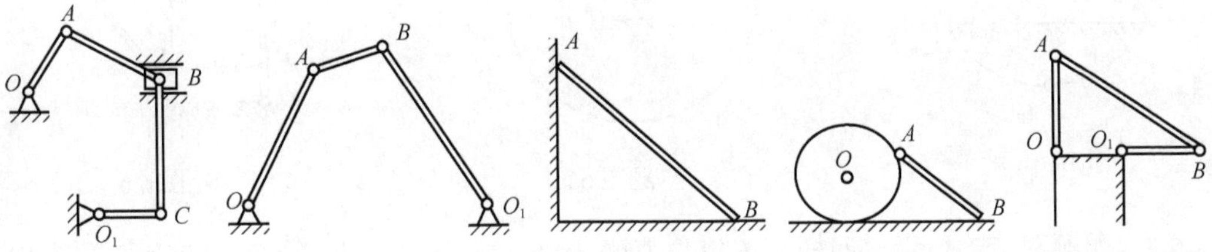

思图 6.9

习　　题

6.1　题图 6.1 行星轮机构中，曲柄 OA 以等角速度 ω 绕定轴 O 转动。固定轮的半径为 R，行星轮半径为 r，AM 与 OA 垂直，求行星轮的角速度 ω_1 以及图示位置时点 M 的速度。

6.2　如题图 6.2 所示的曲柄连杆机构中，曲柄长度 $\overline{OA}=40\text{cm}$，连杆长度 $\overline{AB}=100\text{cm}$。曲柄 OA 绕 O 轴做匀速转动，其转速 $n=180\text{r/min}$。当曲柄与水平线间呈 45°角时，求连杆的角速度 ω_{AB} 和其中点 M 的速度 v_M。

6.3　如题图 6.3 所示，两齿条以速度 v_1 和 v_2 做同方向运动，且 $v_1>v_2$。在两齿条间夹一个齿轮，其半径为 r，求齿轮的角速度及其中心 O 的速度。

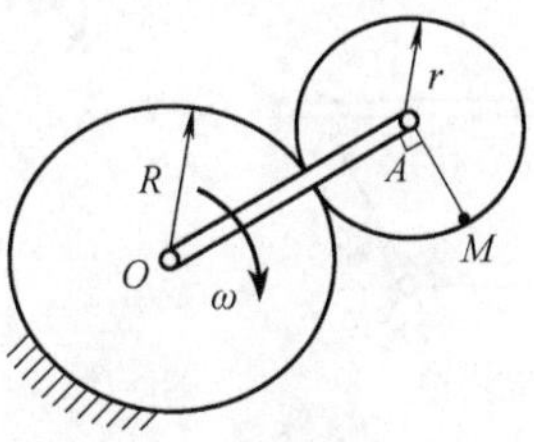

题图 6.1

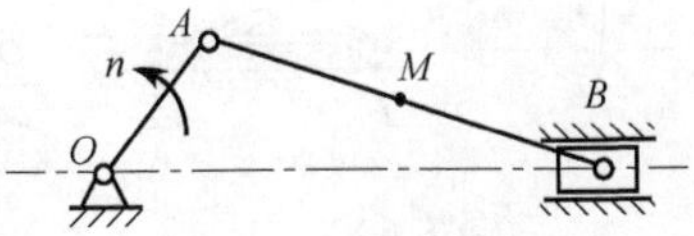

题图 6.2

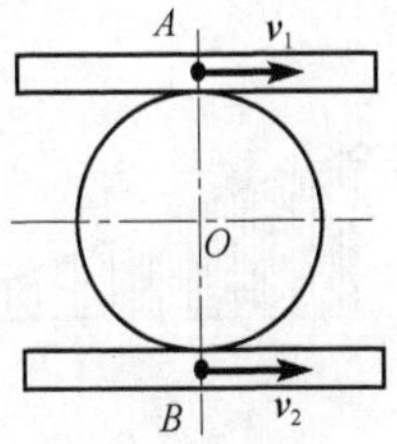

题图 6.3

6.4　如题图 6.4 所示，车轮匀速沿直线轨道做无滑动的滚动，轮心速度 $v_0=45\text{km/h}$，大小车轮的半径各为 $R=40\text{cm}$，$r=30\text{cm}$，求轮缘上 A、B、D、E 各点的速度。

6.5　曲柄 OA 以等角速度 $\omega_0=2.5\text{rad/s}$ 绕轴转动，并带动半径为 $r_1=50\text{mm}$ 的齿轮，使其在半径为 $r_2=150\text{mm}$ 的固定齿轮上滚动，如题图 6.5 所示。如直径 $CE\perp BD$，BD 与 OA 共线，求动齿轮上 A、B、C、D 和 E 点的速度。

6.6 如题图 6.6 所示的四连杆机构中，连杆 AB 上固连一块三角形板，曲柄长度 $\overline{O_1A}=100\text{mm}$，转动角速度 $\omega_1=2\text{rad/s}$，水平距离 $\overline{O_1O_2}=50\text{mm}$，$\overline{AD}=50\text{mm}$；当 O_1A 铅垂时，AB 平行于 O_1O_2，且 AD 与 AO_1 在同一直线上，$\varphi=30°$。求三角形板 ABD 的角速度 ω_2 和点 D 的速度。

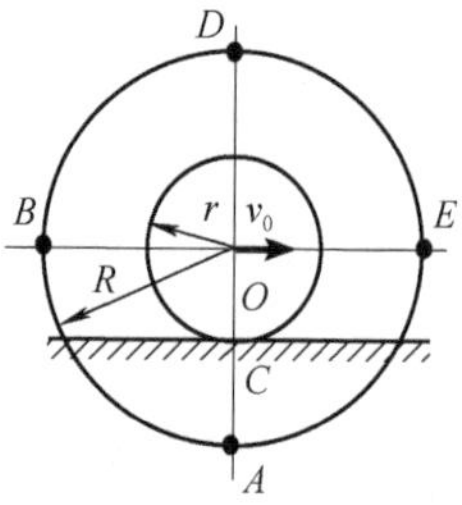

题图 6.4

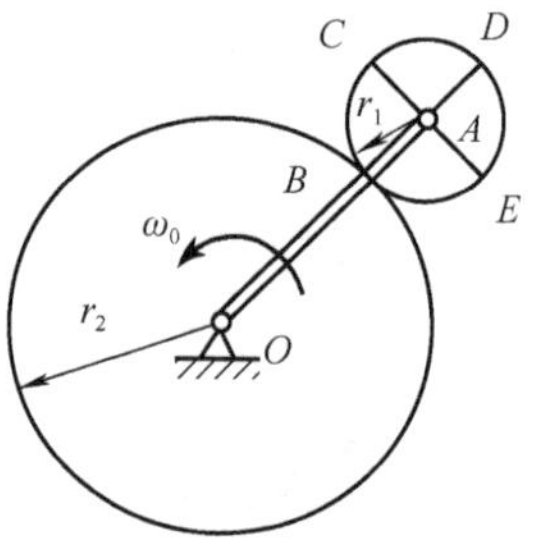

题图 6.5

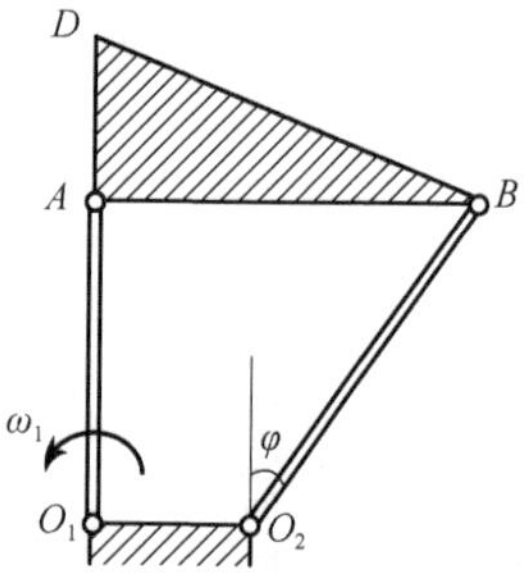

题图 6.6

6.7 如题图 6.7 所示，曲柄 OA 以角速度 $\omega=6\text{rad/s}$ 转动，带动平板 ABC 和摇杆 BD。$\overline{OA}=100\text{mm}$，$\overline{AC}=150\text{mm}$，$\overline{BC}=450\text{mm}$，$\overline{BD}=400\text{mm}$，$\angle ACB=90°$。设某瞬时，$OA\perp AC$，$BC\perp BD$，求此时点 A、B、C 的速度以及平板 ABC 和摇杆 BD 的角速度。

6.8 如题图 6.8 所示，双曲柄连杆机构的滑块 B 和 E 用 BE 杆连接。主动曲柄 OA 与从动曲柄 OD 都绕 O 轴转动，主动曲柄 OA 以等角速度 $\omega_0=12\text{rad/s}$ 转动。已知机构的尺寸为 $\overline{OA}=100\text{mm}$，$\overline{OD}=120\text{mm}$，$\overline{AB}=260\text{mm}$，$\overline{BE}=120\text{mm}$，$\overline{DE}=120\sqrt{3}\text{mm}$。求当曲柄 OA 垂直于滑块的导轨方向时，从动曲柄 OD 和连杆 DE 的角速度。

6.9 在题图 6.9 所示的筛动机构中，筛子的摆动由曲柄连杆机构带动。已知曲柄 OA 的转速 $n_0=40\text{r/min}$，$\overline{OA}=300\text{mm}$。当筛子 BC 运动到与点 O 在同一水平线上时，$\angle BAO=90°$，求此瞬时筛子 BC 的速度。

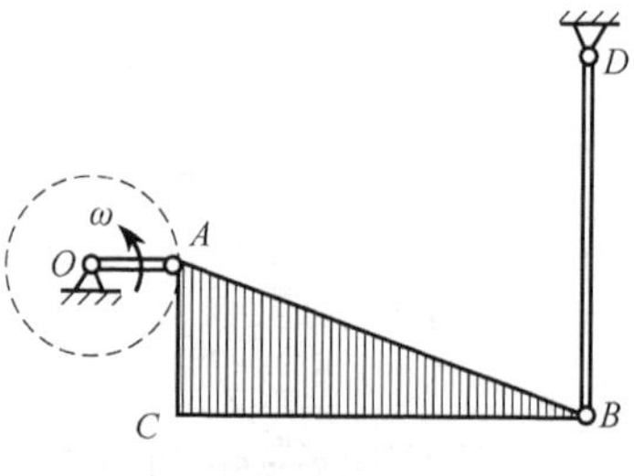

题图 6.7

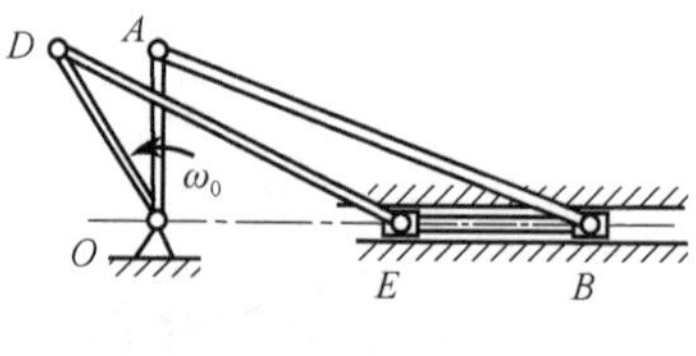

题图 6.8

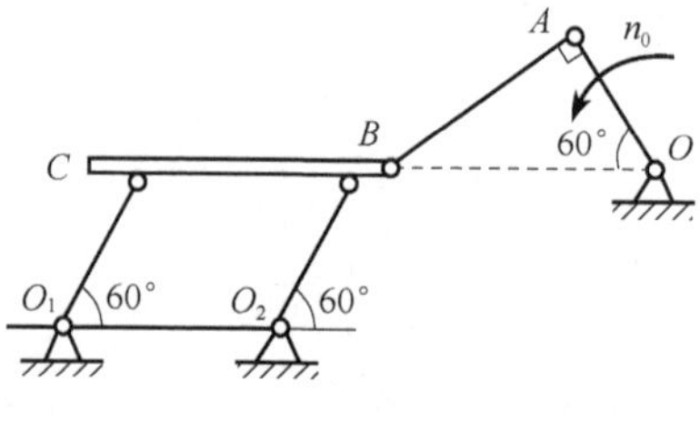

题图 6.9

6.10 如题图 6.10 所示的机构中，OB 线水平，当 B、D 和 F 在同一铅垂线上时，DE 垂直于 EF，曲柄 OA 正好在铅垂位置。已知 $\overline{OA}=100\text{mm}$，$\overline{BD}=100\text{mm}$，$\overline{DE}=100\text{mm}$，$\overline{EF}=100\sqrt{3}\text{mm}$，$\omega_{OA}=4\text{rad/s}$。求 EF 杆的角速度和点 F 的速度。

6.11 插齿机由曲柄 OA 通过连杆 AB 带动摆杆 O_1B 绕 O_1 轴摆动，与摆杆连成一体的扇齿轮带动齿条使插刀 M 上下运动，如题图 6.11 所示。已知曲柄转动角速度为 ω，$\overline{OA}=r$，扇齿轮半径为 b。求 B、O 位于同一铅垂线上时插刀 M 的速度。

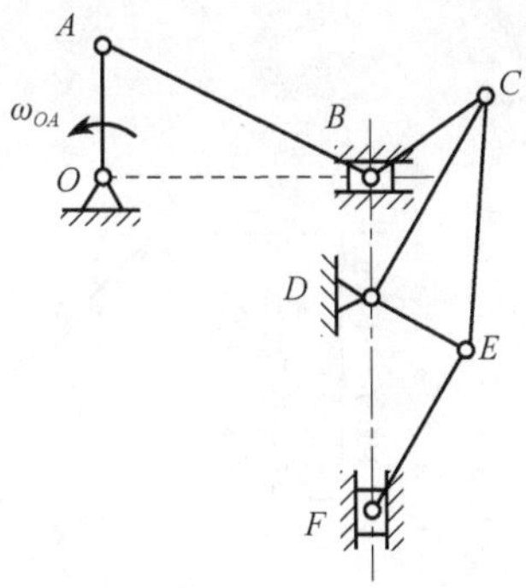

题图 6.10

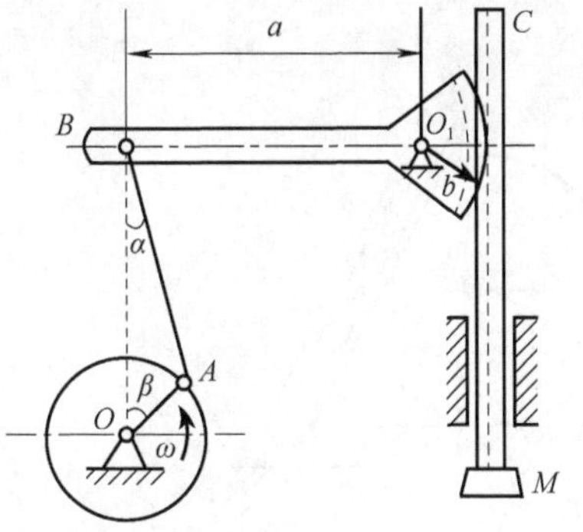

题图 6.11

6.12 题图 6.12 中，石轧碎机的活动夹板 AB 的长度为 600mm，由曲柄 OE 通过连杆组带动，使其绕 A 轴摆动。曲柄 OE 绕 O 轴做转速 n 为 100r/min 的转动，$\overline{OE}$=100mm，$\overline{BC}=\overline{CD}$=400mm，$AB\perp BC$。当机构在图示位置时，求活动夹板 AB 的角速度。

6.13 如题图 6.13 所示的机构中，$DCEA$ 为 T 形摇杆，且 $CA\perp DE$。已知 $\overline{OA}$=200mm，$\overline{CD}=\overline{CE}$=250mm，$\overline{CO}=200\sqrt{3}$ mm；曲柄 OA 的转速为 n=70r/min。在图示位置时，DF 和 EG 均处于水平，且 $\varphi=90°$ 和 $\theta=30°$，求 F、G 两点的速度。

6.14 如题图 6.14 所示的机构中，滑块 A 的速度 v_A=0.2m/s，$\overline{AB}$=0.4m。求当 $\overline{AC}=\overline{CB}$、$\alpha=30°$ 时杆 CD 的速度。

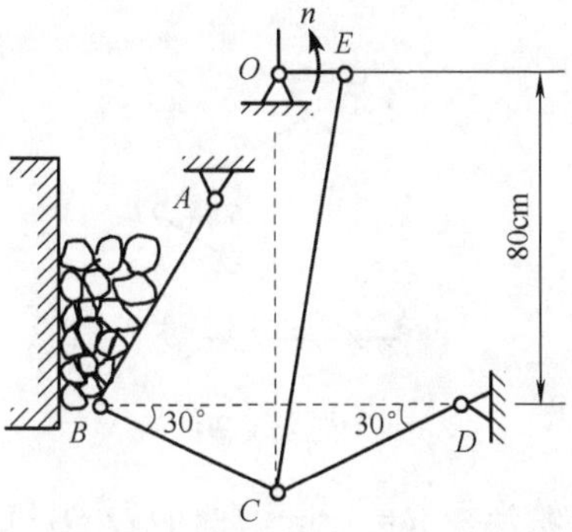

题图 6.12

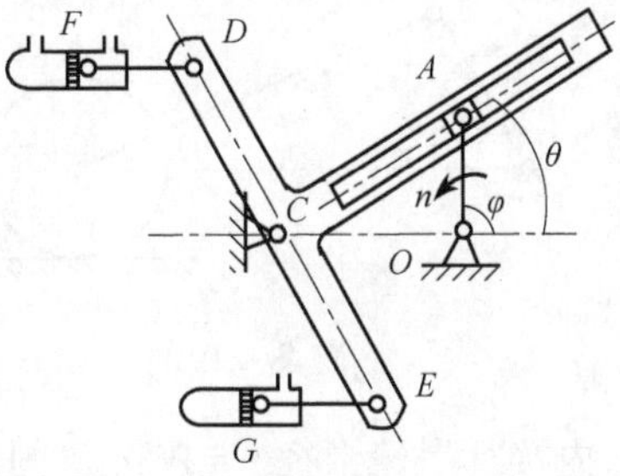

题图 6.13

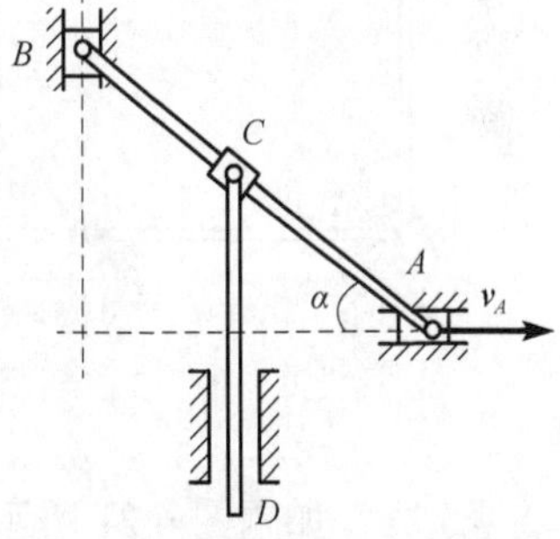

题图 6.14

6.15 如题图 6.15 所示，轮 O 在水平面上滚动而不滑动，轮缘有一个固定销连接滑块 B，此滑块在摇杆 O_1A 的槽内滑动，并带动摇杆绕 O_1 轴转动。已知轮的半径 R=0.5m，在图示位置时，AO_1 是轮的切线，轮心的速度 v_0=0.2m/s，摇杆与水平面的夹角为 60°，求摇杆的角速度。

6.16 如题图 6.16 所示的曲柄连杆机构中，摇杆 O_1C 绕固定轴 O_1 摆动。在连杆 AD 上装有两个滑块，滑块 B 在铅垂槽内滑动，而滑块 D 则在摇杆 O_1C 的槽内滑动。已知曲柄长度 $\overline{OA}$=50mm，其绕 O 轴转动的角速度 ω=10rad/s，在图示瞬时，曲柄位于水平位置，$\angle OAB$=60°，摇杆与铅垂线成 60° 角，距离 $\overline{O_1D}$=70mm，求该瞬时摇杆的角速度。

6.17 四杆机构 $ABCD$ 的尺寸和位置如题图 6.17 所示。AB 杆以等角速度 ω=1rad/s 绕 A 轴转动，求点 C 的加速度。

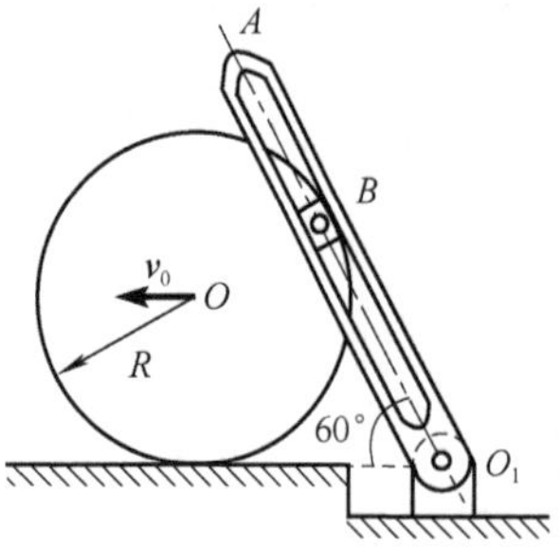

题图 6.15

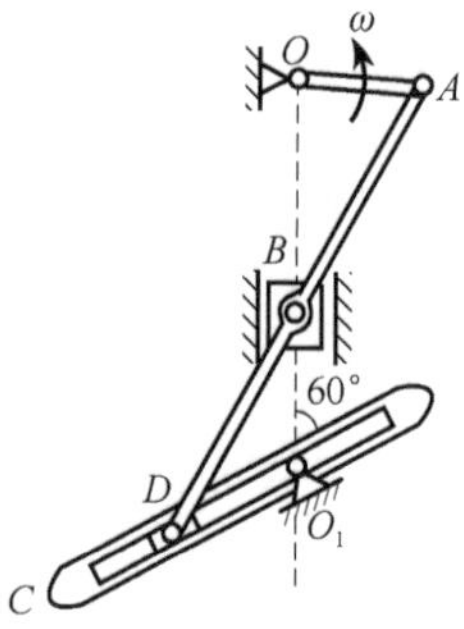

题图 6.16

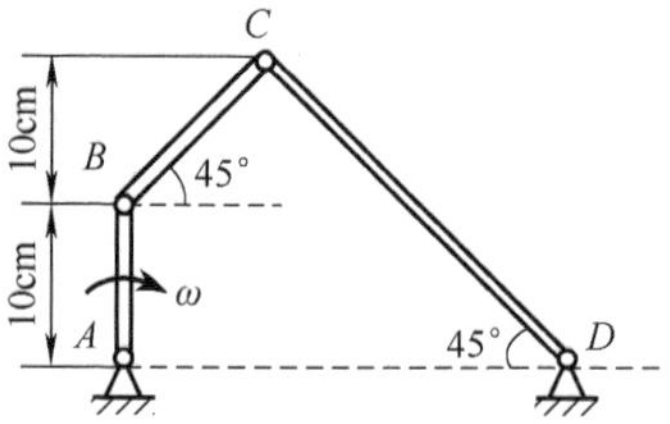

题图 6.17

6.18　在如题图 6.18 所示的配汽机构中，曲柄 OA 的长度为 r，以等角速度 ω_0 绕 O 轴转动。某瞬时，$\varphi=60°$，$\gamma=90°$，$\overline{AB}=6r$，$\overline{BC}=3\sqrt{3}r$。求机构在图示位置时，滑块 C 的速度和加速度。

6.19　如题图 6.19 所示，滚压机的滚子沿水平面只滚不滑。曲柄 $\overline{OA}=10\text{cm}$，以等转速 $n=30\text{r/min}$ 绕 O 轴转动。滚子半径 $R=10\text{cm}$，连杆长度 $\overline{AB}=17.3\text{cm}$，求图示位置时滚子的角速度和角加速度。

6.20　如题图 6.20 所示，AB 杆以匀角速度 $\omega=3\text{rad/s}$ 绕水平轴 A 转动，从而带动 BC 杆的 C 端沿水平固定面滑动。当点 C 正好在过点 A 的铅垂线上时，求此时点 C 的加速度和 BC 杆的角加速度。已知 AB 和 BC 的长度均为 1m。

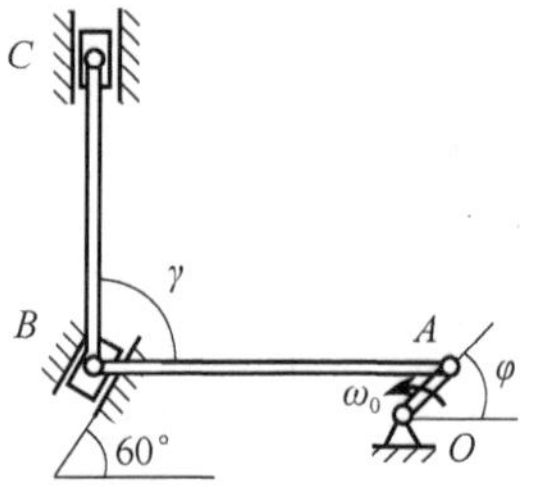

题图 6.18

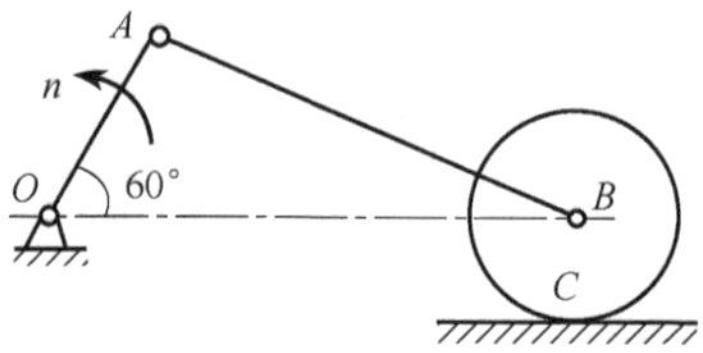

题图 6.19

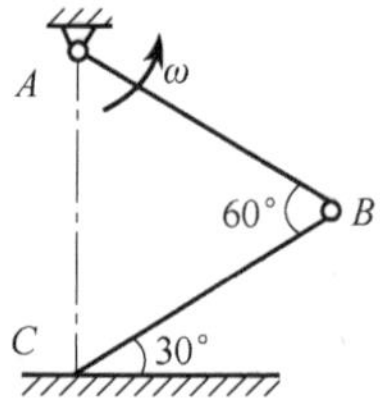

题图 6.20

6.21　如题图 6.21 所示，内接行星轮半径 $r=0.6\text{m}$，固定轮半径 $R=1.5\text{m}$，曲柄 O_1O_2 以等角速度 $\omega=6\text{ rad/s}$ 转动，求图中点 $M(O_2M\perp O_1O_2)$ 的加速度。

6.22　如题图 6.22 所示，曲柄Ⅲ连接齿轮Ⅰ和Ⅱ的轴 O_1 和 O_2，两齿轮外啮合（Ⅰ轮为固定的），曲柄Ⅲ以角速度 ω_{a3} 绕 O_1 轴转动。若各齿轮的半径分别为 r_1 和 r_2，求轮Ⅱ的绝对角速度 ω_{a2} 以及其相对于曲柄的角速度 ω_{r2}。

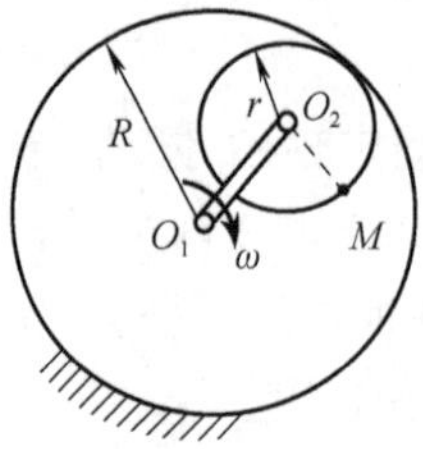

题图 6.21

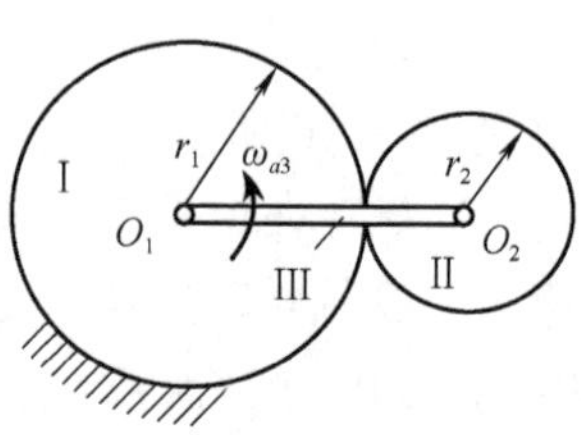

题图 6.22

第三篇 动 力 学

动力学研究物体所受作用力与其引起的物体机械运动之间的关系。

在静力学中，分析了物体所受的力和力系的简化，并研究了物体在力系作用下的平衡问题。在运动学中，不考虑物体受到什么样的力，仅从几何角度分析物体的运动规律。**动力学**则研究物体的机械运动与所受作用力之间的关系，建立物体机械运动的普遍规律。

动力学问题普遍存在于我们生活和生产中，随着现代工业和科学技术的迅速发展，越来越多的复杂课题涉及动力学问题。例如，高铁在轨道上高速运行时出现振动，舰载飞机在航空母舰甲板上起飞，载人航天器在轨交会与对接，以及月球探测器在月球表面运行等，都需要应用动力学的理论。

动力学中物体的两个重要力学模型是质点和质点系。**质点**是具有一定质量的几何点。**质点系**是由有限多或无限多的相互联系的质点所组成的系统，这是力学中最普遍的抽象化模型，包括刚体、弹性体和流体等。其中，**刚体**可以看作由无数多个质点组成，其中任意两质点间的距离保持不变的系统，故称为不变质点系。

动力学包括质点动力学和质点系动力学，后者以前者为基础，本书重点介绍质点系动力学。

第7章 质点的运动微分方程

质点是最简单、最基本的力学模型，是构成复杂物体系统的基础。质点的运动微分方程是在牛顿运动定律基础上建立起来的，它给出了质点运动变化与其所受力之间的关系，并根据质点受力的性质和运动的起始条件进行求解。本章主要根据动力学基本定律得到质点的运动微分方程，运用数学中的微积分方法，求解质点动力学的两类问题：第一类问题是已知质点的运动，求作用在质点上的力；第二类问题是已知作用在质点上的力，求质点的运动。

7.1 动力学基本定律

在伽利略和惠更斯等研究的落体、抛射体和摆的运动基础上，牛顿总结了力学的基本规律，提出了质点动力学的三大基本定律，称为牛顿三定律。

1) 牛顿第一定律(惯性定律)

任何不受力作用的质点，将永远保持原来的静止状态或处于匀速直线运动状态。不受力(或受平衡力系)作用的质点，或处于静止状态，或保持其原有的速度(包括大小和方向)不变，这种性质称为质点的惯性，它是物质的一种基本属性。

此定律还表明，物体的运动状态变化与其所受的力有关，即力的作用效果是使物体的运动状态发生变化，这就是静力学中的力的运动效应。

2）牛顿第二定律（力与加速度之间的关系定律）

质点受力作用时所获得的加速度的大小与作用力的大小成正比，而与质点的质量成反比，其方向与力的方向相同。数学表达式为

$$\boldsymbol{a}=\frac{\boldsymbol{F}}{m}$$

或

$$m\boldsymbol{a}=\boldsymbol{F} \tag{7.1}$$

即**质点的质量与加速度的乘积等于作用在质点上的力的大小，加速度的方向与力的方向相同。**

这个定律反映了质点运动的加速度与其所受的力之间的瞬时关系。质点的加速度不仅取决于作用力，而且与质点的质量有关。若使不同的质点获得同样的加速度，质量较大的质点需要较大的力，质量小的则需要较小的力。这说明质点的质量越大，其运动状态越不容易改变，也就是说质点的惯性越大。因此，**质量是质点惯性大小的度量**。

3）牛顿第三定律（作用与反作用定律）

两个物体间的相互作用力总是大小相等，方向相反，沿同一条直线，且分别作用在这两个物体上。这个定律在第一篇静力学 1.2.2 节中作为公理四叙述过，它对于运动着的物体同样适用。

以牛顿三大定律为基础的力学，称为古典力学(或经典力学)。古典力学认为，质量是不随时间变化的量，空间和时间是“绝对的”，与物体的运动无关。近代物理已经证明，质量、时间和空间都与物体的运动有关，但当物体的运动速度远小于光速时，物体的运动对于质量、时间和空间的影响可以忽略不计。

必须指出，牛顿三定律是在观察天体运动和生产实践中的一般机械运动的基础上总结出来的，用它来解决一般工程实际问题是正确的，但对于速度极大而接近光速的物体或研究微观粒子的运动时，古典力学不再适用。在动力学中，把适用于牛顿三定律的参考系称为**惯性参考系**。在一般工程技术问题中，把固定于地面的坐标系或相对于地面作匀速直线平动的坐标系作为惯性坐标系。在以后的论述中，如果没有特别指明，所有的运动都是对惯性坐标系而言的。

7.2 质点的运动微分方程论证

当质点受到 n 个力 $\boldsymbol{F}_1,\boldsymbol{F}_2,\cdots,\boldsymbol{F}_n$ 的作用时，由质点动力学第二定律有

$$m\boldsymbol{a}=\sum_{i=1}^{n}\boldsymbol{F}_i \tag{7.2}$$

或

$$m\frac{\mathrm{d}^2\boldsymbol{r}}{\mathrm{d}t^2}=\sum_{i=1}^{n}\boldsymbol{F}_i \tag{7.3}$$

式(7.3)是质点运动微分方程的矢量形式，对于不同的具体问题，对于不同坐标形式，在计算时常采用其投影形式。

1. 质点运动微分方程在直角坐标系中的投影

设矢径 $\boldsymbol{r}$ 在直角坐标轴上的投影分别为 x、y、z，力 $\boldsymbol{F}$ 在轴上的投影分别为 F_{ix},F_{iy},F_{iz}，则式(7.3)在直角坐标轴上的投影分别为

$$\begin{cases} m\dfrac{\mathrm{d}^2x}{\mathrm{d}t^2}=\sum\limits_{i=1}^{n}F_{ix} \\ m\dfrac{\mathrm{d}^2y}{\mathrm{d}t^2}=\sum\limits_{i=1}^{n}F_{iy} \\ m\dfrac{\mathrm{d}^2z}{\mathrm{d}t^2}=\sum\limits_{i=1}^{n}F_{iz} \end{cases} \tag{7.4}$$

如果质点在平面 Oxy 内做平面曲线运动，则式(7.4)中 $\dfrac{\mathrm{d}^2z}{\mathrm{d}t^2}\equiv 0$。如果质点沿 Ox 轴做直线运动，则式(7.4)中 $\dfrac{\mathrm{d}^2y}{\mathrm{d}t^2}=\dfrac{\mathrm{d}^2z}{\mathrm{d}t^2}\equiv 0$。

2. 质点运动微分方程在自然轴系上的投影

由点的运动学可知，在自然轴系下，点的全加速度 $\boldsymbol{a}$ 位于密切面内，如图 7.1 所示，分解为切向加速度和法向加速度，而在副法线上 $\boldsymbol{a}$ 的投影等于零。因此，式(7.3)在自然轴上的投影分别为

$$\begin{cases} ma_{\mathrm{t}}=m\dfrac{\mathrm{d}v}{\mathrm{d}t}=m\dfrac{\mathrm{d}^2s}{\mathrm{d}t^2}=\sum\limits_{i=1}^{n}F_{i\mathrm{t}} \\ ma_{\mathrm{n}}=m\dfrac{v^2}{\rho}=\sum\limits_{i=1}^{n}F_{i\mathrm{n}} \\ ma_b=0=\sum\limits_{i=1}^{n}F_{ib} \end{cases} \tag{7.5}$$

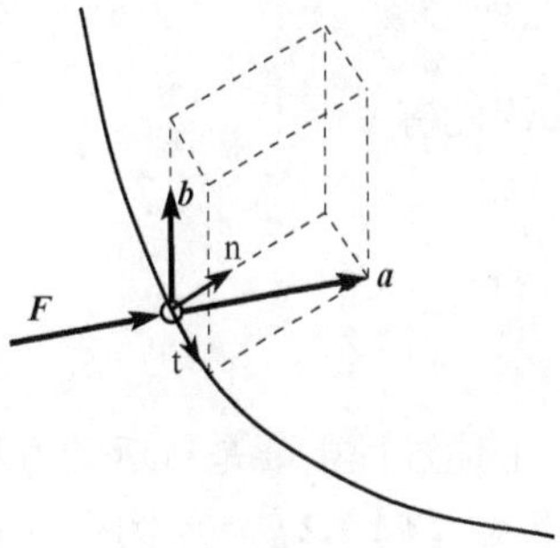

图 7.1

式中，$F_{i\mathrm{t}}$、$F_{i\mathrm{n}}$、F_{ib} 分别为作用于质点上各力在切线、主法线及副法线上的投影；ρ 为质点处轨迹的曲率半径。

如果质点做平面曲线运动，此时只需建立式(7.5)中的前两式。如果质点做直线运动，则只需建立式(7.5)中的第一式，与直角坐标系下建立的运动微分方程一致。

7.3　动力学中的两类基本问题

由质点运动微分方程研究质点动力学的基本问题时，通常可分为两类：第一类是已知质点的运动求作用于质点的力；第二类是已知作用于质点的力求质点的运动。

第一类基本问题是求导或微分运算。例如，已知质点的运动方程，求两次导数得到质点的加速度，代入质点的运动微分方程，可求得质点的受力。

第二类基本问题是积分运算。作用在质点的力可以是常力或变力，变力可以是时间的函数、坐标的函数、速度的函数或同时是上述三种变量的函数，求质点的运动就是要按作用力的函数规律求解运动微分方程的解。运动微分方程的通解包含积分常数，这些积分常数根据具体问题的运动初始条件来确定。初始条件是指 $t=0$ 的瞬时，质点的初始位置和初始速度。如果初始条件不同，即使质点所受的力相同，加速度相同，所得到的运动规律也并不相同。

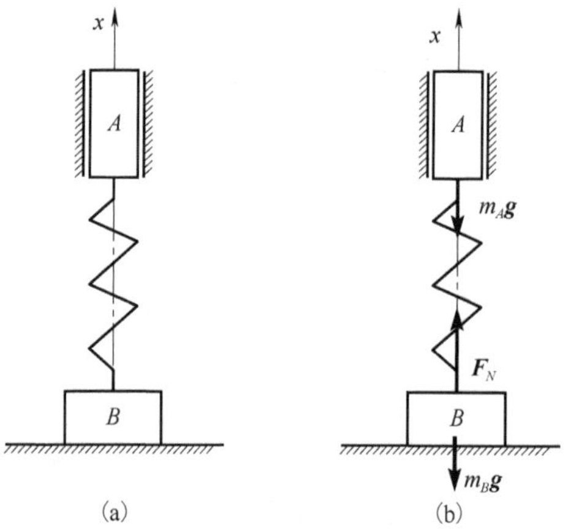

图 7.2

【例 7.1】　物块 A 和 B 的质量分别为 m_A 和 m_B，两物块用一不计质量的弹簧连接，如图 7.2(a)所示。设物块 A 的铅垂运动规律为 $x = x_0 \sin(\omega t)$（其中 x_0、ω 为常量），物块 B 保持静止在水平面上。求在物块 A 运动过程中，水平面受压力的大小。

解： 物块 A 做直线平动，可简化为一个质点。由题意知，是已知运动求力的问题，属于第一类动力学基本问题。以物块 A 和 B 为研究对象，不考虑摩擦，系统只在 x 方向受到自身的重力和水平面的法向约束反力，如图 7.2(b)所示。由于在 x 方向只有物块 A 有加速度，系统在 x 方向的运动微分方程为

$$F_{\mathrm{N}} - (m_A + m_B) g = m_A a_A \tag{a}$$

而

$$a_A = \frac{\mathrm{d}^2 x}{\mathrm{d} t^2} = -x_0 \omega^2 \sin(\omega t) \tag{b}$$

因此有

$$F_{\mathrm{N}} - (m_A + m_B) g - m_A \left[-x_0 \omega^2 \sin(\omega t) \right] \tag{c}$$

即

$$F_{\mathrm{N}} = (m_A + m_B) g - m_A \left[x_0 \omega^2 \sin(\omega t) \right] \tag{d}$$

上述过程主要是对运动方程的求导运算过程。

【例 7.2】　如图 7.3(a)所示，质量为 m 的小球 M 在平面 Oxy 内做椭圆运动，已知其运动方程的直角坐标形式为：$\begin{cases} x = a\cos(\omega t) \\ y = b\sin(\omega t) \end{cases}$，其中 a、b、ω 为常数，求作用在小球上的力。

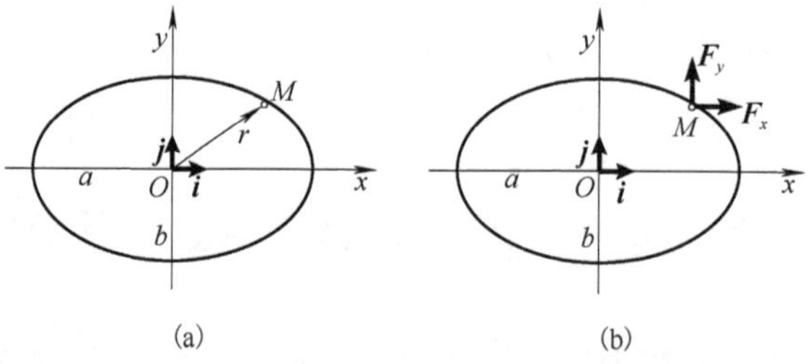

图 7.3

解： 分析小球在任一瞬时所受的力。因所受的力未知，可假设其在坐标轴上的投影分别为 F_x 和 F_y，并均沿坐标轴的正方向，如图 7.3(b)所示。本例中，已知质点的运动方程求所受的力，属于第一类动力学基本问题。

将小球的运动方程对时间 t 求二阶导数得加速度分量：

$$\begin{cases} \ddot{x} = -a\omega^2 \cos(\omega t) \\ \ddot{y} = -b\omega^2 \sin(\omega t) \end{cases} \tag{a}$$

由式(7.3)在 x、y 向的投影，可求得作用力 $\boldsymbol{F}$ 的投影为

$$\begin{cases} F_x = m\ddot{x} = -ma\omega^2\cos(\omega t) \\ F_y = m\ddot{y} = -mb\omega^2\sin(\omega t) \end{cases}$$

设 $\boldsymbol{i}$、$\boldsymbol{j}$ 分别为沿 Ox、Oy 轴的单位矢量，则小球所受的作用力 $\boldsymbol{F}$ 为

$$\begin{aligned} \boldsymbol{F} &= F_x\boldsymbol{i} + F_y\boldsymbol{j} = -ma\omega^2\cos(\omega t)\boldsymbol{i} - mb\omega^2\sin(\omega t)\boldsymbol{j} \\ &= -m\omega^2\left[a\cos(\omega t)\boldsymbol{i} + b\sin(\omega t)\boldsymbol{j}\right] \\ &= -m\omega^2\boldsymbol{r} \end{aligned}$$

式中，矢径 $\boldsymbol{r} = x\boldsymbol{i} + y\boldsymbol{j} = a\cos(\omega t)\boldsymbol{i} + b\sin(\omega t)\boldsymbol{j}$。由此可知，力 $\boldsymbol{F}$ 与矢径 $\boldsymbol{r}$ 共线反向，其大小正比于矢径 $\boldsymbol{r}$ 的模，$F \propto r$，表明小球受到指向中心 O 的作用力。

【例 7.3】　质量为 m 的小球以水平初速度 v_0 射入水中，如图 7.4 所示。已知水的阻力 $\boldsymbol{F}$ 的大小与小球的速度大小成正比，方向与速度方向相反，即 $F = -kv$（v 为小球的速度大小，k 为黏滞阻尼常数）。忽略水的浮力，求小球在重力和该阻力作用下的运动规律和运动速度。

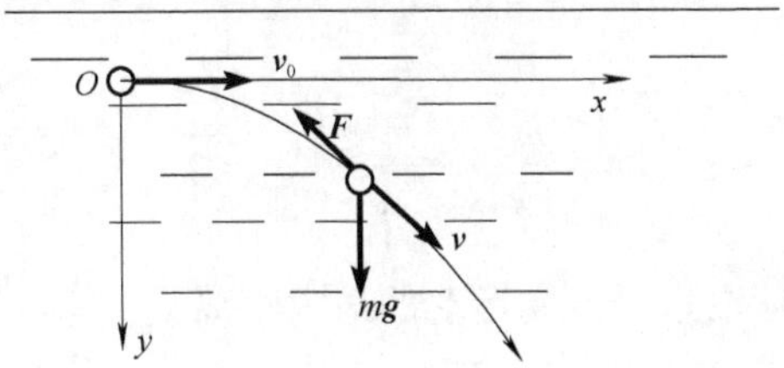

7-1

图 7.4

解：本例为第二类动力学基本问题。取小球为研究对象。小球在运动过程中受到重力和阻力的作用。在小球运动的铅垂面内建立直角坐标系 Oxy，以小球初始位置为坐标原点，y 轴向下为正。

小球的运动微分方程为

$$m\frac{\mathrm{d}^2 x}{\mathrm{d}t^2} = -F_x = -kv_x \tag{a}$$

$$m\frac{\mathrm{d}^2 y}{\mathrm{d}t^2} = mg - F_y = mg - kv_y \tag{b}$$

式(a)和式(b)可以分别写为

$$m\frac{\mathrm{d}v_x}{\mathrm{d}t} = -kv_x \tag{c}$$

$$m\frac{\mathrm{d}v_y}{\mathrm{d}t} = mg - kv_y \tag{d}$$

由初始条件，t=0 时，$v_x = v_0$，$v_y = 0$。式(c)和式(d)经过分离变量后的定积分分别为

$$\int_{v_0}^{v_x}\frac{1}{v_x}\mathrm{d}v_x = -\int_0^t\frac{k}{m}\mathrm{d}t \tag{e}$$

$$\int_0^{v_y}\frac{1}{\dfrac{mg}{k} - v_y}\mathrm{d}v_y = \int_0^t\frac{k}{m}\mathrm{d}t \tag{f}$$

解得小球速度随时间的变化规律为

$$v_x = v_0 \mathrm{e}^{-\frac{k}{m}t} \tag{g}$$

$$v_y = \frac{mg}{k}\left(1 - \mathrm{e}^{-\frac{k}{m}t}\right) \tag{h}$$

将 $v_x = \dfrac{\mathrm{d}x}{\mathrm{d}t}$ 和 $v_y = \dfrac{\mathrm{d}y}{\mathrm{d}t}$ 代入式(g)和式(h)，再积分一次得

$$\int_0^x \mathrm{d}x = \int_0^t v_0 \mathrm{e}^{-\frac{k}{m}t}\,\mathrm{d}t \tag{i}$$

$$\int_0^y \mathrm{d}y = \int_0^t \frac{mg}{k}\left(1 - \mathrm{e}^{-\frac{k}{m}t}\right)\mathrm{d}t \tag{j}$$

解得小球的运动方程为

$$x = v_0 \frac{m}{k}\left(1 - \mathrm{e}^{-\frac{k}{m}t}\right) \tag{k}$$

$$y = \frac{mg}{k}t - \frac{m^2 g}{k^2}\left(1 - \mathrm{e}^{-\frac{k}{m}t}\right) \tag{l}$$

由式(k)可以看出，小球沿水平方向运动的最大距离 $x_{\max} = v_0 \dfrac{m}{k}$。

求解第二类动力学问题，主要是积分运算。

【例 7.4】 一个圆锥摆，如图 7.5(a)所示。重量 P=10N 的小球 M 系于长度 l=30cm 的细绳上，绳的另一端系在固定点 O，小球在水平面内做匀速圆周运动，且绳与铅垂线呈 30°角。求小球的速度和绳的拉力。

7-2

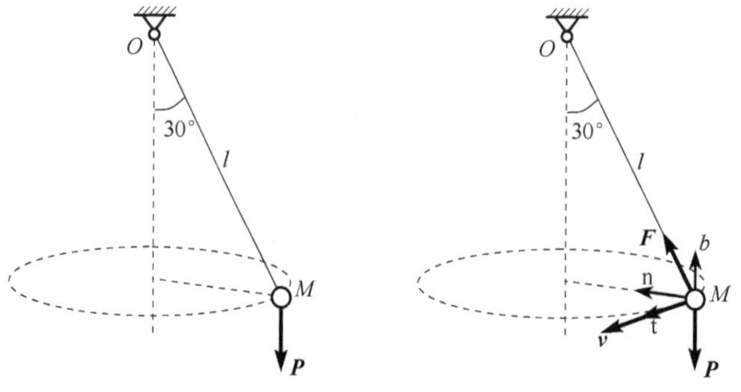

(a)　　(b)

图 7.5

解： 以小球为研究对象，作用在小球上的力有重力 $\boldsymbol{P}$ 和绳的拉力 $\boldsymbol{F}$，如图 7.5(b)所示。将质点运动微分方程(式(7.3))分别在自然轴的 n 向和 b 向上投影可得

$$ma_{\mathrm{n}} = \sum_{i=1}^{n} F_{i\mathrm{n}} \tag{a}$$

$$\sum_{i=1}^{n} F_{ib} = 0 \tag{b}$$

得

$$\frac{P}{g}\frac{v^2}{l\sin 30°}=F\sin 30° \tag{c}$$

$$0=F\cos 30°-P \tag{d}$$

式(d)为第一类动力学问题，解得小球绳的拉力为

$$F=\frac{P}{\cos 30°}=\frac{10}{\frac{\sqrt{3}}{2}}=\frac{20\sqrt{3}}{3}(\text{N})=11.56(\text{N})$$

代入式(c)，此为第二类动力学问题，解得小球的速度为

$$v=\sqrt{\frac{Fgl\sin^2 30°}{P}}=\sqrt{\frac{11.56\times 9.8\times 0.3\times\left(\frac{1}{2}\right)^2}{10}}=0.92(\text{m/ s})$$

此例中，既需要求小球的速度，又需要求绳的拉力，是第一类动力学基本问题和第二类动力学基本问题综合在一起的混合问题。对于这类混合问题，利用质点运动微分方程在自然轴系上的投影，可将动力学两类基本问题分开求解。

动力学问题一般的求解步骤如下。

(1)根据题意适当选取某质点或刚体为研究对象。

(2)根据质点或刚体的运动特点(直线、曲线、轨迹是否已知)选取坐标系。若需建立运动微分方程，应将质点或刚体放在一般位置，分析各种运动特征量之间的关系。

(3)受力分析，并画出受力图。

(4)建立动力学方程并进行求解。

思　考　题

7-1　电梯里放一重物，试比较下列几种情况下，重物对地板压力的大小。

(1)电梯静止不动；

(2)电梯匀速上升；

(3)电梯以加速度 a 加速上升；

(4)电梯以加速度 a 减速上升；

(5)电梯匀速下降；

(6)电梯以加速度 a 加速下降；

(7)电梯以加速度 a 减速下降。

7-2　某人用枪瞄准了空中一个悬挂的物体。若在子弹射出的同时，物体开始自由下落，不计空气阻力，问子弹能否击中物体？

7-3　如思图 7.1 所示，绳的拉力 F=2kN，物重 P_1=1kN，P_2=2kN。若滑轮质量不计，问在图中(a)、(b)两种情况下，重物Ⅱ的加速度是否相同？两绳中的拉力是否相同？

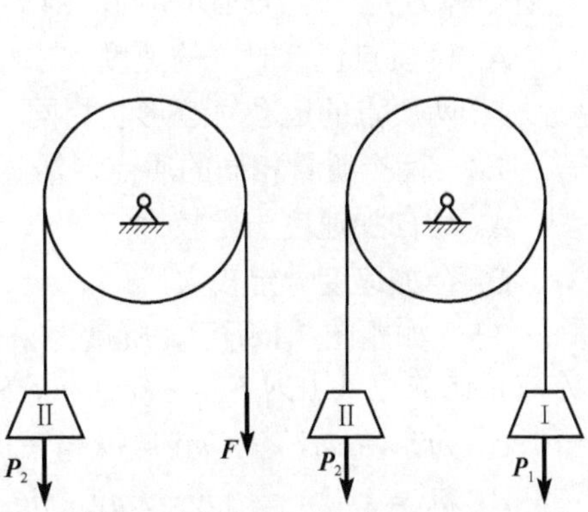

思图 7.1

习　　题

7.1　判断下列说法是否正确。

(1)不受力作用的质点，将静止不动。

(2)质量是质点惯性的度量，质点的质量越大，惯性就越大。

(3)质点在常力(矢量)作用下，一定做匀速直线运动。

(4)一个质点只要有运动，就一定受有力的作用，而且运动的方向就是其受力方向。

(5)凡是做匀速运动的质点都不受到力的作用。

(6)质点运动状态的改变，不仅决定于作用于质点上的力。

(7)两个自由质点，仅运动微分方程相同，还不能肯定其运动规律相同。

(8)只要知道作用在质点上的力，那么质点在任一瞬时的运动状态就完全确定了。

(9)在同一地点、同一坐标系内，以相同大小的初速度 v_0 斜抛两个质量相同的小球，若不计空气阻力，则两者的运动微分方程一定相同。

(10)已知质点的质量和作用于质点的力，质点的运动规律就可完全确定。

(11)质点在常力作用下，一定做匀加速直线运动。

(12)同一运动质点，在不同的惯性参考系中运动，其运动的初始条件是不同的。

(13)质点的运动方向一定是合外力的方向，质点的加速度方向一定是合外力的方向。

(14)质点受到的力越大，运动的速度也一定越大。

(15)在惯性参考系中，无论初始条件如何变化，只要质点不受力的作用，则该质点应保持静止或匀速直线运动状态。

(16)在同一地点、同一坐标系内，以相同大小的初速度 v_0 斜抛两个质量相同的小球，若不计空气阻力，则它们落地时速度的大小相同。

7.2　求解质点动力学问题时，质点的初始条件是用来__________。

A. 分析力的变化规律　　　　B. 建立质点运动微分方程

C. 确定积分常数　　　　D. 分离积分变量

7.3　两个质量相同的运动质点，初始速度大小相同，但方向不同。如果任意时刻两个质点所受外力大小、方向均相同，则下列说法正确的是__________。

A. 两质点任意时刻的速度大小相同　　　　B. 两质点任意时刻的加速度相同

C. 两质点的运动轨迹形状相同　　　　D. 两质点的切向加速度相同

7.4　两个质量相同的质点，沿相同的圆周运动，其中受力较大的质点__________。

A. 切向加速度一定较大　　　　B. 法向加速度一定较大

C. 全加速度一定较大　　　　D. 不能确定加速度是否较大

7.5　如题图 7.1 所示，质量为 m 的物体自高度为 H 处水平抛出，运动中受到与速度一次方成正比的空气阻力 $\boldsymbol{F}_R = -km\boldsymbol{v}$，$k$ 为常数，则其运动微分方程为__________。

A. $m\ddot{x} = -km\dot{x}$，　$m\ddot{y} = -km\dot{y} - mg$

B. $m\ddot{x} = km\dot{x}$，　$m\ddot{y} = km\dot{y} - mg$

C. $m\ddot{x} = -km\dot{x}$，　$m\ddot{y} = km\dot{y} - mg$

D. $m\ddot{x} = km\dot{x}$，　$m\ddot{y} = -km\dot{y} + mg$

7.6　如题图 7.2 所示，在铅垂面内的一块圆板上刻有三道直槽 AO、BO、CO，三个质量相同的小球 M_1、M_2、M_3 在重力作用下自静止开始同时从 A、B、C 三点分别沿各槽运动，不计摩擦，则__________到达 O 点。

A. M_1 小球先　　B. M_2 小球先　　C. M_3 小球先　　D. 三球同时

7.7　距离地面高度为 H 的质点 M，具有水平初速度 v_0，则该质点落地时的水平距离 l 与_______成正比。

A. H　　B. $\sqrt{H}$　　C. H^2　　D. H^3

7.8　在某地以相同大小的初速度（$v_1 = v_2$）和不同发射角斜抛两个质量相同的小球，若空气阻力不计，对选定的坐标系 Oxy，两个小球的运动微分方程__________，运动的初始条件__________，落地时速度的方向__________，落地时的时间__________。

A. 相同　　B. 不同

7.9　如题图 7.3 所示，竖直上抛一质量为 m 的小球 A。假设空气阻力 $\boldsymbol{F}_R$ 和速度 $\boldsymbol{v}$ 的一次方成正比，即 $\boldsymbol{F}_R = -\mu \boldsymbol{v}$，其中 μ 为阻力常数。选取如图所示的坐标轴，则小球 A 的运动微分方程为__________。

A. $m\ddot{x} = -mg - \mu\dot{x}$（上升阶段），$m\ddot{x} = -mg + \mu\dot{x}$（下降阶段）

B. $m\ddot{x} = -mg - \mu\dot{x}$（上升阶段），$m\ddot{x} = mg - \mu\dot{x}$（下降阶段）

C. $m\ddot{x} = -mg - \mu\dot{x}$（上升或下降阶段）

D. $m\ddot{x} = mg + \mu\dot{x}$（上升阶段），$m\ddot{x} = mg - \mu\dot{x}$（下降阶段）

7.10　如题图 7.4 所示，质量 m=2kg 的重物 M 挂在长度 l=0.5m 的细绳下端，重物受到水平冲击后获得了速度 v_0=5m/s，则此时绳子的拉力等于__________。

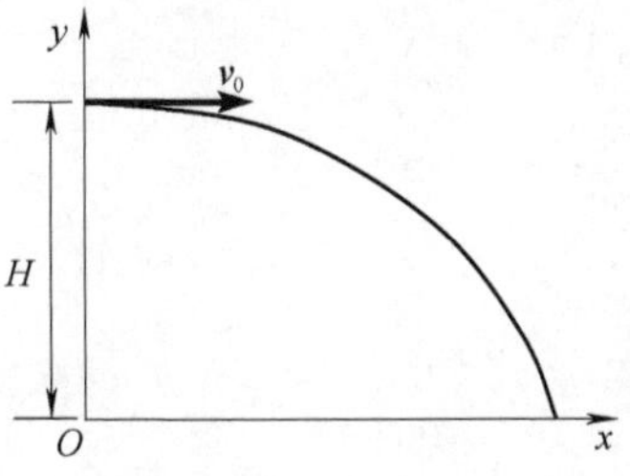

题图 7.1

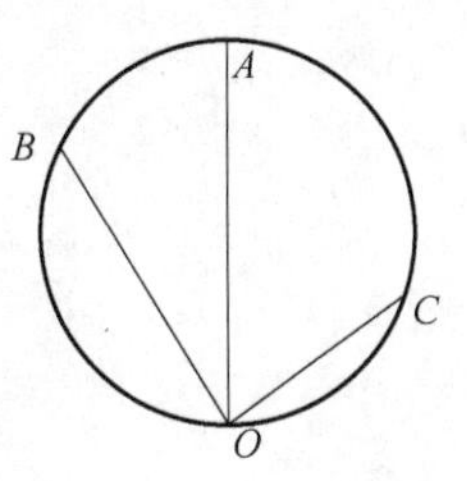

题图 7.2

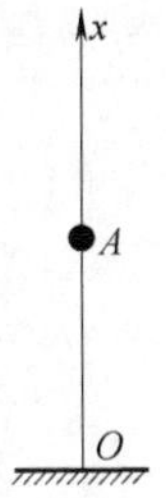

题图 7.3

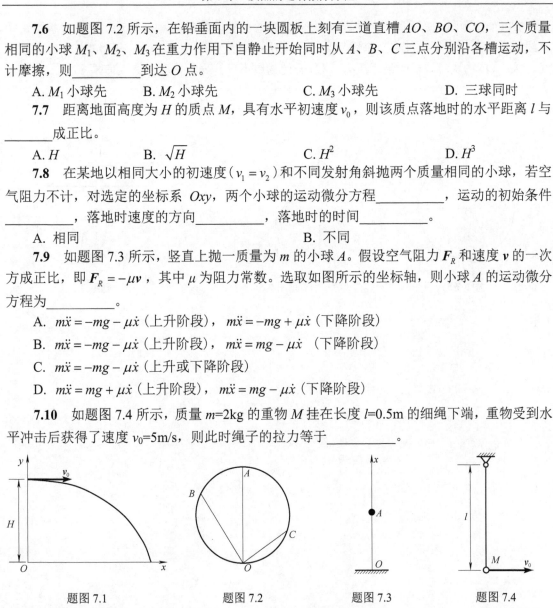

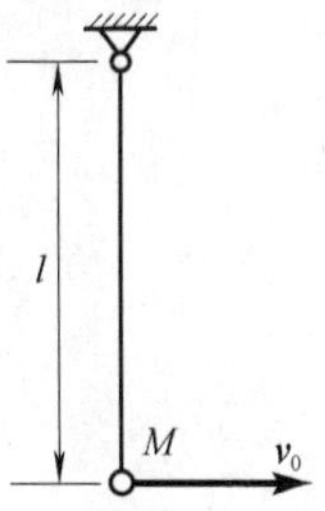

题图 7.4

7.11　如题图 7.5 所示，质量为 m 的质点 M 沿圆上的弦 AB 运动，此质点受一指向圆心 O 的吸引力 $\boldsymbol{F}$ 作用，力 $\boldsymbol{F}$ 的大小与质点 M 到点 O 的距离成反比，比例常数为 k。开始时，质点 M 处于图示点 A 位置，初始速度为零。已知圆的半径为 R，点 O 到 AB 弦的距离为 h，则质点经过弦 AB 的中心 C 时的速度大小为___________。

7.12　某物体质量 m=10kg，在变力 $F = 100(1-t)$（F 的单位为 N）作用下运动。设物体初速度为 $v_0 = 0.2$m/s，开始时，力的方向与速度方向相同。问经过多少时间后物体的速度为零，此前走了多少路程？

7.13　如题图 7.6 所示，质量皆为 m 的 A、B 两物块用无重杆光滑铰接，置于光滑的水平及铅垂面上。当 θ=60°时自由释放，求此瞬时杆 AB 所受的力。

7.14　如题图 7.7 所示，半径为 R 的偏心轮绕 O 轴以匀角速度 ω 转动，推动导板沿铅垂直线轨道运动。导板上部有一个质量为 m 的物块 A，设偏心距 $\overline{OC}=e$，开始时，OC 沿水平线。求：(1)物块对导板的最大压力；(2)若使物块不离开导板，ω 的最大值是多少。

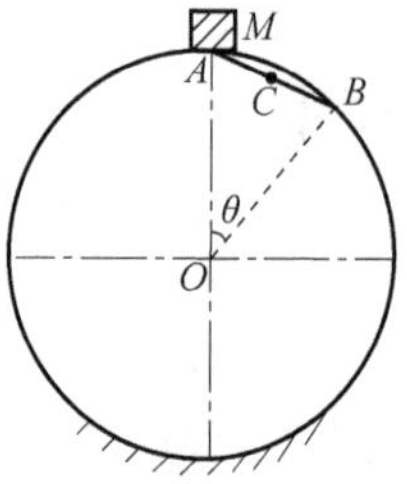

题图 7.5

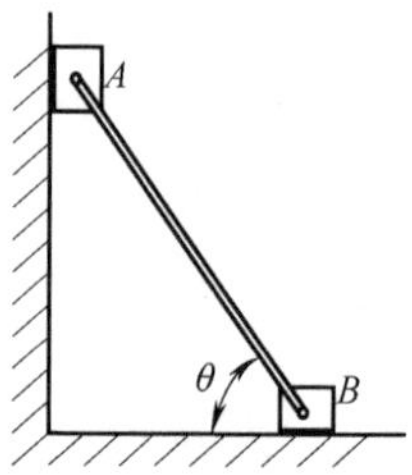

题图 7.6

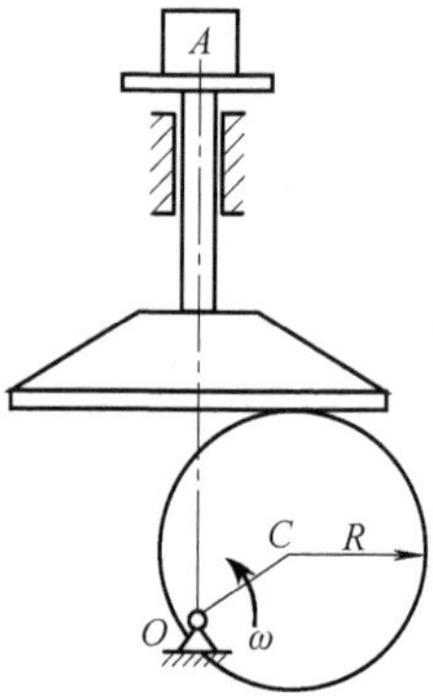

题图 7.7

第8章 动量定理

由第 7 章可知，建立质点运动微分方程，是求解质点动力学问题的基本方法，但求解微分方程有时会很困难。对于由 n 个质点构成的质点系，一般需要联立求解 $3n$ 个运动微分方程，这在数学上是非常困难的。另外，对于质点系，特别是刚体，通常并不需要知道刚体上每个质点的运动情况，只需知道表明质点系整体或刚体的运动特征的某些量，就能满足要求，无须采用联立求解质点运动微分方程的方法。

在下面几章中，将以牛顿定律为基础，从质点运动微分方程出发，导出一些具有普遍意义的动力学定理。这些定理从不同的侧面揭示了质点和质点系总体的运动变化与其所受力之间的关系，统称**动力学普遍定理**。

动力学普遍定理包括动量定理、动量矩定理和动能定理，这些定理建立了表现运动特征的量(动量、动量矩、动能)和表现力作用效果的量(冲量、冲量矩、功)之间的关系。在解决实际问题时，动力学普遍定理不仅运算简单，而且各个量都具有明确的物理意义，便于研究质点和质点系机械运动的规律。

本章介绍动量定理、动量守恒定律和质心运动定理。

8.1 动量和冲量

8.1.1 质量中心

由牛顿第二定律可知，质点运动状态的改变不仅与力有关而且与质量有关。对于质点系，运动状态的改变不仅与外力大小和质量有关，还与质量的分布情况有关。在研究质点系的运动量与力之间的关系时，首先应确定质点系的质量及其分布情况。

设一个质点系有 n 个质点，第 i 个质点的质量为 m_i，质点系总质量为

$$m = \sum_{i=1}^{n} m_i \tag{8.1}$$

式(8.1)反映了质点系总质量的大小，而没有反映出质点系内质量的分布情况。为描述质点系各质点的分布情况，引入反映质量分布特征的几何量，称为**质量中心**，简称**质心**。它是质点系的一个特定点，常用 C 表示，如图 8.1 所示，其位置由式(8.2)确定。

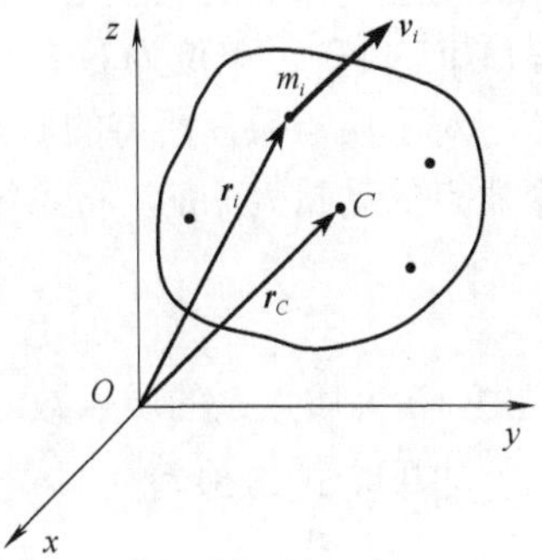

图 8.1

$$\boldsymbol{r}_C = \frac{\sum m_i \boldsymbol{r}_i}{\sum m_i} = \frac{\sum m_i \boldsymbol{r}_i}{m} \tag{8.2}$$

式中，$\boldsymbol{r}_C$ 为质点系质心 C 的矢径；$\boldsymbol{r}_i$ 为各质点的矢径。由此式可知，质心的位置与作用于质点系的力无关，仅取决于质点系内各质点的质量的大小及位置。

具体应用时，常用式(8.2)在直角坐标系下的投影形式，即

$$\begin{cases} x_C = \dfrac{\sum m_i x_i}{\sum m_i} = \dfrac{\sum m_i x_i}{m} \\ y_C = \dfrac{\sum m_i y_i}{\sum m_i} = \dfrac{\sum m_i y_i}{m} \\ z_C = \dfrac{\sum m_i z_i}{\sum m_i} = \dfrac{\sum m_i z_i}{m} \end{cases} \tag{8.3}$$

式中，x_i、y_i、z_i 为第 i 个质点的坐标。

设质点系中质点的重量为 F_i，则 $m_i = F_i/g$，将其代入式(8.2)得

$$\boldsymbol{r}_C = \frac{\sum \dfrac{F_i}{g}\boldsymbol{r}_i}{\sum \dfrac{F_i}{g}} = \frac{\sum F_i \boldsymbol{r}_i}{\sum F_i} \tag{8.4}$$

这恰好是静力学中所介绍的物体重心位置公式。可见，质点系的质心与其重心是重合的。**对于均质刚体，质心与重心、几何中心重合。**

应当注意，质心和重心是两个不同的概念。质心与质量有关，而重心则与重力有关。重心是地球对物体作用的平行引力的中心，只在质点系处于重力场中时才有意义；质心是表征质点系质量分布情况的一个几何点，与作用力无关，无论质点系是否在重力场中运动，质心总是存在的。

8.1.2 质点及质点系的动量

在研究物体的机械运动变化与作用力的时间累积效应之间的关系时，质点的质量与运动速度是度量其机械运动的决定性因素。例如，研究子弹遇到障碍物时所产生的冲击力时，尽管子弹的质量很小，但速度很大，具有很强的穿透力。又如，轮船虽然速度小，但质量大，具有很大的撞击力，说明这种力量与质量和速度有关。

用一个质点的质量 m 与其在某瞬时速度 $\boldsymbol{v}$ 的乘积 $m\boldsymbol{v}$ 来量度物体的机械运动，并称为**质点的动量**。质点的动量是一个矢量，称为**动量矢**，其大小为 mv，方向与 $\boldsymbol{v}$ 一致。动量的量纲是$[M][L][T]^{-1}$，单位为N·S，即牛顿·秒。

对于质点系，所有的质点在每一瞬时都有各自的动量矢。如图8.1所示的质点系，若第 i 个质点的动量为 $m_i\boldsymbol{v}_i$，将系统中所有质点动量的矢量和，称为**质点系的动量**，用 $\boldsymbol{p}$ 表示，即

$$\boldsymbol{p} = \sum_{i=1}^{n} m_i \boldsymbol{v}_i \tag{8.5}$$

式中，n 为质点系的质点数；m_i 为质点系内第 i 个质点的质量；$\boldsymbol{v}_i$ 为该质点的速度。

如果将式(8.5)写成

$$\boldsymbol{p} = \sum m_i \boldsymbol{v}_i = \sum m_i \frac{\mathrm{d}\boldsymbol{r}_i}{\mathrm{d}t} = \frac{\mathrm{d}}{\mathrm{d}t}\sum m_i \boldsymbol{r}_i$$

由质心公式(8.2)，可得

$$\boldsymbol{p} = \frac{\mathrm{d}}{\mathrm{d}t}\sum m_i \boldsymbol{r}_i = \frac{\mathrm{d}}{\mathrm{d}t}(m\boldsymbol{r}_C) = m\boldsymbol{v}_C$$

可写成

$$\boldsymbol{p} = \sum m_i \boldsymbol{v}_i = m\boldsymbol{v}_C \tag{8.6}$$

即，**质点系的动量等于质点系的质量与质心速度的乘积**。此式可以理解为把质点系全部质量集中在质心，则质点系的动量等于质心的动量，这为计算质点系，特别是刚体的动量提供了简捷的方法。

例如，图 8.2(a)表示绕一端定轴转动的均质直杆，质量为 m，质心速度为 $\boldsymbol{v}_C$，大小为 $l\omega/2$。故其动量大小为 $p=ml\omega/2$，方向与 $\boldsymbol{v}_C$ 相同。

图 8.2(b)表示一个沿直线轨道做纯滚动的质量为 m 的均质圆盘，其动量为 $m\boldsymbol{v}_C$，方向与 $\boldsymbol{v}_C$ 相同。

图 8.2(c)表示一均质圆盘绕中心做定轴转动，除质心外，各点动量都不等于零。但由于其质心速度为零，圆盘动量等于零，由此表明刚体动量等于零并不表示刚体上各点动量等于零，同时还表明，刚体的动量只能描述刚体随质心的移动而不能描述刚体的转动。

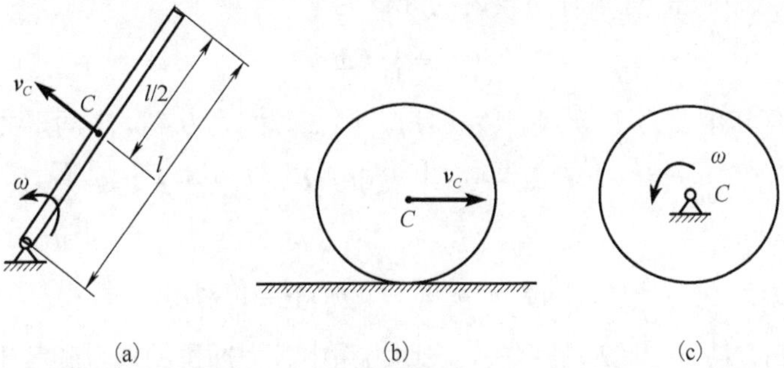

图 8.2

又如图 8.3 所示的平行四边形机构，均质杆 O_1A 和杆 O_2B 的长度均为 l，质量均为 m_1，角速度为 ω；杆 AB 的质量为 m_2，$\varphi=\omega t$，图示瞬时，杆 O_1A 和杆 O_2B 质心的速度均为 $v_C = \dfrac{1}{2}l\omega$，杆 AB 做平动，质心速度为 $v_{C_1} = l\omega$，于是各杆动量的大小分别为

$$p_{O_1A} = p_{O_2B} = m_1 v_C = \frac{1}{2}m_1 l\omega$$

$$p_{AB} = m_2 v_{C_1} = m_2 l\omega$$

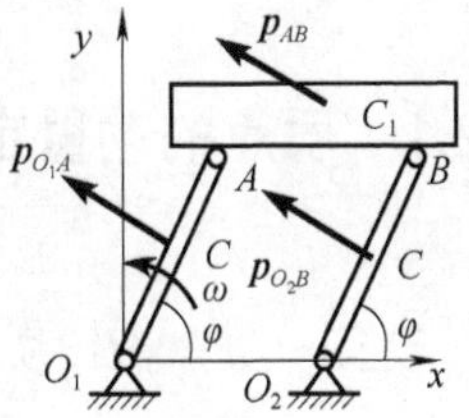

图 8.3

方向均如图 8.3 所示，由式(8.6)，整个机构的动量为

$$\boldsymbol{p} = \sum m_i \boldsymbol{v}_i = \boldsymbol{p}_{O_1A} + \boldsymbol{p}_{O_2B} + \boldsymbol{p}_{AB}$$

各杆的动量方向相同，其大小为

$$p = p_{O_1A} + p_{O_2B} + p_{AB} = 2\times\frac{1}{2}m_1 l\omega + m_2 l\omega = l\omega(m_1 + m_2)$$

方向与各杆速度方向一致。也可用矢量表达为

$$\boldsymbol{p} = l\omega(m_1 + m_2)(\cos\varphi \boldsymbol{i} + \sin\varphi \boldsymbol{j})$$

式中，$\boldsymbol{i}$、$\boldsymbol{j}$ 分别为 x、y 方向的单位矢量。

可见，质点系动量主矢反映质点系随质心平动的特性。式(8.6)是矢量式，应用时通常用其在直角坐标轴上的投影式。

8.1.3 力的冲量

质点或质点系的动量往往是随时间变化的。动量的改变不仅与力的大小和方向有关，还与力作用时间的长短有关。例如，人推车厢与机车牵引达到同一速度需要的时间不同。

引入**力的冲量**的概念，将作用力与其作用时间内的累积作用效应，定义为力与时间的乘积，称为该力在作用时间内的**冲量**，简称**力的冲量**，以 $\boldsymbol{I}$ 表示。力的冲量也是**矢量**，其方向与力的方向相同，与动量具有相同的单位，即牛顿·秒。

力的冲量的计算，可按以下的不同情况进行。

(1)若力 $\boldsymbol{F}$ 是常量(大小、方向均不变)，则在作用时间 t 内，力 $\boldsymbol{F}$ 的冲量为

$$\boldsymbol{I}=\boldsymbol{F}\cdot t \tag{8.7}$$

(2)若力 $\boldsymbol{F}$ 是变量，则在微小时间间隔 $\mathrm{d}t$ 内力的冲量称为**元冲量**，表示为

$$\mathrm{d}\boldsymbol{I}=\boldsymbol{F}\mathrm{d}t$$

而力 $\boldsymbol{F}$ 在时间 0 到 t 的有限时间段内的冲量为

$$\boldsymbol{I}=\int_0^t \boldsymbol{F}\mathrm{d}t \tag{8.8}$$

(3)若力系中有 n 个变力 $\boldsymbol{F}_1$，$\boldsymbol{F}_2$，…，$\boldsymbol{F}_n$，则在时间为 0 到 t 之间，力系的总冲量为

$$\boldsymbol{I}=\int_0^t \boldsymbol{F}_1\mathrm{d}t+\int_0^t \boldsymbol{F}_2\mathrm{d}t+\cdots+\int_0^t \boldsymbol{F}_n\mathrm{d}t=\boldsymbol{I}_1+\boldsymbol{I}_2+\cdots+\boldsymbol{I}_n=\sum \boldsymbol{I}_i \tag{8.9}$$

或

$$\boldsymbol{I}=\int_0^t (\boldsymbol{F}_1+\boldsymbol{F}_2+\cdots+\boldsymbol{F}_n)\mathrm{d}t=\int_0^t \boldsymbol{F}_{\mathrm{R}}\mathrm{d}t \tag{8.10}$$

式中，$\boldsymbol{F}_{\mathrm{R}}$ 为力系 $\boldsymbol{F}_1$，$\boldsymbol{F}_2$，…，$\boldsymbol{F}_n$ 的主矢，表明力系中各力冲量的矢量和等于力系主矢的冲量。

8.2 动量定理论证及应用

8.2.1 质点的动量定理

设有一质点 M，质量为 m，在力 $\boldsymbol{F}$ 作用下运动，由牛顿第二定律，有

$$\frac{\mathrm{d}}{\mathrm{d}t}(m\boldsymbol{v})=\boldsymbol{F} \tag{8.11}$$

式(8.11)表明，**质点的动量对时间的一阶导数，等于作用于质点的力**，这就是**质点的动量定理**。式(8.11)可改写为

$$\mathrm{d}(m\boldsymbol{v})=\boldsymbol{F}\mathrm{d}t \tag{8.12}$$

即，**质点动量的增量等于作用于质点上的力的元冲量**，这就是质点的动量定理的**微分形式**。

若时间由 t_1 到 t_2，对应速度由 $\boldsymbol{v}_1$ 到 $\boldsymbol{v}_2$，由式(8.12)积分可得

$$\int_{v_1}^{v_2}\mathrm{d}(m\boldsymbol{v})=\int_{t_1}^{t_2}\boldsymbol{F}\mathrm{d}t$$

即

$$m\boldsymbol{v}_2-m\boldsymbol{v}_1=\int_{t_1}^{t_2}\boldsymbol{F}\mathrm{d}t=\boldsymbol{I} \tag{8.13}$$

也就是说，**在某一时间间隔内，质点动量的变化等于作用于质点的力在此段时间内的冲量**，这就是质点的动量定理的**积分形式**。

8.2.2　质点系的动量定理

设质点系由 n 个质点组成，如图 8.4 所示。第 i 个质点的质量为 m_i，速度为 $\boldsymbol{v}_i$。作用于该质点的力有：质点系外部对该质点的作用力，称为**外力**，记为 $\boldsymbol{F}_i^{(e)}$；质点系内其他质点对此质点的作用力，称为内力，记为 $\boldsymbol{F}_i^{(i)}$。由动力学基本方程(7.1)可得

$$\frac{\mathrm{d}}{\mathrm{d}t}(m_i\boldsymbol{v}_i)=\boldsymbol{F}_i^{(e)}+\boldsymbol{F}_i^{(i)}$$

这样的方程共有 n 个，将 n 个方程相加，即得

$$\sum_{i=1}^{n}\frac{\mathrm{d}}{\mathrm{d}t}(m_i\boldsymbol{v}_i)=\sum_{i=1}^{n}\boldsymbol{F}_i^{(e)}+\sum_{i=1}^{n}\boldsymbol{F}_i^{(i)}$$

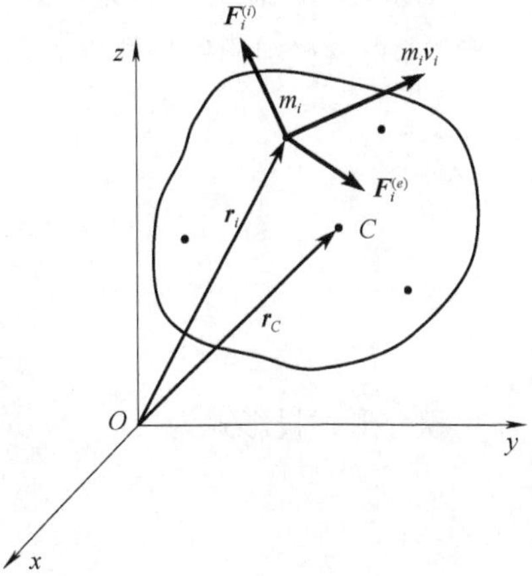

图 8.4

由于内力是质点间的相互作用力，其大小相等，方向相反，成对出现，其矢量之和必然为零，即 $\sum_{i=1}^{n}\boldsymbol{F}_i^{(i)}=0$。另外，由式(8.6)可得

$$\sum_{i=1}^{n}\frac{\mathrm{d}}{\mathrm{d}t}(m_i\boldsymbol{v}_i)=\frac{\mathrm{d}}{\mathrm{d}t}\sum_{i=1}^{n}(m_i\boldsymbol{v}_i)=\frac{\mathrm{d}\boldsymbol{p}}{\mathrm{d}t}$$

于是得

$$\frac{\mathrm{d}\boldsymbol{p}}{\mathrm{d}t}=\sum_{i=1}^{n}\boldsymbol{F}_i^{(e)} \tag{8.14}$$

即，**质点系的动量对时间的一阶导数，等于作用于质点系的全部外力的矢量和，这就是质点系动量定理的微分形式**。

将式(8.14)改写成

$$\mathrm{d}\boldsymbol{p}=\sum_{i=1}^{n}\boldsymbol{F}_i^{(e)}\mathrm{d}t=\sum_{i=1}^{n}\mathrm{d}\boldsymbol{I}_i^{(e)}$$

设质点系在 $t=0$ 和 t 时刻的动量分别是 $\boldsymbol{p}_0$、$\boldsymbol{p}$，则由上式可得

$$\boldsymbol{p}-\boldsymbol{p}_0=\sum_{i=1}^{n}\int_0^t\boldsymbol{F}_t^{(e)}\mathrm{d}t=\sum_{i=1}^{n}\boldsymbol{I}_i^{(e)} \tag{8.15}$$

即，**在某一时间间隔内，质点系动量的改变量等于在这段时间内作用于质点系外力冲量的矢量和，这就是质点系动量定理的积分形式**。

以上的推导可以看出，**只有外力才能使质点系的动量发生变化，而内力不能改变整个质点系的动量**。例如，研究人和自行车组成的质点系：人作用于踏板的力是内力，并不能改变质点系的动量，但是，它却使后轮转动，后轮在与地面的接触中产生向前的摩擦力，在这个外力作用下，质点系的动量才发生了变化，人和自行车才能向前运动。又如，爆破土石方时，炸药的爆炸力是内力，不会改变质心的运动，尽管土石碎块向各处飞落，由它们组成的质点系的质心与一个抛射质点的运动一样，直到有一碎块碰到地面为止。工程中使用的定向爆破技术正是利用了这一原理。

8-1

虽然内力不能改变质点系的动量，但可以改变质点系内部分质点的动量。例如，子弹与枪体组成的质点系，在射击前和射击后没有撞到障碍物之前，总动量恒保持为零。但是，火

药在枪膛内爆炸时，作用于子弹的压力是内力，它使子弹获得向前的动量，同时气体压力使枪体获得向后的动量(后座现象)。

动量定理的微分和积分形式都是矢量式，应用时可采用投影式。例如，取固定的直角坐标系 x、y、z，则微分形式投影式为

$$\begin{cases}\dfrac{\mathrm{d}p_x}{\mathrm{d}t}=\sum F_x^{(e)}\\ \dfrac{\mathrm{d}p_y}{\mathrm{d}t}=\sum F_y^{(e)}\\ \dfrac{\mathrm{d}p_z}{\mathrm{d}t}=\sum F_z^{(e)}\end{cases}\tag{8.16}$$

积分形式投影式为

$$\begin{cases}p_x-p_{0x}=\sum I_x^{(e)}\\ p_y-p_{0y}=\sum I_y^{(e)}\\ p_z-p_{0z}=\sum I_z^{(e)}\end{cases}\tag{8.17}$$

8.2.3　动量守恒定律

对于一个质点，若在运动过程中，作用在质点上的合力恒为0，则由式(8.11)或式(8.13)可得

$$m\boldsymbol{v}=\text{常矢量}\quad \text{或}\quad m\boldsymbol{v}_1=m\boldsymbol{v}_2\tag{8.18}$$

即，**若作用于一个质点上的所有外力的矢量和等于零，则该质点的动量保持不变。**

如果外力的矢量和虽然不等于零，但各力在某轴(例如 x 轴)上投影的代数和恒等于零，则由式(8.11)和式(8.13)的投影式可得

$$mv_x=\text{常量}\quad \text{或}\quad mv_{1x}=mv_{2x}$$

即，**若作用于一个质点的所有外力在某坐标轴上的投影的代数和等于零，则该质点的动量在同一轴上的投影守恒**。以上两个结论统称为**质点动量守恒定律**。

对于质点系，若在运动过程中，作用在质点系上的合力恒为0，则由式(8.14)可得

$$\boldsymbol{p}=\text{常矢量}\tag{8.19}$$

即，**若在运动过程中，作用在质点系上的合力恒为0，则该质点系动量守恒。**

如果外力的矢量和不等于零，但各力在某轴(如 x 轴)上投影的代数和恒等于零，则由式(8.16)可得

$$p_x=\text{常量}\tag{8.20}$$

即，**若作用于质点系的所有外力在某坐标轴上的投影的代数和等于零，则该质点系的动量在同一轴上的投影守恒**。以上两个结论统称为**质点系动量守恒定律**。

【例 8.1】　如图 8.5(a)所示，均质滑轮 A 的质量为 m，重物 M_1、M_2 的质量分别为 m_1 和 m_2，斜面的倾角为 θ，忽略摩擦。若已知重物 M_2 的加速度 $\boldsymbol{a}$，试求轴承 O 处的约束反力。

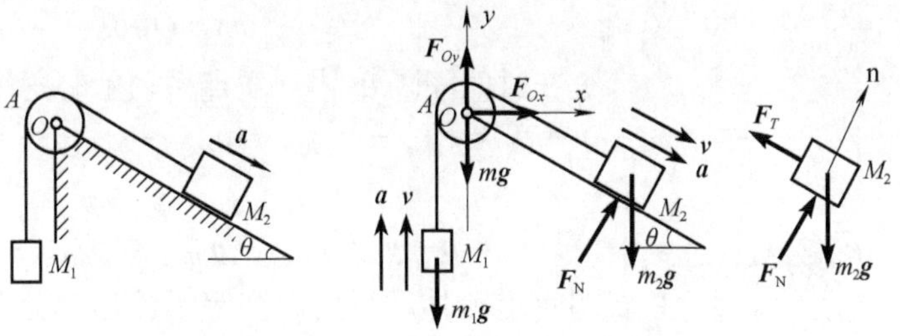

(a) (b)

图 8.5

解：已知重物 M_2 的加速度，可先假设其速度，写出系统动量。采用质点系动量定理微分形式建立速度的导数(加速度)与外力的关系。

以整个系统为研究对象，建立坐标系，设重物 M_2 下降的速度为 v，重物 M_1 上升的速度也为 v，受力和运动分析如图 8.5(b)所示。系统的动量 $\boldsymbol{p}$ 为滑轮 A、重物 M_1、M_2 动量之和，分别设为 $\boldsymbol{p}_O$、 $\boldsymbol{p}_1$ 和 $\boldsymbol{p}_2$，则

$$\boldsymbol{p}=\boldsymbol{p}_O+\boldsymbol{p}_1+\boldsymbol{p}_2 \tag{a}$$

各物体动量大小为

$$p_O=0\,,\qquad p_1=m_1v\,,\qquad p_2=m_2v$$

故系统的动量分别在 x、y 坐标轴上的投影为

$$p_x=p_{Ox}+p_{1x}+p_{2x}=0+0+m_2v\cos\theta=m_2v\cos\theta \tag{b}$$

$$p_y=p_{Oy}+p_{1y}+p_{2y}=0+m_1v-m_2v\sin\theta=(m_1-m_2\sin\theta)v \tag{c}$$

由式(8.16)质点系的动量定理，有

$$\frac{\mathrm{d}p_x}{\mathrm{d}t}=\sum F_x\,,\qquad \frac{\mathrm{d}p_y}{\mathrm{d}t}=\sum F_y \tag{d}$$

将式(b) 和式(c)代入式(d)，并注意到 $\dfrac{\mathrm{d}v_A}{\mathrm{d}t}=a$ 可得

$$m_2\cos\theta\frac{\mathrm{d}v}{\mathrm{d}t}=m_2\cos\theta\cdot a=F_{Ox}+F_{\mathrm{N}}\sin\theta \tag{e}$$

$$(m_1-m_2\sin\theta)\frac{\mathrm{d}v}{\mathrm{d}t}=F_{Oy}+F_{\mathrm{N}}\cos\theta-(m+m_1+m_2)g \tag{f}$$

取重物 M_2 为研究对象，受力分析如图 8.5(c)所示，沿 $\boldsymbol{n}$ 方向列平衡方程：

$$\sum F_n=0\,,\qquad F_{\mathrm{N}}-m_2g\cos\theta=0$$

有

$$F_{\mathrm{N}}=m_2g\cos\theta \tag{g}$$

将式(g)代入式(e)和式(f)，求得轴承 O 处的约束反力为

$$F_{Ox}=(a-g\sin\theta)m_2\cos\theta$$

$$F_{Oy}=(m_1-m_2\sin\theta)a-m_2g\cos^2\theta+(m+m_1+m_2)g$$

【例 8.2】 流体流经变截面弯管时的情况，如图 8.6 表示。设流体不可压缩，流动是稳定的，流体在单位时间内流过截面的体积流量为 Q，流体密度为 ρ。求流体对管壁的压力。

解：取管道中 AB 和 CD 两个截面中间的流体作为研究的质点系。设想经过无限小的时间间隔 $\mathrm{d}t$ 后，这部分流体流到两个截面 ab 与 cd 之间，则质点系在时间 $\mathrm{d}t$ 内流过截面的质量为

$$dm = Q\rho dt \tag{a}$$

在时间间隔 dt 内，质点系动量的变化为

$$\boldsymbol{p}-\boldsymbol{p}_0=\boldsymbol{p}_{abcd}-\boldsymbol{p}_{ABCD}=(\boldsymbol{p}_{abCD}+\boldsymbol{p}_{CDcd})-(\boldsymbol{p}_{abCD}+\boldsymbol{p}_{ABab})$$

有

$$\boldsymbol{p}-\boldsymbol{p}_0=\boldsymbol{p}_{abcd}-\boldsymbol{p}_{ABCD}=\boldsymbol{p}_{CDcd}-\boldsymbol{p}_{ABab}$$

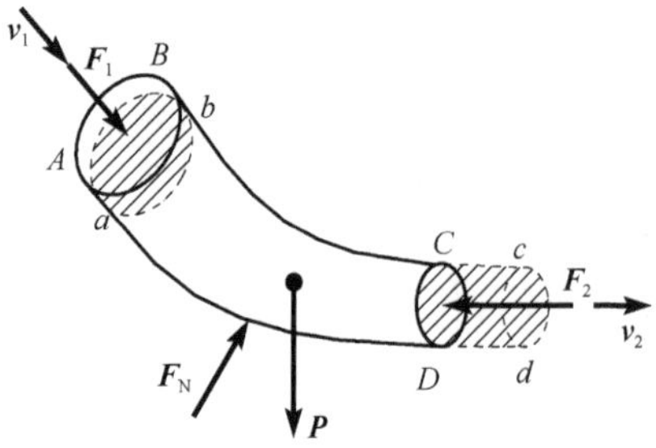

图 8.6

表明管道流体动量的改变等于流出部分微量与流进部分微量的动量之差。由于 dt 极小，可认为在 $ABab$ 之内和 $CDcd$ 之内的流体的各质点的速度相同，分别为 $\boldsymbol{v}_1$、$\boldsymbol{v}_2$，于是得

$$\boldsymbol{p}-\boldsymbol{p}_0=\boldsymbol{p}_{CDcd}-\boldsymbol{p}_{ABab}=Q\rho dt(\boldsymbol{v}_2-\boldsymbol{v}_1) \tag{b}$$

作用于质点系上的外力有：重力 $\boldsymbol{P}$，管壁对流体的作用力 $\boldsymbol{F}_N$，以及相邻的流体对截面 aa 和 bb 处的压力 $\boldsymbol{F}_1$ 和 $\boldsymbol{F}_2$，这些力都是分布力的合力。

由质点系动量定理的微分形式可得

$$Q\rho dt(\boldsymbol{v}_2-\boldsymbol{v}_1)=(\boldsymbol{P}+\boldsymbol{F}_1+\boldsymbol{F}_2+\boldsymbol{F}_N)dt$$

消去时间 dt，得

$$Q\rho(\boldsymbol{v}_2-\boldsymbol{v}_1)=\boldsymbol{P}+\boldsymbol{F}_1+\boldsymbol{F}_2+\boldsymbol{F}_N$$

若将管壁对于流体的压力 $\boldsymbol{F}_N$ 分成两部分：$\boldsymbol{F}_{N1}$ 是不考虑流体的动量改变时管壁的反力（即与外力 $\boldsymbol{P}$、$\boldsymbol{F}_1$、$\boldsymbol{F}_2$ 相平衡的管壁静反力），$\boldsymbol{F}_{N2}$ 是由于流体的动量发生变化而引起的附加动反力。显然有

$$\boldsymbol{P}+\boldsymbol{F}_1+\boldsymbol{F}_2+\boldsymbol{F}_{N1}=0$$

而附加动反力 $\boldsymbol{F}_{N2}$ 为

$$\boldsymbol{F}_{N2}=Q\rho(\boldsymbol{v}_2-\boldsymbol{v}_1) \tag{c}$$

此式即为管道流体动量改变时所受到的动反力，与流体流出和流进时的速度有关。式(c)是一个矢量式，应用时可用其投影式。

设截面 AB 和 CD 的面积分别为 A_1、A_2，由不可压缩流体的连续性定律知

$$Q=A_1v_1=A_2v_2 \tag{d}$$

此式即为连续性方程，故只要知道管道进、出口的流速和截面面积，即可由式(c)求得附加动反力 $\boldsymbol{F}_{N2}$，此力的反向就是流体对管壁的作用力。

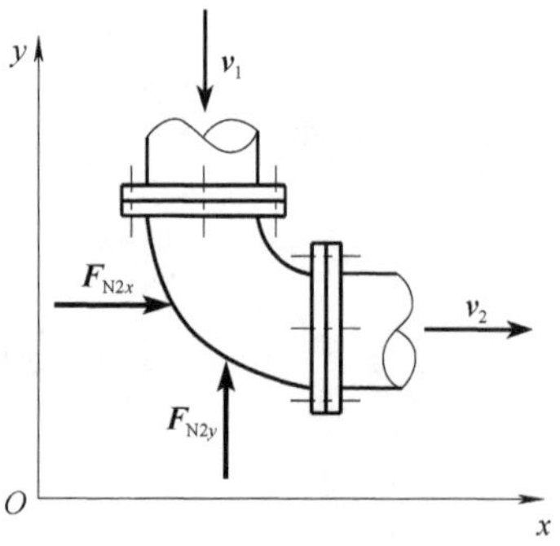

图 8.7

例如，图 8.7 所示为一水平的等截面直角形弯管。当流体被迫改变流动方向时，对管壁施加附加的压力，其大小等于管壁对流体作用的附加动反力，将式(c)分别在 x、y 方向投影，得

$$F_{N2x}=Q\rho(v_2-0)=\rho A_2v_2^2$$
$$F_{N2y}=Q\rho(0+v_1)=\rho A_1v_1^2$$

由此可见，当流速很高或管道截面面积很大时，附加动反力也很大，因此，管道弯头处的壁厚设计和支座的设计均须考虑附加动反力这个因素。

8.2.4　质心运动定理

1. 质心运动定理

质心运动定理是质点系动量定理的另一种形式，可由质点系动量定理直接导出。

将式(8.6)代入式(8.14)中，得

$$m\frac{\mathrm{d}\boldsymbol{v}_C}{\mathrm{d}t}=\sum_{i=1}^{n}\boldsymbol{F}_i^{(e)}$$

对于质量不变的质点系，上式可改写为

$$\frac{\mathrm{d}}{\mathrm{d}t}(m\boldsymbol{v}_C)=\sum_{i=1}^{n}\boldsymbol{F}_i^{(e)}$$

或

$$m\boldsymbol{a}_C=\sum_{i=1}^{n}\boldsymbol{F}_i^{(e)}\tag{8.21}$$

即，质点系**的质量与质心加速度的乘积等于作用于质点系外力的矢量和**，这就是质点系的**质心运动定理**。

此定理形式上与牛顿第二定律相同，表明质点系质心的运动，可看作质心集中了质点系的全部质量，并作用有质点系的全部外力的质点的运动。因此，研究质点系跟随质心的运动只要研究质心的运动即可。式(8.21)还表明，内力不能改变质点系质心的运动状态，意味着**只有外力才能改变质心的运动状态**。

式(8.21)是矢量式，应用时采用投影形式，其中在直角坐标系上的投影式为

$$\begin{cases}ma_{Cx}=\sum F_x^{(e)}\\ ma_{Cy}=\sum F_y^{(e)}\\ ma_{Cz}=\sum F_z^{(e)}\end{cases}\tag{8.22}$$

在如图8.8所示的自然坐标轴上的投影式为

$$\begin{cases}m\dfrac{v_C^2}{\rho}=\sum F_n^{(e)}\\ m\dfrac{\mathrm{d}v_C}{\mathrm{d}t}=\sum F_\tau^{(e)}\\ \sum F_b^{(e)}=0\end{cases}\tag{8.23}$$

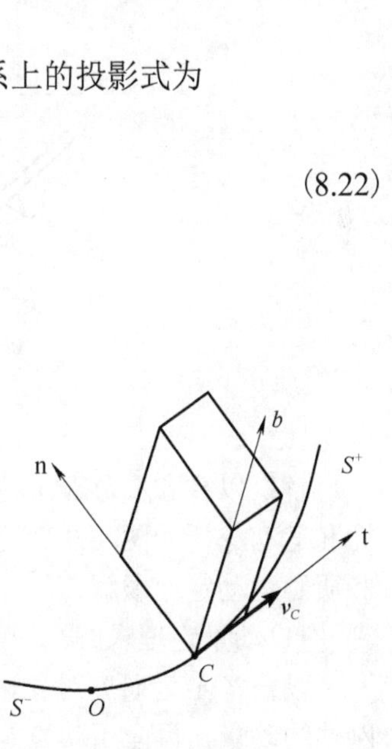

图 8.8

也可由式(8.5)和式(8.14)推导，得到质心运动定理的另一形式为

$$\sum m_i\boldsymbol{a}_{Ci}=\sum \boldsymbol{F}_i^{(e)}\tag{8.24}$$

该式避开了整个系统的质心加速度。对刚体系而言，若已知每个刚体质量 m_i 和质心加速度 $\boldsymbol{a}_{Ci}$，采用该式更加直接和方便。应用时，可采用投影形式。

2. 质心运动守恒定律

由质心运动定理可知：

(1)如果作用于质点系的外力主矢恒等于零，即 $\sum \boldsymbol{F}^{(e)}=0$，则有 $v_C=$ 常量，即速度守恒，

质心做匀速直线运动；若开始静止，即 $v_C = 0$， $\boldsymbol{r}_C =$ 常矢量，则**质心位置守恒**，即质心位置保持不变。

8-2 (2) 如果作用于质点系的外力主矢 $\sum \boldsymbol{F}^{(e)} \neq 0$，但所有外力在某轴上投影的代数和恒等于零（如 $\sum F_x^{(e)} = 0$，有 $v_{Cx} =$ 常量），则质心在该轴（x 轴）上的速度投影保持不变，速度在该轴上守恒；若开始时质心速度在某轴上的投影等于零（$v_{Cx} = 0$， $x_C =$ 常量），则**质心沿该轴的坐标保持不变**。

8-3 以上结论，称为**质心运动守恒定律**。

由上面的分析可以看出，质点系的动量定理和质心运动定理实质上是同一定理的两种不同形式。前者着眼于整个质点系的各部分运动的描述，而后者则着眼于质点系整体随质心运动的描述。因此，可根据问题的要求，适当选取。

8-4 动量定理、质心运动定理主要适用于解决以下两类问题。

(1) 已知质点系的动量，即已知质心的运动或各部分的运动，求作用于质点系上的某些未知外力。

(2) 当外力主矢为零或外力主矢在某轴上的投影为零时，可用守恒定律来求质点系的质心或质点系内各个部分的运动速度或位置。

【例 8.3】 质量为 m、长度为 $2l$ 的均质杆 OA 绕水平固定轴 O 在铅垂面内转动，如图 8.9(a) 所示。已知在图示位置，杆的角速度为 ω，角加速度为 α，试求此时杆在 O 轴的约束反力。

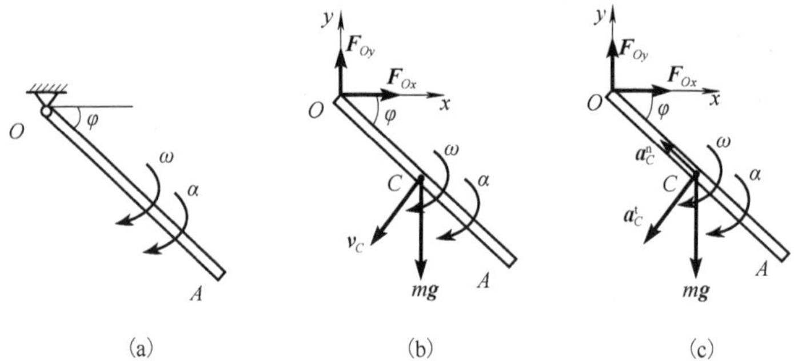

图 8.9

解：以杆 OA 为研究对象，杆受重力和 O 轴约束反力的作用，绕 O 轴做定轴转动，其受力和运动分析如图 8.9 所示。这是已知刚体运动，求约束反力的问题，可分别采用动量定理和质心运动定理求解。

(1) 动量定理求解。

以杆 OA 为研究对象，受力和运动分析如图 8.9(b) 所示。采用动量定理求解时需要先求刚体的动量，再应用动量定理的投影式。

杆在 x、y 方向的动量分别为

$$p_x = -mv_C \sin\varphi = -ml\omega \sin\varphi \tag{a}$$

$$p_y = -mv_C \cos\varphi = -ml\omega \cos\varphi \tag{b}$$

由质点系的动量定理：

$$\frac{\mathrm{d}p_x}{\mathrm{d}t} = \sum F_x^{(e)}, \qquad \frac{\mathrm{d}p_y}{\mathrm{d}t} = \sum F_y^{(e)} \tag{c}$$

将式(a)和式(b)代入式(c)，得

$$ml(\alpha\sin\varphi+\omega^2\cos\varphi)=F_{Ox} \tag{d}$$

$$-ml(\alpha\cos\varphi-\omega^2\sin\varphi)=F_{Oy}-mg \tag{e}$$

由式(d)和式(e)解得

$$F_{Ox}=ml(\alpha\sin\varphi+\omega^2\cos\varphi)$$

$$F_{Oy}=mg-ml(\alpha\cos\varphi-\omega^2\sin\varphi)$$

(2)质心运动定理求解。

以杆 OA 为研究对象，受力和运动分析如图 8.9(c)所示。采用质心运动定理求解时，需要先求质心加速度，再应用质心运动定理的投影式。

杆质心 C 的加速度为

$$a_{Cx}=-a_C^{\mathrm{t}}\sin\varphi-a_C^{\mathrm{n}}\cos\varphi=-l\alpha\sin\varphi-l\omega^2\cos\varphi \tag{f}$$

$$a_{Cy}=-a_C^{\mathrm{t}}\cos\varphi+a_C^{\mathrm{n}}\sin\varphi=-l\alpha\cos\varphi+l\omega^2\sin\varphi \tag{g}$$

由质点系的质心运动定理的投影式：

$$ma_{Cx}=\sum F_x^{(e)}\,,\qquad ma_{Cy}=\sum F_y^{(e)}$$

可得

$$-ml(\alpha\sin\varphi+\omega^2\cos\varphi)=F_{Ox} \tag{h}$$

$$-ml(\alpha\cos\varphi-\omega^2\sin\varphi)=F_{Oy}-mg \tag{i}$$

联立式(h)和式(i)解得

$$F_{Ox}=ml(\alpha\sin\varphi+\omega^2\cos\varphi)$$

$$F_{Oy}=mg-ml(\alpha\cos\varphi-\omega^2\sin\varphi)$$

与采用动量定理求解的结果相同。

【例 8.4】　电动机用螺栓固定在水平地面上，如图 8.10 所示。定子质量为 m_1，其质心位于转轴的中心 O_1，转子质量为 m_2，但由于制造上的误差，其质心与轴线相距 e。已知转子以角速度 ω 转动，求基础的支座反力。

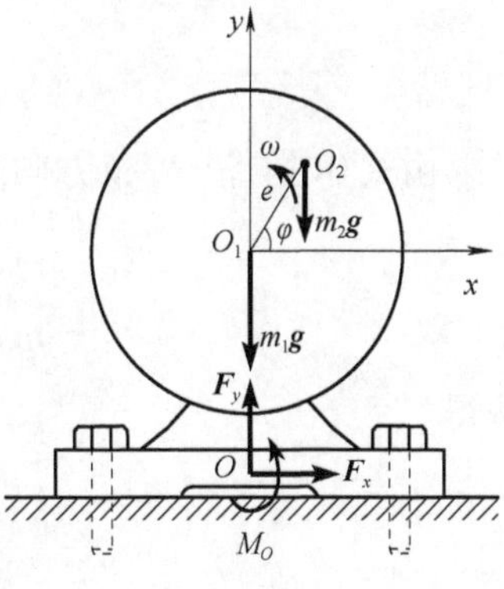

图 8.10

8-5

8-6

解：取电动机为研究对象，作用于其上的外力有重力 $m_1\boldsymbol{g}$、$m_2\boldsymbol{g}$，基础的反力 $\boldsymbol{F}_x$ 和 $\boldsymbol{F}_y$ 和反力偶 M_O，转子绕 O_1 轴转动。由于系统内各部分的运动已知，质心的运动可以确定，可以利用质心运动定理求解基础的支座反力。

解法 1：首先求出电动机质心的加速度。

选固定直角坐标系 O_1xy，于是，定子的质心 O_1 的坐标为

$$x_1=0\,,\qquad y_1=0 \tag{a}$$

转子的质心 O_2 的坐标为

$$x_2=e\cos(\omega t)\,,\quad y_2=e\sin(\omega t) \tag{b}$$

由质心坐标公式(8.3)，可得电动机质心的坐标为

$$x_C=\frac{m_1gx_1+m_2gx_2}{m_1g+m_2g}=\frac{m_2e\cos(\omega t)}{m_1+m_2}$$

$$y_C=\frac{m_1gy_1+m_2gy_2}{m_1g+m_2g}=\frac{m_2e\sin(\omega t)}{m_1+m_2}$$

故质心加速度为

$$\begin{cases} a_{Cx} = \dfrac{\mathrm{d}^2 x_C}{\mathrm{d}t^2} = -\dfrac{m_2}{m_1 + m_2} e\omega^2 \cos(\omega t) \\ a_{Cy} = \dfrac{\mathrm{d}^2 y_C}{\mathrm{d}t^2} = -\dfrac{m_2}{m_1 + m_2} e\omega^2 \sin(\omega t) \end{cases} \tag{c}$$

应用质心运动定理式在 x、y 方向的投影，得

$$\begin{aligned} (m_1 + m_2)a_{Cx} &= -m_2 e\omega^2 \cos(\omega t) = F_x \\ (m_1 + m_2)a_{Cy} &= -m_2 e\omega^2 \sin(\omega t) = F_y - m_1 g - m_2 g \end{aligned} \tag{d}$$

由此解得电动机基础反力为

$$F_x = -m_2\omega^2 e\cos(\omega t)$$
$$F_y = (m_1 + m_2)g - m_2\omega^2 e\sin(\omega t)$$

解法 2：分别求转子和定子的质心加速度，再应用质心运动定理求解。

定子质心的加速度为

$$a_{1x} = \frac{\mathrm{d}^2 x_1}{\mathrm{d}t^2} = 0 \text{，} \qquad a_{1y} = \frac{\mathrm{d}^2 y_1}{\mathrm{d}t^2} = 0 \tag{e}$$

转子质心加速度为

$$a_{2x} = \frac{\mathrm{d}^2 x_2}{\mathrm{d}t^2} = -m_2 e\omega^2 \cos(\omega t) \tag{f}$$

$$a_{2y} = \frac{\mathrm{d}^2 y_2}{\mathrm{d}t^2} = -m_2 e\omega^2 \sin(\omega t) \tag{g}$$

由式(8.24)沿 x、y 方向的投影式，有

$$m_1 a_{1x} + m_2 a_{2x} = 0 - m_2 e\omega^2 \cos(\omega t) = F_x$$
$$m_1 a_{1y} + m_2 a_{2y} = -m_2 e\omega^2 \sin(\omega t) = F_y - m_1 g - m_2 g$$

解得

$$F_x = -m_2\omega^2 e\cos(\omega t)$$
$$F_y = (m_1 + m_2)g - m_2\omega^2 e\sin(\omega t)$$

以上两种求解方法的区别是前者针对整体，需要先求出系统的质心及其加速度，用式(8.21)求解；后者针对系统中的个体建立质心运动定理，用式(8.24)求解，二者求解结果相同，但后者更简捷。

讨论：

(1) 根据计算结果可知，电机所受的约束反力是由静反力$(m_1 g + m_2 g)$和附加动反力$-m_2\omega^2 e\cos(\omega t)$、$-m_2\omega^2 e\sin(\omega t)$两部分组成。由于转子偏心引起的附加动反力是时间的周期函数，这将引起电动机和基础振动，这是十分不利的，应尽量减小偏心误差。

(2) 从例 8.2～例 8.4 可以看出，采用质点系的动量定理、质心运动定理可求解未知的动约束反力，而不能求出动约束反力的主矩，再次表明动量定理只能描述质点系整体的移动特征而不能描述质点系的转动特征。

【例 8.5】　质量为 M 的大三角块放在光滑水平面上，其斜面上放一个和它相似的小三角块，其质量为 m，如图 8.11 所示。已知小三角块和大三角块的水平边长各为 a 与 b。试求小三角块由图示位置滑到底时大三角块的位移。

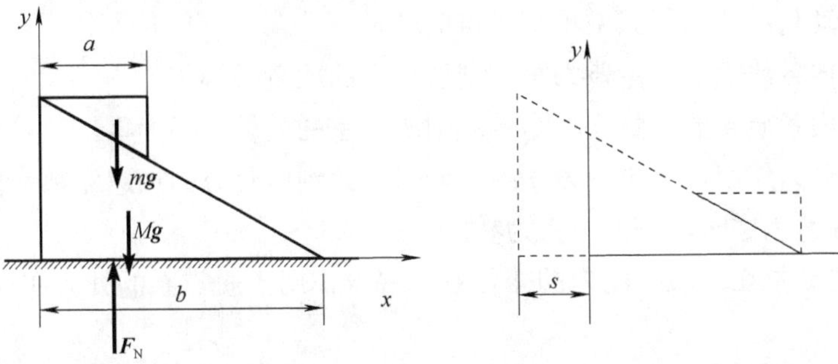

(a)　　　(b)

8-7

图 8.11

解：取两个三角块组成的系统为研究对象。系统受到重力 $m\boldsymbol{g}$、$M\boldsymbol{g}$ 和水平面法向反力 $\boldsymbol{F}_N$ 作用，如图 8.11(a)所示。它们在水平方向上的投影都等于零，所以，系统在水平方向上动量守恒。又因为初始时刻系统处于静止状态，故在水平方向质心位置守恒。

建立图示坐标系，有

$$x_{C1} = x_{C2} \tag{a}$$

式中，x_{C1}、x_{C2} 分别表示系统质心 C 在开始时和小三角块滑到底时的横坐标。

由质心坐标公式，初始时系统质心的横坐标为

$$x_{C1} = \frac{M \times \frac{1}{3}b + m \times \frac{2}{3}a}{M + m} \tag{b}$$

小三角块滑到底时，由于系统质心坐标在 x 方向守恒，大三角块必向左位移。设位移为 s，则系统质心的横坐标为

$$x_{C2} = \frac{M(\frac{1}{3}b - s) + m\left[\frac{2}{3}a + (b-a) - s\right]}{M + m} \tag{c}$$

将式(b)和式(c)代入式(a)，求得大三角块的位移为

$$s = \frac{m(b-a)}{M+m}$$

思 考 题

8-1　判断下列说法是否正确。

(1)动量是一个瞬时的量，相应地，冲量也是一个瞬时量。

(2)一个刚体，若其动量为零，该刚体一定处于静止状态。

(3) 质心偏离圆心的圆盘绕圆心做匀速转动，其动量保持不变。

(4) 质点系不受外力作用时，质心的运动状态不变，各质点的运动状态也保持不变。

(5) 若质点系的动量守恒，则其中每一部分的动量都必须保持不变。

(6) 质点系的动量一定大于其中单个质点的动量。

(7) 若质点系内各质点的动量皆为零，则质点系的动量必为零。

(8) 若质点系内各质点的动量皆不为零，则质点系的动量必不为零。

(9) 刚体受一群力作用，无论各力作用点如何，此刚体质心的加速度都一样。

(10) 变力的冲量为零时，变力也必为零。

(11) 质点系的动量在一段时间内的变化量，等于作用于质点系的外力在该段时间内的冲量的矢量和。

(12) 质心在某轴上的坐标保持不变的充要条件是：作用于质点系的外力在该轴上投影的代数和恒为零。

8-2　一火车以匀速度 $\boldsymbol{v}_1$ 沿直线轨道行驶，车厢内一个重量为 $\boldsymbol{P}$ 的人沿同方向相对于车厢为 $\boldsymbol{v}_2$ 的速度向前行走，此人的动量为__________。

8-3　在光滑的水平面上放置一静止的圆盘，当它受一个力偶作用时，盘心将产生__________运动，盘心的运动情况与力偶作用位置的关系是__________。如果圆盘面内受一个大小和方向都不变的力作用，盘心将做__________运动，盘心运动情况与此力的作用位置的关系是__________。

8-4　如思图 8.1 所示，两均质杆 AC 和 CB，长度相同，质量分别为 m_1、m_2，在点 C 用铰链连接，初始时刻维持在铅垂面内不动，A、B 两点间的距离为 b。设地面绝对光滑，两杆被释放后将分开倒向地面。若 m_1 与 m_2 不相等，点 C 的运动轨迹也不相同，其原因是__________。

8-5　在思图 8.2 所示的系统中，均质杆 OA、AB 与均质轮的质量均为 m，OA 杆的长度为 l_1，AB 杆的长度为 l_2，轮的半径为 R，轮沿水平面做纯滚动。在图示瞬时，OA 杆的角速度为 ω，整个系统的动量为__________。

8-6　如思图 8.3 所示，两个匀质带轮的质量各为 m_1 和 m_2，半径各为 r_1 和 r_2，分别绕通过质心且垂直于图面的轴 O_1 和 O_2 转动，O_1 轮的角速度为 ω_1，绕过带轮的匀质带的质量为 m_3，该系统的动量是__________。

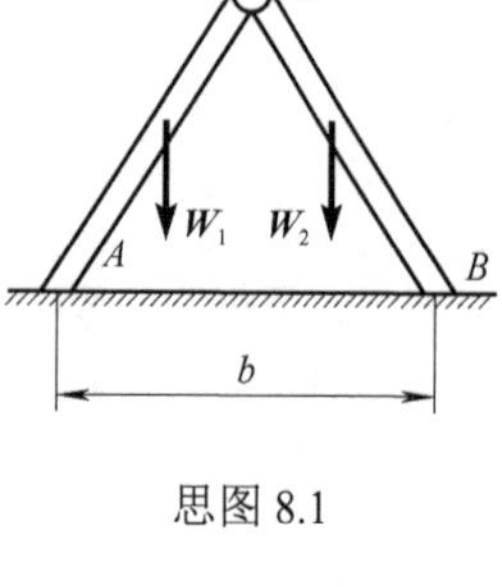

思图 8.1

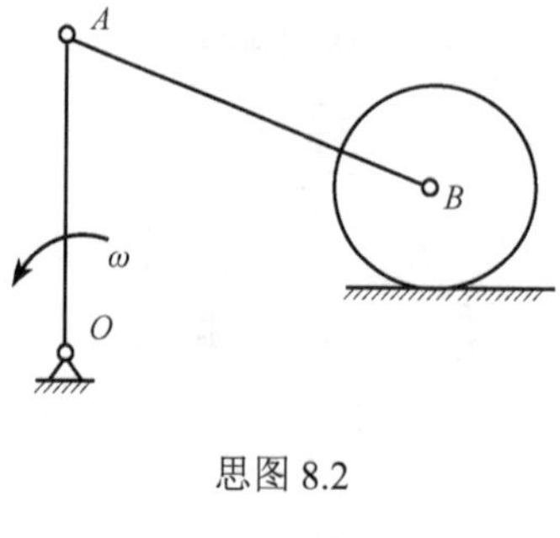

思图 8.2

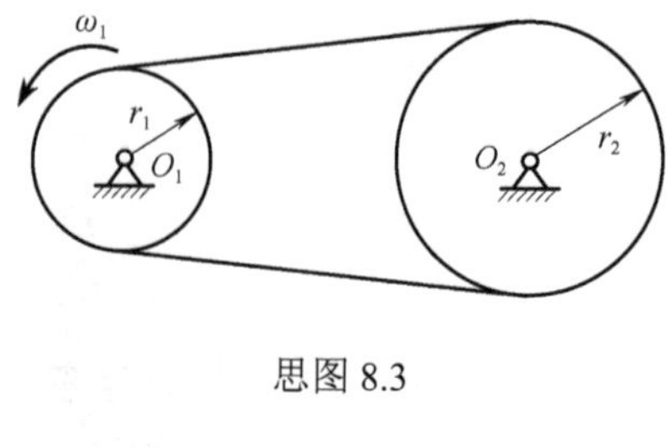

思图 8.3

习 题

8.1 求下列均质物体的动量。

(1) 图 8.1(a)、(b)、(c)、(d) 所示各物体的质量均为 m;

(2) 如图 8.1(e) 所示的皮带轮系统，轮 Ⅰ、Ⅱ 的质量分别为 m_1、m_2，半径分别为 R_1、R_2，皮带总质量为 m，轮 Ⅰ 的角速度为 ω_1。

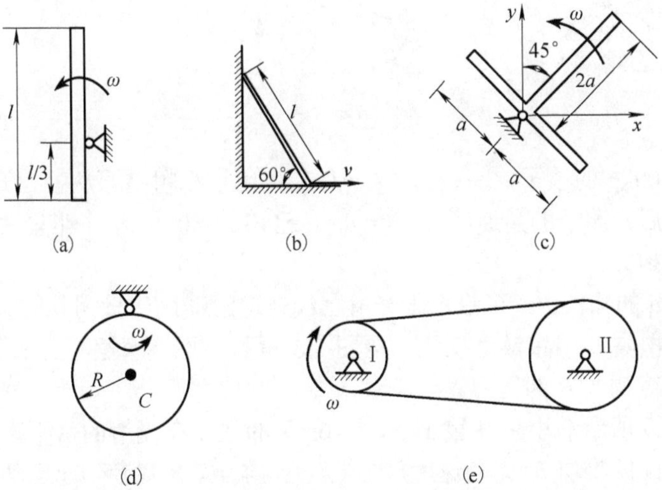

题图 8.1

8.2 如题图 8.2 所示，棒球质量为 0.14kg，以速度 v_0=50m/s 向右沿水平方向运动。在它被棒球打击后，沿着与 $\boldsymbol{v}_0$ 呈 α=135° 角(朝左上角)飞出，速度大小降至 v=40m/s。试计算球棒作用于球的冲量的水平及铅垂分量各为多少？又已知棒与球的接触时间为 0.02s，求棒对球的平均作用力大小。

8.3 如题图 8.3 所示均质滑轮 A 的质量为 m，重物 M_1、M_2 的质量分别为 m_1、m_2，斜面倾角为 α。已知重物 M_2 的加速度为 $\boldsymbol{a}$，不计摩擦，求滑轮对转轴 O 的压力。

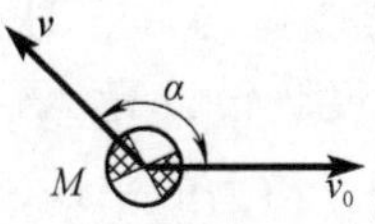

题图 8.2

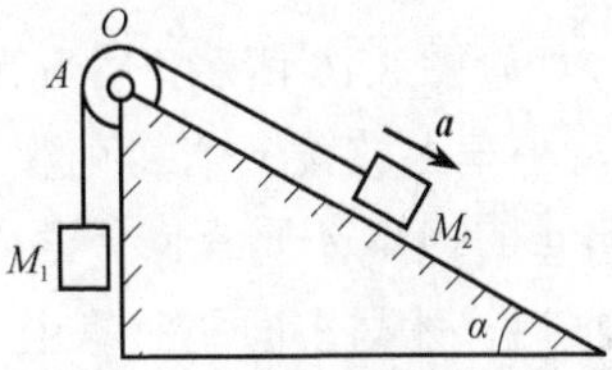

题图 8.3

8.4 如题图 8.4 所示，自动传送带的运煤量恒为 20kg/s，传送带的速度为 1.5m/s，求传送带作用于煤块的水平总推力。

8.5 如题图 8.5 所示，高压水流自横截面积为 16cm^2 的消防水龙头中以 8m/s 的速度喷出，水龙头与水平面所呈的角度为 30°。如不计重力对水柱形状的影响，并假设水流在碰到墙壁之后全部沿着铅垂方向的墙壁流动，求水柱对墙壁所产生的压力。

8.6 垂直于薄板的水柱流经薄板时，被薄板截分为两部分，如题图 8.6 所示。一部分的流量为Q_1=7L/s(升/秒)，而另一部分偏离 α 角，忽略水重和摩擦，试确定 α 角和薄板给水柱的作用力。设水柱的速度$v_1 = v_2 = v = 28$m/s，总流量$Q = 21$L/s。

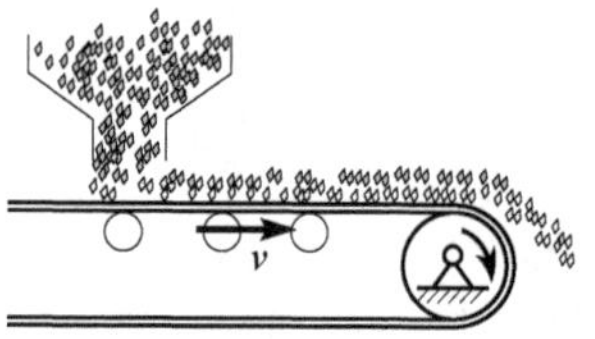

题图 8.4

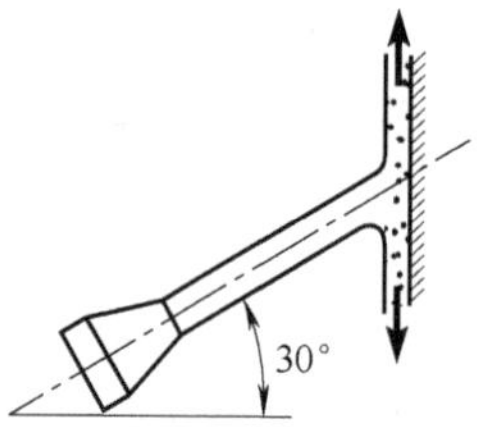

题图 8.5

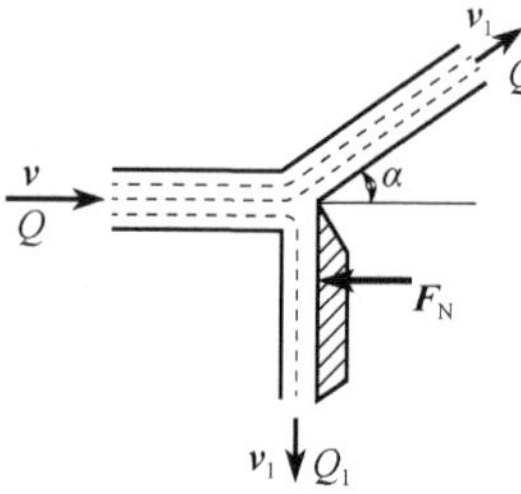

题图 8.6

8.7 质量为 200kg 的滚子，在拉力 F_T = 1kN 作用下沿粗糙面从静止开始无滑动滚动(题图 8.7)，经过 10s 后，滚子的角速度 ω=50rad/s。已知α=30°，滚子半径 R =0.2m，求路面对滚子作用的滑动摩擦力。

8.8 质量为 m_1 的物块 B，可沿水平光滑直线轨道滑动，质量为 m 的球 A，通过长度为 l 的无重刚杆 AB 与物块 B 用铰链连接，如题图 8.8 所示。不计摩擦，已知 $\varphi=\omega t$，试求物块 B 的运动规律及轨道对物块 B 的压力。

8.9 如题图 8.9 所示的小车 A 重 1kN，以 6m/s 的速度在光滑的水平直线轨道上运动，今有一个重量为 0.5kN 的物块 B(无初速度)放到 A 上，求 A、B 两者一起运动时的速度。若已知 A 与 B 之间的摩擦系数为 0.25，求 B 在 A 上相对滑动的时间。

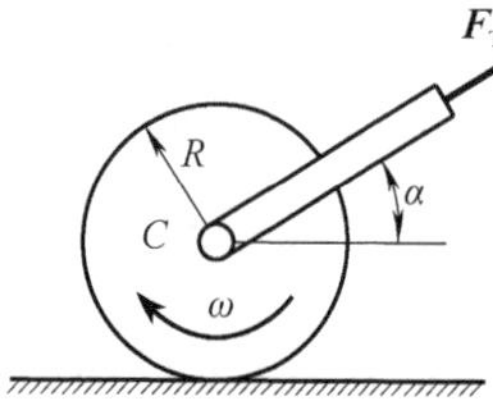

题图 8.7

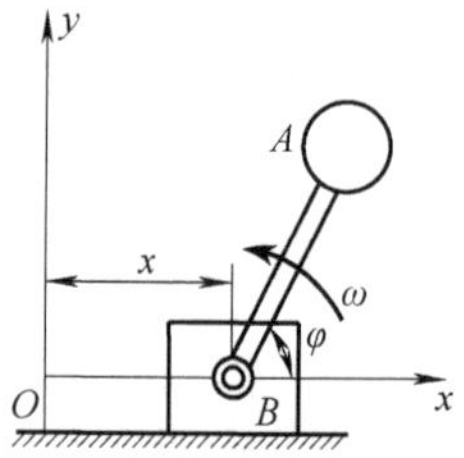

题图 8.8

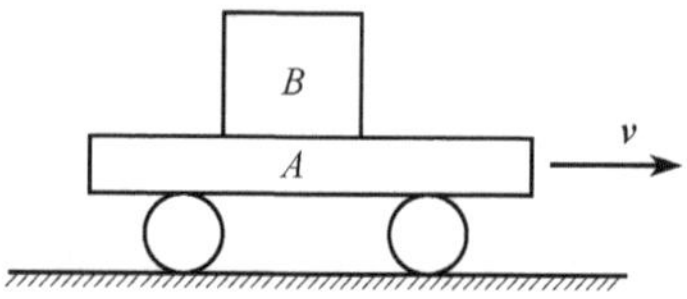

题图 8.9

8.10 如题图 8.10 所示，质量为$m_1 = 2$kg 的小车，以速度$v_0 = 3.5$km/h 在光滑水平面上做匀速运动，小车上放置一个装有沙子的箱子，沙子与箱子的总质量为$m_2 = 1$kg，现有一质量为$m_3 = 0.5$kg 的物体 A 垂直向下落入沙箱中，求此后小车的速度。设 A 落入后，沙箱在小车上滑动 0.2s 后，才与车面相对静止，求车面与箱底相互作用的摩擦力的平均值。

8.11 如题图 8.11 所示，质量为 m，长度为 $2l$ 的均质杆 OA 绕定轴 O 转动，设在图示瞬时的角速度为 ω，角加速度为 α，求此时轴 O 对杆的约束反力。

8.12 如题图 8.12 所示，求水柱对涡轮固定叶片的压力的水平分力。已知：水的流量为 Q(m^3/s)，密度为 ρ(kg/m^3)，水冲击叶片的速度为$\boldsymbol{v}_1$ (m/s)，方向水平向左，水流出叶片的速度为$\boldsymbol{v}_2$ (m/s)，与水平方向呈α 角。

8.13　如题图 8.13 所示的曲柄滑杆机构，曲柄以角速度 ω 绕 O 轴转动。已知：曲柄的质量为 m_1，长度为 l，质心位于中点；滑块 A 的质量为 m_2；滑杆的质量为 m_3，其质心在点 C，$\overline{BC}=l/2$。开始时，曲柄 OA 水平向右。求：(1)机构质心的运动方程；(2)作用在点 O 的最大水平力。

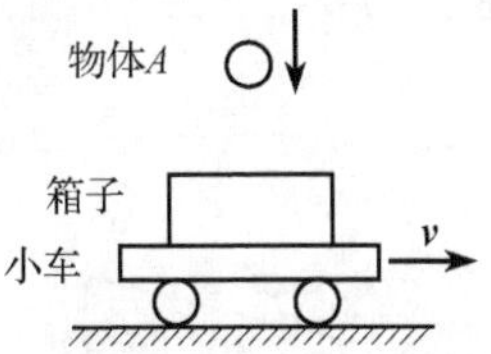

题图 8.10

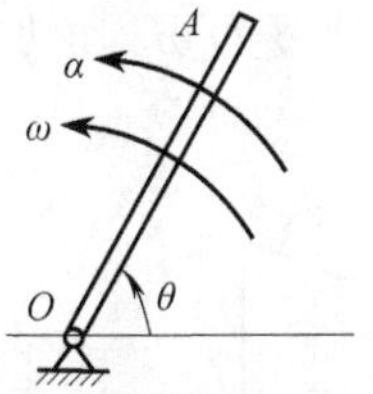

题图 8.11

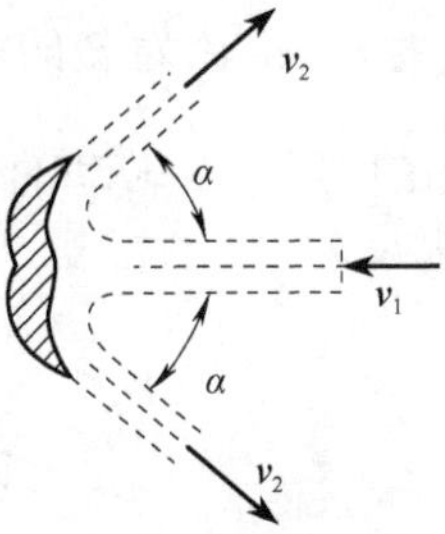

题图 8.12

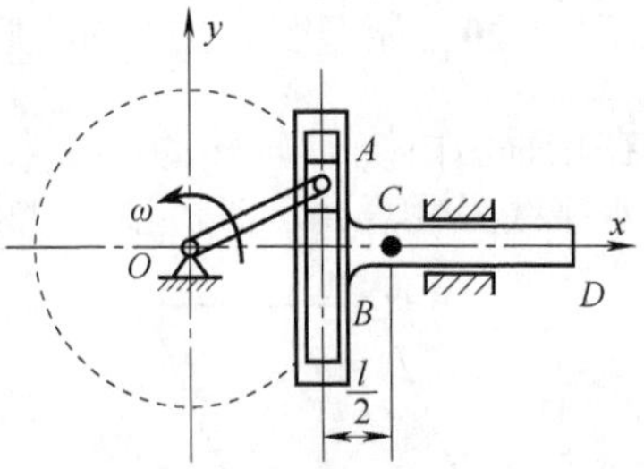

题图 8.13

8.14　水泵的均质圆盘质量为 m_2，半径为 R，偏心距为 e，绕定轴 O 以匀角速度 ω 转动。质量为 m_1 的夹板借右端弹簧的推压作用而顶在圆盘上，当圆盘转动时，夹板做往复运动，如题图 8.14 所示。求在任一瞬时基础的动反力。

8.15　在光滑轨道上停放着一辆质量为 m_1，长度为 l 的小车，质量为 m_2 的人站在小车 A 端，开始时人与车都静止，如题图 8.15 所示。若人从 A 端走到 B 端，求小车后退的距离 s。

8.16　如题图 8.16 所示，一个质量为 800kg 的小车 A，以 8m/s 的速度在光滑的水平直线轨道上运动，现有一个质量为 300kg 的重物 B 无初速度地放在小车上，求此后小车运动的速度。若已知 A 与 B 之间的摩擦系数为 0.22，求重物 B 在小车 A 上相对滑动的时间。

8.17　如题图 8.17 所示，三个重物 G_1、G_2、G_3 的质量分别是 $m_1=20\text{kg}$、$m_2=15\text{kg}$、$m_3=10\text{kg}$，由一根绕过两个定滑轮 B 和 C 的绳子相连接，放在处于光滑水平面的四棱柱上。当重物 G_1 下降时，重物 G_2 在四棱柱 $ABCD$ 的上面向右移动，而重物 G_3 则沿斜面 AB 上升。四棱柱的质量 $m_4=100\text{kg}$，滑轮、绳子的质量均略去不计，求当重物 G_1 下降 1m 时，四棱柱相对于地面的位移。

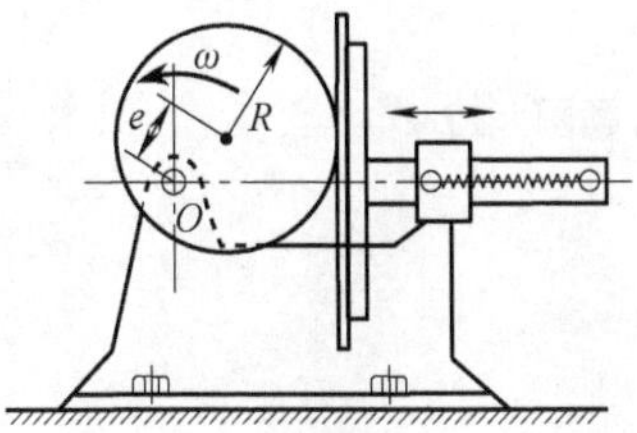

题图 8.14

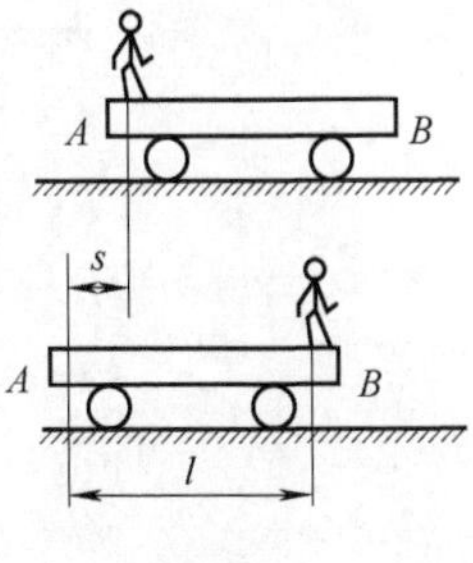

题图 8.15

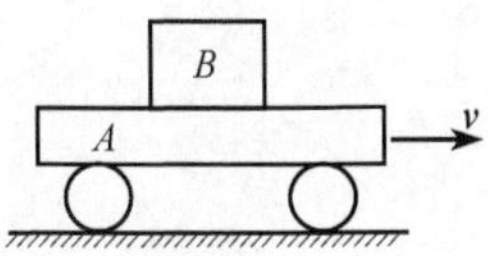

题图 8.16

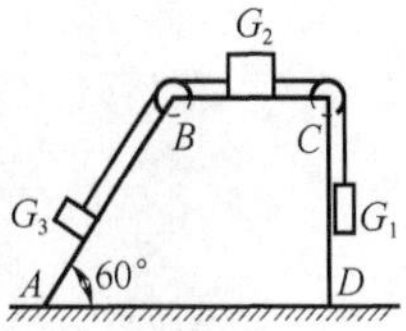

题图 8.17

8.18　如题图 8.18 所示，板 CD 的质量为 M，放在光滑水平面上，其上用铰链连接四连杆机构 $ABCD$，$\overline{AB}=\overline{CD}$，$\overline{AC}=\overline{BD}=a$，$AC$、$BD$ 杆的质量为 m_1，AB 杆的质量为 m_2，各杆均为均质杆。求当杆 AC 从与铅垂位置夹角为 α 时由静止开始转到水平位置时，板 CD 的位移。

8.19　如题图 8.19 所示，质量为 m_1 的斜面，置于光滑水平面上，斜面 AB 的长度为 l，倾角为 α。当一质量为 m 的小方块从斜面上点 A 处无初速度地下滑至点 B 时，求斜面移动的距离 s 是多少？若改变方块与斜面之间的摩擦系数，对上述结果有影响吗？如果将方块换成圆球，则结果有无变化？

8.20　如题图 8.20 所示，质量为 m、半径为 R 的均质半圆形板，其质心为点 C，$\overline{OC}=\dfrac{4R}{3\pi}$，在铅垂面内绕 O 轴转动。在力偶 M 作用下，转动的角速度为 ω，角加速度为 α。求当 OC 与水平线呈任意角 φ 时，轴 O 的约束反力。

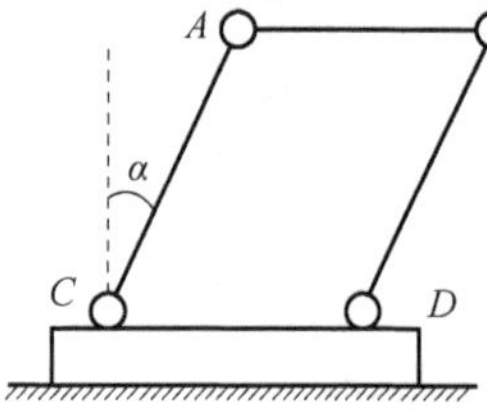

题图 8.18

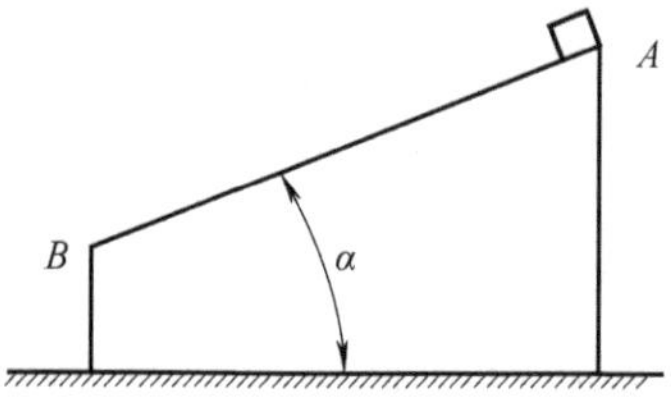

题图 8.19

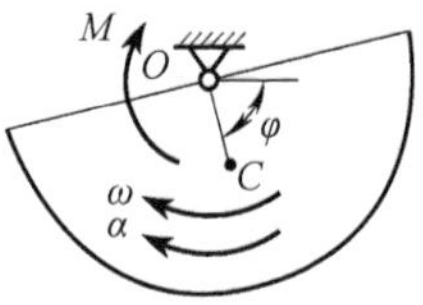

题图 8.20

8.21　均质杆 AB 长度为 l，质量为 m，直立在光滑的水平面上，如题图 8.21 所示。受到微小干扰后，杆无初速地倒下，求倒下过程中杆端 A 的轨迹。

8.22　如题图 8.22 所示，曲柄连杆滑块机构安装在平台 D 上，平台放在光滑的水平面上。滑块 B 的质量为 m_1，平台的质量为 m_2，其质心 D 和曲柄转轴 O 在同一铅垂线上。曲柄 OA 和连杆 AB 的长度均为 l，质量均略去不计。系统开始静止，且 OA 与 AB 均在水平线上，即 $\varphi_0=0$。求当曲柄以匀角速度 ω 转动时，平台的水平运动规律。

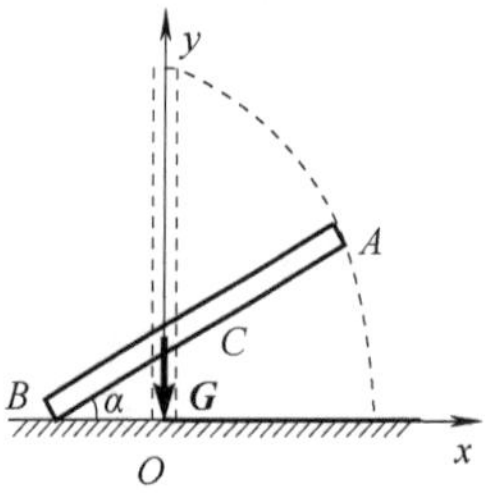

题图 8.21

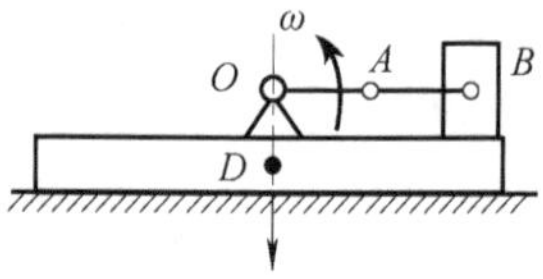

题图 8.22

第 9 章　动量矩定理

由静力学力系简化理论可知：平面任意力系向任一简化中心简化可得一个力和一个力偶，此力等于平面力系的主矢，此力偶等于平面力系对简化中心的主矩。

由刚体平面运动理论可知：刚体的平面运动可以分解为跟随基点的平动和相对基点的转动。

若将简化中心和基点取在质心上，则由动量定理导出的质心运动定理描述了刚体跟随质心运动的变化和外力系主矢之间的关系。它揭示了刚体在力的作用下的移动特征，反映了物体机械运动规律的一个侧面。对于做平动的刚体来说，该定理能够完全确定它的动力学关系。

刚体相对于质心转动的运动变化与外力系对质心的主矩的关系又如何描述呢？动量定理显然已不适合。例如，一个对称均质圆轮绕质心做定轴转动时，无论圆轮转动的速度如何，它的动量恒等于零。

为描述质点系运动的转动部分，本章介绍动量矩的概念及动量矩定理。动量矩定理给出了物体动量矩的变化与作用外力主矩之间的关系，它揭示了刚体在力偶矩的作用下的转动特征，反映了物体机械运动规律的另一个侧面。

9.1　动　量　矩

9.1.1　质点的动量矩

设有一个质点 M，质量为 m，在力 $\boldsymbol{F}$ 作用下运动，如图 9.1 所示。在某瞬时，其动量为 $m\boldsymbol{v}$，对于选定的固定点 O 的矢径为 $\boldsymbol{r}$，点 O 称为**矩心**。把动点 M 的矢径 $\boldsymbol{r}$ 与相应的动量 $m\boldsymbol{v}$ 的矢积 $\boldsymbol{r}\times m\boldsymbol{v}$ 称为**质点 M 对于点 O 的动量矩**，记为

$$\boldsymbol{M}_O\left(m\boldsymbol{v}\right)=\boldsymbol{r}\times m\boldsymbol{v} \tag{9.1}$$

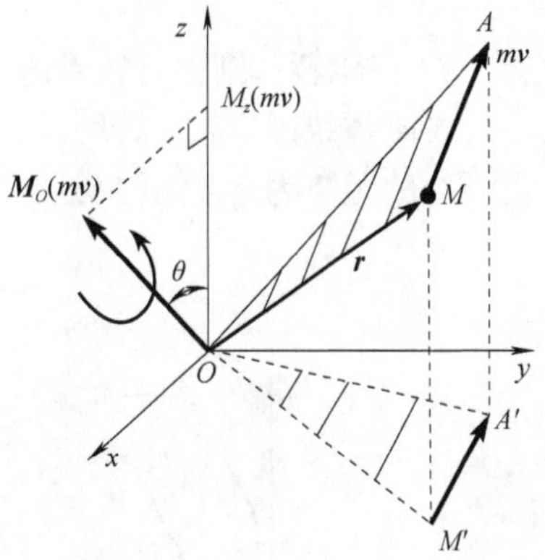

图 9.1

质点 M 对点 O 的动量矩是一个**定位矢量**，其方位垂直于矢径 $\boldsymbol{r}$ 与 $m\boldsymbol{v}$ 所构成的平面，指向按右手螺旋定则确定，其大小为

$$\left|\boldsymbol{M}_O\left(m\boldsymbol{v}\right)\right|=2S_{\triangle OMA}$$

式中，$S_{\triangle OMA}$ 为 $\triangle OMA$ 的面积。质点 M 对点 O 的动量矩可以投影到以 O 为原点的直角坐标轴上。类似静力学空间力系中“力对点之矩与力对轴之矩的关系”，动量矩矢在通过 O 的轴上的投影等于动量对该轴之矩。例如，动量矩矢在 x 轴上的投影，等于质点动量对 x 轴之矩。动量矩矢在直角坐标上的投影为

$$\begin{aligned}\left[\boldsymbol{M}_O(m\boldsymbol{v})\right]_x &= M_x(m\boldsymbol{v}) = ymv_z - zmv_y \\ \left[\boldsymbol{M}_O(m\boldsymbol{v})\right]_y &= M_y(m\boldsymbol{v}) = zmv_x - xmv_z \\ \left[\boldsymbol{M}_O(m\boldsymbol{v})\right]_z &= M_z(m\boldsymbol{v}) = xmv_y - ymv_x\end{aligned} \tag{9.2}$$

显然，动量对坐标轴的矩是**代数量**。符号规定为，从各轴正向看，逆时针为正，顺时针为负。

动量矩的量纲：$[M][L]^2[T]^{-1}$，单位是：$\mathrm{kg\cdot m^2/s}$ 。

9.1.2　质点系的动量矩

1. 质点系对固定点 O 的动量矩

质点系内各质点的动量对某固定点 O 之矩的矢量和，称为**质点系对该点的动量矩**，以 $\boldsymbol{L}_O$ 表示，如图 9.2 所示：

$$\boldsymbol{L}_O = \sum_{i=1}^{n} \boldsymbol{M}_O(m_i\boldsymbol{v}_i) = \sum_{i=1}^{n} (\boldsymbol{r}_i \times m_i\boldsymbol{v}_i) \tag{9.3}$$

类似力对点之矩与力对轴之矩的关系，有

$$[\boldsymbol{L}_O]_x = L_x,\qquad [\boldsymbol{L}_O]_y = L_y,\qquad [\boldsymbol{L}_O]_z = L_z$$

式中，L_x、L_y、L_z 分别为质点系对 x、y、z 轴的动量矩。于是在直角坐标系下质点系对固定点 O 的动量矩可以表示为

$$\boldsymbol{L}_O = L_x\boldsymbol{i} + L_y\boldsymbol{j} + L_z\boldsymbol{k}$$

式中，$\boldsymbol{i}$、$\boldsymbol{j}$、$\boldsymbol{k}$ 分别为 x、y、z 轴的单位矢量；L_x、L_y、L_z 等于各质点对 x、y、z 轴动量矩的代数和。例如，对 z 轴，有

$$L_z = \sum_{i=1}^{n} L_{zi} = \sum_{i=1}^{n} M_z(m_i\boldsymbol{v}_i) \tag{9.4}$$

2. 定轴转动刚体对转轴的动量矩

设刚体绕固定轴 z 转动，某瞬时的角速度为 ω。在刚体内任取一质点 M_i，其质量为 m_i，到转轴的距离为 r_i，如图 9.3 所示，该质点对 z 轴的动量矩为

$$M_z(m_i\boldsymbol{v}_i) = (m_i r_i\omega)r_i = m_i r_i^2\omega$$

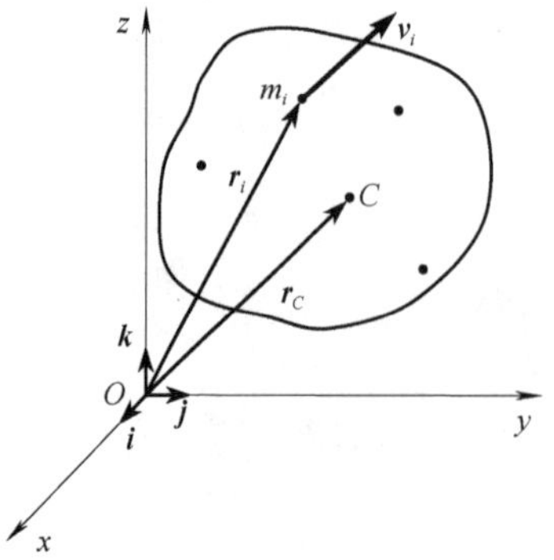

图 9.2

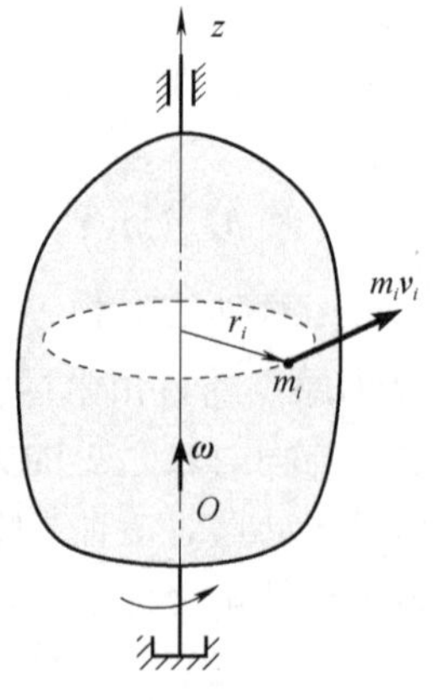

图 9.3

于是，整个刚体对 z 轴的动量矩为

$$L_z=\sum_{i=1}^{n}M_z(m_i\boldsymbol{v}_i)=\sum_{i=1}^{n}m_ir_i^2\omega=\left(\sum_{i=1}^{n}m_ir_i^2\right)\omega \tag{9.5}$$

式中，$\sum_{i=1}^{n}m_ir_i^2$ 是刚体内各质点的质量与该点到 z 轴的距离平方的乘积之和，称为刚体对 z 轴的**转动惯量**，记为

$$J_z=\sum_{i=1}^{n}m_ir_i^2 \tag{9.6}$$

可见，转动惯量 J_z 只与刚体本身的质量及其分布情况有关，与刚体的运动无关，是反映刚体转动惯性的一个物理量。

于是，定轴转动刚体对转动轴的动量矩为

$$L_z=J_z\omega \tag{9.7}$$

即，**定轴转动刚体对其转轴的动量矩等于刚体对转轴的转动惯量与转动角速度的乘积**。

3. 平动刚体的动量矩

刚体平动时，可将全部质量集中于质心，作为一个质点计算其动量矩。应当注意，当刚体的动量矢不过转轴 O 时，刚体对 O 的动量矩不等于零。

例如，均质圆盘可绕轴 O 转动，其上缠有一根绳，绳下端吊一重物 A，如图 9.4 所示。若圆盘对转轴 O 的转动惯量为 J，半径为 r，角速度为 ω，重物 A 的质量为 m，欲求系统对轴 O 的动量矩，则可分别求做定轴转动的均质圆盘和做平动的重物对轴 O 的动量矩。然后相加，即

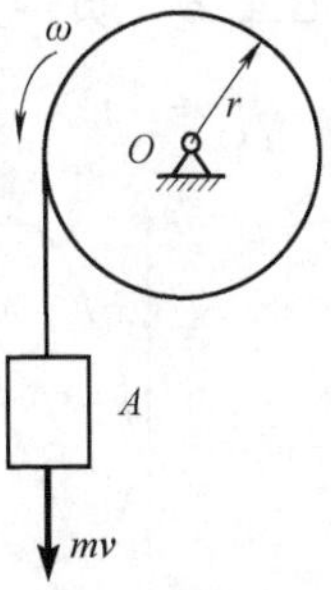

图 9.4

$$L_O=L_{盘}+L_{物}=J\omega+rmv=\left(mr^2+J\right)\omega$$

式中，$v=r\omega$；L_O 的转向沿逆时针方向。

9.2 动量矩定理及守恒

9.2.1 质点的动量矩定理

由质点的动量矩表达式：

$$\boldsymbol{M}_O\left(m\boldsymbol{v}\right)=\boldsymbol{r}\times m\boldsymbol{v}$$

两端对时间 t 求导可得

$$\begin{aligned}\frac{\mathrm{d}}{\mathrm{d}t}\boldsymbol{M}_O\left(m\boldsymbol{v}\right)&=\frac{\mathrm{d}}{\mathrm{d}t}\left(\boldsymbol{r}\times m\boldsymbol{v}\right)=\frac{\mathrm{d}\boldsymbol{r}}{\mathrm{d}t}\times m\boldsymbol{v}+\boldsymbol{r}\times\frac{\mathrm{d}}{\mathrm{d}t}\left(m\boldsymbol{v}\right)\\&=\boldsymbol{v}\times m\boldsymbol{v}+\boldsymbol{r}\times\boldsymbol{F}=0+\boldsymbol{r}\times\boldsymbol{F}=\boldsymbol{M}_O\left(\boldsymbol{F}\right)\end{aligned}$$

其中，利用了如下关系：

$$\frac{\mathrm{d}}{\mathrm{d}t}\left(m\boldsymbol{v}\right)=\boldsymbol{F}\,,\qquad\frac{\mathrm{d}\boldsymbol{r}}{\mathrm{d}t}=\boldsymbol{v}\,,\qquad\boldsymbol{v}\times m\boldsymbol{v}=0$$

因此可得

$$\frac{\mathrm{d}}{\mathrm{d}t}\boldsymbol{M}_O(m\boldsymbol{v})=\boldsymbol{M}_O(\boldsymbol{F}) \tag{9.8}$$

即，质点对于定点 O 的动量矩对时间的一阶导数，等于作用在质点上的力对于同一点的力矩，这就是质点的动量矩定理，它表明了动量矩与力矩之间的关系。

具体应用时，采用投影式，在直角坐标系中，有

$$\begin{cases}\dfrac{\mathrm{d}}{\mathrm{d}t}M_x(m\boldsymbol{v})=M_x(\boldsymbol{F})\\ \dfrac{\mathrm{d}}{\mathrm{d}t}M_y(m\boldsymbol{v})=M_y(\boldsymbol{F})\\ \dfrac{\mathrm{d}}{\mathrm{d}t}M_z(m\boldsymbol{v})=M_z(\boldsymbol{F})\end{cases} \tag{9.9}$$

即，质点对某固定轴的动量矩对时间的一阶导数等于质点所受的力对同一轴的矩。

9.2.2 质点系的动量矩定理

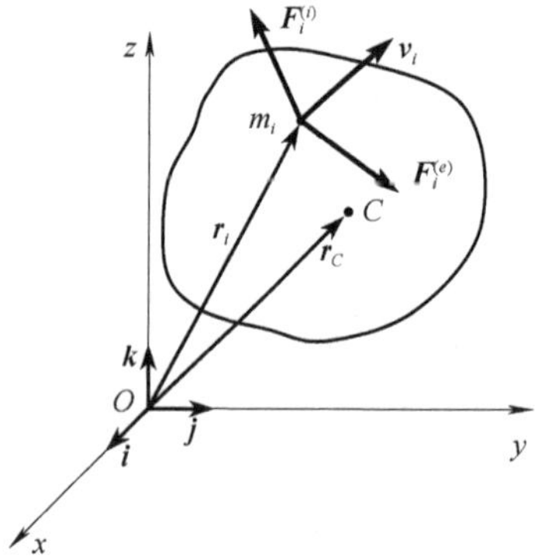

图 9.5

设质点系有 n 个质点，如图 9.5 所示，第 i 个质点的质量为 m_i，速度为 $\boldsymbol{v}_i$，作用有内力 $\boldsymbol{F}_i^{(i)}$ 和外力 $\boldsymbol{F}_i^{(e)}$。由式(9.8)，质点的动量矩定理有

$$\frac{\mathrm{d}}{\mathrm{d}t}\boldsymbol{M}_O(m_i\boldsymbol{v}_i)=\boldsymbol{M}_O(\boldsymbol{F}_i^{(e)})+\boldsymbol{M}_O(\boldsymbol{F}_i^{(i)})$$

对质点系，将各式相加有

$$\sum\frac{\mathrm{d}}{\mathrm{d}t}\boldsymbol{M}_O(m_i\boldsymbol{v}_i)=\sum\boldsymbol{M}_O(\boldsymbol{F}_i^{(i)})+\sum\boldsymbol{M}_O(\boldsymbol{F}_i^{(e)})$$

因为

$$\sum\frac{\mathrm{d}}{\mathrm{d}t}\boldsymbol{M}_O(m_i\boldsymbol{v}_i)=\frac{\mathrm{d}}{\mathrm{d}t}\sum\boldsymbol{M}_O(m_i\boldsymbol{v}_i)=\frac{\mathrm{d}\boldsymbol{L}_O}{\mathrm{d}t}$$

根据内力的性质，$\sum\boldsymbol{M}_O(\boldsymbol{F}_i^{(i)})=0$，故可得

$$\frac{\mathrm{d}\boldsymbol{L}_O}{\mathrm{d}t}=\sum\boldsymbol{M}_O(\boldsymbol{F}_i^{(e)}) \tag{9.10}$$

这就是质点系动量矩定理，它表明：质点系对于某一定点 $\boldsymbol{O}$ 的动量矩对时间的导数等于作用在该质点系上的所有外力对于同一点之矩的矢量和。

应用时，采用投影式，在直角坐标系中有

$$\begin{cases}\dfrac{\mathrm{d}L_x}{\mathrm{d}t}=\sum M_x(\boldsymbol{F}_i^{(e)})\\ \dfrac{\mathrm{d}L_y}{\mathrm{d}t}=\sum M_y(\boldsymbol{F}_i^{(e)})\\ \dfrac{\mathrm{d}L_z}{\mathrm{d}t}=\sum M_z(\boldsymbol{F}_i^{(e)})\end{cases} \tag{9.11}$$

即，质点系对某一固定轴的动量矩对时间的导数，等于作用在质点系上的外力对同一轴之矩的代数和。

由质点系动量矩定理可知，质点系的内力不能改变质点系的动量矩，只有外力才能使质点系的动量矩发生变化。

9.2.3　动量矩守恒定律

1. 质点动量矩守恒定律

如果作用在质点上的力对某定点(或定轴)之矩恒等于零，则由式(9.8)或式(9.9)可知，质点对该点(或该轴)的动量矩保持不变。

9-1

2. 质点系动量矩守恒定律

9-2

由质点系动量矩定理可知：

(1)若 $\sum \boldsymbol{M}_O(\boldsymbol{F}_i^{(i)})=0$，则由式(9.10)可知，$\boldsymbol{L}_O$=常矢量。即，**若作用于质点系的所有外力对于某定点之矩的矢量和等于零，则质点系对于该点的动量矩保持不变。**

(2)若 $\sum M_z(\boldsymbol{F}_i^{(i)})=0$，则由式(9.11)可知，$L_z$=常量。即，**若作用于质点系的所有外力对于某定轴之矩的代数和等于零，则质点系对于该轴的动量矩保持不变。**

9-3

以上结论称为**质点系动量矩守恒定律**。

【例 9.1】　如图 9.6 所示，固定在铅垂面内半径为 R 的光滑圆环上套着一个小球 M，质量为 m。初始时，小球在角 $\theta=\theta_0$ 的位置无初速释放，位置角 θ 的正向如图所示，求小球的运动规律。

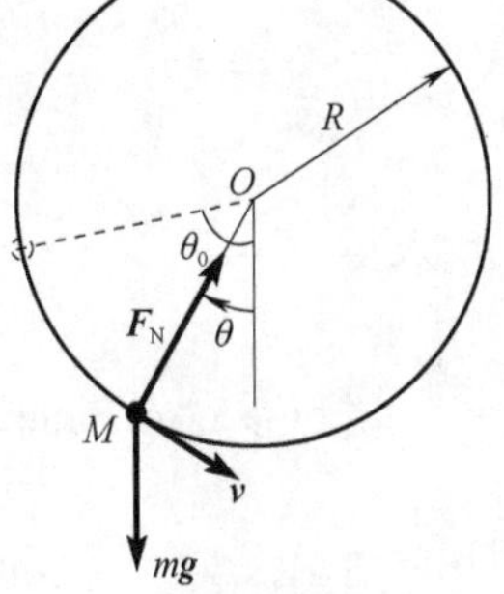

图 9.6

解：取小球为研究对象，小球可视为一个质点，绕定点 O 转动。这是已知力求运动的问题，可用质点运动微分方程或动量矩定理求解。求解时，首先要进行受力分析和运动学分析。

小球所受的力有重力 mg 与圆环的法向反力 $\boldsymbol{F}_{\mathrm{N}}$。

在任一瞬时，设小球的速度为 $\boldsymbol{v}$，偏角为 θ，则以圆心 O 为矩心，应用动量矩定理：

$$\frac{\mathrm{d}}{\mathrm{d}t}M_O(m\boldsymbol{v})=M_O(\boldsymbol{F})$$

因 $v=R\omega=-R\dot{\theta}$，故有

$$\frac{\mathrm{d}}{\mathrm{d}t}\left(-RmR\dot{\theta}\right)=mgR\sin\theta \tag{a}$$

整理后为

$$\ddot{\theta}+\frac{g}{R}\sin\theta=0 \tag{b}$$

若 θ 很小，小球释放后只在最低位置附近运动，故可取：

$$\sin\theta\approx\theta$$

式(b)可写为

$$\ddot{\theta}+\frac{g}{R}\theta=0 \tag{c}$$

由式(c)可知，在小偏离的情况下，小球的运动为周期振动，振动的固有频率为

$$\omega=\sqrt{\frac{g}{R}}$$

考虑初始条件 t=0 时，$\theta=\theta_0$，$\dot{\theta}=0$ 。可得小球无初速释放后的运动规律为

$$\theta=\theta_0\cos(\omega t)$$

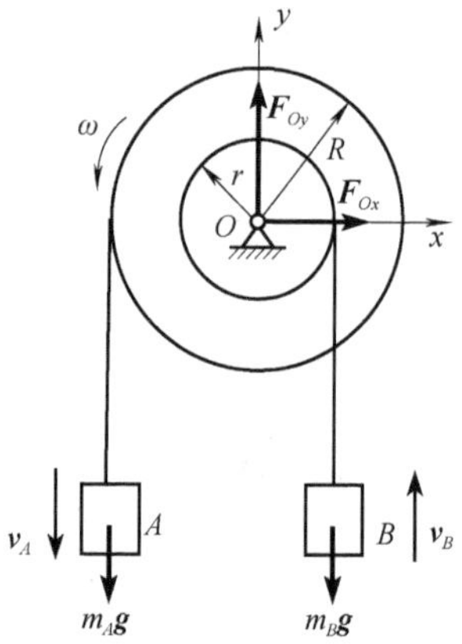

图 9.7

【例 9.2】　由半径分别为 R、r 的大轮与小轮组成的台阶形鼓轮如图 9.7 所示，安装在固定水平轴上，其大轮、小轮对过其中心的转轴 O 的转动惯量分别为 J_1、J_2，轮上悬挂的两重物质量分别为 m_A、m_B，且 $m_A > m_B$。重物受到重力作用由静止开始运动，不计摩擦，求鼓轮在任意时刻 t 时的角速度。

解：以整个系统为研究对象，其中鼓轮绕轴 O 做定轴转动，A、B 物体做平动。系统中包含定轴转动刚体，可以考虑用动量矩定理求解。

受力分析如图 9.7 所示。设在某瞬时 t，鼓轮的角速度为 ω，两物体的速度分别为 $\boldsymbol{v}_A$ 和 $\boldsymbol{v}_B$，则系统对转轴 O 的动量矩为

$$L_O = J_1\omega + J_2\omega + Rm_A v_A + rm_B v_B$$

由运动学补充条件：

$$v_A = R\omega,\quad v_B = r\omega$$

代入得

$$L_O = (J_1 + J_2)\omega + (m_A R^2 + m_B r^2)\omega$$

质点系对 O 轴的动量矩为

$$\sum M_O(\boldsymbol{F}_i^{(e)}) = m_A gR - m_B gr$$

9-4

根据质点系对 O 轴的动量矩定理：

$$\frac{\mathrm{d}L_O}{\mathrm{d}t} = \sum M_O(\boldsymbol{F}_i^{(e)})$$

有

$$\left[(J_1 + J_2) + (m_A R^2 + m_B r^2)\right]\frac{\mathrm{d}\omega}{\mathrm{d}t} = m_A gR - m_B gr \tag{a}$$

$$\frac{\mathrm{d}\omega}{\mathrm{d}t} = \frac{(m_A R - m_B r)g}{(J_1 + J_2) + (m_A R^2 + m_B r^2)} \tag{b}$$

将式(b)分离变量并积分：

$$\int_0^{\omega}\mathrm{d}\omega = \frac{(m_A R - m_B r)g}{(J_1 + J_2) + (m_A R^2 + m_B r^2)}\int_0^t \mathrm{d}t$$

得

$$\omega = \frac{(m_A R - m_B r)g}{(J_1 + J_2) + (m_A R^2 + m_B r^2)}t$$

讨论：

(1) 在应用动量矩定理解题时，等式两边动量矩和力矩的符号规定应该相同。一般取逆时针为正，但也可以做出相反的规定。

(2) 如本例所示，对轴 O 列动量矩定理方程式时，轴 O 处的未知约束反力均未出现在方程中，这正是应用动量矩定理解定轴转动问题的方便之处。如果要求支反力，则可应用动量定理求解。

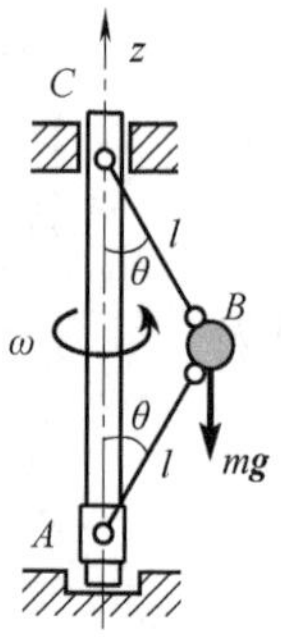

图 9.8

【例 9.3】　质量为 m=1kg 的小球，一端用两根长度 l=0.6m 的无重杆连接在铅垂轴上，另一端连接在滑块上，如图 9.8 所示，杆与铅垂轴的夹角 θ_1=30°，轴转动的角速度为 $\omega_1 = 60\text{rad/s}$。若轴转动的角速度变为 $\omega_2 = 30\text{rad/s}$，求此时杆与铅垂轴的夹角 θ_2，并由此判断滑块 A 移动的方向。

解：取系统为研究对象。系统受到的外力有小球 A 的重力和轴承的约束反

力，这些力平行于 z 轴或与 z 轴相交，对 z 轴的矩都等于零，所以系统对转轴 z 的动量矩保持不变，可用动量矩守恒定理求解。

当 θ_1=30° 时，小球对 z 轴的动量矩为

$$L_{z1} = ml\sin\theta_1\omega_1 l\sin\theta_1 = ml^2\omega_1\sin^2\theta_1$$

同理，当杆与铅垂轴的夹角为 θ_2 时，小球对 z 轴的动量矩为

$$L_{z2} = ml^2\omega_2\sin^2\theta_2$$

根据动量矩守恒定理 $L_{z1}=L_{z2}$，有

$$ml^2\omega_1\sin^2\theta_1 = ml^2\omega_2\sin^2\theta_2$$

由此解得

$$\theta_2 = \sin^{-1}\left(\sqrt{\frac{\omega_1}{\omega_2}}\sin\theta_1\right) = \sin^{-1}\left(\sqrt{\frac{60}{30}}\sin 30^\circ\right) = 45^\circ$$

显然，$\theta_2>\theta_1$，故滑块 A 会向上滑动。

9.3　刚体对转轴的转动惯量

9.3.1　转动惯量的确定方法

在 9.1 节中已讲到，转动惯量是刚体绕定轴 z 转动时惯性大小的度量，定义为

$$J_z = \sum m_i \boldsymbol{r}_i^2 \tag{9.12}$$

它不仅与整个刚体的质量大小有关，而且与刚体质量的分布有关。

如果刚体的质量是连续分布的，式(9.12)可以写成积分形式，即

$$J_z = \int_V r^2 \mathrm{d}m \tag{9.13}$$

式中，V 表示整个刚体区域。

对于具有规则几何形状的均质刚体，其转动惯量均可按式(9.13)用积分法求得。对于形状不规则或质量非均匀分布的刚体，通常通过实验进行测定。

下面计算几种均质简单形状物体的转动惯量。

1. 均质等截面直杆

设均质等截面直杆长度为 l，质量为 m，如图 9.9(a)所示，求此杆对通过杆端 O 并与杆垂直的 z 轴的转动惯量 J_z。

在杆中 x 处取长为 dx 的微段，其微质量为 $\mathrm{d}m = \frac{m}{l}\mathrm{d}x$ 。

由式(9.13)，有

$$J_z = \int_0^l r^2\mathrm{d}m = \int_0^l \frac{m}{l}x^2\mathrm{d}x = \frac{m}{l}\int_0^l x^2\mathrm{d}x = \frac{1}{3}ml^2 \tag{9.14}$$

同理可得

$$J_{z1} = \int_{\frac{l}{2}}^{\frac{l}{2}} r^2\mathrm{d}m = \int_{\frac{l}{2}}^{\frac{l}{2}} \frac{m}{l}x^2\mathrm{d}x = \frac{1}{12}ml^2 \tag{9.15}$$

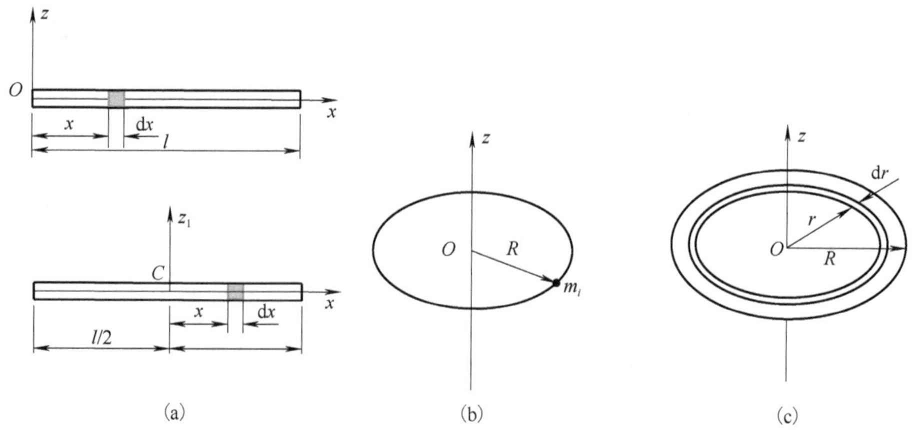

图 9.9

2. 均质薄圆环

设圆环质量为 m，半径为 R，如图 9.9(b) 所示，求过中心且与圆环所在平面垂直的转轴 z 的转动惯量 J_z。

将圆环分成许多微段，其中每一微段的质量为 m_i，它对 z 轴的转动惯量为 m_iR^2，故整个圆环对 z 轴的转动惯量为

$$J_z - \sum m_i R^2 = \left(\sum m_i\right) R^2 = mR^2 \tag{9.16}$$

3. 均质薄圆盘

设均质薄圆盘的半径为 R，质量为 m，如图 9.9(c) 所示，求过中心 O 且与圆盘垂直的转轴 z 的转动惯量 J_z。

将圆盘分为无数同心的细圆环，如图 9.9(c) 所示。半径为 $r(0\leqslant r\leqslant R)$，宽度为 $\mathrm{d}r$ 的细圆环对 z 轴的转动惯量为

$$\mathrm{d}J_Z = r^2\mathrm{d}m = r^2\frac{m}{\pi R^2}\cdot 2\pi r\mathrm{d}r = \frac{2m}{R^2}r^3\mathrm{d}r$$

因此，圆盘对 z 轴的转动惯量为

$$J_z = \int_0^R \frac{2m}{R^2}r^3\mathrm{d}r = \frac{1}{2}mR^2 \tag{9.17}$$

质量为 m、高度为 h、半径为 R 的圆柱体对中心转动轴的转动惯量计算式与式(9.17)相同，与 h 无关，读者可自行证明。

9.3.2 回转半径

为方便工程应用，通常引入回转半径的概念。设刚体的质量为 m，对 z 轴的转动惯量为 J_z，定义刚体对 z 轴的**回转半径(或惯性半径)**为

$$\rho_z = \sqrt{\frac{J_z}{m}} \tag{9.18}$$

对于如图 9.9(a) 所示的细长杆，由式(9.14)和式(9.18)可知，对转轴的回转半径为

$$\rho_z = \sqrt{\frac{J_z}{m}} = \frac{\sqrt{3}}{3}l$$

同理，对于如图 9.9(b)所示的均质圆环，回转半径为

$$\rho_z = \sqrt{\frac{J_z}{m}} = R$$

对于如图 9.9(c)所示的均质圆盘，回转半径为

$$\rho_z = \sqrt{\frac{J_z}{m}} = \frac{\sqrt{2}}{2}R$$

可见，ρ_z 的大小仅与刚体的几何形状和尺寸有关，与材料无关，并且具有长度单位，如 m、cm 等。

若已知回转半径为 ρ_z，则物体的转动惯量为

$$J_z = m\rho_z^2 \tag{9.19}$$

即，**刚体的转动惯量等于该刚体的质量与回转半径平方的乘积。**

回转半径具有明确而直观的物理意义。设想把整个刚体的质量都全部集中于一点，并保持刚体对轴的转动惯量不变，则该点到轴的距离就等于回转半径的长度，如图 9.10 所示。

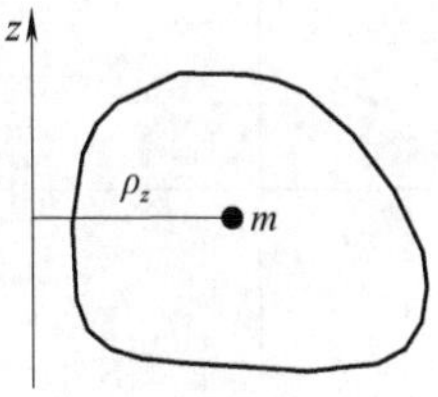

图 9.10

表 9.1 列出了几种常用的简单形状均质刚体的转动惯量、回转半径，其他可查阅相关机械工程手册。

表 9.1　简单形状均质刚体的转动惯量和回转半径

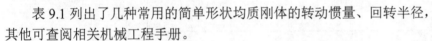

序号	形状	图形	转动惯量 (m 为刚体质量)	回转半径
1	圆柱	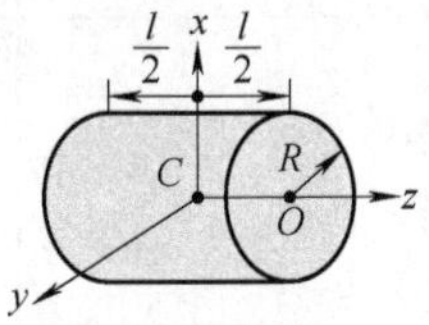	$J_z = \frac{1}{2}mR^2$ $J_x = J_y = \frac{m}{12}(3R^2 + r^2)$	$\rho_z = \frac{\sqrt{2}}{2}R$ $\rho_x = \rho_x = \sqrt{\frac{1}{12}(3R^2 + l^2)}$
2	空心圆柱	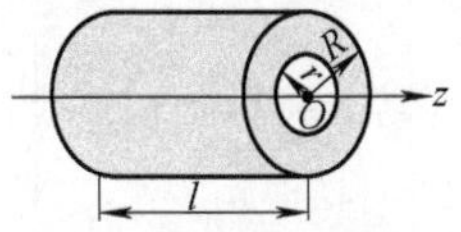	$J_z = \frac{m}{2}(R^2 + r^2)$	$\rho_z = \sqrt{\frac{1}{2}(R^2 + r^2)}$
3	薄壁圆筒	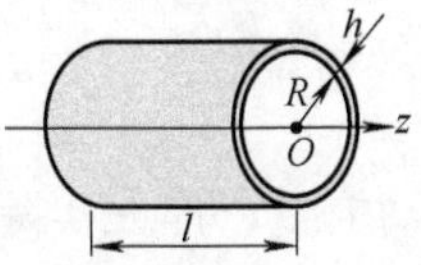	$J_z = mR^2$	$\rho_z = R$
4	实心球	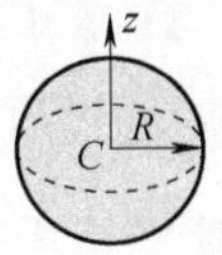	$J_z = \frac{2}{5}mR^2$	$\rho_z = \sqrt{\frac{2}{5}}R$

续表

序号	形状	图形	转动惯量 (m 为刚体质量)	回转半径
5	薄壁空心球	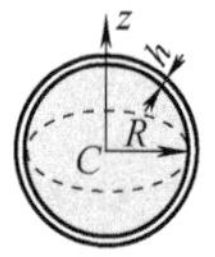	$J_z=\frac{2}{3}mR^2$	$\rho_z=\sqrt{\frac{2}{3}}R$
6	长方体	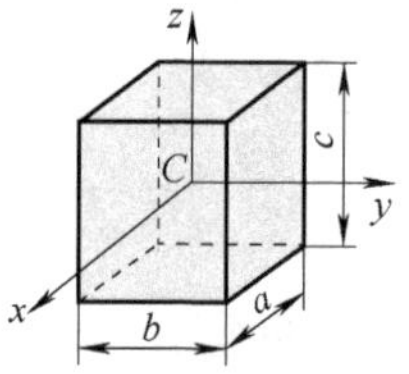	$J_z=\frac{m}{12}(a^2+b^2)$， $J_y=\frac{m}{12}(a^2+c^2)$， $J_x=\frac{m}{12}(b^2+c^2)$	$\rho_z=\sqrt{\frac{1}{12}(a^2+b^2)}$ $\rho_y=\sqrt{\frac{1}{12}(a^2+c^2)}$ $\rho_x=\sqrt{\frac{1}{12}(b^2+c^2)}$
7	圆锥体	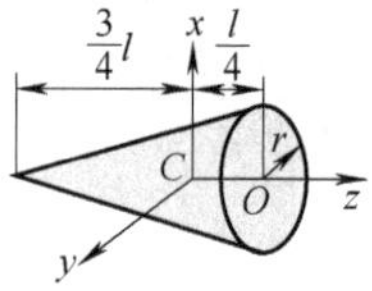	$J_z=\frac{3}{10}mr^2$ $J_x=J_y=\frac{3}{80}m(4r^2+l^2)$	$\rho_z=\sqrt{\frac{3}{10}}r$ $\rho_x=\rho_y=\sqrt{\frac{3}{80}(4r^2+l^2)}$
8	矩形薄板	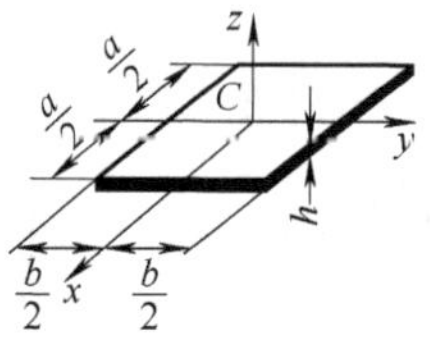	$J_z=\frac{m}{12}(a^2+b^2)$，$J_y=\frac{m}{12}a^2$， $J_x=\frac{m}{12}b^2$	$\rho_z=\sqrt{\frac{1}{12}(a^2+b^2)}$，$\rho_y=\frac{a}{2\sqrt{3}}$， $\rho_x=\frac{b}{2\sqrt{3}}$
9	椭圆形薄板	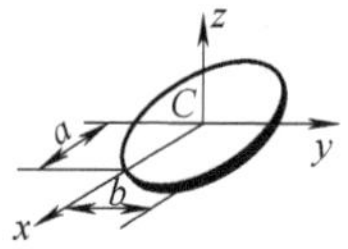	$J_z=\frac{m}{4}(a^2+b^2)$，$J_y=\frac{m}{4}a^2$， $J_x=\frac{m}{4}b^2$	$\rho_z=\frac{1}{2}\sqrt{a^2+b^2}$ $\rho_y=\frac{a}{2}$ $\rho_x=\frac{b}{2}$
10	圆环	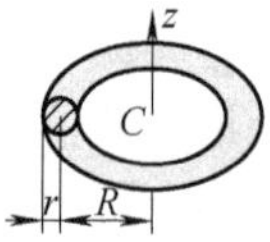	$J_z=m(R^2+\frac{3}{4}r^2)$	$\rho_z=\sqrt{R^2+\frac{3}{4}r^2}$

9.3.3　平行轴定理

利用工程手册可求出刚体对于通过质心轴的转动惯量，但在实际工程中，某些刚体的转轴并不通过质心，而是与过质心的转轴平行，这时需要应用平行轴定理计算刚体对转轴的转动惯量。

平行轴定理：刚体对任一轴的转动惯量，等于刚体对通过质心，并与该轴平行的轴的转动惯量，加上刚体的质量与两轴间距离平方的乘积，即

$$J_z=J_{z_C}+md^2 \tag{9.20}$$

式中，J_z 为刚体对任意轴 z 的转动惯量；J_{z_C} 为刚体对过质心与 z 轴平行的轴的转动惯量；d 为两平行轴之间的距离；m 为刚体质量。

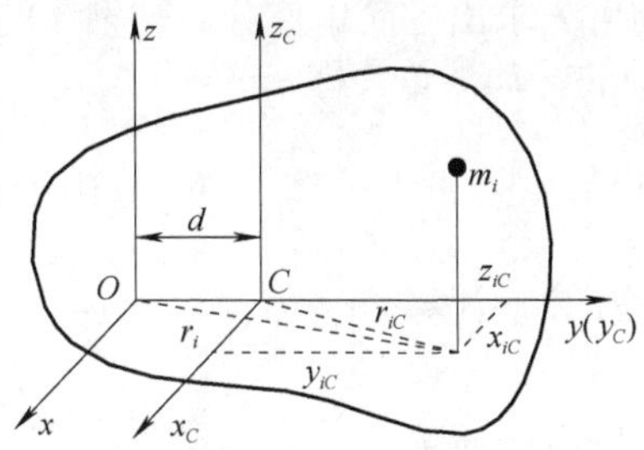

图 9.11

证明：设刚体的质心为 C，刚体对通过质心的轴 z_C 的转动惯量为 J_{z_C}，z 轴与 z_C 轴平行。根据转动惯量的定义，由图 9.11 可知

$$J_z = \sum m_i r_i^2 \tag{a}$$

$$J_{z_C} = \sum m_i r_{iC}^2 \tag{b}$$

因为质点 i 在 $Oxyz$ 坐标下的 x、y 坐标分别为

$$x_i = x_{iC}$$

$$y_i = y_{iC} + d$$

故有

$$r_i^2 = x_i^2 + y_i^2 = x_{iC}^2 + (y_{iC} + d)^2 = r_{iC}^2 + 2y_{iC}d + d^2 \tag{c}$$

式中，

$$r_{iC}^2 = x_{iC}^2 + y_{iC}^2$$

等式(c)两边各项同乘以 m_i，对整个质点系，有

$$\sum m_i r_i^2 = \sum m_i (r_{iC}^2 + 2y_{iC}d + d^2) \tag{d}$$

将式(a)和式(b)代入式(d)，得

$$J_z = J_{z_C} + 2d\sum m_i y_{iC} + d^2 \sum m_i$$

坐标系 x_C、y_C、z_C 的原点为质心 C，因此有

$$\sum m_i y_{iC} = m y_C = 0$$

又因

$$m = \sum m_i$$

故有

$$J_z = J_{z_C} + md^2$$

即为所证。

应当注意，平行轴定理建立了刚体对 z 轴的转动惯量与对过**质心**与 z 轴平行轴的转动惯量之间的关系，而不是**任意**两平行轴转动惯量之间的关系。

由式(9.20)可知，**刚体对通过质心的轴的转动惯量最小**。

【例 9.4】　如图 9.12 所示，质量为 m、长度为 l 的均质细杆，对过杆端 A 的 z_1 轴的转动惯量为 $\frac{1}{3}ml^2$，求此杆对过图中点 D 且平行于轴 z_1 的轴 z_2 的转动惯量。

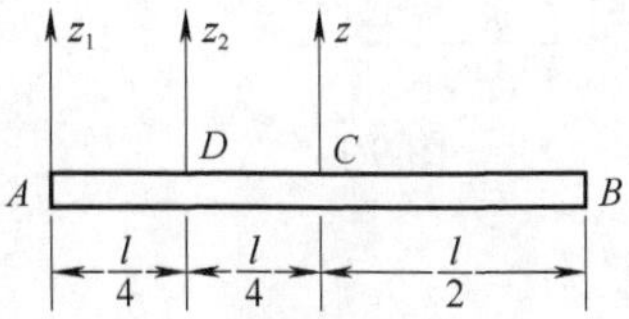

图 9.12

解：本题不能直接求对轴 z_2 的转动惯量，需要应用平行轴定理先求出杆对通过质心并与 z_1 轴平行的 z 轴的转动惯量。据式(9.20)可得

$$J_z = J_{z_1} - m\left(\frac{l}{2}\right)^2 = \frac{1}{3}ml^2 - m\frac{l^2}{4} = \frac{1}{12}ml^2$$

再应用平行轴定理求杆对 z_2 轴的转动惯量，由式(9.20)得

$$J_{z_2} = J_z + m\left(\frac{l}{4}\right)^2 = \frac{1}{12}ml^2 + \frac{1}{16}ml^2 = \frac{7}{48}l^2$$

若一个刚体由 N 个具有简单几何形状的部分所组成，则可先求出各简单部分对转轴 z 的转动惯量 J_{z_i}，再将各部分的转动惯量相加，得到刚体对该轴的转动惯量，即

$$J_z = \sum_{i=1}^{N} J_{z_i} \tag{9.21}$$

这一方法称为**组合法**，如果组成刚体的某部分无质量(空的)，计算时可以把这部分质量或转动惯量取为负值。

【例 9.5】 钟摆简化如图 9.13 所示，其均质细杆和均质圆盘的质量分别为 m_1 和 m_2，杆长 l=6r，圆盘半径为 r。求钟摆对于通过悬挂点 O 的水平轴的转动惯量。

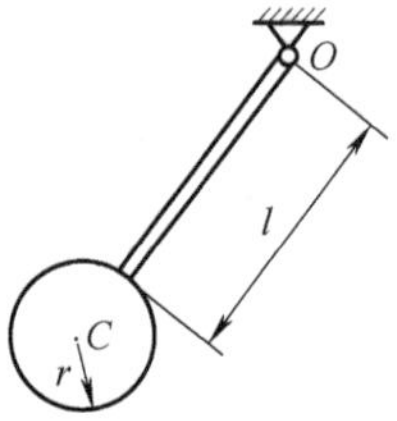

图 9.13

解：根据组合法，钟摆对于水平轴的转动惯量为

$$J_O = J_{O杆} + J_{O盘}$$

式中，

$$J_{O杆} = \frac{1}{3} m_1 l^2$$

计算圆盘对 O 的转动惯量，需要用到平行轴定理：

$$\begin{aligned} J_{O盘} &= J_C + m_2 (l+r)^2 \\ &= \frac{1}{2} m_2 r^2 + m_2 (l+r)^2 = m_2 \left(\frac{3}{2} r^2 + l^2 + 2lr \right) \end{aligned}$$

于是得

$$J_O = J_{O杆} + J_{O盘} = \frac{1}{3} m_1 l^2 + m_2 \left(\frac{3}{2} r^2 + l^2 + 2lr \right)$$

钟摆对水平轴 O 的转动惯量即为所求。

【例 9.6】 均质薄圆盘的半径为 R，质量为 m。若挖去一个半径为 R/2 的小圆，如图 9.14 所示，求均质薄圆盘剩余部分对过中心 O 且与圆盘垂直的转轴 z 的转动惯量 J_z。

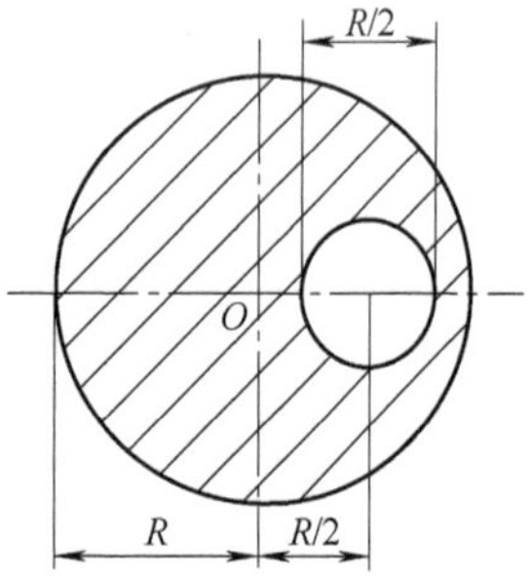

图 9.14

解：挖去的小圆半径为 R/4，质量为

$$m' = \frac{\pi \left(\frac{R}{4} \right)^2}{\pi R^2} m = \frac{m}{16}$$

根据组合法和平行轴定理，均质薄圆盘剩余部分对 z 轴的转动惯量为

$$\begin{aligned} J_z &= \sum_{i=1}^{N} J_{zi} = J_{圆盘} - J_{小圆} \\ &= \frac{1}{2} mR^2 - \left[\frac{1}{2} \times \frac{m}{16} \times \left(\frac{R}{4} \right)^2 + \frac{m}{16} \times \left(\frac{R}{2} \right)^2 \right] = \frac{247}{512} mR^2 \end{aligned}$$

对于几何形状复杂的物体的转动惯量，计算方法难以确定，工程中常用**实验方法**测定其对转轴的转动惯量。

如图 9.15 所示，形状不规则的物体，其质量为 m，质心为点 C，如何求与物体相垂直的轴 O 的转动惯量 J_O？

可将物体在点 O 悬挂起来，视为一个复摆，在重力作用下绕固定水平轴 O 微幅摆动，以 φ 表示摆在任意瞬时对其平衡位置的偏离角，l 为质心 C 到 O 轴的距离，则由动量矩定理，有

$$\frac{\mathrm{d}L_O}{\mathrm{d}t} = \sum M_O(\boldsymbol{F}) = -mgl\sin\varphi \tag{a}$$

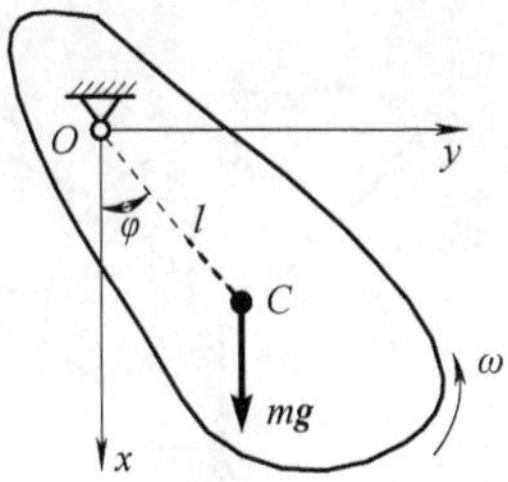

图 9.15

因

$$L_O = J_O\omega = J_O\frac{\mathrm{d}\varphi}{\mathrm{d}t}$$

$$\sum M_O(\boldsymbol{F}) = -mgl\sin\varphi$$

且摆做微幅摆动，φ 角很小时，$\sin\varphi \approx \varphi$，故式(a)可写为

$$J_O\frac{\mathrm{d}^2\varphi}{\mathrm{d}t^2} + mgl\varphi = 0 \tag{b}$$

$$\frac{\mathrm{d}^2\varphi}{\mathrm{d}t^2} + \frac{mgl}{J_O}\varphi = 0$$

$$\frac{\mathrm{d}^2\varphi}{\mathrm{d}t^2} + \omega_n^2\varphi = 0$$

这是摆的自由振动微分方程，其中 $\omega_n = \sqrt{\dfrac{mgl}{J_O}}$，为摆的固有圆频率。

由此求得微小摆动的周期为

$$T = \frac{2\pi}{\omega_n} = 2\pi\sqrt{\frac{J_O}{mgl}} \tag{c}$$

有

$$J_O = \frac{mglT^2}{4\pi^2} \tag{d}$$

由此可见，转动惯量与摆动周期有关，因此可以通过实验测得此微小摆动的周期 T，再由式(d)求得物体对 O 轴的转动惯量，此方法称为**悬挂法**。

若欲求物体对平行于 O 轴的质心轴 C 的转动惯量，则由式(9.20)有

$$J_C = J_O - ml^2 = \frac{mglT^2}{4\pi^2} - ml^2 = mgl\left(\frac{T^2}{4\pi^2} - \frac{l}{g}\right)$$

通过实验确定转动惯量的方法还很多，可以参考相关的文献。

9.4　刚体绕定轴转动微分方程

将动量矩定理应用于做定轴转动的刚体上，可得到方便使用的刚体绕定轴转动的微分方程。设刚体受到主动力 $\boldsymbol{F}_1$，$\boldsymbol{F}_2$，…，$\boldsymbol{F}_n$ 和轴承约束反力 $\boldsymbol{F}_{N1}$、$\boldsymbol{F}_{N2}$ 的外力作用，以角速度 ω 绕 z 轴做定轴转动，如图 9.16 所示，刚体对 z 轴的转动惯量为 J_z。

9-5

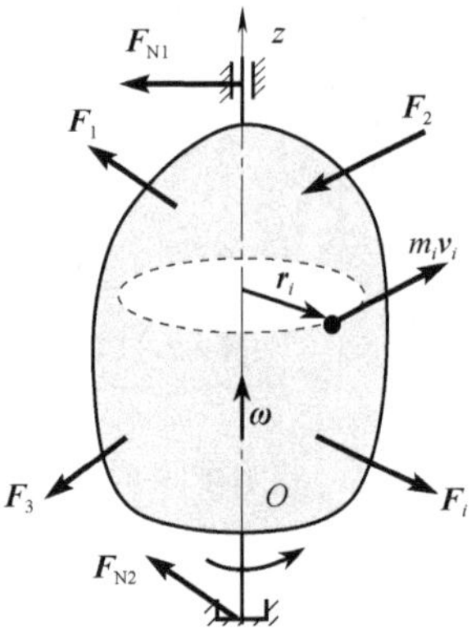

图 9.16

根据质点系动量矩定理，有

$$\frac{\mathrm{d}}{\mathrm{d}t}(J_z\omega)=\sum_{i=1}^{n}M_z(\boldsymbol{F}_i)+\sum_{i=1}^{n}M_z(\boldsymbol{F}_{Ni})$$

因 $\boldsymbol{F}_{Ni}$ 过 z 轴，有

$$\sum_{i=1}^{n}M_z(\boldsymbol{F}_{Ni})=0$$

故

$$J_z\frac{\mathrm{d}\omega}{\mathrm{d}t}=\sum_{i=1}^{n}M_z(\boldsymbol{F}_i) \tag{9.22}$$

式(9.22)也可写成

$$\begin{cases}J_z\alpha=\sum M_z(\boldsymbol{F}_i)\\ J_z\dfrac{\mathrm{d}\omega}{\mathrm{d}t}=\sum M_z(\boldsymbol{F}_i)\\ J_z\dfrac{\mathrm{d}^2\varphi}{\mathrm{d}t^2}=\sum M_z(\boldsymbol{F}_i)\end{cases} \tag{9.23}$$

式(9.23)称为**刚体绕定轴转动的微分方程**，即，**刚体对定轴的转动惯量与角加速度的乘积，等于作用于刚体的主动力对该轴的矩的代数和**。应用中，可视问题的性质来选择表达式。

由式(9.23)可知，当外力矩一定时，若 J_z 大，则 α 小，反之亦然，表明刚体转动惯量的大小反映了刚体转动状态改变的难易程度，因此它是**转动惯性的度量**。

若 $\sum M_z(\boldsymbol{F}_i)=0$，动量矩守恒，刚体做匀角速度转动。与质点的运动微分方程 $m\boldsymbol{a}=\sum\boldsymbol{F}_i$ 类似，应用刚体定轴转动微分方程可以解决定轴转动刚体动力学的两类基本问题。

【例 9.7】 传动轮系如图 9.17(a)所示，设传动轴 1 和 2 的转动惯量分别是 J_1 和 J_2，轮系传动比 $i_{12}=R_2/R_1$，R_1 和 R_2 分别为传动轮 1、2 的半径。在传动轴 1 上作用主动力矩 M_1，传动轴 2 上有阻力矩 M_2，转向如图所示。设各处摩擦不计，求传动轴 1 的角加速度。

解：分别取传动轴 1 和 2 为研究对象，受力情况如图 9.17(b)所示，都是定轴转动刚体，考虑用转动微分方程求解。两传动轴对轴心的转动微分方程分别为

$$J_1\alpha_1=M_1-F'R_1 \tag{a}$$

$$J_2\alpha_2=FR_2-M_2 \tag{b}$$

因 $F'=F$，$i_{12}=\dfrac{\alpha_1}{\alpha_2}=\dfrac{R_2}{R_1}$，于是代入式(a)和式(b)解得

9-6

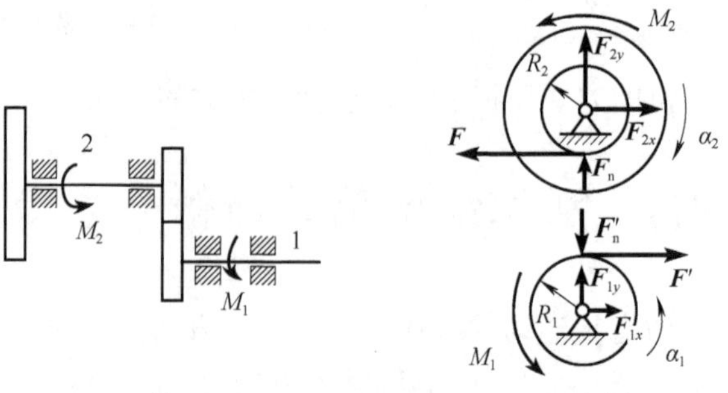

(a)　　(b)

图 9.17

$$\alpha_1 = \frac{M_1 - \dfrac{M_2}{i_{12}}}{J_1 + \dfrac{J_2}{i_{12}^2}}$$

【例 9.8】　如图 9.18(a)所示的制动系统，飞轮的质量为 m，半径为 R，回转半径为 ρ，转动时角速度为 ω。制动块与飞轮之间的动摩擦系数为 f，飞轮在制动后转了 n 圈后停止，不计制动块的厚度，求作用在制动杆 AB 上的力 $\boldsymbol{F}$ 的大小。

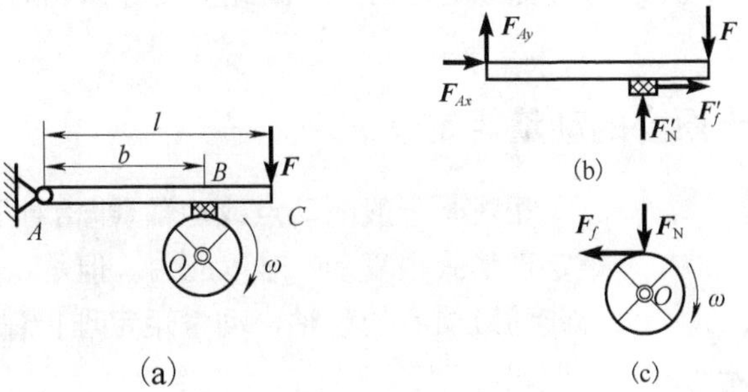

图 9.18

解: 飞轮做定轴转动，角速度已知，杆静止不动。取杆为研究对象，其受力分析如图 9.18(b)所示，其中 $\boldsymbol{F}_{\mathrm{N}}$ 为正压力，$\boldsymbol{F}_f$ 为摩擦力。为求 $\boldsymbol{F}$，需要先求出制动块处的力。以飞轮为研究对象，受力如图 9.18(c)所示。根据刚体的定轴转动微分方程:

$$J_O \frac{\mathrm{d}\omega}{\mathrm{d}t} = \sum M_O(\boldsymbol{F}_i)$$

得
$$m\rho^2 \frac{\mathrm{d}\omega}{\mathrm{d}t} = -F_f R = -f F_{\mathrm{N}} R$$

即
$$\frac{\mathrm{d}\omega}{\mathrm{d}t} = \frac{f F_{\mathrm{N}} R}{m\rho^2} \tag{a}$$

对式(a)换元并积分可得

$$\int_{\omega}^{0} \omega \mathrm{d}\omega = -\int_{0}^{2\pi n} \frac{f F_{\mathrm{N}} R}{m\rho^2} \mathrm{d}\varphi$$

解得
$$F_{\mathrm{N}} = \frac{m\rho^2\omega^2}{4\pi n f R} \tag{b}$$

再考虑制动杆的平衡，受力分析如图 9.18(b)所示。由平衡方程:

$$\sum M_A(\boldsymbol{F}) = 0, \quad F'_{\mathrm{N}} b - Fl = 0 \tag{c}$$

得
$$F = \frac{b}{l} F'_{\mathrm{N}} \tag{d}$$

因 $F_{\mathrm{N}} = F'_{\mathrm{N}}$，故将式(b)代入式(d)，求得作用在制动杆上的力为

$$F = \frac{bm\rho^2\omega^2}{4\pi n f lR}$$

此例中，机构由不同运动构件所组成，不宜取整体为研究对象，需分别取各部分来研究，但要注意各物体间力的传递关系。

9.5　刚体平面运动微分方程

在运动学中，刚体的平面运动可以分解为跟随基点的平动和绕基点的转动两种简单运动。在动力学关系的描述中，将基点选择在质心则可以用质心运动定理描述平面运动的平动部分，而转动部分能否用动量矩定理呢？答案是否定的，因为动量矩定理是在惯性坐标系下导出的，是相对于固定点的，而平面运动的质心是运动的，因此需要导出相对于非惯性坐标系的动量矩定理。

9.5.1　质点系相对于质心的动量矩定理

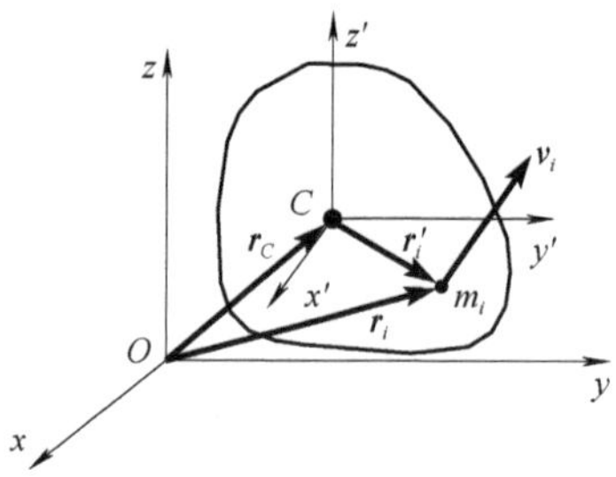

图 9.19

相对于一般的动点或动轴(即相对于非惯性坐标系)，动量矩定理形式很复杂，难以应用。但是，相对于运动质点系的质心或通过质心的动轴，动量矩定理仍保持与式(9.10)相同的简单形式。

设质点系的总质量为 m，质心为点 C，其绝对速度为 $\boldsymbol{v}_C$，在定参考系 $Oxyz$ 中的矢径为 $\boldsymbol{r}_C$。再以点 C 为原点建立平动坐标系 $Cx'y'z'$，如图 9.19 所示。质点系内第 i 个质点的质量为 m_i，对于定点 O 的矢径为 $\boldsymbol{r}_i$，相对于质心 C 的矢径为 $\boldsymbol{r}_i'$。该点的绝对速度为 $\boldsymbol{v}_i$，相对于平动坐标系 $Cx'y'z'$ 的速度为 $\boldsymbol{v}_{r_i}$。

由点的合成运动可知：

$$\boldsymbol{r}_i=\boldsymbol{r}_C+\boldsymbol{r}_i'$$

故质点系对于固定点 O 的动量矩 $\boldsymbol{L}_O$ 可写为

$$\boldsymbol{L}_O=\sum\boldsymbol{r}_i\times m_i\boldsymbol{v}_i=\sum\boldsymbol{r}_C\times m_i\boldsymbol{v}_i+\sum\boldsymbol{r}_i'\times m_i\boldsymbol{v}_i$$

式中，左端第一项中的 $\sum m_i\boldsymbol{v}_i=m\boldsymbol{v}_C$，第二项表示**质点系对质心 C 的动量矩**，记为

$$\boldsymbol{L}_C=\sum\boldsymbol{r}_i'\times m_i\boldsymbol{v}_i$$

于是

$$\boldsymbol{L}_O=\boldsymbol{r}_C\times m\boldsymbol{v}_C+\boldsymbol{L}_C \tag{9.24}$$

式(9.24)表明，质点系对任一定点 O 的动量矩，等于质量集中于质心的质点系动量 $m\boldsymbol{v}_C$ 对该点的动量矩与质点系相对于质心 C 的动量矩 $\boldsymbol{L}_C$ 的矢量和。

由质点系对于固定点的动量矩定理得

$$\frac{\mathrm{d}\boldsymbol{L}_O}{\mathrm{d}t}=\frac{\mathrm{d}}{\mathrm{d}t}(\boldsymbol{r}_C\times m\boldsymbol{v}_C+\boldsymbol{L}_C)=\sum\boldsymbol{r}_i\times\boldsymbol{F}_i^{(e)}$$

将 $\boldsymbol{r}_i=\boldsymbol{r}_C+\boldsymbol{r}_i'$ 代入得

$$\frac{\mathrm{d}\boldsymbol{r}_C}{\mathrm{d}t}\times m\boldsymbol{v}_C+\boldsymbol{r}_C\times m\frac{\mathrm{d}\boldsymbol{v}_C}{\mathrm{d}t}+\frac{\mathrm{d}\boldsymbol{L}_C}{\mathrm{d}t}=\sum\boldsymbol{r}_C\times\boldsymbol{F}_i^{(e)}+\sum\boldsymbol{r}'\times\boldsymbol{F}_i^{(e)}$$

因 $\dfrac{\mathrm{d}\boldsymbol{r}_C}{\mathrm{d}t}=\boldsymbol{v}_C$，$\dfrac{\mathrm{d}\boldsymbol{v}_C}{\mathrm{d}t}=\boldsymbol{a}_C$，并有

$$\boldsymbol{v}_C\times m\boldsymbol{v}_C=0,\qquad m\boldsymbol{a}_C=\sum\boldsymbol{F}_i^{(e)}\ (\text{质心运动定理})$$

代入上式得

$$\frac{\mathrm{d}\boldsymbol{L}_C}{\mathrm{d}t}=\sum \boldsymbol{r}'\times\boldsymbol{F}_i^{(e)}$$

此式右端是外力对于质心的主矩：

$$\boldsymbol{M}_C(\boldsymbol{F}^{(e)})=\sum \boldsymbol{r}'\times\boldsymbol{F}_i^{(e)}$$

于是得

$$\frac{\mathrm{d}\boldsymbol{L}_C}{\mathrm{d}t}=\boldsymbol{M}_C(\boldsymbol{F}^{(e)}) \tag{9.25}$$

即，**质点系相对于质心的动量矩对时间的导数，等于作用于质点系的外力对质心的主矩**。这就是**质点系相对于质心的动量矩定理**，该定理在形式上与质点系对固定点的动量矩定理完全相同。

外力对质心的主矩为零时，$\boldsymbol{L}_C=$常矢量，即质点系对质心的动量矩守恒。

9.5.2　刚体的平面运动微分方程

设刚体做平面运动，以质心所在的平面图形为研究对象，其上作用有力 $\boldsymbol{F}_1$，$\boldsymbol{F}_2$，…，$\boldsymbol{F}_n$，如图 9.20 所示。由运动学可知，该平面运动可分解为随任选基点的平动和绕该基点的转动。若以质点系的质心 C 为基点，则随质心 C 的平动用质心运动定理描述，绕质心 C 的转动用相对于质心的动量矩定理描述，即可得到**刚体平面运动的微分方程**。

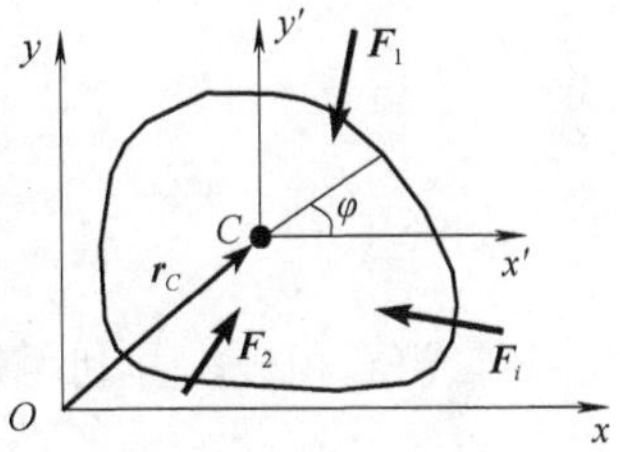

图 9.20

$$\begin{cases} m\boldsymbol{a}_C=\sum \boldsymbol{F}_i^{(e)} \\ J_C\alpha=\sum M_C\left(\boldsymbol{F}_i^{(e)}\right) \end{cases} \tag{9.26}$$

或者

$$\begin{cases} m\dfrac{\mathrm{d}^2\boldsymbol{r}_C}{\mathrm{d}t^2}=\sum \boldsymbol{F}_i^{(e)} \\ J_C\dfrac{\mathrm{d}^2\varphi}{\mathrm{d}t^2}=\sum M_C(\boldsymbol{F}_i^{(e)}) \end{cases} \tag{9.27}$$

式中，m 为刚体质量；$\boldsymbol{a}_C$ 为质心加速度；$\alpha=\dfrac{\mathrm{d}\omega}{\mathrm{d}t}$，为刚体角加速度。

式(9.26)和式(9.27)称为**刚体平面运动微分方程**，可以用于求解刚体平面运动中的两类动力学问题。具体应用时，可采用其投影式，在直角坐标系中有

$$\begin{cases} m\ddot{x}_C=\sum F_x \\ m\ddot{y}_C=\sum F_y \\ J_C\ddot{\varphi}=\sum M_C\left(\boldsymbol{F}_i^{(e)}\right) \end{cases} \tag{9.28}$$

除相对质心的动量矩定理具有较简单的形式外，在求解平面运动时如果**质心和速度瞬心之间的距离保持不变**，则可以以瞬心为矩心，动量矩定理也具有和质心运动定理相同的简单形式(不证，可参考相关书籍)，即

$$J_P\alpha=\sum M_P(\boldsymbol{F}_i^{(e)}) \tag{9.29}$$

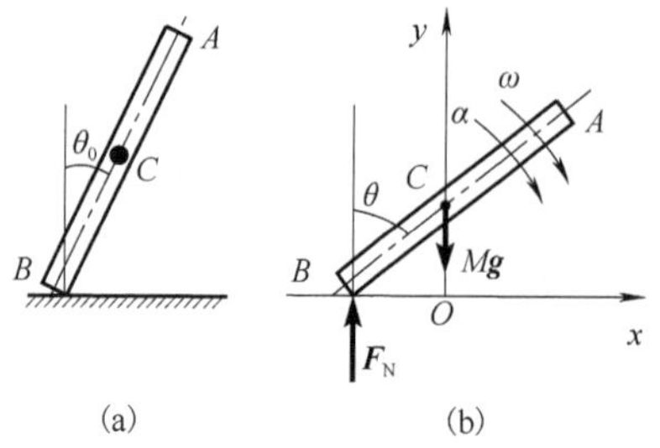

图 9.21

式中，下标 P 表示速度瞬心。在解决诸如圆轮纯滚动及椭圆规机构动力学问题时，该式十分方便。

【例 9.9】　均质杆 AB 质量为 M，一端 B 置于光滑水平面上，杆与铅垂线的夹角 $\theta_0 = 30^\circ$，如图 9.21(a)所示。若杆由该位置无初速地倒下，试求开始运动瞬时水平面对杆的约束反力。

解：取杆为研究对象。杆受重力 $M\boldsymbol{g}$ 和水平面的约束反力 $\boldsymbol{F}_N$ 作用。设杆长度为 l，在瞬时 t，杆与铅垂直线的夹角为 θ，角速度为 ω，角加速度为 α，均以顺时针转向为正。过杆的质心 C 作固结于地面的坐标系 Oxy，如图 9.21(b)所示。杆做平面运动，求运动和力，用刚体的平面运动微分方程求解。

应用杆的平面运动微分方程投影式：

$$M\frac{\mathrm{d}^2 x_C}{\mathrm{d}t^2} = 0 \tag{a}$$

$$M\frac{\mathrm{d}^2 y_C}{\mathrm{d}t^2} = F_N - Mg \tag{b}$$

$$J_C\alpha = F_N \cdot \frac{l}{2}\sin\theta \tag{c}$$

对式(a)积分，并利用初始条件 $t=0$，$x(0)=0$，$\dot{x}_C(0)=0$，可得

$$x_C = 0$$

即质心 C 在水平方向守恒，将沿 y 轴下降，故在任一瞬时均有

$$y_C = \frac{l}{2}\cos\theta$$

求此式对时间 t 的导数，并由 $\alpha = \ddot{\theta}$，$\omega = \dot{\theta}$ 得

$$\frac{\mathrm{d}^2 y_C}{\mathrm{d}t^2} = -\frac{l}{2}\alpha\sin\theta - \frac{l}{2}\omega^2\cos\theta \tag{d}$$

由式(c)可得

$$\alpha = \frac{b\sin\theta}{Ml}F_N$$

将此式代入式(d)后，再代入式(b)，得

$$F_N = \frac{1}{1+3\sin^2\theta}\left(Mg - \frac{Ml}{2}\omega^2\cos\theta\right)$$

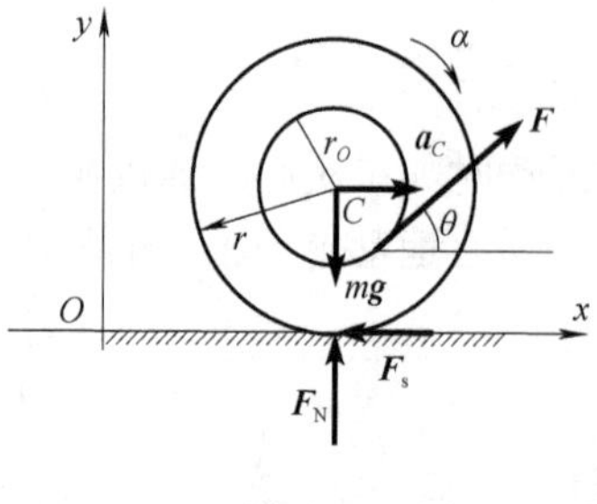

图 9.22

由题中已知，$t=0$ 时，$\theta=\theta_0 = 30^\circ$，$\omega = 0$，故

$$F_N = \frac{4}{7}Mg \quad (方向为铅垂向上)$$

【例 9.10】　如图 9.22 所示的滚子，已知质量为 m，半径为 r，线轮半径为 r_O，对中心轴的回转半径为 ρ，作用一个常力 $\boldsymbol{F}$，与水平夹角为 θ，滚子做纯滚动，求质心加速度和滚子只滚不滑的条件。

解：取滚子为研究对象。滚子受力分析如图所示。滚子做

平面运动，各运动量如图 9.22 所示，求运动和静滑动摩擦力，考虑用刚体的平面运动微分方程求解。

(1) 由质心运动定理：

$$m\boldsymbol{a}_C = \sum \boldsymbol{F}_i^{(e)}$$

分别在 x 和 y 轴上投影，得

$$ma_C = F\cos\theta - F_s \tag{a}$$

$$0 = F\sin\theta + F_N - mg \tag{b}$$

由相对质心动量矩定理，对质心 C 有

$$J_C\alpha = F_s r - Fr_O$$

因 $J_C = m\rho^2$，故

$$m\rho^2\alpha = F_s r - Fr_O \tag{c}$$

由纯滚动运动学条件：

$$a_C = r\alpha \tag{d}$$

将式(a)和(d)代入式(c)解得质心加速度为

$$a_C = \frac{Fr(r\cos\theta - r_O)}{m(\rho^2 + r^2)} \tag{e}$$

(2) 求只滚不滑的条件。

只滚不滑的力学条件是 $F_s \leqslant f_s F_N$。

由式(a)得

$$F_s = F\cos\theta - \frac{Fr(r\cos\theta - r_O)}{\rho^2 + r^2} = \frac{\rho^2\cos\theta - rr_O}{\rho^2 + r^2}F$$

所以

$$f_s \geqslant \frac{F_s}{F_N} = \frac{F(\rho^2\cos\theta - rr_O)}{(mg - F\sin\theta)(\rho^2 + r^2)}$$

(3) 讨论。

由式(e)可知，当 $r\cos\theta > r_O$ 时，$\boldsymbol{a}_C$ 为正，即 $\cos\theta > \frac{r_O}{r}$ 时，$\boldsymbol{a}_C$ 的方向与 x 同向；当 $\cos\theta < \frac{r_O}{r}$ 时，$\boldsymbol{a}_C$ 的方向与 x 反向；当 $\theta = \frac{\pi}{2}$ 时，$\boldsymbol{F}$ 竖直向上，$a_C = -\frac{F_s}{m}$，方向与 x 反向，$\boldsymbol{F}_s$ 方向仍不改变。

【例 9.11】 重物 A 的质量为 m，用一根不可伸长的绳绕在鼓轮上，并且使其在轨道上做纯滚动，如图 9.23(a) 所示。鼓轮质量为 M，大轮半径为 R，小轮半径为 r，鼓轮对轮心的回转半径为 ρ，定滑轮质量不计，求重物 A 的加速度。

解： (1) 运动和受力分析。

重物 A 做平动，鼓轮做平面运动，K 为瞬心。分别以重物 A 和鼓轮为研究对象，运动量及受力如图 9.23(b) 所示。

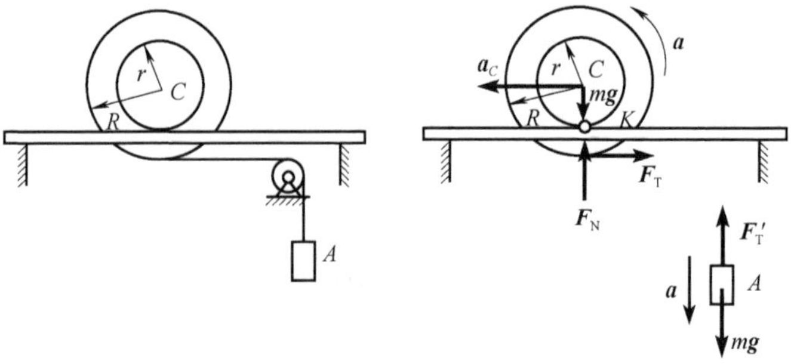

(a)　　　　(b)

图 9.23

(2)动力学分析。

系统中有两个转轴，一般不能取整体为研究对象应用动量矩定理求解。需将研究对象拆开，分别取各物体来研究。鼓轮做平面运动，考虑采用刚体平面运动微分方程，重物 A 平动，考虑采用质心运动定理。

因重物重量为已知，先取重物 A 为研究对象，由图 9.23(b)，有

$$ma = mg - F_T' \tag{a}$$

再以鼓轮为研究对象，因轮质心 C 到瞬心 K 的距离保持不变，故可以轮瞬心 K 为矩心，有

$$J_K\alpha = F_T(R-r) \tag{b}$$

式中，$J_K = J_C + Mr^2 = M\rho^2 + Mr^2 = M(\rho^2 + r^2)$。

由纯滚动条件：

$$a = \alpha(R-r) \tag{c}$$

将式(a)和式(c)代入式(b)，解得重物 A 的加速度为

$$a = \frac{m(R-r)^2}{M(\rho^2 + r^2) + m(R-r)^2} g$$

显然，在此例中以速度瞬心为矩心列动量矩定理的式子的求解比较简单，不需要列出平面运动的全部动力学方程。

思　考　题

9-1　判断下列说法是否正确。

(1)质点系对于某固定点(或固定轴)的动量矩等于质点系的动量 $m\boldsymbol{v}_C$ 对该点(或该轴)的矩。

(2)平动刚体对某定轴的动量矩可以表示为：把刚体的全部质量集中于质心时，质心的动量对该轴的矩。

(3)如果质点系对于某点或某轴的动量矩很大，那么该质点系的动量也一定很大。

(4)若平面运动刚体所受外力系的主矢为零，则刚体只可能做绕质心轴的转动。

(5)若平面运动刚体所受外力系对质心的主矩为零，则刚体只可能平动。

(6)质点系动量矩定理的矩心必须选择为固定点。

(7) 质点系的动量矩守恒定律是指，如果质点系所受的力对某点或轴的矩恒为零，则质点系对该点或轴的动量矩保持不变。

(8) 质点系对任一点的动量矩对时间的导数等于质点系所受的力对同一点之矩的矢量和。

(9) 如果作用于质点系上的外力对固定点 O 的主矩不为零，那么，质点系的动量矩一定不守恒。

(10) 当质点动量守恒时，它对某定点的动量矩也必然守恒；反之，当质点对某定点的动量矩守恒时，它的动量也一定守恒。

9-2　如思图 9.1 所示的两个相同的均质圆盘，放在光滑的水平面上，在圆盘的不同部位各作用一大小相同的水平力 $\boldsymbol{F}$，使两圆盘同时由静止开始运动，两圆盘的运动情况分别为__________。

9-3　如思图 9.2 所示的三种情况，均质轮的质量、半径都相同，轮上绕有细绳，绳的端点或作用力，或挂有重物，绳与滑轮之间没有滑动。在这三种情况下，滑轮角加速度最大的是__________，滑轮角加速度最小的是__________。

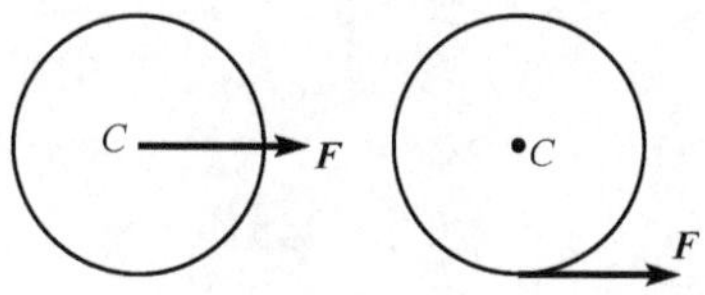

思图 9.1

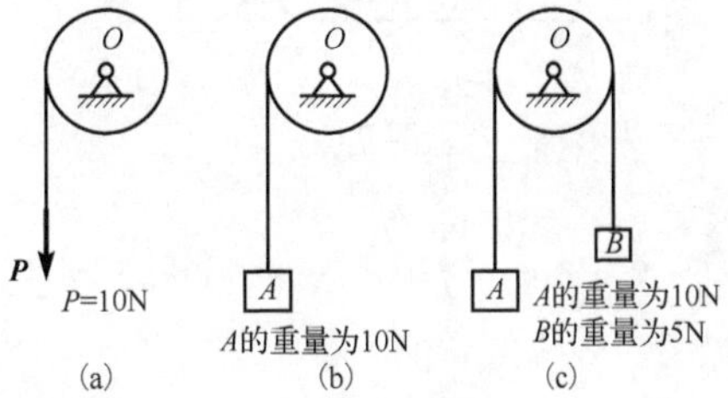

思图 9.2

9-4　一均质细杆 AB，质量为 m，长度为 l，对 z 轴的转动惯量为 $J_z = \dfrac{1}{3}ml^2$，如思图 9.3 所示。杆对 z_1 轴的转动惯量是__________。

9-5　均质直角曲杆 OAB 如思图 9.4 所示，其单位长度质量为 ρ，$\overline{OA} = \overline{AB} = 2l$，图示瞬时以角速度 ω、角加速度 α 绕 O 轴转动，该瞬时此曲杆对 O 轴的动量矩的大小为__________。

9-6　如思图 9.5 所示刚体的质量 m，质心为 C，对定轴 O 的转动惯量为 J_O，对质心的转动惯量为 J_C，若转动角速度为 ω，则刚体对 O 轴的动量矩为__________。

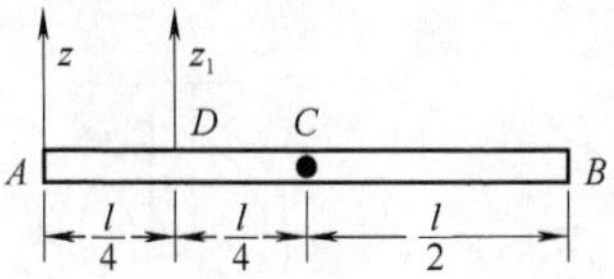

思图 9.3

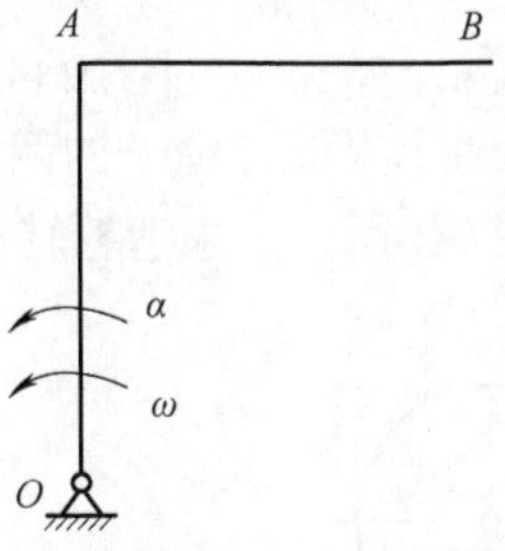

思图 9.4

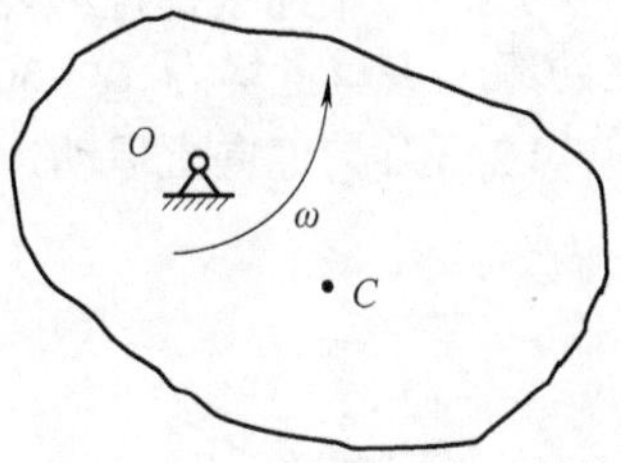

思图 9.5

9-7　杆 AD 由两段组成，AC 段为均匀铁，质量为 m；CD 段为均匀木质，质量为 M，长度均为 $L/2$，如思图 9.6 所示，则杆 AD 对 z 轴的转动惯量为__________。

9-8　质量为 m 的均质杆 OA，长度为 L，在杆的下端接一质量也为 m，半径为 $L/2$ 的均质圆盘，图示瞬时角速度为 ω，角加速度为 α，如思图 9.7 所示。则系统的动量为__________，系统对 O 轴的动量矩为__________，需在图上标明方向。

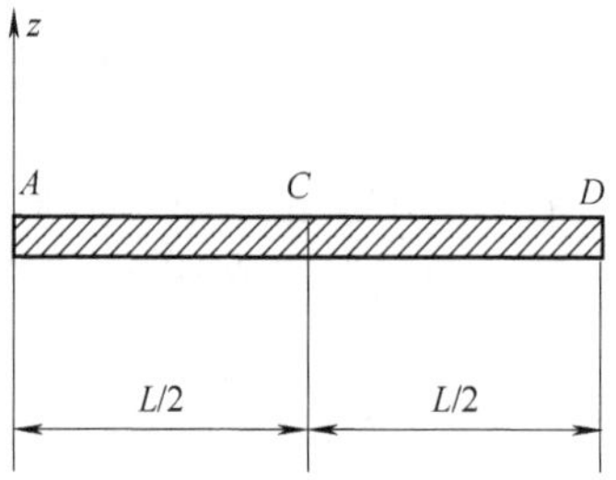

思图 9.6

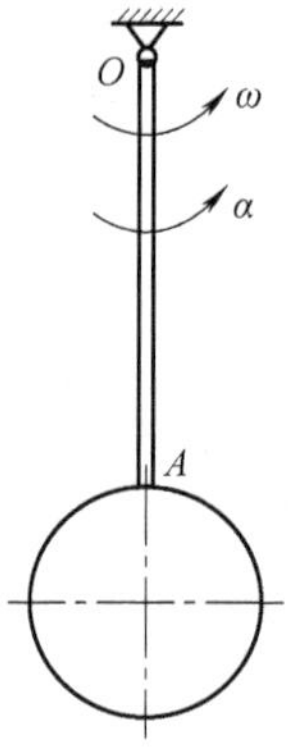

思图 9.7

习　　题

9.1　一个人造地球卫星，当它在距离地心为 R_A=15000km 位置时，以初速度 v_A=12km/s、夹角 $\varphi=60°$ 进入绕地球自由飞行的轨道，如题图 9.1 所示。试求卫星在距地心为 R_B=12000km 的最近位置时的速度 v_B。

9.2　如题图 9.2 所示，绞车鼓轮的半径为 R，其质量为 m_1 且假定质量均匀分布在圆周上（即将鼓轮看作圆环），所起吊的重物质量为 m，绳子的质量不计。由电机传过来的主动转矩为 M，求重物上升时的加速度和绳子的拉力、绞车支座的反力。

9.3　斜面提升装置如题图 9.3 所示，已知鼓轮的半径为 R，质量为 m_1，对转轴 O 的转动惯量为 J，作用在鼓轮上的力偶矩为 M。斜面的倾角为 θ，被提升的小车及重物质量为 m_2。设绳的质量和各处的摩擦忽略不计，求小车的加速度。

9.4　一根绳索跨过半径 $R=20$cm、重量 $P=100$N 的滑轮，滑轮的质量可视为均匀地分布在边缘上。重量均为 $Q=600$N 的两个人抓住绳子的两端各相对于绳子以速度 $v_1=0.5$m/s 和 $v_2=0.24$m/s 匀速向上运动，如题图 9.4 所示，求滑轮转动的角速度。

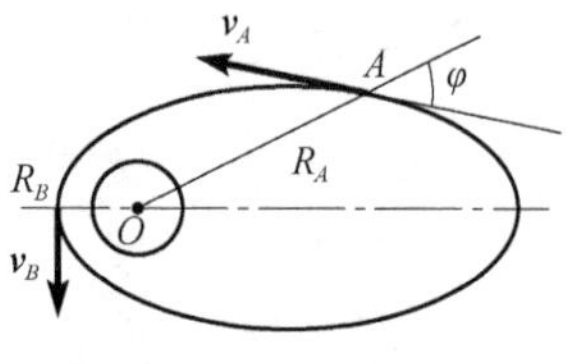

题图 9.1

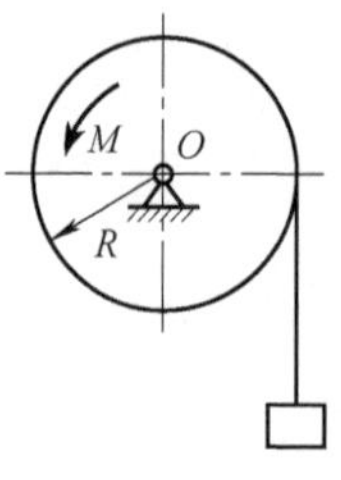

题图 9.2

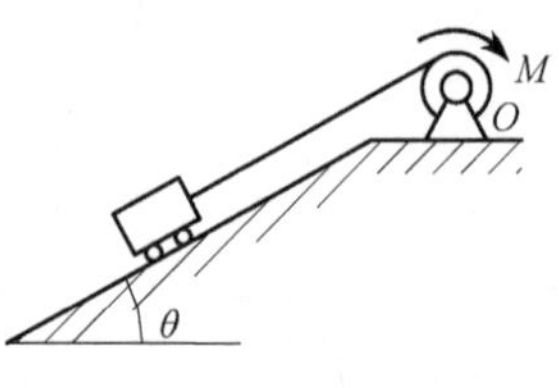

题图 9.3

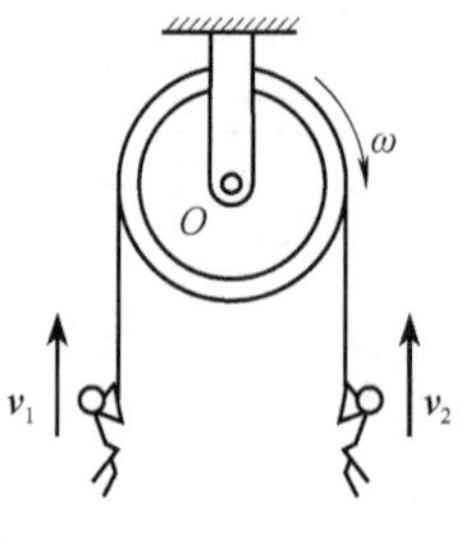

题图 9.4

9.5　如题图 9.5(a) 所示，质量均为 m 的小球 A、B 用细绳相连，系统绕 z 轴自由转动，不计各处摩擦和其余构件的质量。初始时系统的角速度为 ω_0，当细绳拉断后，求各杆与铅垂线呈 θ 角时系统的角速度 ω [题图 9.5(b)]。

9.6　如题图 9.6 所示的系统，杆 AB 可在管 CD 内自由滑动，同时管 CD 又绕铅垂轴转动，不计各处摩擦。已知杆 AB 和管 CD 的质量均为 m、长度均为 l，都可看作均质细杆；当杆 AB 全部在管 CD 内时 (x =0)，系统的角速度为 ω_0 。试求当 $x = l/2$ 时，系统的角速度 ω。

9.7　如题图 9.7 所示，一水平圆盘绕铅垂轴 z 转动，圆盘对轴 z 的转动惯量为 J_z。质量为 m 的人相对于圆盘以 $s=\dfrac{1}{2}kt^2$ 的规律沿半径为 r 的圆周走动，k 为常量。开始时圆盘和人均静止，试求任意瞬时圆盘的角速度和角加速度。

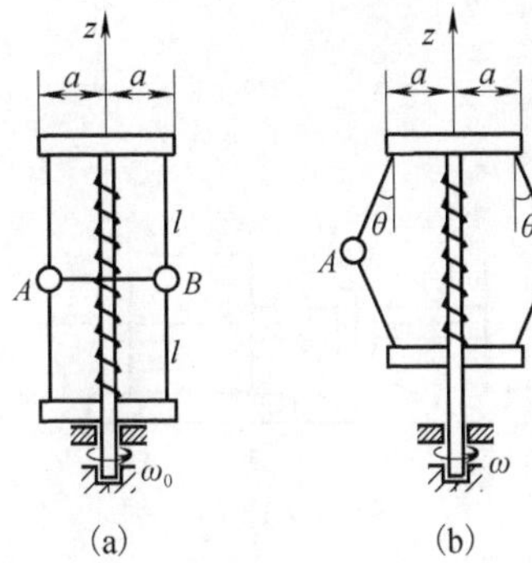

题图 9.5

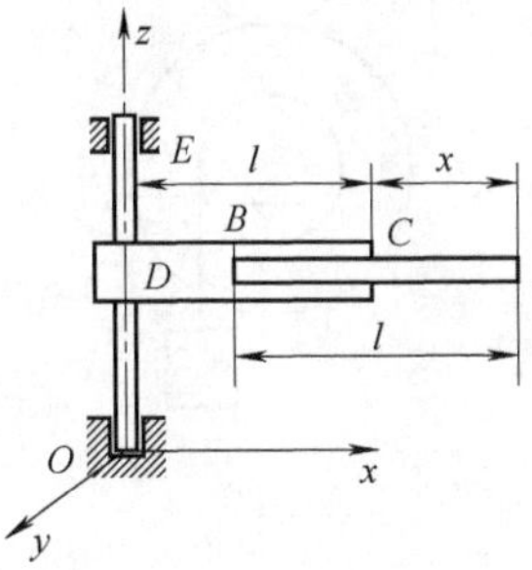

题图 9.6

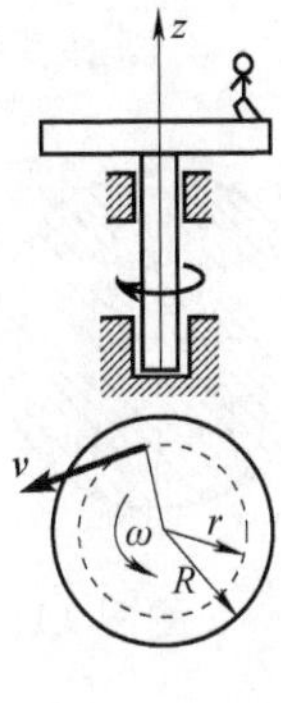

题图 9.7

题 9.5

9.8　如题图 9.8 所示，A、B 两物块的质量均为 m，鼓轮重量为 P，对过其重心的转轴 O 的转动惯量为 J。不计各处摩擦，并设运动从静止开始，求鼓轮的转角 φ。

9.9　如题图 9.9 所示的皮带传动系统，皮带轮 A 和 B 对转轴的转动惯量分别是 J_A 和 J_B，半径分别为 R_A 和 R_B。若在主动轮 A 上加一个主动力偶矩 M_1，从动轮 B 上的阻力偶矩为 M_2，转向如图所示。略去皮带质量和轴承摩擦，求主动轮 A 的角加速度。

9.10　中心处挖去一个圆孔的均质薄板，如题图 9.10 所示。设板单位面积的质量为 ρ，试求其对 x、y、z 轴的转动惯量。

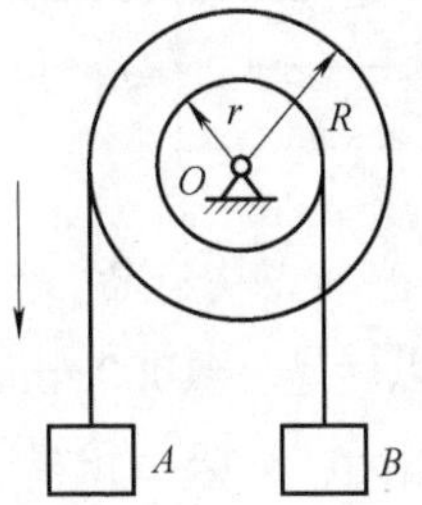

题图 9.8

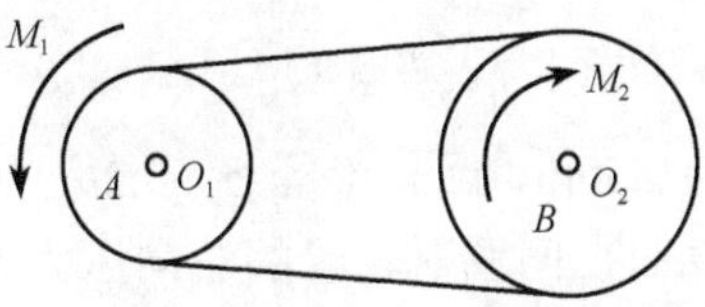

题图 9.9

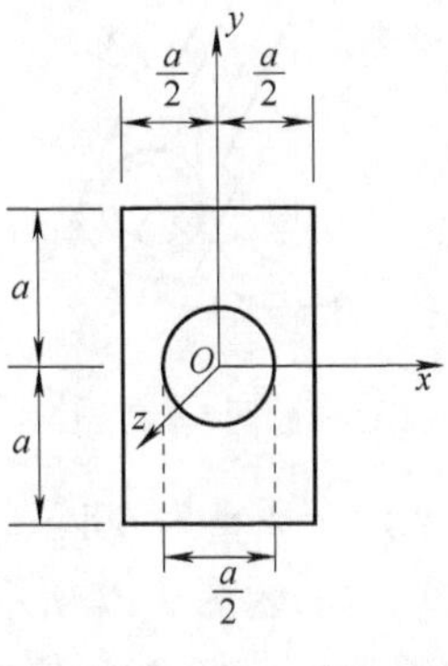

题图 9.10

9.11　如题图 9.11 所示，一均质圆盘，半径为 R，单位面积质量为 ρ，在与圆心相距 a 处钻有一个半径为 r 的圆孔，求其对 y 轴的转动惯量。

9.12　如题图 9.12 所示，电动绞车提升一个重量大小为 P 的物体，主动轴上作用有不变的力矩 M。已知主动轴和从动轴连同安装在这两轴上的齿轮以及附属零件对各自轴的转动惯量分别为 J_1 和 J_2，传动比 $i = z_2 : z_1$，鼓轮半径为 R，不计各处摩擦和吊索的质量，求重物的加速度。

9.13　如题图 9.13 所示，飞轮由电机带动。电机由静止开始启动，其转动力矩与角速度的函数关系为 $M = M_0\left(1-\dfrac{\omega}{\omega_1}\right)$，其中 M_0 是电机启动时(ω=0)的力矩，ω_1 是空转(M=0)时的角速度，两者均为已知常量。设电机转子及飞轮对转轴 z 的总转动惯量为 J_z，总的阻力矩为 M_r(常量)，试求启动后，飞轮角速度随时间的变化规律。

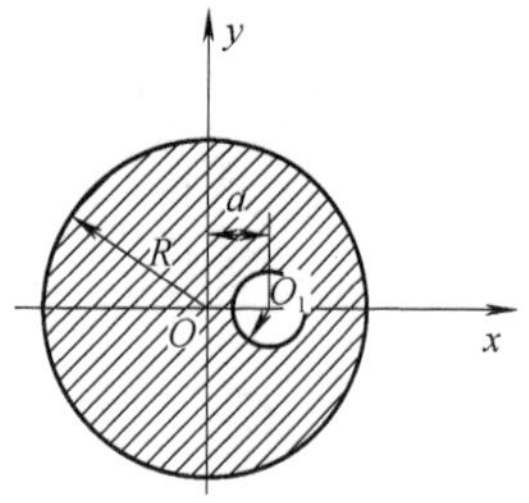

题图 9.11

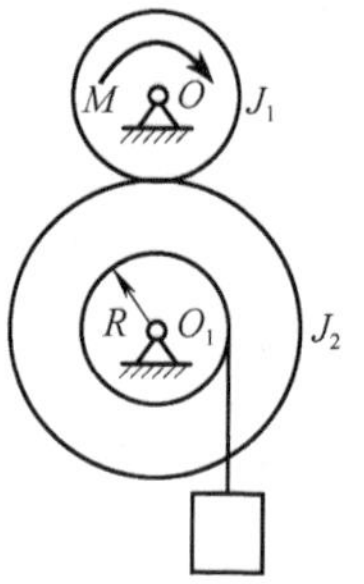

题图 9.12

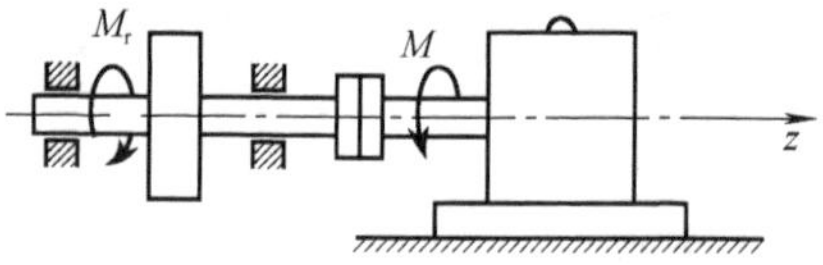

题图 9.13

9.14　如题图 9.14 所示的连杆，当受到初始扰动时，将在重力作用下绕轴 O 摆动。设连杆的质量为 m，重心在点 C，$\overline{OC} = a$，对轴 O 的转动惯量为 J_O，求连杆做微幅摆动时的摆动规律。

9.15　如题图 9.15 所示的飞轮，其转动惯量为 J_O=18×10^{3}kg·m^2，在恒力矩 M 作用下，由静止开始转动，经过 20s，飞轮的转速达到 120r/min，若不计摩擦的影响，求起动力矩 M。

9.16　一质量为 m、长度为 l 的均质杆 AB，用铰链 A 及刚度系数为 k 的弹簧支持，如题图 9.16 所示。平衡时，杆在水平位置，求杆做微小振动时的周期。

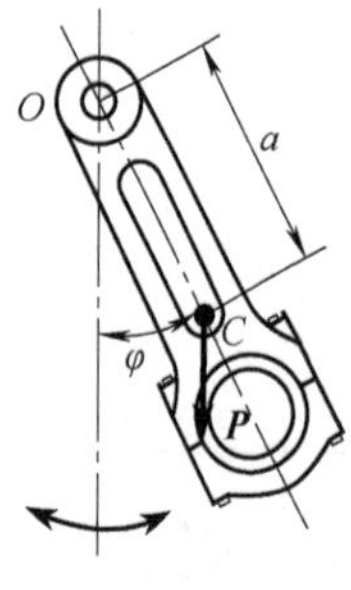

题图 9.14

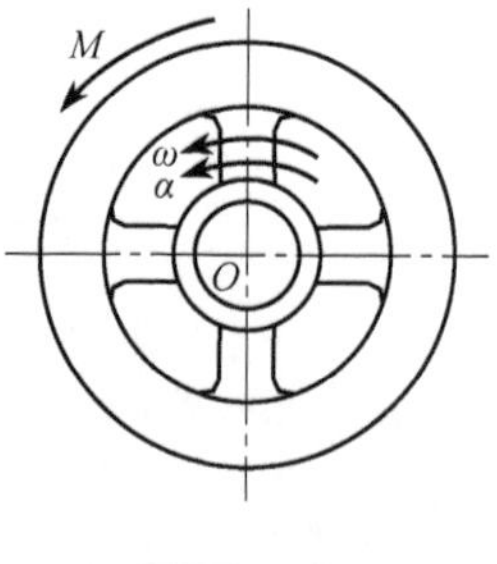

题图 9.15

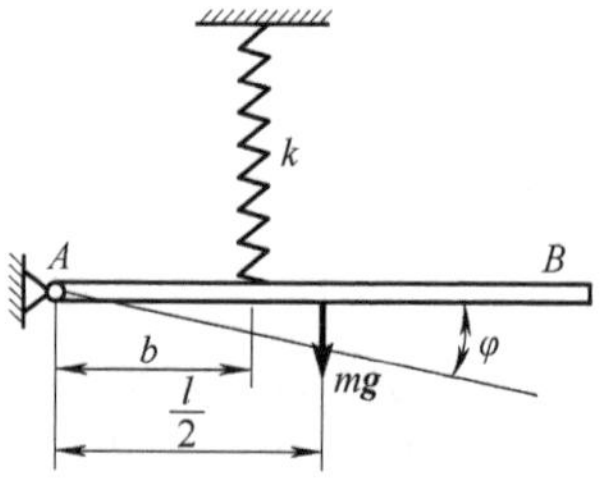

题图 9.16

9.17　质量为 60kg、直径为 0.50m、回转半径 ρ_z=0.2m 的飞轮，以转速 n=1000r/min 绕 O 轴转动，如题图 9.17 所示。制动时，闸块对轮缘的法向压力 F_N =500N，设闸块与轮缘间的动摩擦系数为 0.4，轴承摩擦略去不计，试问制动后飞轮转过多少转后停止？

9.18　如题图 9.18 所示，均质杆 AB 的重量为 $\boldsymbol{P}$，长度为 l，从铅垂面内由图示位置无初速地倒下。不计接触处的摩擦，求开始滑动的瞬时，地面与墙面对杆端的约束反力及杆的角加速度。

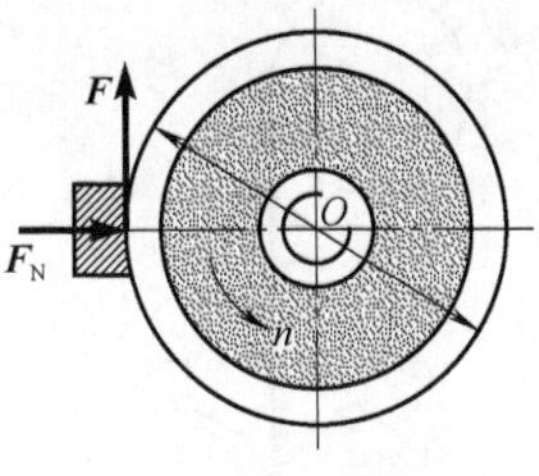

题图 9.17

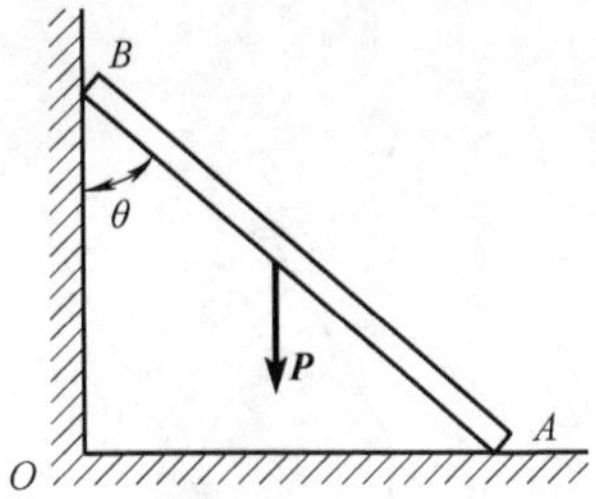

题图 9.18

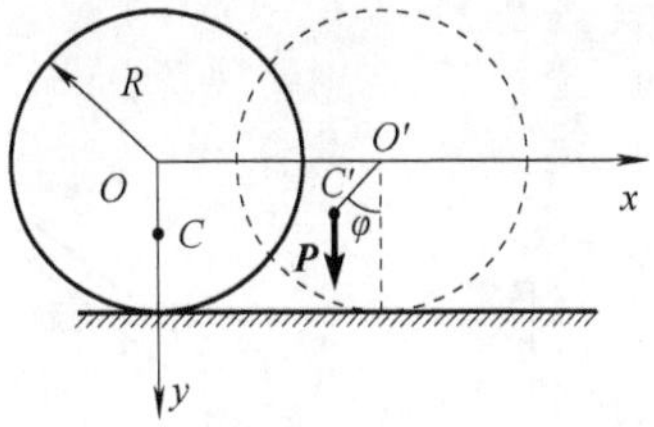

题图 9.19

题 9.18

9.19　如题图 9.19 所示，一个重量为 $\boldsymbol{P}$、半径为 R 的圆盘，在固定水平面上做无滑动的滚动。圆盘的质心 C 偏离中心的距离为 e，对通过质心 C 并垂直于盘面的轴的回转半径为 ρ_C，试求圆盘受扰动后的运动规律。

9.20　质量为 m、半径为 R 的均质圆柱，在重力作用下沿斜面 AB 向下运动，如题图 9.20 所示，圆柱与斜面间的滑动摩擦系数为 f，对质心 O 的回转半径为 ρ。求：(1) 圆柱所受的摩擦力；(2) 圆柱做纯滚动的条件和此时质心点 O 的加速度。

9.21　行星齿轮机构如题图 9.21 所示。系杆 OA 的质量不计，它可绕端点 O 转动，另一端装有一质量为 m、半径为 r 的均质动齿轮，动齿轮可沿半径为 R 的固定齿轮滚动。当系杆上受一个力偶矩 M 作用时，求动齿轮的角加速度以及两轮啮合处 B 对动齿轮作用的切向力。

9.22　如题图 9.22 所示，质量为 m、半径为 R 的均质圆柱，并给予初速度 ω_0。设水平、垂直墙面的摩擦系数均为 f，问经过多长时间后圆柱停止转动？

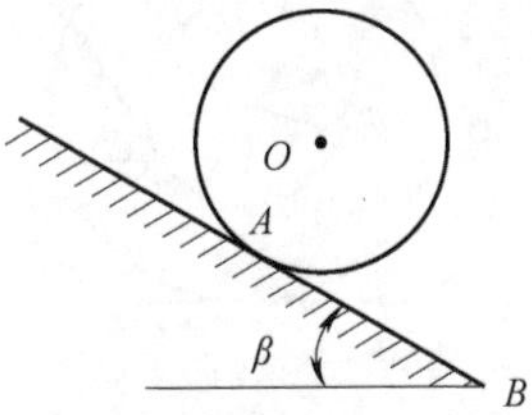

题图 9.20

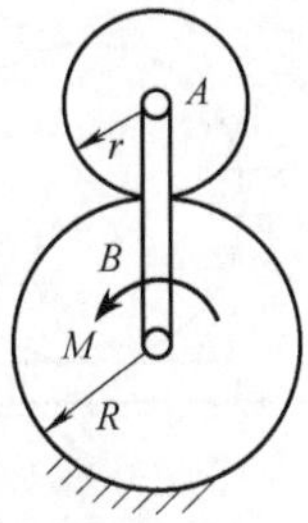

题图 9.21

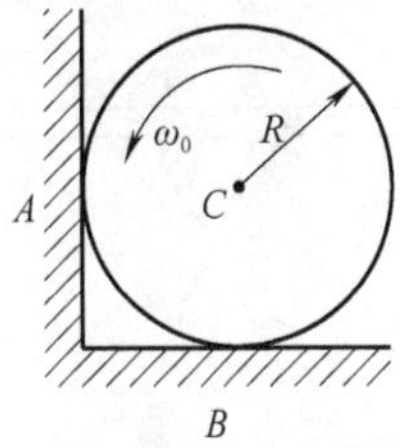

题图 9.22

题 9.20

9.23　如题图 9.23 所示，质量为 m 的均质杆 AB，A 端放在光滑水平地面上，B 端与水平面的夹角为 β。现在，无初速地放开 B 端，求此瞬时杆对地面的压力。

9.24　如题图 9.24 所示，质量为 m、半径为 r 的均质圆柱体，放在倾角为 60°、摩擦系数为 $\frac{1}{3}$ 的斜面上。一细绳缠绕在圆柱体，其一端固定于点 A，此绳与 A 的相连部分与斜面平行，试求其中心沿斜面落下的加速度 $\boldsymbol{a}_C$。

9.25　如题图 9.25 所示，质量均为 m，半径均为 r 的均质圆柱体 A 和 B，一绳的一端缠在绕固定轴 O 转动的圆柱 A 上，另一端绕在圆柱 B 上，不计摩擦。求：(1) 圆柱体 B 下落时质心的加速度；(2) 若在圆柱体 A 上作用一个逆时针转向、大小为 M 的力偶，试问在什么条件下圆柱体 B 的质心加速度将向上。

题 9.25

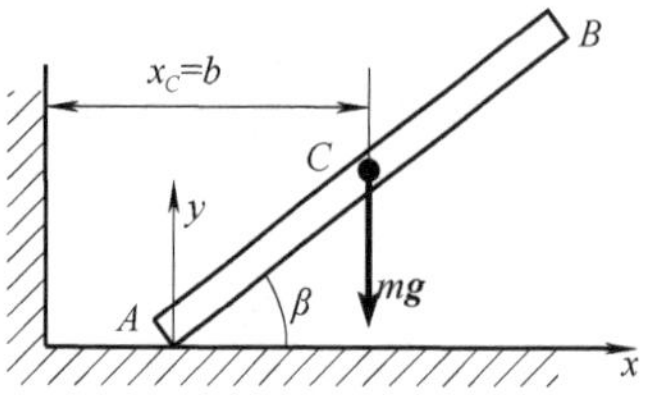

题图 9.23

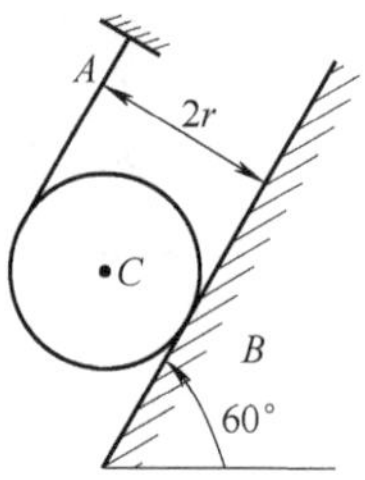

题图 9.24

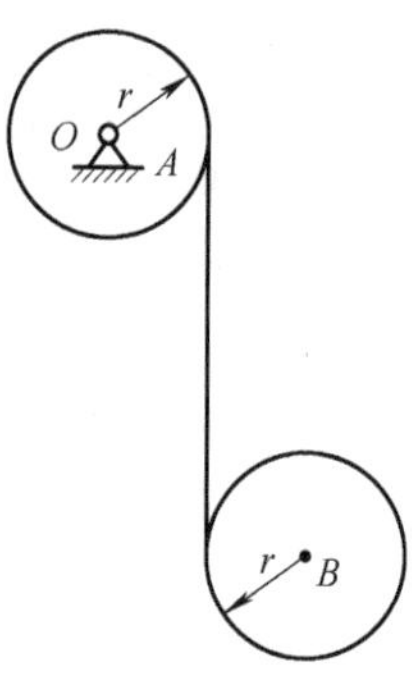

题图 9.25

9.26　如题图 9.26 所示，质量为 m、长度为 l 的均质杆 AB，将其上距 A 端距离为 a 的点 D 靠在光滑支承上，杆与支承的一个斜面夹角为 β。现将杆由静止开始释放，求初始时刻杆对支承的压力及杆重心 C 的加速度。

9.27　如题图 9.27 所示，质量为 m_1 的平板，受力 $\boldsymbol{F}$ 作用而沿水平面运动，板与水平面间的摩擦系数为 f'。平板上放一个质量为 m 的均质圆柱，它只对平板滚动而不滑动，求平板的加速度。

9.28　如题图 9.25 所示，质量为 m、半径为 R 的均质滚子，放在粗糙的水平面上做纯滚动，滚子对 O 轴的回转半径为 ρ。滚子上有一半径为 r 的鼓轮，在鼓轮上绕以细绳，绳上有一个与水平线成 θ 角的拉力 $\boldsymbol{F}_{\mathrm{T}}$。求滚子在拉力 $\boldsymbol{F}_{\mathrm{T}}$ 作用下轴 O 的加速度。

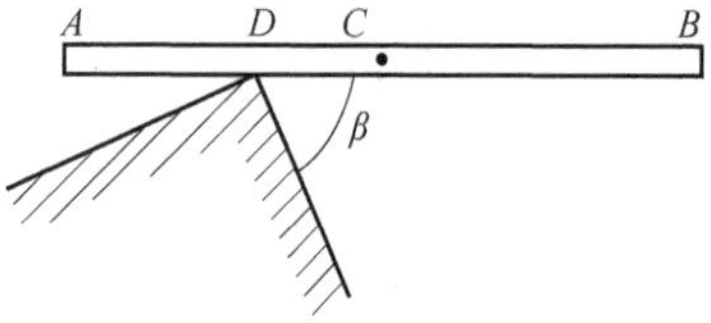

题图 9.26

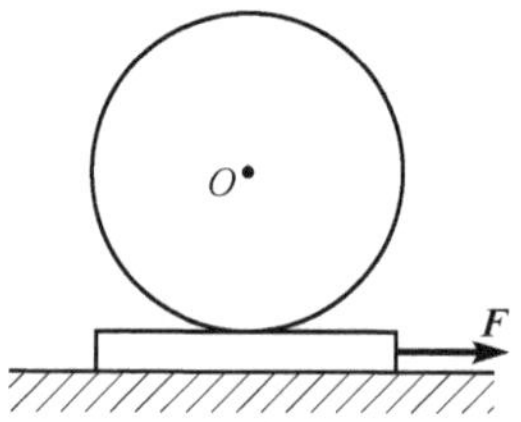

题图 9.27

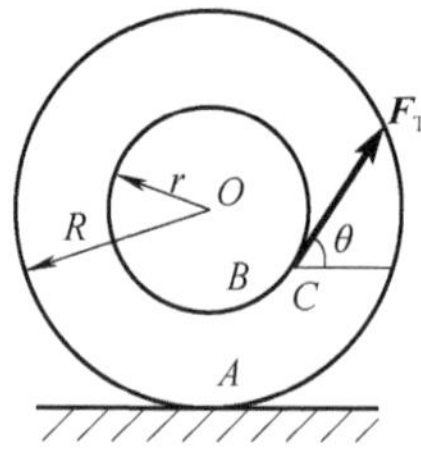

题图 9.28

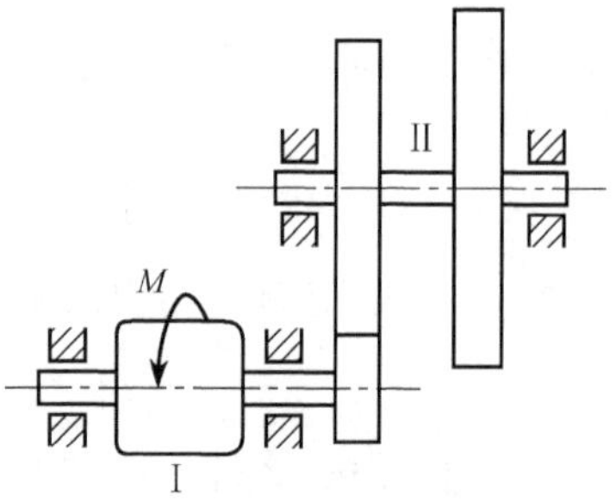

题图 9.29

9.29　如题图 9.29 所示，传动机构中的转子Ⅰ、Ⅱ(包括转轴及其上的转动部件)对各自转轴的转动惯量分别为 $J_1=20\mathrm{kg\cdot m^2}$，$J_2=30\mathrm{kg\cdot m^2}$。轴Ⅰ受到不变的力矩 M 作用，通过传动比 $i=\dfrac{z_1}{z_2}=\dfrac{1}{2}$ 的一对齿轮，将动力传到轴Ⅱ。设轴Ⅰ从静止开始匀加速转动，经过 10s 后转速达到 $n_1=1500\mathrm{r/min}$，已知Ⅰ轴上的齿轮的节圆半径 $r_1=0.1\mathrm{m}$，略去轴承的摩擦，试求力矩 M 和齿轮间的切向力。

第 10 章　动 能 定 理

第 8 章和第 9 章以动量和冲量为基础，建立了质点和质点系运动量的变化与外力及其作用时间之间的关系。

本章以功和动能为基础，建立质点和质点系动能的改变与力的功之间的关系，这种关系是自然界中各种形式运动的普遍规律，在机械运动中表现为**动能定理**。不同于动量定理和动量矩定理，动能定理是从能量的角度来分析质点和质点系的动力学问题，反映速度大小的改变与力做功的关系，有时求解问题更为方便和有效。

作为动力学普遍定理的最后一章，本章特别介绍了动量定理、动量矩定理和动能定理三个普遍定理的综合应用。

10.1　力的功和功率

10.1.1　力的功

设质点系中质点 i 在变力 $\boldsymbol{F}$ 的作用下沿图 10.1 所示的轨迹运动，力 $\boldsymbol{F}$ 在微小弧段上所做的功称为力的元功，记为 δW(因为力的元功只在某些特殊情形下才是功函数 W 的全微分 $\mathrm{d}W$，因而将一般力的元功记为 δW，以区别于 $\mathrm{d}W$)，于是有

$$\delta W = F\cos\theta \mathrm{d}s$$

式中，$\mathrm{d}s$ 为力的作用点沿轨迹的弧长微元。

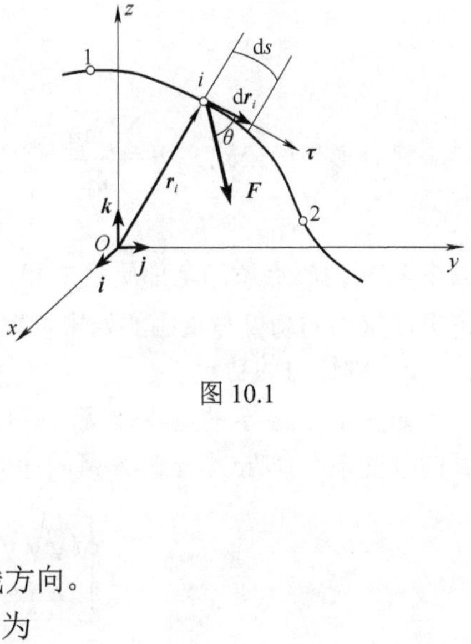

图 10.1

力在全路程上做的功等于元功之和：

$$W = \int_0^s F\cos\theta \mathrm{d}s \tag{10.1}$$

式(10.1)称为用自然法表示的功的计算公式。

因为$|\mathrm{d}\boldsymbol{r}| \approx \mathrm{d}s$，故力的元功可写为

$$\delta W = \boldsymbol{F} \cdot \mathrm{d}\boldsymbol{r}$$

式中，$\mathrm{d}\boldsymbol{r}$ 是力 $\boldsymbol{F}$ 作用点的元位移，沿轨迹在该点的切线方向。

考虑一段路程，力 $\boldsymbol{F}$ 从点 1 到点 2 路程中所做的功为

$$W_{12} = \int_1^2 \delta W = \int_1^2 \boldsymbol{F} \cdot \mathrm{d}\boldsymbol{r} \tag{10.2}$$

式(10.2)称为用矢径法表示的功的计算公式。

在直角坐标系下：

$$\boldsymbol{F} = F_x \boldsymbol{i} + F_y \boldsymbol{j} + F_z \boldsymbol{k}$$

$$\mathrm{d}\boldsymbol{r} = \mathrm{d}x \boldsymbol{i} + \mathrm{d}y \boldsymbol{j} + \mathrm{d}z \boldsymbol{k}$$

式中，$\boldsymbol{i}$、$\boldsymbol{j}$、$\boldsymbol{k}$ 分别为沿 x、y、z 轴的单位矢量。

因此，力 $\boldsymbol{F}$ 在质点 i 从点 1 到点 2 的运动过程中所做的功为

$$W_{12}=\int_1^2 \boldsymbol{F}\cdot \mathrm{d}\boldsymbol{r}=\int_1^2 (F_x\mathrm{d}x+F_y\mathrm{d}y+F_z\mathrm{d}z) \tag{10.3}$$

式(10.3)称为功的**解析表达式**。

可见，力的功是力对作用物体在空间位置改变上的累积效应的量度。功是**代数量**，国际单位为 J(焦耳)，1 J = 1 N·m。

10.1.2　几种常见力的功

下面分别介绍工程中几种常见力的功及其计算方法。

1. 重力的功

设一个质点的质量为 m，沿图 10.2 所示的轨迹从位置 1 运动到位置 2，其重力在直角坐标轴上的投影为

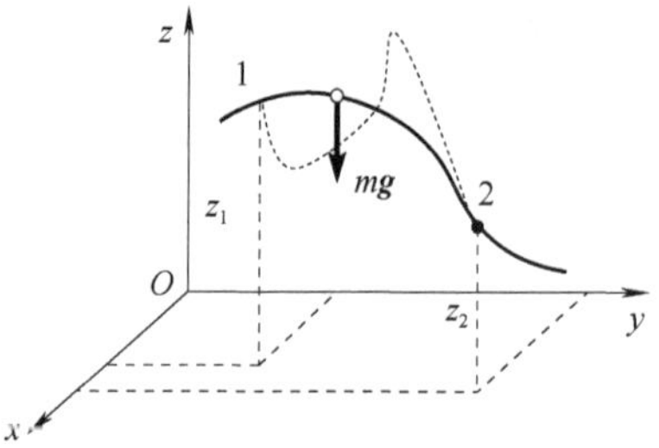

图 10.2

$$F_x=0,\quad F_y=0,\quad F_z=-mg$$

代入功的解析表达式(10.3)，重力的功为

$$\sum W_{12}=\int_{z_1}^{z_2} F_z\mathrm{d}z=mg(z_1-z_2) \tag{10.4}$$

可见，重力的功仅与质点运动始末位置的高度差 (z_1-z_2) 有关，与运动轨迹的形状无关。

对于质点系，设有 n 个质点，第 i 个质点的质量为 m_i，z 轴坐标为 z_i。由式(10.4)可得

$$\sum W_{12}=\sum m_i g\left(z_{i1}-z_{i2}\right)=g\left(\sum m_i z_{i1}-\sum m_i z_{i2}\right)$$

将心形坐标公式 $z_C=\dfrac{\sum m_i z_i}{m}$ 代入上式，得出质点系重力的功为

$$\sum W_{12}=mg\left(z_{C1}-z_{C2}\right) \tag{10.5}$$

式中，m 为质点系的全部质量之和，$(z_{C1}-z_{C2})$ 为运动始末位置质点系重心的高度差。由此可见，重力的功仅与重心的始末位置有关，而与重心走过的路径无关。

2. 弹性力的功

如图 10.3 所示的直线弹簧，原长为 l_0，处于弹性范围内的弹性力 $\boldsymbol{F}=-kx\boldsymbol{i}$，其中 k 为弹簧的刚度系数(N/m)，x 为弹簧的净伸长。

10-1

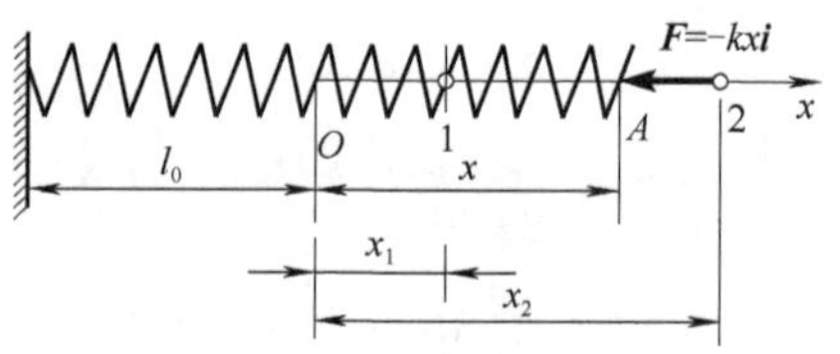

图 10.3

应用式(10.3)，弹性力 $\boldsymbol{F}$ 在其作用点从任意位置 1 运动到另一任意位置 2 的过程中所做的功为

$$W_{12}=\int_{x_1}^{x_2}(-kx)\mathrm{d}x=\frac{1}{2}k(x_1^2-x_2^2) \tag{10.6}$$

式中，x_1 和 x_2 分别为力作用点在位置 1 和位置 2 时弹簧的变形量。可以看出，弹性力做功只

与弹簧在始、末位置的变形量有关，与力作用点的轨迹形状无关。

为方便，可将式(10.6)写成更一般的形式：

$$W_{12}=\frac{1}{2}k(\delta_1^2-\delta_2^2) \tag{10.7}$$

式中，δ_1 和 δ_2 分别为弹性力在初始位置和末位置时弹簧的变形量。

3. 定轴转动刚体上力的功

设作用在定轴转动刚体上 A 点的力为 $\boldsymbol{F}$，如图 10.4 所示。将该力分解为 $\boldsymbol{F}_{\mathrm{t}}$、$\boldsymbol{F}_{\mathrm{n}}$ 和 $\boldsymbol{F}_b$，其中 F_{n} 和 F_b 不做功，而

$$\boldsymbol{F}_{\mathrm{t}}=F\cos\theta$$

当刚体转动时，转角 $\mathrm{d}\varphi$ 与对应弧长 $\mathrm{d}s$ 的关系为

$$\mathrm{d}s=R\mathrm{d}\varphi$$

R 为力作用点 A 到转轴的垂直距离，力 $\boldsymbol{F}$ 的元功为

$$\delta W=\boldsymbol{F}\cdot\mathrm{d}\boldsymbol{r}=F_{\mathrm{t}}\mathrm{d}s=F\cos\theta\cdot R\mathrm{d}\varphi=M_z\mathrm{d}\varphi \tag{10.8}$$

式中，M_z 为力 $\boldsymbol{F}$ 对转轴 z 的矩。

刚体从角 φ_1 位置转动到角 φ_2 位置过程中力 $\boldsymbol{F}$ 做的功为

$$W_{12}=\int_{\varphi_1}^{\varphi_2}M_z\mathrm{d}\varphi \tag{10.9}$$

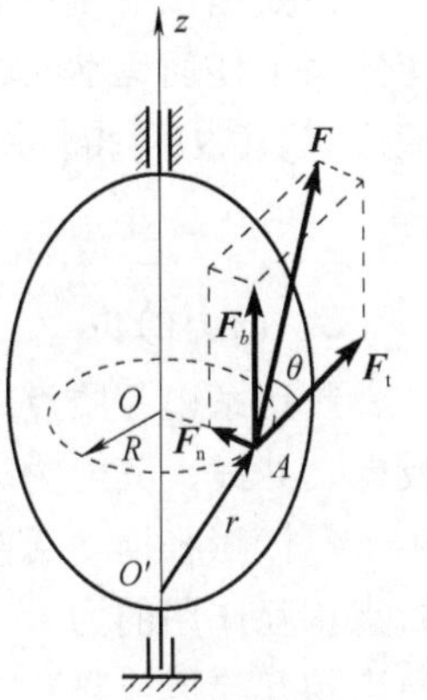

图 10.4

若 M_z 为常数，则有

$$W_{12}=M_z(\varphi_2-\varphi_1) \tag{10.10}$$

M_z 也可视为作用在刚体上的力偶，故定轴转动刚体上力的功等于力对定轴之矩的功或力偶的功。

4. 平面运动刚体上力系的功

如图 10.5 所示的做平面运动的刚体上作用一个力系，根据力系简化理论，该力系向质心 C 的简化结果为：力系主矢 $\boldsymbol{F}_{\mathrm{R}}'$，力系对质心的主矩 M_C。若取刚体的质心 C 为基点，将此平面运动分解为随质心 C 的平动和绕质心 C 的转动。

由第 7 章内容可知，平面运动刚体上任意点 C 的速度为

$$\boldsymbol{v}_i=\boldsymbol{v}_C+\boldsymbol{v}_{iC} \tag{10.11}$$

式中，$\boldsymbol{v}_C$ 为质心速度；$\boldsymbol{v}_{iC}$ 为任一点 i 相对于质心的速度。

式(10.11)两边同乘 $\mathrm{d}t$，得

$$\mathrm{d}\boldsymbol{r}_i=\mathrm{d}\boldsymbol{r}_C+\mathrm{d}\boldsymbol{r}_{iC}$$

则作用在点 i 的力 $\boldsymbol{F}_i$ 的元功为

$$\delta W_i=\boldsymbol{F}_i\cdot\mathrm{d}\boldsymbol{r}_i=\boldsymbol{F}_i\cdot\mathrm{d}\boldsymbol{r}_C+\boldsymbol{F}_i\cdot\mathrm{d}\boldsymbol{r}_{iC}$$

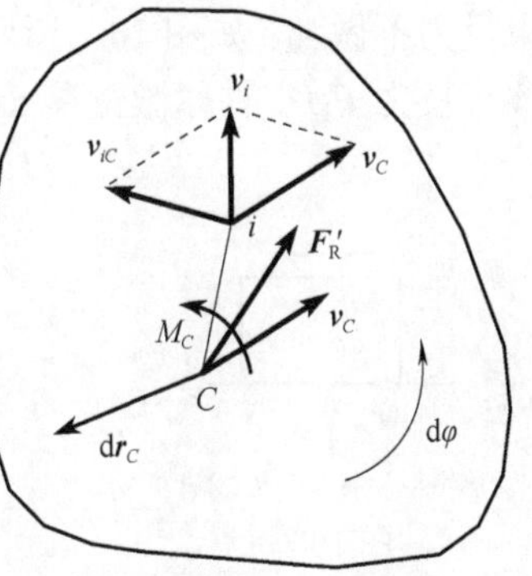

图 10.5

式中，

$$\boldsymbol{F}_i\cdot\mathrm{d}\boldsymbol{r}_{iC}=F_i\cos\theta\cdot M_{iC}\cdot\mathrm{d}\varphi=M_C(\boldsymbol{F}_i)\cdot\mathrm{d}\varphi$$

力系全部力的元功之和为

$$\delta W=\sum\delta W_i=\sum\boldsymbol{F}_i\cdot\mathrm{d}\boldsymbol{r}_C+\sum M_C(\boldsymbol{F}_i)\mathrm{d}\varphi=\boldsymbol{F}_{\mathrm{R}}'\cdot\mathrm{d}\boldsymbol{r}_C+M_C\mathrm{d}\varphi$$

式中，$\mathrm{d}\boldsymbol{r}_C$ 为质心的微小位移；$\mathrm{d}\varphi$ 为刚体的微小转角。

设刚体由位置 1 运动至位置 2 时，质心 C 由 C_1 移到 C_2，同时刚体又由 φ_1 转到 φ_2 角度。应用上式，力系做的功为

$$W_{12}=\int_{C_1}^{C_2}\boldsymbol{F}_{\mathrm{R}}'\,\mathrm{d}\boldsymbol{r}_C+\int_{\varphi_1}^{\varphi_2}M_C\mathrm{d}\varphi \tag{10.12}$$

可见，**平面运动刚体上力系的功，等于刚体上所受各力做功的代数和，也等于力系向质心简化所得的主矢和主矩所做功的代数和。**

需要指出的是：①基点是刚体上任意一点(可以不是质心)时，结论也成立；②上述结论也适用于任何运动的刚体；③特别地，当作用在刚体上的力系构成力偶时(设其力偶矩为 M)，应用式(10.9)可得作用在刚体上力偶的功为

$$W_{12}=\int_{\varphi_1}^{\varphi_2}M\mathrm{d}\varphi \tag{10.13}$$

5. 内力的功

质点系内各质点之间的相互作用力称为内力，内力总是成对出现，等值、反向、共线，其合力为零。在很多情况下内力的功(如内燃机、蒸汽机等，由于气体膨胀推动活塞做功)不等于零。如图 10.6 所示的质点系，A、B 两质点相互作用的力 $\boldsymbol{F}_{AB}$ 和 $\boldsymbol{F}_{BA}$ 是一对内力。虽该对内力的矢量和为零，但两质点相互趋近或离开时，两力所做功之和不为零。

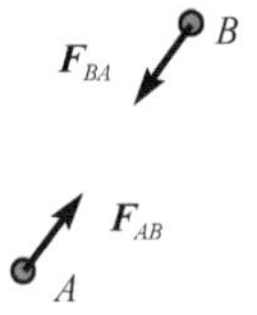

图 10.6

关于内力做功问题，有几点需要注意。

(1) 工程上内力在某些情形下会做功。例如，蒸汽机、内燃机、涡轮机、电动机和发电机等运转时。汽车内燃机气缸内膨胀的气体质点之间的作用力与气体对活塞和气缸的作用力都是内力，这些力做功，会增加汽车的动能。

(2) 刚体内任一对内力做功的和等于零，这是因为刚体上任意两点的距离始终保持不变。不可伸长的柔绳、钢索等所有内力做功的和也等于零，于是可得结论：**刚体中所有内力做功之和等于零。**

6. 理想约束力的功

对于光滑固定面、光滑铰链、固定端等约束等，其约束力都垂直于力作用点的位移，约束反力不做功。如图 10.7 所示的光滑固定面，图 10.8 所示的固定铰链、活动铰链、向心轴承，约束反力 $\boldsymbol{F}_{\mathrm{N}}$ 在物体微位移 $\mathrm{d}\boldsymbol{r}$ 上做功为

$$\delta W_{F_{\mathrm{N}}}=\boldsymbol{F}_{\mathrm{N}}\cdot\mathrm{d}\boldsymbol{r}=0\qquad(\boldsymbol{F}_{\mathrm{N}}\perp\mathrm{d}\boldsymbol{r}) \tag{10.14}$$

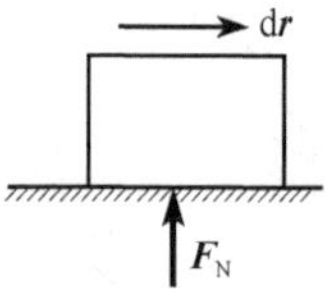

图 10.7

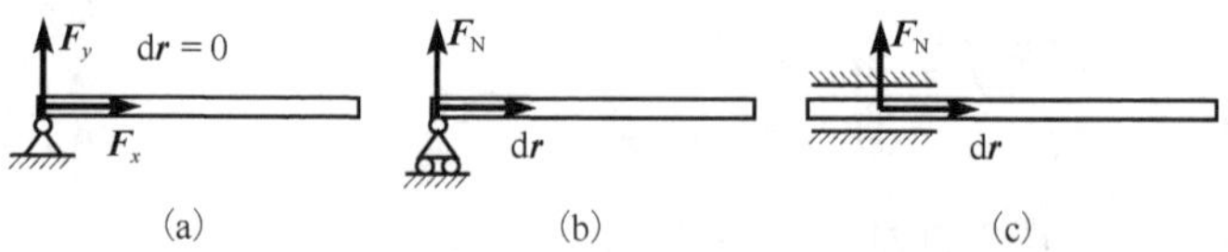

图 10.8

中间铰链、刚性二力杆以及不可伸长的细绳等作为系统内的约束时，如图 10.9 所示，其中单个的约束反力不一定不做功，但一对约束反力做功之和等于零，即

$$\sum\delta W_{F_{\mathrm{N}i}}=\sum\boldsymbol{F}_{\mathrm{N}i}\cdot\mathrm{d}\boldsymbol{r}_i=0$$

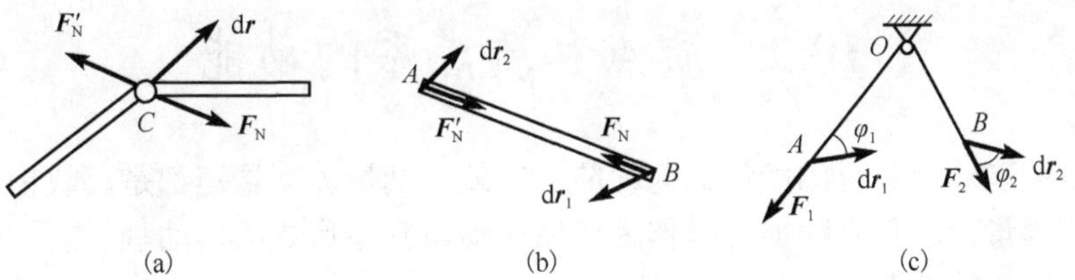

图 10.9

这类约束反力元功或元功之和等于零的约束称为**理想约束**。

需要特别指出的是，一般情况下，滑动摩擦力与物体的相对位移反向，摩擦力做负功，不是理想约束。但是，如图 10.10 所示，物体在固定面上做纯滚动时，接触点 C^*为瞬心，滑动摩擦力 F_s 作用点与固定面无相对运动，滑动摩擦力不做功，固定面约束仍是理想约束。

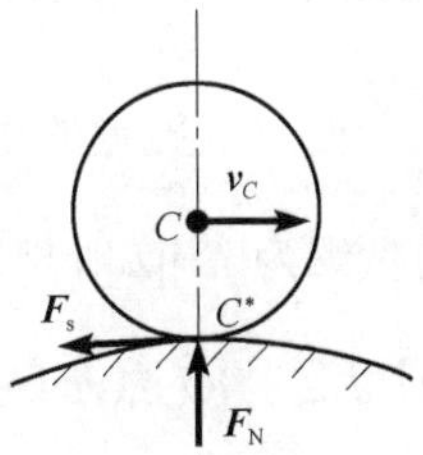

图 10.10

对于理想约束，约束反力的功等于零，因此在动能定理中只计算主动力的功。

10.1.3　功率

在工程实际中，不仅要计算力做的功，还需要计算力做功的快慢，故引入功率的概念。定义：力在单位时间内所做的功称为**该力的功率**，记为 P，即

$$P = \frac{\delta W}{\mathrm{d}t}$$

而

$$\delta W = \boldsymbol{F} \cdot \mathrm{d}\boldsymbol{r}$$

所以

$$P = \frac{\delta W}{\mathrm{d}t} = \boldsymbol{F}\frac{\mathrm{d}\boldsymbol{r}}{\mathrm{d}t} = \boldsymbol{F} \cdot \boldsymbol{v} \tag{10.15}$$

式中，$\boldsymbol{r}$、$\boldsymbol{v}$ 分别为力 $\boldsymbol{F}$ 作用点的位置矢径和速度。该式表明，力的功率等于力与其作用点速度的点积。

对于转动刚体，作用力为力偶或力矩时，刚体转过 $\mathrm{d}\varphi$ 时，元功为

$$\delta W = M\mathrm{d}\varphi$$

所以功率为

$$P = \frac{\delta W}{\mathrm{d}t} = M\frac{\mathrm{d}\varphi}{\mathrm{d}t} = M\omega \tag{10.16}$$

式中，φ、ω 分别为转动刚体的转角和角速度。该式表明，力偶或力矩的功等于该力偶的力偶矩或力矩与其作用平面角速度的乘积。

功率的单位为 W(瓦特)或 kW(千瓦)，有

$$1\mathrm{W}=1\ \mathrm{J/s}=1(\mathrm{N\cdot m})/\mathrm{s}$$

10.2　质点和质点系的动能

物体做机械运动而具有的能量称为**动能**。动能、动量、动量矩都是反映物体机械运动动力学特征的物理量，但只有动能可以作为机械运动与其他形式的运动(如热、电、声、光等)之间进行能量转化的度量。

10.2.1　质点的动能

设一个质点的质量为 m，速度为 $\boldsymbol{v}$，则该质点的动能定义为 $\frac{1}{2}mv^2$，动能为正标量，动能的量纲为 $[M][L]^2[T]^{-2}$，国际单位为 J(焦耳)。

10.2.2　质点系的动能

质点系的动能为系统内所有质点的动能之和，用 T 表示，即

$$T=\sum\frac{1}{2}m_i v_i^2 \tag{10.17}$$

质点系动能也是正标量，只取决于各质点的质量和速度大小，而与速度方向无关。

刚体是由无数质点组成的质点系，各个质点间的距离保持不变，各质点的速度间存在一定的关系。因此，可以根据刚体的运动导出动能计算公式，运动形式不同的刚体，其动能表达式也不同。

1. 刚体平动时的动能

刚体做平动时，其上各点在同一瞬时的速度相同，可以都用质心速度 $\boldsymbol{v}_C$ 表示。因此，平动刚体的动能为

$$T=\sum\frac{1}{2}m_i v_i^2=\frac{1}{2}\left(\sum m_i\right)v_C^2=\frac{1}{2}mv_C^2 \tag{10.18}$$

式中，$m=\sum m_i$，是刚体的质量。该式表明，平动刚体的动能相当于将刚体质量集中于质心时质心的动能。**刚体的平动动能等于刚体质量与质心速度平方乘积的一半。**

2. 刚体绕定轴转动时的动能

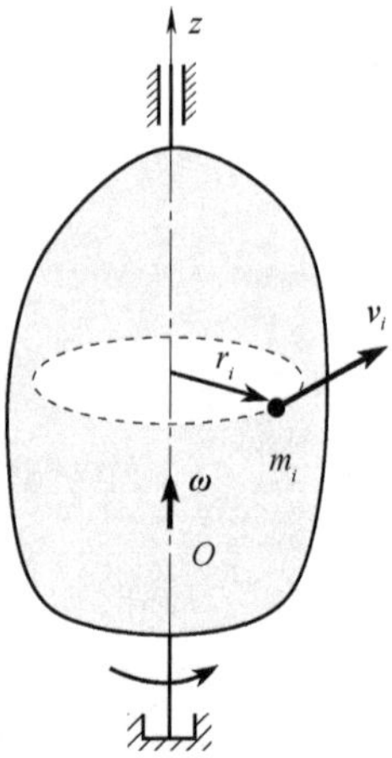

图 10.11

当刚体绕定轴 z 转动时，如图 10.11 所示，其中任一点 m_i 的速度为

$$v_i=\omega r_i$$

式中，ω 是刚体的角速度；r_i 是质点 m_i 到转轴的垂直距离。于是绕定轴转动的刚体的动能为

$$T=\sum\frac{1}{2}m_i v_i^2=\sum\left(\frac{1}{2}m_i r_i^2\omega^2\right)=\frac{1}{2}\omega^2\sum m_i r_i^2$$

而 $\sum m_i r_i^2=J_z$，是刚体对 z 轴的转动惯量，所以

$$T=\frac{1}{2}J_z\omega^2 \tag{10.19}$$

即，**绕定轴转动刚体的动能等于刚体对定轴的转动惯量与角速度平方乘积的一半。**

3. 刚体做平面运动时的动能

设平面运动刚体的转动角速度为 ω，取刚体质心所在的平面图形如图 10.12 所示，刚体的速度瞬心为 C'，于是刚体平面运动的动能为

$$T=\frac{1}{2}J_{C'}\omega^2 \tag{10.20}$$

式中，$J_{C'}$ 为刚体对垂直于平面图形过瞬心 C' 的瞬时轴的转动惯量。

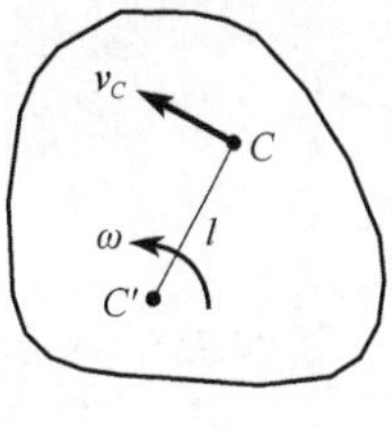

图 10.12

因瞬心不断变化，$J_{C'}$ 也随之不断变化，按式(10.20)计算时很不方便，但可导出更方便应用的形式。

设刚体质心到瞬心的距离为 l，由转动惯量平行轴定理：

$$J_{C'}=J_C+ml^2$$

式中，J_C 为对于质心 C 的转动惯量；m 为刚体质量；l 为质心到瞬心的距离。于是有

$$T=\frac{1}{2}J_{C'}\omega^2=\frac{1}{2}(J_C+ml^2)\omega^2=\frac{1}{2}J_C\omega^2+\frac{1}{2}m(l\omega)^2$$

因 $l\omega=v_C$，故有

$$T=\frac{1}{2}mv_C^2+\frac{1}{2}J_C\omega^2 \tag{10.21}$$

即，**做平面运动的刚体的动能等于随质心平动的动能与绕质心转动的动能之和**，该结论也适用于刚体的任意运动。

例如，一个车轮(若质量主要分布在边缘，可简化为一个圆环)在地面上做纯滚动，如图 10.13 所示。若轮心做直线运动，速度为 v_C，车轮质量为 m，半径为 R，则车轮的动能为

$$T=\frac{1}{2}mv_C^2+\frac{1}{2}J_C\omega^2=\frac{1}{2}mv_C^2+\frac{1}{2}mR^2\left(\frac{v_C}{R}\right)^2=mv_C^2$$

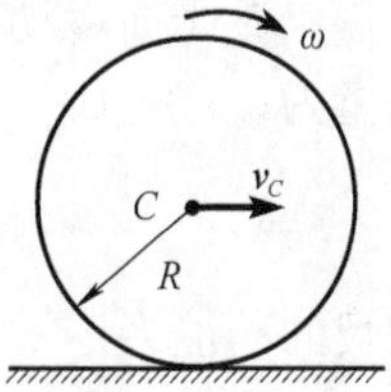

图 10.13

如果是一个均质圆盘在地面上做纯滚动，则圆盘的动能为

$$T=\frac{1}{2}mv_C^2+\frac{1}{2}\times\frac{1}{2}mR^2\left(\frac{v_C}{R}\right)^2=\frac{3}{4}mv_C^2$$

【例 10.1】 求图 10.14 所示椭圆规的动能，其中 OC、AB 为均质细杆，质量分别为 m 和 $2m$，长度分别为 a 和 $2a$，滑块 A 和 B 的质量均为 m，曲柄 OC 的角速度为 ω，$\varphi=60°$。

解： 椭圆规机构中，滑块 A 和 B 做平动，曲柄 OC 做定轴转动，规尺 AB 做平面运动，O_1 为速度瞬心。可根据运动情况分别求各物体的动能，加起来即为系统动能。

(1) 滑块动能。

先求规尺 AB 的角速度，因

$$v_C=\overline{O_1C}\times\omega_{AB}=\overline{OC}\times\omega$$

故有

$$\omega_{AB}=\omega$$

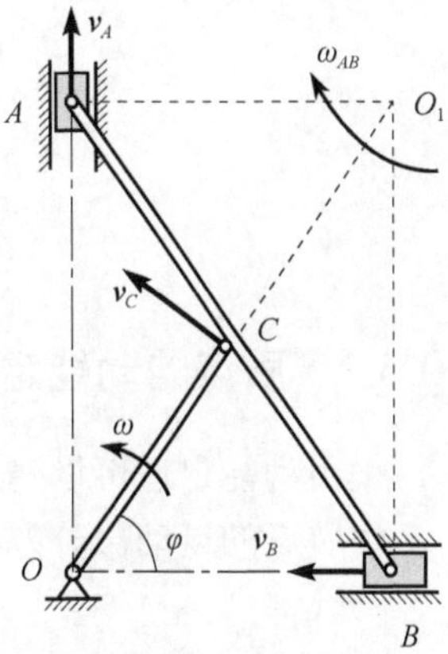

图 10.14

又因

$$v_A = \overline{O_1A} \times \omega_{AB} = 2a\cos\varphi\omega = a\omega$$

则滑块 A 的动能为

$$T_A = \frac{1}{2}m_A v_A^2 = \frac{1}{2}ma^2\omega^2$$

滑块 B 的速度为

$$v_B = \overline{O_1B} \times \omega_{AB} = 2a\sin\varphi\omega = \sqrt{3}a\omega$$

则滑块 B 的动能为

$$T_B = \frac{1}{2}m_B v_B^2 = \frac{3}{2}ma^2\omega^2$$

(2) 曲柄 OC 的动能。

因有

$$J_O = \frac{1}{3}m_{OC}a^2 = \frac{1}{3}ma^2$$

则曲柄 OC 的动能为

$$T_{OC} = \frac{1}{2}J_O\omega^2 = \frac{1}{6}ma^2\omega^2$$

(3) 规尺的动能。

规尺做平面运动，瞬心位置已知，可用绕速度瞬心转动的公式求动能。规尺对瞬心的转动惯量为

$$J_{O1} = J_C + m_{AB}\overline{O_1C^2} = \frac{1}{12}\times 2m(2a)^2 + 2ma^2 = \frac{8}{3}ma^2$$

则规尺的动能为

$$T_{AB} = \frac{1}{2}J_{O1}\omega_{AB}^2 = \frac{4}{3}ma^2\omega^2$$

综上，系统的总动能为

$$\begin{aligned} T &= T_A + T_B + T_{OC} + T_{AB} \\ &= \frac{1}{2}ma^2\omega^2 + \frac{3}{2}ma^2\omega^2 + \frac{1}{6}ma^2\omega^2 + \frac{4}{3}J_{O1}\omega_{AB}^2 = \frac{7}{2}ma^2\omega^2 \end{aligned}$$

10.3　动能定理论证及应用

10.3.1　质点的动能定理

采用动能定理可以建立物体动能的变化与作用于物体上的力的功之间的关系。

由质点的运动微分方程：

$$m\frac{\mathrm{d}\boldsymbol{v}}{\mathrm{d}t} = \boldsymbol{F}$$

上式两端点乘 $\mathrm{d}\boldsymbol{r}$，得

$$m\frac{\mathrm{d}\boldsymbol{v}}{\mathrm{d}t}\cdot\mathrm{d}\boldsymbol{r} = \boldsymbol{F}\cdot\mathrm{d}\boldsymbol{r}$$

因 $\mathrm{d}\boldsymbol{r} = \boldsymbol{v}\mathrm{d}t$ ，可得

$$m\boldsymbol{v} \cdot \mathrm{d}\boldsymbol{v} = \boldsymbol{F} \cdot \mathrm{d}\boldsymbol{r}$$

而 $2\boldsymbol{v}\mathrm{d}\boldsymbol{v} = \mathrm{d}(\boldsymbol{v} \cdot \boldsymbol{v})$， $\delta W = \boldsymbol{F} \cdot \mathrm{d}\boldsymbol{r}$ ，可得

$$\mathrm{d}\left(\frac{1}{2}mv^2\right) = \delta W \tag{10.22}$$

式(10.22)称为质点动能定理的**微分形式**，表明质点动能的增量等于作用在质点上合力的元功。

考虑经过一段路程后，质点速度从 $\boldsymbol{v}_1$ 变化为 $\boldsymbol{v}_2$ ，可对微分式两端积分，得到质点动能定理的积分形式：

$$\int_{v_1}^{v_2} \mathrm{d}\left(\frac{1}{2}mv^2\right) = W_{12}$$

或

$$\frac{1}{2}mv_2^2 - \frac{1}{2}mv_1^2 = W_{12} \tag{10.23}$$

式(10.23)称为质点动能定理的**积分形式**，表明在质点运动的某个过程中，质点动能的改变量等于作用于质点上的合力所做的功。**力做正功，质点动能增加，力做负功，质点动能减小。**

【例 10.2】 质量为 m 的物块，自高处无转动地自由落下，落到下面有弹簧支持的板上，如图 10.15 所示。设板和弹簧的质量都可忽略不计，弹簧的刚性系数为 k，求弹簧的最大压缩量。

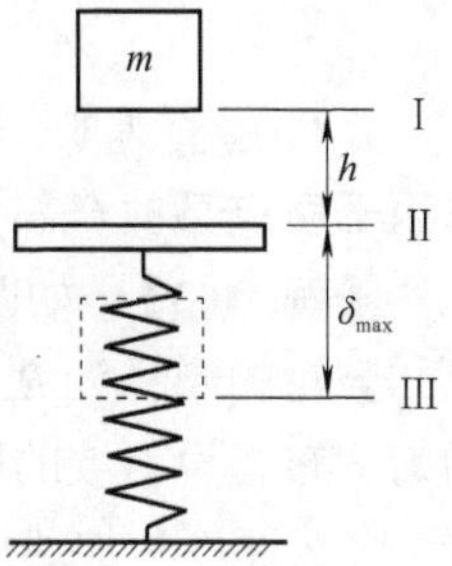

图 10.15

解：取物块为研究对象。设物块初位置为 I，与板接触位置为 II，运动结束时的末位置为 III，此时物块速度降为零，弹簧的压缩量最大，记为$\delta_{\max}$。物块运动过程中，重力做功，物块与板接触后，弹簧被压缩，弹性力做功。

物块初位置和末位置的动能为

$$T_1 = T_2 = 0$$

在该过程中，外力的功为

$$W_{12} = mg(z_1 - z_2) + \frac{k}{2}(\delta_1^2 - \delta_2^2) = mg(h + \delta_{\max}) - \frac{k}{2}\delta_{\max}^2$$

物块做平动，可视为质点，应用质点动能定理，由式(10.22)可得

$$0 - 0 = mg(h + \delta_{\max}) - \frac{k}{2}\delta_{\max}^2$$

10-2

求得

$$\delta_{\max} = \frac{mg}{k} + \frac{1}{k}\sqrt{mg(mg + 2kh)}$$

本例中，也可把质点的运动分为 I-II、II-III 两段，分别应用动能定理求解，结果相同，请同学们自己尝试。

质点在运动过程中的动能是变化的，但在应用动能定理时不必考虑动能在始、末位置之间是如何变化的。

10.3.2　质点系的动能定理

设质点系由 n 个质点组成，第 i 个质点的质量为 m_i，速度为 $\boldsymbol{v}_i$，根据质点的动能定理的微分形式，有

$$\mathrm{d}\left(\frac{1}{2}m_i v_i^2\right)=\delta W_i$$

对于质点系，将上式求和，得

$$\sum \mathrm{d}\left(\frac{1}{2}m_i v_i^2\right)=\sum \delta W_i$$

交换求和与微分运算符号，得

$$\mathrm{d}\sum\left(\frac{1}{2}m_i v_i^2\right)=\sum \delta W_i$$

即

$$\mathrm{d}T=\sum \delta W_i \tag{10.24}$$

式(10.24)称为**质点系动能定理的**微分形式，表明质点系动能的增量等于作用于质点系上**全部力所做的元功的和**。

考虑一段路程时，可对式(10.18)积分，得到质点系动能定理的积分形式：

$$T_2-T_1=W_{12} \tag{10.25}$$

式(10.25)表明，质点系在某一段运动过程中，**起始位置和终止位置的动能改变量，等于作用于质点系的全部力在这段路程中所做功的代数和。**

【例 10.3】　如图 10.16(a)所示的卷扬机，鼓轮在常力偶 M 的作用下将圆柱沿斜坡上拉。已知鼓轮的半径为 R_1，质量为 m_1，质量分布在轮缘上；圆柱的半径为 R_2，质量为 m_2，质量均匀分布。设斜坡的倾角为 θ，圆柱只滚不滑。系统从静止开始运动，求圆柱中心 C 经过路程 s 时的速度和加速度。

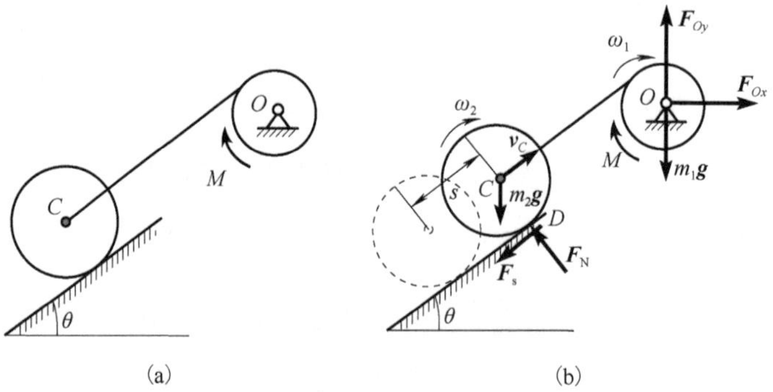

图 10.16

解：系统运动过程中，鼓轮做定轴转动，圆柱做平面运动。取整体为研究对象，受力和速度分析如图 10.16(b)所示。由题意，系统始、末状态明确，要求速度和加速度，可用动能定理的积分式求解。

(1) 求圆柱中心 C 的速度 $\boldsymbol{v}_C$。

初瞬时系统静止，动能为

$$T_1=0 \tag{a}$$

末瞬时，系统的动能为

$$T_2=\frac{1}{2}J_1\omega_1^2+\frac{1}{2}m_2v_C^2+\frac{1}{2}J_C\omega_2^2$$

式中，J_1、J_C 分别为鼓轮对于中心轴 O、圆柱对于过质心 C 的轴的转动惯量；ω_1、ω_2 分别为鼓轮和圆柱的角速度。

而

$$J_1=m_1R_1^2,\quad J_C=\frac{1}{2}m_2R_2^2$$

且由运动学关系可知：

$$\omega_1=\frac{v_C}{R_1},\quad \omega_2=\frac{v_C}{R_2}$$

则系统在末瞬时的动能为

$$T_2=\frac{v_C^2}{4}(2m_1+3m_2) \tag{b}$$

该运动过程中，点 O 无位移，力 $\boldsymbol{F}_{Ox}$、$\boldsymbol{F}_{Oy}$、$m_1\boldsymbol{g}$ 所做的功等于零；圆柱只滚不滑，作用于瞬心 D 的力 $\boldsymbol{F}_{\mathrm{N}}$、$\boldsymbol{F}_{\mathrm{s}}$ 不做功，即约束反力均不做功。因此，主动力所做的功为

$$W_{12}=\sum W=M\varphi-m_2g\sin\theta s \tag{c}$$

由动能定理的积分形式：

$$T_2-T_1=W_{12}$$

将式(a)、式(b)和式(c)代入，可得

$$\frac{v_C^2}{4}(2m_1+3m_2)=M\varphi-m_2g\sin\theta s \tag{d}$$

将 $\varphi=\dfrac{s}{R_1}$ 代入式(d)，解得

$$v_C=2\sqrt{\frac{(M-m_2gR_1\sin\theta)s}{R_1(2m_1+3m_2)}}$$

(2) 求圆柱中心 C 的加速度 $\boldsymbol{a}_C$。

假设圆柱中心 C 经过的路程 s 是时间 t 的函数，对式(d)两端求导，有

$$\frac{1}{4}(2m_1+3m_2)\times 2v_C\frac{\mathrm{d}v_C}{\mathrm{d}t}=\left(\frac{M}{R_1}-m_2g\sin\theta\right)\frac{\mathrm{d}s}{\mathrm{d}t}$$

因

$$\frac{\mathrm{d}v_C}{\mathrm{d}t}=a_C,\quad \frac{\mathrm{d}s}{\mathrm{d}t}=v_C$$

故圆柱中心 C 的加速度 a_C 为

$$a_C=\sqrt{\frac{2(M-m_2gR_1\sin\theta)}{R_1(2m_1+3m_2)}}$$

【例 10.4】　在如图 10.17(a)所示的弹簧振子机构中，已知均质圆盘的质量为 m、半径为 r，可沿水平面做纯滚动。刚性系数为 k 的弹簧一端固定于 B，另一端与圆盘中心 C 相连。圆盘做自由振动，当某个时刻，圆盘运动到图 10.17(a)所示的位置时，弹簧处于初始状态，无伸长量，此时圆盘角速度为 ω。试求圆盘向右运动到达最右位置时，弹簧的伸长量。

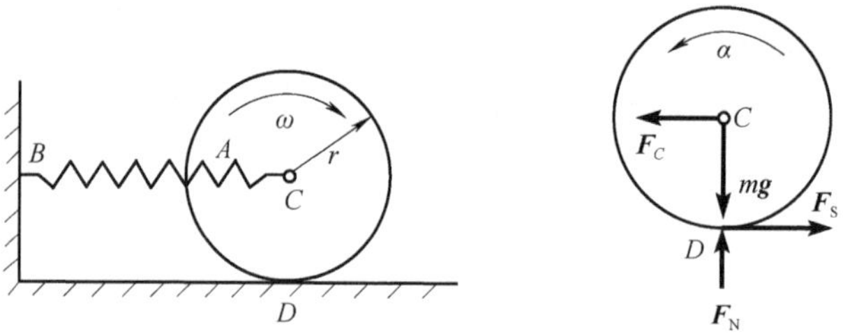

（a）　　（b）

图 10.17

解：取圆盘为研究对象。圆盘做平面运动，到达最右位置时，其受力和速度分析如图 10.17(b)所示。由题意，系统始、末状态明确，外力做功清楚，故可用动能定理的积分式求解。设圆盘到达最右位置时，弹簧的伸长量为δ，则运动开始时，圆盘的动能为

$$T_1 = \frac{1}{2}J_C\omega^2 + \frac{1}{2}mv_C = \frac{3}{4}mr^2\omega^2 \tag{a}$$

式中，$J_C = \frac{1}{2}mr^2; v_C = r\omega$。

圆盘到达最右位置时，角速度和速度为零，动能为

$$T_2 = 0 \tag{b}$$

该运动过程中，圆盘沿水平面做纯滚动，D 处为理想约束，约束反力 $\boldsymbol{F}_N$、$\boldsymbol{F}_s$ 不做功，重力不做功，做功的主动力只有弹性力 F_C，F_C 做功为

$$W_{12} = \frac{1}{2}k(\delta_1^2 - \delta_2^2) = -\frac{1}{2}k\delta^2 \tag{c}$$

由动能定理的积分形式：

$$T_2 - T_1 = W_{12} \tag{d}$$

将式(a)～式(c)代入式(d)可得

$$0 - \frac{3}{4}mr^2\omega^2 = -\frac{1}{2}k\delta^2$$

解得

$$\delta = \sqrt{\frac{3m}{2k}}r\omega$$

本例中若还要求圆盘到达最右位置时的角加速度 α 及圆盘与水平面间的摩擦力，又如何进行分析计算呢？请同学们思考。

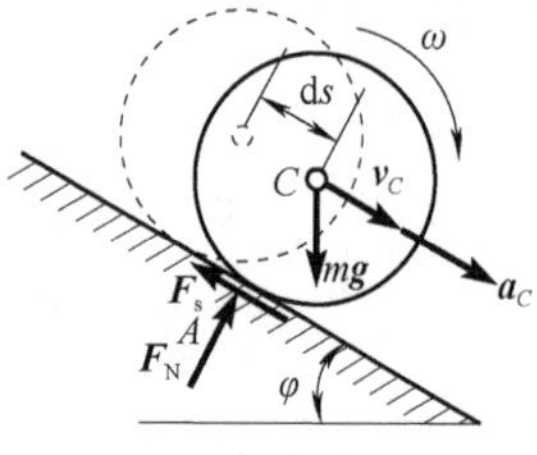

图 10.18

【例 10.5】　如图 10.18 所示的均质圆盘，质量为 m，半径为 R，斜面倾角为 φ。求该均质圆盘纯滚动时圆盘中心 C 的加速度。

解：取圆盘为研究对象。圆盘做平面运动，中心 C 沿斜面向下产生位移 ds 时的受力和运动分析如图 10.18 所示。假设圆盘中心 C 的速度为$\boldsymbol{v}_C$，加速度为$\boldsymbol{a}_C$。该瞬时圆盘的动能为

$$T = \frac{1}{2}J_C\omega^2 + \frac{1}{2}mv_C = \frac{3}{4}mv_C^2 \tag{a}$$

A 处为理想约束，约束反力做功为零，主动力的元功为

$$\sum \delta W = mg\sin\varphi \mathrm{d}s \tag{b}$$

由动能定理微分式(10.18)可得

$$\mathrm{d}T = \sum \delta W_i \tag{c}$$

故有

$$\mathrm{d}\left(\frac{3}{4}mv_C^2\right) = mg\sin\varphi\mathrm{d}s \tag{d}$$

对式(d)两边除以 dt，有

$$\frac{\mathrm{d}}{\mathrm{d}t}\left(\frac{3}{4}mv_C^2\right) = mg\sin\varphi\frac{\mathrm{d}s}{\mathrm{d}t}$$

求导可得

$$\frac{3}{4}m \times 2v_C\frac{\mathrm{d}v_C}{\mathrm{d}t} = mg\sin\varphi v_C \tag{e}$$

因有

$$\frac{\mathrm{d}v_C}{\mathrm{d}t} = a_C \quad , \quad \frac{\mathrm{d}s}{\mathrm{d}t} = v_C \tag{f}$$

故将式(f)代入式(e)，解得圆盘中心 C 的加速度为

$$a_C = \frac{2}{3}g\sin\varphi$$

$\boldsymbol{a}_C$ 的方向如图 10.18 所示。

应用动能定理求解动力学问题时，需注意以下几个问题。

(1)对于具有理想约束的刚体系统，由于约束反力不做功，在应用动能定理时，只需考虑对系统做功的主动力。

(2)一般来说，动能的增加只与系统在始末位置的运动状态(速度、角速度)有关，而与运动过程无关。但力的功则是指力在整个过程中的作用效应的总和，因此应计算力在整个运动过程中所做的功。

(3)由动能定理求出系统的速度或角速度以后，再利用其对时间 t 的导数求加速度和角加速度时，其动能和力的功的表达式应为任意位置参数的函数形式。

(4)在计算质点、质点系的动能时，$\boldsymbol{v}$ 应为相对于惯性参考系的绝对速度。

10.3.3 功率方程和机械效率

1. 功率方程

为了研究质点系上作用力的功率与质点系动能变化之间的关系，将质点系动能定理的微分形式(10.18)两端除 dt，得

$$\frac{\mathrm{d}T}{\mathrm{d}t} = \sum \frac{\delta W_i}{\mathrm{d}t} = \sum P_i \tag{10.26}$$

即质点系的动能对时间的一阶导数等于作用在质点系上的所有力的功率的代数和。此式可以表明质点系动能的变化率与功率之间的关系，称为功率方程。

功率方程可用来求解与加速度有关的动力学问题以及研究机械系统(例如机器)在工作时能量的变化和转化问题。一般情况下，机器在工作时，必须输入一定的功率。例如，机床在接通电源后，电场对电机转子做正功，使转子转动，同时使电能转化为动能，而电场力的功率称为**输入功率**。转子转动后，通过传动机构(如皮带、齿轮等)传递输入功率。在功率传递

的过程中，由于机构的零件与零件之间存在摩擦，一部分机械能转化为热能，因而损失部分功率，同时，传动系统中的零件相互碰撞，也会损失部分功率。这些功率都取负值，称为**无用功率**或损耗功率。机床加工工件时的切削阻力也会消耗能量，但这是机床加工工件时必须损耗的功率，称为**有用功率**或输出功率。

由于所有机器的功率一般都可分为上述三部分，式(10.26)便可写为

$$\frac{\mathrm{d}T}{\mathrm{d}t}=P_{输入}-P_{有用}-P_{无用} \tag{10.27}$$

或

$$P_{输入}=P_{有用}+P_{无用}+\frac{\mathrm{d}T}{\mathrm{d}t} \tag{10.28}$$

式(10.28)也称为机器的功率方程。它表明，机器的输入功率消耗于三部分：$P_{有用}$ **为克服有效阻力消耗的功率，**$P_{无用}$ **为由于摩擦、冲击、噪声等消耗的功率，**$\frac{\mathrm{d}T}{\mathrm{d}t}$ **为机器运转动能的改变。**

利用式(10.27)可以研究一部机器的工作状态，机器的运转过程一般可分为启动、稳态运转和停机三个阶段。

(1) 启动阶段，各构件由静止开始加速，则 $\frac{\mathrm{d}T}{\mathrm{d}t}>0$，此时要求 $P_{输入}>P_{有用}+P_{无用}$。

(2) 稳态运转阶段，机器的动能恒定，即 $\frac{\mathrm{d}T}{\mathrm{d}t}=0$，此时机器的平均功率应满足 $P_{输入}=P_{有用}+P_{无用}$。

(3) 停机阶段，$P_{输入}=0$，因为 $P_{有用}=0$，$\frac{\mathrm{d}T}{\mathrm{d}t}<0$，所以机器的已有动能完全被无用阻力所消耗，机器逐渐停止运转。

2. 机械效率

由前面的讨论可知，任何机器输出的有用功率 $P_{有用}$ 总是小于其输入功率 $P_{输入}$，即 $P_{有用}<P_{输入}$。在工程中，把机器的有用输出功率(包括克服有用阻力的功率和使系统动能改变的功率)与输入功率的百分比称为机器的**机械效率**，用 η 表示，即

$$\eta=\frac{P_{有用}}{P_{输入}}\times 100\% \tag{10.29}$$

机械效率 η 表示的是机器对输入功率的有效利用程度，它是评价机器质量优劣的一个重要标志，需要指出的是：①一般情况下，$\eta<1$；②对于多级传动的系统，总效率等于各级效率的乘积，即 $\eta=\eta_1\times\eta_2\times\cdots\times\eta_n$。

【例 10.6】 传动轮由电动机带动。电动机和传动轮用皮带相连接，如图 10.19 所示。在电动机轴上作用有一个转矩 M。电机轴和固定在其上的皮带轮对轴的转动惯量为 J_1，传动轮的转动惯量为 J_2。电机上皮带轮的半径为 r_1，电机皮带轮与传动轮的传动比为 i，皮带质量为 m。轴承的摩擦可忽略不计，试求电机轴的角加速度。

解：以系统为研究对象，电机和传动轮均做定轴转动，皮带不可伸长，各点速度相等。动能和力的功的表达式可表现为任意位置参数的形式，可应用功率方程得到角加速度。

先求解任意时刻系统的动能 T。若 ω_1、ω_2 和 v 分别为轮 1、轮 2 的角速度和皮带的速度，则系统动能为

$$T=\frac{1}{2}J_1\omega_1^2+\frac{1}{2}J_2\omega_2^2+\frac{1}{2}mv^2 \tag{a}$$

若 α_1、α_2 与 r_1、r_2 分别为轮 1、轮 2 的角加速度与半径，由轮 1 与轮 2 之间传动比的关系，得

$$i=\frac{\omega_1}{\omega_2}=\frac{\alpha_1}{\alpha_2}=\frac{r_2}{r_1},\quad v=r_1\omega_1=r_2\omega_2$$

代入式(a)，则系统在任意瞬时的动能用 ω_1 表示为

$$T=\frac{1}{2}\left(J_1+\frac{J_2}{i^2}+mr_1^2\right)\omega_1^2 \tag{b}$$

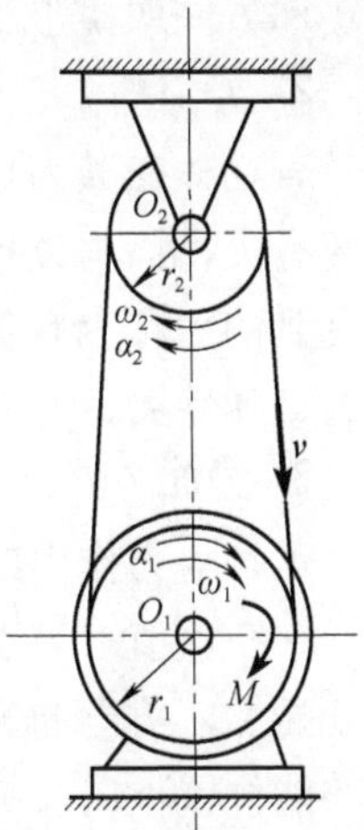

图 10.19

轴承及皮带均为理想约束，只有主动力偶 M 做功，假设在任意瞬时，轮 1 转角产生一个增量 $\mathrm{d}\varphi$，其元功为

$$\sum\delta W_i=M\mathrm{d}\varphi \tag{c}$$

由功率方程式(10.26)可得

$$\frac{\mathrm{d}T}{\mathrm{d}t}=\sum\frac{\delta W_i}{\mathrm{d}t}=\sum P_i \tag{d}$$

将式(b)、式(c)代入式(d)，得

$$\frac{1}{2}\left(J_1+\frac{J_2}{i^2}+mr_1^2\right)\frac{\mathrm{d}}{\mathrm{d}t}\omega_1^2=M\frac{\mathrm{d}\varphi}{\mathrm{d}t}$$

有

$$\frac{1}{2}\left(J_1+\frac{J_2}{i^2}+mr_1^2\right)\cdot 2\omega_1\alpha_1=M\omega_1 \tag{e}$$

由此解得电机轴的角加速度为

$$\alpha_1=\frac{M}{J_1+\dfrac{J_2}{i^2}+mr_1^2}$$

10.4 势力场、势能和机械能守恒定律

10.4.1 力场、势力场和势能

1. 力场

若一物体在某空间任一位置都受到一个大小和方向完全由所在位置确定的力作用，则这部分空间称为**力场**。例如，物体在地球表面的任何位置都要受到一个确定的重力的作用，称地球表面的空间为重力场；星球在太阳周围的任何位置都要受到太阳的引力的作用，引力的

大小和方向取决于星球相对于太阳的位置，太阳周围的空间称为太阳引力场。

2. 势力场

若物体在某力场内运动，作用于物体的力在有限路程上所做的功仅与力作用点的始、末位置有关，而与该点的轨迹形状无关，则这种力场称为**势力场**或**保守力场**。在势力场中，物体受到的力称为**有势力**或**保守力**，如重力场、弹性力场、万有引力场等都是势力场，相应的重力、弹性力、万有引力等均属于有势力。

3. 势能

受有势力作用的质点系在某一位置的**势能**是指系统在这一位置所具有的对外界做功的能力，它在数值上等于系统从这一位置回到**零势能位置**时，其上所有有势力所做功的总和。

显然，势能的大小与正负都是相对于零势能位置而言的。零势能位置的选取是任意的，零势能位置不同，势力场中同一位置的势能也不同。零势能位置一旦选定，势能便是有势力作用点位置的单值函数，以 V 表示，则 $V=V(x,y,z)$。

从物理学可知，有势力做功，其势能相应降低或增加。有势力的元功等于其势能的全微分并具有相反的正负号，即

$$\mathrm{d}W=-\mathrm{d}V \tag{10.30}$$

对式(10.30)积分，得

$$W_{12}=V_1-V_2 \tag{10.31}$$

式(10.31)表明，有势力作用点从初位置 1 运动到末位置 2 时，该力所做的功等于其始、末位置的势能之差。

4. 几种常见的势能

1）重力场中的势能

在重力场中，设坐标轴如图 10.20 所示。取 A_0 为零势能位置，则质量为 m 的质点在位置 A 的势能为

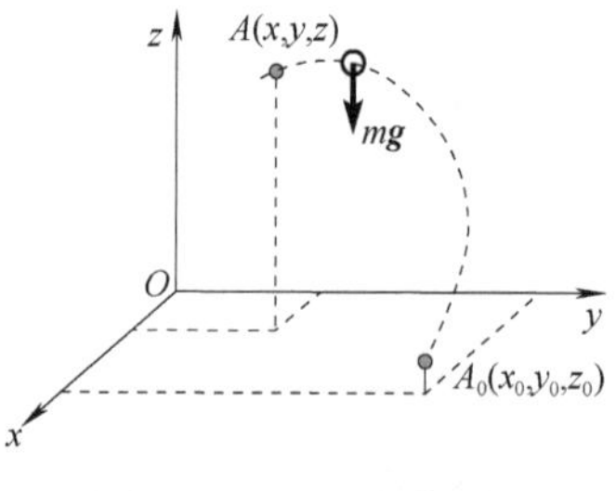

图 10.20

$$V=\int_z^{z_0}(-mg)\mathrm{d}z=mg(z-z_0) \tag{10.32}$$

若重力场中质点系的总质量为 M，零势能位置为 A_0，由式(10.5)及式(10.30)可得，在质心位置 A 的势能为

$$V=Mg(z-z_0) \tag{10.33}$$

2）弹性势能

弹性体发生变形后，产生弹性内力，这种力具有对外界做功的潜在能力，称为弹性势能或弹性应变能。这里只介绍直线弹簧元件的弹性势能，关于一般杆件的弹性势能将在《材料力学》中介绍。

设零势能位置弹簧的变形量为 δ_0，任意位置的变形量为 δ，则由式(10.7)及式(10.30)，弹性势能为

$$V=\int_\delta^{\delta_0}(-kx)\mathrm{d}x=\frac{1}{2}k(\delta^2-\delta_0^2) \tag{10.34}$$

式中，k 为弹簧的刚度系数。

3）万有引力场中的势能

设质量为 m 的质点受到质量为 M 物体的万有引力 $\boldsymbol{F}$ 作用，如图 10.21 所示。取点 A_0 为零势能点，则质点在点 A 的势能为

$$V=\int_A^{A_0}\boldsymbol{F}\cdot\mathrm{d}\boldsymbol{r}=\int_A^{A_0}\frac{fmM}{r^2}\boldsymbol{r}_0\cdot\mathrm{d}\boldsymbol{r}$$

式中，f 为引力常数；$\boldsymbol{r}_0$ 是质点矢径方向的单位矢；$\boldsymbol{r}_0\cdot\mathrm{d}\boldsymbol{r}$ 为矢径增量 $\mathrm{d}\boldsymbol{r}$ 在矢径方向的投影，它等于矢径长度的增量 $\mathrm{d}r$，即 $\boldsymbol{r}_0\cdot\mathrm{d}\boldsymbol{r}=\mathrm{d}r$。

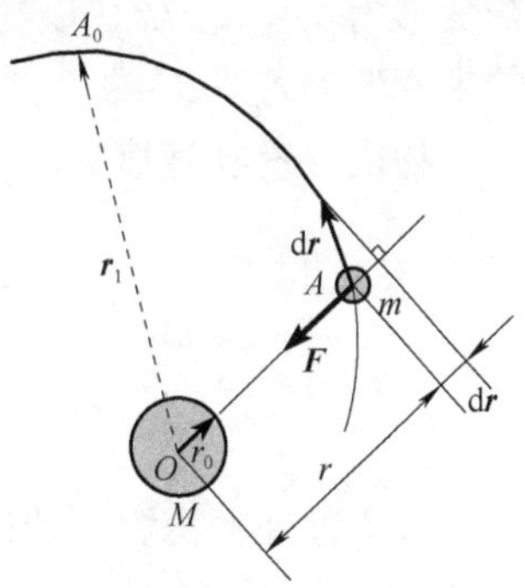

图 10.21

设 $\boldsymbol{r}_1$ 是零势能点的矢径，则

$$V=\int_r^{r_1}\left(-\frac{fmM}{r^2}\right)\mathrm{d}r=fmM\left(\frac{1}{r_1}-\frac{1}{r}\right)\tag{10.35a}$$

若取无穷远处为零势能点，即 $r_0=\infty$，于是

$$V=-\frac{fmM}{r}\tag{10.35b}$$

可见，万有引力做功只取决于质点运动的始末位置，与其轨迹形状无关。

10.4.2　机械能守恒定律

质点系在某瞬时的动能与势能的代数和称为**机械能**。设质点系在运动过程的始、末瞬时，其动能分别为 T_1 和 T_2，所受力在此过程中所做的功为 W_{12}，根据动能定理有

$$T_2-T_1=W_{12}$$

若系统运动中只有有势力做功，而有势力的功可用势能计算，即

$$T_2-T_1=W_{12}=V_1-V_2$$

所以

$$T_1+V_1=T_2+V_2\tag{10.36}$$

式(10.36)即为机械能守恒定律的表达式，它表明，系统仅在有势力作用下运动时，其机械能保持不变，这样的质点系称为**保守系统**。反之，受非保守力，特别是耗散力(如有功的摩擦力、介质阻力等)作用的系统称为**非保守系统**。

从广义的能量观点看，任何系统的总能量是不变的。在质点系的运动过程中，机械能产生的增减变化，只是因为在此过程中机械能与其他形式的能量(如热能、电能等)有了相互的转化。

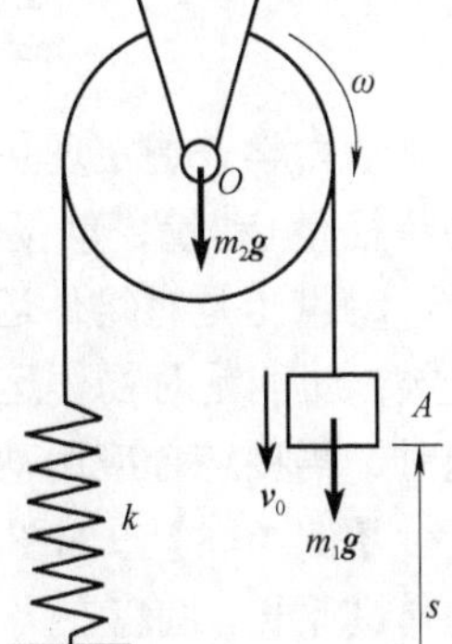

图 10.22

【例 10.7】　如图 10.22 所示，质量为 m_1 的物块 A 悬挂于不可伸长的绳子上，绳子跨过滑轮与铅垂弹簧相连，弹簧刚度系数为 k。设滑轮的质量为 m_2，并可视为半径为 r 的匀质圆盘。现在从平衡位置给物块 A 向下的初速度 $\boldsymbol{v}_0$。若不计弹簧和绳子的质量，试求物块 A 由该位置下降的最大距离 s。

解： 取系统为研究对象。系统运动过程中做功的力为有势力(重力和弹性力)，故用机械能守恒定律求解。

(1)确定初、末位置，分别计算两位置的动能。取物块 A 的平衡位置作为初位置，弹簧的初变形为 $\delta_1 = m_1 g/k$ 。以物块 A 速度下降为零的点作为末位置，下降的距离最大为 s，则弹簧的末变形为 $\delta_2 = \delta_1 + s$ 。

物块 A 有初速度 $v = v_0$，故系统初位置的动能为

$$T_1 = \frac{1}{2}m_1 v^2 + \frac{1}{2}J_O\omega^2 = \frac{1}{2}m_1 v_0^2 + \frac{1}{2}\left(\frac{1}{2}m_2 r^2\right)\left(\frac{v_0}{r}\right)^2 = \frac{1}{4}(2m_1 + m_2)v_0^2 \tag{a}$$

末位置处，物块 A 的速度为降零，系统末位置的动能为

$$T_2 = 0 \tag{b}$$

(2)取系统的末位置作为重力场和弹性力场的零势能位置，分别计算两位置的势能。系统初位置的势能为

$$V_1 = \frac{k}{2}(\delta_1^2 - \delta_2^2) + m_1 gs \tag{c}$$

系统末位置的势能为

$$V_2 = 0 \tag{d}$$

将式(a)～式(d)应用到机械能守恒定律 $T_1 + V_1 = T_2 + V_2$，有

$$\frac{1}{4}(2m_1 + m_2)v_0^2 + \frac{k}{2}(\delta_1^2 - \delta_2^2) + m_1 gs = 0 \tag{e}$$

考虑到 $\delta_1 = m_1 g/k$，$\delta_2 = \delta_1 + s$，将式(e)整理后得

$$\frac{k}{2}s^2 = \frac{1}{4}(2m_1 + m_2)v_0^2$$

从而求得物块 A 的最大下降距离为

$$s = \sqrt{\frac{2m_1 + m_2}{2k}}v_0$$

10.5　动力学普遍定理的综合应用

动力学普遍定理包括动量定理、动量矩定理和动能定理，分别给出了质点或质点系的运动特征量(动量、动量矩和动能)和力系的作用量(力系的主矢、主矩和功)之间的关系。动量、动量矩是对物体运动量在大小、方向上的度量，是**矢量**，动量定理和动量矩定理属于同一类；动能是对物体运动能量大小的度量，是**标量**，动能定理属于另一类。解决某些工程问题时，需要综合应用动力学普遍定理。

【例 10.8】 如图 10.23(a)所示，均质圆盘质量为 m，半径为 R，弹簧刚度为 k，$\overline{CA}=2R$，为弹簧原长，圆盘在力矩 M 作用下由最低位置无初速地绕 O 轴向上转。试求圆盘到达最高点时，轴承 O 的反力。

解： (1)受力及运动分析。

圆盘做定轴转动，运动到最高位置时，受力图及运动参数如图 10.23(b)所示。

(2)求解思路分析。

由图 10.23(b)可知，要求圆盘 O 的支反力，如果已知质心加速度，则可用质心运动定理

求解，属于已知运动求力的问题。而质心加速度为 $a_C^{\mathrm{t}} = R\alpha$，$a_C^{\mathrm{n}} = R\omega^2$，则需要先求 ω 和 α。为求 ω，题目给出了圆盘的初始和最终做态，可用动能定理求解；欲求 α，圆盘做定轴转动，可用动量矩定理或刚体转动微分方程求解。求 ω 和 α 是已知力求运动的问题，求解过程与分析过程反向进行。

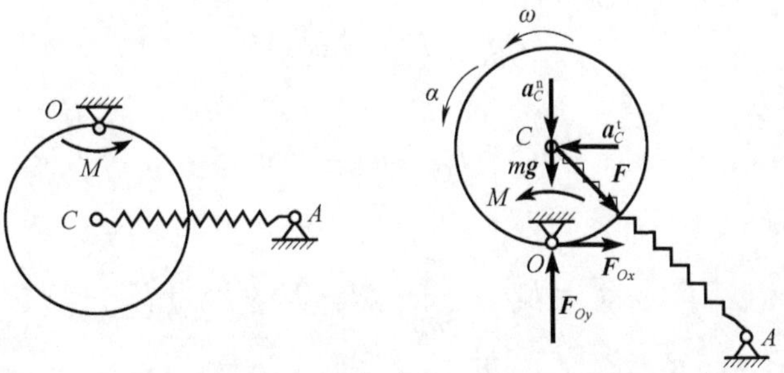

(a)　　　　　　　　　　(b)

10-3

图 10.23

(3) 用动能定理求 ω。

开始时，圆盘静止，动能为

$$T_1 = 0 \tag{a}$$

圆盘到达最高位置时，动能为

$$T_2 = \frac{1}{2}J_O\omega^2 = \frac{1}{2}\left(\frac{1}{2}mR^2 + mR^2\right)\omega^2 = \frac{3}{4}mR^2\omega^2 \tag{b}$$

圆盘从开始位置到最高位置时，有重力，弹性力和力偶做功，即

$$\begin{aligned} W_{12} &= -2Rmg + \frac{k}{2}\left(\delta_1^2 - \delta_2^2\right) + M\varphi \\ &= M\pi - 2Rmg + \frac{k}{2}\left\{0 - \left[\ 2R(\sqrt{2}-1)\right]^2\right\} \\ &= M\pi - 2Rmg - 0.343kR^2 \end{aligned} \tag{c}$$

由动能定理知

$$T_2 - T_1 = W_{12}$$

故有

$$\frac{3}{4}mR^2\omega^2 - 0 = M\pi - 2Rmg - 0.343kR^2$$

可得

$$\omega^2 = \frac{4}{3mR^2}(M\pi - 2Rmg - 0.343kR^2)$$

(4) 用定轴转动微分方程求 α。

由式

$$J_O\alpha = M - FR\cos 45^\circ \tag{d}$$

$$\frac{3}{2}mR^2\alpha = M - k(\sqrt{2}-1)\cdot 2R^2\cos 45^\circ$$

解得

$$\alpha = \frac{2}{3mR^2}(M - 0.586kR^2)$$

(5) 用质心运动定理求支反力。

质心运动定理在 x 方向的投影为

$$-ma_C^{\mathrm{t}} = F_{Ox} + F\cos45^\circ \tag{e}$$

在 y 方向的投影为

$$-ma_C^{\mathrm{n}} = F_{Oy} - mg - F\sin45^\circ \tag{f}$$

因有

$$a_C^{\mathrm{t}} = R\alpha = \frac{2}{3mR}(M - 0.586kR^2)$$

$$a_C^{\mathrm{n}} = R\omega^2 = \frac{4}{3mR}(M\pi - 2Rmg - 0.343kR^2)$$

分别代入式 (e) 和式 (f) 解得

$$F_{Ox} = -\frac{2}{3R}M - 0.916kR$$

$$F_{Oy} = 3.667mg + 1.043kR - 4.189\frac{M}{R}$$

此例是动量定理、动量矩定理和动能定理的综合应用。各普遍定理的具体应用通常应依题意在进行运动与受力分析以及明确问题的基础上灵活选择。

【例 10.9】 物块 A 和 B 的质量分别为 m_1、m_2，且 $m_1 > m_2$，分别系在绳索的两端，绳索跨过一个定滑轮，如图 10.24(a) 所示。滑轮的质量为 m，并可看作半径为 r 的均质圆盘。假设不计绳的质量和轴承摩擦，绳与滑轮之间无相对滑动，试求物块 A 的加速度和轴承 O 的约束反力。

10-4

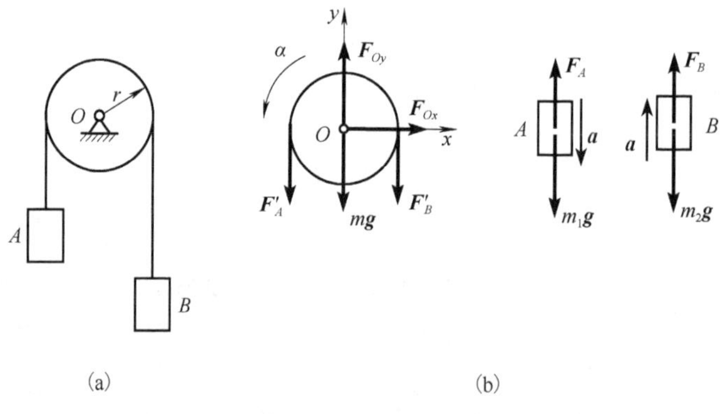

图 10.24

解：本例将通过一题多解来展现动力学普遍定理的灵活应用。

解法 1：滑轮做定轴转动，物块 A 和 B 做平动。分别以物块 A、B 和滑轮为研究对象，受力图如图 10.24(b) 所示，分别应用质心运动定理和定轴转动的微分方程。

(1) 对物块 A，由质心运动定理，沿 y 方向有

$$m_1a = m_1g - F_A \tag{a}$$

(2) 同理，对物块 B 有

$$m_2 a = F_B - m_2 g \tag{b}$$

(3) 对定滑轮，由质心运动定理和定轴转动的微分方程，有

$$0 = F_{Ox} \tag{c}$$

$$0 = F_{Oy} - F'_A - F'_B - mg \tag{d}$$

$$\frac{1}{2}mr^2\alpha = \left(F'_A - F'_B\right)r \tag{e}$$

共有 6 个未知量，需补充运动学条件：

$$a = r\alpha \tag{f}$$

联立式(a)～式(f)，解得

$$a = \frac{2\left(m_1 - m_2\right)}{m + 2\left(m_1 + m_2\right)}g$$

$$F_{Ox} = 0$$

$$F_{Oy} = \left(m + m_1 + m_2\right)g - \frac{2\left(m_1 - m_2\right)^2}{m + 2\left(m_1 + m_2\right)}g$$

解法 2：采用功率方程和质心运动定理。

以整个系统为研究对象，受力和运动分析如图 10.25 所示，系统在该瞬时的动能为

$$T = \frac{1}{2}m_1 v^2 + \frac{1}{2}m_2 v^2 + \frac{1}{2}(\frac{1}{2}mr^2)(\frac{v}{r})^2 = \frac{1}{4}(m + 2m_1 + 2m_2)v^2 \tag{a}$$

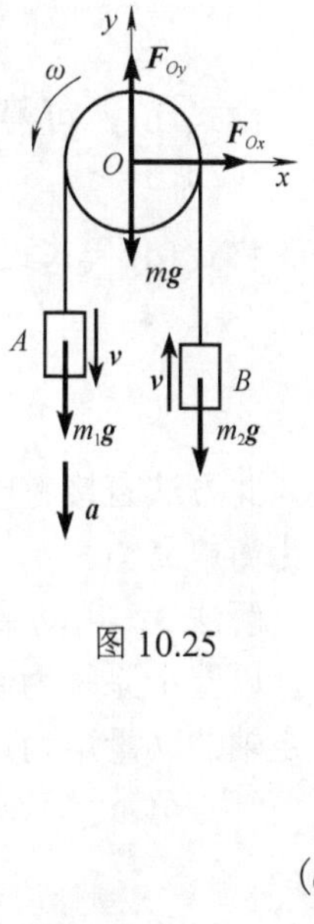

图 10.25

由式(10.15)可得，系统的功率为

$$\sum P_i = m_1 gv - m_2 gv = (m_1 - m_2)gv \tag{b}$$

由功率方程 $\frac{\mathrm{d}T}{\mathrm{d}t} = \sum P_i$，可得

$$\frac{1}{4}(m + 2m_1 + 2m_2) \times 2v\frac{\mathrm{d}v}{\mathrm{d}t} = (m_1 - m_2)gv \tag{c}$$

注意到 $\frac{\mathrm{d}v}{\mathrm{d}t} = a$，$\frac{\mathrm{d}s}{\mathrm{d}t} = v$。于是由式(c)解得物块 A 的加速度为

$$a = \frac{2\left(m_1 - m_2\right)}{m + 2\left(m_1 + m_2\right)}g \tag{d}$$

对于整个系统，由质心运动定理求得轴承 O 的约束反力，有两种应用方法。

(1) 求系统质心加速度。

沿 x、y 方向投影，有

$$ma_{Cx} = \sum F_x\text{，}\quad ma_{Cy} = \sum F_y \tag{e}$$

得

$$F_{Ox} = 0$$

$$\left(m + m_1 + m_2\right)a_{Cy} = F_{Oy} - \left(m + m_1 + m_2\right)g \tag{f}$$

由质心坐标公式：

$$y_C = \frac{\sum m_i y_i}{\sum m_i} = \frac{m_1 y_A + m_2 y_B + m y_O}{m + m_1 + m_2}$$

对时间二次求导，注意物块 A、B 的加速度方向：

$$a_{Cy} = -\frac{m_1 - m_2}{m + m_1 + m_2} a$$

代入式(f)，可得

$$F_{Oy} = (m_1 + m_2 + m_3)g - \frac{2\left(m_1 - m_2\right)^2}{m + 2\left(m_1 + m_2\right)} g$$

这是取整个系统为研究对象，求解结果与解法一相同。

(2)不必求质心加速度。

由质心运动定理 $\sum m_i \boldsymbol{a}_i = \sum \boldsymbol{F}_i$，沿 x、y 方向投影，有

$$\sum m_i a_{xi} = \sum F_{xi} \tag{g}$$

$$\sum m_i a_{yi} = \sum F_{yi} \tag{h}$$

由式(g)，可得

$$F_{Ox} = 0$$

由式(h)，可得

$$-m_1 a + m_2 a + m \times 0 = F_{Oy} - \left(m + m_1 + m_2\right) g \tag{i}$$

将式(d)代入式(i)，解得

$$F_{Oy} = (m_1 + m_2 + m_3)g - \frac{2\left(m_1 - m_2\right)^2}{m + 2\left(m_1 + m_2\right)} g$$

此方法直接考虑每个物体的加速度，不必求系统的质心加速度，求解结果与解法一相同，更为简单易懂。

解法 3：用动量矩定理和质心运动定理(或动量定理)。

以整个系统为研究对象，受力和运动分析同解法二。用动量矩定理求物块加速度，系统对定轴的动量矩为

$$L_O = m_1 v r + m_2 v r + \frac{1}{2} m r^2 \omega = \frac{1}{2}(m + 2m_1 + 2m_2) v r$$

由动量矩定理 $\frac{\mathrm{d}}{\mathrm{d}t} L_O = \sum M_O(F)$，有

$$\frac{1}{2}(m + 2m_1 + 2m_2) r \frac{\mathrm{d}v}{\mathrm{d}t} = (m_1 - m_2) g r$$

解得

$$a = \frac{\mathrm{d}v}{\mathrm{d}t} = \frac{2\left(m_1 - m_2\right)}{m + 2\left(m_1 + m_2\right)} g$$

然后用质心运动定理求轴承 O 的约束反力，求解过程与解法二相同，此处不再赘述。

【例 10.10】 两个相同的滑轮，视为匀质圆盘，质量均为 m，半径均为 R，用绳缠绕连接，如图 10.26(a)所示。若系统由静止开始运动，试求动滑轮质心 C 的速度 v 与下降距离 h 的关系，并确定 AB 段绳子的张力。

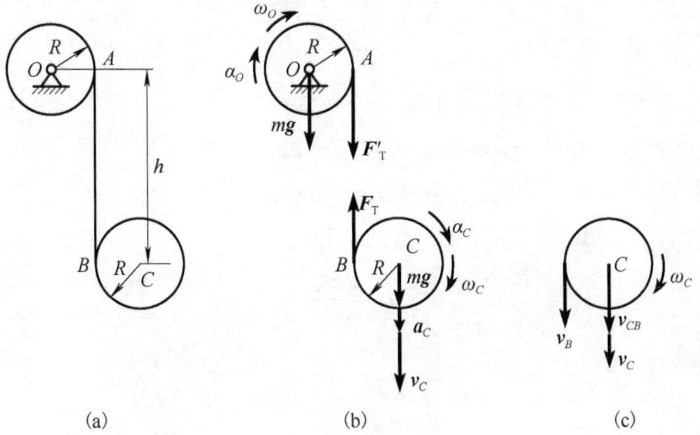

10-5

图 10.26

解：(1)求滑轮 C 下降距离为 h 时系统的运动量。先分别对两滑轮进行受力和运动分析，如图 10.26(b)所示。

对滑轮 O，由刚体定轴转动微分方程，有

$$J_O\alpha_O = F'_{\mathrm{T}}R \tag{a}$$

对滑轮 C，由刚体相对质心的动量矩定理，有

$$J_C\alpha_C = F_{\mathrm{T}}R \tag{b}$$

因 $J_O = J_C$， $F_{\mathrm{T}} = F'_{\mathrm{T}}$，由式(a)和式(b)可得

$$\alpha_O = \alpha_C = \alpha$$

并有

$$\omega_O = \omega_C = \omega \tag{c}$$

(2)再对系统应用动能定理。

因 $T_1 = 0$，在任意时刻，系统的动能为

$$T_2 = \frac{1}{2}J_O\omega_O^2 + \frac{1}{2}J_C\omega_C^2 + \frac{1}{2}mv_C^2$$

故由动能定理式(10.19)可得

$$\frac{1}{2}J_O\omega_O^2 + \frac{1}{2}J_C\omega_C^2 + \frac{1}{2}mv_C^2 = mgh \tag{d}$$

滑轮 C 做平面运动，选点 B 为基点，由基点法，轮心点 C 的速度为

$$\boldsymbol{v}_C = \boldsymbol{v}_B + \boldsymbol{v}_{CB}$$

三者方向相同，如图 10.25(c)所示，其中$v_B = R\omega_O$，$v_{CB} = R\omega_C$，故

$$v_C = R\omega_O + R\omega_C = 2R\omega \tag{e}$$

将式(c)和式(e)代入式(d)得

$$\frac{5}{2}mR^2\omega^2 = mgh \tag{f}$$

$$\omega = \frac{1}{R}\sqrt{\frac{2gh}{5}} = \frac{1}{5R}\sqrt{10gh}$$

式中，h 是时间 t 的函数，对式(f)两边对 t 求导可得

$$5mR^2\omega\alpha = mgv_C \tag{g}$$

将式(e)代入式(g)，得

$$\alpha = \frac{2g}{5R}$$

将式(e)对 t 求导，得

$$a_C = 2R\alpha = \frac{4g}{5}$$

(3)确定 AB 段绳子的张力。

选滑轮 C 为研究对象，应用质心运动定理：

$$ma_C = mg - F_{\mathrm{T}}$$

绳子的张力为

$$F_{\mathrm{T}} = \frac{1}{5}mg$$

通过以上各例题的分析表明，动力学普遍定理的综合应用是有规律的。

(1)已知主动力，求运动。

对于理想约束，选用动能定理为宜。若约束反力与转轴相交或平行，也可采用动量矩定理；若未知约束力与某轴垂直，可采用动量定理或质心运动定理在该轴上的投影式。求解转动问题宜采用动量矩定理，平动问题宜采用动量定理或质心运动定理。注意利用守恒条件(动量守恒、质心运动守恒，动量矩守恒)建立运动元素之间的关系，求得速度或运动规律。

(2)已知运动，求力。

通常可选用质心运动定理、动量矩定理和平面运动微分方程。对于做功的未知力，可选用动能定理。

综合运用动力学普遍定理，还要充分利用问题中的附加条件(如运动学关系、摩擦定律等)增列补充方程。

思　考　题

10-1　判断下列说法是否正确。

(1)作用在质点上合力的功等于各分力的功的代数和。

(2)质点系的动能是系内各质点动能的算术和。

(3)平面运动的刚体的动能可由其质量及质心速度完全确定。

(4)内力不能改变质点系的动能。

(5) 质点系的内力不能改变质点系的动量和动量矩，也不能改变质点系的动能。

(6) 若质点的动量改变，其动能也一定发生变化。

(7) 若质点的动能发生变化，其动量也一定发生变化。

(8) 若质点的动量发生变化，其动量矩也一定发生变化。

10-2　不计摩擦，下述说法是否正确？

(1) 对于刚体及不可伸长的柔索，内力做功之和为零。

(2) 固定铰支座的约束反力不做功。

(3) 光滑铰链连接处的内力做功之和为零。

(4) 作用在刚体速度瞬心上的力不做功。

10-3　如思图 10.1 所示，均质杆 AB 长度 l，质量为 m，绕 O 轴转动，角速度为 ω。则杆 AB 的动量大小 $p=$__________，方向__________，动能 $T=$__________，对轴 O 的动量矩 $L_O=$__________。

10-4　如思图 10.2 所示，非均质圆盘，半径为 R，对质心 C 的回转半径为 ρ，质量为 m，偏心距为 e，以角速度 ω 绕圆心轴 O 转动。则圆盘的动量大小 $p=$________，方向________，动能 $T=$________，对轴 O 的动量矩 $L_O=$________，对质心 C 的动量矩 $L_C=$________。

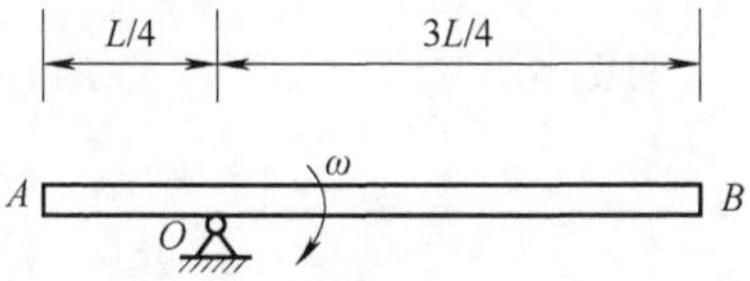

思图 10.1

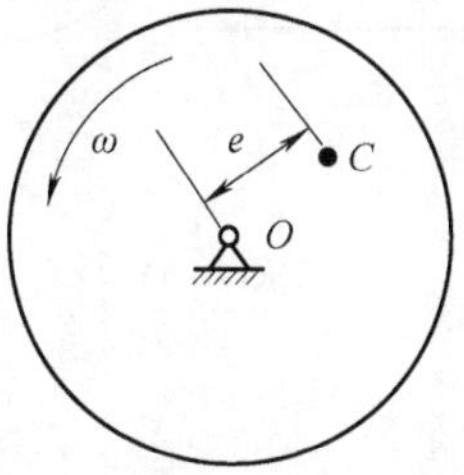

思图 10.2

10-5　匀质圆盘的半径为 R，质量为 m，沿半径为 R 的圆弧轨道做纯滚动，圆心速度为 $\boldsymbol{v}$，如思图 10.3 所示。则圆盘的动量大小 $p=$__________，方向__________，动能 $T=$__________，对瞬心 C 轴的动量矩 $L_C=$__________，对质心轴 O 的动量矩 $L_O=$__________，对固定轴 O_1 的动量矩 $L_{O1}=$__________。

10-6　如思图 10.4 所示，细绳的一端 O 固定，另一端缠绕一个半径为 R、质量为 m 的均质圆柱。释放圆柱后，某瞬时圆柱的圆心速度为 $\boldsymbol{v}$。则圆柱动量大小 $p=$__________，方向__________，动能 $T=$__________，对固定轴 O 的动量矩 $L_O=$__________，对质心轴 A 的动量矩 $L_A=$__________。

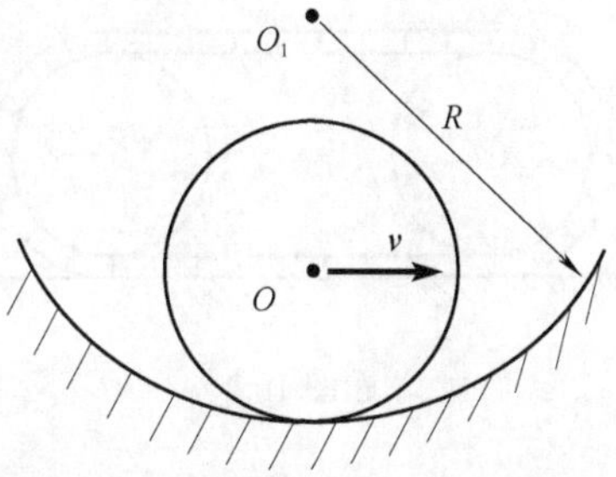

思图 10.3

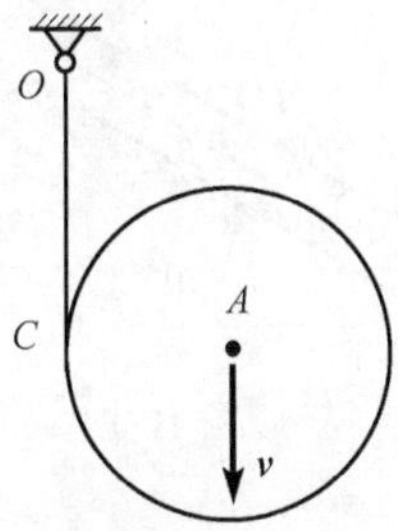

思图 10.4

10-7　如思图 10.5 所示的系统，滑轮质量为 m，对 O 轴的转动惯量为 J_O，通过细绳牵引质量为 m_1 的物块 A 沿倾角为 α 的光滑斜面向上运动，细绳与斜面平行，且距斜面的高度为 h。物块 B 的质量为 m_2，向下的运动速度为 $\boldsymbol{v}$，如思图 10.5 所示。细绳质量不计，则系统动量大小 p =________，方向________，动能 T =________，对固定轴 O 的动量矩 L_O =________。

10-8　质量为 m 的圆轮置于倾角为 α 的斜面上，接触面间的静摩擦系数为 f_s，动摩擦系数为 f_d，若：

(1) 圆轮做纯滚动，当物体质心移动 s 时，如思图 10.6 所示，滑动摩擦力所做的功为________；

(2) 圆轮上缠绕着不可伸长的细绳，且绳的直线段部分平行于斜面，如思图 10.7 所示，圆轮沿斜面下滑距离为 s 时，滑动摩擦力所做的功为________。

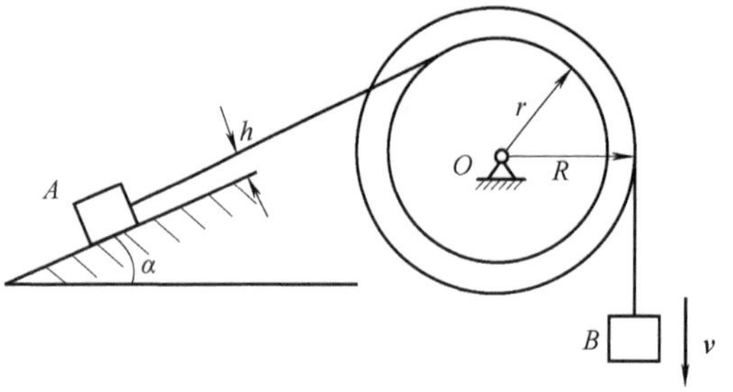

思图 10.5

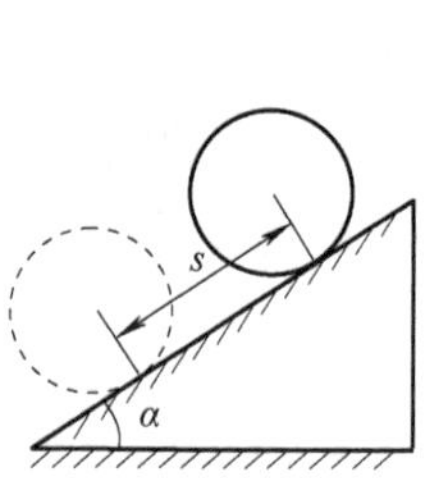

思图 10.6

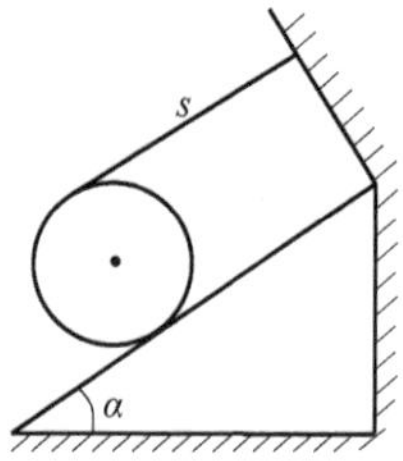

思图 10.7

习　　题

10.1　如题图 10.1 所示，用跨过滑轮的绳子牵引 2kg 的滑块 A 沿倾角为 30°的光滑斜槽运动。设绳子拉力 F=20N，计算滑块由位置 A 至位置 B 时，重力与拉力 $\boldsymbol{F}$ 所做的总功。

10.2　如题图 10.2 所示，坦克的履带质量为 m，两个车轮的质量均为 m_1。将车轮看作均质圆盘，半径为 R，两车轮轴间的距离为 πR。设坦克前进的速度为 $\boldsymbol{v}$，试计算此质点系的动能。

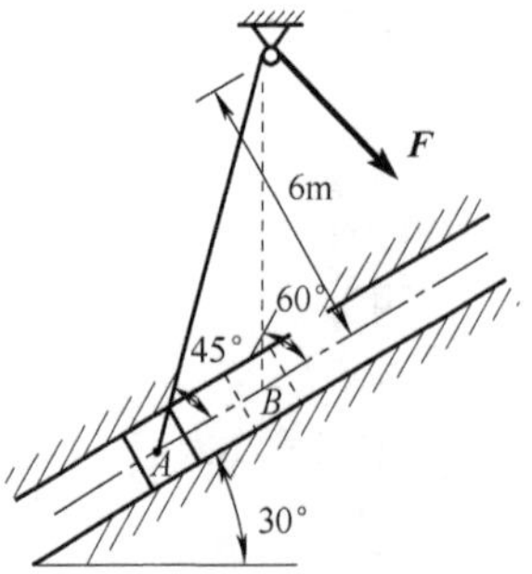

题图 10.1

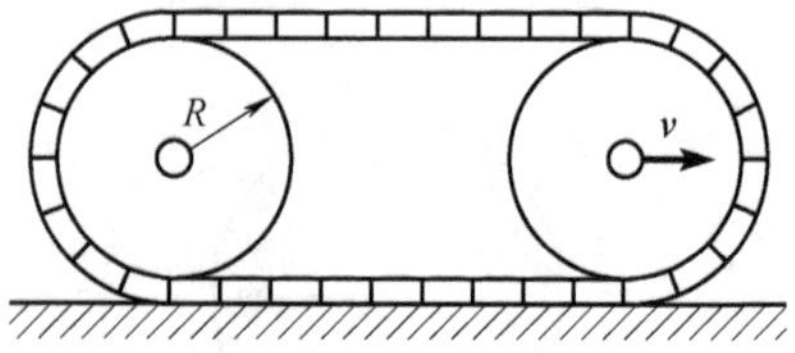

题图 10.2

10.3 如题图 10.3 所示，长度为l、质量为m的均质杆 OA 以球铰链 O 固定，并以等角速度 ω 绕铅垂线转动。若杆与铅垂线的夹角为 θ，求杆的动能。

10.4 如题图 10.4 所示，图(a)与图(b)分别为圆盘和圆环，二者质量均为m，半径均为 r，均置于距地面为 h 的斜面上，斜面倾角为 α，盘与环都从时间 t=0 开始，在斜面上做纯滚动。分析圆盘与圆环哪一个先到达地面？

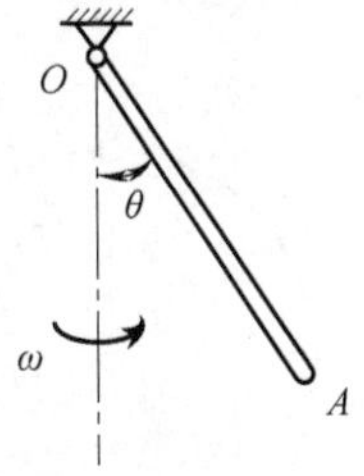

题图 10.3

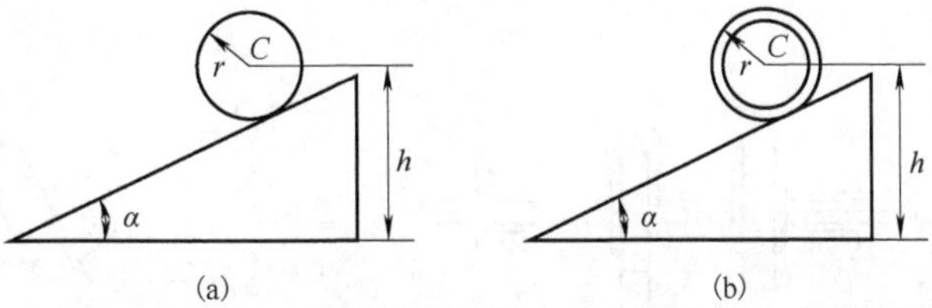

题图 10.4

10.5 如题图 10.5 所示，两个均质杆 AC 和 BC 质量均为m，长度均为l，在点 C 由光滑铰链相连接，A、B 端放置在光滑水平面上。杆系在铅垂面内的图示位置由静止开始运动，试求铰链 C 落到地面时的速度。

10.6 系统在题图 10.6 所示位置处于平衡。其中，匀质细杆 AC 与 BD 的质量分别为 6kg 与 3kg，滑块的质量为 1kg，弹簧系数 k=200N / m。现有方向向下的常力 F=100N 作用在杆 AC 的 A 端，试求杆 AC 转过 20°后应有的角速度 ω_2。

10.7 如题图 10.7 所示，两个均质细杆的长度均为l，质量均m，相互在点 B 铰接并在铅垂面内运动。图示为系统的初始位置并处于静止，然后在常力偶 M 作用下，AB 杆发生运动。试求点 A 与点 O 接触时，点 A 的速度 $\boldsymbol{v}_A$。

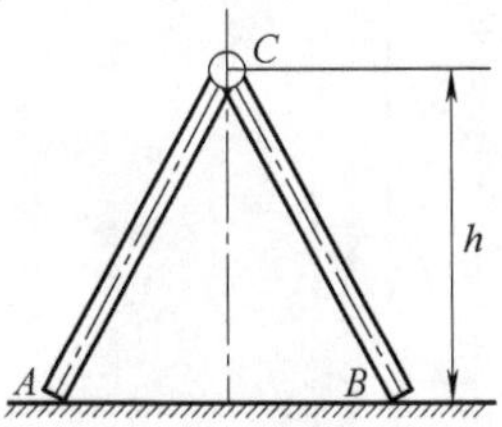

题图 10.5

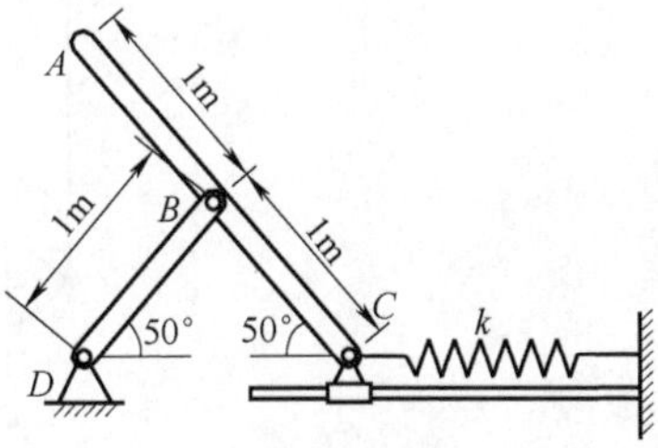

题图 10.6

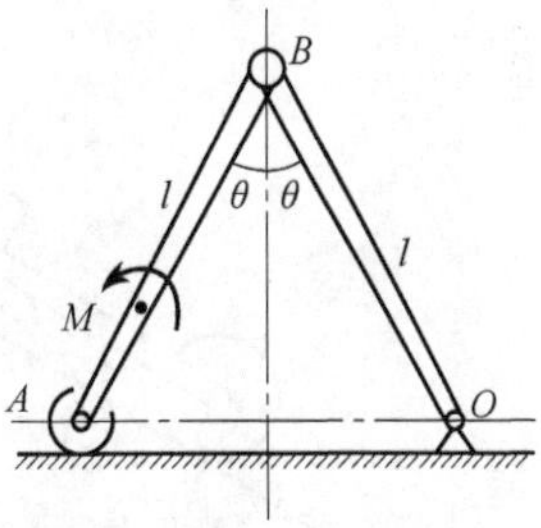

题图 10.7

10.8 如题图 10.8 所示，轴 I 和 II (连同安装在其上的带轮和滑轮等) 的转动惯量分别为 J_1=5kg·m^2 和 J_2=4kg·m^2。已知滑轮的传动比 $\dfrac{\omega_2}{\omega_1}=\dfrac{3}{2}$，作用于轴 I 上的力偶矩 M_1=50N·m，系统由静止开始运动。问 II 轴要经过多少转后，转速才能达到 n_2=120r/min。

10.9 如题图 10.9 所示的玩具盒，盒盖的质量为m，长度为l，宽度为l，用两个合页(铰链)安装在盒子上。两合页上还安有刚度系数为 k 的扭簧，且 $M=k\theta$，其中 M 为盒盖上的阻力矩。

(1) 使盒盖从静止($\theta=0$)位置开始合上，若在 $\theta=\pi/2$ 位置时，角速度为零，试求扭簧的刚度系数；

(2) 试求上述运动过程结束时，盒盖的角加速度；

(3) 分析盒盖上的铰是否可取消。

10.10　如题图 10.10 所示，重物 P 系于弹簧上，弹簧的另一端则固定在置于铅垂平面内的圆环的最高点 A 上，重物无摩擦地沿圆环滑下，圆环的半径为 200mm；重物的质量为 5kg，重物在初位置时，$\overline{AP}=200\text{mm}$，弹簧为原长，若重物的初速等于零，弹簧的重量略去不计，重物在最低处时对圆环的压力等于零，试求弹簧刚度系数？

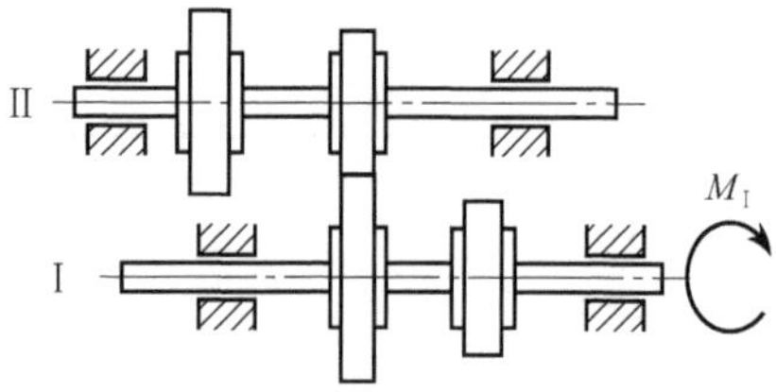

题图 10.8

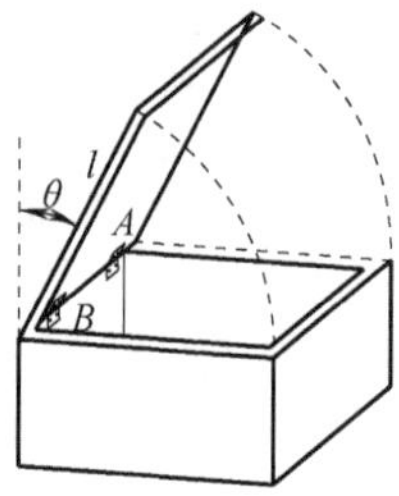

题图 10.9

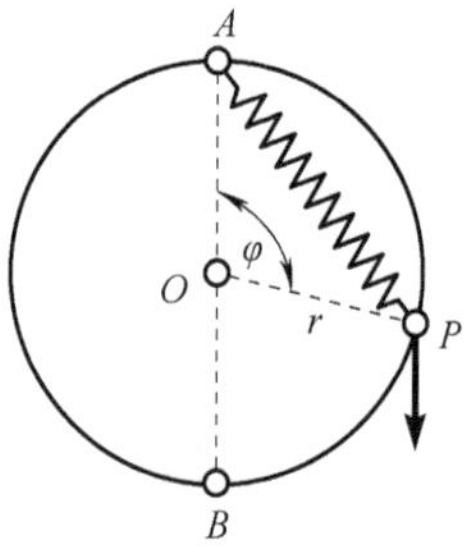

题图 10.10

10.11　如题图 10.11 所示，圆盘和滑块的质量均为 m，圆盘的半径为 r，且可视为均质。杆 OA 平行于斜面，质量不计。斜面的倾角为 θ，圆盘、滑块与斜面间的摩擦系数均为 f，圆盘在斜面上做无滑动滚动。试求滑动的加速度和杆的内力。

10.12　如题图 10.12 所示，滑轮组中悬挂两个重物，其中 M_1 的质量为 m_1，M_2 的质量为 m_2。定滑轮 O_1 的半径为 r_1，质量为 m_3；动滑轮 O_2 的半径为 r_2，质量为 m_4，两个滑轮都视为均质圆盘。若绳重和摩擦略去不计，并设 $m_2 > 2m_1 - m_4$，求重物 M_2 由静止下降距离 h 时的速度。

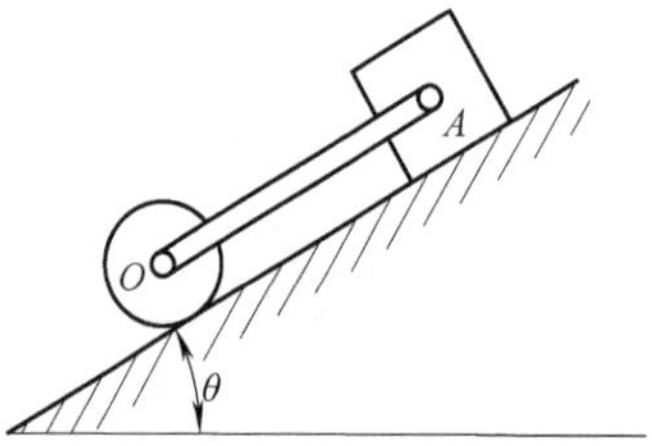

题图 10.11

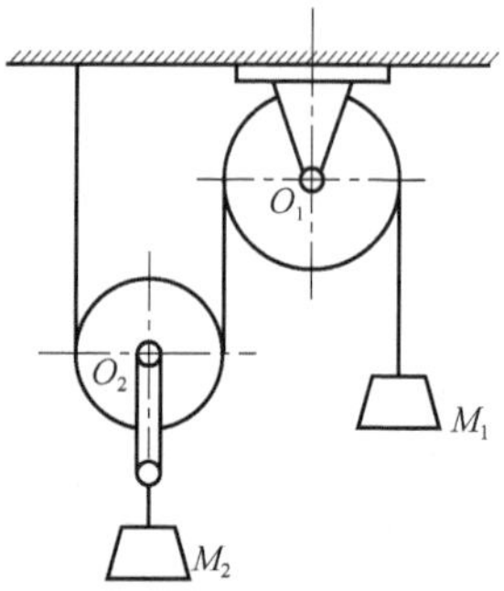

题图 10.12

10.13　如题图 10.13 所示的均质细杆 AB、长度为 l，一端 A 靠在光滑的铅垂墙上，而另一端 B 则放在光滑的水平地面上，并与水平面的夹角为 θ，杆由静止状态开始倒下，试求杆的角速度和角加速度。

10.14　如题图 10.14 所示的正弦机构，位于铅垂面内，其中均质曲柄 OA 长度为 l，质量为 m_1，受力偶矩 M 为常数的力偶作用而绕 O 点转动，并以滑块带动框架沿水平方向运动。框架质量为 m_2，滑块 A 的质量不计，框架与滑道间的动滑动摩擦力设为常值 F，不计其他各处的摩擦。当曲柄与水平线夹角为 φ_0 时，系统由静止开始运动，求曲柄转过一周时的角速度。

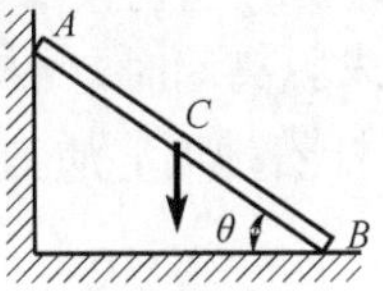

题图 10.13

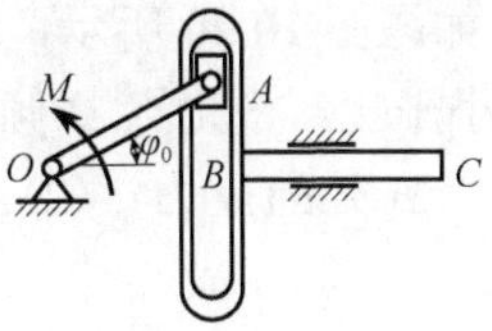

题图 10.14

10.15 如题图 10.15 所示，弹簧两端各系重物 A 和 B，放置在光滑面上。A 的质量为 m_1，B 的质量为 m_2。若弹簧的刚度系数为 k，原长为 l_0。若将弹簧拉长到 l，然后无初速地释放，试求当弹簧回到原长时，A、B 的速度。

10.16 如题图 10.16 所示的机构中，滑轮 B 的质量为 m，内、外半径分别为 r 和 R，对转轴 O 的回转半径为 ρ，其上绕有细绳，一端吊有一个质量为 m 的物块 A，另一端与质量为 M、半径为 r 的均质圆轮 C 相连，斜面倾角为 φ，绳的倾斜段与斜面平行。试求：(1)滑轮的角加速度 α；(2)斜面的摩擦力及连接物块 A 的绳子的张力(表示为 α 的函数)。

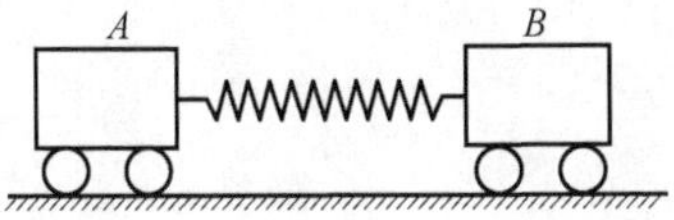

题图 10.15

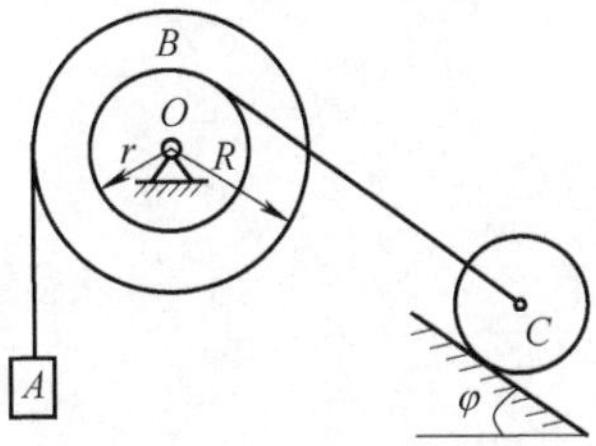

题图 10.16

10.17 如题图 10.17 所示，力偶矩 M 为常量，作用在绞车的滑轮上，使轮转动，轮的半径为 r，质量 m_1。缠绕在滑轮上的绳子系一个质量为的重物 m_2，使其沿倾角为 θ 的斜面上升。重物与斜面间的滑动摩擦系数为 f，绳子质量不计，滑轮可视为均质圆柱。在开始时，此系统处于静止。求滑轮转过 φ 角时的角速度和角加速度。

10.18 如题图 10.18 所示，均质细杆长度为 l，质量为 m_1，上端 B 靠在光滑的墙上，下端 A 由铰链与均质圆柱的中心相连。圆柱质量为 m_2，半径为 R，放在粗糙的地面上，自图示位置由静止开始滚动而不滑动，杆与水平线的夹角 θ=45°。求点 A 在初瞬时的加速度。

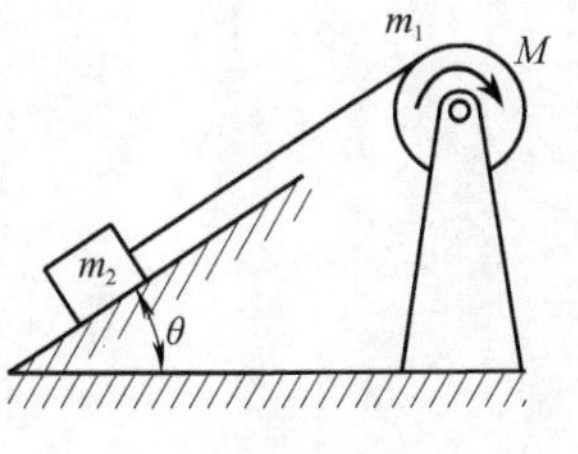

题图 10.17

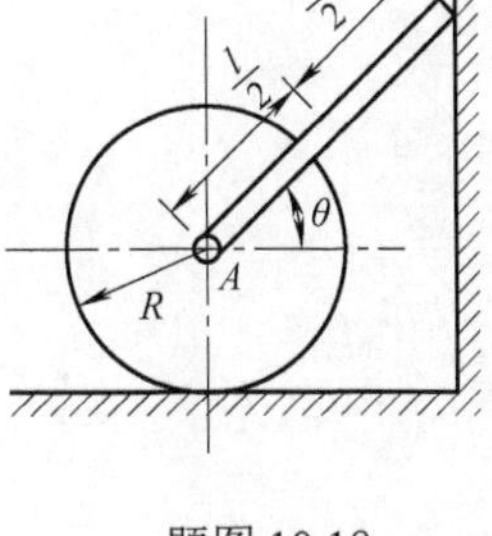

题图 10.18

10.19 如题图 10.19 所示，三棱柱体 ABC 的质量为 m_1，放在光滑的水平面上，可以无摩擦地滑动。质量为 m_2 的均质圆柱体 O 由静止沿斜面 AB 向下滚动而不滑动。若斜面的倾角为 θ，求三棱柱体的加速度。

10.20　如题图 10.20 所示，均质细杆 AB 长度为 l，质量为 m，起初紧靠在铅垂墙壁上，由于受到微小干扰，杆绕点 B 倾倒。不计摩擦，求：(1) B 端未脱离墙时，AB 杆的角速度、角加速度及点 B 处的反力；(2) B 端脱离墙壁时的 θ_1 角；(3) 杆着地时，质心的速度及杆的角速度。

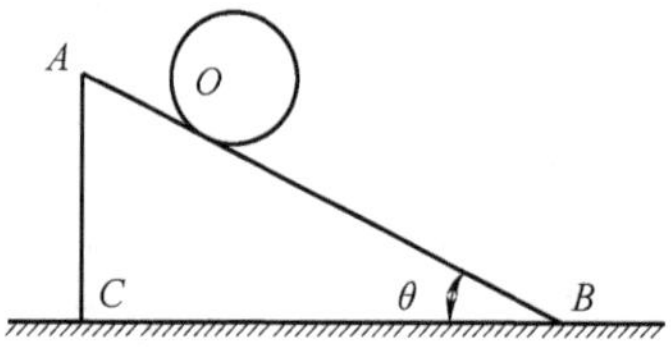

题图 10.19

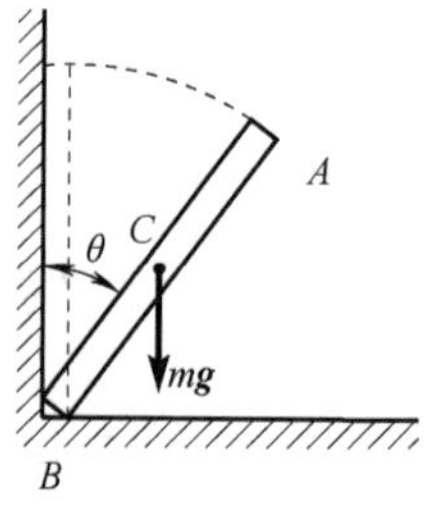

题图 10.20

第 11 章　达朗贝尔原理

前面几章中，以牛顿定律为基础研究了质点和质点系的动力学问题，给出了求解质点和质点系动力学问题的普遍定理。这一章将介绍求解非自由质点系动力学问题的新方法——达朗贝尔原理，它提供了一种求解非自由质点系动力学问题的普遍方法。在运动的质点系上虚加惯性力后，就可应用列静力学平衡方程的方法来求解动力学问题。这种方法又称为动静法，在工程中得到了广泛的应用。

11.1　质点和质点系达朗贝尔原理

达朗贝尔原理是在牛顿第二定律的基础上引入惯性力的概念而导出的，因此首先引入惯性力概念并讨论惯性力系的简化结果。

11.1.1　惯性力的概念

为说明惯性力的概念，设有一质量为 m 的小车，在人的推动下沿光滑的直线轨道由静止开始运动，如图 11.1 所示。人手推动小车的力为 $\boldsymbol{F}$，设小车的加速度为 $\boldsymbol{a}$，由牛顿第二定律有：$\boldsymbol{F}=m\boldsymbol{a}$；在图 11.1 中，$\boldsymbol{F}_{\mathrm{I}}$ 是小车对人手的作用力，与 $\boldsymbol{F}$ 是作用力与反作用力的关系，显然有 $\boldsymbol{F}_{\mathrm{I}}=-\boldsymbol{F}=-m\boldsymbol{a}$；此时将小车对人的作用力 $\boldsymbol{F}_{\mathrm{I}}$ 称为小车的**惯性力**。

又如图 11.2 所示的小球，与一细杆相连，绕点 O 在水平面内做匀速圆周运动。设小球的质量为 m，速度为 $\boldsymbol{v}$，小球受到沿杆轴线的法向力 $\boldsymbol{F}$ 的作用，其加速度为 $\boldsymbol{a}$，由牛顿第二定理，有

$$\boldsymbol{F}=m\boldsymbol{a}$$

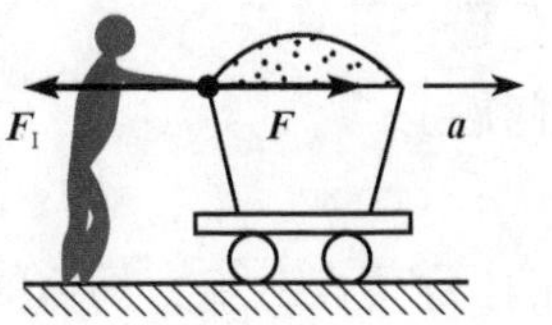

图 11.1

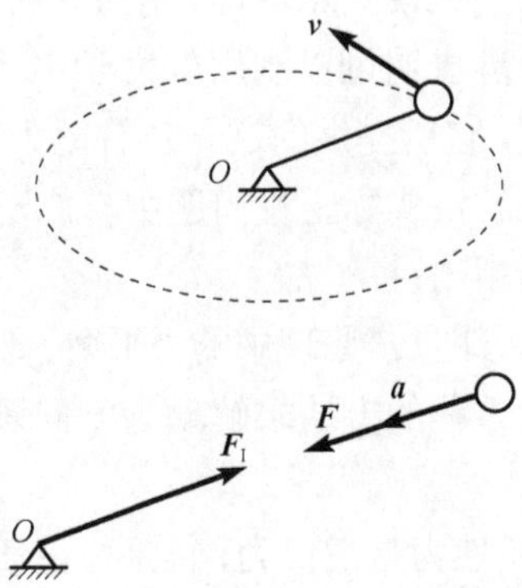

图 11.2

同时，由牛顿第三定律可得，小球对杆的反作用力为

$$\boldsymbol{F}_{\mathrm{I}}=-\boldsymbol{F}=-m\boldsymbol{a}$$

它是杆改变小球的运动状态时由于球的惯性而引起的对杆的抵抗力，并且作用于对球施力的杆上，此力称为小球的**惯性力**。

由以上简例可知，**惯性力**是当物体受外力作用，其运动状态发生改变时，由于物体惯性而引起的对外界抵抗的反作用力，其大小等于物体的质量乘以加速度，方向与加速度相反，并且作用在施力物体上，表示为

$$\boldsymbol{F}_{\mathrm{I}}=-m\boldsymbol{a} \tag{11.1}$$

应当注意，物体惯性力方向与物体加速度方向相反，但它并不作用于物体本身，而是作用在对其施加力的物体上。

11.1.2　质点的达朗贝尔原理

设非自由质点的质量为 m，在某固定曲线轨道上运动，其加速度为 $\boldsymbol{a}$，作用在质点上的主动力为 $\boldsymbol{F}$，约束力为 $\boldsymbol{F}_{\mathrm{N}}$，如图 11.3 所示。根据牛顿第二定律，有

$$m\boldsymbol{a}=\boldsymbol{F}+\boldsymbol{F}_{\mathrm{N}}$$

将上式移项写为

$$\boldsymbol{F}+\boldsymbol{F}_{\mathrm{N}}-m\boldsymbol{a}=0 \tag{11.2}$$

引入记号：

$$\boldsymbol{F}_{\mathrm{I}}=-m\boldsymbol{a} \tag{11.3}$$

式(11.2)成为

$$\boldsymbol{F}+\boldsymbol{F}_{\mathrm{N}}+\boldsymbol{F}_{\mathrm{I}}=0 \tag{11.4}$$

式中，$\boldsymbol{F}_{\mathrm{I}}$ 具有力的量纲，为质点的惯性力，其大小等于质点的质量与加速度的乘积，方向则与质点的加速度方向相反，作用于施力物体上，它是假设加到质点上的虚拟力，如图 11.3 所示。

式(11.4)是一个汇交力系的平衡方程，它表示：作用在质点上的主动力、约束力和虚拟的惯性力在**形式上构成平衡力系**，称为**质点的达朗贝尔原理**，由法国科学家达朗贝尔于 1743 年提出，该原理表明可以利用静力学中求解平衡问题的方法求解动力学问题，它所提供的这一求解动力学问题的方法称为**动静法**，动静法在解决实际工程问题中有广泛的应用。

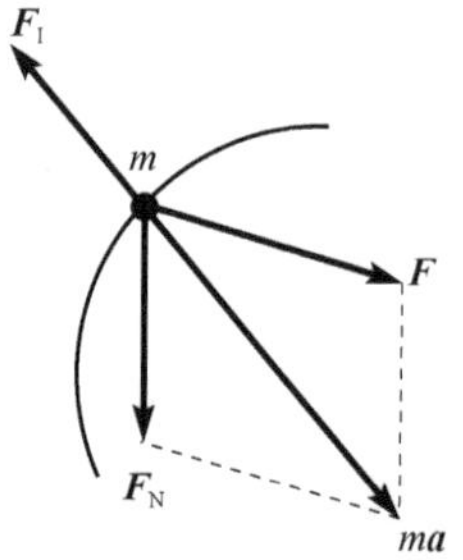

图 11.3

应当指出：

(1)达朗贝尔原理中的“平衡”仅仅是形式上的，它只是借用列平衡方程的方法求解动力学问题，并没有改变动力学问题的实质；

(2)惯性力是虚拟力，它是依据质点加速度假想加上去的，是质点对施力物体的反作用力，而不是真实作用于质点上的力。

【例 11.1】　有一圆锥摆，如图 11.4 所示，重量为 $P=9.8\,\mathrm{N}$ 的小球 M 系于长度为 $l=30\,\mathrm{cm}$ 的绳上，绳的另一端系在固定点 O，并与铅垂线呈 $\varphi=60^\circ$ 角。已知小球在水平面内做匀速圆周运动，试求小球的速度和绳子的拉力。

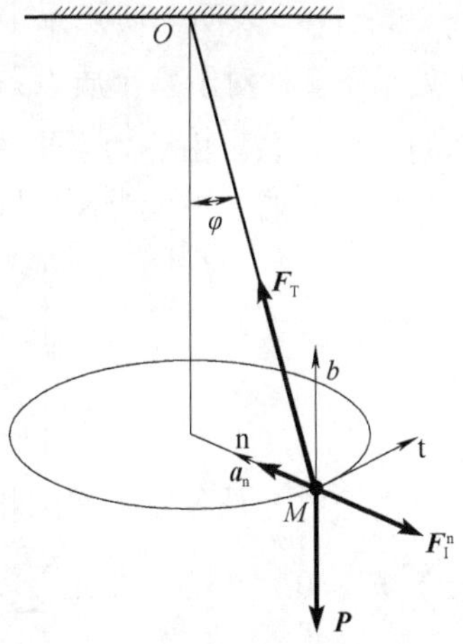

图 11.4

11-1

解：(1) 受力分析。以小球为研究对象，它受到重力 $\boldsymbol{P}$ 及绳子拉力 $\boldsymbol{F}_\mathrm{T}$ 的共同作用，如图 11.4 所示。

(2) 加速度分析。由于小球在水平面内做匀速圆周运动，其加速度只有法向加速度 $\boldsymbol{a}_\mathrm{n}$，且

$$a_\mathrm{n}=\frac{v^2}{\rho}=\frac{v^2}{l\sin\varphi} \tag{a}$$

(3) 加惯性力。根据法向加速度的方向，在小球上假想地加上与法向加速度相反的法向惯性力 $\boldsymbol{F}_\mathrm{I}^\mathrm{n}$，如图 11.4 所示，其大小为

$$F_\mathrm{I}^\mathrm{n}=\frac{P}{g}a_\mathrm{n}=\frac{P}{g}\frac{v^2}{l\sin\varphi} \tag{b}$$

(4) 列平衡方程。加上惯性力之后，小球的受力构成了形式上的平衡力系，根据质点的达朗贝尔原理，小球的平衡方程为

$$\boldsymbol{F}_\mathrm{T}+\boldsymbol{P}+\boldsymbol{F}_\mathrm{I}^\mathrm{n}=0 \tag{c}$$

将式 (c) 向自然轴系上投影，如图 11.4 所示，可得下面的平衡方程：

$$\sum F_\mathrm{n}=0,\qquad F_\mathrm{T}\sin\varphi-F_\mathrm{I}^\mathrm{n}=0 \tag{d}$$

$$\sum F_b=0,\qquad F_\mathrm{T}\cos\varphi-P=0 \tag{e}$$

由式 (e) 解得 F_T，并连同式 (b) 代入式 (d) 解得

$$F_\mathrm{T}=\frac{P}{\cos\varphi}=19.6\mathrm{N},\qquad v=\sqrt{\frac{gl\sin^2\varphi}{\cos\varphi}}=2.1\mathrm{m/s}$$

从此例可知，用动静法求解质点动力学问题的一般步骤为：①根据题意选取研究对象；②受力分析；③加速度分析与计算；④根据加速度的方向加惯性力；⑤列平衡方程并求解。

11.1.3　质点系的达朗贝尔原理

设质点系由 n 个质点组成，其中第 i 个质点的质量为 m_i，加速度为 $\boldsymbol{a}_i$，作用在该质点上的主动力为 $\boldsymbol{F}_i$、约束力为 $\boldsymbol{F}_{\mathrm{N}i}$。根据每个质点的加速度假想地在每个质点上加上相应的惯性力，并有 $\boldsymbol{F}_{\mathrm{I}i}=-m_i\boldsymbol{a}_i$。由质点的达朗贝尔原理，对第 i 个质点有

$$\boldsymbol{F}_i+\boldsymbol{F}_{\mathrm{N}i}+\boldsymbol{F}_{\mathrm{I}i}=0\qquad (i=1,2,\cdots,n) \tag{11.5}$$

式 (11.5) 表明，质点系中的每一个质点在主动力 $\boldsymbol{F}_i$、约束力 $\boldsymbol{F}_{\mathrm{N}i}$ 和惯性力 $\boldsymbol{F}_{\mathrm{I}i}$ 的共同作用下处于形式上的平衡。

若将作用在质点系上每一个质点的力分为外力和内力，并设第 i 个质点上的外力为 $\boldsymbol{F}_i^e$、内力为 $\boldsymbol{F}_i^i$，则式 (11.5) 写为

$$\boldsymbol{F}_i^e+\boldsymbol{F}_i^i+\boldsymbol{F}_{\mathrm{I}i}=0\qquad (i=1,2,\cdots,n) \tag{11.6}$$

式(11.6)表明，质点系中的每一个质点在外力 $\boldsymbol{F}_i^e$、内力 $\boldsymbol{F}_i^i$ 和惯性力 $\boldsymbol{F}_{\mathrm{I}i}$ 的作用下在形式上处于平衡。对于整个质点系而言，外力 $\boldsymbol{F}_i^e$、内力 $\boldsymbol{F}_i^i$、惯性力 $\boldsymbol{F}_{\mathrm{I}i}$ $(i=1,2,\cdots,n)$ 在形式上构成空间任意力系。由静力学平衡理论可知，空间任意力系平衡的必要与充分条件是力系的主矢和对任一点的主矩均为零，即

$$\begin{cases}\sum_{i=1}^{n}\boldsymbol{F}_i^e+\sum_{i=1}^{n}\boldsymbol{F}_i^i+\sum_{i=1}^{n}\boldsymbol{F}_{\mathrm{I}i}=0\\ \sum_{i=1}^{n}M_O(\boldsymbol{F}_i^e)+\sum_{i=1}^{n}M_O(\boldsymbol{F}_i^i)+\sum_{i=1}^{n}M_O(\boldsymbol{F}_{\mathrm{I}i})=0\end{cases}\tag{11.7}$$

由于内力是各质点间的相互作用力，总是大小相等，方向相反，成对出现，故内力的主矢 $\sum_{i=1}^{n}\boldsymbol{F}_i^i=0$，内力的主矩 $\sum_{i=1}^{n}M_O(\boldsymbol{F}_i^i)=0$。所以式(11.7)可写为

$$\begin{cases}\sum_{i=1}^{n}\boldsymbol{F}_i^e+\sum_{i=1}^{n}\boldsymbol{F}_{\mathrm{I}i}=0\\ \sum_{i=1}^{n}M_O(\boldsymbol{F}_i^e)+\sum_{i=1}^{n}M_O(\boldsymbol{F}_{\mathrm{I}i})=0\end{cases}\tag{11.8}$$

即**质点系的达朗贝尔原理：作用在质点系上的所有外力与虚加在每个质点上的惯性力在形式上构成平衡力系**。这表明质点系的动力学问题也可以用动静法求解。

【例 11.2】 如图 11.5 所示，质量为 m、长度为 l 的均质杆在点 O 与铅垂转轴固接，其夹角为 θ。若轴以匀角速 ω 转动，求杆在点 O 的约束反力。

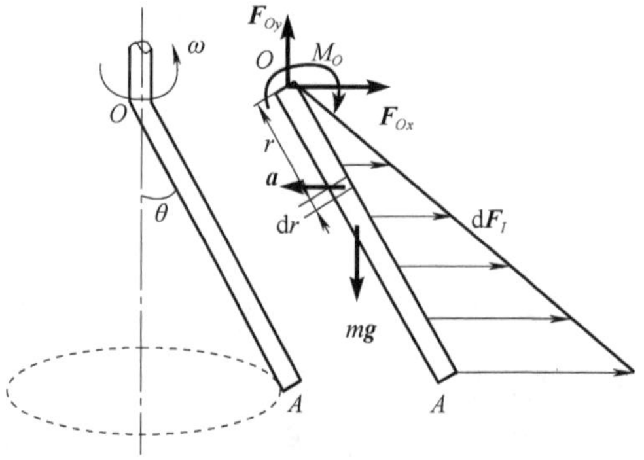

图 11.5

解：(1)受力分析。以 OA 杆为研究对象，受力如图 11.5 所示。

(2)加速度分析。OA 杆绕垂直轴做定轴转动，杆上各点的加速度方向相同，均指向转轴，而杆上各点到转轴的距离不相同，加速度的大小不相同，因此应分别加以考虑。在杆上距 O 点为 r 处取微段 dr，其加速度指向转轴，大小为 $a=\omega^2 r\sin\theta$。

(3)加惯性力。微段的质量 $\mathrm{d}m=m\mathrm{d}r/l$，在此微段上假想地加上惯性力 $\mathrm{d}\boldsymbol{F}_{\mathrm{I}}$，它的大小为

$$\mathrm{d}F_{\mathrm{I}}=\mathrm{d}m\cdot a=\frac{m}{l}\omega^2 r\sin\theta\mathrm{d}r\tag{a}$$

方向与加速度方向相反。在杆的各微段上均加上各自的惯性力，惯性力与主动力和约束反力在图示瞬时构成了平面平衡力系。

(4) 列平衡方程。

由 $\sum F_x = 0$，得

$$F_{Ox} + \int_0^l \mathrm{d}F_\mathrm{I} = 0$$

将式(a)代入上式，得

$$F_{Ox} + \int_0^l \frac{m}{l}\omega^2 \sin\theta r \mathrm{d}r = 0$$

移项积分得

$$F_{Ox} = -\frac{m}{2}\omega^2 l \sin\theta$$

由 $\sum F_y = 0$，得

$$F_{Oy} - mg = 0$$

$$F_{Oy} = mg$$

由 $\sum M_O = 0$，微元惯性力对 O 点的矩为 $\mathrm{d}F_\mathrm{I} r\cos\theta$，于是可得

$$\int_0^l \mathrm{d}F_\mathrm{I} r\cos\theta - \frac{l}{2}mg\sin\theta - M_O = 0$$

将式(a)代入上式并积分得约束端力矩为

$$\begin{aligned} M_O &= \int_0^l \frac{m}{l}\omega^2 \sin\theta\cos\theta r^2 \mathrm{d}r - \frac{l}{2}mg\sin\theta \\ &= \frac{m\omega^2}{6}l^2\sin(2\theta) - \frac{l}{2}mg\sin\theta \\ &= \frac{ml}{6}\left[\omega^2 l\sin(2\theta) - 3g\sin\theta\right] \end{aligned}$$

11.2　惯性力系的简化及达朗贝尔原理的应用

从例 11.2 可以看出，在应用动静法解决质点系的动力学问题时，需要在每个质点上虚加惯性力，而每个质点的加速度不同，惯性力也不同，这样就形成了分布的惯性力系，在研究刚体动力学问题时很不方便。因此，需要对惯性力系进行简化，以便求解。刚体惯性力系的简化与刚体的运动情况有关，下面分别对刚体做平移、做定轴转动和平面运动时的惯性力系进行简化。

11.2.1　刚体做平移时惯性力系的简化

当刚体做平移时，任一瞬时刚体上各点都具有相同的加速度 $\boldsymbol{a}_i$，都可用质心 C 的加速度表示，即 $\boldsymbol{a}_C = \boldsymbol{a}_i$，如图 11.6 所示。将惯性力加在每个质点上，组成与质心加速度 $\boldsymbol{a}_C$ 相反的一组相互平行的惯性力系，按照平行力系的简化方法，得到通过质心 C 的惯性力系的合力 $\boldsymbol{F}_{\mathrm{IR}}$，即

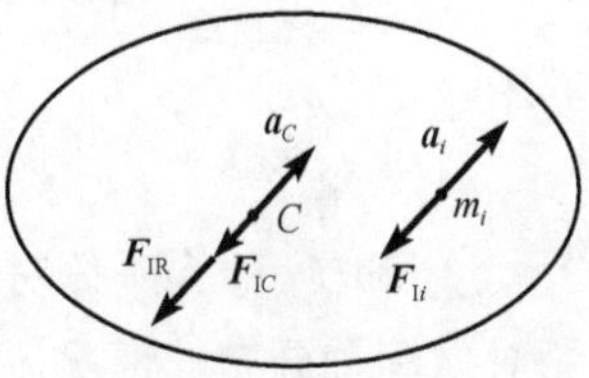

图 11.6

$$\boldsymbol{F}_{\mathrm{IR}}=\sum_{i=1}^{n}\boldsymbol{F}_{\mathrm{I}i}=\sum_{i=1}^{n}-m_i\boldsymbol{a}_i=\sum_{i=1}^{n}-m_i\boldsymbol{a}_C=-\left(\sum_{i=1}^{n}m_i\right)\boldsymbol{a}_C=-m\boldsymbol{a}_C \tag{11.9}$$

由此得到结论：**刚体做平移时，惯性力系可以简化为通过质心的一个合力，其大小等于刚体的质量和质心加速度的乘积**，方向与质心加速度方向相反，此时惯性力系简化的主矩为零。

11.2.2　刚体做定轴转动时惯性力系的简化

设刚体做定轴转动，如图 11.7 所示，已知刚体转动的角速度 ω 和角加速度 α 及刚体的质量 m，在此刚体上，根据各点的加速度，加上相应的惯性力后，组成一个空间任意力系。按力系的简化方法，将力系向转轴上点 O 简化，可得一个主矢和一个主矩，主矢等于各点惯性力的矢量和：

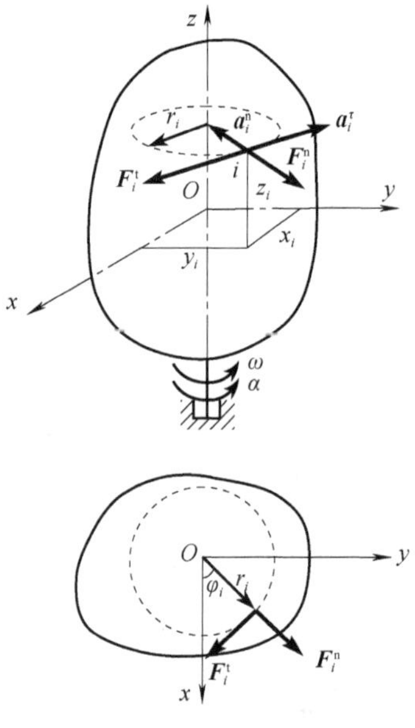

图 11.7

$$\boldsymbol{F}_{\mathrm{IR}}=\sum\boldsymbol{F}_{\mathrm{I}i}=-\sum m_i\boldsymbol{a}_i$$

因 $\sum m_i\boldsymbol{r}_i=m\boldsymbol{r}_C$，对时间取两次导数有 $\sum m_i\boldsymbol{a}_i=m\boldsymbol{a}_C$。因此，惯性力系的主矢为

$$\boldsymbol{F}_{\mathrm{IR}}=-m\boldsymbol{a}_C \tag{11.10}$$

由于刚体上任一点做圆周运动，质心的加速度必位于垂直于转轴的平面上，因此惯性力系的主矢位于与转轴垂直的平面内并通过简化中心点 O。

主矩等于各点惯性力对 O 之矩的矢量和：

$$M_{\mathrm{I}O}=\sum M_O(\boldsymbol{F}_{\mathrm{I}i})$$

根据空间力系的简化方法，主矩大小可由下式计算：

$$M_{\mathrm{I}O}=\sqrt{M_{\mathrm{I}x}^2+M_{\mathrm{I}y}^2+M_{\mathrm{I}z}^2}$$

式中，$M_{\mathrm{I}x}$、$M_{\mathrm{I}y}$ 和 $M_{\mathrm{I}z}$ 分别为各点惯性力对 x、y 和 z 轴的矩之和。

将刚体上任意点的加速度分解为切向和法向加速度，并假想在每个质点上加上惯性力，则有

$$\boldsymbol{F}_{\mathrm{I}i}=-m\boldsymbol{a}=-(m\boldsymbol{a}_i^{\mathrm{t}}+m\boldsymbol{a}_i^{\mathrm{n}})=\boldsymbol{F}_{\mathrm{I}i}^{\mathrm{t}}+\boldsymbol{F}_{\mathrm{I}i}^{\mathrm{n}}$$

式中，$\boldsymbol{F}_{\mathrm{I}i}^{\mathrm{t}}$ 和 $\boldsymbol{F}_{\mathrm{I}i}^{\mathrm{n}}$ 分别为质点的切向和法向惯性力，方向如图 11.7 所示，大小分别为

$$F_{\mathrm{I}i}^{\mathrm{t}}=m_ir_i\alpha,\quad F_{\mathrm{I}i}^{\mathrm{n}}=m_ir_i\omega^2 \tag{11.11}$$

惯性力对 x 轴之矩的和为

$$M_{\mathrm{I}x}=\sum M_x(\boldsymbol{F}_{\mathrm{I}i}^{\mathrm{t}})+\sum M_x(\boldsymbol{F}_{\mathrm{I}i}^{\mathrm{n}})=\alpha\sum m_iz_ir_i\cos\varphi_i-\omega^2\sum m_iz_ir_i\sin\varphi_i$$

式中，$r_i\cos\varphi_i=x_i$；$r_i\sin\varphi_i=y_i$，代入得

$$M_{\mathrm{I}x}=\alpha\sum m_ix_iz_i-\omega^2\sum m_iy_iz_i=\alpha J_{xz}-\omega^2J_{yz}$$

其中，

$$J_{xz}=\sum m_ix_iz_i,\quad J_{yz}=\sum m_iy_iz_i \tag{11.12}$$

J_{xz} 和 J_{yz} 称为刚体对转轴 z 的**离心转动惯量或惯性积**，它们与运动无关，取决于刚体质量对坐标轴分布的情况，与转动惯量具有相同的量纲。

同理，可得到惯性力系对 y 轴和 z 轴的矩，将惯性力系对各轴的矩写在一起得

$$\begin{cases} M_{Ix} = \alpha J_{xz} - \omega^2 J_{yz} \\ M_{Iy} = \alpha J_{yz} + \omega^2 J_{xz} \\ M_{Iz} = -\alpha J_z \end{cases} \tag{11.13}$$

由此得到结论：**做定轴转动的刚体惯性力系向转轴上任意点简化，得到一个力和一个力偶，该力等于刚体质量与质心加速度的乘积，方向与质心加速度方向相反；这个力偶矩矢在直角坐标轴上的投影等于惯性力系对各坐标轴之矩，可由式(11.13)确定。**

现讨论工程中常见的情形。如果刚体有一个垂直于转轴的质量对称面，如图 11.8 所示的 xOy 平面，则刚体上关于对称面对称的任意两个点都有相同的 x、y 坐标和大小相等、符号相反的 z 坐标，因此有

$$J_{xz} = \sum m_i x_i z_i = 0, \quad J_{yz} = \sum m_i y_i z_i = 0$$

也就是说，$M_{Ix} = M_{Iy} = 0$，惯性力系可简化为对称平面内的平面力系：

$$\begin{cases} \boldsymbol{F}_{IR} = -m\boldsymbol{a}_C \\ M_{IO} = M_{Iz} = -J_z \alpha \end{cases} \tag{11.14}$$

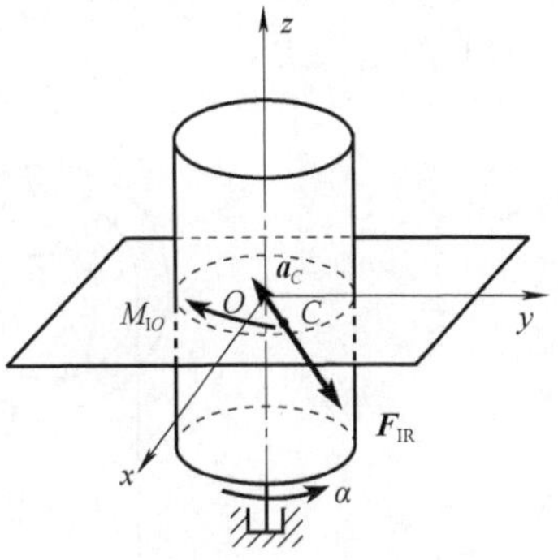

图 11.8

$\boldsymbol{F}_{IR}$ 位于简化中心 O，M_{IO} 的转向与角加速度 α 相反，此时转动刚体的转轴称为**惯性主轴**。

进一步，如果转轴过刚体质心点 C，则 $a_C = 0$，$F_{IR} = 0$，简化结果只剩惯性力偶矩：

$$M_{IO} = -J_z \alpha$$

惯性力偶矩作用于刚体质量对称面内，此时刚体的转轴称为**中心惯性主轴**。

11.2.3　刚体做平面运动时惯性力系的简化

设做平面运动的刚体具有质量对称平面，刚体质心位于该平面上，此时刚体上的惯性力可简化为在此对称平面内的平面力系。由运动学可知，刚体的平面运动可分解为跟随基点的平动和绕基点的转动。取质心 C 为基点，如图 11.9 所示，质心的加速度为 $\boldsymbol{a}_C$，绕质心 C 转动的角加速度为 α，则根据刚体作平动和定轴转动惯性力系的简化结果，刚体作平面运动时惯性力系可简化为一主矢和一主矩，分别为

$$\begin{cases} \boldsymbol{F}_{IR} = -m\boldsymbol{a}_C \\ M_{IC} = -J_C \alpha \end{cases} \tag{11.15}$$

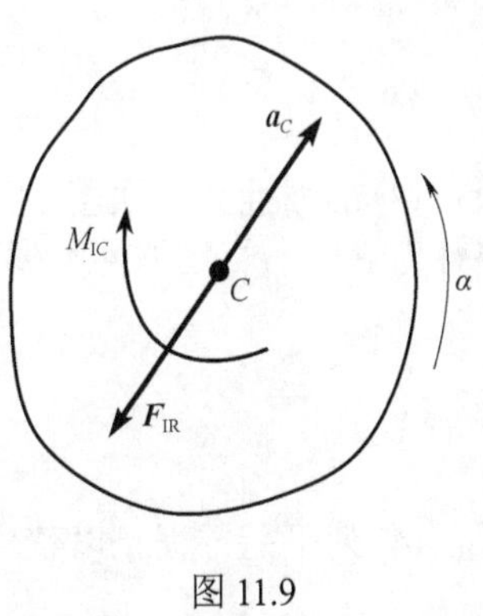

图 11.9

式中，J_C 为刚体对过质心且垂直于质量对称平面的轴的转动惯量。

由此得到结论：**具有质量对称平面的刚体，在平行于此平面运动时，刚体的惯性力系可简化为在此平面内的一个力和一个力偶**。此力的大小等于刚体的质量与质心加速度的乘积，方向与质心加速度方向相反，作用线通过质心；此力偶矩的大小等于刚体对通过质心且垂直于质量对称平面的轴的转动惯量与角加速度的乘积，转向与角加速度转向相反。

从上述刚体做平动、定轴转动和平面运动惯性力系的简化结果可以看出，无论是哪种运

动，惯性力系的主矢都是相同的，都等于刚体质量与其质心加速度的乘积，方向与质心加速度方向相反，并且都作用于简化中心。而对于惯性力矩，其结果依运动情况而异。当刚体做定轴转动并有垂直于转轴的对称面，以及刚体做平面运动时，惯性力矩具有较简单的形式。

【例 11.3】 如图 11.10(a)所示，物体 A 和 B 的质量分别为 m_1 和 m_2，分别系在两条绳子上，绳子又分别绕在半径为 r_1 和 r_2 的同轴塔轮上。已知塔轮对转轴 O 的转动惯量为 J，重量为 W，质心在转轴上。系统在重力作用下发生运动，且 $m_1r_1 > m_2r_2$。试求塔轮的角加速度及轴承 O 处的约束反力。

11-2

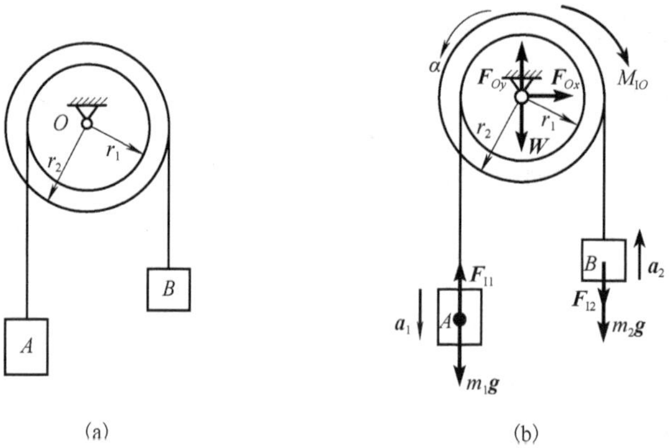

图 11.10

解：(1)取整个系统为研究对象，系统上作用有主动力 $m_1\boldsymbol{g}$、$m_2\boldsymbol{g}$、$\boldsymbol{W}$，轴承的约束反力 $\boldsymbol{F}_{Ox}$、$\boldsymbol{F}_{Oy}$；

(2)可知重物 A、B 做平动，由 $m_1r_1 > m_2r_2$，重物 A 的加速度 $\boldsymbol{a}_1$ 方向向下，重物 B 的加速度 $\boldsymbol{a}_2$ 方向向上。塔轮做定轴转动，角加速度为 α，逆时针转动，且转轴通过质心。由于绳子无重不可伸长，有

$$\begin{cases} a_1 = \alpha r_1 \\ a_2 = \alpha r_2 \end{cases} \tag{a}$$

(3)加惯性力。如图 11.10(b)所示，根据达朗贝尔原理，在物体 A、B 及塔轮上分别施加惯性力 $\boldsymbol{F}_{I1}$、$\boldsymbol{F}_{I2}$ 及惯性力偶 M_{IO}，且

$$\begin{cases} F_{I1} = m_1a_1 \\ F_{I2} = m_2a_2 \\ M_{IO} = J\alpha \end{cases} \tag{b}$$

(4)列平衡方程。以整体为研究对象列平衡方程，并将式(a)、式(b)代入，有

$$\sum F_x = 0, \quad F_{Ox} = 0$$

$$\sum F_y = 0, \quad F_{Oy} - m_1g - m_2g - W - F_{I2} + F_{I1} = 0$$

即可得

$$F_{Oy} - m_1g - m_2g - W - m_1\alpha r_1 + m_2\alpha r_2 = 0$$

$$\sum M_O = 0, \quad m_1gr_1 - F_{I1}r_1 - M_{IO} - m_2gr_2 - F_{I2}r_2 = 0$$

即

$$m_1gr_1 - m_1\alpha r_1^2 - J\alpha - m_2gr_2 - m_2\alpha r_2^2 = 0$$

解得

$$\alpha = \frac{(m_1 r_1 - m_2 r_2)g}{m_1 r_1^2 + m_2 r_2^2 + J}$$

$$F_{Ox} = 0\,, \qquad F_{Oy} = (m_1 + m_2)g + W - \frac{(m_1 r_1 - m_2 r_2)^2 g}{m_1 r_1^2 + m_2 r_2^2 + J}$$

从例 11.3 可看出，如用动力学普遍定律求解，需要使用动量矩定理或动能定理求角加速度，然后使用动量定理求约束反力。而采用达朗贝尔原理，只需取一次研究对象列平衡方程即可全部求解，形式上比较简洁。

【例 11.4】　均质圆柱体 C 半径为 R，质量为 m，在外缘上绕有无重不可伸长的细绳，绳的一端 A 固定不动，如图 11.11(a)所示，圆柱体无初速度地自由下降，试求圆柱体质心的加速度和绳的拉力。

解：(1)运动分析。圆柱体 C 在下降过程中做以点 B 为速度瞬心的纯滚动，设轮心加速度为 $\boldsymbol{a}_C$、角加速度为 α，如图 11.11(b)所示。

(2)受力分析。以圆柱体 C 为研究对象，其上作用有圆柱体的重力 $m\boldsymbol{g}$ 和绳的拉力 $\boldsymbol{F}_{\mathrm{T}}$，如图 11.11(b)所示。

(3)加惯性力和惯性力偶。根据轮心 C 的加速度 $\boldsymbol{a}_C$ 方向和轮的角加速度 α 的转向分别在轮上加上惯性力 $\boldsymbol{F}_{\mathrm{I}}$ 和惯性力偶矩 M_{IC}，其方向和转向如图 11.11(b)所示，其大小分别为

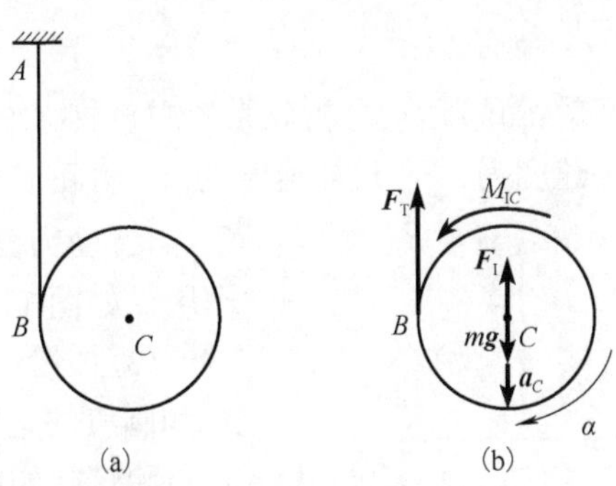

图 11.11

11-3

$$\begin{cases} F_{\mathrm{I}} = ma_C = mR\alpha \\ M_{\mathrm{IC}} = J_C\alpha = \dfrac{1}{2}mR^2\alpha \end{cases} \tag{a}$$

(4)列平衡方程。对图 11.11(b)，有

$$\sum M_B = 0\,, \qquad M_{\mathrm{IC}} - mgR + F_{\mathrm{I}}R = 0 \tag{b}$$

$$\sum F_y = 0\,, \qquad mg - F_{\mathrm{T}} - F_{\mathrm{I}} = 0 \tag{c}$$

将式(a)代入式(b)和式(c)，有

$$\frac{1}{2}mR^2\alpha - mgR + mR^2\alpha = 0 \tag{d}$$

$$mg - F_{\mathrm{T}} - mR\alpha = 0 \tag{e}$$

联立求解式(d)和式(e)，得圆柱体的角加速度和绳的拉力分别为

$$\alpha = \frac{2g}{3R}\,, \qquad F_{\mathrm{T}} = \frac{1}{3}mg$$

由于圆柱体做纯滚动，质心的加速度为

$$a_C = R\alpha = \frac{2}{3}g$$

【例 11.5】 如图 11.12(a)所示，均质圆盘 C 的半径为 r，质量为 m_1，由水平绳拉着沿水平面做纯滚动，绳的另一端跨过定滑轮 B 并系一重物 A，重物的质量为 m_2。绳和定滑轮 B 的质量不计，试求重物下降的加速度，圆盘质心的加速度以及作用在圆盘上绳的拉力。

11-4

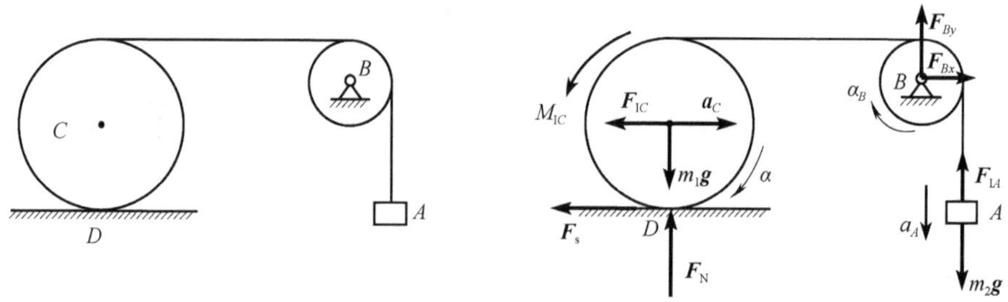

(a)　　(b)

图 11.12

解：(1)运动分析。系统中重物 A 做平动，设加速度大小为 a_A；圆盘 C 做平面运动，质心加速度为 a_C，角加速度为 α，滑轮 B 做定轴转动，角加速度为 α_B，如图 11.12(b)所示。

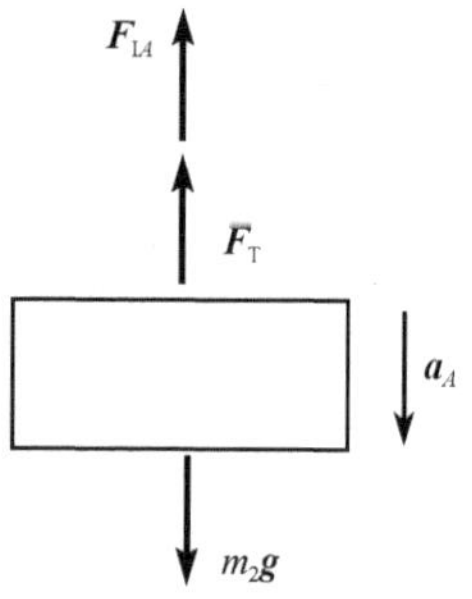

图 11.13

(2)受力分析。以整体为研究对象，受重力、约束反力及摩擦力作用，如图 11.12(b)所示。

(3)加惯性力。滑轮 B 不计质量，不需要加惯性力偶。根据重物 A 和圆盘的运动及加速度，假想地加上相应的惯性力或惯性力偶，方向和转向如图 11.12(b)所示。考虑圆盘做纯滚动，惯性力和惯性力偶大小均可用 a_A 分别表示为

$$F_{IA} = m_2 a_A \tag{a}$$

$$F_{IC} = m_1 a_C = \frac{1}{2} m_1 a_A \tag{b}$$

$$M_{IC} = J_C \alpha = \frac{1}{2} m_1 r^2 \frac{a_C}{r} = \frac{1}{2} m_1 r \frac{a_A}{2} = \frac{1}{4} m_1 r a_A \tag{c}$$

(4)列平衡方程求解。以重物 A 为研究对象，A 所受力有重力 $m_2\boldsymbol{g}$，绳的拉力 $\boldsymbol{F}_T$ 和惯性力 $\boldsymbol{F}_{IA}$，如图 11.13 所示。

列平衡方程有

$$\sum F_y = 0, \quad m_2 g - F_T - F_{IA} = 0$$

将式(a)代入，得

$$m_2 g - F_T - m_2 a_A = 0 \tag{d}$$

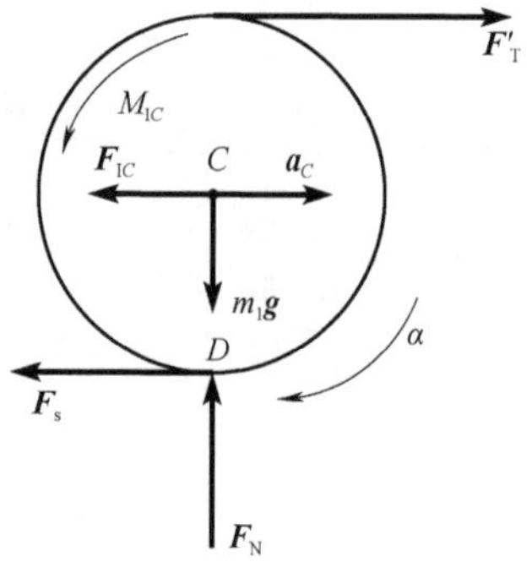

图 11.14

再以圆盘 C 为研究对象，作用在圆盘上的力有重力 $m_1\boldsymbol{g}$，绳的拉力 $\boldsymbol{F}_T'$，法向约束力 $\boldsymbol{F}_N$，摩擦力 $\boldsymbol{F}_s$ 以及惯性力 $\boldsymbol{F}_{IC}$ 和惯性力偶矩 M_{IC}，如图 11.14 所示。

列平衡方程

$$\sum M_D = 0, \quad M_{IC} + F_{IC} r - F_T' \cdot 2r = 0$$

将式(b)和式(c)代入得

$$3m_1 a_A - 8F_T' = 0 \tag{e}$$

式(d)和式(e)联立，并注意 $F_T = F_T'$，得到重物下降的加速度为

$$a_A = \frac{8m_2}{3m_1 + 8m_2} g$$

则圆盘质心 C 的加速度为

$$a_C = \frac{1}{2} a_A = \frac{4m_2}{3m_1 + 8m_2} g$$

由式(e)可知，作用在圆盘上绳的拉力为

$$F_T' = \frac{3m_1 m_2}{3m_1 + 8m_2} g$$

通过列平衡方程，也可以方便地求出圆盘的摩擦力和滑轮支反力，读者可自行尝试。

动静法利用静力平衡方程求解动力学问题，一旦给系统加上惯性力和惯性力偶，动力学问题就可归结为求解“静力平衡”问题，给动力学问题的求解提供了方便，这也是该方法受工程界欢迎的原因。

动静法解题的步骤：首先进行受力分析，画受力图；然后分析系统中各物体的运动，根据各刚体的运动形式及惯性力系的简化结果，虚加惯性力和惯性力偶，最后根据题意灵活选取研究对象，并按列静力平衡方程的方法予以求解。

动静法解题的关键是正确分析运动物体加速度和角加速度，以及虚加惯性力和惯性力偶矩，这就要求掌握刚体不同运动形式惯性力系的简化结果，熟练计算有关加速度和角加速度。

11.3　定轴转动刚体的轴承动约束反力及动平衡概念

在工程中，绕定轴转动的转子在高速转动时常会使轴承受巨大的附加压力，以致损坏机器零件或引起强烈的振动，因此分析其产生的原因，进而找到避免产生动约束力的方法是非常重要的。

11-5

设刚体在主动力 $\boldsymbol{F}_1, \cdots, \boldsymbol{F}_n$ 作用下绕 z 轴转动，某瞬时转动角速度为 ω，角加速度为 $\boldsymbol{\alpha}$，若在每个质点上假想地加上惯性力，则刚体上的主动力、约束反力及惯性力构成形式上的平衡力系。将主动力和惯性力向轴线上点 O 简化，得到主动力的主矢 $\boldsymbol{F}_R$ 和主矩 M_O 及惯性力的主矢 $\boldsymbol{F}_I$ 和主矩 M_I，如图 11.15 所示。由平衡方程可以解得

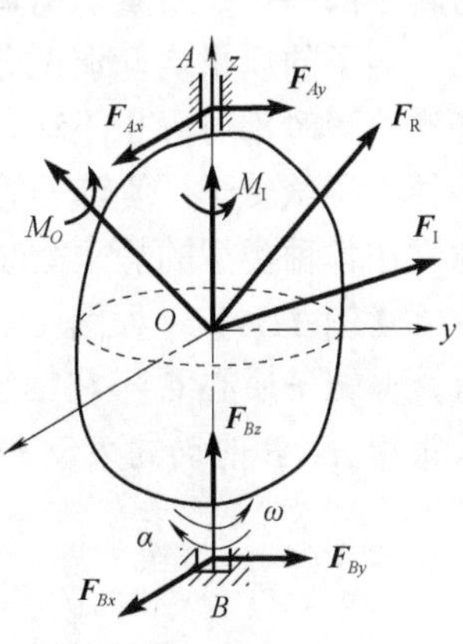

图 11.15

$$F_{Ax} = -\frac{1}{AB}[(M_y + F_{Rx} \cdot \overline{OB}) + (M_{Iy} + F_{Ix} \cdot \overline{OB})]$$

$$F_{Ay} = \frac{1}{AB}[(M_x - F_{Ry} \cdot \overline{OB}) + (M_{Iy} - F_{Iy} \cdot \overline{OB})]$$

$$F_{Bx} = \frac{1}{AB}[(M_y - F_{Rx} \cdot \overline{OA}) + (M_{Iy} - F_{Ix} \cdot \overline{OA})]$$

$$F_{By} = -\frac{1}{AB}[(M_x + F_{Ry} \cdot \overline{OA}) + (M_{Ix} + F_{Iy} \cdot \overline{OA})]$$

$$F_{Bz} = -F_{Rz}$$

式中，F_{Ax}、F_{Ay}、F_{Bx} 和 F_{By} 的右端第一项只与作用于刚体上的主动力有关，而与刚体的运动无关。后一项则包含惯性力和惯性力偶项，只与刚体的运动有关而与主动力无关。因此，前者称为静约束反力，后者称为附加动约束反力。两部分组成转轴的完全约束反力。另外，从上述结果可知，定轴转动刚体的轴承动约束反力始终与转轴垂直。

为了消除由运动而产生的附加动约束反力，F_{Ax}、F_{Ay}、F_{Bx} 和 F_{By} 中的后一项必须等于零，从而要求：

11-6

$$M_{\mathrm{I}x}=M_{\mathrm{I}y}=0,\qquad F_{\mathrm{I}x}=F_{\mathrm{I}y}=0$$

即，惯性力系的主矢和主矩需同时为零，表明惯性力相互平衡，据此可得

$$F_{\mathrm{I}x}=ma_{Cx}=0,\qquad F_{\mathrm{I}y}=ma_{Cy}=0$$

$$M_{\mathrm{I}x}=J_{xz}\alpha-J_{yz}\omega^2=0,\qquad M_{\mathrm{I}y}=J_{yz}\alpha+J_{xz}\omega^2=0$$

11-7

这表明：① $a_C=0$，即要求转轴需通过刚体的质心；② $J_{xz}=J_{yz}=0$，即要求转轴为过 O 点的惯性主轴。

因此，避免出现轴承动约束反力的条件是转轴通过刚体质心及刚体对转轴的惯性积等于零。

11-8

同时满足条件①和②的转轴称为**中心惯性主轴**，于是轴承动约束反力为零的条件也可叙述为：刚体的转轴应为**中心惯性主轴**。对于工程中常见的具有质量对称面的转动刚体，使轴承动约束反力为零的条件是转轴通过质心并与质量对称面垂直。

刚体绕定轴转动时惯性力系相互平衡的状态称为**动平衡**。很显然，动平衡状态下轴承的动约束反力为零。转动刚体的动平衡问题在现代机械的设计制造中是一个非常重要的问题，特别是对于高速运转的转动部件，如内燃机、发动机转子等，若事先没有达到动平衡，在高速转动时就会引起巨大的动约束反力，造成零件的磨损和破坏。因此，在设计中首先应考虑动平衡问题。然而，即使在设计中使转动部件达到了动平衡，在加工安装过程中不可避免地产生的误差也会使这些部件在实际运转中无法达到动平衡。此时，为消除这种现象，可以先对转子部件进行**质量均衡调试**。

转子的质量均衡调试分为两方面：一是静平衡调试，即调整转子质量分布，使转子转到任意位置时都可静止不动，表示转轴通过质心，惯性力主矢对转轴的矩等于零；二是在运转条件下调试转子，使转子的质量对称面与转轴垂直，即将转轴调试为中心惯性主轴。实际上，通常在各种类型的静平衡装置、动平衡机上进行调试。

【例 11.6】 如图 11.16 所示的机器转子，重量 $P=200\mathrm{N}$，转轴与转子的质量对称面垂直，但转子质心 C 不在轴线上，偏心距 $e=0.1\mathrm{mm}$，当转子以 $n=12000\mathrm{r/min}$ 的速度转动时，求轴承 A、B 的动约束反力。

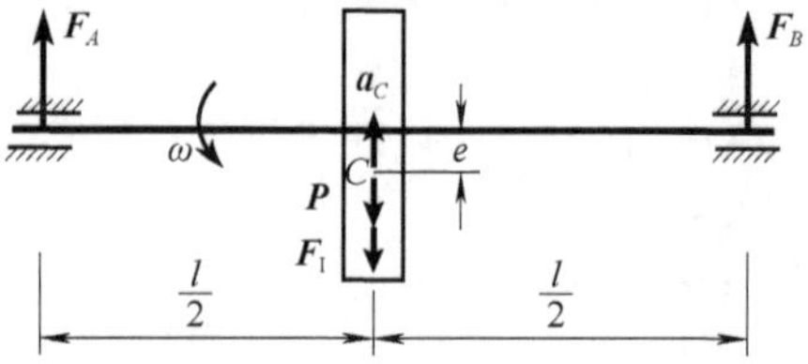

11-9

图 11.16

解：以转子为研究对象画受力图，主动力为 $\boldsymbol{P}$，约束反力为 $\boldsymbol{F}_A$ 及 $\boldsymbol{F}_B$。转子做匀速定轴转动，且转轴垂直于转子质量对称面。将惯性力向质心点 C 简化，得到惯性力系的主矢，其大小为

$$F_{\mathrm{I}} = \frac{P}{g}a_C = \frac{P}{g}e\omega^2$$

方向与点 C 加速度方向相反，在图示位置时，$\boldsymbol{F}_{\mathrm{I}}$ 铅垂向下，列平衡方程：

$$\sum M_A = 0, \quad F_B l - (F_{\mathrm{I}} + P)\frac{l}{2} = 0$$

$$\sum M_B = 0, \quad (F_{\mathrm{I}} + P)\frac{l}{2} - F_A l = 0$$

解得

$$F_A = F_B = \frac{P}{2} + \frac{F_I}{2} = \frac{P}{2} + \frac{P}{2g}e\omega^2 = F' + F''$$

式中，$F' = P/2 = 100\,\mathrm{N}$，为静约束反力，由重力引起。

$$F'' = \frac{P}{2g}e\omega^2 = \frac{P}{2g}e\left(\frac{n\pi}{30}\right)^2 = \frac{Pe}{1800g}n^2\pi^2 = 1609(\mathrm{N})$$

为附加动约束反力，由运动引起。

F' 和 F'' 的对比表明，在转子做高速旋转时，0.1mm 的微小偏心距引起的附加动约束反力约是静约束反力的 16 倍，这在工程中应引起足够的重视。

思　考　题

11-1　判断下列的说法是否正确。

(1) 凡是运动的物体都有惯性力。

(2) 作用在质点系上的所有外力和质点系中所有质点的惯性力在形式上组成平衡力系。

(3) 处于瞬时平动状态的刚体，在该瞬时其惯性力系向质心简化的主矩必为零。

(4) 平面运动刚体惯性力系的合力必作用在刚体的质心上。

(5) 惯性力是因物体运动时的惯性而产生的，所以实际上是作用于物体上的一种力。

(6) 做匀速曲线运动的质点，其惯性力必然等于零。

(7) 平动刚体的惯性力系向任一点简化得到一合力 $\boldsymbol{F}_{\mathrm{I}} = -m\boldsymbol{a}_C$。

(8) 凡是做定轴转动的刚体惯性力主矩都不为零。

11-2　如思图 11.1 所示，均质杆 AB 的质量为 m，由三根等长细绳悬挂在水平位置，在图示位置突然割断 O_1B，则该瞬时杆 AB 的加速度为__________(表示为 θ 的函数，方向在图中画出)。

11-3　半径为 R 的圆环在水平面内绕铅垂轴 O 以角速度 ω、角加速度 α 转动。环内有一质量为 m 的光滑小球 M，如思图 11.2 所示，图示瞬时(θ 为已知)有相对速度 $\boldsymbol{v}_{\mathrm{r}}$ (方向如图)，则该瞬时小球的科氏惯性力 $F_{\mathrm{c}}^{\mathrm{I}} =$__________；牵连惯性力 $F_{e\tau}^{\mathrm{I}} =$__________，$F_{en}^{\mathrm{I}} =$__________(方向在图中画出)。

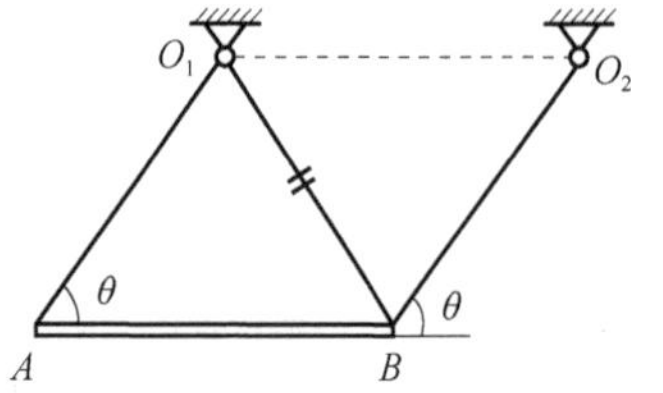

思图 11.1

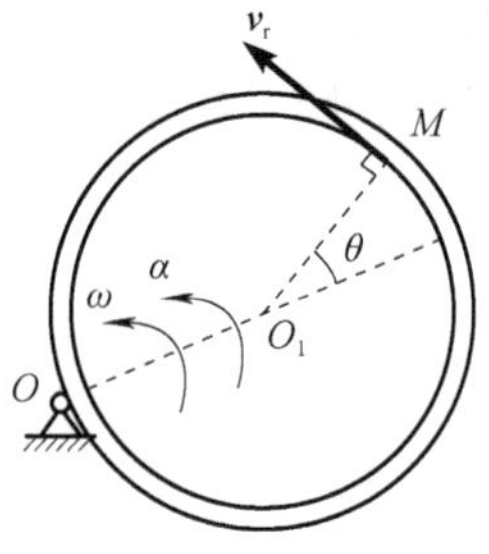

思图 11.2

11-4　如思图 11.3 所示，系统由均质圆盘与均质细杆铰连而成。已知：圆盘半径为 r、质量为 M，杆长度为 l，质量为 m。在图示位置，杆的角速度为ω、角加速度为α，圆盘的角速度、角加速度均为零。则系统惯性力系向定轴 O 简化后，其主矩为__________。

11-5　如思图 11.4 所示，均质圆盘半径为 R，质量为 m，沿斜面做纯滚动。已知轮心加速度为 $\boldsymbol{a}$，则圆盘各质点的惯性力向 O 点简化的结果是：惯性力系主矢 $\boldsymbol{F}_{IR}$ 的大小等于__________，惯性力系主矩 M_{IO} 的大小等于__________(方向在图中画出)。

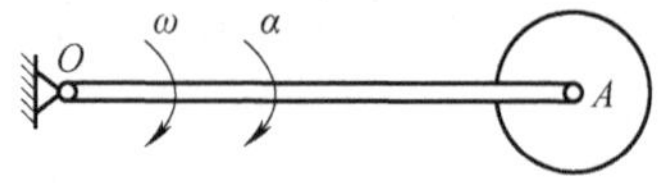

思图 11.3

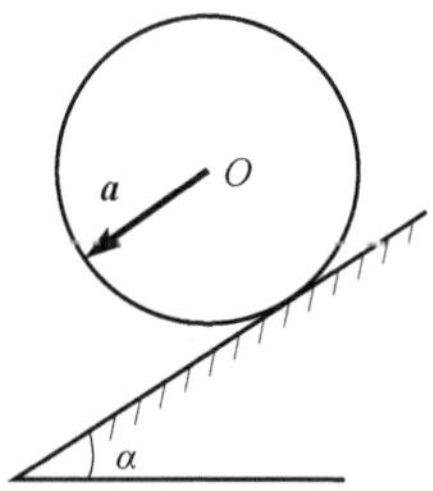

思图 11.4

习　题

11.1　如题图 11.1 所示，运送货物的小车装载着质量为 m 的货箱，货箱可视为均质长方体，侧面宽度 D=1m，高度 h=2m，货箱与小车间的摩擦系数为 f=0.35。试求安全运送时小车的最大许可加速度。

11.2　如题图 11.2 所示，长度为 l、重量为 P 的均质杆 AD 用铰 B 及绳 AE 维持在水平位置。若将绳突然切断，求此瞬时杆的角加速度和铰 B 上的约束反力。

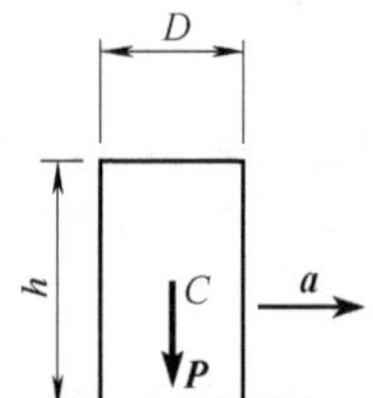

题图 11.1

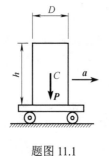

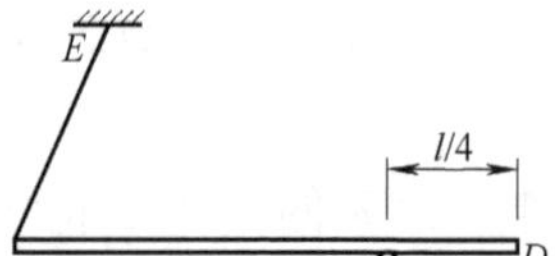

题图 11.2

11.3　如题 11.3 图所示，半径为 R、质量为 m 的圆轮，其周缘上开有一个窄槽，槽底半径为 r，在窄槽内缠绕一根细绳。在细绳的端点 A 作用一个水平力 $\boldsymbol{P}$，使圆轮在水平面上做纯滚动，圆轮对质心 C 的回转半径为 ρ。试求轮心 C 的加速度和摩擦力 F。

11.4　矩形均质平板的尺寸如题图 11.4 所示，质量为 27kg，由两个销子 A、B 悬挂。若突然撤去销子 B，求在撤去的瞬时平板的角加速度和销子 A 的约束力。

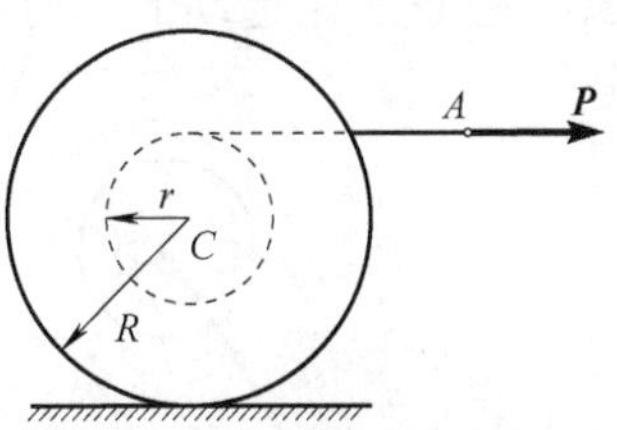

题图 11.3

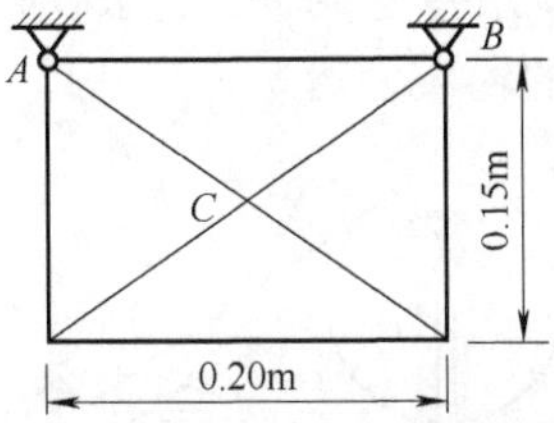

题图 11.4

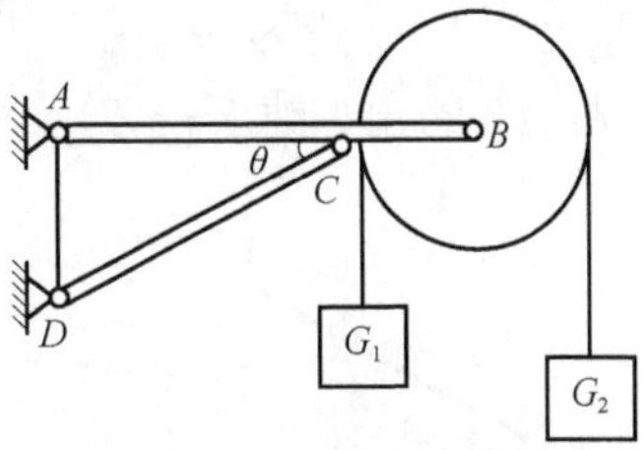

题图 11.5

11.5　如题图 11.5 所示，两重物通过无重滑轮用绳连接，滑轮又铰接在无重支架上。已知物 G_1、G_2 的质量分别为 m_1=50kg、m_2=70kg，杆 AB 长度 l_1=120cm，A、C 间的距离 l_2=80cm，滑轮半径 $r = 40\text{cm}$，夹角 $\theta = 30°$。试求杆 CD 所受的力。

11.6　如题图 11.6 所示，均质圆轮铰接在正三角形支架上。已知轮半径 $r = 0.1\text{m}$、重力的大小 $Q = 20\text{kN}$，重物 G 重力的大小 $P = 100\text{N}$，支架尺寸 $l = 0.3\text{m}$，不计支架质量，轮上作用一个常力偶，其矩 $M = 32\text{kN·m}$。试求：(1) 重物 G 上升的加速度；(2) 支座 B 的约束力。

11.7　如题图 11.7 所示，系统位于铅垂面内，由鼓轮 C 与重物 A 组成。已知鼓轮质量为 m，小轮半径为 r，大轮半径 R=2r，对过 C 且垂直于鼓轮平面的轴的回转半径 ρ=1.5r，重物 A 的质量为 2m。试求：(1) 鼓轮中心 C 的加速度；(2) AB 段绳与 DE 段绳的张力。

11.8　如题图 11.8 所示的凸轮导板机构中，偏心轮的偏心距 $\overline{OA} = e$。偏心轮绕 O 轴以匀角速度 ω 转动。当导板 CD 在最低位置时，弹簧的压缩量为 b。导板质量为 m，为使导板在运动过程中始终不离开偏心轮，试求弹簧刚度系数的最小值。

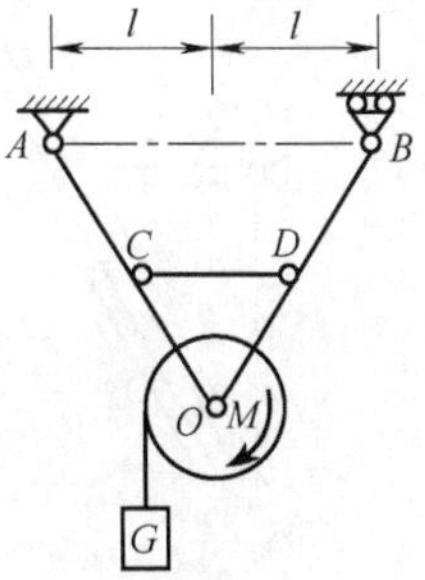

题图 11.6

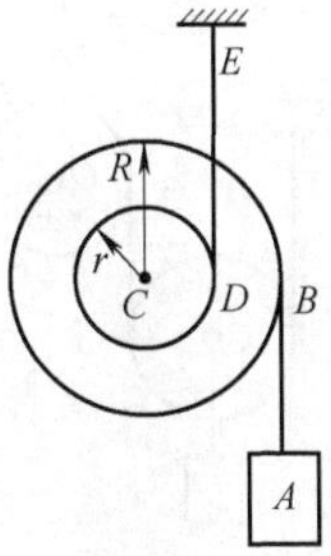

题图 11.7

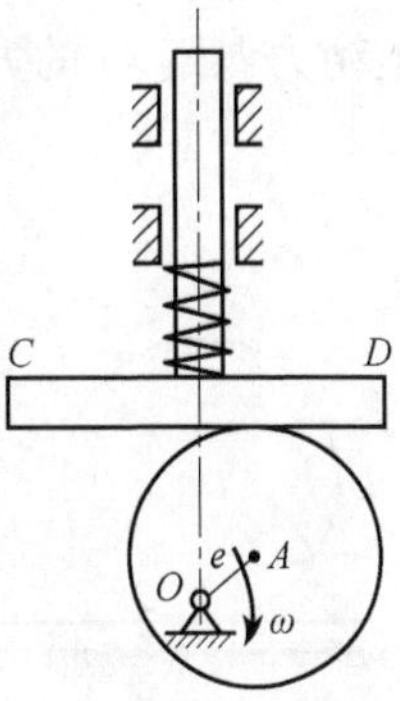

题图 11.8

11.9　如题图 11.9 所示，小车在力 $\boldsymbol{F}$ 作用下沿水平直线行驶，均质细杆 A 端铰接在小车上，另一端靠在车的光滑竖直壁上。已知杆质量 $m = 5\text{kg}$，倾角 $\theta = 30°$，车的质量 $M = 50\text{kg}$。车轮质量及地面与车轮间的摩擦不计。试求水平力 $\boldsymbol{F}$ 为多大时，杆 B 端的受力为零。

11.10　如题图 11.10 所示，均质定滑轮铰接在铅垂无重的悬臂梁上，用绳与滑块相接。已知滑轮半径为 1m、重力大小为 20kN，滑块重力的大小为 10kN，梁长度为 2m，斜面倾角 $\tan\theta = 0.75$，动摩擦系数为 0.1。若在轮 O 上作用一个常力偶矩 M =10kN·m。试求：(1) 滑块 B 上升的加速度；(2) A 处的约束力。

11.11　如题图 11.11 所示，系统位于铅垂面内，由均质细杆及均质圆盘铰接而成。已知杆长度为 l、质量为 m，圆盘半径为 r、质量也为 m。试求杆在 $\theta = 30°$ 位置开始运动的瞬时：(1) 杆 AB 的角加速度；(2) 支座 A 处的约束力。

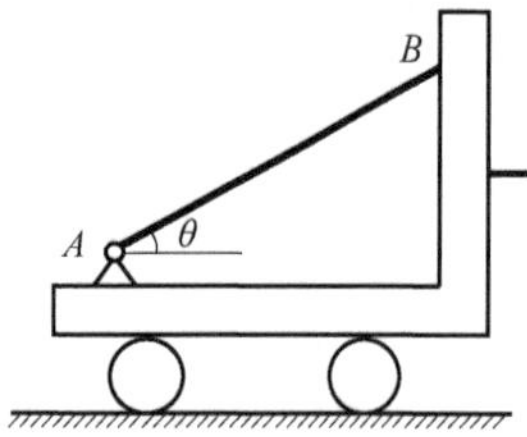

题图 11.9

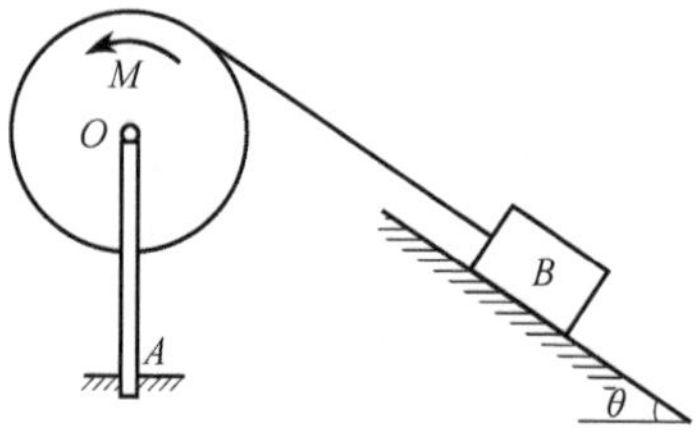

题图 11.10

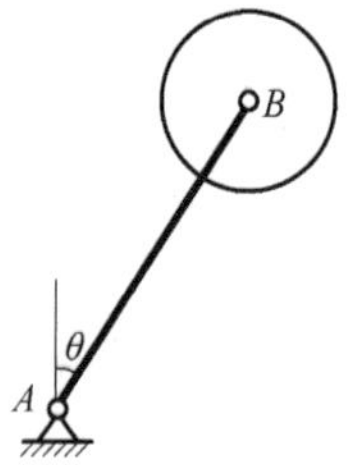

题图 11.11

11.12　如题图 11.12 所示，重力大小为 100N 的平板置于水平面上，其间的摩擦系数 f = 0.20，板上有一个重力大小为 300N、半径为 20cm 的均质圆柱。圆柱与板之间无相对滑动，滚动摩擦力可略去不计。若平板上作用一水平力 F = 200N。求平板的加速度以及圆柱相对于平板滚动的角加速度。

11.13　如题图 11.13 所示，系统由不计质量的定滑轮 O 和均质动滑轮 C、重物 A、B 用绳连接而成。已知轮 C 重力的大小 F_Q = 200N，物块 A、B 重力的大小均为 F_P = 100N，B 与水平支承面间的静摩擦系数 f = 0.2。试求系统由静止开始运动瞬时，D 处绳子的张力。

11.14　曲柄摇杆机构的曲柄 OA 长度为 r、质量为 m，在随时间变化的力偶 M 的驱动下以匀角速度 ω_O 转动，并通过滑块 A 带动摇杆 BD 运动。OB 铅垂，BD 可视为质量为 $8m$ 的均质等直杆，长度为 $3r$，不计滑块 A 的质量和各处摩擦。如题图 11.14 所示瞬时 OA 水平，θ =30°，求此时驱动力偶矩 M 的大小和点 O 处的约束力。

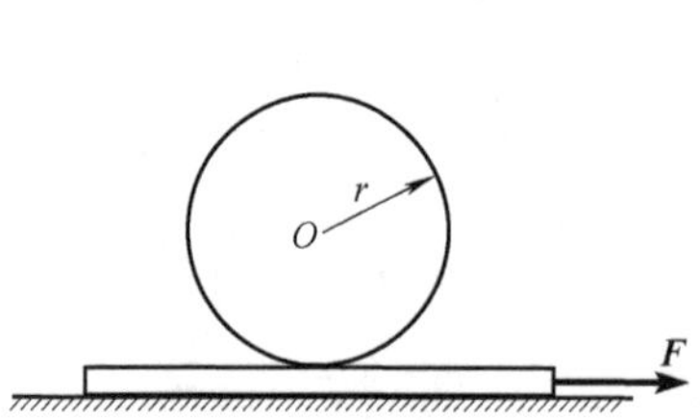

题图 11.12

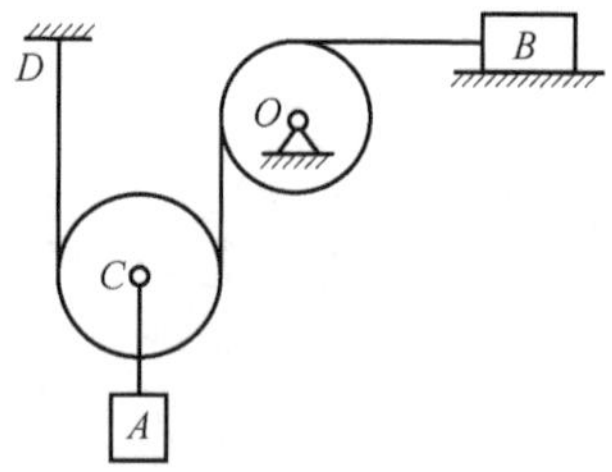

题图 11.13

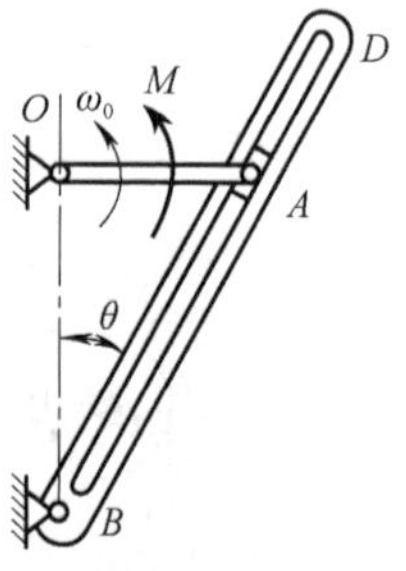

题图 11.14

11.15　如题图 11.15 所示，正方形均质板重量为 40N，在铅垂面内由三根软绳拉住，板的边长为 b = 10cm，AD 和 BE 两绳的长度为 10cm。试求：(1) 当软绳 FG 剪断后，方板开始运动时板中心 C 的加速度以及 AD 和 BE 两绳的拉力；(2) 当绳 AD 和 BE 位于铅垂位置时，板中心 C 的加速度以及 AD 和 BE 两绳的拉力。

11.16　如题图 11.16 所示，直角杆的边长为 a 和 b，直角点与铅垂轴相连，并以匀角速度 ω 转动，试求杆与铅垂线的夹角 φ 与角速度 ω 的关系。

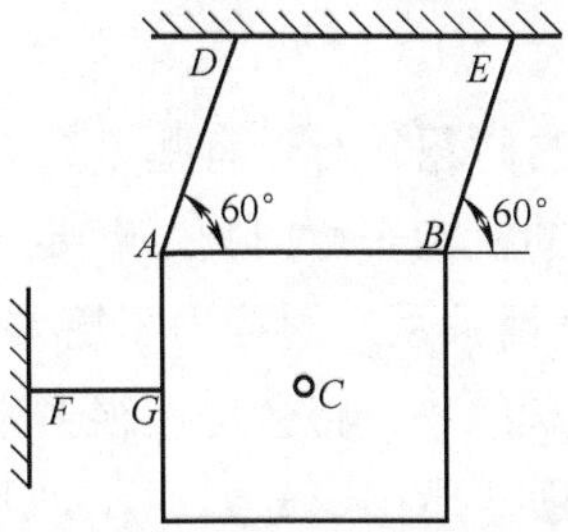

题图 11.15

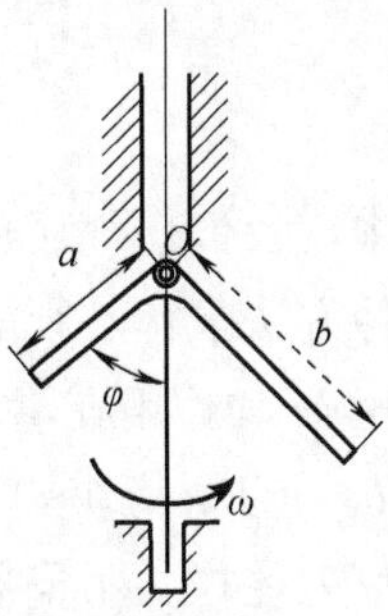

题图 11.16

11.17　如题图 11.17 所示，长度为 l，质量为 m 的均质杆 AB 铰接在半径为 r、质量为 m 的均质圆盘的中心点 A 处，圆盘在水平面上做无滑动的滚动。若杆 AB 由图示水平位置无初速释放，试求杆 AB 运动到铅垂位置时：(1) 杆 AB 的角速度 ω_{AB}，盘心 A 的速度 v_A；(2) 杆 AB 的角加速度 α_{AB}，盘心 A 的加速度 a_A；(3) 地面作用在圆盘上的力。

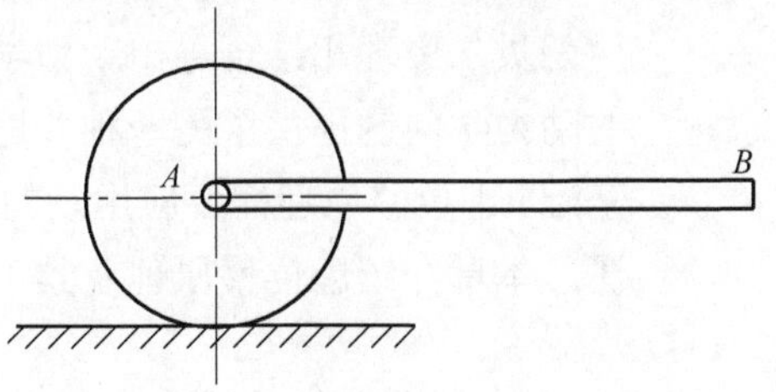

题图 11.17

第 12 章　虚位移原理

在静力学中，我们研究了应用平衡方程求解力系平衡的问题。对于有些复杂系统的平衡问题，若用这种方法求解，则非常繁杂。对于图 12.1 所示的机构平衡问题，若要求作用在曲柄上的主动力矩 M 与作用在滑块 D 上的主动力 $\boldsymbol{F}$ 之间的平衡关系，用静力平衡方程求解时，需分别取杆 OA、点 B、滑块 D 为研究对象，同时在平衡方程组中，将会出现很多未知的约束力，而这些约束力往往并不需要求解，要联立求解这些方程，显得十分繁琐。如用虚位移原理求解系统的平衡问题，在所列的方程中，将不会出现约束反力，方程的数目也将减少，可使运算简化。

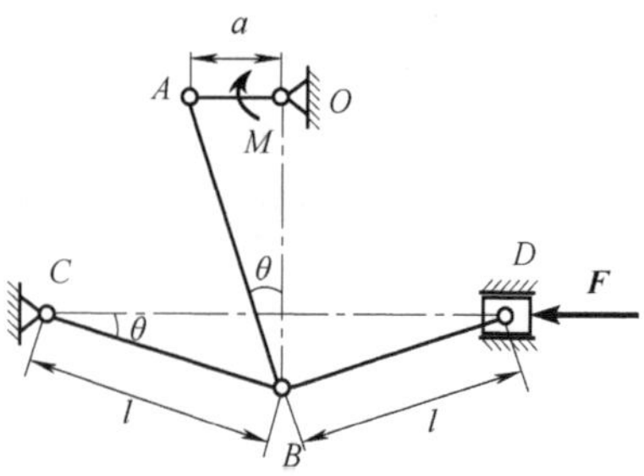

图 12.1

虚位移原理是力学普遍原理之一，它用分析的方法及位移与功的概念建立了任意质点系平衡的必要与充分条件。这部分内容也可称为**分析静力学**，它为解决质点系平衡问题提供了一种普遍而简便的方法。此外，还可将虚位移原理与达朗贝尔原理相结合导出动力学普遍方程，为求解复杂系统的动力学问题提供了另一种普遍的方法，奠定了分析力学的基础。虚位移原理需要应用功的概念，故安排在动力学中阐述。本章介绍虚位移原理及其工程应用。

12.1　约束的概念及分类

工程中大多数物体的运动都受到周围物体的限制，不能任意运动，这种质点系称为非自由质点系。限制非自由质点或质点系位置和运动的条件称为**约束**，这种限制条件的数学表达式称为**约束方程**，可按约束方程的形式对约束进行以下分类。

12.1.1　几何约束和运动约束

限制质点或质点系在空间的几何位置的条件称为**几何约束**。如图 12.2 所示刚性摆杆与质点 M 组成的单摆，M 可绕固定点 O 在平面 xOy 内摆动，摆长为 l。这时摆杆对质点的限制条件是：使质点 M 只能在以点 O 为圆心、以 l 为半径的圆周上运动。若以 x、y 表示质点的坐标，则其约束可用数学方程表示为

$$x^2 + y^2 = l^2 \tag{12.1}$$

又如，空间质点 M 在图 12.3 所示的固定曲面上运动，受曲面的约束，那么曲面方程就是质点 M 的约束方程，即

$$f\left(x, y, z\right) = 0$$

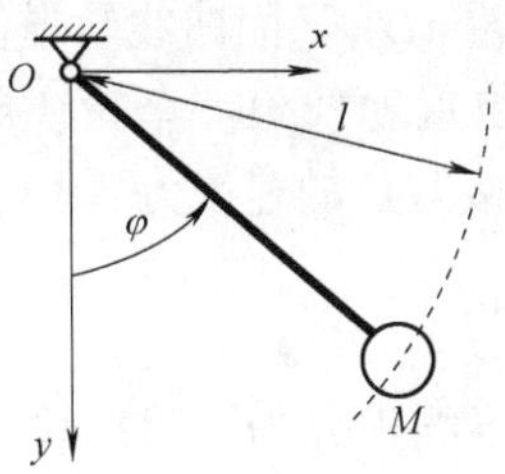

图 12.2

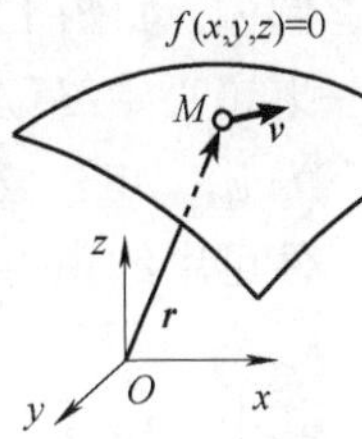

图 12.3

12-1

再如，在图 12.4 所示的曲柄连杆机构中，连杆 AB 所受的约束有：点 A 只能做以点 O 为圆心、以 r 为半径的圆周运动；点 B 与点 A 间的距离始终保持为杆长 l；点 B 始终沿滑道做直线运动。这三个约束条件以约束方程的形式分别表示为

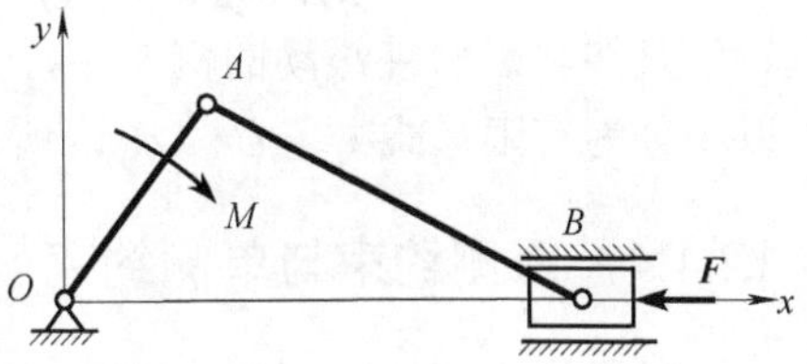

图 12.4

$$\begin{cases} x_A^2 + y_A^2 = r^2 \\ \left(x_B - x_A\right)^2 + \left(y_B - y_A\right)^2 = l^2 \\ y_B = 0 \end{cases} \tag{12.2}$$

上述例子中各约束都是限制物体的几何位置，因此都是几何约束。

限制质点或质点系运动的条件，称为**运动约束**，其约束方程中含有坐标对时间的导数。例如，图 12.5 中在平直轨道上做纯滚动的圆轮，轮心 C 的速度为

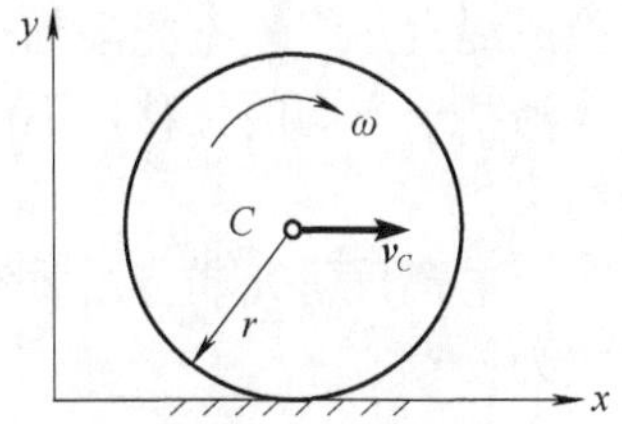

图 12.5

$$v_C = \omega r$$

它是圆轮做纯滚动时的运动限制条件，其运动约束方程表示为

$$v_C - \omega r = 0 \tag{12.3}$$

设 x_C 和 φ 分别为轮心点 C 的坐标和圆轮的转角，则式(12.4)可改写为

$$\dot{x}_C - \dot{\varphi} r = 0$$

12.1.2　定常约束与非定常约束

约束方程中不包含时间的约束称为**定常约束**，一般方程为 $f\left(x, y, z, \cdots, i\right) = 0\left(i = 1 \sim n\right)$，上面各例中的约束均为定常约束。约束方程中包含时间的约束称为**非定常约束**，一般方程为 $f\left(x, y, z, \cdots, i, t\right) = 0\left(i = 1 \sim n\right)$。例如，将单摆的绳穿在小环上，如图 12.6 所示，设初始摆长为 l_0，以不变的速度拉动摆绳，单摆的约束方程为

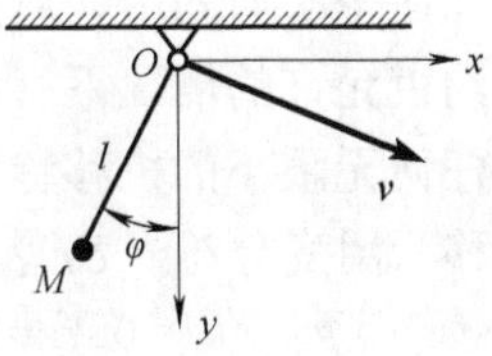

图 12.6

12-2

$$x^2 + y^2 = (l_0 - vt)^2 \tag{12.4}$$

约束方程中有时间变量 t，属于非定常约束。

12.1.3　完整约束与非完整约束

约束方程中含有坐标对时间的导数，而且方程不能积分成有限形式的，称为**非完整约束**。

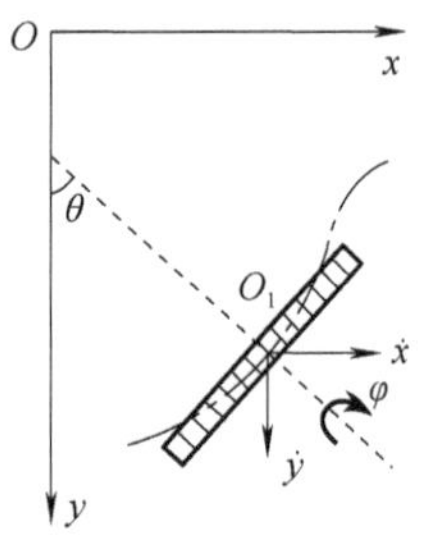

图 12.7

例如，如图 12.7 所示的半径为 r 的车轮沿 xOy 平面曲线轨道做纯滚动，如果轮心始终位于同一平面，轮心 O_1 的位置为 (x,y)，车轮绕自身轴的转角为 φ，如图 12.7 所示。由于车轮与地面接触点的速度为零，于是纯滚动条件可用约束方程表示为

$$\dot{x}\cos\theta - \dot{y}\sin\theta - r\dot{\varphi} = 0 \tag{12.5}$$

式中，x、y、φ、θ 均为时间的函数，不能积分为有限形式，所以是非完整约束。

反之，约束方程中不含有坐标对时间的导数，或约束方程中含有坐标对时间的导数，但能积分成有限形式的，称为**完整约束**。例如，在前述车轮沿直线轨道做纯滚动的例子中，其运动约束方程 $\dot{x}_C - \dot{\varphi}r = 0$ 虽是微分方程的形式，但它可以积分为有限形式 $x_C = \varphi r + \varphi_0$，所以仍是完整约束。

12-3

12.1.4　双侧约束与单侧约束

如果约束不仅限制物体沿某一方向的位移，同时也限制物体沿相反方向的位移，这种约束称为**双侧约束**。例如，图 12.2 中所示的单摆是用刚性杆制成的，摆杆不仅限制小球沿拉伸方向的位移，而且也限制小球沿压缩方向的位移，此约束为双侧约束或**固执约束**。若将摆杆换成绳索，绳索不能限制小球沿压缩方向的位移，这样的约束为**单侧约束**。若约束仅限制物体沿某一方向的位移，不能限制物体沿相反方向的位移，则这种约束称为单侧约束或**非固执约束**。

12-4

12-5

本章只研究非自由质点系的几何、定常的双侧约束，也是完整约束，约束方程的一般形式为

$$f_j\left(x_1, y_1, z_1, \cdots, x_n, y_n, z_n\right) = 0 \quad \left(j = 1, 2, \cdots, s\right) \tag{12.6}$$

式中，n 为质点系的质点数；s 为完整约束的方程数。

12-6

12.2　虚位移、虚功和理想约束的概念

12.2.1　虚位移

在平衡问题中，质点系中各质点都是静止不动的，不会有真实的位移产生，但可以假想在约束允许的情况下有微小的位移。于是定义，在某给定瞬时，**质点或质点系为约束所允许的任何无限小的位移**称为质点或质点系的**虚位移**。显然，虚位移是假想的几何概念并非真实位移，用变分符号 $\delta\boldsymbol{r}$ 表示，以区别实位移 $\mathrm{d}\boldsymbol{r}$。虚位移可以是线位移，如 $\delta\boldsymbol{r}$，也可以是角位移，如 $\delta\varphi$。在虚位移原理中，“δ”的运算规则与微分算子“d”的运算规则相同。

如图 12.8(a) 中的杆，在约束允许条件下，假设杆有微小的逆时针转角，此转角即为虚位移 $\delta\varphi$，相应在点 A 和点 B 有垂直于杆的虚位移 $\delta\boldsymbol{r}_A$ 和 $\delta\boldsymbol{r}_B$。由于虚位移只受约束限制，假设的角位移也可以是顺时针的，如图 12.8(b) 所示，相应地也有与图 12.8(a) 中方向相反的虚位移 $\delta\boldsymbol{r}_A$ 和 $\delta\boldsymbol{r}_B$。表明虚位移在约束允许的条件下具有任意性，应用时可以在任意的情形中选择一个。

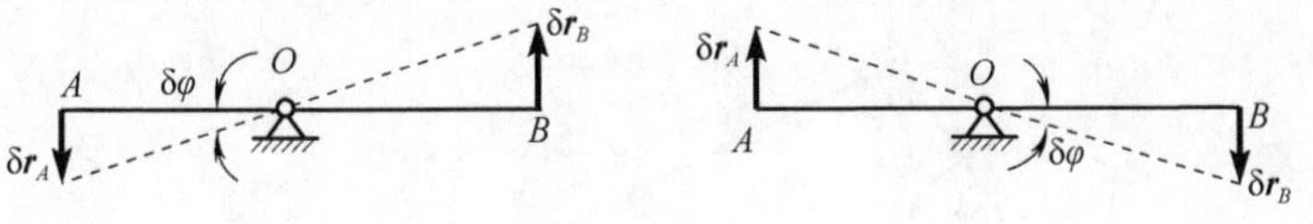

(a)　　　　　　　　　　　　(b)

图 12.8

通过分析虚位移与实位移的区别与联系可帮助理解虚位移的概念。

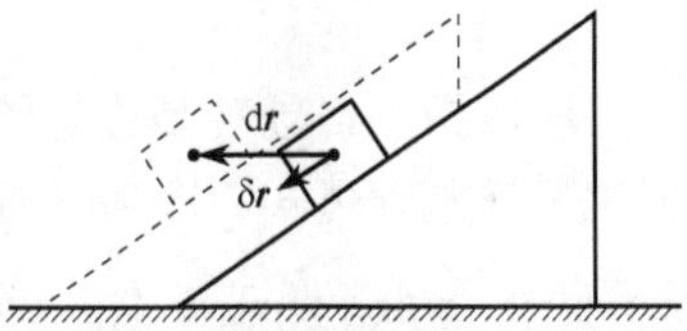

图 12.9

(1) 虚位移是**假想的，只与约束情况有关**，而与质点或质点系上的作用力、时间和运动情况无关；实位移则与质点或质点系的作用力、时间和运动情况有关。

如图 12.9 所示，物块放置于向左移动的三角块上，在重力的作用下，实位移 d$\boldsymbol{r}$ 与时间有关；而虚位移$\delta\boldsymbol{r}$ 只与约束情况有关。

12-7

(2) 虚位移是**无限小量**，而真实位移可以是有限量也可以是无限小量。在定常约束情况下，微小的实位移是诸多虚位移中的一个。

如图 12.10 所示，实位移可以为有限量$\Delta\boldsymbol{r}$，也可以为无限小量 d$\boldsymbol{r}$；而虚位移只能是无限小量$\delta\boldsymbol{r}$。

(3) 虚位移包括**约束所容许**的一切**可能实现的微小位移**，具有选择的任意性；实位移只能根据作用力、运动情况等因素确定，无选择任意性。如图 12.11 所示，虚位移$\delta\boldsymbol{r}$ 只与约束情况有关，具有选择的任意性。

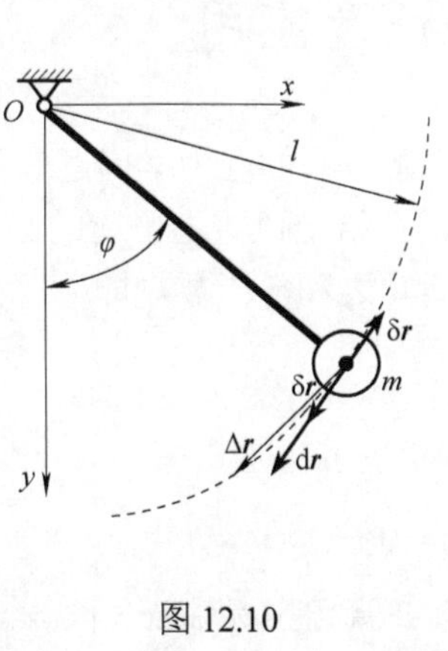

图 12.10

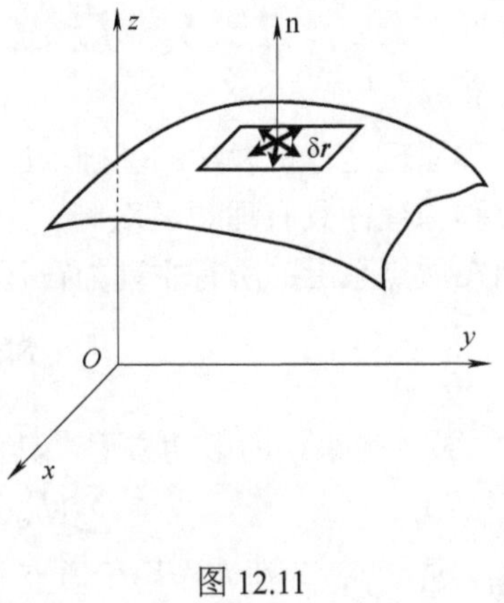

图 12.11

12-8

12.2.2　虚功

力在虚位移上做的功称为**虚功**，用δW 表示，即

$$\delta W = \boldsymbol{F} \cdot \delta\boldsymbol{r} \tag{12.7}$$

如图 12.12 中的曲柄连杆机构，力 $\boldsymbol{F}$ 在δr_B上做的虚功为$\delta W = -F\delta r_B$，力偶 M 在$\delta\varphi$上做的虚功为$\delta W = M\delta\varphi$。

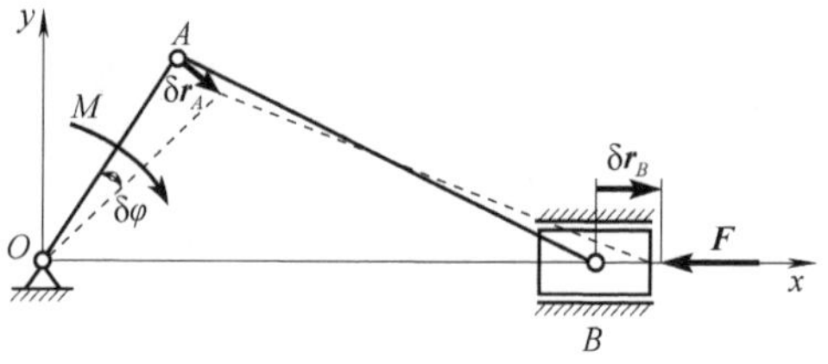

图 12.12

应该指出，虚功是假想的，不会引起系统动能的改变，它与虚位移是同阶无穷小量。由虚位移的概念可知，虚功只有元功形式，没有有限形式。

12.2.3 理想约束

在本书第 10 章中介绍过理想约束的概念，所讨论的约束反力的功是约束反力在实位移上的元功。类似地，虚位移可定义如下：约束力在质点系的任意虚位移上所做的虚功之和等于零，这样的约束称为**理想约束**。若用 $\boldsymbol{F}_{\mathrm{N}i}$ 表示质点系中第 i 个质点所受的约束力，$\delta\boldsymbol{r}_i$ 表示质点系中第 i 个质点的虚位移，则约束反力虚功之和为

$$\delta W=\sum\boldsymbol{F}_{\mathrm{N}i}\cdot\delta\boldsymbol{r}_i=0 \tag{12.8}$$

在第 10 章动能定理中，已分析过光滑面约束、光滑铰链、无重刚杆、不可伸长的柔索、固定端等常见约束均为理想约束。同理，对于任意虚位移而言，这些常见的约束也为理想约束。

12.3 虚位移原理的论证及应用

虚位移原理是分析力学的基础，应用这个原理处理复杂机构的静力学问题非常方便。

虚位移原理：具有理想、双侧、定常约束的质点系，在给定位置上平衡的必要与充分条件是**作用在质点系上的所有主动力在任何虚位移上所做虚功之和等于零**，即

$$\delta W_F=\sum_{i=1}^{n}\boldsymbol{F}_i\cdot\delta\boldsymbol{r}_i=0 \tag{12.9}$$

式(12.9)称为系统的虚功方程，其解析式为

$$\sum(F_{xi}\delta x_i+F_{yi}\delta y_i+F_{zi}\delta z_i)=0 \tag{12.10}$$

式中，F_{xi}、F_{yi}、F_{zi} 分别为作用于质点 m_i 上的主动力 $\boldsymbol{F}_i$ 在直角坐标轴 x，y，z 上的投影；δx_i、δy_i、δz_i 分别为虚位移 $\delta\boldsymbol{r}_i$ 在直角坐标轴 x、y、z 上的投影。

虚位移原理由拉格朗日于 1764 年提出，又称为虚功原理，它是研究一般质点系平衡的普遍定理，也称静力学普遍定理。下面分别证明这个原理的必要性和充分性。

1. 必要性的证明

若质点系处于平衡状态，需要证明作用于该质点系上所有的主动力在任何虚位移上所做的虚元功之和为零，即

$$\sum\delta W_{F_i}=\sum\boldsymbol{F}_i\cdot\delta\boldsymbol{r}_i=0$$

因为质点系处于平衡状态，所以该质点系中第 i 个任意质点也是平衡的，从而有

$$F_i + F_{Ni} = 0$$

给质点一个任意虚位移δr_i，如图 12.13 所示，则有

$$(F_i + F_{Ni}) \cdot \delta r_i = 0$$

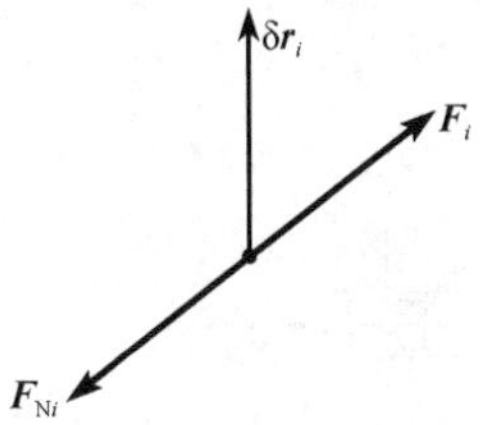

图 12.13

对质点系中每个质点都可列出这样的方程，然后将所有式子相加得

$$\sum (F_i + F_{Ni}) \cdot \delta r_i = \sum F_i \cdot \delta r_i + \sum F_{Ni} \cdot \delta r_i = 0$$

因质点系具有理想约束，即

$$\sum F_{Ni} \cdot \delta r_i = 0$$

从而有

$$\sum F_i \cdot \delta r_i = \sum \delta W_{F_i} = 0$$

这就证明了虚位移原理的必要性。

2. 充分性的证明

作用于质点系所有的主动力在虚位移中所做的元功之和等于零，即

$$\sum \delta W_{F_i} = \sum F_i \cdot \delta r_i = 0$$

需要证明这个质点系此时处于平衡状态。

下面采用反证法来证明这个原理的充分性，设$\sum \delta W_{F_i} = 0$，但质点系不平衡，则该质点系中至少有一个质点不平衡，设第 i 个质点不平衡，那么有

$$F_i + F_{Ni} \neq 0$$

从而该质点必有实位移 dr_i，于是

$$(F_i + F_{Ni}) \cdot dr_i \neq 0$$

由于质点系具有双侧定常约束，微小的实位移 dr_i 必是诸多虚位移之一，即 $dr_i = \delta r_i$，又由于质点系具有理想约束，故

$$\sum F_{Ni} \cdot \delta r_i = 0$$

于是对于质点系，有

$$\sum \delta W_{F_i} = \sum (F_i + F_{Ni}) \cdot dr_i = \sum (F_i + F_{Ni}) \cdot \delta r_i = \sum F_i \cdot \delta r_i + \sum F_{Ni} \cdot \delta r_i \neq 0$$

这与前面假设的$\sum \delta W_{F_i} = 0$相矛盾，证明了虚位移原理的充分性。

应该指出，式(12.9)和式(12.10)中都不包括约束反力，因此在理想约束的条件下求解静力学问题时只需考虑主动力，不必考虑约束反力，这在求解系统平衡问题时是非常方便的。对于非理想约束的情况，只要把非理想约束力，如摩擦力，作为主动力，在虚功方程中计入该力所做的虚功即可。

应用虚位移原理可以求解三个方面的问题：①质点系在某一位置平衡时，求各主动力之间的关系；②求质点系在已知主动力系作用下的平衡位置；③求质点系在已知主动力系作用下的约束反力。在此情况下，需要解除对应的约束，用相应的约束力代替，将待求的约束力视为主动力。此时，系统通常也会由结构变为几何可变机构，从而使系统产生虚位移成为可能。

【例 12.1】　如图 12.14(a)所示的椭圆规机构中，连杆 AB 长为 l，滑块 A、B 与杆重均不计，忽略各处摩擦，机构在图示位置平衡。求主动力 F_A 与 F_B 之间的关系。

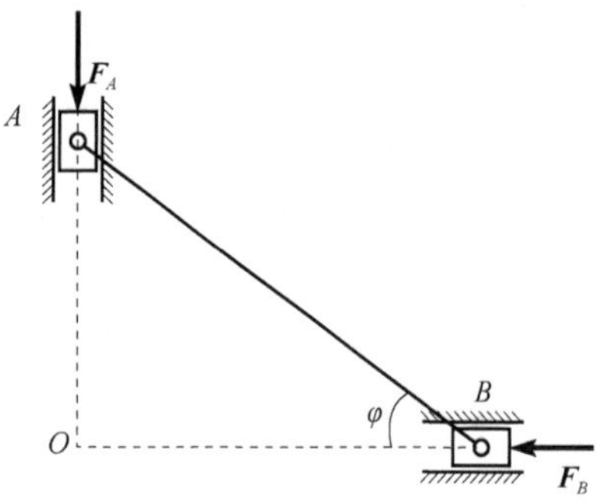

(a)

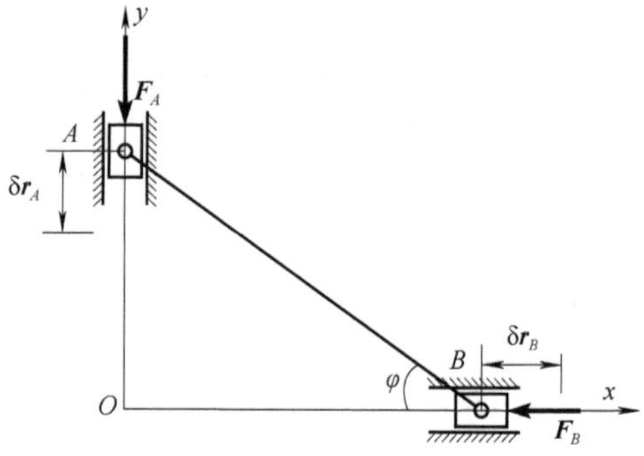

(b)

图 12.14

解：系统的约束为理想约束。对此题，可用下述两种方法求解。

解法 1：解析法

(1) 建立坐标系。

给系统虚位移并建立坐标系，如图 12.14(b) 所示。

(2) 列虚功方程。

虚功方程的解析式为

$$\sum\left(F_{xi}\delta x_i + F_{yi}\delta y_i + F_{zi}\delta z_i\right) = 0$$

此处有

$$-F_B\delta x_B - F_A\delta y_A = 0 \tag{a}$$

注意，采用解析法列虚功方程时，虚位移具有任意性，其方向未确定，故在方程中恒取"正号"，方程中每项的符号仅由力在坐标轴上的投影确定。

(3) 找虚位移之间的关系。

式(a)中，两个虚位移均未知，还不能求解，但由于 A、B 两点受杆约束，两个虚位移之间并不独立，可以通过约束条件找到二者之间的关系。

写出 AB 杆的约束方程，设杆夹角为 φ，AB 杆的约束方程为

$$x_B = l\cos\varphi \quad , \quad y_A = l\sin\varphi \tag{b}$$

对式(b)进行变分运算(类似微分运算)，有

$$\delta x_B = -l\sin\varphi\delta\varphi,\ \ \delta y_B = l\cos\varphi\delta\varphi \tag{c}$$

(4) 虚功方程求解。

将式(c)代入式(a)，得

$$(F_B\sin\varphi - F_A\cos\varphi)l\delta\varphi = 0$$

$\delta\varphi$ 具有任意性，有 $\delta\varphi \neq 0$，因此必有

$$F_B\sin\varphi - F_A\cos\varphi = 0$$

从而解得两个力之间的关系：

$$F_A = F_B\tan\varphi \tag{d}$$

在找虚位移的关系时，也可将杆的约束方程写为

$$x_B^2 + y_A^2 = l^2 \tag{e}$$

对式(e)进行变分运算：

$$2x_B\delta x_B + 2y_A\delta y_A = 0$$

得到虚位移δy_A和δx_B之间的关系：

$$\delta x_B = -\frac{y_A}{x_B}\delta y_A = -\tan\varphi\delta y_A$$

代入式(a)得

$$(F_B\tan\varphi - F_A)\delta y_A = 0$$

由于δy_A任意，$\delta y_A \neq 0$，故有

$$F_A = F_B\tan\varphi$$

此结果与式(d)相同，就本例而言，约束方程写为式(b)的形式时求解比较简单。

解法 2：几何法

(1)给系统虚位移，设$\delta \boldsymbol{r}_A$向下，相应地，$\delta \boldsymbol{r}_B$向右，如图 12.14(b)所示。

(2)列虚功方程。

按主动力在虚位移上做功的情况写出虚功方程：

$$F_A\delta r_A - F_B\delta r_B = 0 \tag{f}$$

(3)找虚位移之间的关系。为求虚位移间的关系，可以采用“虚速度法”，也就是假想虚位移$\delta \boldsymbol{r}_A$、$\delta \boldsymbol{r}_B$是在某个极短的时间dt内发生的，这时对应点A和点B的速度$\boldsymbol{v}_A = \frac{\delta \boldsymbol{r}_A}{\mathrm{d}t}$和$\boldsymbol{v}_B = \frac{\delta \boldsymbol{r}_B}{\mathrm{d}t}$称为**虚速度**，或写为$\delta\boldsymbol{r}=\boldsymbol{v}\mathrm{d}t$。与微小实位移一样，虚位移也与速度成正比，因此可以用分析速度的方法建立虚位移之间的关系。应用时为方便，直接用虚位移$\delta\boldsymbol{r}$代替虚速度即可。

将$\delta \boldsymbol{r}_A$、$\delta \boldsymbol{r}_B$视为虚速度，AB杆做“平面运动”，由速度投影定理得

$$\delta r_B\cos\varphi = \delta r_A\sin\varphi$$

即

$$\delta r_B = \delta r_A\tan\varphi \tag{g}$$

把式(g)代入式(f)得

$$(F_A - F_B\tan\varphi)\delta r_A = 0$$

而$\delta r_A \neq 0$，得

$$F_A = F_B\tan\varphi$$

与用解析法求得的结果相同。

【例 12.2】 不计各杆件的自重，机构如图 12.15(a)所示，求在图示位置平衡时，力$\boldsymbol{F}_1$与$\boldsymbol{F}_2$的关系。

解：(1)取整个系统为研究对象，受到的主动力为$\boldsymbol{F}_1$与$\boldsymbol{F}_2$。

(2)给系统虚位移$\delta \boldsymbol{r}_C$，相应有$\delta \boldsymbol{r}_B$，如图 12.15(b)所示。

(3)列虚功方程，采用几何法，有

$$\sum\delta W_{F_i} = 0 \quad , \quad F_2\delta r_B - F_1\delta r_C = 0 \tag{a}$$

(4)找虚位移之间的关系。$\delta \boldsymbol{r}_B$和$\delta \boldsymbol{r}_A$均沿杆AB轴向，故有$\delta \boldsymbol{r}_B = \delta \boldsymbol{r}_A$。为确定$\delta \boldsymbol{r}_C$和$\delta \boldsymbol{r}_A$之间的关系，采用虚速度法。滑块$A$与杆$AB$相连，同时又可沿杆$OC$滑动，故以滑块$A$为动点，$OC$杆为动系，则点$A$的虚位移矢量关系如图 12.15(b)所示，易求得

$$\begin{cases}\delta r_e = \delta r_A \cos\varphi \\ \delta r_C = \dfrac{\delta r_e}{\overline{OA}} a = \delta r_e \dfrac{a}{l}\cos\varphi\end{cases}$$

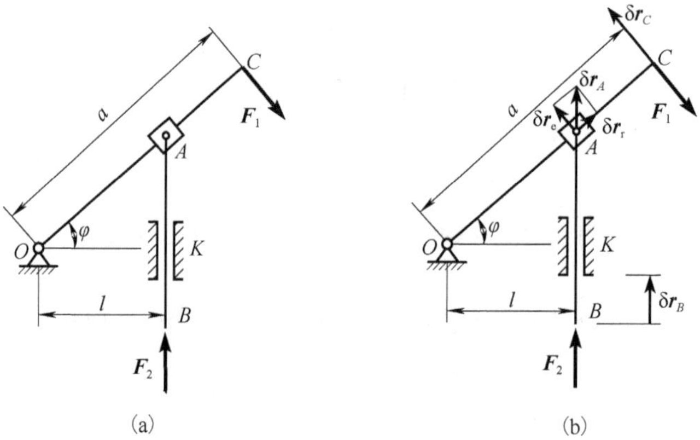

图 12.15

由此可得

$$\delta r_C = \frac{a}{l}\cos^2\varphi\,\delta r_A = \frac{a}{l}\cos^2\varphi\,\delta r_B \tag{b}$$

将式(b)代入式(a)得

$$\left(F_2 - F_1\frac{a}{l}\cos^2\varphi\right)\delta r_B = 0$$

由于 $\delta r_B \neq 0$，故

$$F_2 - F_1\frac{a}{l}\cos^2\varphi = 0$$

解得

$$F_1 = \frac{F_2 l}{a\cos^2\varphi}$$

【例 12.3】　如图 12.16(a)所示的多跨静定梁，求支座 B、支座 F 处的约束反力。

解：(1)取整根梁为研究对象，梁上受到的主动力为 $\boldsymbol{P}_1$、$\boldsymbol{P}_2$ 及力偶 M。

(2)给系统虚位移。欲求约束反力，故将支座 B 处的约束解除，用相应的约束力 $\boldsymbol{F}_B$ 代替，使梁变为可动机构。令系统发生虚位移，各点虚位移如图 12.16(b)所示。

(3)列虚功方程，根据虚位移原理 $\sum\delta W_{F_i} = 0$，有

$$-P_1\delta r_1 + F_B\delta r_B - P_2\delta r_C - M\delta\theta = 0 \tag{a}$$

(4)找各虚位移之间的关系。根据几何可变体系的位移协调条件及边界条件，可以根据如图 12.16(b)所示的虚位移，得到以下的关系：

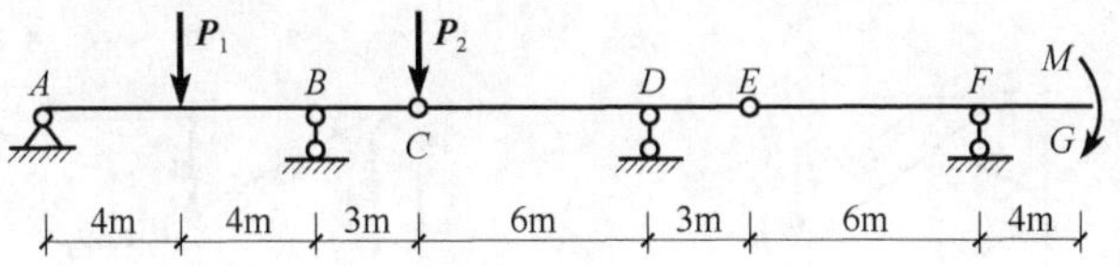

(a)

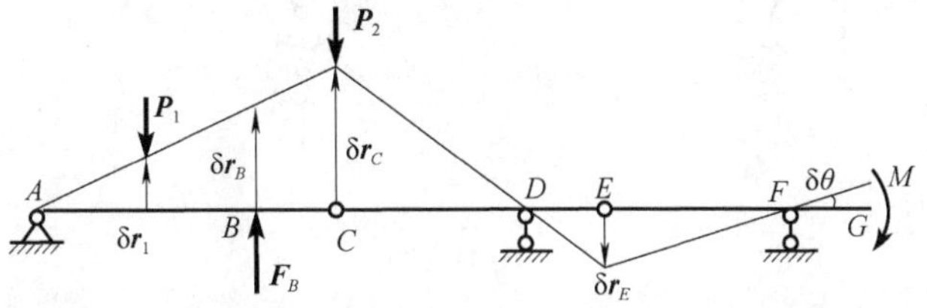

(b)

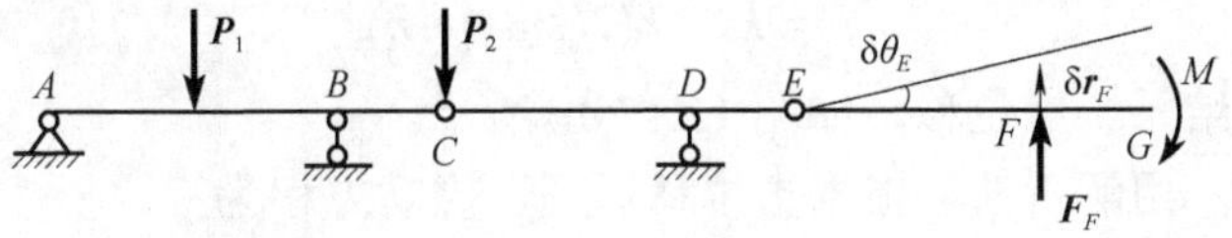

(c)

图 12.16

$$\begin{cases} \dfrac{\delta r_1}{\delta r_B} = \dfrac{1}{2} \\ \dfrac{\delta r_C}{\delta r_B} = \dfrac{11}{8} \\ \dfrac{\delta\theta}{\delta r_B} = \dfrac{\delta r_E}{6} \cdot \dfrac{1}{\delta r_B} = \dfrac{\delta r_C}{12} \cdot \dfrac{1}{\delta r_B} = \dfrac{1}{12} \times \dfrac{11}{8} = \dfrac{11}{96} \end{cases} \tag{b}$$

将式(b)代入式(a)，整理得

$$F_B = P_1 \frac{\delta r_1}{\delta r_B} + P_2 \frac{\delta r_C}{\delta r_B} + M \frac{\delta\theta}{\delta r_B} = \frac{1}{2} P_1 + \frac{11}{8} P_2 + \frac{11}{96} M$$

同样，欲求支座 F 处的约束反力，将 F 处的约束解除，用相应的约束力 $\boldsymbol{F}_F$ 代替，该连续梁变为可动机构。令系统发生虚位移，各点虚位移如图 12.16(c)所示。根据虚位移原理列虚功方程为

$$F_F \delta r_F - M \delta\theta_E = 0$$

并将虚位移的关系 $\delta\theta_E \cdot \overline{EF} = \delta r_F$ 代入得

$$F_F = M / 6$$

可见，在容易画出虚位移的几何关系的情况下，一般应用几何法比较容易求解。

【例 12.4】　如图 12.17(a)所示，弹簧原长度为 h，刚度系数为 k，在 B 点处作用一个铅垂力 $\boldsymbol{P}$，不计两杆及小滑轮 C 的自重，求系统平衡时 φ 和弹簧张力的表达式。

解： 本题为求系统平衡时的几何位置问题。

(1) 取整个系统为研究对象。系统受到主动力 $\boldsymbol{P}$ 作用，弹簧的弹性力属于约束内力，为用虚位移原理求解，将滑轮 C 处的弹簧约束解除，代之以相应的弹性力 $\boldsymbol{F}$，此时 $\boldsymbol{F}$ 可视为作用在系统上的主动力，如图 12.17(b)所示。弹簧的变形为

$$s = y_C - h = 2l \sin\varphi - h$$

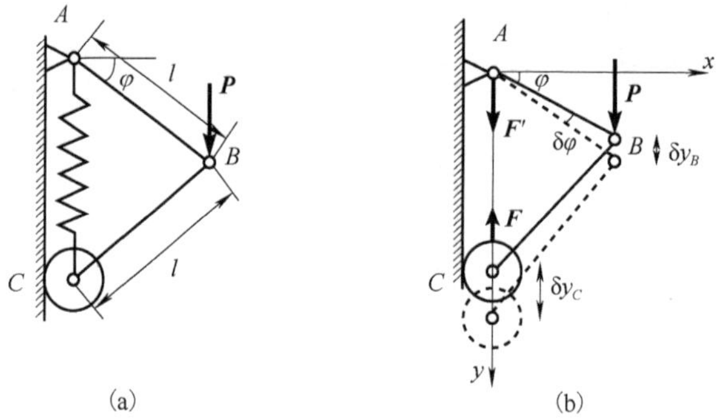

图 12.17

所以

$$F = ks = k(2l\sin\varphi - h) \tag{a}$$

(2)加虚位移。给系统虚位移，如图 12.17(b)所示。

(3)列虚功方程。用解析法，根据虚位移原理，虚功方程为

$$P\delta y_B - F\delta y_C = 0 \tag{b}$$

(4)找虚位移之间的关系。写约束方程并求变分，得

$$y_B = l\sin\varphi,\quad \delta y_B = l\cos\varphi\delta\varphi \tag{c}$$

$$y_C = 2l\sin\varphi,\quad \delta y_C = 2l\cos\varphi\delta\varphi \tag{d}$$

将式(a)、式(c)和式(d)代入式(b)，得

$$Pl\cos\varphi\delta\varphi - k(2l\sin\varphi - h)\cdot 2l\cos\varphi\delta\varphi = 0$$

即

$$[P\cos\varphi - 2k(2l\sin\varphi - h)\cos\varphi]\delta\varphi = 0$$

因 $\delta\varphi \neq 0$，则

$$P\cos\varphi - 2k(2l\sin\varphi - h)\cos\varphi = 0$$

因 $\cos\varphi \neq 0$，由此解得

$$\sin\varphi = \frac{P + 2kh}{4kl}$$

代入式(a)得弹簧张力为

$$F = ks = \frac{1}{2}P$$

由上述各例可见，求解虚功方程的难点是找出各虚位移之间的关系。利用虚位移原理求解问题的一般步骤和注意点如下。

(1)取研究对象，一般以整个系统为研究对象。

(2)受力分析。一般只需要在系统上画出主动力，不需要画出理想约束的约束反力。若要求约束力(理想约束反力、弹簧约束力、系统内构件约束力等)，可将约束解除用约束力代替并将其视为主动力。若有非理想约束(如摩擦力等)，也可将其用约束力代替并视为主动力。约束解除后，结构将成为几何可变的机构并在虚位移影响下产生刚体位移。应当注意解除约束时，每次只能解除一个未知量的约束，因为采用虚功方程一次只能求解一个未知量。

(3)给系统一组虚位移，这组虚位移必须是约束允许并相互协调的，再根据虚位移原理建立虚功方程。采用几何法时，应用矢量点积形式的虚功方程；采用解析法时，应用直角坐标

系解析形式的虚功方程。计算虚功时，还应注意其正负号。

(4) 找虚功方程中虚位移之间的关系。应用几何法需要画出虚位移图，并利用运动学知识确定虚位移之间的关系，比较直观，但要求对运动学知识熟练掌握。而解析法不需要画虚位移图，需要在直角坐标系下，写出约束方程或将各点的直角坐标表示为参数形式，并求其变分，以此确定虚位移之间的关系。从解题步骤上看，解析法比较规范。

(5) 求解虚功方程。找到方程中虚位移之间的关系后，代入方程，此时将虚位移作为方程中各项的公因子提到括号外，因其不等于零，所以其系数项(括号项)等于零，从而得到解答。

另外需注意，系统中若有力偶作用，宜采用几何法求解。这时除了画出系统的虚位移图，标明主动力作用点的虚位移外，还要画出力偶作用下刚体转动的虚转角并按转动刚体上力的功来计算虚功。

思　考　题

12-1　判断下列的说法是否正确。

(1) 质点系的虚位移是由约束条件决定的，与质点系运动的初始条件、受力及时间无关。

(2) 因为实位移和虚位移都是约束所许可的，所以真实的微小位移必定是诸多虚位移中的一个。

(3) 虚位移可以有多种不同的方向，而实位移只能有唯一确定的方向。

(4) 任意质点系平衡的充要条件都是：作用于质点系的主动力在系统的任何虚位移上的虚功之和等于零。

(5) 理想约束为约束力在质点系的某一虚位移上所做的虚功之和等于零。

12-2　一个折梯放在粗糙水平地面上，如思图 12.1 所示。设折梯与地面之间的滑动摩擦系数为 f_s，且 AC 和 BC 两部分为等长均质杆。欲使之不滑倒，则折梯与水平面的最小夹角 φ_{min} 为__________。

12-3　如思图 12.2 所示的平面机构中，点 A、B、O_2 和 O_1、C 分别在两水平线上，O_1A 和 O_2C 分别在两条铅垂线上，已知 $\alpha=30°$，$\beta=45°$，A、C 两点虚位移之间的关系为__________。

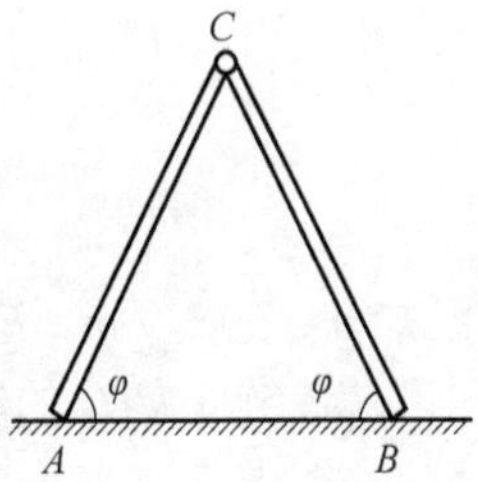

思图 12.1

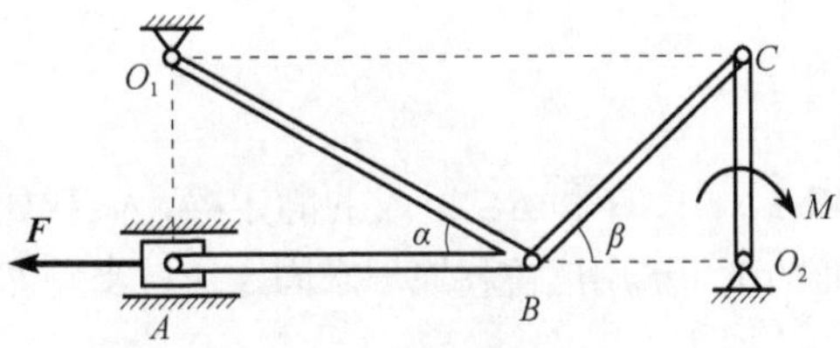

思图 12.2

12-4　如思图 12.3 所示的构架中，各斜杆长度均为 $2a$，在其中点相互铰接，$\theta=45°$，受已知力 $\boldsymbol{F}$ 作用，F=20 kN，各杆重量均不计，则 AB 杆的内力为__________。

12-5　如思图 12.4 所示，在图示瞬时有 $\alpha=\beta=45^\circ$，若 A 点的虚位移大小为 δr_A，则 B 点虚位移的大小 $\delta r_B=$__________；OC 杆中点 D 的虚位移的大小 $\delta r_D=$__________，并在图中标出方向。

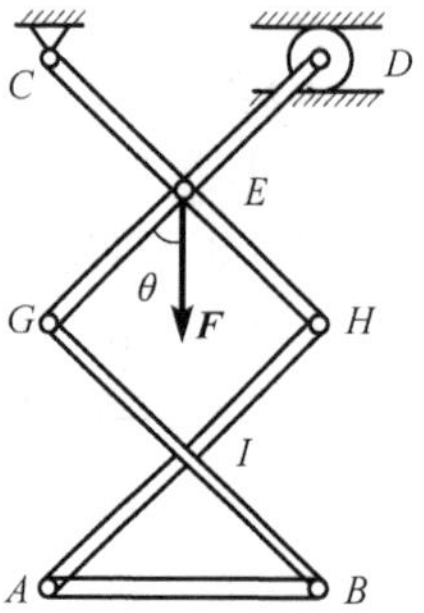

思图 12.3

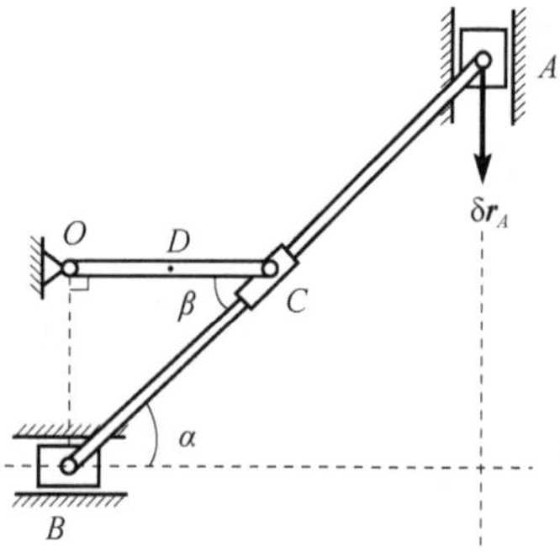

思图 12.4

12-6　如思图 12.5 所示，在曲柄式压榨机的销子 B 上作用水平力 $\boldsymbol{F}$，此力位于平面 ABC 内，作用线平分 $\angle ABC$，$\overline{AB}=\overline{BC}$，各处的摩擦及杆的自重不计，则此时压榨机对物体的压力为__________。

12-7　如思图 12.6 所示的平面机构中，$\overline{AC}=\overline{BC}=\overline{EC}=\overline{CG}=\overline{DG}=\overline{DE}=l$。在点 D 作用一水平力 $\boldsymbol{F}_1$，当机构保持平衡时，主动力 $\boldsymbol{F}_2$ 的大小为__________。

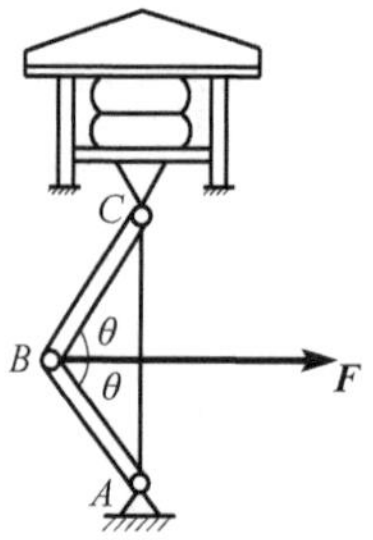

思图 12.5

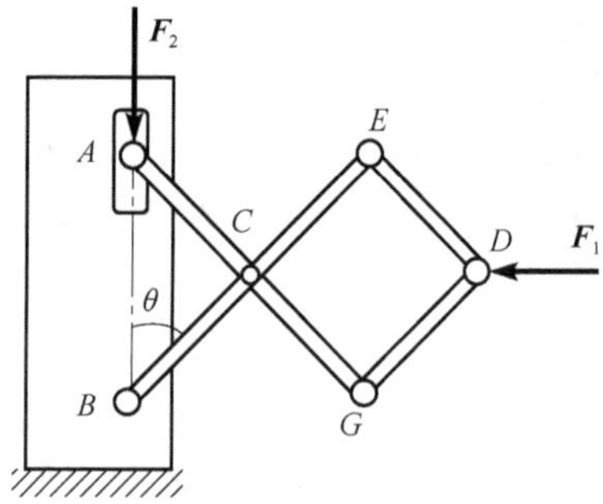

思图 12.6

习　　题

12.1　由 AB 和 BC 组成的静定梁，荷载如题图 12.1 所示。已知 $q=5\text{ kN/m}$，$F=10\text{ kN}$，$M=6\text{kN}\cdot\text{m}$。试用虚位移原理求固定铰链支座 C 竖向的约束反力和可动铰链支座 D 的约束反力。

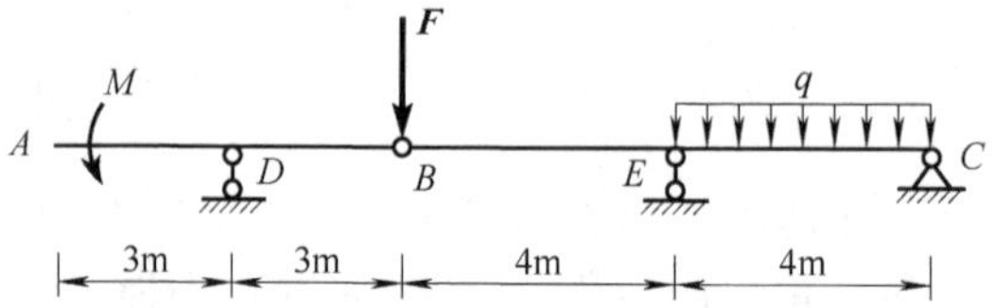

题图 12.1

12.2　如题图 12.2 所示的机构中，由 8 根无重杆铰接成三个相同的菱形。试求平衡时，主动力 $\boldsymbol{F}_1$ 与 $\boldsymbol{F}_2$ 的大小关系。

12.3　如题图 12.3 所示的横梁中，P、q、a 均为已知。试用虚位移原理求支座 B 的反力。

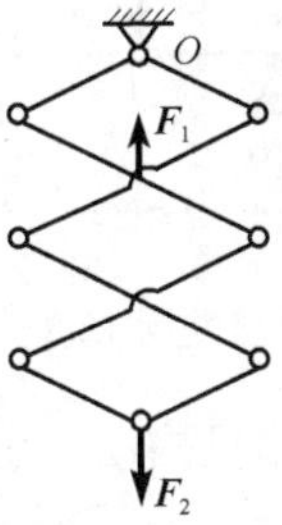

题图 12.2

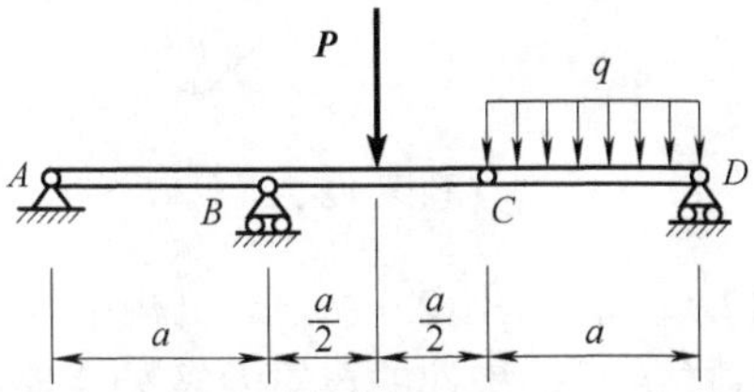

题图 12.3

12.4　如题图 12.4 所示的机构中，a=0.6m，b=0.7m，铅垂力 P=200N。平衡时 $\varphi = 45°$，弹簧 CD 的变形为 $\delta = 50\text{mm}$，试用虚位移原理求弹簧的刚度。

12.5　如题图 12.5 所示的机构中，楔形机构处于平衡状态，尖劈角为 θ 和 β，不计楔块自重与摩擦，求竖向力 $\boldsymbol{F}_1$ 与 $\boldsymbol{F}_2$ 的大小关系。

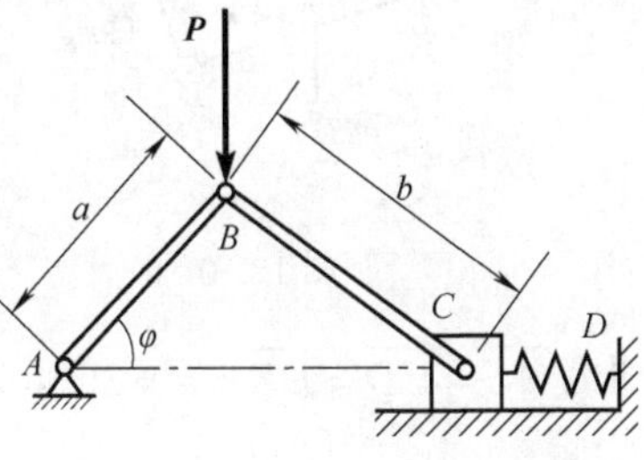

题图 12.4

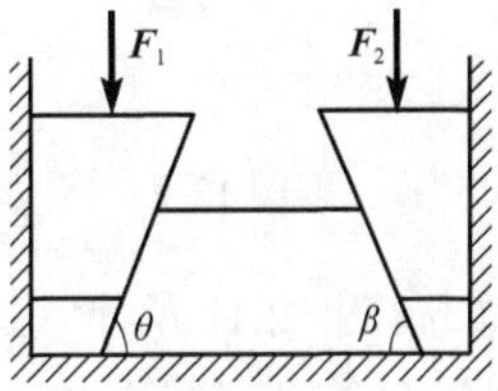

题图 12.5

12.6　如题图 12.6 所示的机构中，各构件自重不计，已知 $\overline{OC} = \overline{CA}$，$P$=200N，弹簧的弹性系数 k=10N/cm，图示平衡位置时 φ=30°，θ=60°，弹簧已产生的伸长量 $\delta = 2\text{cm}$，OA 杆水平，试用虚位移原理求机构平衡时力 $\boldsymbol{F}$ 的大小。

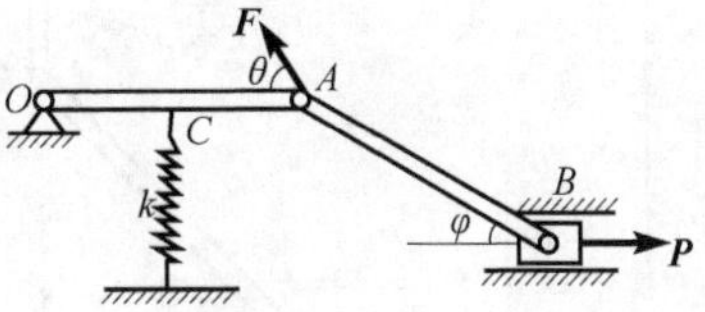

题图 12.6

12.7　在题图 12.7 所示结构中，已知 $P = 2\text{kN}$，$Q = 4\text{kN}$，A、B、C 均为光滑铰链，各杆自重不计，$\angle ACB$=45°，AC 水平，试求支座 B 的约束反力。

12.8　在题图 12.8 所示横梁中，已知铅垂作用力 $\boldsymbol{F}$、力偶矩 M、尺寸 l。试求支座 B 与 C 处的约束力。

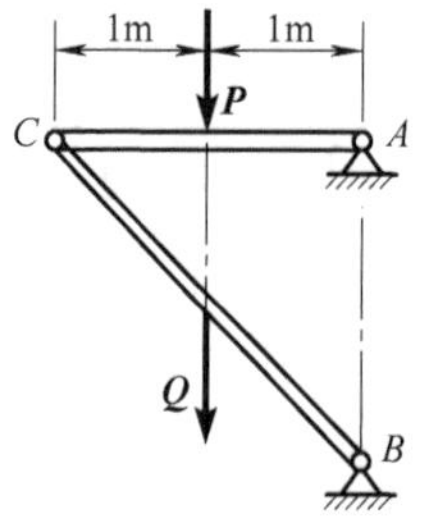

题图 12.7

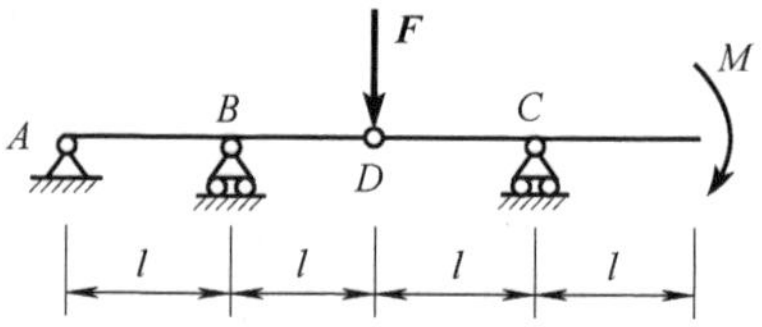

题图 12.8

12.9　如题图 12.9 所示，机构由杆 *AB* 和杆 *DC* 组成，试计算机构在图示位置平衡时主动力之间的关系，构件的自重及各处摩擦忽略不计。

12.10　如题图 12.10 所示，三根均质杆相铰接，$\overline{AC}=b$，$\overline{CD}=\overline{BD}=2b$，$\overline{AB}=3b$，$\overline{AB}$ 水平，各杆重力与其长度成正比，求平衡时 θ、β 与 γ 间的关系。

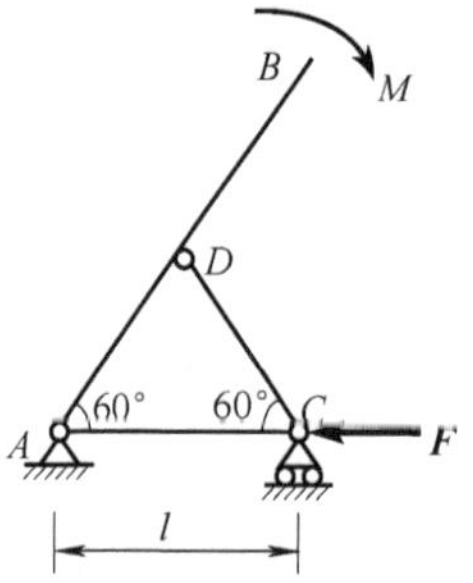

题图 12.9

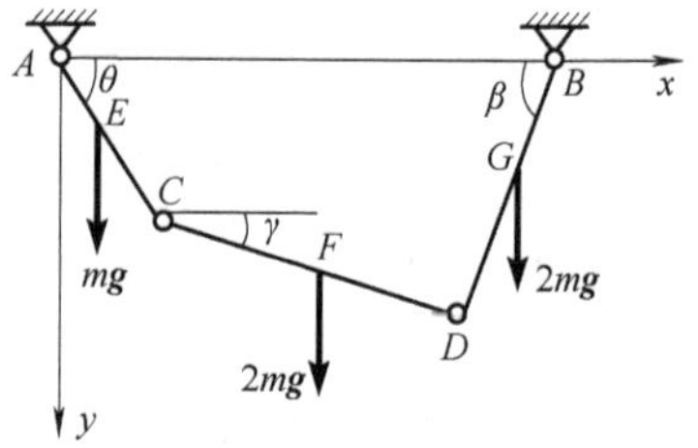

题图 12.10

12.11　如题图 12.11 所示，直角弯杆 *ACDE* 的尺寸为 $\overline{AC}=\overline{CD}=\overline{DE}=a=2\text{m}$，重物重量 *P*=10kN，滑轮与各杆自重不计。求 *A*、*B* 处的约束反力。

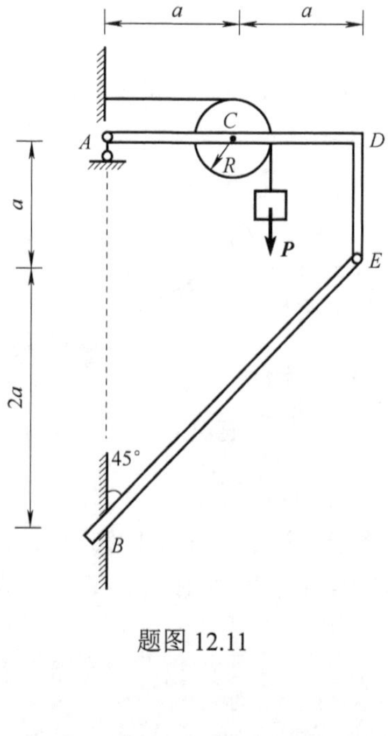

题图 12.11

12.12　用虚位移原理求题图 12.12 所示桁架中杆 3 的内力。

12.13　用虚位移原理求题图 12.13 所示梁-桁架组合结构中 1、2 两杆的内力，已知 F_1=4kN，F_2=5kN。

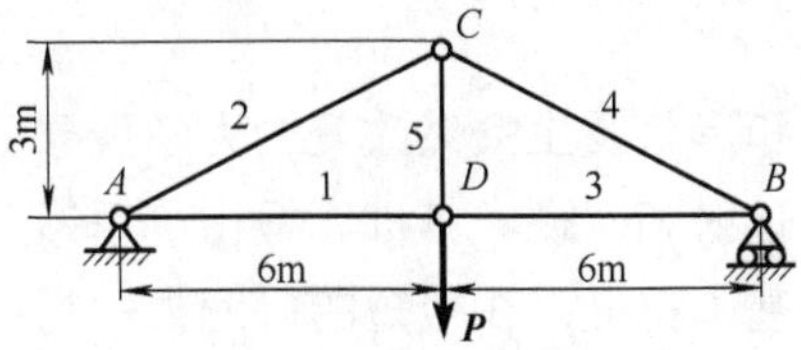

题图 12.12

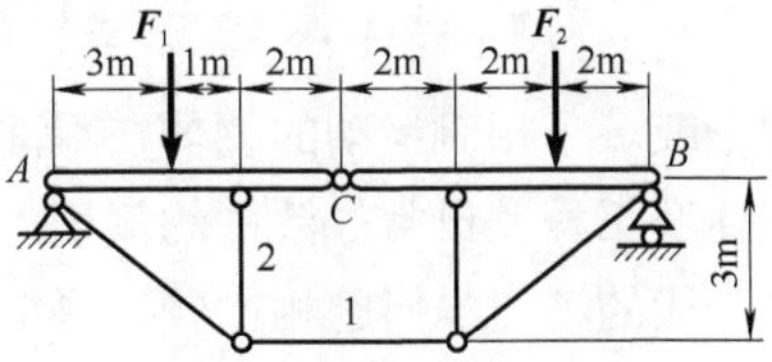

题图 12.13

第13章　碰　　撞

两个或多个相对运动的物体在瞬间接触，其速度和形状发生突然改变的力学现象称为**碰撞**。碰撞在工程及日常生活中的例子非常多，如球的弹射和回跳、打桩、锤击、锤锻、冲压等。与一般的动力学问题相比较，碰撞问题具有以下基本特征：在极短的时间内，物体运动速度发生了显著的改变，同时产生巨大的碰撞力。本章将应用动力学基本定理研究碰撞现象及其规律。

13-1

13.1　碰撞的基本概念及其动力学基本定理

13.1.1　碰撞现象和碰撞力概念

13-2

13-3

13-4

通常，研究动力学问题时，只考虑物体受到的有限常规力(如重力、弹性力等)，由动量定理可知，要使常规力的动量发生明显改变，必须经历一定的时间。然而，在碰撞中，物体的动量在极短的时间内发生了明显的改变，物体受到的冲量已不再是微量而是一个有限量，这明显区别于常规力。由于碰撞时间极短，通常只有千分之一甚至万分之一秒，因此所产生的力非常巨大。将这种产生在碰撞中，作用时间极短，数值巨大的力称为**碰撞力**或**瞬时力**，碰撞力的冲量称为**碰撞冲量**。

碰撞现象是十分复杂的物理现象，除了由碰撞力引起物体的塑性变形外，同时还伴随着发声、发光和发热等将机械能转化为其他形式能量的现象。本章只研究碰撞对物体机械运动的影响。为便于研究，突出本质，根据碰撞特征提出两点假设。

(1)碰撞过程中，由于碰撞力较常规力大得多，相应的碰撞冲量较常规力大得多。因此，常规力的冲量略去不计。

(2)碰撞过程中，由于碰撞时间非常短暂，物体的位移非常小，其改变可以忽略不计，认为物体的位置保持不变。

13.1.2　碰撞分类

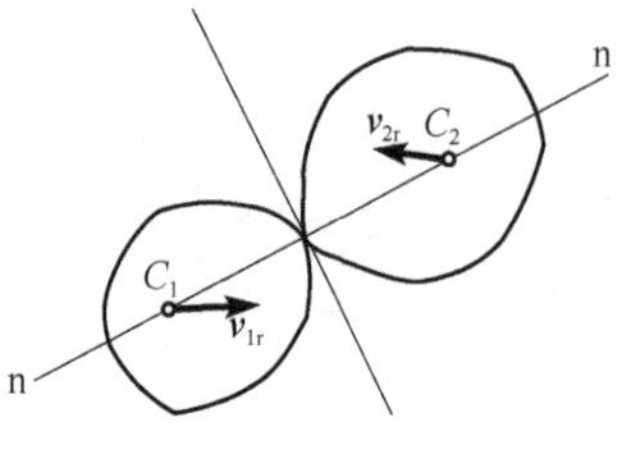

图 13.1

两物体碰撞时，根据其相互之间的位置，可将碰撞分为对心碰撞、偏心碰撞和正碰撞、斜碰撞。

当两物体碰撞时，通过其接触点作一条公法线 n-n(图 13.1)，按照两碰撞物体的质心 C_1 和 C_2 是否都位于公法线 n-n 上，可将碰撞分为对心碰撞和偏心碰撞，若两质心位于此公法线上则称为对心碰撞，否则称为偏心碰撞。按照两碰撞物体接触点的相对速度是否沿该点的公法线，可以将碰撞分为正碰撞和斜碰撞。若接触点的相对速度沿公法线，则称为正碰撞，否则称为斜碰撞。

13.1.3 碰撞时的动力学基本定理

鉴于碰撞力所具有的特征，要根据碰撞力的变化规律来描述碰撞过程中的运动是非常困难的，因此各微分形式的动力学基本定理不能直接应用。又由于碰撞力较为复杂，其元功无法直接计算，同时碰撞过程中伴随发热、发声、塑性变形等物理现象，必然会造成机械能的损失，因此动能定理也不能应用。研究碰撞问题时，一般采用积分形式的动量定理和动量矩定理。

1. 冲量定理

设质点系内第 i 个质点的质量为 m_i，碰撞开始瞬时的速度为 $\boldsymbol{v}_i$，碰撞结束瞬时的速度为 $\boldsymbol{v}_i'$，忽略常规力的碰撞冲量，由动量定理得

$$m_i\boldsymbol{v}_i' - m_i\boldsymbol{v}_i = \boldsymbol{I}_i^{(i)} + \boldsymbol{I}_i^{(e)} \tag{13.1}$$

式中，$\boldsymbol{I}_i^{(i)}$ 和 $\boldsymbol{I}_i^{(e)}$ 分别为第 i 个质点的内碰撞冲量和外碰撞冲量。

对于整个质点系来说，将式(13.1)求和，有

$$\sum m_i\boldsymbol{v}_i' - \sum m_i\boldsymbol{v}_i = \sum \boldsymbol{I}_i^{(i)} + \sum \boldsymbol{I}_i^{(e)}$$

由于内碰撞冲量大小相等方向相反，$\sum \boldsymbol{I}_i^{(i)} = 0$，于是得

$$\sum m_i\boldsymbol{v}_i' - \sum m_i\boldsymbol{v}_i = \sum \boldsymbol{I}_i^{(e)} \tag{13.2}$$

式(13.2)称为**碰撞时质点系的冲量定理**，它表明**质点系在碰撞开始和结束时动量的改变等于作用于质点系的外碰撞冲量的矢量和**。

根据质点系动量的计算公式，式(13.2)还可以写成

$$m\boldsymbol{v}_C' - m\boldsymbol{v}_C = \sum \boldsymbol{I}_i^{(e)} \tag{13.3}$$

式中，m 为质点系总质量；$\boldsymbol{v}_C$ 和 $\boldsymbol{v}_C'$ 分别为质心在碰撞开始和结束时的速度。此公式称为**碰撞时的质心运动定理**。

2. 冲量矩定理

根据研究碰撞问题的基本假设，在碰撞过程中，质点系内各质点的位移均可忽略，因此可用同一矢径 $\boldsymbol{r}_i$ 表示质点在碰撞开始和结束时的位置。以 $\boldsymbol{r}_i$ 与式(13.1)作矢积，得

$$\boldsymbol{r}_i \times m_i\boldsymbol{v}_i' - \boldsymbol{r}_i \times m_i\boldsymbol{v}_i = \boldsymbol{r}_i \times \boldsymbol{I}_i^{(i)} + \boldsymbol{r}_i \times \boldsymbol{I}_i^{(e)} \tag{13.4a}$$

或者写成

$$\boldsymbol{M}_O(m_i\boldsymbol{v}_i') - \boldsymbol{M}_O(m_i\boldsymbol{v}_i) = \boldsymbol{M}_O\left(\boldsymbol{I}_i^{(i)}\right) + \boldsymbol{M}_O\left(\boldsymbol{I}_i^{(e)}\right) \tag{13.4b}$$

式中，$\boldsymbol{M}_O(m_i\boldsymbol{v}_i)$ 和 $\boldsymbol{M}_O(m_i\boldsymbol{v}_i')$ 分别代表质点在碰撞开始和结束时对点 O 的动量矩；$\boldsymbol{M}_O\left(\boldsymbol{I}_i^{(i)}\right)$ 和 $\boldsymbol{M}_O\left(\boldsymbol{I}_i^{(e)}\right)$ 分别代表内碰撞冲量 $\boldsymbol{I}_i^{(i)}$ 和外碰撞冲量 $\boldsymbol{I}_i^{(e)}$ 对点 O 的矩。

对整个质点系来说，将式(13.4b)求和，得

$$\sum \boldsymbol{M}_O(m_i\boldsymbol{v}_i') - \sum \boldsymbol{M}_O(m_i\boldsymbol{v}_i) = \sum \boldsymbol{M}_O\left(\boldsymbol{I}_i^{(i)}\right) + \sum \boldsymbol{M}_O\left(\boldsymbol{I}_i^{(e)}\right)$$

因为内碰撞冲量总是成对出现，每一对内碰撞冲量对任一点的矩的矢量和恒等于零，所以有 $\sum \boldsymbol{M}_O\left(\boldsymbol{I}_i^{(i)}\right) = 0$，故

$$\sum \boldsymbol{M}_O(m_i\boldsymbol{v}_i') - \sum \boldsymbol{M}_O(m_i\boldsymbol{v}_i) = \sum \boldsymbol{M}_O\left(\boldsymbol{I}_i^{(e)}\right) \tag{13.5}$$

式(13.5)是矢量方程，将其投影到任一轴，如 x 轴上，得

$$\sum M_x\left(m_i\boldsymbol{v}_i'\right)-\sum M_x\left(m_i\boldsymbol{v}_i\right)=\sum M_x\left(\boldsymbol{I}_i^{(e)}\right) \tag{13.6}$$

式(13.5)和式(13.6)分别表示了**碰撞时质点系对点(或对轴)的冲量矩定理，即在碰撞过程中，质点系对任一点(或任一轴)的动量矩的变化，等于该质点系所受外碰撞冲量对同一点(或同一轴)之矩的矢量和(或代数和)。**

由第 9 章内容可知，质点系相对于质心的动量矩定理与相对于固定点的动量矩定理具有相同的形式，与式(13.3)类似，可得到用于**碰撞过程的质点系相对于质心的动量矩定理：**

$$\boldsymbol{L}_{C2}-\boldsymbol{L}_{C1}=\sum \boldsymbol{M}_C\left(\boldsymbol{I}_i^{(e)}\right) \tag{13.7}$$

式中，$\boldsymbol{L}_{C1}$、$\boldsymbol{L}_{C2}$ 分别为碰撞前后质点系相对于质心 C 的动量矩；等式右侧为外碰撞冲量对质心之矩的矢量和(即对质心的主矩)。

3. 刚体平面运动碰撞方程

设刚体具有质量对称面，且平行于此平面做平面运动。当受到外碰撞冲量 $\boldsymbol{I}_i^{(e)}$ 作用时，该刚体的质心速度和角速度都将发生变化。设碰撞开始和结束瞬时刚体的质心速度和角速度分别为 v_C、ω_1 和 v_C'、ω_2，取固定坐标面 Oxy 与刚体的质量对称面重合，将碰撞时的冲量定理，即式(13.3)分别投影到 x 轴和 y 轴，同时利用相对于质心的冲量矩定理，即式(13.7)可以得到

$$\begin{cases} mv_{Cx}'-mv_{Cx}=\sum I_{ix}^{(e)} \\ mv_{Cy}'-mv_{Cy}=\sum I_{iy}^{(e)} \\ J_C\omega_2-J_C\omega_1=\sum M_C\left(I_i^{(e)}\right) \end{cases} \tag{13.8}$$

式中，m 为刚体的质量；J_C 为刚体对通过质心 C 且与其对称平面垂直的轴的转动惯量，$L_{C1}=J_C\omega_1$，$L_{C1}=J_C\omega_1$。

13.2　恢 复 系 数

碰撞过程可以分为两个阶段，由两物体开始接触到二者沿接触面公法线方向相对接近的速度降为零时为止，这是变形阶段。此后，物体由于弹性而部分或完全恢复原来的形状，两物体重新在公法线方向获得分离速度，直到脱离接触为止，这是恢复阶段。恢复的程度主要取决于相互碰撞的物体的材料性质，但也和碰撞的条件(包括物体的质量、性质和尺寸、法向相对速度的大小及碰撞物体的相对方位等)有关。

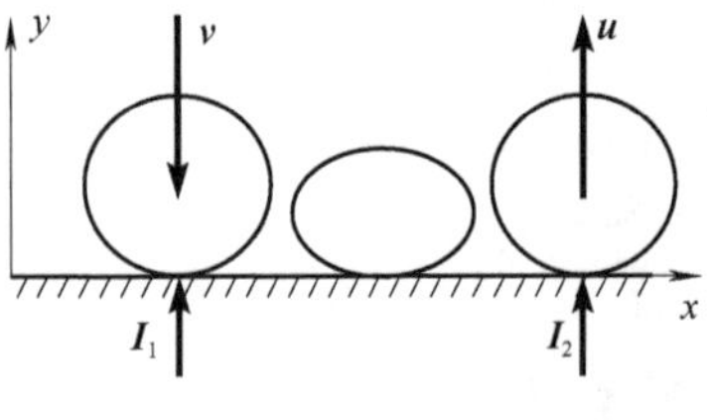

图 13.2

考察一小球对固定平面的碰撞，如图 13.2 所示，设一小球竖直落下，与固定水平面发生碰撞。碰撞开始时，小球的速度为 $\boldsymbol{v}$，受到固定水平面碰撞冲量的作用，速度逐渐减小直至为零，同时变形逐渐增至最大，此为碰撞第一阶段。此后小球逐渐恢复到原状，获得向上的速度 $\boldsymbol{u}$，此为碰撞第二阶段。假设第一阶段的碰撞冲量为 $\boldsymbol{I}_1$，应用冲量定理在竖直方向的投影得

$$0-(-mv)=I_1$$

假设第二阶段的碰撞冲量为 I_2，应用冲量定理在竖直方向的投影得

$$mu-0=I_2$$

所以有

$$\frac{u}{v}=\frac{I_2}{I_1} \tag{13.9}$$

许多材料在碰撞后都会留有不同程度的残余变形，碰撞过程中产生的变形不能完全恢复，加之碰撞伴有发光、发热等能量损耗现象，因此物体碰撞后的速度 u 总是小于碰撞前的速度 v。

实践表明，对于材料确定的物体，碰撞后与碰撞前的速度大小的比值通常是一个常数，令其为 e，称为**恢复系数**，即

$$e=\frac{u}{v} \tag{13.10}$$

恢复系数 e 表示物体在碰撞前后速度的恢复程度和物体变形的恢复程度，也反映了物体碰撞中机械能损失的程度。

一般情况下，恢复系数 $0< e <1$，此时的碰撞称为**弹性碰撞**。物体在弹性碰撞结束时，变形不能完全恢复，动能有损失。极端情况下，当 $e=1$ 时，碰撞结束后，物体能完全恢复原来的形状，这种碰撞称为**完全弹性碰撞**。在另一种极端情况下，当 $e=0$ 时，碰撞结束后，物体的变形丝毫没有恢复，即碰撞未恢复阶段，动能全部损失在物体变形过程中，这种碰撞称为**非弹性碰撞**或**塑性碰撞**。

恢复系数由实验方法测定，其中较为简易的方法是：将要测定的材料做成小球和水平固定平面，如图 13.3 所示。将小球自高度 h_1 处自由落下，小球与固定面碰撞后向上返跳，达到最高点，测量此时的高度 h_2，则材料的恢复系数为

$$e=\frac{u}{v}=\sqrt{\frac{h_2}{h_1}} \tag{13.11}$$

对于碰撞前后两个物体都有运动的情况，材料的恢复系数定义为

$$e=\left|\frac{u_{\mathrm{r}}^{\mathrm{n}}}{v_{\mathrm{r}}^{\mathrm{n}}}\right| \tag{13.12}$$

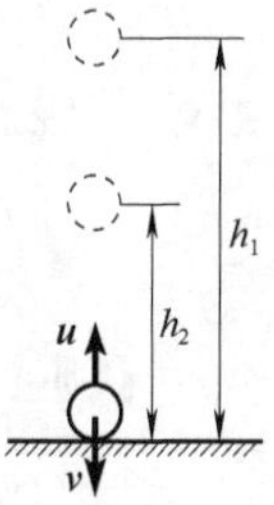

图 13.3

式中，$u_{\mathrm{r}}^{\mathrm{n}}$ 和 $v_{\mathrm{r}}^{\mathrm{n}}$ 分别为碰撞后和碰撞前两物体接触点沿接触面法线方向的速度。

大量的实验证明，恢复系数与相互碰撞物体的材料性质有关，可通过实验测定，几种材料的恢复系数见表 13.1。

13-5

表 13.1　材料的恢复系数

材料	铁对铅	铅对铅	木对胶木	木对木	钢对钢	铁对钢	玻璃对玻璃
恢复系数	0.14	0.20	0.26	0.50	0.56	0.66	0.94

13.3　碰撞问题分析

应用碰撞时的动力学普遍定理求解碰撞问题，应明确分清三个阶段，即碰撞前阶段、碰撞阶段和碰撞后阶段。碰撞前和碰撞后两个阶段是非碰撞过程，应按照动力学常规问题处理，而在碰撞阶段，则应根据碰撞的特点进行分析和计算。

【例 13.1】　设小球与固定面产生斜碰撞，入射角为 α，碰撞后的反射角为 β，如图 13.4 所示，不计摩擦，试计算其恢复系数。

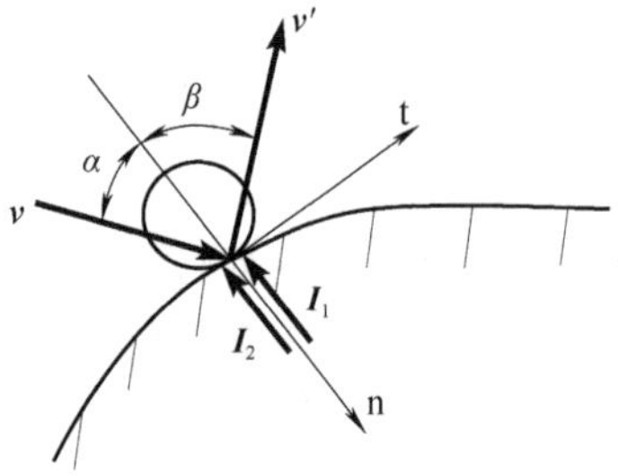

图 13.4

解： 由于不考虑摩擦，碰撞只在法线方向发生。设小球质量为 m，在碰撞的第一阶段，由冲量定理在 n 方向的投影，有

$$0-mv\cos\alpha=-I_1 \tag{a}$$

在碰撞的第二阶段，在 n 方向上有

$$-mv'\cos\beta-0=-I_2 \tag{b}$$

在切线方向 t，冲量守恒：

$$mv'\sin\beta+mv\sin\alpha=0 \tag{c}$$

恢复系数为

$$e=\left|\frac{I_2}{I_1}\right|=\left|\frac{v'\cos\beta}{v\cos\alpha}\right|=\left|\frac{\sin\alpha\cos\beta}{\sin\beta\cos\alpha}\right|=\left|\frac{\tan\alpha}{\tan\beta}\right| \tag{d}$$

讨论：

对于一般材料，$e<1$，所以当碰撞表面光滑时有 $\beta>\alpha$。式(d)中，$v'\cos\beta$ 和 $v\cos\alpha$ 分别为 $\boldsymbol{v}'$ 和 $\boldsymbol{v}$ 在法线方向的投影，于是恢复系数可写为

$$e=\left|\frac{v_n'}{v_n}\right|$$

式中，v_n' 和 v_n 分别为 $\boldsymbol{v}'$ 和 $\boldsymbol{v}$ 在法线方向的投影。

若两物体都有运动，在斜碰撞时，恢复系数定义为碰撞结束时两物体相对速度的法向投影 $v_r'^n$ 与碰撞开始时相对速度的法向投影 v_r^n 的比值，即

$$e=\left|\frac{v_r'^n}{v_r^n}\right|$$

【例 13.2】 两个小球的质量分别为 m_1 和 m_2，沿两球中心线的方向运动，如图 13.5 所示，速度分别为 $\boldsymbol{v}_1$ 和 $\boldsymbol{v}_2$。假设 $v_1>v_2$，因而后球在某瞬时赶上前球而发生碰撞。恢复系数为 e，试求碰撞后两球的速度和碰撞过程中的动能损失。

13-6

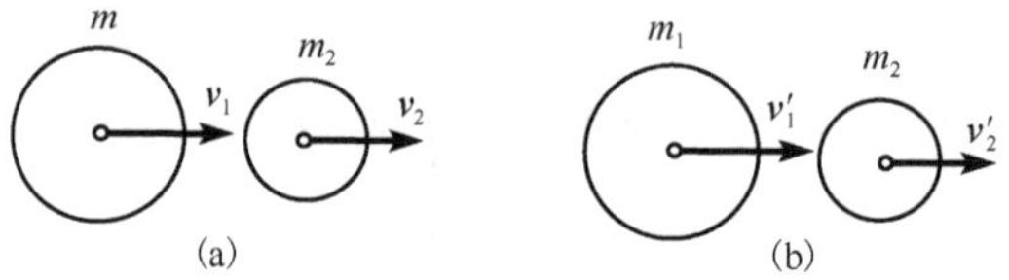

图 13.5

解： 由已知条件可知，两个小球所发生的碰撞为对心碰撞。取两个小球所组成的系统为研究对象，设碰撞结束时，两个小球的速度分别为 $\boldsymbol{v}_1'$ 和 $\boldsymbol{v}_2'$。整个碰撞过程中，系统的外碰撞冲量为零，动量守恒。由冲量定理，有

$$m_1v_1+m_2v_2=m_1v_1'+m_2v_2' \tag{a}$$

方程有两个未知数，还不能求解。由恢复系数的定义，可得

$$e=\frac{v_2'-v_1'}{v_1-v_2} \tag{b}$$

以此作为式(a)的补充方程。联立求解式(a)和式(b)，得

$$v_1'=v_1-(1+e)\frac{m_2}{m_1+m_2}(v_1-v_2) \tag{c}$$

$$v_2' = v_2 + (1+e)\frac{m_1}{m_1+m_2}(v_1 - v_2) \tag{d}$$

设碰撞前后系统的动能分别为 T_1 和 T_2，则碰撞过程中系统的动能损失为

$$\Delta T = T_1 - T_2 = \left(\frac{1}{2}m_1v_1^2 + \frac{1}{2}m_2v_2^2\right) - \left(\frac{1}{2}m_1v_1'^2 + \frac{1}{2}m_2v_2'^2\right)$$

$$= \frac{1}{2}m_1(v_1 - v_1')(v_1 + v_1') + \frac{1}{2}m_2(v_2 - v_2')(v_2 + v_2')$$

将式(c)和式(d)代入上式，经过简化得到两个物体在对心碰撞过程中的动能损失为

$$\Delta T = \frac{1}{2}\frac{m_1m_2}{m_1+m_2}(1-e^2)(v_1 - v_2)^2 \tag{e}$$

由式(e)可以看出，在其他条件相同的情况下，恢复系数越小，碰撞的动能损失就越大。对于塑性碰撞，$e=0$，碰撞损失的动能最大；而对于完全弹性碰撞，$e=1$，系统的动能没有损失。

当一个运动的物体与一个静止的物体发生正碰撞时，假设 $v_2 = 0$，则 $T_1 = \frac{1}{2}m_1v_1^2$，于是由式(e)可得

$$\Delta T = (1-e^2)\frac{m_2}{m_1+m_2}T_1 = (1-e^2)\frac{1}{1+m_1/m_2}T_1 \tag{f}$$

可见，此时当恢复系数一定时，系统的动能损失取决于两碰撞物体的质量比。

工程实际中，有时希望系统的动能损失越多越好，例如，锻压金属时，锻锤与锻件及砧座碰撞时产生的功能损失可使锻件产生变形。动能损失越大，锻件变形就越大，锻压效率就越高，从式(f)中可以看出，此时应使 $m_2 \gg m_1$，工程中常使用比锻锤重很多倍的砧座，就是应用了这个原理。由式(f)还可以看出，恢复系数越小，动能损失就越大，所以工程中尽量将锻件加温变软，以减小恢复系数 e。

有时则希望系统的动能损失越小越好，如打桩时，锤与桩碰撞后，应使桩获得较大的动能，以克服阻力而迅速下沉。碰撞过程中的动能损失越小，打桩的效率就越高，从式(f)中可以看出，此时应使 $m_2 \ll m_1$。因此，在工程中应用比桩重很多倍的锤子打桩，在生活中用锤子钉钉子也是如此。

【例 13.3】 如图 13.6 所示，物体 A 的重量为 $\boldsymbol{P}$，自高度为 h 处落下，与安装在弹簧上重量为 Q 的物体 B 相碰撞。已知弹簧刚度为 k，且为塑性碰撞，求碰撞后弹簧的最大压缩量。

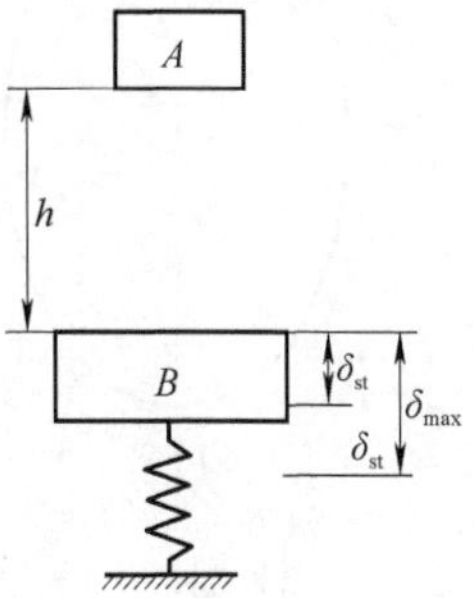

图 13.6

解： 整个运动过程分为三个阶段。从重物由高度 h 处落下到与 B 即将碰撞的瞬间为第一个阶段，此阶段为非碰撞阶段。A 与 B 碰撞为第二阶段且为碰撞阶段。碰撞后 B 获得速度并与 A 一起运动至速度等于零，此为第三阶段，并且为非碰撞阶段。碰撞与非碰撞过程的计算方法不同。

在第一阶段中，由动能定理求出碰撞前物体 A 的速度为

$$v_1 = \sqrt{2gh}$$

第二阶段，由于碰撞是塑性的，$e=0$，且 $v_2 = 0$，故碰撞后的速度为

$$v' = v_1' = v_2' = \frac{m_1v_1 + m_2v_2}{m_1+m_2} = \frac{Pv_1}{P+Q} = \frac{P\sqrt{2gh}}{P+Q}$$

第三阶段，两物体一起运动，据题意，设 $\delta_{\max}$ 为弹簧最大伸长量，此时两物体速度为零，由动能定理有

$$0-\frac{1}{2}\left(\frac{P+Q}{g}\right)v'^2=\frac{k}{2}\left[\delta_{st}^2-\left(\delta_{\max}-\delta_{st}\right)^2\right]+\left(\frac{P+Q}{g}\right)\left(\delta_{\max}-\delta_{st}\right)$$

整理后得到求 $\delta_{\max}$ 的二次方程：

$$\delta_{\max}^2-\frac{2(P+Q)}{g}\delta_{\max}-\left[\delta_{st}^2-\frac{2(P+Q)}{k}\delta_{st}+\frac{(P+Q)}{g}v'^2\right]=0$$

将 v' 代入解得

$$\delta_{\max}=\frac{P+Q}{k}\mp\sqrt{\left(\frac{P+Q}{k}\right)^2+\frac{Q^2}{k^2}-\frac{2(P+Q)Q}{k^2}+\frac{2hP^2}{(P+Q)k}}$$

再将 $\delta_{st}=Q/k$ 代入得

$$\delta_{\max}=\frac{P+Q}{k}\mp\sqrt{\left(\frac{P+Q}{k}\right)^2+\delta_{st}^2-\frac{2(P+Q)}{k}\delta_{st}+\frac{2hP^2}{(P+Q)k}}$$

若 $P=10\text{N}$，$Q=5\text{N}$，$k=10\text{N/mm}$，$h=5\text{m}$，且 $\delta_{st}=0.5\text{mm}$，代入解得弹簧最大压缩量为

$$\delta_{\max}=83.16\text{mm}$$

另一解为 -80.16mm，弹簧为拉伸，不符题意，所以舍去。

13.4　碰撞冲量对定轴转动刚体的作用

13.4.1　碰撞冲量对定轴转动刚体角速度的影响

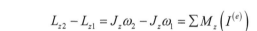

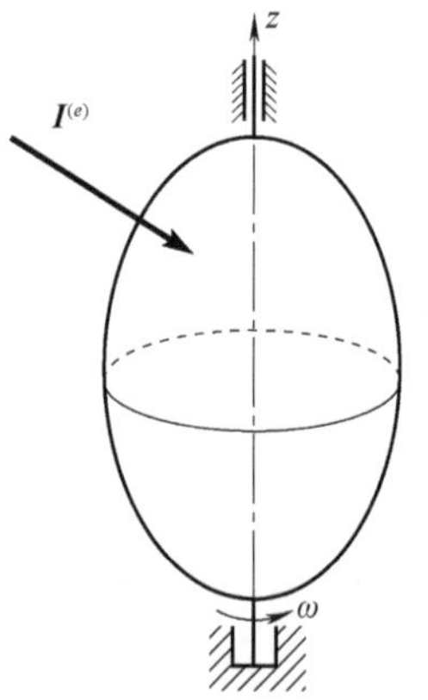

图 13.7

设绕定轴转动的刚体受到一个外碰撞冲量的作用，如图 13.7 所示。根据对 z 轴的冲量矩定理可得

$$L_{z2}-L_{z1}=J_z\omega_2-J_z\omega_1=\sum M_z\left(I^{(e)}\right)$$

式中，L_{z1} 和 L_{z2} 分别表示刚体在碰撞开始和结束时对转轴的动量矩；ω_1 和 ω_2 分别表示这两个瞬时的角速度。

于是刚体角速度的变化量为

$$\omega_2-\omega_1=\frac{\sum M_z\left(I^{(e)}\right)}{J_z}\tag{13.13}$$

式(13.13)表明，**刚体碰撞时角速度的改变等于作用于刚体的外碰撞冲量对转轴之矩除以对该轴的转动惯量。**

13.4.2　碰撞引起的轴承反碰撞冲量及撞击中心

绕定轴转动的刚体在受到外碰撞冲量作用时，一般将在轴与轴承之间发生碰撞，从而产生巨大的碰撞力，将会引起轴或轴承的破坏，因此设计时应考虑尽量减少或消除这种碰撞。

设刚体具有质量对称面，并且绕与该对称面垂直的轴转动。取刚体对称面研究，现有外

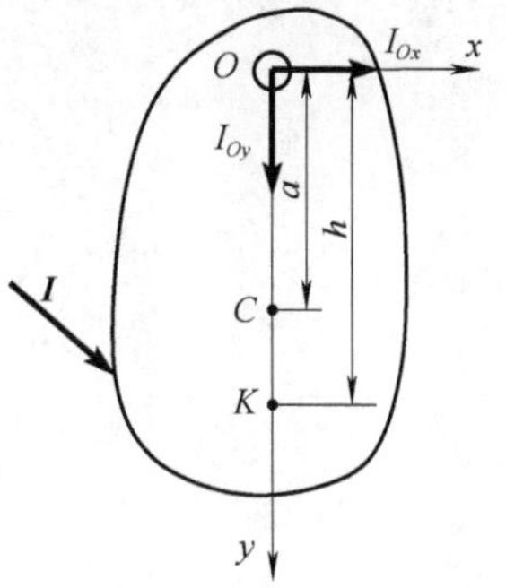

图 13.8

碰撞冲量 $\boldsymbol{I}$ 作用于刚体并位于对称面内，由此引起的轴承反冲量分别为 I_{Ox} 和 I_{Oy}，如图 13.8 所示。设刚体质量为 m，冲量定理在 x 和 y 向的投影式分别为

$$mv'_{Cx} - mv_{Cx} = I_{Ox} + I_x \tag{13.14}$$

$$mv'_{Cy} - mv_{Cy} = I_{Oy} + I_y \tag{13.15}$$

式中，v'_{Cx}、v'_{Cy} 和 v_{Cx}、v_{Cy} 分别为刚体在碰撞结束和开始时质心的速度沿 x 向和 y 向的投影；I_x 和 I_y 则为外碰撞冲量在 x 向和 y 向的投影。

因质心速度与 y 轴垂直，将 $v'_{Cy} = v_{Cy} = 0$ 代入式(13.15)，得到轴承反冲量在 y 方向的分量大小为

$$I_{Oy} = -I_y \tag{13.16}$$

由式(13.14)，轴承反冲量在 x 方向的分量大小为

$$I_{Ox} = mv'_{Cx} - mv_{Cx} - I_x \tag{13.17}$$

可见，一般情况下，当物体受到外碰撞冲量时，刚体都会受到轴承反冲量 $\boldsymbol{I}_O$ 的作用。

为了消除碰撞反冲量，分别在式(13.16)和式(13.17)中令 $I_{Oy} = 0$ 和 $I_{Ox} = 0$，于是由式(13.16)可得

$$I_y = 0$$

表明外碰撞冲量 $\boldsymbol{I}$ 在 y 方向的分量为零，若 $\boldsymbol{I}$ 不为零，则它的方向必与 y 轴垂直，即垂直于质心 C 与转轴的连线。

由式(13.17)，令 $I_{Ox} = 0$，则

$$I_x = mv'_{Cx} - mv_{Cx} = m(\omega_2 - \omega_1)a$$

式中，a 为质心到转轴的距离。

将式(13.11)代入并注意 $\sum M_z\left(I^{(e)}\right) = hI_x$，于是可得

$$I_x = m\frac{\sum M_z\left(I^{(e)}\right)}{J_z}a = ma\frac{hI_x}{J_z}$$

由此，外碰撞冲量与质心到转轴的连线交点 K 到转轴的距离 h 为

$$h = \frac{J_z}{ma} = \frac{\rho_z^2}{a} \tag{13.18}$$

式中，ρ_z 为刚体对转轴的惯性半径。显然，当 h 满足式(13.18)时，水平向碰撞反冲量为零。

总之，要避免轴承处受到碰撞冲量作用，外碰撞冲量 $\boldsymbol{I}$ 必须与 OC 连线垂直，同时 $\boldsymbol{I}$ 的作用线与 OC 的交点 K 到 O 的距离应满足式(13.18)。此时，交点 K 称为刚体对轴的**撞击中心**。当外碰撞冲量在刚体对称平面内作用于撞击中心，并且垂直于转轴与质心的连线时，轴承处就不会引起碰撞冲量。

撞击中心在工程中有很重要的意义，例如，在设计材料冲击试验机的摆锤时，应将撞击试件的刃口设在摆锤的撞击中心，以免轴承受到冲击载荷。

【例 13.4】 均质木榧 AB 静止悬挂于固定铰链支座 A，如图 13.9(a)所示，木榧质量为 m_1，集中于锤头 C 处，$\overline{CA}=l$，现有一个质量为 m_2 的子弹 M 以一定的初速度射入锤头 C 处，并嵌入锤头，随木榧一起绕固定铰链支座 A 转动，当转角为 β 时停止。试求子弹的初速度 $\boldsymbol{v}$ 的大

小，子弹与木棰碰撞过程的碰撞冲量 $\boldsymbol{I}$，支座 A 处的反碰撞冲量。

13-7

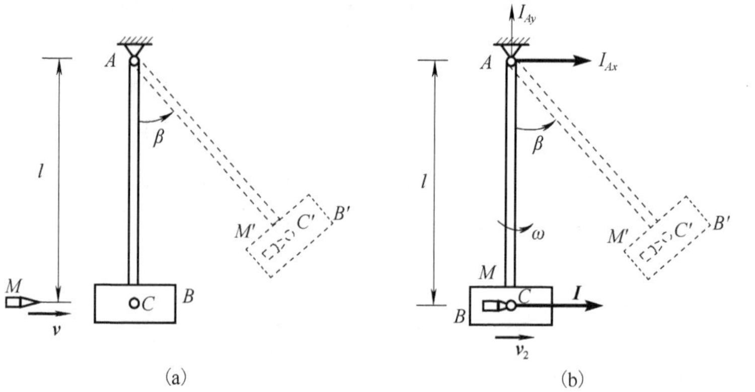

图 13.9

解：以子弹和木棰组成的质点系为研究对象，忽略子弹射入锤头过程中其他能量的损失，子弹射入锤头为碰撞过程，锤头与子弹绕 A 运动是非碰撞过程。

假设子弹的初速度为 $\boldsymbol{v}$，子弹与锤头碰撞后绕支座 A 转动的角速度为 ω，碰撞后子弹随木棰转动了 β 角后停止，此过程中由动能定理可得

$$\frac{1}{2}J_A\omega^2-0=(m_1+m_2)gl(1-\cos\beta) \tag{a}$$

式中，J_A 为子弹与木棰组成的系统对支座 A 的转动惯量，$J_A=(m_1+m_2)l^2$，解式(a)得

$$\omega=\sqrt{\frac{2g(1-\cos\beta)}{l}} \tag{b}$$

因为以子弹和木棰组成的质点系为研究对象时，子弹与木棰的碰撞属于内碰撞，所以为求解子弹与木棰碰撞过程的碰撞冲量 I，以木棰为研究对象，由冲量定理可得

$$m_1v_2-0=I \tag{c}$$

式中，v_2 为碰后瞬间质心的速度，并且 $v_2=\omega l$。

解得子弹与木棰碰撞过程的碰撞冲量为

$$I=m_1\sqrt{2gl(1-\cos\beta)}$$

以子弹为研究对象，由冲量定理可得

$$m_2v_2-m_2v=-I \tag{d}$$

解得子弹的初速度为

$$v=\frac{m_2+m_1}{m_2}\sqrt{2gl\left(1-\cos\beta\right)}$$

再以子弹和木棰组成的质点系为研究对象，由冲量定理，在水平方向，有

$$(m_1+m_2)v_2-m_2v=I_{Ax} \tag{e}$$

解得 I_{Ax}=0，而在竖直方向没有碰撞，因此 I_{Ay}= 0。

本例中，木棰的质心就是撞击中心，故支座的碰撞冲量为 0。

思　考　题

13-1　判断下列的说法是否正确。

(1) 弹性碰撞与塑性碰撞的主要区别是前者碰撞后，两物体具有不同的速度，从而彼此分离。

(2) 碰撞冲量是一个矢量，它的大小等于碰撞力 $\boldsymbol{F}$ 和碰撞时间 t 的乘积。

(3) 一般情况下，由于碰撞时间极短，碰撞力巨大，所以在碰撞阶段物体的位移和作用在物体上的平常力的冲量都可忽略不计。

(4) 除完全弹性碰撞外，在碰撞过程中一般不能应用动能定理。

(5) 如果绕定轴转动的刚体的质心恰好在转动轴上，则不存在撞击中心。

13-2　小球 A 自高度 h_1 处静止自由落到固定水平面上，碰撞后反弹的高度为 h_2，则恢复系数为__________。

A．h_2/h_1　　B．h_1/h_2　　C．$(h_1/h_2)^{1/2}$　　D．$(h_2/h_1)^{1/2}$

13-3　在锻压金属的过程中需要系统动能__________，在气锤打桩的过程中需要系统动能__________。

A．损失越大越好　　B．损失越小越好　　C．没有损失

13-4　一个具有质量对称轴的定轴转动刚体，当其质心在转轴上时，撞击中心到转轴上的距离 h 为__________。

A．$h=I_O/m$　　B．$h=0$　　C．$h\to\infty$

13-5　均质圆盘绕过质心 C 而垂直于圆盘平面做定轴转动，则此圆盘碰撞中心__________。

A．存在　　B．不存在　　C．不能判断是否存在

13-6　如思图 13.1 所示，两复摆可分别绕水平轴 O_1、O_2 转动，摆长均为 L，对转轴的转动惯量分别为 J_1 和 J_2，碰撞前摆 A 有角速度 ω_0，摆 B 静止不动，碰撞后两摆的角速度分别为 ω_1、ω_2，则恢复系数为__________。

A．$(J_2\omega_2-J_1\omega_1)/J_1\omega_0$　　B．$(L\omega_2-L\omega_1)/L\omega_0$

C．$(L\omega_1-L\omega_2)/L\omega_0$　　D．$L\omega_0/(L\omega_2-L\omega_1)$

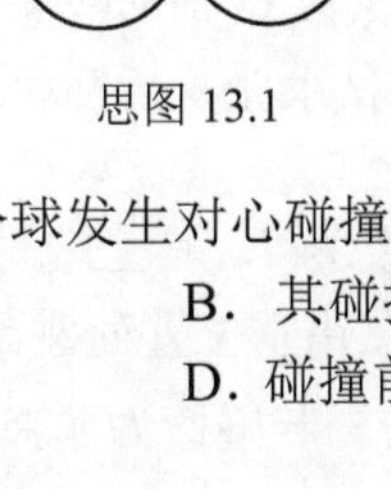

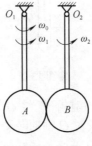

思图 13.1

13-7　在光滑水平面上运动的两个球发生对心碰撞后，互换了速度，则__________。

A．其碰撞为弹性碰撞　　B．其碰撞为完全弹性碰撞

C．其碰撞为塑性碰撞　　D．碰撞前两球的动能相同，但它们的质量不同

13-8　均质杆 AB 在光滑水平面上绕质心以角速度 ω 转动，如思图 13.2 所示，若突然将一端点 B 固定，且使杆可绕点 B 转动，则杆绕点 B 转动的角速度__________。

A．仍为 ω　　　B．大于 ω　　　C．小于 ω

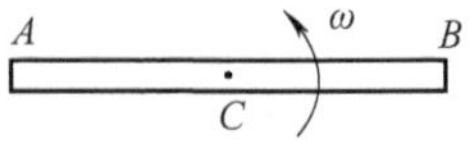

思图 13.2

13-9　一质量为 m 的子弹 A，以速度 $\boldsymbol{v}_A$ 水平射入铅垂悬挂的均质木杆 OB 的中点，并留在杆内。木杆的质量为 M，长度 L，初始静止，则子弹射入木杆后，杆的角速度为__________。

13-10　均质杆 OA 的长度为 L，质量为 m，A 端固连一个质量也为 m 的小球(不计尺寸)，O 为悬挂点，则撞击中心 K 到 O 的距离 $\overline{OK}=$__________。

13-11　一质量为 2kg 的小球，从高度 $h=19.6\text{m}$ 处无初速地下落至地面，又以速度 $u=10\text{m/s}$ 铅垂回跳，则恢复系数为__________。

习　　题

13.1　两球半径相同、质量相等，球 A 速度 $v_1=6\text{m/s}$，方向与静止球 B 相切，如题图 13.1 所示。已知恢复系数 $e=0.6$，不计摩擦，求碰撞后两球的速度。

13.2　如题图 13.2 所示，用打桩机打击重量为 Q 的桩柱。打桩锤重量为 P，由高度 h 处自由地落下。设恢复系数 $e=0$，经过一次打击后，桩柱下沉距离为 δ，试求桩柱受到的平均阻力。

13.3　质量为 $m_1=2\text{kg}$ 的均质杆 OB，处于竖直静止位置，一质量 $m=0.15\text{kg}$ 的小球以速度 $v=20\text{m/s}$ 打在杆上 A 点，方向如题图 13.3 所示。若恢复系数 $e=0.8$，$L=0.9\text{m}$，$a=0.1\text{m}$，球与杆之间为光滑接触，试求碰撞结束时小球的速度 u 与杆的角速度 ω。

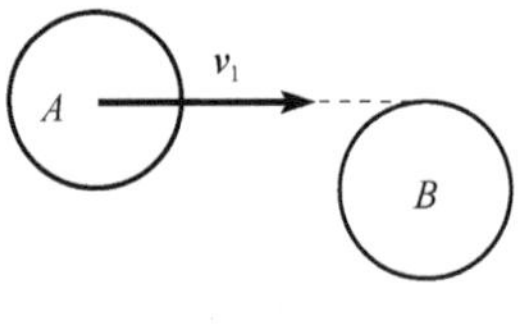

题图 13.1

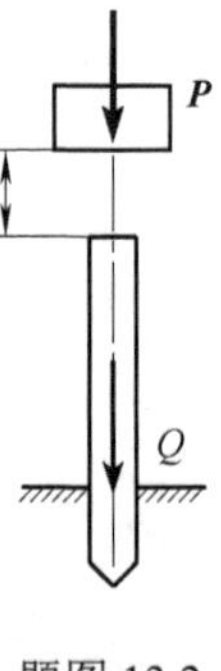

题图 13.2

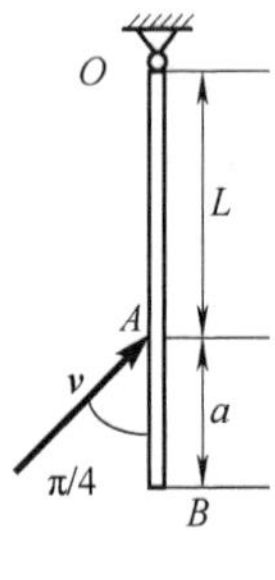

题图 13.3

13.4　如题图 13.4 所示，带有几个齿的凸轮绕 O 轴转动，并使桩锤运动。设碰撞前桩锤是静止的，凸轮的角速度为 ω_O，若凸轮对 O 轴的转动惯量为 J_O，锤的质量为 m，碰撞点到 O 轴的距离为 r，并且碰撞是非弹性的。试求碰撞后凸轮的角速度、锤的速度和碰撞时凸轮与锤间的碰撞冲量。

13.5　一均质杆的质量为 m_1，长度为 l，其上端与固定铰链连接，如题图 13.5 所示。杆由水平位置落下，其初速度为零。杆在铅垂位置处碰到一个质量为 m_2 的重物，使后者沿着粗糙的水平面滑动，动滑动摩擦系数为 f。若碰撞为非弹性，求重物移动的路程。

13.6　平台车以速度 $\boldsymbol{v}$ 沿水平路轨运动，其上放置均质正方形物块 A，边长为 a，质量为 m，如题图 13.6 所示。在平台车上靠近物块有一个突出棱 B，它能阻止物块向前滑动，但不能阻止它绕棱转动。求当平台车突然停止时，物块绕 B 转动的角速度。

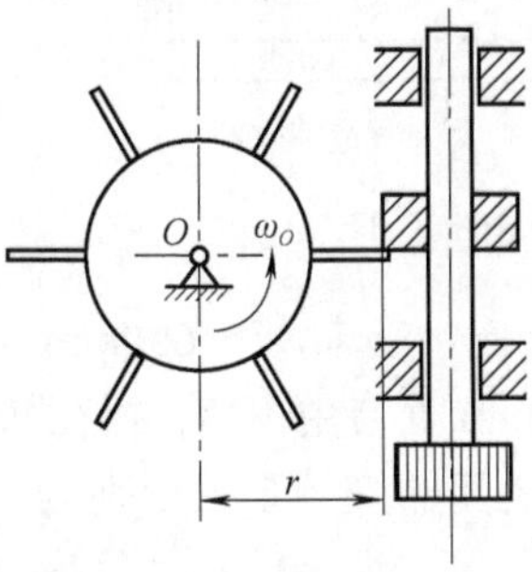

题图 13.4

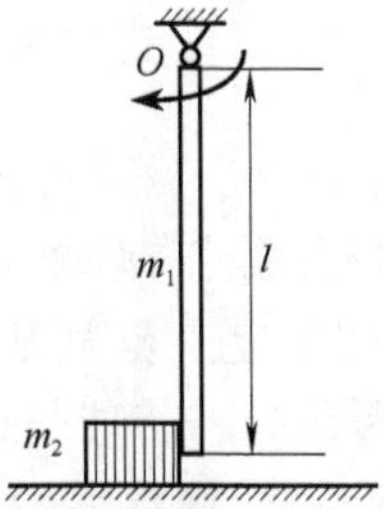

题图 13.5

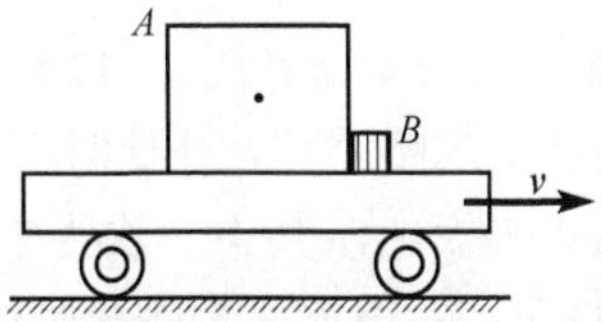

题图 13.6

13.7　如题图 13.7 所示，在测定碰撞恢复系数的仪器中，有一均质杆可绕水平轴 O 转动，杆长为 l，质量为 m_1。杆上带有用实验材料所制的样块，质量为 m。杆受重力作用，无初角速地由水平位置落下，在铅垂位置时与障碍物相碰。若碰撞后杆回到与铅垂线呈 φ 角的位置处，求恢复系数 e。又问，在碰撞时欲使轴承不受附加压力，样块到转动轴的距离 x 应为多大?

13.8　如题图 13.8 所示，质量为 m、长度为 l 的均质杆 AB，水平地自由落下一段距离 h 后，与支座 D 碰撞（$\overline{BD}=l/4$）。假定碰撞是塑性的，求碰撞后的角速度和碰撞冲量。

13.9　如题图 13.9 所示，两根完全相同的细长杆，G、D 处为铰支座。在点 B 与点 C 相碰之前，AB 杆的角速度 $\omega_1=30\,\text{rad/s}$，$CD$ 杆的角速度 $\omega_2=5\,\text{rad/s}$，两者均为逆时针转向，B、C 处的碰撞恢复系数 e=0.8，试求碰撞后各杆的角速度。

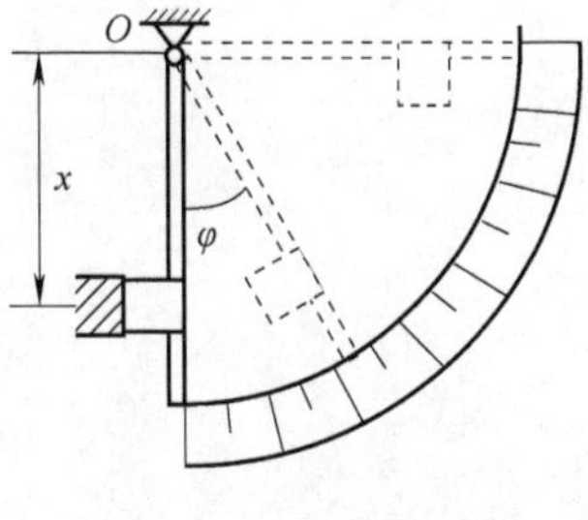

题图 13.7

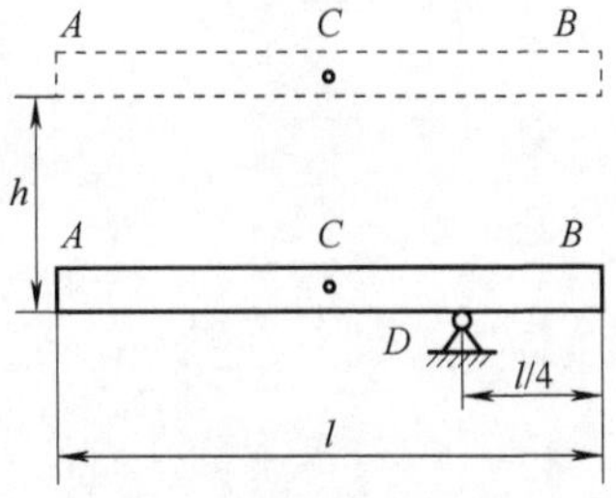

题图 13.8

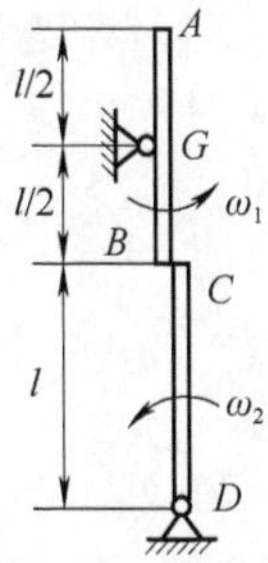

题图 13.9

13.10　如题图 13.10 所示的机构中，已知曲柄 OA 长度为 r，连杆 AB 长度为 L，曲柄、连杆和滑块的质量均为 m，在图示位置机构处于静止。现给滑块作用冲量 $\boldsymbol{I}$，试求曲柄的角速度。

13.11　均质细杆置于光滑的水平面上，围绕其重心 C 以角速度 ω_0 转动，如题图 13.11 所示。若突然将点 B 固定，问杆将以多大的角速度围绕点 B 转动?

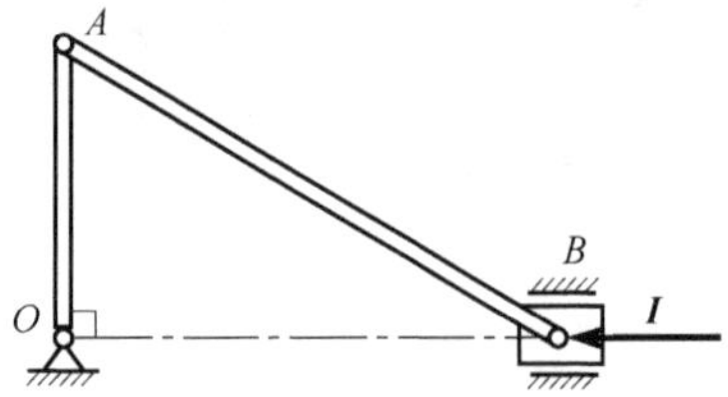

题图 13.10

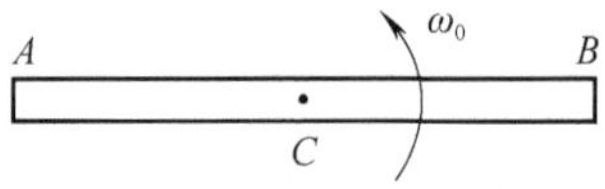

题图 13.11

13.12　如题图 13.12 所示，两个直径相同的钢球用一根刚性杆连接起来，$l = 600\text{mm}$，杆的质量忽略不计，开始时杆处于水平静止位置，然后从高度 h=150mm 处自由下落，撞在两块固定平板上，其中一块为钢板，一块为铜板。若球与钢板和铜板之间的恢复系数分别为 0.6 和 0.4，并设这两个碰撞是同时进行的，求碰撞后杆的角速度。

13.13　如题图 13.13 所示，气锤质量 $m_1 = 3000\text{kg}$，以 5m/s 的速度落到砧座上，砧座连同被锻压的铁块质量为 $m_2 = 2400\text{kg}$。设碰撞为塑性的，试求铁块所吸收的功 W_1、消耗于基础振动的功 W_2 和气锤的效率 η 。

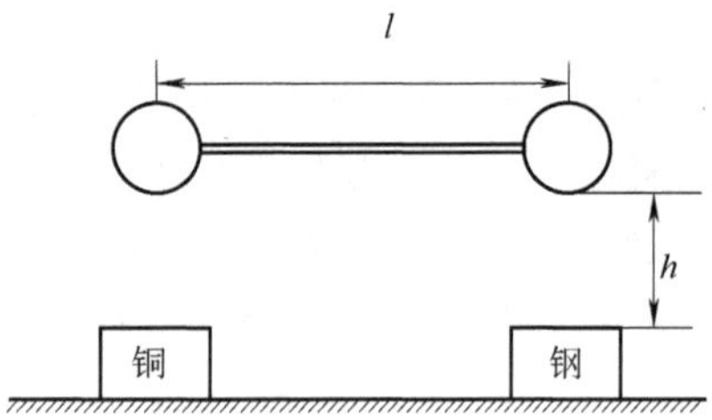

题图 13.12

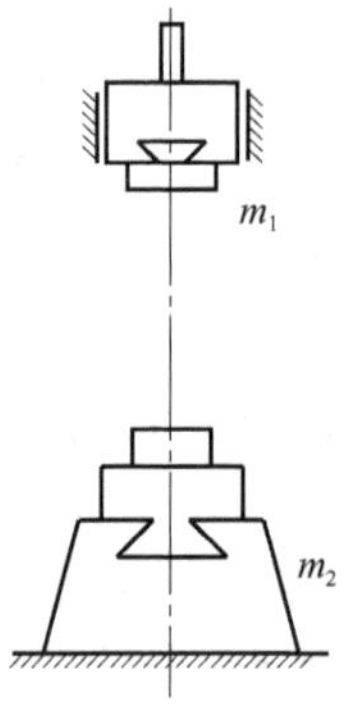

题图 13.13

习题参考答案

第 1 章 静力学基础

1.1 $M_O(\boldsymbol{F}_1)=-35.4\text{N·m}$，

$M_O(\boldsymbol{F}_2)=283\text{N·m}$，$M_O(\boldsymbol{F}_3)=-1800\text{N·m}$。

1.2 $F_{1x}=50\sqrt{2}\text{N}$ $F_{1y}=50\sqrt{2}\text{N}$，

$M_O(\boldsymbol{F}_1)=0$；

$F_{2x}=100\text{N}$，$F_{2y}=0$，$M_O(\boldsymbol{F}_2)=100\text{N·cm}$；

$M_O(M_1)=-M_1=-300\text{N·m}$，

$M_O(M_2)=M_2=450\text{N·m}$。

1.3 $M_x(\boldsymbol{F}_1)=0$，$M_y(\boldsymbol{F}_1)=-20\text{N·m}$，

$M_z(\boldsymbol{F}_1)=0$；

$M_x(\boldsymbol{F}_2)=-9.29\text{N·m}$，$M_y(\boldsymbol{F}_2)=-3.71\text{N·m}$，

$M_z(\boldsymbol{F}_2)=18.57\text{N·m}$；

$M_x(\boldsymbol{F}_3)=22.36\text{N·m}$，$M_y(\boldsymbol{F}_3)=-8.94\text{N·m}$，

$M_z(\boldsymbol{F}_3)=44.72\text{N·m}$。

第 2 章 力系的简化

2.1 $F_R=679\text{kN}$；$\cos(\boldsymbol{F}_R, x)=0.502$；

$\cos(\boldsymbol{F}_R, y)=0.865$；$M_O=46\text{N·m}$。

2.2 $F_{Rx}=-463.84\text{N}$，$F_{Ry}=-150.78\text{N}$，

$M_O=2143.94\text{N·cm}$；$F_R=478.73\text{N}$，$d=4.39\text{cm}$。

2.3 $F_{Rx}=-345.4\text{N}$，$F_{Ry}=249.6\text{N}$，$F_{Rz}=10.56\text{N}$，

$M_x=-51.78\text{N·m}$，$M_y=-36.65\text{N·m}$，$M_y=103.6\text{N·m}$。

2.4 $x_C=-\dfrac{r^2R}{2(R^2-r^2)}, y_C=0$。

2.5 图(a) $x_C=0\text{mm}$，$y_C=6.07\text{mm}$；

图(b) $x_C=11\text{mm}$，$y_C=0\text{mm}$；

图(c) $x_C=5.1\text{mm}$，$y_C=10.1\text{mm}$。

2.6 重心离底部的高度为 0.658m，

离 B 端的距离为 1.68m。

2.7 $x_C=23.1\text{mm}$，$y_C=38.5\text{mm}$，$z_C=-28.1\text{mm}$。

第 3 章 力系的平衡方程及其应用

3.1 $F_{CE}=1.16\text{kN}$。

3.2 $F_C=11.25\text{kN}$。

3.3 $F_A=\dfrac{2P}{\sqrt{3}}$；$F_T=\dfrac{2P}{\sqrt{3}}$。

3.4 $F_A=F_B=F_C=42.43\text{kN}$。

3.5 $F_A=F_B=5.7\text{kN}$。

3.6 $F_A=10\text{ kN}, F_B=10\text{kN}$。

3.7 $F_T=196.5\text{kN}$，$F_{NA}=47.3\text{kN}$，

$F_{NB}=90.21\text{kN}$。

3.8 $F_A=-\dfrac{F_1a+F_2b}{c}$，$F_{Bx}=\dfrac{F_1a+F_2b}{c}$，

$F_{By}=F_1+F_2$。

3.9 $F_R=F+ql$，$M=l\left(F+\dfrac{ql}{2}\right)$。

3.10 $F_{Ax}=20\text{kN}$，$F_{Ay}=100\text{kN}$，

$M_A=130\text{kN·m}$。

3.11 图(a) $F_{Ax}=\dfrac{\sqrt{3}}{2}F_1$，$F_{Ay}=\dfrac{1}{6}(4F_1+F_2)$，

$F_B=\dfrac{1}{3}(F_1+F_2)$；

图(b) $F_{Ax}=\dfrac{1}{3\sqrt{3}}(F_2+2F_1)$，$F_{Ay}=\dfrac{1}{3}(2F_2+F_1)$，

$F_B=\dfrac{2}{3\sqrt{3}}(F_2+2F_1)$；

图(c) $F_{Ax}=0$，$F_{Ay}=\dfrac{1}{3}\left(2F+\dfrac{M}{a}\right)$，

$F_B=\dfrac{1}{3}\left(F-\dfrac{M}{a}\right)$；

图(d) $F_{Ax}=0$，$F_{Ay}=\dfrac{1}{2}\left(-F+\dfrac{M}{a}\right)$，

$F_B=\dfrac{1}{2}\left(3F-\dfrac{M}{a}\right)$。

3.12 图(a) $F_{Ax}=0$，$F_{Ay}=2qa$，$M_A=\dfrac{5qa^2}{2}$；

图(b) $F_{Ax}=0$，$F_{Ay}=0$，$F_B=3qa$；

图(c) $F_{Ax}=0$，$F_{Ay}=F_2-F_1$，$M_A=M+a(2F_2-3F_1)$；

图(d) $F_{Ax}=0$，$F_{Ay}=-3\text{kN}$，$F_B=24.6\text{kN}$；

图(e) $F_{Ax}=-F$，$F_{Ay}=3qa-\dfrac{5F}{6}$，$F_B=3qa+\dfrac{5F}{6}$；

图(f) $F_{Ax}=\dfrac{qa}{2}$，$F_{Ay}=qa$，$F_B=\dfrac{qa}{2}$。

3.13 $F_{Bx}=3.33\text{kN}$，$F_{By}=0.25\text{kN}$，$F_{AC}=6.65\text{kN}$。

3.14 $F_s=\dfrac{Fa\cos\alpha}{2h}$。

3.15 $F_D=F\left(1+\dfrac{l}{a}\right)^2$。

3.16 $F_A=-15\text{ kN}$，$F_B=40\text{ kN}$，$F_C=-5\text{ kN}$，$F_D=15\text{kN}$。

3.17 $F_A=-48.3\text{kN}$，$F_B=100\text{ kN}$，$F_D=8.333\text{kN}$。

3.18 $M=70\text{kN·m}$。

3.19 $F_{Ax}=12\text{ kN}$，$F_{Ay}=1.5\text{kN}$，$F_B=10.5\text{kN}$，$F_{BC}=-15\text{kN}$。

3.20 $F_{Dx}=0$，$F_{Dy}=-2\text{kN}$，$F_{Ex}=0$，$F_{Ey}=2\text{kN}$。

3.21 $F_{Ax}=1033.33\text{N}$，$F_{Ay}=766.67\text{N}$，$F_B=1039.09\text{N}$。

3.22 $P_{1\min}=2P(1-r/R)$。

3.23 $F_T=490\text{N}$，$F_C=1100\text{N}$。

3.24 $F_{AD}=1.414\text{kN}$(压)，$F_{AB}=1\text{ kN}$(拉)，$F_{BC}=1\text{ kN}$(压)，$F_{CD}=1.414\text{kN}$(拉)，$F_{BD}=0$。

3.25 $F_{CD}=2.5\text{kN}$(拉)，$F_{BC}=2.5\text{kN}$(拉)，$F_{AD}=2\text{kN}$(压)，$F_{AC}=F_{AB}=0$。

3.26 $F_{CH}=9.899\text{kN}$(拉)，$F_{HE}=4\text{kN}$(拉)，$F_{BC}=11\text{kN}$(压)。

3.27 $F_{CD}=8.47\text{kN}$(压)，$F_{GH}=8.08\text{kN}$(拉)，$F_{CH}=0.77\text{kN}$(拉)。

3.28 $F_{AB}=F_{AC}=-3\text{kN}$(压)，$F_{AD}=6\text{kN}$(拉)。

3.29 $F_{AD}=F_{BD}=-26.39\text{kN}$(压)，$F_{CD}=33.46\text{kN}$(拉)。

3.30 $F=50\text{N}$，$\alpha=143°8'$。

3.31 $F_{Ax}=4\text{kN}$，$F_{Az}=-1.46\text{kN}$，$F_{Bx}=7.9\text{kN}$，$F_{Bz}=-2.88\text{kN}$。

3.32 $F_N=800\text{N}$。

3.33 $\theta=\arcsin\dfrac{3\pi f_s}{4+3\pi f_s}$。

3.34 $F=\dfrac{\sin(\alpha+\alpha_m)}{\cos(\theta-\alpha_m)}P$；当 $\theta=\alpha_m$ 时，$F_{\min}=P\sin(\alpha+\alpha_m)$。

3.35 图(a)平衡，$F_s=200\text{N}$；图(b)不平衡，$F_s=150\text{N}$。

3.36 平衡应满足的条件为既不滑动又不翻倒，$F\leqslant\dfrac{6P}{16}=31.25\text{N}$。

3.37 $184\text{kN·m}\leqslant M\leqslant 216\text{kN·m}$。

3.38 (1) $F_{\min}=\dfrac{\delta P}{r+b}$；

(2) $M_{A1}=M_{A2}=\dfrac{\delta P}{2}$。

第 4 章　点的运动及刚体的简单运动

4.1 (1)√；　(2)×；　(3)×；
(4)√；　(5)×；　(6)×；
(7)×；　(8)×；　(9)√；
(10)×；　(11)√；　(12)√；
(13)√；　(14)×；　(15)√；
(16)√。

4.2 ×；×；×；×；√。

4.3 匀速运动。

4.4 262。

4.5 (1) $x^2+y^2=25$；(2) $y^2=16x$。

4.6 运动轨迹，速度，加速度。

4.7 角速度，角加速度，半径。

4.8 (1) $2R\omega$，$2R\alpha$，$2R\omega^2$，$\sqrt{2}R\omega$，$\sqrt{2}R\alpha$，$\sqrt{2}R\omega^2$；

(2) $2L\omega$，$2L\alpha$，$2L\omega^2$，$\sqrt{b^2+\left(\dfrac{L}{2}\right)^2}\omega$，$\sqrt{b^2+\left(\dfrac{L}{2}\right)^2}\alpha$，$\sqrt{b^2+\left(\dfrac{L}{2}\right)^2}\omega^2$；

(3) $R\omega$，$R\alpha$，$R\omega^2$，$R\omega$，$R\alpha$，$R\omega^2$。

4.9 无，有。

4.10 $=0$；$\neq 0$；$\neq 0$；$\neq 0$；$\neq 0$；$=0$。

4.11 直角坐标法：$x=R[1+\cos(2\omega t)]$，

$y=R\sin 2(\omega t)$，

$v_x=\dot{x}=-2\omega R\sin(2\omega t)$，

$v_y=\dot{y}=2\omega R\cos(2\omega t)$，

$a_x=\dot{v}_x=\ddot{x}=-4\omega^2R\cos(2\omega t)$，

$a_y=\dot{v}=\ddot{y}=-4\omega^2R\sin(2\omega t)$。

自然法：$s(t)=2R\omega t$，$v=\dot{s}=2R\omega$，

$a_n=\dfrac{v^2}{R}=4\omega^2R$，$a_t=\dot{v}=0$。

4.12 $v_M=17.3\text{cm/s}$，方向向右。

4.13 $x=r\cos(\omega t)+l\sin\left(\dfrac{\omega t}{2}\right)$，

$y=r\sin(\omega t)-l\cos\left(\dfrac{\omega t}{2}\right)$；

$v=\omega\sqrt{r^2+\frac{l^2}{4}-rl\sin\left(\frac{\omega t}{2}\right)}$，

$a=\omega^2\sqrt{r^2+\frac{l^2}{16}-\frac{rl}{2}\sin\left(\frac{\omega t}{2}\right)}$。

4.14 $v=ak$，$v_r=-ak\sin(kt)$。

4.15 运动轨迹为以 O 为圆心，R 为半径的圆，$x^2+y^2=R^2$，速度和加速度分别为 $\frac{\pi nR}{30}$、$\frac{\pi^2n^2R}{900}$。

4.16 $v_M=3\pi\,\mathrm{m/s}$，$a_M=45\pi^2\,\mathrm{m/s^2}$。

4.17 $\theta=\arctan\frac{\sin(\omega t)}{\frac{h}{r}-\cos(\omega t)}$，$\omega=\frac{\mathrm{d}\theta}{\mathrm{d}t}$。

4.18 $\varphi=\frac{\sqrt{3}}{3}\ln\left(\frac{1}{1-\sqrt{3}\omega_0 t}\right)$，$\omega=\omega_0\mathrm{e}^{\sqrt{3}\varphi}$。

第 5 章 点的合成运动

5.1 (1)×； (2)√； (3)×；
(4)√； (5)×； (6)×；
(7)×； (8)×； (9)×。

5.2 (1)×；(2)×；(3)√。

5.3 动系，动点。

5.4 $\boldsymbol{v}_\mathrm{e}$ 与 $\boldsymbol{v}_\mathrm{r}$ 同向，$\boldsymbol{v}_\mathrm{e}$ 与 $\boldsymbol{v}_\mathrm{r}$ 垂直，速度平行四边形法则。

5.5 A。

5.6 B。

5.7 $v_A=\frac{blv}{b^2+x^2}$。

5.8 (a) $\omega_2=2\,\mathrm{rad/s}$；(b) $\omega_2=1.5\,\mathrm{rad/s}$。

5.9 $v_{CD}=0.1\,\mathrm{m/s}$，$a_{CD}=\sqrt{3}/5=0.35\,\mathrm{m/s^2}$。

5.10 $v_\mathrm{r}=\frac{2\sqrt{3}}{3}u$，$a_\mathrm{r}=\frac{8\sqrt{3}u^2}{9R}$。

5.11 $a_1=\omega^2r-v^2/r-2\omega v$，

$a_2=\sqrt{\left(\omega^2r+v^2/r+2\omega v\right)^2+4\omega^4r^2}$。

5.12 $v_M=\frac{\sqrt{3}}{10}=0.173\,\mathrm{m/s}$，$a_M=0.35\,\mathrm{m/s^2}$。

5.13 $y=a\cos\left(k\frac{x}{v_\mathrm{e}}+\beta\right)$。

5.14 $l=200\,\mathrm{m}$，$u=20\,\mathrm{m/min}$，$v=12\,\mathrm{m/min}$。

5.15 $v_{车}=\frac{2\sqrt{3}}{3}\,\mathrm{m/s}$。

5.16 $v_{BA}=30\,\mathrm{km/h}$，方向为东北。

5.17 图略。

5.18 $v_M=3.06\,\mathrm{m/s}$。

5.19 $\omega_2=2\,\mathrm{rad/s}$。

5.20 $v_\mathrm{r}=3.98\,\mathrm{m/s}$，$v_2=1.035\,\mathrm{m/s}$。

5.21 $v_\mathrm{e}=1\,\mathrm{m/s}$，$v_\mathrm{e}=2\,\mathrm{m/s}$。

5.22 $v_{BC}=\frac{\sqrt{3}}{3}\omega r$，向左；

$v_{BC}=0$；$v_{BC}=\frac{\sqrt{3}}{3}\omega r$，向右。

5.23 $v_C=\frac{av}{2l}$。

5.24 $\omega_1=2.67\,\mathrm{rad/s}$。

5.25 $a_M=\frac{\sqrt{5}}{10}\,\mathrm{m/s^2}$。

5.26 $a_A=0.746\,\mathrm{m/s^2}$。

5.27 $v=0.173\,\mathrm{m/s}$，$a=0.05\,\mathrm{m/s^2}$。

5.28 $a_M=\sqrt{\left(b+v_\mathrm{r}t\right)^2\omega^4+4\omega^2v_\mathrm{r}^2}\sin\alpha$。

5.29 $v_M=6.32\,\mathrm{m/s}$，与法线方向夹角 $\theta=71.565°$；$a_M=24.08\,\mathrm{m/s^2}$，与法线方向的夹角 $\theta=48.37°$。

5.30 $a_M=0.356\,\mathrm{m/s^2}$。

5.31 $v_{CD}=0.325\,\mathrm{m/s}$，$a_{CD}=0.657\,\mathrm{m/s^2}$。

第 6 章 刚体的平面运动

6.1 $\omega_1=\frac{R+r}{r}\omega$，$v_M=\sqrt{2}\left(R+r\right)\omega$。

6.2 $\omega=5.56\,\mathrm{rad/s}$，$v_M=6.97\,\mathrm{m/s}$。

6.3 $\omega=\frac{v_1-v_2}{2r}$，$v_O=\frac{v_1+v_2}{2}$。

6.4 $v_A=15\,\mathrm{km/h}$，$v_B=v_E=75\,\mathrm{km/h}$，$v_D=105\,\mathrm{km/h}$。

6.5 $v_A=0.5\,\mathrm{m/s}$，$v_B=0$，$v_C=v_E=0.707\,\mathrm{m/s}$，$v_D=1\,\mathrm{m/s}$。

6.6 $\omega_2=1.072\,\mathrm{rad/s}$，$v_D=0.254\,\mathrm{m/s}$。

6.7 $v_A=0.6\,\mathrm{m/s}$，$v_B=0.2\,\mathrm{m/s}$，$v_C=0.63\,\mathrm{m/s}$，$\omega_{ABC}=1.33\,\mathrm{rad/s}$，$\omega_{BD}=0.5\,\mathrm{rad/s}$。

6.8 $\omega_{OD}=10\sqrt{3}\,\mathrm{rad/s}$，$\omega_{DE}=\frac{10\sqrt{3}}{3}\,\mathrm{rad/s}$。

6.9 $v_{BC}=\frac{4}{5}\pi\,\mathrm{m/s}$。

6.10 $v_F=0.462\,\mathrm{m/s}$，$\omega_{EF}=1.33\,\mathrm{rad/s}$。

6.11　$v_M = \dfrac{b\omega r\sin(\theta+\beta)}{a\cos\theta}$。

6.12　$\omega_{AB} = 1.85\,\text{rad/s}$。

6.13　$v_F = v_G = 0.397\,\text{m/s}$。

6.14　$v_{CD} = 0.11547\,\text{m/s}$。

6.15　$\omega_{O_1A} = 0.2\,\text{rad/s}$。

6.16　$\omega_{O_1C} = \dfrac{25\sqrt{3}}{7}\,\text{rad/s}$。

6.17　$a_C = \dfrac{\sqrt{74}}{80}\,\text{m/s}^2 = 0.1075\,\text{m/s}^2$。

6.18　$v_C = \dfrac{3}{2}\omega_O r$，$a_C = \dfrac{\sqrt{3}}{12}\omega_O^2 r$。

6.19　$\omega_B = \dfrac{2\sqrt{3}\pi}{3}\,\text{rad/s}$，$\alpha_B = \dfrac{2\pi^2}{9}\,\text{rad/s}^2$。

6.20　$a_C = 3\sqrt{3}\,\text{m/s}^2$，$\alpha_{BC} = 6\sqrt{3}\,\text{rad/s}^2$。

6.21　$a_M = 58.4\,\text{m/s}^2$。

6.22　$\omega_{a2} = \dfrac{r_1+r_2}{r_2}\omega_{a3}$，$\omega_{r2} = \dfrac{r_1}{r_2}\omega_{a3}$。

第 7 章　质点的运动微分方程

7.1　(1)×；　(2)√；　(3)×；
(4)×；　(5)×；　(6)√；
(7)√；　(8)×；　(9)√；
(10)×；　(11)×；　(12)√；
(13)×；　(14)×；　(15)√；
(16)√。

7.2　C。

7.3　B。

7.4　C。

7.5　A。

7.6　D。

7.7　B。

7.8　A；B；B；A。

7.9　C。

7.10　119.6N。

7.11　$\sqrt{\dfrac{2k}{m}\ln\left(\dfrac{R}{h}\right)}$。

7.12　时间 t=2.02s，路程 s=7.07m。

7.13　$F = \dfrac{\sqrt{3}}{2}mg$。

7.14　(1) $F_{N\max} = m(g+e\omega^2)$；(2) $\omega_{\max} = \sqrt{\dfrac{g}{e}}$。

第 8 章　动 量 定 理

8.1　图(a) $p = \dfrac{ml\omega}{6}$；
图(b) $p = \dfrac{\sqrt{3}}{3}mv$，方向与质心 C 的速度方向一致；
图(c) $p = ma\omega$；
图(d) $p = mR\omega$，方向与质心 C 的速度方向一致；
图(e) $p = 0$。

8.2　$I_x = -11\,\text{N·s}$，$I_y = 3.96\,\text{N·s}$，
$F_{\text{平均}} = 585\text{N}$。

8.3　$F_{Ox} = Mg + m_1g + m_2g\sin^2\theta + a(m_1 - m_2\sin\theta)$，
$F_{Oy} = m_2(a - g\sin\theta)\cos\theta$。

8.4　30N。

8.5　88.7N。

8.6　$\theta = 30°$，$F_N = 249\,\text{N}$。

8.7　$F_s = 666\,\text{N}$。

8.8　$x = \dfrac{ml}{M+m}[1-\cos(\omega t)]$，
$F_N = Mg + mg - ml\omega^2\sin(\omega t)$。

8.9　$v_1 = 4\,\text{m/s}$，$t = 1.6\text{s}$。

8.10　$v = 3\,\text{km/s}$，$F_s = 1.4\text{N}$。

8.11　$F_{Ox} = m(l\omega^2\cos\varphi + l\alpha\sin\varphi)$，
$F_{Oy} = mg + m(l\omega^2\sin\varphi - l\alpha\cos\varphi)$。

8.12　$F_x = \rho Q(v_1 + v_2\cos\varphi)$。

8.13　(1) $x_C = \dfrac{m_3 l + (m_1+2m_2+2m_3)l\cos(\omega t)}{2(m_1+m_2+m_3)}$，
$y_C = \dfrac{m_1+2m_2}{2(m_1+m_2+m_3)}l\sin(\omega t)$，
(2) $F_{x\max} = \dfrac{m_1+2m_2+2m_3}{2}l\omega^2$。

8.14　$F_x = -(m_1+m_2)e\omega^2\cos(\omega t)$，
$F_y = (m_1+m_2)g - m_2e\omega^2\sin(\omega t)$。

8.15　$s = \dfrac{m_2 l}{m_1+m_2}$。

8.16　$v' = 5.82\,\text{m/s}$，$t = 2.7\,\text{s}$。

8.17　向左移动 0.138m。

8.18　向左移动，$s = \dfrac{m_1+m_2}{M+2m_1+m_2}a(1-\sin\theta)$。

8.19 $s=\dfrac{ml\cos\theta}{m_1+m_2}$。

8.20 $F_{Ox}=-\dfrac{4mR}{\pi}(\omega^2\cos\varphi+\alpha\sin\varphi)$，

$F_{Oy}=mg+\dfrac{4mR}{\pi}(\omega^2\sin\varphi-\alpha\cos\varphi)$。

8.21 $4x_A^2+y_A^2=l^2$。

8.22 $x=\dfrac{2m_1l}{m_1+m_2}[1-\cos(\omega t)]$。

第 9 章 动量矩定理

9.1 $v_B=10.61\ \text{km/s}$。

9.2 $a=\dfrac{2M-mgd}{(m+m_1)d}$， $T=ma+m_1g$， $x_0=0$，

$y_0=mg+m_1g+m\left[\dfrac{2M-mgr}{(m+m_1)r}\right]$。

9.3 $a=\dfrac{2M-m_2gR\sin\theta}{Jg+m_2gR^2}Rg$。

9.4 $\omega=-0.6\ \text{rad/s}$。

9.5 $\omega=\dfrac{a^2}{(a+l\sin\theta)^2}\omega_0$。

9.6 $\omega=\dfrac{8}{17}\omega_0$。

9.7 $\omega=\dfrac{mrkt}{J_z+mr^2}$， $a=-\dfrac{mrk}{J_z+mr^2}$。

9.8 $\psi=-\dfrac{P(R-r)}{2[J+m(R^2+r^2)]}t^2$。

9.9 $\alpha_A=\dfrac{M_1-M_2/i_{12}}{J_A+J_B/i_{12}^2}$， $i_{12}=\dfrac{R_B}{R_A}$。

9.10 $J_x=\dfrac{2}{3}\rho a^4-\dfrac{\pi\rho}{256}a^4$，

$J_y=\dfrac{1}{6}\rho a^4-\dfrac{\pi\rho}{256}a^4$，

$J_z=\dfrac{5}{6}\rho a^4-\dfrac{\pi\rho}{12860}a^4$。

9.11 $J_y=\dfrac{\pi}{4}\rho(R^4-r^4)-\pi\rho r^2a^2$。

9.12 $a=\dfrac{(iM-PR)R}{\dfrac{P}{g}R^2+J_1i^2+J_2}$。

9.13 $\omega=\dfrac{a}{b}(1-e^{-bt})$， $a=\dfrac{M_O-M_r}{J_z}$，

$b=\dfrac{M_O}{J_z\omega_1}$。

9.14 $\varphi=\varphi_0\sin\left(\sqrt{\dfrac{mga}{J_O}}t+\beta\right)$。

9.15 $M=11.3\ \text{kN}\cdot\text{m}$。

9.16 $T=\dfrac{2\pi l}{a}\sqrt{\dfrac{m}{3k}}$。

9.17 $N=42.1$（转）。

9.18 $F_{NA}=\dfrac{3P}{4g}\sin\theta\cos\theta$，

$F_{NB}=P\left(1-\dfrac{3}{4}\cos^2\theta\right)$， $\ddot{\theta}=\dfrac{3g}{2l}\sin\theta$。

9.19 $T=2\pi\sqrt{\dfrac{\rho_C^2+(r-e)^2}{eg}}$。

9.20 圆柱连滚带滑时 $F_s=fmg\cos\alpha$，

圆柱作纯滚动时 $F_s=\dfrac{mg\rho^2\sin\alpha}{\rho^2+R^2}$，

做纯滚动的条件是 $\tan\alpha\leqslant\dfrac{\rho^2+R^2}{\rho^2}f$，

$a_0=\dfrac{mgR^2\sin\alpha}{m(\rho^2+R^2)}$。

9.21 $\alpha=\dfrac{2M}{3mr(R+r)}$， $F_\tau=\dfrac{M}{3(R+r)}$。

9.22 $t=\dfrac{1+f^2}{f(1+f)}\dfrac{R\omega_0}{2g}$。

9.23 $F_N=\dfrac{mg}{1+3\cos^2\beta}$。

9.24 $a_C=0.355g$。

9.25 （1）$a=\dfrac{4}{5}g$；（2）$M>2mgr\rangle$。

9.26 $F_N=\dfrac{mgl^2\sin\beta}{l^2+3(l-2a)^2}$， $a_{Cx}=g\cos\beta$，

$a_{Cy}=\dfrac{3g(l-2a)^2\sin\beta}{l^2+3(l-2a)^2}$。

9.27 $a=\dfrac{F-(m_1+m)gf}{m_1+m/3}$。

9.28 $a_0=\dfrac{F_TR(R\cos\theta-r)}{m(\rho^2+R^2)}$。

9.29 $M=432\text{N}\cdot\text{m}$， $F_\tau=1178.2\text{N}$。

第 10 章 动 能 定 理

10.1 $W=6.29\ \text{J}$。

10.2 $T=\dfrac{1}{2}(3m_1+2m)v^2$。

10.3 $T=\dfrac{1}{6}ml^2\omega^2\sin^2\theta$。

10.4 圆盘先到达。

10.5 $v=\sqrt{3gh}$。

10.6　3.82 rad/s，逆时针。

10.7　$v_A=\sqrt{\frac{3}{2}\left[\frac{M\theta}{m}-gl(1-\cos\theta)\right]}$。

10.8　$2.346r$。

10.9　$k=\frac{4mgl}{\pi^2}$，$\alpha=0.41\frac{g}{l}$，不可取消。

10.10　$k=490\ \mathrm{N/m}$。

10.11　$a=\frac{2}{5}(2\sin\theta-f\cos\theta)g$，

$F_{\mathrm{T}}=\frac{1}{5}(\sin\theta-3f\cos\theta)mg$。

10.12　$v_2=\sqrt{\frac{4gh(m_2-2m_1+m_4)}{8m_1+2m_2+4m_3+3m_4}}$。

10.13　$\omega=-\sqrt{\frac{3g(\sin\theta-\sin\varphi)}{l}}$，

$\alpha=-\frac{3g}{2l}\cos\varphi$，$\varphi$为任意位置夹角。

10.14　$\omega=\sqrt{\frac{12(M\pi-2fm_2gl)}{l^2(m_1+2m_2\sin^2\varphi)}}$。

10.15　$v_A=\frac{\sqrt{m_2k}(l-l_0)}{\sqrt{m_1(m_1+m_2)}}$，

$v_B=\frac{\sqrt{m_1k}(l-l_0)}{\sqrt{m_2(m_1+m_2)}}$。

10.16　$\alpha=\frac{2g(Mr\sin\varphi-mR)}{2m(R^2+\rho^2)+3Mr^2}$。

10.17　$\omega=\frac{2}{r}\sqrt{\frac{M-m_2gr(\sin\theta+f\cos\theta)}{m_1+2m_2}\varphi}$，

$\alpha=\frac{2[M-m_2gr(\sin\theta+f\cos\theta)]}{r_2(m_1+2m_2)}$。

10.18　$a_A=\frac{3m_1g}{4m_1+9m_2}$，$F=\frac{1}{2}Mr\alpha$，

$F_{\mathrm{T}}=m(g+R\alpha)$。

10.19　$a=\frac{m_2g\sin2\theta}{3m_1+m_2+2m_2\sin^2\theta}g$。

10.20　(1) $\omega=\sqrt{\frac{3g}{l}(1-\cos\theta)}$，$\alpha=\frac{3g}{2l}\sin\theta$，

$F_{Bx}=\frac{3}{4}mg\sin\theta(3\cos\theta-2)$，

$F_{By}=mg-\frac{3}{4}mg(3\sin^2\theta+2\cos\theta-2)$；

(2) $\theta_1=\arccos\frac{2}{3}$；

(3) $v_C=\frac{1}{3}\sqrt{7gl}$，$\omega=\sqrt{\frac{8g}{3l}}$。

第 11 章　达朗贝尔原理

11.1　$a\leqslant 3.43\mathrm{m/s^2}$。

11.2　$\alpha=\frac{12g}{7l}$，$F_B=\frac{4}{7}P$。

11.3　$a_C=\frac{PR(R+r)}{m\rho^2+mR^2}$，$F=P-ma_C$。

11.4　$\alpha=47.04\ \mathrm{rad/s^2}$，$F_{Ax}=-95.26\mathrm{N}$，

$F_{Ay}=137.6\mathrm{N}$。

11.5　$F_{CD}=3.43\ \mathrm{kN}$。

11.6　(1) $a=\frac{g}{6}$；(2) $F_B=\frac{350}{3}g$。

11.7　(1) $a_C=\frac{4}{21}g$；(2) $F_{AB}=\frac{34}{21}mg$；

$F_{DE}=\frac{59}{21}mg$。

11.8　$k>\frac{m(e\omega^2-g)}{2e+b}$。

11.9　$F=933.6\ \mathrm{N}$。

11.10　(1) $a_B=1.57\mathrm{m/s^2}$；

(2) $M_A=13.44\ \mathrm{kN\cdot m}$；$F_{Ax}=6.72\ \mathrm{kN}$；

$F_{Ay}=25.04\ \mathrm{kN}$。

11.11　(1) $\alpha=\frac{9g}{16l}$；(2) $F_{Ax}=\sqrt{3}mg$；

$F_{Ay}=\frac{5}{32}mg$。

11.12　$a=5.88\ \mathrm{m/s^2}$；$\alpha=19.6\ \mathrm{rad/s^2}$。

11.13　$F_{\mathrm{T}}=117.5\ \mathrm{N}$。

11.14　$M=2mgr+\frac{3\sqrt{3}}{4}mr^2\omega_0^2$，

$F_{Ox}=\frac{3\sqrt{3}}{2}mg+\frac{11}{4}mr\omega_0^2$，

$F_{Oy}=\frac{5}{2}mg+\frac{3\sqrt{3}}{4}mr\omega_0^2$。

11.15　(1) $a=4.9\mathrm{m/s^2}$，$T_A=7.32\mathrm{N}$，

$T_B=27.3\mathrm{N}$；

(2) $a=0$，$T_A=420\mathrm{N}$，$T_B=420\mathrm{N}$。

11.16　$\omega^2=\frac{3g(b^2\cos\varphi-a^2\sin\varphi)}{(b^3-a^3)\sin(2\varphi)}$。

11.17　(1) $\omega_A=\sqrt{\frac{30g}{7l}}$，$v_A=\sqrt{\frac{6gl}{35}}$；

(2) $\alpha_{AB}=0$，$a_A=0$；

(3) $F_{\mathrm{N}}=\frac{22}{7}mg$，$F_{\mathrm{s}}=0$。

第12章 虚位移原理

12.1 $F_C = 2\text{kN}$，$F_{Ax} = 0$，$F_{Ax} = 2\text{kN}$。

12.2 $F_1 = 3F_2$。

12.3 $F_B = \dfrac{3}{2}P + qa$。

12.4 $k = 1326.1\text{N/m}$。

12.5 $F_1 = F_2 \dfrac{\tan\beta}{\tan\theta}$。

12.6 $F = 144.9\text{N}$。

12.7 $F_{Bx} = 3\text{kN}$，$F_{By} = 5\text{kN}$。

12.8 $F_C = \dfrac{M}{l}$，$F_B = 2F - \dfrac{2M}{l}$。

12.9 $M = \dfrac{2rF}{\tan\varphi + \cot\theta}$。

12.10 $4\tan\theta - 7\tan\gamma - 3\tan\beta = 0$。

12.11 $F_A = 10\text{kN}$，$F_{Bx} = 10\text{kN}$，$F_{By} = 0$，$M_B = 40\text{kN}\cdot\text{m}$。

12.12 $F_3 = P$。

12.13 $F_1 = \dfrac{11}{3}\text{kN}$，$F_2 = -\dfrac{11}{4}\text{kN}$。

第13章 碰　　撞

13.1 $v_1 = 3.175\text{m/s}$，$\theta = 70.9°$，$v_2 = 4.157\text{m/s}$，$\beta = 30°$（根据切向和法向动量守恒，以及恢复系数公式）。

13.2 平均阻力 $F = \dfrac{P^2 h}{(P+Q)\delta} + P + Q$，

利用 $\left[F - (P+Q)\right]\delta = \left(1 - \dfrac{1}{1 + \dfrac{P}{Q}}\right)Ph$。

13.3 $u = 15.1\text{m/s}$，$\omega = 24.43\text{rad/s}$。

13.4 $\omega_1 = \dfrac{J_O\omega}{J_O + mr^2}$，$v = r\omega_1$，$I = m\dfrac{J_O\omega r}{J_O + mr^2}$。

13.5 $s = \dfrac{3lm_1^2}{2f\left(m_1 + 3m_2\right)^2}$。

13.6 $\omega = \dfrac{3v}{4a}$，利用

$$mv\frac{a}{2} = \frac{1}{6}ma^2\omega + m\omega\left(\frac{\sqrt{2}a}{2}\right)^2。$$

13.7 $e = \sqrt{1 - \cos\varphi}$，$x = \dfrac{2l}{3}$。

13.8 $\omega = \dfrac{12\sqrt{2gh}}{7l}$，$I = \dfrac{4}{7}m\sqrt{2gh}$。

13.9 碰撞后各杆的角速度 $\omega_1' = 6\text{rad/s}$，$\omega_2' = 11\text{rad/s}$。

13.10 $\omega = \dfrac{2I}{5mr}$。

13.11 $\omega = \dfrac{\omega_0}{4}$。

13.12 $\omega = 0.57\text{rad/s}$。

13.13 $W_1 = 33300\text{J}$，$W_2 = 4200\text{J}$，$\eta = 0.888$。

参 考 文 献

范钦珊，王琪，2002．工程力学(Ⅰ)．北京：高等教育出版社．

哈尔滨工业大学理论力学教研室，2016．理论力学(Ⅰ)，(Ⅱ)．8版．北京：高等教育出版社．

洪嘉振，杨长俊，2008．理论力学．北京：高等教育出版社．

贾启芬，刘习军，2017．理论力学．4版．北京：机械工业出版社．

梅凤翔，尚玫，2012．理论力学．北京：高等教育出版社．

屈本宁，杨邦成，2017．工程力学．3版．北京：科学出版社．

屈本宁，张宝中，王国超．2004．理论力学．重庆：重庆大学出版社．

武清玺，徐鉴，2010．理论力学．2版．北京：高等教育出版社．

西北工业大学理论力学教研室，2017．理论力学．2版．北京：高等教育出版社．

E. W. 纳尔逊，C. L. 贝斯特，2002．工程力学．贾启芬，郝淑英 译．北京：科学出版社．

Hibbeler R C，2014a．静力学．12版．影印版．北京：机械工业出版社．

Hibbeler R C，2014b．动力学．12版．影印版．北京：机械工业出版社．